民用航空器维修基础系列教材
中国民用航空局飞标司推荐

维修基本技能
BASIC MAINTENACE SKILLS
（ME、AV）

任仁良 主编

清华大学出版社
北京

内 容 简 介

本教材是民用航空器维修基础系列教材中维修基本技能部分,根据 CCAR-66R1 咨询通告 AC-66R1-02 基本技能考试大纲和 CCAR-147 咨询通告 AC-147-02 中的 M7 基本技能培训大纲编写。两个大纲除在航空电瓶、钣金加工、硬/软管路施工、轴承维护、密封和防腐、焊接和粘接项目有所不同外,其余基本相同。本教材通俗易懂,紧密联系民航维修实际,针对性强,可作为 CCAR-147 培训机构的基本技能培训和 CCAR-66 维修执照技能考试专用教材,也可用于民航维修新员工培训的参考教材。

版权所有,侵权必究。举报:010-62782989,beiqinquan@tup.tsinghua.edu.cn。

图书在版编目(CIP)数据

维修基本技能(ME、AV)/任仁良主编. —北京:清华大学出版社,2010.10(2025.6 重印)
ISBN 978-7-302-23778-5

Ⅰ. ①维… Ⅱ. ①任… Ⅲ. ①民用航空－航空器－维修 Ⅳ. ①V267

中国版本图书馆 CIP 数据核字(2010)第 171222 号

责任编辑:庄红权
责任校对:赵丽敏
责任印制:曹婉颖

出版发行:清华大学出版社
    网　　址:https://www.tup.com.cn,https://www.wqxuetang.com
    地　　址:北京清华大学学研大厦 A 座 邮　　编:100084
    社 总 机:010-83470000 邮　　购:010-62786544
    投稿与读者服务:010-62776969,c-service@tup.tsinghua.edu.cn
    质量反馈:010-62772015,zhiliang@tup.tsinghua.edu.cn
印 装 者:三河市东方印刷有限公司
经　　销:全国新华书店
开　　本:185mm×260mm 印　张:40.5 字　数:960 千字
版　　次:2010 年 10 月第 1 版 印　次:2025 年 6 月第 32 次印刷
定　　价:118.00 元

产品编号:039333-03

前 言

FOREWORD

为了加强民用航空器维修人员基本技能的培训，切实提高机务人员的动手能力，根据民航局飞标司要求，于 2009 年 5 月组织成立了"民用航空器维修人员基本技能培训教材编写组"，其任务是编写一本适合民航维修要求、实用性强、高质量的技能培训教材。

本教材根据 CCAR-66R1 咨询通告 AC-66R1-02 基本技能考试大纲(见附录 A)和 CCAR-147 咨询通告 AC-147-02 中的 M7 基本技能培训大纲(见附录 B)编写。两个大纲除在航空电瓶、钣金加工、硬/软管路施工、轴承维护、密封和防腐、焊接和粘接项目有所不同外，其余基本相同。

本教材依据两个大纲中培训内容多、培训等级高的大纲和专业编写，并兼顾目前两大飞机制造商波音和空客公司的操作规范和要求。具体章节根据大纲顺序编写。根据 CCAR-147 要求，ME 专业培训时间不得少于 320 学时，AV 专业培训时间不得少于 280 学时，而且理论上课时间不能超过 30%，大部分时间应用于学生动手实习。

本教材是民用航空器维修基础系列教材中的维修基本技能部分。基本技能教材不分 ME、AV 或其他修理专业，由培训单位根据培训或考试大纲的内容和深度进行培训，由于各培训单位的实习设备不同，应根据本教材内容确定实习项目和编写相应的实习工卡，实习项目必须满足大纲或教材内容，彻底杜绝仅学理论不实习的现象，除了培训等级为 1 级的可以用演示的方法外，培训等级为 2 级、3 级内容必须全部实习，尤其 3 级必须达到熟练程度。为提高培训质量，培训的工具、设备和各种耗材必须满足民航局飞标司下发的基本技能培训工具设备清单和耗材标准的要求。

本教材由任仁良教授主编和统稿。第 1 章由董艇舰编写；第 2 章由张洪涛编写；第 3 章由李志魁编写；第 4 章由韩勇、张慧、栗中华、王勇、王立国编写；第 5 章由张慧编写；第 6 章由王立国、郭晓东、魏国编写；第 7 章由王勇、王立国编写；第 8 章由冯建朝编写；第 9 章由罗雷、杨城、郭凯健、郑进文编写；第 10 章由贺毅编写；第 11 章由才彦林编写；第 12 章和第 13 章由陈刚编写；第 14 章由凌云编写；第 15 章和第 16 章由林晖编写；第 17 章由景微娜、李蕊编写；第 18 章由杨晓龙、陈潞编写。

参与编写、修改或审定的还有：陈艳、樊智勇、王会来、李安、张鹭波、郑梅珍、李珈、黄迪梦、张敏、黄选红、张毓琴、颜金、董红卫、周荣凯、申天海、刘建英、陈国柱、张迪等。

本教材通俗易懂，紧密联系民航维修实际，针对性强，可作为 CCAR-147 培训机构的基本技能培训和 CCAR-66R1 维修执照技能考试专用教材，也可用于民航维修新员工培训的参考教材。

在教材的编写过程中,得到了民航局飞行标准司、民用航空器维修人员执照考试管理中心、中国民航大学工程技术训练中心、Ameco培训中心、GAMECO培训中心、厦门太古培训中心、国航成都培训中心、中国民航飞行学院航空工程学院和东航兰州培训中心等单位的大力支持,在此表示衷心感谢。

由于编写时间仓促和我们的水平有限,教材中难免还存在着许多错误和不足,敬请各位专家和读者指出,以便再版时加以纠正。

至此,经过全民航同仁6年多的共同努力,民用航空器维修基础系列培训教材(包括理论培训教材和基本技能培训教材)已全部编写完成并正式出版。该系列教材(见下表)覆盖了CCAR-147和CCAR-66R1培训和考试大纲所有模块,这将对提高民航飞机维修的基础培训质量和维修执照的考试水平起到十分重要的作用。在此对各位作者付出的辛勤劳动表示衷心感谢,对民航相关单位的各位领导和专家的支持表示衷心感谢。

序号	书名	适用专业	覆盖CCAR-66R1、CCAR-147大纲模块
1	电工基础	ME、AV	M3
2	电子技术基础	AV	M4、M5
3	电子技术基础	ME	M4、M5
4	空气动力学和维护技术基础	ME、AV	M6、M8
5	人为因素和航空法规	ME、AV	M9、M10
6	涡轮发动机飞机结构与系统(上下册)	ME-TA	M11
7	涡轮发动机飞机结构与系统(上下册)	AV	M11、M14
8	直升机飞行原理、结构与系统	ME-TH、PH	M12
9	活塞发动机飞机结构与系统	ME-PA	M13
10	燃气涡轮发动机	ME-TA、TH	M14、M16
11	活塞发动机	ME-PA、PH	M15、M16
12	维修基本技能	ME、AV	M7

民用航空器维修基本技能培训教材编写组
2010年9月

目录

CONTENTS

第 1 章　外场和车间的安全防护	1
1.1　一般安全规定	1
1.2　防火安全	1
1.2.1　火的种类和标识	1
1.2.2　灭火剂的种类和选择	2
1.2.3　灭火设备的使用	3
1.2.4　机坪和车间的防火安全管理	4
1.3　电气安全	4
1.4　危险化学品的安全保护	6
1.4.1　危险化学品的识别	6
1.4.2　常用化学品的防护	7
1.4.3　雷达辐射的防护	8
1.5　气瓶的使用和安全防护	8
1.6　红色警告标记	9
1.7　其他劳动保护	10
第 2 章　维修手册及维修文件	13
2.1　ATA 100 规范及常用维修文件介绍	13
2.1.1　常用维修文件分类及功用	13
2.1.2　ATA 100 和 ATA 2200 规范	14
2.1.3　维修文件的有效性及飞机的编号	17
2.1.4　任务编号系统	19
2.2　波音常用飞机维修手册使用方法介绍	20
2.2.1　飞机维护手册（AMM）	20
2.2.2　图解零部件目录（IPC）	27
2.2.3　线路手册 WDM	38
2.2.4　系统简图手册（SSM）	50

2.2.5 故障隔离手册(FIM) …… 53
 2.3 空客飞机维护类手册查询 …… 61
  2.3.1 功能识别号 …… 61
  2.3.2 手册概述 …… 63
  2.3.3 AirN@v 使用 …… 72
  2.3.4 使用 AirN@v 查手册 …… 81
 2.4 其他维修文件 …… 102
  2.4.1 适航指令(CAD/AD) …… 102
  2.4.2 咨询通告(AC) …… 104
  2.4.3 服务通告(SB) …… 104
  2.4.4 放行偏离指南 …… 107
  2.4.5 最低设备清单 …… 107
  2.4.6 外形缺损清单 …… 113

第3章 常用工具与量具 …… 115

 3.1 常用工具 …… 115
  3.1.1 夹持工具 …… 115
  3.1.2 旋拧工具 …… 117
 3.2 常用量具 …… 120
  3.2.1 游标卡尺 …… 120
  3.2.2 千分尺(螺旋测微器) …… 121
  3.2.3 千(百)分表 …… 123
  3.2.4 内径量表 …… 123
  3.2.5 量规 …… 124
  3.2.6 组合量具 …… 126
  3.2.7 组合量角器 …… 126
  3.2.8 力矩扳手 …… 127
 3.3 工具和量具的使用与保管 …… 129

第4章 常用电子电气测试设备的使用 …… 130

 4.1 模拟和数字万用表的操作、功能和应用 …… 130
  4.1.1 万用表的结构与功能 …… 130
  4.1.2 万用表的选用 …… 132
  4.1.3 万用表的使用及注意事项 …… 132
 4.2 毫欧表、兆欧表的操作、功能及应用 …… 134
  4.2.1 毫欧表的功能、操作及应用 …… 134
  4.2.2 兆欧表的功能、操作及应用 …… 136
  4.2.3 气压仪表 …… 138
  4.2.4 接地电阻表的功能、操作及应用 …… 141

4.3 示波器的操作、功能和应用 …………………………………………………… 143
    4.3.1 示波器的操作 ……………………………………………………………… 143
    4.3.2 示波器的使用 ……………………………………………………………… 145
4.4 LCR 表的功能、操作与应用 ……………………………………………………… 148
    4.4.1 LCR 测试仪的功能 ………………………………………………………… 148
    4.4.2 LCR 测试仪的基本原理 …………………………………………………… 149
    4.4.3 LCR 测试仪的使用 ………………………………………………………… 149
    4.4.4 LCR 测试仪的使用注意事项 ……………………………………………… 150
4.5 大气数据仪表校验设备仪器的操作、功能及应用 …………………………… 150
    4.5.1 电动式大气数据仪表校验设备 …………………………………………… 150
    4.5.2 手动式大气数据仪表校验设备 …………………………………………… 155
    4.5.3 大气数据仪表校验设备的应用 …………………………………………… 157
4.6 频率计数器的操作、功能和应用 ……………………………………………… 159

第 5 章 静电敏感元器件/部件的防护 …………………………………………… 161

5.1 概述 ……………………………………………………………………………… 161
5.2 静电的产生 ……………………………………………………………………… 161
    5.2.1 静电的产生原理 …………………………………………………………… 161
    5.2.2 静电产生的方式 …………………………………………………………… 162
    5.2.3 影响静电产生和大小的因素 ……………………………………………… 163
5.3 静电的危害 ……………………………………………………………………… 164
5.4 静电防护 ………………………………………………………………………… 165
    5.4.1 ESDS 的标识 ……………………………………………………………… 165
    5.4.2 静电防护的方式 …………………………………………………………… 166
    5.4.3 防静电材料和设施 ………………………………………………………… 166
    5.4.4 ESDS 操作要求 …………………………………………………………… 170
5.5 静电防护在航空维修中的应用 ………………………………………………… 171
    5.5.1 飞机维护与维修的静电防护 ……………………………………………… 171
    5.5.2 静电敏感元器件/部件的拆装 ……………………………………………… 171
    5.5.3 ESDS 包装、点收、储存和运送 …………………………………………… 173
    5.5.4 进入油箱检查时的静电防护 ……………………………………………… 174

第 6 章 标准线路施工 …………………………………………………………… 176

6.1 标准线路施工手册 ……………………………………………………………… 176
    6.1.1 波音标准线路施工手册介绍 ……………………………………………… 176
    6.1.2 空客电气标准施工手册介绍 ……………………………………………… 177
6.2 特殊区域和安全防护 …………………………………………………………… 178
    6.2.1 波音系列飞机特殊区域 …………………………………………………… 178
    6.2.2 空客系列飞机特殊区域 …………………………………………………… 180

		6.2.3　安全防护 …………………………………………………………… 181
	6.3　标准施工工具 ………………………………………………………………… 183
		6.3.1　绝缘层剥除工具 …………………………………………………… 183
		6.3.2　热缩工具 …………………………………………………………… 185
		6.3.3　压接工具 …………………………………………………………… 193
		6.3.4　退/送工具和测试工具 ……………………………………………… 198
	6.4　导线与电缆 …………………………………………………………………… 201
		6.4.1　导线和电缆的分类 ………………………………………………… 201
		6.4.2　导线的规格和负载能力 …………………………………………… 203
		6.4.3　波音系列飞机线缆的标识与查找 ………………………………… 205
		6.4.4　空客系列飞机线缆的标识与查找 ………………………………… 208
	6.5　波音系列飞机导线束的捆扎与敷设 ………………………………………… 213
		6.5.1　概述 ………………………………………………………………… 213
		6.5.2　导线束的捆扎 ……………………………………………………… 214
		6.5.3　导线束的防护 ……………………………………………………… 217
		6.5.4　导线束的敷设与支撑 ……………………………………………… 221
	6.6　空客系列飞机导线的捆扎与敷设 …………………………………………… 228
		6.6.1　导线束的捆扎 ……………………………………………………… 228
		6.6.2　导线束的防护 ……………………………………………………… 235
		6.6.3　导线束的敷设与支撑 ……………………………………………… 237
	6.7　导线和电缆的修理 …………………………………………………………… 246
		6.7.1　拼接管的介绍 ……………………………………………………… 246
		6.7.2　拼接管压接工具的使用 …………………………………………… 247
		6.7.3　波音系列飞机导线的修理 ………………………………………… 252
		6.7.4　波音系列飞机电缆的修理 ………………………………………… 260
		6.7.5　空客系列飞机导线的修理 ………………………………………… 268
		6.7.6　空客系列飞机电缆的修理 ………………………………………… 276
	6.8　屏蔽地线的施工 ……………………………………………………………… 280
		6.8.1　波音系列飞机屏蔽地线的施工 …………………………………… 280
		6.8.2　空客系列飞机屏蔽地线的施工 …………………………………… 286
	6.9　接线片的压接与安装 ………………………………………………………… 291
		6.9.1　接线片的介绍 ……………………………………………………… 291
		6.9.2　接线片压接工具的使用 …………………………………………… 291
		6.9.3　波音系列飞机接线片的压接与安装 ……………………………… 295
		6.9.4　空客系列飞机接线片的压接与安装 ……………………………… 306
	6.10　普通连接器的识别与施工 …………………………………………………… 319
		6.10.1　连接器类型编号 …………………………………………………… 319
		6.10.2　插钉/插孔的压接与检查 ………………………………………… 321
		6.10.3　插钉/插孔的退送与检查 ………………………………………… 324

  6.10.4 波音系列飞机连接器的安装 ·· 327
  6.10.5 波音系列飞机连接器施工程序查找举例 ·· 329
  6.10.6 空客系列飞机连接器的安装 ·· 335
  6.10.7 空客系列飞机连接器施工程序查找举例 ·· 337
6.11 高频连接器和信号电缆连接器的施工 ·· 343
  6.11.1 概述 ··· 343
  6.11.2 波音系列飞机高频连接器和信号电缆连接器的施工 ··· 346
  6.11.3 空客系列飞机高频连接器和信号电缆连接器的施工 ··· 351
6.12 接线块的施工 ·· 354
  6.12.1 波音系列飞机接线块的施工 ·· 354
  6.12.2 空客系列飞机接线块的施工 ·· 362
6.13 小功率继电器的安装 ·· 366
  6.13.1 波音系列飞机小功率继电器的安装 ·· 366
  6.13.2 空客系列飞机小功率继电器的安装 ·· 370
6.14 线路通路和绝缘电阻的测量 ·· 373
  6.14.1 线路通路的测量 ··· 373
  6.14.2 绝缘电阻的测量 ··· 376

第 7 章 简单电子线路制作 ··· 378

7.1 常用电子元器件 ··· 378
  7.1.1 电阻器 ·· 378
  7.1.2 电位器 ·· 381
  7.1.3 电容器 ·· 382
  7.1.4 电感器 ·· 384
  7.1.5 二极管 ·· 386
  7.1.6 三极管 ·· 387
  7.1.7 继电器 ·· 389
  7.1.8 集成电路 ·· 390
7.2 焊接方法与焊锡点的检查 ··· 391
  7.2.1 焊接技术概述 ··· 391
  7.2.2 工具和材料 ··· 392
  7.2.3 焊接的基本要求 ··· 394
  7.2.4 焊点的检查 ··· 396
  7.2.5 拆焊 ·· 398
  7.2.6 焊接步骤 ·· 398
  7.2.7 多孔板焊接练习 ··· 399
7.3 电源组件的制作 ··· 400

第8章 航空电瓶 ... 404

8.1 航空电瓶的基本知识 ... 404
- 8.1.1 功用 ... 404
- 8.1.2 蓄电池的常用术语 ... 405
- 8.1.3 航空电瓶常用充电方法 ... 406

8.2 酸性蓄电池 ... 408
- 8.2.1 结构 ... 408
- 8.2.2 蓄电池的充电 ... 408
- 8.2.3 蓄电池的放电和容量测试 ... 411
- 8.2.4 电解液的配制 ... 411
- 8.2.5 铅酸蓄电池的维护注意事项 ... 411

8.3 碱性蓄电池 ... 412
- 8.3.1 镍镉蓄电池结构 ... 412
- 8.3.2 镍镉电瓶的充电 ... 414
- 8.3.3 电解液的调节和补充 ... 415
- 8.3.4 容量测试 ... 416
- 8.3.5 电瓶的深度放电 ... 417
- 8.3.6 镍镉电瓶充放电分析仪的应用 ... 417
- 8.3.7 镍镉电瓶泄气阀和绝缘测试 ... 419
- 8.3.8 温度控制元件测试 ... 420
- 8.3.9 电瓶的分解、清洁和组装 ... 423

8.4 应急照明电池 ... 424

第9章 紧固件拆装和保险 ... 427

9.1 螺纹紧固件 ... 427
- 9.1.1 螺纹紧固件概述 ... 427
- 9.1.2 航空螺栓 ... 427
- 9.1.3 航空螺钉 ... 429
- 9.1.4 航空螺帽 ... 430
- 9.1.5 销钉 ... 432
- 9.1.6 垫圈 ... 433
- 9.1.7 转角拧紧式紧固件 ... 434

9.2 螺纹紧固件拆装 ... 435
- 9.2.1 螺纹紧固件一般拆装 ... 435
- 9.2.2 螺纹紧固件特殊拆卸 ... 436
- 9.2.3 螺纹紧固件安装 ... 437
- 9.2.4 螺纹紧固件装配力矩 ... 438

9.3 紧固件保险 ... 441

9.3.1　摩擦类保险　…………………………………………………………　441
　　　9.3.2　机械类保险　…………………………………………………………　443

第 10 章　钳工　………………………………………………………………………　462

　10.1　概述　……………………………………………………………………………　462
　10.2　划线　……………………………………………………………………………　463
　　　10.2.1　划线工具及其使用　…………………………………………………　463
　　　10.2.2　划线基准及其方法　…………………………………………………　466
　　　10.2.3　划线注意事项　………………………………………………………　467
　10.3　錾削　……………………………………………………………………………　468
　　　10.3.1　錾削工具　……………………………………………………………　468
　　　10.3.2　錾子和手锤的握法　…………………………………………………　469
　　　10.3.3　挥锤的方法　…………………………………………………………　470
　　　10.3.4　錾削方法　……………………………………………………………　471
　　　10.3.5　錾削注意事项　………………………………………………………　472
　10.4　锯割　……………………………………………………………………………　472
　10.5　锉削　……………………………………………………………………………　474
　　　10.5.1　锉刀的分类及选用　…………………………………………………　474
　　　10.5.2　锉削平面的操作　……………………………………………………　475
　　　10.5.3　锉削操作注意事项　…………………………………………………　477
　10.6　钻孔　……………………………………………………………………………　478
　　　10.6.1　钻床　…………………………………………………………………　478
　　　10.6.2　钻头　…………………………………………………………………　479
　　　10.6.3　钻孔的方法　…………………………………………………………　480
　　　10.6.4　钻孔时的注意事项　…………………………………………………　482

第 11 章　钣金加工　…………………………………………………………………　484

　11.1　铆接　……………………………………………………………………………　484
　　　11.1.1　铆接介绍　……………………………………………………………　484
　　　11.1.2　基本操作　……………………………………………………………　488
　　　11.1.3　铆钉的损伤及检查　…………………………………………………　492
　11.2　钣金加工　………………………………………………………………………　494
　　　11.2.1　弯曲加工术语　………………………………………………………　494
　　　11.2.2　板材直线弯曲　………………………………………………………　496
　　　11.2.3　弯曲设备　……………………………………………………………　506

第 12 章　硬/软管路施工　……………………………………………………………　508

　12.1　航空硬/软管基本知识　…………………………………………………………　508
　　　12.1.1　管路的应用　…………………………………………………………　508

　　　　12.1.2　管路材料 …………………………………………………………… 508
　　　　12.1.3　管路尺寸 …………………………………………………………… 509
　　　　12.1.4　管路标识 …………………………………………………………… 510
　　　　12.1.5　管路接头 …………………………………………………………… 511
　　　　12.1.6　管路损伤 …………………………………………………………… 514
　　12.2　硬管施工 …………………………………………………………………… 515
　　　　12.2.1　硬管拆装 …………………………………………………………… 515
　　　　12.2.2　硬管制作 …………………………………………………………… 517
　　　　12.2.3　应用举例 …………………………………………………………… 521
　　12.3　软管施工 …………………………………………………………………… 526

第13章　传动部件的拆装与检查 …………………………………………………… 532
　　13.1　基本知识 …………………………………………………………………… 532
　　　　13.1.1　飞机操纵系统组成 ………………………………………………… 532
　　　　13.1.2　操纵钢索组成 ……………………………………………………… 533
　　　　13.1.3　推拉杆 ……………………………………………………………… 536
　　13.2　钢索维护施工 ……………………………………………………………… 537
　　　　13.2.1　钢索接头制作 ……………………………………………………… 537
　　　　13.2.2　操纵钢索拆装 ……………………………………………………… 540
　　　　13.2.3　操纵钢索校装和保险 ……………………………………………… 541
　　13.3　钢索检查 …………………………………………………………………… 545
　　　　13.3.1　操纵钢索的检查 …………………………………………………… 545
　　　　13.3.2　操纵钢索部件检查 ………………………………………………… 547
　　13.4　检查/更换钢索举例 ………………………………………………………… 547

第14章　轴承的维护 …………………………………………………………………… 550
　　14.1　概述 ………………………………………………………………………… 550
　　　　14.1.1　轴承的用途 ………………………………………………………… 550
　　　　14.1.2　轴承的分类及构造 ………………………………………………… 550
　　14.2　轴承的拆装和润滑 ………………………………………………………… 552
　　　　14.2.1　轴承的安装和拆卸 ………………………………………………… 552
　　　　14.2.2　轴承的清洁和润滑 ………………………………………………… 554
　　14.3　轴承的常见损伤及原因 …………………………………………………… 556
　　　　14.3.1　轴承的常见损伤 …………………………………………………… 556
　　　　14.3.2　轴承损伤的主要原因 ……………………………………………… 557

第15章　油脂、滑油和液压油 ………………………………………………………… 559
　　15.1　油脂 ………………………………………………………………………… 559
　　　　15.1.1　油脂的分类识别及应用 …………………………………………… 559

- 15.1.2 操作规范 ……………………………………………………………… 560
- 15.1.3 应用举例 ……………………………………………………………… 563
- 15.2 滑油 …………………………………………………………………………… 564
  - 15.2.1 滑油的种类及应用 …………………………………………………… 564
  - 15.2.2 操作规范 ……………………………………………………………… 565
  - 15.2.3 应用举例 ……………………………………………………………… 567
- 15.3 航空液压油 …………………………………………………………………… 568
  - 15.3.1 航空液压油的基本概念 ……………………………………………… 568
  - 15.3.2 操作规范 ……………………………………………………………… 568
  - 15.3.3 应用举例 ……………………………………………………………… 570

第16章 密封和防腐 …………………………………………………………………… 572

- 16.1 密封胶 ………………………………………………………………………… 572
  - 16.1.1 密封胶的基本概念 …………………………………………………… 572
  - 16.1.2 基本操作规范 ………………………………………………………… 574
  - 16.1.3 应用举例 ……………………………………………………………… 580
- 16.2 封严件密封 …………………………………………………………………… 580
  - 16.2.1 封严件的基本概念 …………………………………………………… 580
  - 16.2.2 基本操作规范 ………………………………………………………… 581
  - 16.2.3 应用举例 ……………………………………………………………… 582
- 16.3 常见腐蚀种类、腐蚀的处理和防腐蚀措施 ………………………………… 583
  - 16.3.1 腐蚀损伤的类型 ……………………………………………………… 583
  - 16.3.2 航空器腐蚀损伤的目视检查 ………………………………………… 585
  - 16.3.3 腐蚀清除 ……………………………………………………………… 586
  - 16.3.4 腐蚀防护措施 ………………………………………………………… 589
  - 16.3.5 特殊情况下的腐蚀处理 ……………………………………………… 591

第17章 焊接和粘接 …………………………………………………………………… 593

- 17.1 焊接 …………………………………………………………………………… 593
  - 17.1.1 手工电弧焊 …………………………………………………………… 593
  - 17.1.2 气焊 …………………………………………………………………… 595
  - 17.1.3 氩弧焊 ………………………………………………………………… 597
  - 17.1.4 常见焊接缺陷及质量检查 …………………………………………… 598
  - 17.1.5 安全操作规程 ………………………………………………………… 600
  - 17.1.6 焊接技术的应用 ……………………………………………………… 601
- 17.2 粘接 …………………………………………………………………………… 602
  - 17.2.1 粘接技术 ……………………………………………………………… 602
  - 17.2.2 胶黏剂的组成及分类 ………………………………………………… 604
  - 17.2.3 粘接工艺 ……………………………………………………………… 605

17.2.4　粘接操作的安全注意事项 …………………………………………… 608
　　　17.2.5　粘接技术的应用 ………………………………………………………… 608

第 18 章　航空器部件的拆装 ……………………………………………………… 610

　18.1　部件拆装的基本原则和安全注意事项 ………………………………………… 610
　　　18.1.1　机电部件拆装的基本原则和安全注意事项 ………………………… 610
　　　18.1.2　电子部件拆装的基本原则和安全注意事项 ………………………… 612
　18.2　典型机电部件拆装实例 ………………………………………………………… 613
　　　18.2.1　A320 飞机蒙皮排气活门拆装实例 …………………………………… 613
　　　18.2.2　A320 发动机燃油泵和过滤装置拆装实例 …………………………… 614
　18.3　典型电子设备拆装 ……………………………………………………………… 619
　　　18.3.1　电子设备(E/E)架上设备拆装(以 B737-300 为例) ……………… 619
　　　18.3.2　静变流机的拆装 ………………………………………………………… 621
　　　18.3.3　一般电子部件的拆装(以天线类部件为例) ………………………… 625

附录 A ……………………………………………………………………………………… 629

附录 B ……………………………………………………………………………………… 632

第1章 外场和车间的安全防护

1.1 一般安全规定

维修工作人员由于工作性质和场地不同,安全要求也不同,一般安全规定是工作人员应遵守的基本规则,它主要包括:

(1) 所有维修工作人员进入工作区域,必须佩戴与工作或通行区域相符的有效证件,证件不得涂改和转让他人,过期或辨认不清要及时更换,发现丢失立即报告。无关人员不得在工作现场逗留。

(2) 维修工作人员在工作现场应按照规定路线通行;接送航空器或指挥航空器试车必须在规定的区域占位。维修人员要遵守现场规章制度。工作现场严禁吸烟。

(3) 维修人员执行作业时,应按规定使用劳动保护用品。长发应盘起并置于工作帽内,不准穿高跟鞋,工作服口袋应能封闭,防止物品掉出导致外来物损伤(FOD)事故。

(4) 在客舱内工作时,鞋底保持清洁或穿鞋套,过道地毯上应有垫布,工作服和手套应整洁,座椅应套上防护罩,不得随意踩踏座椅。

(5) 在机翼、机身上工作时,要穿工作鞋或垫踏布,只能在规定的部位行走和踩踏,严禁穿带钉子的鞋在飞机上工作。

(6) 禁止使工作梯、特种车辆直接接触飞机(一般应保持 20~70mm 距离),各类车辆和设备必须保持完好和清洁,工作结束后放回规定的区域。机动设备应关断动力源,备有刹车和稳定装置的设备应将其放在规定的状态。

(7) 工具要三清点,即工作前,工作场所转移,工作后清点。机坪和飞行区内杜绝任何外来物,以避免外来物损伤(FOD)。

(8) 在紧急状态下,维修工作人员应熟悉自救和处理意外事故的方法。

1.2 防火安全

了解火源的种类和特点,熟悉各种灭火设备的使用以及灭火方法,是最大可能避免发生火灾和最大程度降低火灾损失的前提。

1.2.1 火的种类和标识

按照国际防火协会分类,火基本有 4 种类型。

A 类火：由普通燃烧物，例如木材、布、纸、装饰材料等燃烧引起的火。
B 类火：由易燃石油产品或其他易燃液体、润滑油、溶剂、油漆等燃烧引起的火。
C 类火：通电的电气设备燃烧引起的火。
D 类火：由易燃金属燃烧引起的火。

上述4类火分别使用如图1-1所示的标志：A类，绿色背景；B类，红色背景；C类，蓝色背景；D类，棕色背景。

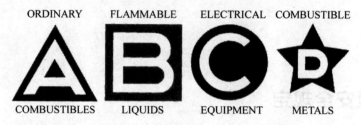

图1-1　4类火的特定标志

1.2.2　灭火剂的种类和选择

灭火剂是指能够有效终止燃烧的物质。常用的灭火剂有水系、泡沫、二氧化碳、干粉、卤代烷等。表1-1列举了几类典型灭火剂的性能。

表1-1　灭火剂种类

类别	性　能	备　注
水系	冷却终止燃烧；受热汽化，体积增大，阻止空气进入燃烧区，使燃烧因缺氧而窒息熄灭	油类、金属、电器和高温设备不能使用
泡沫	在液体表面生成凝聚的泡沫漂浮层，起窒息和冷却作用，主要有化学泡沫和空气泡沫	用于可燃、易燃液体
二氧化碳	液态二氧化碳汽化产生燃烧物表面窒息，同时吸收热量产生冷却	用于电气设备及油类的初起火灾
干粉	干燥易于流动的微细固体粉末，主要是具有灭火作用的基料，如碳酸氢钠、磷酸盐等	用于石油、有机溶剂、可燃气体和电气设备的初起火灾
卤代烷	对燃烧反应进行化学抑制，同时也有一定的冷却和窒息作用	各种易燃液体火灾和电气设备火灾

为了能迅速扑灭火灾，必须按照现代防火技术、着火物质的性质、灭火剂的特性及取用是否便利等原则来选择灭火剂。表1-2是灭火剂的选择方法。

表1-2　灭火剂的选择

火的种类	灭火剂的选择	备　注
A类	水类灭火剂	
B类	二氧化碳、卤代烷或化学干粉灭火剂	不能用水来扑灭B类火，水易使火焰扩散
C类	二氧化碳灭火剂	水或泡沫灭火剂不适用于C类火
D类	化学干粉或细沙灭火剂扑灭	不能用水来扑灭D类火，水可助长燃烧，引起爆炸

1.2.3 灭火设备的使用

灭火器的种类很多,按其移动方式可分为手提式和推车式;按驱动灭火剂的动力来源可分为储气瓶式、储压式、化学反应式;按所充装的灭火剂可分为泡沫、干粉、卤代烷("1211"灭火器和"1301"灭火器)、二氧化碳、酸碱、清水等。

外场和车间一般在规定位置配备有消火栓或清水灭火器、泡沫灭火器、干粉灭火器、二氧化碳灭火器等,图1-2是常见的典型灭火设施。

水系　　泡沫　　干粉　　卤代烷

图1-2　常见灭火设施

1. 灭火设备的使用方法

灭火设备有手提式和推车式。开启方法有压把法、颠倒法和旋转法。不同设备操作流程有所区别,典型灭火设备的使用见表1-3。图1-3以泡沫灭火器为例,图示说明灭火器开启方法。

表1-3　灭火器使用方法

名　　称	手提式使用方法	推车式使用方法
泡沫灭火器	平稳将灭火器提到火场,用手指压紧喷嘴;然后颠倒器身,上下摇晃;松开喷嘴,将泡沫喷射到燃烧物表面	将灭火器推到火场,按逆时针方向转动手轮;开启瓶阀,卧倒器身,上下摇晃几次;抓住喷射管,打开阀门,将泡沫喷射到燃烧物表面
二氧化碳灭火器	拔掉保险销或铅封,握紧喷筒的提把,对准起火点;压紧压把或转动手轮,二氧化碳自行喷出,进行灭火	卸下安全帽,取下喷筒和胶管;逆时针方向转动手轮,二氧化碳自行喷出,进行灭火
干粉灭火器	撕掉铅封,拔去保险销,对准火源;一手握住胶管,一手按下压把,干粉自行喷出,进行灭火	先取出喷管,放开胶管,开启钢瓶上的阀门;双手紧握喷管,对准火源;用手压开开关,灭火剂自行喷出,进行灭火

2. 灭火注意的问题

在正确选择灭火器后进行灭火时,在保证人身安全的前提下,灭火操作要注意如下问题:

(1) 灭火前应尽快关断电源。

(2) 灭火时应使用灭火剂对准火焰根部喷射。

图 1-3　泡沫灭火器的开启

(3) 有些灭火剂遇热能分解出有毒气体,注意不要吸进灭火时产生的气体,为此,进入火区时,要从上风方向或火头低的方向顺风进入。

(4) 灭火时,一开始就全开灭火机,火焰熄灭后,要继续喷射一些灭火剂,以防重新燃烧。

(5) 在发动机上只有紧急情况才用泡沫灭火剂灭火。在使用泡沫灭火剂后,要及时清洗发动机。

(6) 机轮灭火要使用化学干粉灭火剂从机轮的前后方向接近机轮灭火,不要站在机轮的侧面(防止轮毂破裂伤人)。一般不使用水、二氧化碳和泡沫灭火剂(避免轮毂破裂、轮胎爆破,部分旧机型轮毂采用镁合金,应严禁使用水灭火)。

(7) 人体着火时,受害人应尽快撤离火区,撤离时不要奔跑,尽可能屏住呼吸,可在地上打滚,裹以毡布,或用水喷灭火。使用化学干粉、泡沫或高压水龙头灭火时,要避免直接喷射受害人身体,以防受伤。明火扑灭后应立即送往医院救治。

1.2.4　机坪和车间的防火安全管理

停机坪通常要设置"严禁烟火"的标志。机场的每个站位、飞机停放位置或沿机坪长度60m 内应该有灭火器材箱,配备一定容量的推车式灭火器或手提式灭火器。距离航空器 15m 范围,不应该有任何明火,如果有明火作业,必须获得停机坪主管部门签发的作业许可证。在机坪运行的勤务车辆和服务设备上至少配备一台 6.8kg 的手提式灭火器,这些车辆包括:空调车、牵引车、气源车、电源车、工具车和除冰车。工作人员要经过消防培训(包括消防器材的使用)。

消防器材一般有规定的有效期。不同消防器材必须按照各自有效期进行定期的检查和更换。具体规定如下:

(1) 无论灭火器是否已使用,如达到规定的使用期限,必须送交维修单位进行水压试验检查(具体参考设备说明)。

(2) 灭火器每次使用后,必须送到有授权的单位进行检查,重新充装灭火剂和驱动气体。

(3) 应按照消防器材规定条件存放灭火器,如环境温度,安放高度,日照情况,相对湿度等条件。

1.3　电气安全

1. 用电常识

人体触电的方式很多,常见的有单相触电、两相触电,如图 1-4 所示。

人体触电后电流超过安全数值时,心肺失去收缩功能,血液循环停止,从而引起细胞组织缺氧,10~15s 便失去知觉;几分钟后,神经细胞开始麻痹,继而死亡。

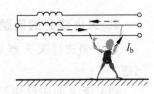

图 1-4　单相触电和两相触电

人体触电伤害程度的轻重，与通过人体的电流大小、电压高低、电阻大小、时间长短、电流途径和自身体质状况等有直接关系。我国规定36V及以下电压为安全电压。

2. 电器设备使用安全要求

车间设备工作电压有多种，主要是220V和380V。我国普遍采用三相四线制供电，三根相线分别与零线之间的标准电压为220V，称为相电压；相线与相线之间的电压为380V，称为线电压。

220V输电线通常有3条导线束，即火线L(红色、黄色或绿色)、零线N(蓝色或黑色)和地线PE(黄绿色相间)，一般分布位置为右边火线、左边零线、中间地线，如图1-5所示。两相插座没有地线PE。

380V输电线通常有4条导线束，即A相黄色(U)、B相绿色(V)、C相红色(W)、N(零线)黄绿色。图1-6所示为插座的接线方法。

图1-5 220V插座接线图

图1-6 380V插座接线图

车间设备和飞机使用的电压种类较多，电源来源也各不相同，使用时注意如下事项：
(1) 地面电源向飞机供电的电压、频率和相位，必须符合该型飞机的手册规定。
(2) 停放在机库或正在检修的飞机，接通机上或地面电源须经现场维修负责人同意。
(3) 使用220/380V交流电源，必须由专业电工接线操作。
(4) 在飞机维修工作时，当断开有关电路时，应挂红色警告牌；重新接通电路时，应通知机上正在工作的其他人员，防止人员伤害或损坏设备。
(5) 维修人员离开飞机时，应将机上和地面电源关断。
(6) 对油箱进行维修时，要使用良好的防爆工作灯或手电筒。
(7) 燃油系统正在进行维修工作时，禁止接通电源。
(8) 正在进行喷漆(退漆)或其他需要使用易燃液体的工作时，禁止接通电源。
(9) 飞机充氧勤务时，禁止接通电源。

3. 触电的紧急救护措施

触电急救的基本原则是在现场保护伤员生命，减轻伤情，并根据伤情迅速联系医疗部门救治。

一旦发生触电事故，应立即切断电源或隔离电源，如发现伤员呼吸和心跳停止，应就地仰面躺平，确保其气道通畅，并迅速进行人工呼吸(见图1-7)、胸外心脏按压(见图1-8)、氧气吸入或注射呼吸兴奋剂等应急救护。急救时动作要快、操作须正确，任何拖延和操作错误都会导致伤员伤情加重或死亡。

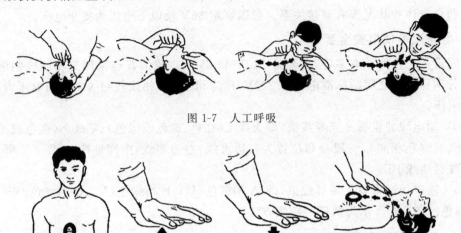

图 1-7 人工呼吸

图 1-8 胸外心脏按压

1.4 危险化学品的安全保护

具有易燃、易爆、有毒、有害及有腐蚀性,并会对人员、设施和环境造成伤害或损害的化学品属于危险化学品。

航空器维修中经常会接触许多危险材料,如汽油、液压油、泰氟隆、水银、环氧树脂、聚酯树脂、氟利昂、镍铬电池、电解液、电镀液、玻璃纤维、清洗液等,在工作中要正确识别和安全使用危险化学品,必要时须查询化学品安全说明书(MSDS)。

1.4.1 危险化学品的识别

危险化学品按危险特性分为 8 大类(GB 13690—1992),并规定了其包装标志,如图 1-9 所示。

图 1-9 危险品的包装标志

第一类：爆炸品；

第二类：压缩气体和液化气体（易燃气体，不燃气体，有毒气体）；

第三类：易燃液体（按照闪点划分低中高，其中中闪点液体 $-18℃≤闪点<23℃$）；

第四类：易燃固体（易燃固体，自燃物品，遇湿易燃物品）；

第五类：氧化剂和有机过氧化物；

第六类：有毒品；

第七类：放射性物品；

第八类：腐蚀品（酸性腐蚀品，碱性腐蚀品，其他腐蚀品）。

1.4.2 常用化学品的防护

1. 易燃材料的安全使用

易燃性材料指开杯闪点低于 $130℉(54.4℃)$ 的任何材料，例如各种酮类材料和酮溶剂、酒精类、石油、各种漆类材料和稀释剂、汽油、煤油、干燥剂、涂布油、各种清洗液和其他挥发性溶剂等。航空燃油是接触最多的易燃材料，常用的航空燃油有航空汽油和航空煤油两大类。喷气发动机使用的是航空煤油，航空煤油具有挥发性、可燃性、腐蚀性。在使用易燃材料的工作中必须注意如下规则：

（1）在现场使用的易燃材料，只能存放在合格的、不渗漏的有盖容器内，除有专门规定外，不准使用易燃材料的混合液。

（2）使用易燃材料应远离明火、火花、电器开关及其他火源。使用易燃材料的房间或区域严禁吸烟，并使用防爆电气设备。工作人员不得穿着化学纤维的衣服和使用化纤材料的抹布，衣袋中不要装打火机。

（3）使用易燃性材料的场所，应有良好的通风设施，必要时，工作人员应戴口罩或防毒面具。使用有毒性材料应避免直接接触皮肤（戴防护手套或使用其他防护材料）。

（4）接触易燃材料如引起不良反应，应立即脱去被污染的衣服，污染的地板和设备应用清水冲洗，受影响的人员要转移到有新鲜空气的环境中去或立即请医生治疗。

2. 常见油液的防护

机务维修要使用各种油，如：液压油、滑油、燃油以及各种油漆和密封胶等，其中某些油液对身体有害，使用时要特别注意安全防护。

1）液压油

液压油有较强的腐蚀性和刺激性，特别是磷酸酯基液压油（紫油）。维修液压系统时必须使用专用工作服及手套、眼镜、口罩等，操作间必须保持良好的通风。如果皮肤、眼睛接触了液压油应用清水彻底清洗，必要时请医生处置。

2）润滑剂

飞机使用的润滑剂一般分为三类：润滑油、润滑脂和固体（气体）润滑剂。

通常加注滑油或更换滑油部件时，必须小心操作不能让滑油长时间接触皮肤，注油时要戴橡皮手套。飞机在进行润滑时，经常配套使用清洗剂、防咬剂和防腐剂等，这些化学品多数有强的腐蚀性和毒性，如防咬防腐剂 BMS3-27（Mastinox 6856K），使用时必须进行安全防护，避免直接接触，一旦皮肤或眼睛接触到，要立刻用水冲洗，并及时医治。

3）燃油

航空燃油主要有航空煤油和航空汽油。一般航空燃油的铅含量较高，长时间接触对皮肤有损伤，对脑部刺激较强烈。当身体接触燃油后，应用肥皂水清洗。汽油进入眼内应用低压流动水或橄榄油冲洗眼睛，严重时应请医生治疗。检查油量和加油时，应站在上风口位置。

航空器地面加油和放油时，要对操作场所（消防安全）、天气条件（雷电）、车辆设备（静电接地）、电气设施（电源管理）、通信设施（高频辐射）和溢油情况等进行检查，如发生溢油要立刻停止加油，并根据溢油面积进行如下处理：

（1）当溢油区域超过 $2m^2$ 时，距离溢油区 25m 的范围内，禁止电气设备操作和设备移动，并及时用沙子、泥土或其他矿物吸收剂处理溢油，严禁用水将燃油冲入或排放到排水沟或下水道内。一旦燃油进入了排水沟或下水道，应尽可能向排水沟或下水道注入大量的水，冲淡所含易燃油液。

（2）溢油区域超过 $5m^2$ 时，要通知机场消防部门。

3. 其他化学品的防护

接触环氧树脂、酚醛树脂、氟利昂、电池液、电解液、电镀液、玻璃纤维等有毒物质时应戴防护手套和防护眼镜，工作场所（工作间）必须通风以避免上述物质的雾气聚集。

维修人员在工作过程中，避免直接接触水银。在水银污染区工作，要有足够的通风，以避免吸入水银蒸汽。所有清除水银过程中使用的工具，需要用肥皂水、热水或蒸汽清洗。

1.4.3 雷达辐射的防护

飞机在机库或其他覆盖物内时，不得接通雷达。雷达工作时，天线要避开规定范围内的障碍物，如其他飞机、汽车或大的金属物体，否则会损坏接收机。使用雷达时还要注意如下防护问题：

（1）在 100ft（30m）内有飞机加（放）燃油；在天线 50ft（15m）内有人，不准打开气象雷达，处于射频（RF）状态。

（2）在进行雷达试验时，应安排专人监控飞机周围，射线影响范围以内不允许人员进入。

1.5 气瓶的使用和安全防护

地面高压气瓶是机务维护经常使用的设备。气瓶按公称工作压力分为高压气瓶和低压气瓶，高于 8MPa（1160psi）（1MPa＝145psi）的为高压气瓶，低于 8MPa 的为低压气瓶。维修车间的高压气体常储存在 2000psi 的钢瓶里，钢瓶上装有黄铜阀门。压缩气体会对人体造成损伤，使用时要注意安全。地面高压气瓶的安全使用涉及到气瓶的运输、储存、使用和充灌等。

1. 气瓶储运安全规则

气瓶是特殊设备，在运输和储存过程中操作不当会出现危险。储存运输过程中要遵守如下安全规则：

(1) 必须拧好瓶帽(有防护罩的除外)，轻装轻卸，严禁抛、滑、滚、碰；
(2) 气瓶装卸时严禁使用电磁起重机和链绳，气瓶在运输过程应可靠固定；
(3) 如高压气瓶内的气体接触会引起燃烧、爆炸，应分类运输。易燃、易爆、腐蚀性物品或与瓶内气体起化学反应的物品，严禁混合运输；
(4) 夏季运输应有遮阳设备，避免暴晒；
(5) 气瓶应置于专用仓库储存，仓库内应通风、干燥，避免阳光直射；
(6) 空瓶与实瓶应分开放置，并有明显标志。气瓶放置整齐，装好瓶帽和橡皮护圈。竖放时，要妥善固定；横放时，头部朝向同一方向，垛高不宜超过五层。

2. 气瓶使用规则

气瓶属于压力容器，本身具有危险性，同时，不同的气体有各自规定的气瓶，使用气瓶时要遵循如下要求：
(1) 不应擅自更改气瓶的钢印和颜色标记；
(2) 气瓶使用前应进行安全状态检查，对气体种类应进行确认，并建立档案记录；
(3) 气瓶的放置地点，不应靠近热源，要距明火 10m 以外；严禁在气瓶上进行电焊；
(4) 气瓶竖放时应采取防倒措施；
(5) 严禁敲击、碰撞气瓶，夏季应防止暴晒；
(6) 瓶内气体不应用尽，必须留有剩余的压力，瓶内剩余压力不应小于 0.05MPa；
(7) 打开气瓶阀门前应检查管路连接正确可靠，严禁气体出口对准人体，以免发生事故；
(8) 使用瓶内的气体，应采用必要的减压措施，正确调整使用压力以免发生事故；任何高压气瓶，打开阀门时要缓慢，以减轻气体摩擦和冲击，关闭阀门时要轻而严，避免太紧；
(9) 我国的助燃和不可燃气体瓶阀为右旋打开，可燃气体瓶阀为左旋打开。

3. 氧气的使用规则

氧气是助燃气体，充氧区域周围严禁存在滑油、油脂、易燃溶剂、灰尘、棉絮、细小金属屑或其他易燃物质，避免与高压氧气接触引起着火或爆炸。航空器的充氧要遵循下列安全规则：
(1) 充氧工作必须安排在通风良好的户外进行，并采取相应的防火措施。在机库内不允许进行充氧操作。
(2) 雷电天气禁止对航空器进行充氧。
(3) 航空器充氧时禁止加/放燃油、通电以及从事其他可能引起电弧火花的维修工作。
(4) 航空器和充氧设备必须接地良好，充氧设备离航空器的距离不应小于 2m，在充氧设备 15m 半径范围内严禁明火和吸烟。
(5) 只有规定人员才可使用氧气设备，同时要严格按照规章操作。
(6) 液态氧气接触皮肤会导致冻伤。衣服上或机舱内有泄漏的氧气要立刻进行通风处理。

1.6 红色警告标记

红色警告标记是提示相关人员禁止使用或操作设备；提醒工作人员完成工作后及时取下有关工具和设备，恢复航空器状态，以免损坏机件或危及维修人员安全。常用红色警告标记一般有红色警告飘带、红色警告牌和红色警告条。

1. 红色警告飘带和红色警告条

红色警告飘带为挂附于飞机起落架安全销、各种管套和专用工具等上面的红色标记,用于提醒维修人员在飞机起飞前取下。条带一般是红色阻燃带,条带上有白色荧光中英文字样。特殊红色警告条一般为50mm宽可拉伸的条带,灵活应用于通道、门和临时区域的警告。

2. 红色警告牌

红色警告牌是用于规定禁止操作、禁止使用、缺件信息的红色警告标记,其上印制有相关说明、使用记录和签署等栏目,使用者须签署姓名,申明警告信息,如:"系统/组件危险!不要操作!"、"此部件/系统已拆除,不能使用",同时写明拆下零部件的名称、件号、日期或其他说明。

3. 红色警告标记的应用

红色警告标记一般挂在明显部位,如驾驶杆、操纵杆、电门、开关、手柄、有故障的零部件上或缺件的安装座上。红色警告标记警告信息一般有:发动机未加滑油;液压系统未加液压油;飞机操纵面未安装好;设备、附件未安装好;管路、导线、钢索、拉杆未安装好;工作人员在某些运动部件附近作业以及电气系统和设备正在进行维修工作等。

1.7 其他劳动保护

劳动保护是工作人员工作中的必要安全防护,除电、气和危险品等重要安全防护外,其他方面的危害仍然危及人身安全,如高空作业、发动机噪声和安全通道等。

1. 听力和视力保护

影响听力的主要因素是发动机的噪声。当发动机在高功率(大于85%最大巡航推力)时,距飞机50m应使用耳套和耳塞,50~120m应使用耳塞。当发动机在低功率(小于85%巡航推力),如停机坪运转、低功率试车、滑行时等距飞机10m内,应使用耳套和耳塞,10~50m内应使用耳塞。图1-10所示为耳塞和耳套。

图1-10 耳塞和耳套

影响视力的外界因素主要是外伤和有害光线。在下列环境中工作或操作设备时,应戴上合适的防护眼镜:

(1)铆接、錾凿、打孔、冲压,以及用软金属工具敲击工作;

(2)弯曲、成形、矫直、紧装配等用金属手动工具对设备和材料敲击的工作;

(3)切割时会甩出碎屑的工作,要求操作人员及周围辅助工作人员要戴防护眼镜;

(4) 操作砂轮机、喷砂机、抛光机和金属丝砂轮时;

(5) 在酸、碱喷洗和其他有害液体或化学药品作业时必须戴上面罩(如充电、电镀车间);

(6) 焊接和等离子喷涂,需有适当色泽的护目镜、头盔或面罩;弧焊或氖(氩)弧焊时,应戴焊接头盔;

(7) 在强烈阳光照射的机体表面或雪地条件下工作时,需佩戴适当色泽的护目镜。

2. 高空作业保护

操作高空设备的人员,必须接受过相应培训并持有高空作业许可证书或相关证明文件。

按照 GB 3608—1993《高处作业分级》规定:"凡在坠落高度基准面 2m 以上(含 2m)有可能坠落的高处进行作业,都称为高处作业。"

高空作业人员要求:

(1) 执行高空作业人员须身体健康,无任何被医学上视为不适合高空作业的病症;不得带病作业。

(2) 执行高空作业人员,在执行高空作业前,要学习相应高空设备上的有关提示/允许/禁止事项,并遵照执行。

(3) 执行高空作业时若发现意外,马上停止一切作业,立即上报。

3. 发动机安全区域

发动机在地面试车和启动时的危险区域有:进气道危险区、排气危险区和噪声危险区。进气道危险区会将人或地面污染物吸入发动机内;排气具有高速、高温和气体污染的特点,此危险区会对人和设备造成危害;噪声危险区内长时间停留会对人的听力造成损害,所以应带上护耳装备。

发动机的危险区域与发动机的推力有关,推力越大,危险区域范围越大。一般在发动机启动前,地面维护人员应观察并确信滑行道周围道面清洁,没有冰、雪、油污或其他外来物,不存在其他可预见的不安全因素,包括过往人员、过往车辆以及自身安全等。为此,负责观察发动机运转情况的地面指挥人员必须熟知该型航空器发动机在地面运行时的危险区域。图 1-11 和图 1-12 是波音 737-300 型飞机地面慢车运行和地面大车运行时发动机进气口和排气口附近的危险区域示意图。

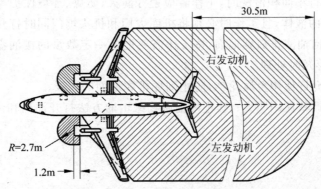

图 1-11　波音 737-300 型飞机地面慢车运行时发动机进气口和排气口附近的危险区域

发动机的安全通道是试车时接近发动机的通道,从进、排气危险区以外的区域接近,一般仅在地面慢车时接近。当发动机使用反推力时,进气道危险区域加大,发动机没有安全通道。

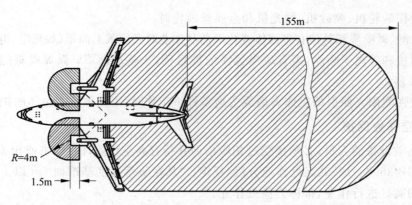

图 1-12　波音 737-300 型飞机地面大车运行时发动机进气口和排气口附近的危险区域

4. 机库安全

机库是设备多、空间小、安全要求高的区域，使用机库要遵循下列规则：

（1）机库内的各种设备都有定点存放区位。摆放在机库内的地面设备，如梯子、千斤顶等，使用完后，必须按划线及标识放回原位，严禁占用消防通道；不属于摆放在机库内的地面设备，必须推出机库摆放。

（2）机库的大门、天吊、电源、压缩气源等设施设备应由经培训合格人员严格按操作程序和安全规章进行操作。

（3）各种地面设备使用后，应清除污物、恢复到初始状态后，放回指定位置，放好后采用设置支脚、轮挡等手段固定，有防尘要求的应盖好防尘盖、布罩等。

（4）工作结束时应及时关断电、气源，将天吊及其小车移至一侧停放位并收短吊缆。

（5）移动地面设备时应注意移动速度和穿行飞机的间距（垂直间距和水平间距）。一般情况下，水平间距和垂直间距应不小于 5m。水平间距过小时，应采取适当减速缓行和防擦碰等措施；垂直间距过小时，禁止穿行飞机任何部位（如大型登机工作梯必须绕过机翼推行）。

（6）严禁在机库内使用易燃、易爆、易挥发和有毒的清洗液对飞机部件和物品进行大面积的清洗工作。进行小面积清洗时，工作者应遵守防火、防爆、环境保护等有关规定，注意及时清除积存和滴落的液体，且工作时必须将机库大门和机头坞门同时打开，保证通风。

（7）严禁将任何油液排放到地面，按工作需要配备一定数量的接油盘、桶；如发现油液泄漏，必须用沙子等及时处理。

（8）机库内不允许使用金属轮挡，防止刮坏机库地面的漆层。

（9）在机库内严禁使用明火；禁止用金属物敲击的方法打开油桶和油箱盖。

第2章 维修手册及维修文件

2.1 ATA 100 规范及常用维修文件介绍

2.1.1 常用维修文件分类及功用

飞机维护人员在飞机维护过程中会使用大量的技术文件,其中包括各类手册。手册按其工作性质分为:外场航线、结构无损、定检时控、深度维修。本章主要介绍常用外场航线类手册。作为同一类手册,空客和波音的名称可能会不一样,本节只介绍常用外场航线类手册的功用,手册的结构、内容、查询将在 2.2 节、2.3 节介绍。

1. 飞机维护手册

飞机维护手册(Aircraft Maintenance Manual,AMM)提供航线和定检维护时所需要的详细技术信息,包含系统及部件的工作描述、勤务、修理、更换、调节、检查的必需信息和正常在停机坪或维护机库完成飞机检查所需要的工具设备。该手册用来满足维修人员工作和培训的需要。

2. 图解零件目录手册

图解零件目录手册(Illustrated Parts Catalog,IPC)是针对飞机上的各种零部件的购买、装配、储存和生产等编写的一本手册。它在航线维护中用于确认所有航线可更换件的件号,以及用于购买备件、制定备件计划。手册给出零部件装配图及详细零件清单,标注出各个零部件的件号、备件信息、生产厂商、技术规范、使用数量、位置、有效性等信息。

3. 简图手册

系统简图手册(System Schematic Manual,SSM)是波音手册,手册展示了飞机机载系统的配置、功能、电子、电气部件工作原理、机械部件工作原理、组件位置,可用于飞机的排故及日常维护人员的培训。

飞机简图手册(Aircraft Schematic Manual,ASM)是空客手册,手册以系统方块图、系统简图、系统简化简图的形式展示了电子、电气部件的工作原理、系统配置、功能、电路操作、逻辑关系,可用于飞机电子、电气系统的排故及日常维护人员的培训。

SSM 与 ASM 的区别在于,SSM 中有液压油路、气路等机械工作原理图,ASM 只有电子、电气线路图解。

4. 线路手册

线路手册（Wiring Diagram Manual，WDM）是波音手册，手册包括飞机所有的导线连接图和各种清单，它详细描述了电子、电气部件的线路连接关系，描述了部件设备号、件号、数量、供应商，描述面板、设备架的位置、编号，描述导线束中各导线的型号、尺寸以及连接件的情况，描述各接头位置、插钉的使用等，可用于排除飞机上有关线路的故障。

飞机线路手册（Aircraft Wiring Manual，AWM）和飞机导线清单（Aircraft Wiring List，AWL）是空客手册，合起来相当于波音的 WDM。AWM 只描述了飞机所有的导线连接图，可用于排除飞机上有关线路的故障。AWL 以清单的形式详细描述了电子、电气导线的连接情况。AWL 包括两个清单，即设备清单和扩展导线清单。

5. 故障隔离手册（或排故手册）

故障隔离手册（Fault Isolation Manual，FIM）是波音手册，排故手册（Trouble Shooting Manual，TSM）是空客手册。它们向维护人员提供了推荐的故障隔离程序，用于排除故障。手册针对不同的故障代码、故障现象提供各类用于查询的清单和索引表，方便维护人员根据已知的故障现象、故障代码查找到相应的故障隔离程序。

2.1.2 ATA 100 和 ATA 2200 规范

1. ATA 100 规范的概述

ATA 100 规范是美国航空运输协会（Air Transport Association of America）第 100 号规范，又称"制造商技术资料规范"，它详细规定了飞机制造商技术资料的标准和指导原则，包括手册的结构、内容、编排、版本及更新服务，确保了民用航空器各种产品在设计、制造、使用、维修中各种资料、文件、函电、报告、目录索引中编号的统一。它是编写各机型各类手册的依据，也是编制计划与非计划维修（护）文件的依据，不同年代制造的飞机依据的 ATA 100 规范版次不同。

2. ATA 100 规范的内容

1) ATA 100 章节的划分

ATA 100 是按章节的概念进行编写的。每一章代表飞机上的一个系统。根据规范的要求，可以把飞机分成"航空器"和"动力装置"两部分。"航空器"又可以划分为：总体、系统、结构三部分；"动力装置"可以划分为：螺旋桨/旋翼、发动机两部分。各章的编号规定如图 2-1 所示，其中：

1～4 章是留给各航空公司编写自己公司的文件和资料；

5～12 章为"总体"（General）类；

20～49 章为"系统"（System）类；

51～57 章为"结构"（Structure）类；

60～67 章为"螺旋桨/旋翼"（Propeller/Rotor）类；

70～80 章为"动力装置"（Power plant）类；

91 章为"图表"（Chart）类。

章节	内容	章节	内容
05章	时限/维护检查	51章	标准施工/结构
06章	尺寸和区域	52章	舱门
07章	顶起与支撑飞机	53章	机身
08章	水平测量与称重	54章	吊舱/吊架
09章	牵引与滑行	55章	安定面
10章	停放与系留	56章	窗
11章	标牌和标志	57章	机翼
12章	勤务	60章	标准施工(螺旋桨/旋翼)
18章	振动和噪声分析(仅限于直升机)	61章	螺旋桨/推进器
20章	标准施工	62章	主旋翼
21章	空调系统	63章	主旋翼传动
22章	自动飞行	64章	尾桨
23章	通信	65章	尾桨传动
24章	电源	66章	旋翼和尾梁折叠
25章	设备/装饰	67章	旋翼飞行操纵
26章	防火	70章	发动机标准施工
27章	飞行操纵	71章	动力装置
28章	燃油	72章	涡轮/涡桨发动机
29章	液压动力	73章	发动机燃油与控制
30章	防冰和排雨	74章	点火
31章	仪表	75章	空气
32章	起落架	76章	发动机控制
33章	灯光	77章	发动机指示
34章	导航	78章	发动机排气
35章	氧气	79章	发动机滑油
36章	气源	80章	起动
37章	真空	81章	涡轮增压
38章	水/污水	82章	喷水
45章	中央维护计算机系统	83章	附件齿轮箱
46章	信息系统	91章	位置与图表
49章	机载辅助动力装置		

图 2-1 ATA 章节划分

2) ATA 100 规范的编号规则

按 ATA 100 规范的规定,资料编号由 3 组 2 位数表示章、节、主题,分别对应系统、子(分)系统、部件/项目,如图 2-2 所示。

6 位数字编号中前两位表示章,第三位表示子(分)系统,第四位表示次级子(分)系统,后两位表示主题。如图 2-3 所示,(参照 A320 的 AMM)液压系统为 29 章,子系统 10 为主液压源,11 为绿色主液压源,12 为蓝色主液压源,13 为黄色主

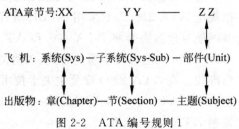

图 2-2 ATA 编号规则 1

液压源。14 对应主 HP 总管、15 对应 PTU 总管、32 对应释压活门、33 对应优先活门。

图 2-3　ATA 编号规则 2

为了方便飞机制造商，6 位数字编号前三位由 ATA 100 规定，后三位由飞机制造商确定，如图 2-4 所示为 28-21-51 的编号规则。

由于次级分系统和部件由飞机制造商划分，不同飞机制造商的手册编排可能不完全一样。如图 2-5 和图 2-6 所示为 737AMM 和 A320AMM 中对 28-21-51 的不同描述。

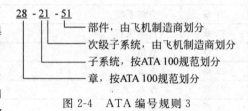

图 2-4　ATA 编号规则 3

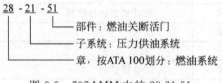

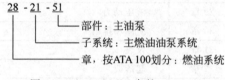

图 2-5　737AMM 中的 28-21-51　　　　图 2-6　A320AMM 中的 28-21-51

3. ATA 100 规范中页段的定义

ATA 100 规范将手册的所有页码按一定长度分成不同区段，定义为页段，也叫页码段（page block，PB）。每个页段为特定页码，如 PB 001 表示从 001 页至 099 页，PB 201 表示从 201 页至 299 页，以此类推，PB 801 表示从 801 页至 899 页。为了防止每个页段 99 页不够用，ATA 100 规范在每个页段前加字母以增加该页段的容量。如 PB 001，当用到 099 页，页码不够时，可用 A000～A099 页，对于 PB 801，可用 A800～A899 页。

每个页段内容是特定的，如部件拆卸，只能在 PB 401 中描述。页段内容说明如图 2-7 所示。

4. ATA 2200 规范

随着信息技术的发展，手册由纸制版变为电子版，美国航空运输协会发布了"数字化数据规范 ATA 2100"，它采用 SGML 语言，规定了图解、数据的提取、数据的模式等。2000 年美国航空运输协会将 ATA 100 和 ATA 2100 两种规范合并形成 ATA 2200 规范。执行 ATA 2200 规范可使手册的格式、内容划分、页面编排、打印、页码编制、图形及尺寸等均为标准化。在 ATA 2200 规范中关于技术资料的内容、结构、一般要求等仍沿用 ATA 100 规范内容。ATA 100 和 ATA 2100 在 1999 年以后不再更新修订级别。目前电子版的手册多遵循 ATA 2200 规范。

页码段	页段名称	说 明
001～099	概述与操作 (Description and Operation, D&O)	提供一个功能、操作、控制和部件位置的说明。向维护人员提供足够多的信息以了解系统的构造和功能
101～199	故障隔离 (Trouble Shooting, TS)	介绍故障隔离程序
201～299	维护程序 (Maintenance Practices, MP)	提供一般维护工艺程序，如：飞机顶起；飞机水平测量；电源、气源、液压源的应用；发动机整流罩、主起落架门的打开和关闭
301～399	勤务 (Servicing, S)	提供润滑、加油等勤务工作程序
401～499	拆除/安装或解除/恢复 (Removal/Installation, R/I)或 (Deactivation/Reactivation, D/R)	拆除/安装：提供用于拆卸、安装一个部件的全部必要的数据 解除/恢复：解除程序阐述了在一个系统或系统的一个零件失效的情况下，依据 MMEL 和 CDL 的要求允许放行所需要完成的工作程序。恢复程序阐述了在故障部件、系统解除后，使系统恢复到正常所需要完成的工作程序
501～599	调节/测试 (Adjustment/Test, A/T)	包括操作测试、功能测试、系统试验
601～699	检验/检查 (Inspection/Check, I/C)	包括原位检查和离位检查
701～799	清洁/喷漆 (Cleaning/Painting, C/P)	包含需要有特别预防措施的清洗/油漆程序（零件被液压油、电池酸液等污染）
801～899	批准的修理 (Approved Repairs, AR)	提供 CMMM/CMMV 或者 SRM/NSRM 所涵盖之外的经批准的修理程序

图 2-7　页段的一般规定

2.1.3　维修文件的有效性及飞机的编号

1. 维修文件的有效性

任何维修文件都有有效性(Effectivity)，也就是此文件的适用性，即该维修文件是针对哪种机型制定的，对哪些飞机有效。一般定义为：维修文件的有效性是指该文件是否适用于指定飞机及机载设备的依据。

维修文件对应飞机的有效性可以体现在以下 4 个方面：客户化（机型、机队有效性）、飞机型别号码（单架飞机的有效性）、型别特征（装备系统、APU、发动机的有效性）、时效性（手册改版的有效性）。

1) 手册的客户化

首先引入一个概念——机队(Fleet)。一般来说同一个运营商购买的同一机型的飞机构成一个机队，针对某一机队或该机队某些飞机有效的维修文件称为客户化手册(Customized Manuals)；反之，适用于所有相同机型，而不是针对某一机队编写的文件称为非客户化手册(Non-Customized Manuals)，非客户化手册也叫机型手册。本章介绍的常用手册都属于客户化手册。

2) 飞机型别号码

每一种手册为了防止混淆对应飞机的有效性，在手册的前言(Front Matter)部分记录了该手册所能适用的机队所有飞机的各种号码，如：注册登记号，序列号。

3) 型别特征

型别特征是由于飞机采取了不同厂商提供的设备而产生的,例如:737-345飞机可以使用不同厂家的 APU。同型号的飞机由于使用不同的设备,引起性能和构造的不同叫不同构型。在手册中常用 figure1,figure2 表示不同构型。

4) 时效性

时效性是指由于文件随时间更迭,而产生的有效性问题。如:厂家定期改版或临时改版,此外还有强制执行的适航指令、需执行的服务通告、服务信函等。

2. 飞机的编号

一架飞机从设计、实验、成批的生产到投入运行,过程是非常复杂的,也是非常严谨的,每一个过程都会有一些代表该过程的编号,这些编号用以对机型进行识别,同时,也用来确定各类手册、服务通告、适航指令等的有效性。在各手册前言都有飞机有效性对照表,以方便用户查询手册时了解手册有效性。一般手册有效性用客户有效性代码(波音)/机队序列号(空客)表示。下面介绍飞机有效性对照表中所涉及的各种编号。

1) 波音飞机有效性对照表(见图 2-8)

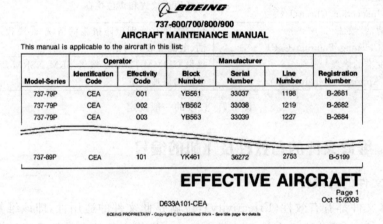

图 2-8 737 有效性对照表

(1) 飞机型号(Model-Series) 此编号用以确定指定的机型,最后两位数字代表对应的航空公司,如:737-236 是不列颠航空公司选购的 737-200 系列飞机;数字后还可以带有某些字母标注,如:F-freighter 全货,ER-extended 延程,等。

(2) 生产线号(Line Number) 此编号是某一机型持续生产的编号,如:1198、1219。

(3) 序列号(Serial Number) 此编号由生产流程确定,不分机型,如:33037、33038。

(4) 批次号(Block Number) 此编号由用户选择,由两个字母和三位数字组成,如:YB561、YB562。

(5) 注册登记号(Registration Number) 此编号由飞机持有国的官方指定,中国注册登记号为 B-××××,如:B-2681、B-2682。

(6) 客户有效性代码(Effectivity Code) 为三位数编号,空客叫机队序列号。此编号将各航空公司机队的飞机按照顺序编排从 001 到 999,在手册中用客户有效性代码标明手册的有效区间,如:001、002。

并非只有飞机有这些编码，对于发动机和重要的部件、组件也有编码，如：发动机有 Serial Number、Block Number，发动机风扇叶片也有 Serial Number 等，在使用时要仔细把握。

2）空客飞机有效性对照表（见图 2-9）

AIRCRAFT MAINTENANCE MANUAL

Fleet No./MSN Cross-reference table

AIRLINE	CUSTOMER FLEET SERIAL NUMBER	VERSION RANK	MODEL	MSN	REGISTRATION
CES	001	G8E01 0010	320-214	0772	B-2360
CES	002	G8E01 0011	320-214	0799	B-2361

EFF : ALL　　00 -INTRO　　Page 80　Jul 01/09

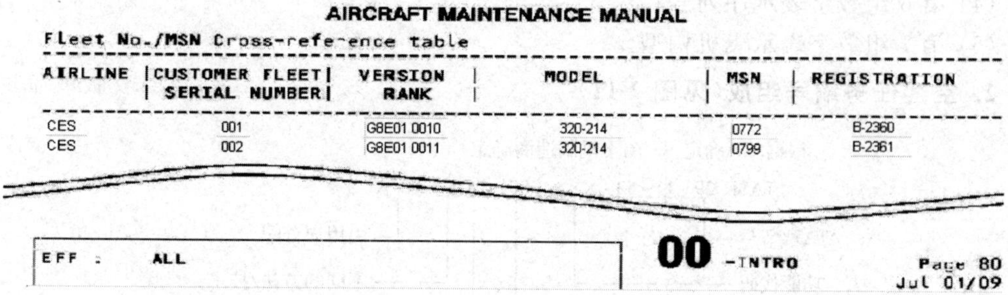

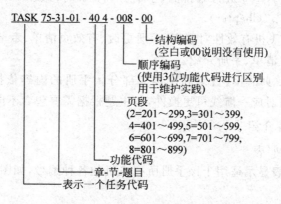

图 2-9　A320 有效性对照表

（1）机队序列号（Fleet Serial Number，FSN）　航空公司机队的飞机按照顺序编号，如：001、002。

（2）飞机构型（Version Rank）　如：G8E01 0010、G8E01 0011。

（3）飞机型号（Model）　如：320-214。

（4）厂家序列号（Manufacturer Serial Number，MSN）　某一机型持续生产的编号，如：0772、0799。

（5）注册登记号（Registration）　如：B-2360、B-2361。

2.1.4　任务编号系统

每项工作都被定义为一项任务，为了识别这些任务，给这些任务一个编号。在波音和空客飞机的技术手册中都使用了“面向飞机维护工作的支持系统”（Airplane Maintenance Task-Oriented Support System，AMTOSS）来生成工作任务（Task）及其子任务（Sub-Task）的编号，但方式略有不同。Task 是指为完成特定维护任务而有机组合在一起的一组工作程序，而 Sub-Task 则为其中的单独工作步骤。在任务号中包含了 ATA 章节号、页码段、功能号和飞机构型等信息。AMTOSS 的构成及含义在 AMM 手册前言有详细介绍。

1. 波音任务编号组成（见图 2-10）

图 2-10　波音任务编号系统

(1) 前3组数字表示ATA 100章节号；
(2) 第4组数字表示功能代码；
(3) 第5组数字表示页段；
(4) 第6组数字表示序列号；
(5) 第7组数字表示飞机构型。

2. 空客任务编号组成（见图2-11）

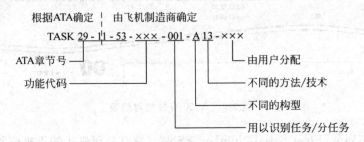

图2-11 空客任务编号系统

(1) 前3组数字表示ATA 100章节号；
(2) 第4组数字表示功能代码；
(3) 第5组数字表示任务识别号；
(4) 第6组分为两部分，第一部分为飞机构型，第二部分为方法/技术；
(5) 第7组数字表示用户分配代码。

2.2 波音常用飞机维修手册使用方法介绍

本节将以737为例介绍波音常用飞机维修手册（AMM、IPC、WDM、SSM、FIM）的结构、内容、使用方法。

2.2.1 飞机维护手册（AMM）

1. 手册结构

AMM是按照ATA 100进行编排的，手册分为：临时修改（Temporary Revisions）、前言（Front Matter）、章节（Chapter）。

前言包括：标题、飞机有效性对照表、手册更改、有效页清单、章节有效性、修订记录、临时修订记录、服务通告清单、手册介绍。

章节包括：章有效页清单、目录和内容三部分。手册的内容依据ATA 100规范分为章、节、主题，每一主题对应一航线可更换件，各主题根据需要包含不同的页段。

2. 手册前言内容介绍

1) 飞机有效性对照表

飞机有效性对照表显示适用于该手册所有飞机的各种编号，如图2-12所示。

2) 手册更改

手册更改列出了手册换版时各章节的更改位置和更改原因，如图2-13所示。

图 2-12　飞机有效性对照表

图 2-13　手册更改

3）有效页清单

有效页清单记录了手册前言的修订信息，如图 2-14 所示，其中：Subject/Page 表示题目/页，Date 表示更改日期，COC 表示客户发起改版，A 表示增加页，R 表示改版页，D 表示删除页，O 表示覆盖页，C 表示应客户化要求发起的更改。

4）章节有效性

如图 2-15 所示，章节有效性描述了各章节增加、改动信息。

5）修订记录

由于 AMM 手册是客户化手册，其内容需要定期修订，每一次修订都应做好相应的修订记录，其记录的内容如图 2-16 所示。

6）临时修订记录

在手册两次连续正式修订期间，如需要对手册内容进行修订，则进行临时修订。每次临时修订只能修订一个项目的内容，修订后也应做好相应记录，记录内容如图 2-17 所示。

Subject/Page		Date	COC	Subject/Page		Date	COC
TITLE PAGE				HIGHLIGHTS (cont.)			
O	1	Oct 15/2008		O	15	Oct 15/2008	
	2	BLANK		O	16	Oct 15/2008	
O	11	Oct 15/2008		O	34	Oct 15/2008	
O	12	Oct 15/2008		O	35	Oct 15/2008	
O	13	Oct 15/2008		O	36	Oct 15/2008	
O	14	Oct 15/2008		O	37	Oct 15/2008	

A = Added, R = Revised, D = Deleted, O = Overflow, C = Customer Originated Change

EFFECTIVE PAGES

D633A101-CEA Page 1 Oct 15/2008

BOEING PROPRIETARY - Copyright © - Unpublished Work - See title page for details.

图 2-14 有效页清单

	Chapter	Date	Title
R	21	Oct 15/2008	Air Conditioning
R	22	Oct 15/2008	Autoflight
R	23	Oct 15/2008	Communications
R	55	Oct 15/2008	Stabilizers
R	56	Oct 15/2008	Windows
R	57	Oct 15/2008	Wings

A = Added, R = Revised

EFFECTIVE CHAPTERS

图 2-15 章节有效性

BOEING

737-300/400/500

AIRCRAFT MAINTENANCE MANUAL

All revisions to this manual will be accompanied by transmittal sheet bearing the revision number. Enter the revision number in numerical order, together with the revision date, the date filed and the initials of the person filing.

Revision		Filed		Revision		Filed	
Number	Date	Date	Initials	Number	Date	Date	Initials

图 2-16 修订记录

BOEING

737-300/400/500

AIRCRAFT MAINTENANCE MANUAL

All temporary revisions to this manual will be accompanied by a cover sheet bearing the temporary revision number. Enter the temporary revision number in numerical order, together with the temporary revision date, the date the temporary revision is inserted and the initials of the person filing.
When the temporary revision is incorporated or cancelled, and the pages are removed, enter the date the pages are removed and the initials of the person who removed the temporary revision.

Temporary Revision		Inserted		Removed		Temporary Revision		Inserted		Removed	
Number	Date	Date	Initials	Date	Initials	Number	Date	Date	Initials	Date	Initials

图 2-17 临时修订记录

7）服务通告清单

服务通告清单包括服务通告号、服务通告涉及的 ATA 章、通告状态、出版日期及其对手册有效性的影响等，如图 2-18 所示。在“Started/Completed”项目中，如果标有 S，则说明这份服务通告尚未完成；如果标有 C，则说明这份服务通告已经完成。

BOEING

737-300/400/500

AIRCRAFT MAINTENANCE MANUAL

Number	Incorporated	Started/ Completed	ATA	Subject
SB 11-1075	No Effect		-	PLACARDS AND MARKINGS - EXTERIOR PLACARDS AND MARKINGS - NACELLE AND POWER PLANT THRUST REVERSER MAINTENANCE WARNING PLACARD INSTALLATION
SB 11-1097	MAR 12/2001	S	CHAPTER 38	PLACARDS AND MARKINGS - Interior Placards - Fwd/Aft Cargo Compartment/potable Water Tank Warning Marker Installation
SB 11-1136	No Effect		-	PLACARDS AND MARKINGS - Exterior Placards and Markings - Forward Airstair Decal Installation

图 2-18 服务通告清单

8）手册介绍

在 AMM 手册介绍中描述了手册的结构、章节编排规则、有效性识别、页段含义、手册使用方法、任务编号系统，还包括消耗材料清单、工具清单、消耗材料和工具供应商清单。

3. 手册章节内容介绍

1）章有效页清单

章有效页清单记录了该章的修订信息，如图 2-19 所示，其中：Subject/Page 表示题目/页，Date 表示更改日期，COC 表示客户发起改版，A 表示增加页，R 表示改版页，D 表示删除页，O 表示覆盖页，C 表示应客户要求进行的更改。

BOEING 737-600/700/800/900 AIRCRAFT MAINTENANCE MANUAL

CHAPTER 21
Air Conditioning

Subject/Page	Date	COC	Subject/Page	Date	COC
EFFECTIVE PAGES			21-00-00 (cont.)		
1 thru 12	Oct 15/2008		R 6	Oct 15/2008	
			R 7	Oct 15/2008	
21-CONTENTS			R 8	Oct 15/2008	
O 1	Oct 15/2008		R 9	Oct 15/2008	
O 2	Oct 15/2008		10	Oct 10/2002	
O 3	Oct 15/2008		R 11	Oct 15/2008	
R 5	Oct 15/2008		28	Jun 15/2008	

A = Added, R = Revised, D = Deleted, O = Overflow, C = Customer Originated Change

21-EFFECTIVE PAGES

D633A101-CEA Page 1 Oct 15/2008

BOEING PROPRIETARY - Copyright © - Unpublished Work - See title page for details.

图 2-19 章有效页清单

2）章节目录

如图 2-20 所示，章节目录为该章每节目录及有效性。

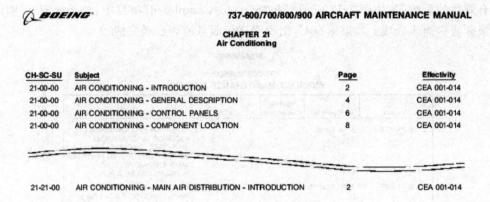

图 2-20　章节目录

3）主题内容

AMM 手册的内容依据 ATA 100 规范分为章、节、主题，每一主题对应一航线可更换件，各主题根据需要包含不同的页段。

737-300/400/500 与 737-600/700/800/900 的飞机维修手册结构不同。737-300/400/500 共使用了 PB101、PB202、PB301、PB401、PB501、PB601、PB701、PB801 共 9 个页段。由于波音 737-300/400/500AMM 中包含 PB101（故障分析），所以 737-300/400/500 没有单独的排故手册。

737-600/700/800/900 AMM 分为两部分，第一部分是系统描述部分（System Description Section，SDS），第二部分是操作与程序（Practices and Procedures，P&P）。SDS 将原来 737-300/400/500 飞机各系统 PB001 的描述与工作部分的内容集成在一起，介绍各系统的工作原理、部件组成、部件位置等信息。P&P 是将以 AMTOSS 任务号为主的工作程序内容（PB 202、PB 301、PB 401、PB 501、PB 601、PB 701、PB 801 共 7 个页段内容）集成在一起，这样排列的意义主要是可以让具有不同工作经历、层次或要求的人员有选择性地查找信息，缩短查询时间，提高查询效率。另外在 737-600/700/800/900 的 AMM 中不包含有关排故的内容（PB101），所有排故的内容全部集成在单独的故障隔离手册中。

4. 手册的有效性控制

AMM 手册是一本客户化手册，在手册的前言中列出本手册适用的有效飞机清单，通过飞机有效清单控制手册对哪些飞机有效。在手册前言中有章有效性清单，每章中有节有效页清单，通过这些内容控制了整个手册内容的有效性。在手册前言中有手册的修订记录和临时修订记录，通过它们控制手册的现行有效性。手册的每页右下方有 ATA 章节号（24-31-00）、页段号（Page 503）、修订日期（Jul 12/00）、构型代码（02）。手册的左下方有有效性信息(ALL),如果该页不适用于所有的飞机,会用有效性代码代替 ALL。维护手册的有效性如图 2-21 所示。

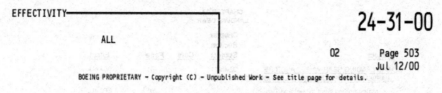

图 2-21 维护手册的有效性

5. AMM 手册查询的方法及应用举例

AMM 手册常用的查询方法有两种:已知关键字的查询和已知 AMTOSS 任务号的查询。

1) 已知关键字的查询方法

基本思路是:关键词→ATA 100→目录 →章→节→主题→页段→信息。

(1) 查找相关信息之前,首先确定信息的英文关键词,根据信息的英文关键词,判定信息可能在的 ATA 章节。

(2) 根据相关信息确定该架飞机的有效性代码。

(3) 检查临时改版清单中有无相关信息。

(4) 翻到该章的目录,通过关键词在目录找到问题所在的节或子(分)系统。如果是电子版的手册,还可以通过软件自带的搜索功能输入关键词进行过滤和筛选。

(5) 找到所在的节或子(分)系统以后,再确定信息所在的主题部分和页段。翻到手册相应页段查找所需信息。

例: 查找 B-2681 飞机主起落架轮轴螺帽的安装力矩。

(1) 根据题目可以确定所查问题在 ATA32 章起落架系统。

(2) 根据 B-2681 飞机信息确定其有效性代码是 001(见图 2-12)。

(3) 检查临时改版清单中无临时改版记录。

(4) 查询 32 章的目录,确定问题属于 45 节的机轮与轮胎。

(5) 在 32 章目录中,从 32-45-00 开始查找,判断问题属于 32-45-11 主起落架机轮和轮胎组件(见图 2-22)。

(6) 分析只有在安装主机轮时才需要磅力矩这样的程序要求,故答案应在页段 401~499 拆装部分。找到 32-45-11 Page 401 页段,这部分内容包括主机轮的拆卸程序和安装程序。在机轮装配图中可找到轮轴螺帽(见图 2-23)。

(7) 主机轮的安装程序为 TASK 32-45-11-400-801,页段从 Page 407 到 Page 410,螺帽的安装力矩要求在子任务 SUBTASK 32-45-11-420-001 中(见图 2-24)。

2) 已知 AMTOSS 任务号的查询

(1) 根据 AMTOSS 任务号的前 3 组数字得到 ATA 章节号,第 4 组数字得到页段码。

(2) 根据 ATA 章节号和页段码翻到手册相应的章节查找所需信息。

例: 已知 AMTOSS 任务号 TASK 76-11-08-004-001-C00,查找相关内容。

(1) 根据 AMTOSS 任务号 TASK 76-11-08-004-001-C00 的前 3 组数字,得到 ATA 章节号为 76-11-08,第 4 组数字 004 得到页段码为 401-499。

维修基本技能(ME、AV)

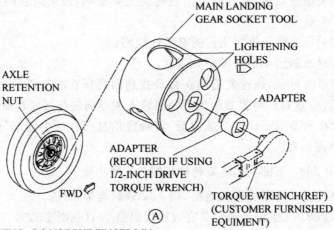

图 2-22　目录查找举例

图 2-23　机轮轮轴螺帽装配图

(k) Do these steps to tighten the nut [16] with the socket, SPL-1865:

 1) While you turn the wheel, tighten the nut [16] to 500-600 pound-feet (678-813 newton-meters).

  a) Stop the wheel.

  b) Loosen the nut [16] to 10-30 pound-feet (14-41 newton-meters).

  c) While you turn the wheel, tighten the nut [16] to 150 pound-feet (203 newton-meters).

  d) If the holes for bolt [10] do not align, continue to tighten the nut [16] to align the holes.

   NOTE: The holes will align every 6 degrees that you turn the nut.

   NOTE: Do not tighten the nut to more than 300 pound-feet (407 newton-meters).

 (l) Do these steps to install the two bolts [10] to lock the nut [16] to the wheel and tire assembly [1]:

图 2-24　轮轴螺帽力矩举例

(2) 在 AMM 手册目录索引 76-11-08-401,即可查找相关内容。

6. 手册术语

1) 手册中 Note、Caution、Warning 的含义

注(Note):表示内容是有助于简化或方便维修工作的信息。

告诫(Caution):若不按此程序内容操作可能造成设备损坏。

警告(Warning):若不按此程序内容操作可能造成人员伤亡。

2) 航线可更换件(Line Replaceable Unit,LRU)

航线可更换件是指在航线维护过程中可更换的部件,它包括:厂家结构件、供应商部件、部件分解件、连接/安装件。

2.2.2 图解零部件目录(IPC)

1. IPC 结构

IPC 手册按照 ATA 100 进行编排,手册分为临时修改、前言、章节。

前言包括:改版传送的信函(Revision Transmittal Letter)、改版传送(Revision Transmittal)、目录(Table of Contents)、介绍(Introduction)、详细零件清单说明(Explanation of Parts List Data)、模块零件清单说明(Explanation of Module Part List Data)、零件定位介绍(Instructions to Locate Part)、图示说明(Explanation of Illustration Techniques)、飞机有效性对照表(Airplane Effectivity Cross Reference)、区域划分图(Zone/Index Diagrams)、段位/站位图(Airplane Section Breakdown/Station Diagrams)、主要图号索引(Major Drawing Numbers Index)、油滤维护工具包清单(Filter Maintenance Kit Listing)、供应商清单(Supplier Name And Address)、服务通告清单(Service Bulletin List)、改装清单(Modification List)、模块交叉索引(Module Cross Reference)、波音规范件对照表(Specification Cross Reference)、件号字母索引表(Part Number Alphanumerical Index)、件号数字索引表(Part Number Numerical-Alpha Index)。

章节包括章节前言和章节内容。章节前言包括有效页清单和目录;章节内容部分依据 ATA 100 规范分为章、节、主题,每一主题包括对应航线可更换件的装配图和详细零件清单。

2. IPC 内容

1) 件号字母索引表介绍

件号字母索引表(见图 2-25)是已知航线可更换件的件号,使用件号字母索引表找到这个件号在零件图解目录的具体安装位置、替代件号、生产厂商代码、装配图和名称等信息。例如:已知件号是 ABMATC,根据件号字母索引表,确定它的信息为 23-34-51 40E 60,在这架飞机上共安装 6 个。

2) 件号数字索引表介绍

件号数字索引表(见图 2-26)是已知航线可更换件的件号,使用件号字母索引表找到这个件号在零件图解目录的具体安装位置、替代件号、生产厂商代码、装配图和名称等信息。

图 2-25 件号字母索引表介绍

例如：已知件号是 0BA7，根据件号数字索引表，确定它的信息为 25-64-00 67 25，在这架飞机上共安装 8 个。

图 2-26 件号数字索引表介绍

3）章节内容介绍

IPC 主要是由装配图和详细零件清单组成的。IPC 的结构都是按先图示后详细零件清单的形式排列的，图示部分的页下方除了 ATA 章节号以外还包括了图号信息，如 21-21-01-01（见图 2-27、图 2-28 和图 2-29），21-21-01 表示 ATA 章节号，01 表示该部件标题中的 01 号图。随后的详细零件清单页（见图 2-30）下方有相同图号（21-21-01-01），这表示具有相同 ATA 章节图号的图示页与详细清单页组成一个独立的"查询单元"。图示页可能有多页，用"Sheet 1，Sheet 2，…"表示，但详细零件清单页不一定与图示页有相同的页数，图示页上有整体位置图（见图 2-27）和站位信息及放大图，如果必要还有局部展开图，用于更详细地展示零件的装配位置和顺序（见图 2-28 和图 2-29）。装配图和详细零件清单页所有子部件都用项次号表示。

3. 术语

（1）项次号（Item Number） 在 IPC 手册中为了区分各类被分解的子部件，给每一个子部件一个数字编号，叫项次号（见图 2-28 和图 2-30 中 45）。项次号用于在装配图和详细零件清单中识别部件。

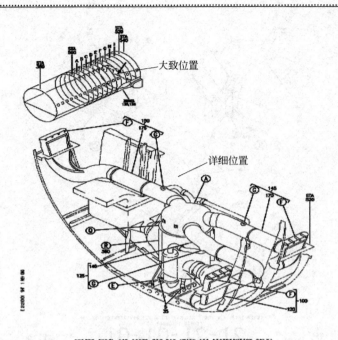

图 2-27　装配图 1

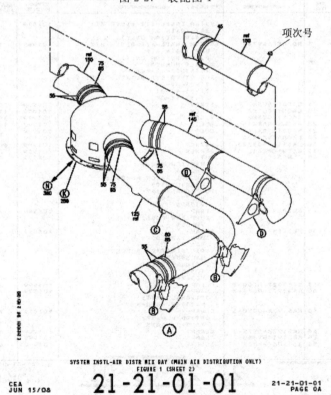

图 2-28　装配图 2

SYSTEM INSTL-AIR DISTR MIX BAY (MAIN AIR DISTRIBUTION ONLY)
FIGURE 1 (SHEET 3)

CEA
JUN 15/08

21-21-01-01

21-21-01-01
PAGE 08

BOEING PROPRIETARY - Copyright © - Unpublished Work - See title page for details.

图 2-29 装配图 3

FIG ITEM	PART NUMBER	1234567 NOMENCLATURE	EFFECT FROM TO	UNITS PER ASSY
1		SYSTEM INSTL-AIR DISTR MIX BAY (MAIN AIR DISTRIBUTION ONLY)	101999	
- 1	MODREF349763	SYSTEM INSTL-AIR DISTR MIX BAY (MAIN AIR DISTRIBUTION ONLY) MODULE NUMBER: 214A3003-12 REV E FOR OTHER SYS DETAILS SEE: 21-25-02-08 21-51-42-01 21-51-51-02	101999	1
5	BACS12GU3K7	.SCREW	101999	12
10	BACS12GU3K8	.SCREW	101999	12
15	BACS12GU3K9	.SCREW	101999	18
20	BACB30NM3K15	.BOLT	101999	15
27	BACB30NM3K17	.BOLT	101999	2
28	BACB30NM3K20	.BOLT	101999	1
30	NAS1149D0332J	.WASHER	101999	60
35	BACW10P44AL	.WASHER	101999	2
40	PLH53CD	.NUT- SUPPLIER CODE: V62554 SPECIFICATION NUMBER: BACN10YR3CD OPTIONAL PART: H52732-3CD V15653	101999	2
45	SLT8LHC6	.STRAP- SUPPLIER CODE: V06383	101999	7
50	PLT4SM	.STRAP- SUPPLIER CODE: V06383 SPECIFICATION NUMBER: BACS38K2 OPTIONAL PART: TO5LO V53421	101999	2
55	NAS1922-0700-3	.CLAMP	101999	8
60	NAS1922-0075-3	.CLAMP- OPTIONAL PART: NAS1922-0050-3	101999	7
60	NAS1922-0050-3	.CLAMP- OPTIONAL PART: NAS1922-0075-3	101999	7
65	NAS1922-0575-3	.CLAMP	101999	4
70	MS21919WDG10	.CLAMP	101999	6
85	AS1506-28D32	.SLEEVE	101999	4

项次号

MISSING ITEM NUMBERS NOT APPLICABLE

— ITEM NOT ILLUSTRATED

CEA

21-21-01-01

21-21-01
FIG. 01
PAGE 1
JUN 15/08

BOEING PROPRIETARY - Copyright © - Unpublished Work - See title page for details.

图 2-30 详细零件清单

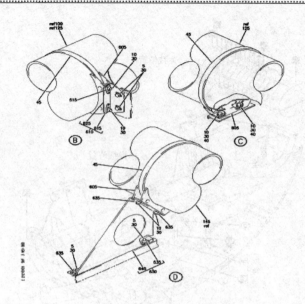

(2) 缩格关系　表示组件的上下级之间的关系,是利用在部件描述语前加"."的方式表示,加"."的部件是不加点的部件的子部件,加".."的部件是加"."的部件的子部件,加"..."的部件是加".."的部件的子部件(见图2-31)。数字1234567,表示可以有7级关系。

```
FIG          PART NUMBER    1234567  NOMENCLATURE         EFFECT   UNITS
ITEM                                                      FROM TO  PER
                                                                   ASSY
 2                                   FILTER INSTL-STBY PUMP
                                     CASE DRAIN
 -    5      65-44698-1              FILTER INSTL-STBY PUMP
                                     CASE DRAIN
                                     FOR NHA SEE:
                                     29-00-00-10A
     10      BACM10V21-2JG          .MARKER-ALUMINUM FOIL
                                     PLACARD CONTENT:
                                     CHECK VALVE
 -   30      AN960PD416L            .WASHER
                                     -------*-------
     50      7579078                .FILTER ASSY-
                                     SUPPLIER CODE:
                                     V05228
                                     SPECIFICATION NUMBER:
                                     10-60555-7
     55      7579455                ..NAMEPLATE-
                                     SUPPLIER CODE:
                                     V05228
```

图 2-31　缩格关系

(3) 上级组件(Next Higher Assembly,NHA)　指由此组件所装配的更大、更高级的组件,也可以是分系统。

4. 详细零件清单结构说明

详细零件清单是 IPC 中最重要的部分,记述了所有零件的必要信息,是开展查询的最终目标。清单由 5 列内容组成,具体如下(见图 2-30)。

(1) 第 1 列图、项次号栏(Figure/Item Column)　图号(Figure Number)和项次号(Item Number)与安装图中对应号码相匹配。

(2) 第 2 列件号栏(Part Number Column)　主要有 3 类,一是标准件件号,如螺栓、螺帽、垫片等;其次是供应商件号;第 3 类表示规范件号(Specification Number)。

(3) 第 3 列解释栏(Nomenclature Column)　说明了该图或零件的名称、装配信息、供应商代码、零部件名称、零件互换性信息。零件的层级用缩格关系表示。

(4) 第 4 列有效性栏(Effectivity From To Column)　解释了适用的飞机。若件号对应的此栏为空,表示该零件没有飞机构型的使用限制,可用于手册前言部分"飞机有效性索引"所列的所有飞机。若此栏中有数字则表示有飞机构型使用限制,这种情况总是需要维护人员在多个具有相同项次号中进行零件件号筛选。

(5) 第 5 列数量栏(Units per Assembly Column)　提供零件的个数信息。若是"RF"(Reference)表示参考 NHA 组件中的数量;若是"AR"(As Required)表示根据装配情况确定零件数量。

5. 详细零件清单说明（见图 2-32 和图 2-33）

（1）"1"为图号。

（2）"-25"为项次号。项次号前的横线"-"表示该部件未在图中显示。

（3）该零件的 NHA 参考图号为 57-51-54-01。

（4）"RF"、"AR"、"2"为零件数量信息。

（5）"V54321"为供应商代码。其地址、名称信息，可在手册前言部分"供应商清单"中查到。

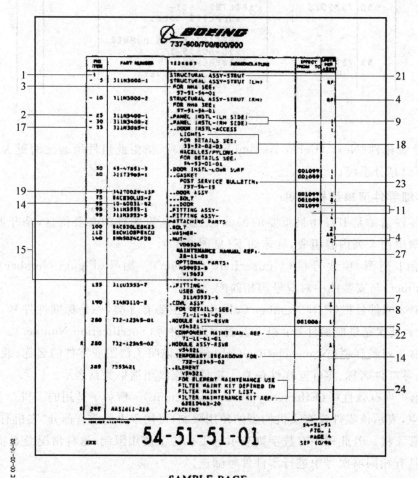

图 2-32　详细零件清单说明 1

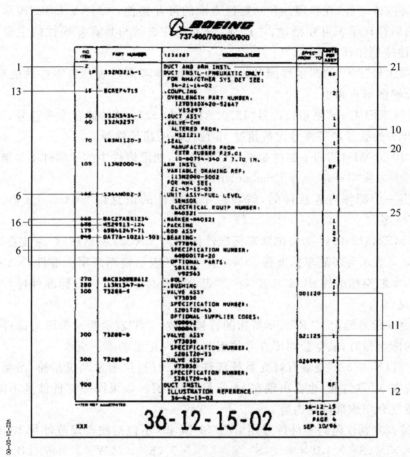

图 2-33 详细零件清单说明 2

(6)"S344N002-3"为规范件号。供应商件号"DAT76-102A1-503"的规范件号为"60B00178-20",其替代件号为"SB1136"。规范号码是由波音指定的零件件号。零件的供应商未取得波音认证时,其件号由规范号码代替。当供应商取得波音认证后,件号栏显示供应商件号,说明栏显示规范号码。如有其他供应商再取得波音认证,其生产的零件件号为替代件号。

(7)"USED ON"表示该零件仅能用于"311N3553-5"。

(8)表示详细信息参见 71-11-61-01。

(9) 说明部件的安装位置,通常包括站位或区域位置信息或者实际的安装位置信息。

(10) 说明"332N3257"是由"MS21211"改动而来。新部件与原部件之间仅有很小的改动。

(11) "001120"、"021125"、"026999"为客户有效性代码区间。例如:"001120"表示零件适用于1号至120号飞机。当此栏中没有记录时,表示部件适用于IPC中所有的飞机。

IPC中有可互换性标志的零件之间的关系按以下方式确定:"REPLACES OR REPL BY"表示零件(或部件)在物理性和功能性方面的可互换性;"MAY USE"表示根据所含零件向前或向后存在单项可互换性;"T/W"表示零件必须与具有互换性的主要部件一同更换,可互换性按照注释完成。

(12) 项次号"900"的图示参照"36-42-13-02"。参考图解表示与零件功能有关的图,图中零件以分解图形式画出。

(13) "BCREF4715"是超长件号"12703ADX420-526A7"的波音参考件号。波音公司以"BCREF"开头的波音参考件号代替超过15位代码的超长件号。

(14) "10-50031-42"的子部件是航线可更换件,如果组件中的子部件不是航线可更换件则在解释栏中加注"Temporary Breakdown"标志。

(15) 当一个部件有连接件时,解释栏中连接件的信息以"Attaching Parts"开头,以"---- * ----"结尾。

(16) "MS24513-124"为美国陆军标准件件号。"BAC27ABX1234"为波音标准件件号。MS××××表示美国陆军标准件,AN××××××表示空军海军标准件,NAS×××××表示美国国家航空标准件,BAC×××××表示波音标准件。波音标准件件号属于规范件号,其用法见(6)。

(17) 更改信息标记。"R"表示所指的行被更改。"S"表示当一张图的部件清单页包括航空公司的库存号时,航空公司库存号的更改是该项记录的唯一更改。

(18) "311N3065-1"是装有灯光系统部件的接近门,位于发动机吊舱/吊架。其详细信息既会出现在33章灯光,也会出现在54章吊舱/吊架。如果同一部件涉及不同章节,则在各章节会重复介绍该部件的内容。

(19) 波音专利权色码零件件号用后缀"SP"标识,不包括波音规范件号10-×××××,S×××N×××,S×××T×××,S×××U×××,S×××W×××或60B×××××,该项目表示所有色码统一适用于给定的适用范围,色码部件可用某航空公司(字母)色码后缀或统一的"SP"后缀标记订购,接收到"SP"零件的订购单后,零件将被按航空公司(字母)色码件号转化并处理,为便于颜色转化,对订购的"SP"零件可参考适用的飞机注册号或颜色名称。

(20) "183N1120-5"为可在当地加工零件,制造该零件所需的原材料信息及加工信息会在解释栏中标注。

(21) 图的标题。

(22) "732-12345-01"可参照CMM手册71-11-61-01。

(23) 该项目信息适用于001-099中已完成服务通告757-54-15的飞机。

(24) "63B10463-20"是波音油滤维护工具包件号。

该工具包包括了拆卸和维修飞机油滤所需要的全部部件,这套工具包为工作者提供便利,它包括油滤/组件、封圈/O形环、垫片以及维护零件所需的全部标准件,油滤维护工具包件号可参照零件记录的解释栏,油滤维护工具包在IPC的油滤维护工具包部分有详细记录。

(25)"M40321"为电气设备号。

(26)"ETOPS"为 双发延程飞行(Extended Twin Operation)。解释栏中"Not Approved for ETOPS"指安装该零件的飞机不可双发延程飞行;"Not Approved For ETOPS After Service Bulletin or Service Letter Incorporation"指在服务通告、服务信函完成后安装该零件的飞机不可双发延程飞行。

(27)"BMN5024CPD8"的维护信息可参照 AMM28-11-03。

6. IPC 查询的方法和步骤

在实际维护工作中,飞机维护人员使用 IPC 通常会遇到两种情况:一种是已知零件的名称或零件在飞机系统中的位置,需要借助 IPC 来查找零件的件号(Part Number,PN);另一种是知道件号,但需要根据件号来确定零件在飞机系统中的装配位置和安装顺序。

1)未知件号查询

已知零件的名称或零件在飞机系统中的位置,要借助各章节目录进行查阅。查询步骤如下:

(1)根据关键字找到零件所在章的目录,在每章中目录内容是按字母顺序排列的,查找出零件所属的节和主题,记下对应的"章-节-主题-图号"。

(2)按查到的"章-节-主题-图号",找到零件所在装配图和详细零件清单。

(3)在装配图中找到零件,记下零件的项次号。

(4)在详细零件清单中根据项次号查出零件对应的件号。注意件号的互换性、有效性及数量。

(5)如果在 IPC 手册目录中找不到对应部件,可按以下步骤查询:

① 查找维护手册,找到该零件所属航线可更换件的更换、检验检查或调解测试部分,找到该零件的安装图、名称和"章-节-主题",这里要特别注意零件与周围零件的连接关系,因为该部件有可能随其他零件出现在手册中。

② 如果查找不到,则按该零件周围零件的关键词进行查找,或查找更高一级组件,直到查到该零件。

③ 从该零件图示中找出项次号,依此在详细零件清单中查找。

(6)大多数 LRU 在 IPC 中的章节号与在 AMM 中的章节号相同,因此查完 AMM 的信息后即可到 IPC 手册相应部分查找。

例: 查找 B2682 飞机左侧副翼调整片组件的件号。

(1)对该题进行分析副翼调整片组件应在 27 章。

(2)在 AMM 手册前言查到 B2682 飞机的有效性代码为 002(见图 2-12)。

(3)在临时修订记录中,无记录信息。

(4)在 27 章目录中找到 AILERON AND TAB ASSY 的条目,得到该组件图号 27-11-21 01(见图 2-34)。

(5)找到 27-11-21 01 图,进入详细零件清单,选取位置为 LH 副翼调整片,核对有效性,得到件号(见图 2-35)。

2)已知件号查询

当已知件号,需要根据件号来确定零件在飞机系统中的装配位置和安装顺序,可以根据

```
                    BOEING
                    737-600/700/800/900
                    PARTS CATALOG (MAINTENANCE)

                 CHAPTER 27 — FLIGHT CONTROLS
                      TABLE OF CONTENTS

SUBJECT                                       CC-SS-UU   FIGURE  EFFECT

AILERON AND AILERON TRIM CONTROL SYSTEM       27-11-00
    ACTUATOR ASSY-AUTOPILOT AILERON           27-11-54    50
    ACTUATOR INSTL-AIL. TRIM                  27-11-54    01
    AILERON AND ELEVATOR ASSY CONT UNIT       27-11-71    06
    AILERON AND TAB ASSY (AILERON BALANCE     27-11-21    01
       TAB ONLY)
    AILERON AND TAB ASSY (AILERONS ONLY)      27-11-11    02
    AILERON AND TAB ASSY (BALANCE PANEL       27-11-31    02
```

图 2-34　IPC 手册 27 章目录

```
 FIG              
 ITEM   PART NUMBER    1234567  NOMENCLATURE        EFFECT          UNITS
                                                    FROM TO         PER
                                                                    ASSY
  1
                                AILERON AND TAB ASSY
                                (AILERON BALANCE TAB
                                ONLY)
  -  1  113A7002-7     AILERON AND TAB ASSY-                        RF
                                (AILERON BALANCE TAB
                                ONLY)
                                POSITION DATA:
                                  LH
                                COMPONENT MAINT MANUAL REF:
                                  57-50-26
                                FOR NHA/OTHER SYS DET SEE:
                                  57-60-00-01
  -  1  113A7002-11    AILERON AND TAB ASSY-                        RF
                                (AILERON BALANCE TAB
                                ONLY)
                                POSITION DATA:
                                  LH
                                COMPONENT MAINT MANUAL REF:
                                  57-50-26
                                FOR NHA/OTHER SYS DET SEE:
                                  57-60-00-01
  -  1  113A7002-13    AILERON AND TAB ASSY-                        RF
                                (AILERON BALANCE TAB
                                ONLY)
                                POSITION DATA:
                                  LH
                                COMPONENT MAINT MANUAL REF:
                                  57-50-26
                                FOR NHA/OTHER SYS DET SEE:
                                  57-60-00-01
 R -  1  113A7002-15   AILERON AND TAB ASSY-                        RF
 R                              (AILERON BALANCE TAB
 R                              ONLY)
 R                              POSITION DATA:
 R                                LH
```

图 2-35　详细零件清单

件号索引表查询。IPC 的件号索引表有两种：件号字母索引表和件号数字索引表。若件号的首位是字母，则查件号字母索引表；若件号首位是数字，则查件号数字索引表。根据已知的零件件号，在件号索引表中查到该件号，记下对应的"章-节-主题-图号-项次号"；然后据此信息查询 IPC 目录查到对应装配图和详细零件清单，根据项次号在图中找到零件，在清单中确认零件的名称。

注意：当件号的编号的首位是"0"时，要在数字编号索引中查找。件号中极少以字母"O"开头，没有特殊说明，都认为是数字"0"。

例： B737-800 机型已知 B-5199 飞机上部件件号是 ABRL4M120，查询其名称、供应商。

(1) 已知件号为 ABRL4M120，在件号字母索引表找到 ABRL4M120，其对应"章-节-主题-图号-项次号"为 21-51-03 01A 225（见图 2-36）。

BOEING
737-600/700/800/900
PARTS CATALOG (MAINTENANCE)

AACREP4H6FS570 -- ACB4-3

PART NUMBER CH-SECT-UNIT-FIG-ITEM	TTL. REQ.	PART NUMBER CH-SECT-UNIT-FIG-ITEM	TTL. REQ.	PART NUMBER CH-SECT-UNIT-FIG-ITEM	TTL. REQ.	PART NUMBER CH-SECT-UNIT-FIG-ITEM	TTL. REQ.	PART NUMBER CH-SECT-UNIT-FIG-ITEM	TTL. REQ.
AACREP4H6FS570		ABRL4M120		ABR3M6G		ABR4M8WB		ABW4-5	
32-44-11 06 30	1	21-51-03 01A 225	RF	27-41-51 02 40	RF	21-51-03 01 130	RF	52-13-41 08 165	RF
32-44-11 06 65	1	ABRL4M9WB		ABR4F112		21-51-03 01A 150	RF	52-41-41 04 175	RF
32-44-11 06 120	8	21-51-03 01 135	RF	76-11-01 01 510	RF	21-51-03 01A 185	RF	52-41-41 04 335	RF
AACREP4H8FS570		21-51-03 01A 155	RF	76-11-01 02 560	RF	21-51-03 01A 220	RF	52-41-41 07 80	RF
27-31-34 04 175	2	21-51-03 01A 190	RF	ABR4F6G		27-11-24 02 65	RF	52-41-41 07 165	RF
27-31-34 08 180	2	21-51-03 01A 225	RF	76-11-01 01 510	RF	27-51-61 01 385	RF	ABW4V5	

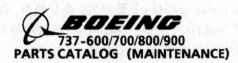

图 2-36　件号字母索引表

(2) 根据 B737-800 机型 B-5199 飞机信息在 AMM 查到 B-5199 飞机的有效性代码是 101（见图 2-12）。

(3) 检查临时修订记录，无临时修订记录。

(4) 从手册目录找到 21-51-03-01A，在详细零件清单中找到 225 零件，核对有效性满足要求，得到零件名称为 BEARING，供应商为"VS0352"（见图 2-37）。

BOEING
737-600/700/800/900
PARTS CATALOG (MAINTENANCE)

FIG ITEM	PART NUMBER	1234567 NOMENCLATURE	EFFECT FROM TO	UNITS PER ASSY
1A				
220	REP4MK6-8J	..BEARING	101999	1
225	REP4MKL6-9J	..BEARING SUPPLIER CODE: V73134 SPECIFICATION NUMBER: BACB10AD5LK OPTIONAL PART: HHRE4MLS6-1 V38443 REP4ML6-4E9171B V21335 ABRL4M9WG VS0352 REP4ML6-4FS428 V21335 ABRL4M120 VS0352 REB4MLK6-18 V92563 ABRL4M9WB V15860	101999	1
230	213A1021-5	..TUBE	101999	1

MISSING ITEM NUMBERS NOT APPLICABLE

— ITEM NOT ILLUSTRATED

CEA　**21-51-03-01A**

图 2-37　详细零件清单

2.2.3 线路手册 WDM

1. WDM 手册结构

WDM 手册按照 ATA 100 进行编排,手册分为:临时修改、前言、章节、清单。

前言包括:标题、飞机有效性、更改、有效页清单、章节有效性、更改记录、临时更改记录、服务通告清单、客户更改、字母索引表、手册介绍。

21~80 章结构又分为有效页清单、目录、字母索引表和内容四部分。

WDM 章节内容依据 ATA 100 规范分为章、节、主题,主题对应相应线路图。线路手册主要由各种清单和线路图组成。

2. 手册内容介绍

手册内容主要由两部分组成:21~80 章内容是线路图,91 章为图表和各种清单。

91 章的"91-00"至"91-06"部分为图表信息,标注了大量的位置信息,包括:飞机站位信息、面板位置、跳开关面板位置、设备架位置、接线盒位置、设备支架位置、无线位置。

WDM 手册有各种清单,下面分别介绍。

1) 设备清单(Equipment List)

设备清单(见图 2-38)用于依据已知电气设备号,查询该设备件号、供应商代码、设备所在线路图图号等。清单包含以下信息。

Equip	Opt	Part Number Part Description	Used On Dwg Vendor	Qty	Diagram Station/WL/BL	Effectivity
D00400	1	BACC63CM2430PN PLUG-ENGINE FIREWALL(D3028ENG1 D3032 2)	81205	2	24-21-11 NL172/133/	ALL
D00400 T		BACC10HD24A BACKSHELL	81205	2	24-21-11 ENG/ /	PP631-PP632
D00400 T		BACC10HF24A BACKSHELL	81205	2	24-21-11 ENG/ /	PP633-PS811
D00401	1	BACC45FT20A39S PLUG-F/O APPROACH	81205	1	22-14-11 P3-1/ /	PP631-PP634

图 2-38 设备清单

(1) Equip 电气设备号,编号由字母和数字组成,第一、二位字母代表特定的部件,如"D"代表插头,"C"代表跳开关和保护设备等。

(2) Opt 表示可选备件使用的优先级,波音可选序号为 0~3,0 或空白表示无可选备件,1 表示第一级可选备件,以此类推;客户设置的可选序号为 6~9。

(3) Part Number 件号是与生产厂商统一的零、部件件号。

(4) Part Description 零、部件描述是对电气设备的用途、功能的简单表述。

(5) Used On Dwg 图纸号,此图纸包含零、部件的详细信息。

(6) Vendor 供应商代码,根据代码在手册介绍里可找到供应商信息。

(7) Qty 安装数量,指该零、部件在飞机上的安装数量。

(8) Diagram 参考图号,指该零、部件所在线路图图号,零、部件有可能出现在多个线路图中。

(9) Station/WL/BL 位置信息。

(10) Effectivity 有效性，用飞机编号来表示。ALL 表示适用于飞机清单中的所有飞机。

2) 跳开关清单（Circuit Breaker List）

跳开关清单（见 2-39）是由电气设备清单导出，用于依据已知跳开关号，查询该跳开关所在线路图的图号。跳开关清单依据跳开关所在的面板按跳开关编号的字母数字顺序进行编排。清单包含以下信息。

Panel/Access Door Grid No	Description Ckt Bkr	Description	Diagram	Diagram	Effectivity
P006-01	PNL-CB ELEX SYS F/O		91-03-18		ALL
A006	C01207	CKT BKR-SMC 2 SNSR EXC 115V AC		27-32-22	ALL
A007	C01206	CKT BKR-SMC 2 CMPTR 28V DC		27-32-22	ALL
A008	C00756	CKT BKR-F/O RDDMI		34-21-02	ALL
A012	C00050	CKT BKR-INST XMFR NO.2		34-21-02	ALL
A013	C01237	CKT BKR-GPS-2		34-58-21	ALL

图 2-39 跳开关清单

(1) Panel/Access Door 跳开关所在的面板/接近门号。

(2) Grid No 跳开关的位置号。

(3) Ckt Bkr 跳开关的电气设备号。

(4) Description 跳开关的具体描述，说明此跳开关的用途。

(5) Diagram 线路图图号。

(6) Effectivity 有效性。

3) 设备支架清单（Bracket List）

设备支架清单（见图 2-40）也叫脱开支架清单（Disconnect Bracket List），由设备清单导出。设备支架清单依据支架编号的字母数字顺序进行排列，用于依据已知设备支架号，查询该支架上的插头/座设备号、插头/座的使用情况、插头/座最多安装数量及所接导线束编号。清单包含以下信息。

Bracket No.	Description Position	Receptacle	Bundle	Plug	Bundle	Max Pos	Station/WL/BL	Effectivity
AB0305	DISCONNECT BRACKET-LWR TCAS ANT					004	305/150/000	PQ401-PS811
	001 UNUSED							PP631-PP634
	001			D01179	W1549			PQ401-PS811
	002 UNUSED							PP631-PP634
	002			D01193	W1549			PQ401-PS811
	003 UNUSED							PP631-PP634
	003			D01285	W1549			PQ401-PS811
	004 UNUSED							PP631-PP634
	004			D01331	W1549			PQ401-PS811

图 2-40 设备支架清单

(1) Bracket No. 设备支架的电气设备号。

(2) Position 设备支架上每一个插头/座的位置号。

(3) Description 设备支架的具体描述，说明此设备支架所在位置。

(4) Receptacle 插座电气设备号。设备支架上对应 Position 位置的插座电气设备号。

(5) Bundle(1) 插座连接的导线束编号。

(6) Plug 插头电气设备号。设备支架上对应 Position 位置与插座相连的插头设备号。

(7) Bundle(2) 插头连接的导线束编号。

(8) Max Pos 设备支架上可供放置插头/座的最大安装数量。
(9) Station/WL/BL 设备支架的位置信息。
(10) Effectivity 有效性。

4）导线清单（Wire List）

导线清单（见图2-41）用于依据已知导线束编号、导线编号，查询导线束件号、所接设备号、导线所在图号。导线清单列出了飞机上所有的连接导线，它按导线束编号数字顺序进行编排。清单包含以下信息。

Bundle No. Wire No.	Part Number GA CO TY	Fam	Description FT-IN	Diagram	From Equip	Term	Type	Splice	To Equip	Term	Type	Splice	Effectivity
W0031	61-30031		P6-1,2 ELEX CKT BKR PNLS										
018	22 GA		10-2	34-21-02	C00050	1	D		D04401J	12			PP631-PP634, PQ405-PS811
018	22 GA		10-4	34-21-02	C00050	1	D		D04401J	12			PP631-PP634
019	22 GA		10-3	34-22-01	C00609	2	D		D04401J	19			PP631-PP634
022	22 GA		10-4	34-11-21	C00445	2	D	*	D04401J	5			PP631-PP634
022	22 GA		10-6	34-11-21	C00445	2	D		D04401J	5			PQ401-PQ404
022	22 GA		10-5	34-11-21	C00445	2	D	*	D04401J	5			PQ405-PS811
023	22 GA		10-6	34-11-21	C00426	2	D		D04401J	6			PP631-PP634,

图2-41 导线清单

(1) Bundle No. 导线束编号，每一个导线束都有一个由字母"W"和4位数字组成的导线束编号。
(2) Wire No./GA/CO 导线编号/规格/颜色，导线识别号由导线束编号-导线编号-导线规格-导线颜色组成，如 W4102-2001-24R。
(3) Part Number 导线束的件号。
(4) TY 导线类型，由两个字母组成。
(5) Fam 簇，指由多根导组成的导线集合，它们使用统一编号。
(6) FT/IN 导线长度。
(7) Diagram 线路图号，显示该导线出现的相关线路图号。若该位置显示 SP-AR-E 或 SP-AR-E*，则表示该导线为备用线。
(8) Equip 电气设备号，显示该导线两端连接的电气设备号。
(9) Term 终端号，显示该导线连接在相应设备的具体端子位置。
(10) Type 终端类型，用代码来表示。接线片和接地桩的尺寸和/或件号（在线路图中用符号来表示终端尺寸）；特殊终端或特殊插钉。
(11) Splice 连接方式。

5）备用导线清单（Spare Wire List）

备用导线清单（见图2-42）用于依据匹配端设备号，查询该匹配端设备所接的备用导线编号和备用导线所在的导线束编号。清单包含以下信息：

(1) Equip 匹配端上对应的接头设备号。
(2) Term 备用导线连接的终端号。
(3) Bundle 导线束编号。
(4) Wire No./GA/TY 导线编号/规格/类型。
(5) Matewith 匹配端设备号，匹配端可以是支架、接头、指示器等。

BOEING							737-700/800 WIRING DIAGRAM MANUAL				
From Matewith From Equip	Pos Term	Bundle Type	Sep Wire No.	Description GA	TY		To Equip	Term	Type	Matewith	Pos	Effectivity
AB0340A	01	W3058	RN2	DISCONNECT BRACKET-LEFT								
D40054J	5		0284	20	PA		D11070	CAP	Y	M01418		ALL
D40054J	6		0285	20	PA		D11070	CAP	Y	M01418		ALL
D40054J	8		0286	20	PA		D11070	CAP	Y	M01418		ALL
AB0340A	01	W5142	LN1*	DISCONNECT BRACKET-LEFT								
D40054P	5		0054	20	PA		D11416	CAP	Y	P091-00		ALL
D40054P	6		0055	20	PA		D11416	CAP	Y	P091-00		ALL
D40054P	8		0056	20	PA		D11416	CAP	Y	P091-00		ALL
AB0340A	02	W3144	LN2*	DISCONNECT BRACKET-LEFT								
D40216P	7		0021	16	PA		D40220P	21		AP1800A	06	YK461-YK475

图 2-42　备用导线清单

（6）Pos 位置号。

（7）Sep 分隔代码。

6）主导线束清单（Master Bundle List）

主导线束清单（见图 2-43）用于依据已知导线束编号，查询该导线束连接的所有插头/插座设备号，及插头/插座位置信息。清单包含以下信息。

BOEING							737-700/800 WIRING DIAGRAM MANUAL	
Bundle Equip	Sep	Description Matewith		Location		MW Connector	MW Bundle	Effectivity
W0001	NA2	P1 - CAPTAINS INSTRUMENT PANEL						
D40738J						D40738P	W0104	ALL
D03977A				192/230/000				ALL
D03961A				192/230/L010				ALL
D03979B				192/230/L013				ALL
D03979A				192/230/L019				ALL
D03977B				192/230/R002				ALL
D03961B								
D04207J		AP0900A		POS 03		D04207P	W2207	ALL
D40578J		AP0900A		POS 04		D40578P	W5156	ALL
D04221J		AP0900A		POS 09		D04221P	W2221	ALL
D04914J		AP0900A		POS 10		D40914P	W2022	ALL
D40944J		AP0900A		POS 11		D40944P	W5202	ALL
D40804J		AP0900A		POS 18		D40804P	W5506	ALL
D41833J		AP0900A		POS 19		D41833P	W2651	ALL
D10030J		AP0900A		POS 25		D10030P	W3704	YK461-YK475,

图 2-43　主导线束清单

（1）Bundle 导线束编号。

（2）Sep 分隔代码。

（3）Equip 导线束连接接头设备号。

（4）Location 导线束连接接头位置信息。

（5）Matewith 匹配端设备号。

（6）MW Connector 匹配接头设备号。

（7）MW Bundle 匹配接头导线束编号。

7）接地清单（Ground List）

接地清单（见图 2-44）根据接地设备号的字母数字顺序编排，列出了飞机上所有的接地设备。接地设备清单用于依据接地设备号，查询该接地设备所接导线束编号、位置、所在图号。清单包含以下信息。

（1）Ground No. 接地设备号。

（2）Part Number 接地类型编号（AC,Dc,S.）。AC 交流接地；Dc 直流接地；S. 防静电或屏蔽或特殊接地。

Ground No. Term	Type	Part Number Bundle	Wire No.	GA	CO	Station / WL / BL Diagram	Effectivity
GD00200		AC				400/195/R063	ALL
A..	E	W0346	130	20		52-71-01	ALL
GD00201		S-				AE202A/ /	ALL
S..	E	W0189	008	22		34-45-02	PQ401-PS811
S..	E	W0189	010	22		34-45-02	PQ401-PS811
S..	E	W0189	110	22		34-45-01	PQ402-PS811
S..	E	W0219	011	22		34-55-12	ALL
S..	E	W0249	011	22		34-55-22	ALL
S..	E	W0249	015	20		SPARE	PQ401-PS811

图 2-44　接地清单

（3）Term　终端号。

（4）Bundle　导线束编号。

（5）Wire No. /GA/CO　导线编号/规格/颜色。

（6）Diagram　××-××-××导线所在的线路图号。

（7）Station/WL/BL　位置信息。

（8）Effectivity　有效性。

8）拼接管清单（Splice List）

拼接管清单（见图2-45）根据拼接管设备号的字母数字顺序列出了飞机上所有的拼接管，拼接管清单用于依据拼接管设备号，查询该拼接管所接导线束编号、导线编号、所在图号。清单包含以下信息：

Splice No.	Bundle	Station / WL / BL Wire No.	GA	CO	Type	Diagram	Effectivity
SP00101		1040/294/L040					ALL
	W0359	304	20	R	9	23-41-01	ALL
	W0359	B-A			9	23-41-01	ALL
SP00102		350/170/L019					ALL
	W0346	027	22		S	33-34-01	ALL
	W0346	028	22		S	33-34-01	ALL
	W0346	E-A			S	33-34-01	ALL

图 2-45　拼接管清单

（1）Splice No.　拼接管的设备号。

（2）Bundle　拼接管所接导线束编号。

（3）Station/WL/BL　拼接管所在位置信息。

（4）Wire No. /GA/CO　导线编号/规格/颜色。

（5）Type　导线类型。

（6）Diagram　导线所在的线路图号。

（7）Effectivity　有效性。

9）终端清单（Terminal Strip List）

终端清单（见图2-46）根据终端接线片设备号的字母数字顺序列举了飞机上所有的终端，用于依据终端设备号，查询该终端件号、所接导线束编号、各终端所接导线编号及所在图号。清单包含以下信息。

（1）Terminal No.　终端设备号。

（2）Part Number　终端件号。

（3）Fix　接线块类型。

Terminal No.	Fix	Part Number Term	Type	Bundle	Wire No.	GA	Station / WL / BL CO	Diagram	Effectivity
T00018	A	YHLZD-33 (continued)					J21/ /		PQ401
	A	A002	2	W1700	121	22		73-23-12	PQ401
T00025		10-60828-9					P041-00/ /		PP631-PP634
T00025		10-60828-18					P041-00/ /		PQ401-PS811
		G	E	W0046	101	14		33-11-31	ALL
		HV	E	W0046	013	20		33-11-31	ALL
		LV1	E	W0046	002	14		33-11-31	ALL
		LV1	E	W0046	003	14		33-11-31	ALL
		LV1	E	W0046	014	14		33-11-31	ALL
		LV2	E	W0046	015	12		33-11-31	PQ401-PS811

图 2-46 终端清单

（4）Bundle 终端所接导线束编号。

（5）Term 终端上接线端号。

（6）Type 终端类型。

（7）Station/WL/BL 终端所在位置信息。

（8）Wire No./GA/CO 导线号/尺寸/颜色。

（9）Diagram 导线所在的线路图号。

（10）Effectivity 有效性。

10）连接清单（Hookup List）

连接清单（见图 2-47）列举了飞机上电气设备连接信息，可用于依据电气设备号，查询该电气设备所接导线束编号、导线编号、所在图号及使用信息。清单包含以下信息。

Equip	Term	Station / WL / BL Type	Bundle	Description Wire No.	GA	CO	Diagram	Effectivity
D00100		0563/166/L40		PLUG-L MANIF PRESS XMTR				ALL
	1	UNUSED						ALL
	2	UNUSED						ALL
	3		W0176	106	20		36-21-01	ALL
	4		W0176	011	20		36-21-01	ALL
	5		W0176	013	20		36-21-01	ALL
	6		W0176	012	20		36-21-01	ALL
	7	UNUSED						ALL

图 2-47 连接清单

（1）Equip 电气设备号。

（2）Bundle 导线束编号。

（3）Term 终端号。

（4）Type 终端类型。

（5）Station/WL/BL 位置信息。

（6）Wire No./GA/CO 导线编号/规格/颜色。

（7）Diagram 导线所在的线路图号。

（8）Effectivity 有效性。

3. 线路图的基本信息

1）线路图及页码编号方式

（1）线路图的编号方式

图 2-48 为典型的线路图编号方式，其中，23 为章号，3 为子系统号，1 为飞机厂家指派的分系统号，12 为飞机厂家指派的编号。当某个线路图被引用时，只有线路图的编号可用。

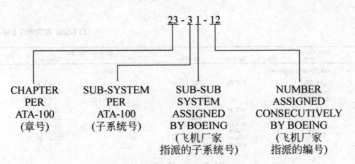

图 2-48 线路图的编号方式

(2) 图纸页码编号方式

同一线路图号的图纸可能存在多页,当具有相同线路图编号的线路图有多页时,需要根据有效性决定选用哪一页。图纸页码编号方式如图 2-49 所示,每一页适用不同编号的飞机。

(3) 图纸张数编号方式

如果一个线路图过大,需要另外增加图纸来反映线路连接关系,这时对于同一个线路图编号、同一页码的图纸会出现 Sheet1(SH1)、Sheet2(SH2)、Sheet3(SH3) 等多张图纸,如图 2-50 所示。

DIAGRAM	PAGE	EFFECTIVITY
21-31-12	1	001-004
21-31-12	2	005-999

图 2-49 图纸页码编号方式

34-11-11	34-11-11
SH 1	SH 3
34-11-11	34-11-11
SH 2	SH 4

图 2-50 图纸张数编号

2) 总图

(1) 拼接管

某一拼接管(Splice)在三张或更多的线路图中出现的时候,要安排一张总图(Home Diagram)用以标出线路的连接。如图 2-51 所示,对于 SM23 这个拼接管在 21-62-11 图(总图)中除实线所说明的连接关系之外,虚线所关联的三个图纸号所对应的图纸分别说明 SM23 所连接的另外三个线路,如 21-62-21、21-61-12、21-62-22 所示。

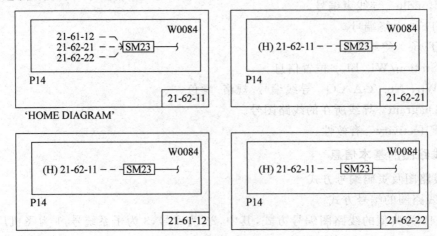

图 2-51 拼接管

(2) 继电器

如图 2-52 所示，24-21-51（总图）为继电器的三个触点的连接图，实线部分表示线路连接关系，在总图中可以看到触点 T3-L3 的 T3 端连接的两条线路，而 T3 端连接的其余三条线路需要关联到 24-28-11、24-51-61、24-51-71 中分别查看，该触点的 L3 端的连接关系需要关联到 24-21-71 中查看，其他的触点依次类推。除触点外，继电器的线圈部分需要关联到 24-22-31 中查看。

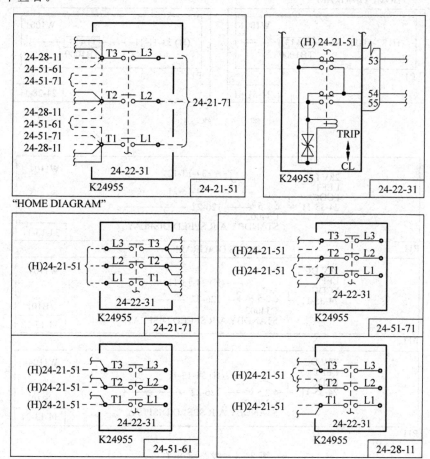

图 2-52 继电器

(3) 终端块

某一终端块在三张或更多的线路图中出现时，需要安排一张总图（见图 2-53），用以标出线路的连接。对于 GA13 这个终端块在 33-11-11 总图中除实线所表明的连接关系之外，虚线所关联的三个图纸号所对应的图纸分别说明 GA13 所连接的另外三个线路，如 33-13-13、24-51-61 和 24-28-11 所示。

(4) 线路跳开关

某一跳开关在三张或更多的线路图中出现时，需要安排一张总图（见图 2-54）标出线路的连接。对于 C34002 这个跳开关在 34-13-11 总图中除实线所说明的连接关系之外，虚线所关联的两个图纸号所对应的图纸分别说明 C34002 所连接的另外两个线路，如 34-13-12 和 34-13-21 所示。

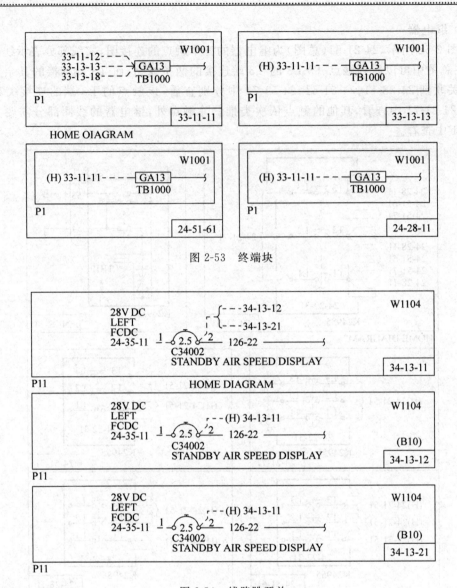

图 2-53 终端块

图 2-54 线路跳开关

3)电源和接地指示

(1)接地指示

23-34-11 中 SM105 的关联线路 23-43-13 接地信息参考 23-34-11(见图 2-55)。

(2)电源指示

当电源经跳开关到终端所经环节较多时,可用多个分图表示(见图 2-56)。

4. 标识

00 章节 GENERAL 介绍了 WDM 手册线路图用到的各种元器件标识,要识别线路图,必须熟悉常用标识。具体标识见手册,这里不再详述。

在线路图中用大写字母加"—"表示小写字母,如 A—=a。

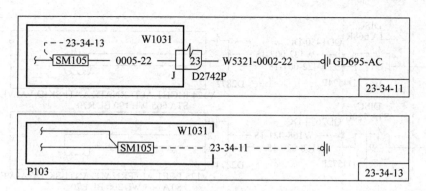

图 2-55 接地指示

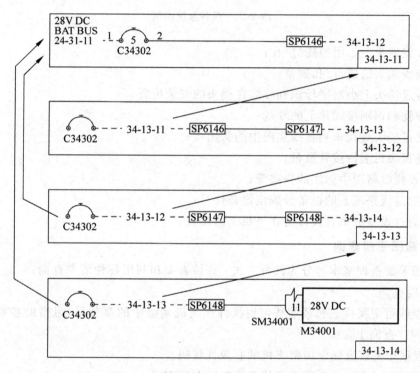

图 2-56 电源指示

一般来说找到线路图，仅仅是识图的第一步。在识图中还应注意其他信息，如方框的作用。一个方框代表一个大的组件、设备架、区域（如：起落架，发动机等）。方框所代表组件的名称和编号等列举在该方框的左下角，在查询线路图中某些组件的时候可以利用方框来区别。如图 2-57 表示备用防滞活门的连接，实线方框下是设备号、组件名称和所在位置信息，虚线说明该线路离开主轮舱，在接头处还标有接头的站位 668R 和 720L。

5．手册可查询到的信息

（1）通过导线识别号查找线路图；

（2）根据线路图中导线的连接关系确定该导线在飞机上的位置；

（3）通过导线识别号查找备用线；

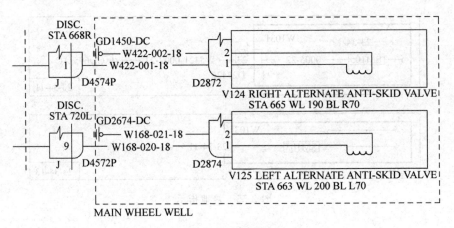

图 2-57 设备连接图例

(4) 查找插头上不用的插钉/孔；

(5) 查找插头的插钉/孔数量；

(6) 通过插头上小写字母识别导线在插头的安装位置；

(7) 查找和识别接线片上的导线；

(8) 通过插头查找未列在线路图中的备用线；

(9) 查找飞机上拼接管数量；

(10) 查找线路图中标注的拼接管；

(11) 通过线路图上的设备号确定设备件号；

(12) 通过设备清单查找设备在飞机上的位置。

6. 线路图手册查询

线路图手册查询基本可分为两种方式：直接查询和利用各种清单查询。

1) 直接查询

已知航线可更换件名称或航线可更换件在飞机系统中的章节号，可借助各章节目录进行直接查询。查询步骤：

(1) 根据相关信息确定该架飞机的有效性代码。

(2) 检查临时改版清单有无该信息的临时改版记录。

(3) 根据已知信息判定其所属 ATA 章节号。

(4) 根据章节号，在手册中找到需要的线路图。

例：查询 B-2682 客舱再循环风扇(CABIN AIR RECIRCULATION FAN)线路图。

(1) 根据相关信息确定该架飞机的有效性代码为 002(见图 2-12)。

(2) 检查临时改版清单无该信息的临时改版记录。

(3) 先确定再循环风扇属于 21 章；进入 21 章的字母索引表，查到章节号为 21-27-01。

(4) 然后从目录里找到 21-27-01，获取所需信息(见图 2-58)。

2) 利用各种清单查询

当已知部件的设备号或导线编号、导线束编号时，可以利用各种清单进行查询。查询步骤：

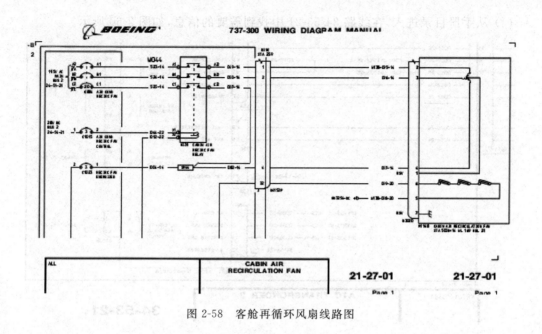

图 2-58 客舱再循环风扇线路图

(1) 根据相关信息确定该架飞机的有效性代码。
(2) 检查临时修订清单有无该信息的临时修订记录。
(3) 根据已知信息判定信息所属清单。
(4) 进入清单找到需要的信息。

：已知 B-2682 的导线识别号为 W0151-0007-24，查该导线所在线路图号、所接设备电气设备号及件号。

(1) 根据相关信息确定该架飞机的有效性代码为 002（见图 2-12）。
(2) 检查临时修订清单无该信息的临时修订记录。
(3) 根据已知条件，可知该导线的线束编号为 W0151，在导线清单目录找到 W0150，进入清单，找到 W0151。W0151-0007-24 对应的图为 34-53-21。导线两端连接 D41517P 的 7 号销钉和 D00155A 的 G07 号销钉，如图 2-59 所示。

Bundle No. Wire No.	Part Number GA CO TY Fam	Description FT-IN	Diagram	From Equip	Term	Type	Splice	To Equip	Term	Type	Splice	Effectivity
W0151	286A0151	E1-5 SHELF										
0001	20 PA	1-6	34-53-21	D00155C	1			TB1504Y	A001	1A		ALL
0002	20 PA	2-7	34-53-21	D41507P	32			TB1504Y	A001	1A		ALL
0003	20 PA	2-5	34-53-21	D41517P	3			TB1504Y	A001	1A		ALL
0004	20 PA	1-5	34-53-21	D00155C	7			GD01503	AC..			ALL
0006	20 PA	1-5	34-53-21	D00155C	11			GD01503	ST..			ALL
0007	24 PK	2-10	34-53-21	D41517P	7			D00155A	G07			ALL
0008	20 PA	1-5	34-53-21	D00155C	8			GD01503	DC..			ALL
0009	20 PA	2-6	34-53-21	D41517P	9			GD01503	ST..			ALL
0010	20 PA	2-6	34-53-21	D41517P	10			GD01503	ST..	1A		ALL
0011	24 PK	2-10	34-53-21	D41517P	11			D00155A	K05			ALL
0012	24 PK	2-10	34-53-21	D41517P	12			D00155A	B03			ALL
0015	24 PK	2-10	34-53-21	D41517P	15			D00155A	J05			ALL
0016	24 PK	2-9	34-53-21	D41517P	6			D00155B	E06			ALL

图 2-59 导线清单中查找导线

(4) 从手册目录进入，在线路 34-53-21 中找到需要的信息，如图 2-60 所示。

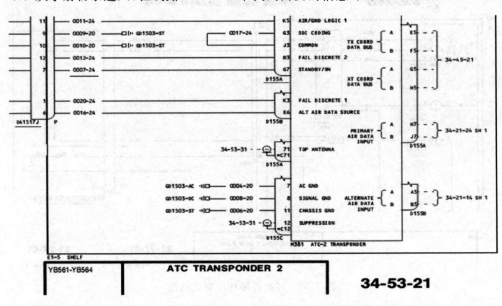

图 2-60　在线路图 34-53-21 中找到相应的设备

(5) 根据电气设备号 D41517P 和 D00155A 在设备清单查找，找到其件号分别是 BACC63CB22-55SN 和 PARTAOFD00155，如图 2-61 所示。

BOEING　737-700/800 WIRING DIAGRAM MANUAL

Equip	Opt	Part Number Part Description	Used On Dwg Vendor	Qty	Diagram Station / WL / BL	Effectivity
D00152	1	5258 RCPT-EQUIP RACK SERVICE OUTL	284A0211 74545	1	25-29-11 359/164/R004	ALL
D00154	1	5656 RCPT-CONT CAB SERVICE OUTLET	65C25704 74545	1	25-29-11 P006-00/ /	ALL
D00155	1	BACC66H123C05AK01 PLUG PLATE ASSY	81205	1	34-53-21 E001-05/ /	ALL
D00155A	1	PARTAOFD00155 PLUG		0	34-53-21 "/"/"	ALL
D41517P	1	BACC63CB22-55SN PLUG-CONDUCTIVE	81205	1	34-53-21 AE0105A/ /	ALL

图 2-61　在设备清单中查找设备件号

2.2.4 系统简图手册(SSM)

1. 手册结构

手册按照 ATA 2200 进行编排，手册分为：临时修改、前言、章节。

前言包括：标题、飞机有效性、更改、有效页清单、章节有效性、更改记录、临时更改记录、服务通告清单、客户更改、字母索引表、手册介绍。

章节包括 00 章节 GENERAL、21～80 章。21～80 章结构又分为效页清单、目录、字母索引表和图四部分。

2. 手册内容

00 章节 GENERAL 分为有效页清单、目录、字母索引表和内容,内容包括手册各种符号(包括机械和电子电气符号)、名称、站位、飞机面板、地面勤务面板位置等内容。21～80 章为飞机各系统图,系统图分为三级:级别一方框图,级别二简化简图,级别三简图。

(1) 方框图　提供系统或部分系统的描述,显示其主要部件和模块的功能及连接关系(见图 2-62)。

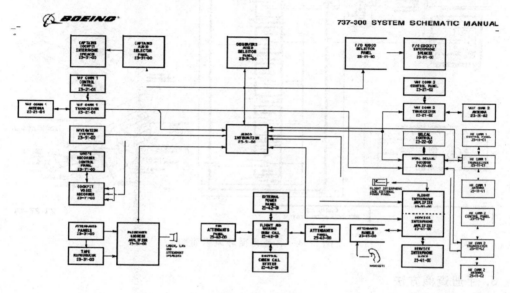

图 2-62　方框图

(2) 简化简图　提供系统、部件的功能和连接关系图。图示内容比方框图详细但不显示系统、部件在飞机上的具体位置和具体的电路连接(见图 2-63)。

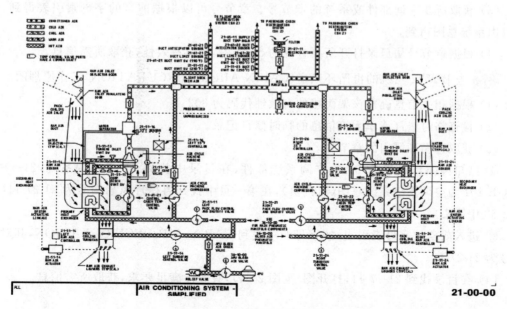

图 2-63　空调系统简化简图

(3) 简图　显示系统或部件详细工作原理图,提供部件在飞机上的位置,可用于航线排故(见图2-64)。

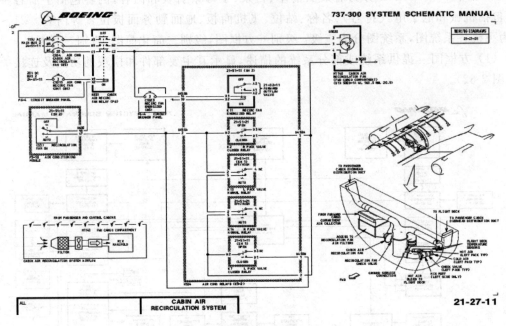

图 2-64　客舱再循环风扇简图

3. 手册查阅方法

SSM 手册查询步骤：

(1) 根据相关信息确定该架飞机的有效性代码。

(2) 检查临时修订清单有无该信息的临时修订记录。

(3) 获取所要查询部件或系统的章节号。章节号可以根据前言的字母索引表得到,也可以由系统总图得到。

(4) 根据章节号从目录打开所要查询的 SSM 图,核对有效性,获取所需信息。

例：查 B-2572 飞机的再循环风扇(CABIN AIR RECIRCULATION)工作原理图。

(1) 根据相关信息确定该架飞机的有效性代码为 802。

(2) 检查临时修订清单无该信息的临时修订记录。

(3) 获取再循环风扇的章节号。

① 已知再循环风扇为 21 章空调系统部件,在目录中找到 21 章空调系统,21-00-00 PAGE 101 为空调系统系统总图(有两页),在第一页中找到再循环风扇图号为 21-27-11(见图 2-63 中箭头)。

② 进入前言的字母索引表,按字母顺序找到 CABIN AIR RECIRCULATION,其对应图号为 21-27-11。

(4) 在目录找到 21-27-11,打开图(见图 2-64),有效性满足要求,获取所需信息。

2.2.5 故障隔离手册(FIM)

故障隔离手册(FIM)用于维护人员排除故障。

1. 手册结构

FIM手册按照ATA 100进行编排,手册分为:临时修改、前言、章节。

前言包括:标题、飞机有效性、更改、有效页清单、章节有效性、修订记录、临时修订记录、服务通告清单、客户更改、字母索引表、手册介绍、观察故障字母顺序清单、观察故障系统顺序清单、客舱故障清单、客舱故障位置图、客舱故障代码索引表。

章节结构分为:有效页清单、如何使用FIM手册、故障代码索引表、维护信息索引表、故障隔离程序。

2. 故障类型

1) 观察故障

观察故障是指机组或维护人员观察到的故障现象,如:襟翼手柄操纵困难、3号轮胎磨损。观察故障分为以下4类:

(1) 显示在仪表板上的故障,包括:①故障灯亮;②出现故障、警告旗;③警告信息;④指示值偏离正常值。

(2) 机组在驾驶舱或绕机巡视时发现的故障。

(3) 勤务人员发现的故障。

(4) 维护人员观察到的故障。

2) 客舱故障

客舱故障是指客舱系统或设备产生的故障。例如:厨房电炉不加热。

3) 维护信息

维护信息是指在做系统或部件自测试时得到的故障指示信息,包括:①指示灯;②代码;③带数字或不带数字的词组。

大多的电子设备舱或设备架上的机载设备都是在部件的前面板做BITE测试,部分BITE测试在驾驶舱进行。

3. 清单

FIM手册查询主要是通过各种清单进行。其中观察故障清单、客舱故障清单、客舱故障代码索引表位于FIM手册前言,故障代码索引表、维护信息索引表位于各章节前言。

1) 观察故障清单

观察故障清单按排列方式分为两个:一个按字母顺序排列(见图2-65),一个按系统顺序排列(见图2-66)。两个观察故障清单都给出了故障现象、故障代码和故障隔离程序。观察故障清单只适用于通过故障现象查询故障隔离程序;通过故障代码查询故障隔离程序见故障代码索引表。

如图2-65所示,在字母顺序故障清单中,按对故障现象描述的起始关键字排序,由于不同的用户描述一个故障起始关键字不同,这就导致在清单的不同位置出现同一个故障,它们对应的故障代码和故障隔离程序相同。例如:下列是同一个故障的不同描述,它们起始关键字不同,所在位置不同,但查到的故障隔离程序相同。

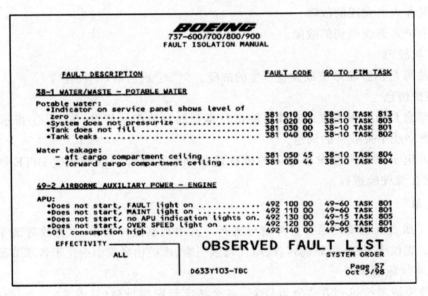

图 2-65　字母顺序故障清单

图 2-66　系统顺序故障清单

（1）Boom microphone/headset：does not operate-captain's；
（2）Headset/boom microphone：does not operate-captain's；
（3）Microphone, boom/headset：does not operate-captain's。

2）客舱故障清单

如图 2-67 所示,客舱故障清单与观察故障清单一样,都给出故障现象、故障代码和故障隔离程序,可以通过已知的故障现象进行查询。故障现象按以下系统划分：

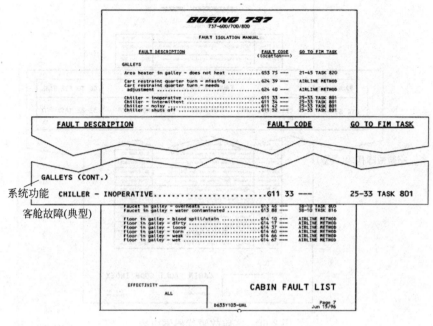

图 2-67　客舱故障清单

(1) 通信和广播；
(2) 门/窗；
(3) 应急设备；
(4) 厨房；
(5) 娱乐设备；
(6) 灯光；
(7) 杂项；
(8) 坐椅；
(9) 厕所。

清单是按上述系统功能描述的起始字母排序的。每个系统对应若干部件，部件按字母排序。每一个部件都可能有故障现象，每一个故障现象都有一个故障代码与之对应。

3) 客舱故障代码索引表

客舱故障代码索引表是利用客舱故障代码，查询故障描述和故障隔离程序的索引表，如图 2-68 所示。客舱故障代码索引表按故障代码的字母数字顺序排序，它与客舱故障清单包含同样的信息。

客舱故障代码由 1 个字母和 7 位数字组成；第 1 个字母代表子系统，C 代表通信/广播、D 代表门/窗、E 代表紧急设备、G 代表厨房、I 代表娱乐系统、L 代表灯光、M 代表杂项、S 代表座椅、T 代表厕所；第 2、3 位的数字是生产厂商根据子系统部件规定的，第 4、5 位的数字是按故障规定的，第 6、7、8 位的数字是生产厂商根据维护和安装位置规定的。

4) 故障代码索引表

故障代码索引表给出故障代码、故障现象和故障隔离程序，可以通过已知的故障代码进行查询。索引表按故障代码的数字顺序排列，如图 2-69 所示。

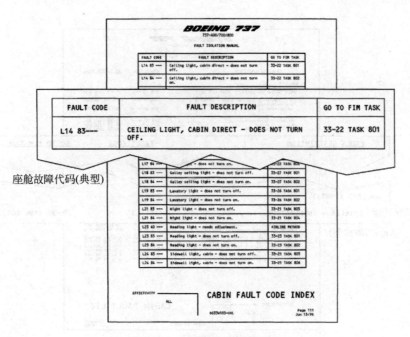

图 2-68　客舱故障代码索引表

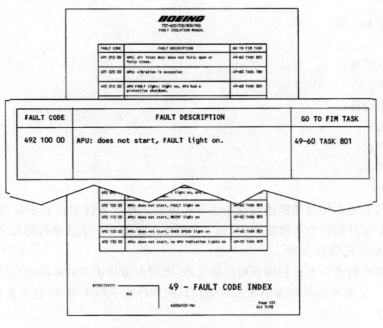

图 2-69　故障代码索引表

故障代码由 8 位数字组成,第 1、2 位的数字是章,第 3 位是节的第 1 位数字,第 4、5、6 位的数字是生产厂商根据子系统维护故障规定的,第 7、8 位的数字是根据安装位置规定的。

5）维护信息索引表

维护信息索引表给出系统或航线可更换件、维护信息和故障隔离程序,可以通过已知的维护信息查询故障隔离程序,如图 2-70 所示

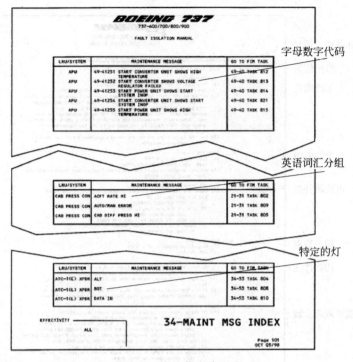

图 2-70 维护信息索引表

4. 排故流程

(1) 得到故障信息,故障信息可能是观察故障或客舱故障。
(2) 做自测试验,获得更多信息。如果已经完成自测试验,可以直接查询手册。
(3) 查找故障隔离任务。通过故障代码或已知的故障现象找到故障隔离任务号。
(4) 按故障隔离程序的步骤实施。实施故障隔离程序前飞机状态如下:
① 外电源接通;
② 液压源、气源关闭;
③ 发动机停车;
④ 该系统无设备不能工作。
实施故障隔离程序时应查看以前的维修记录,避免重复不必要的工作。

5. FIM 故障隔离程序结构

如图 2-71 所示,每个 FIM 故障隔离程序工作包括以下部分:
(1) 工作标题和工作号;
(2) 维护信息;
(3) 工作描述;
(4) 可能的原因;
(5) 电路跳开关;
(6) 相关的数据;
(7) 初步评估;
(8) 故障隔离步骤。

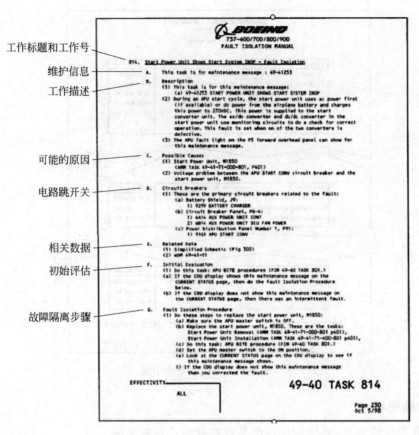

图 2-71 故障隔离程序结构

6. 自测试验

在做自测试验时,对于故障系统,你可以获得下列某种维护信息:

(1) 一个代码;

(2) 一个文本信息;

(3) 信号灯亮;

(4) 一个指示。

在相应章节前有维护信息索引表,通过它可以查到故障隔离任务。在每章维护信息索引表前面都有一个系统或航线可更换件与章节的对照表,可以帮助确定在哪个章节查询。在确定维护信息在哪个章节后,根据维护信息查到故障隔离任务,然后按故障隔离程序的步骤实施。

7. 查询方法及举例

1) 根据故障代码查找

(1) 故障代码的前两位数表示章节号,根据故障代码的前两位数找到该章,在章节前的故障代码索引表找到故障隔离程序。

例: 已知故障代码 213 050 00。

① 前两位数为 21,即 21 章空调系统;

② 进入21章空调系统的故障代码索引表(见图2-72);

BOEING
737-600/700/800/900
FAULT ISOLATION MANUAL

FAULT CODE	FAULT DESCRIPTION	GO TO FIM TASK
212 100 00	EQUIP COOLING SUPPLY OFF light: light on with switch at ALTERNATE.	21-27 TASK 807
212 110 00	EQUIP COOLING SUPPLY OFF light: light on with switch at NORMAL.	21-27 TASK 808
213 010 00	AUTO FAIL light: light on and ALTN light on, AUTO FAIL light goes off when pressurization mode selector switch is at ALTN.	21-31 TASK 801
213 020 00	AUTO FAIL light: light on, ALTN light not on.	21-31 TASK 801
213 030 00	Manual mode control of aft outflow valve: does not operate.	21-31 TASK 811
213 040 00	CABIN ALT indication: fluctuates.	21-31 TASK 801
213 050 00	Pressurization: cannot keep the correct cabin pressure.	21-31 TASK 801

图2-72　21章故障代码索引表

③ 找到故障代码213 050 00,对应的故障隔离程序为21-31 TASK 801;

④ 进入21章找到21-31 TASK 801,实施工作,如图2-73所示。

BOEING
737-600/700/800/900
FAULT ISOLATION MANUAL

801. Cabin Altitude Warning System Does Not Operate - Fault Isolation
　A. General
　　CEA 011-013
　　(1) The CABIN ALTITUDE indicator lights on the captain's instrument panel P1-3 and the first officer's instrument panel P3-1 have been placarded inoperative. However, if the LIGHTS switch on the captain's instrument panel P1-3 is set to the TEST position the CABIN ALTITUDE indicator lights will come on.
　　CEA ALL
　B. Description
　　CEA 001-004, 101-999
　　(1) The aural warning does not operate as expected when the cabin altitude is more than 10,000 feet (3048 meters).

图2-73　21-31TASK 801

(2) 如果故障代码是以字母开头,去FIM手册前言的客舱故障代码索引表查找。

例: 已知故障代码C12 20---,在客舱故障代码索引表查找到故障隔离程序为23-41 TASK 804,如图2-74所示。

BOEING
737-600/700/800/900
FAULT ISOLATION MANUAL

FAULT CODE	FAULT DESCRIPTION	GO TO FIM TASK
C12 12 ---	Cabin attendant handset: damaged.	AIRLINE METHOD
C12 20 ---	Cabin attendant handset: distorted.	23-41 TASK 804
C12 33 ---	Cabin attendant handset: inoperative.	23-41 TASK 804

图2-74　客舱故障代码索引表

2) 根据故障现象查找

根据故障现象在FIM手册前言的观察故障清单查找故障隔离程序。

例： 已知故障现象 Audio control panel volume control problem/captain's，在观察故障字母顺序清单中，查找到故障隔离程序为 23-51 TASK 807，如图 2-75 所示。

图 2-75 观察故障字母顺序清单

3）根据客舱故障现象查找

根据客舱故障现象在 FIM 手册前言的客舱故障清单查找故障隔离程序。

例： 已知故障现象 Cabin attendant handset inoperative，在客舱故障清单观中，查找到故障隔离程序为 23-41 TASK 804，如图 2-76 所示。

图 2-76 客舱故障清单

4）根据维护信息查找

根据维护信息在每章的维护信息索引表查找故障隔离程序。

例： 已知维护信息 ZONE CABIN SENSOR。

（1）ZONE CABIN SENSOR 属于 21 章，打开 21 章维护信息索引表；

（2）进入 21 章维护信息索引表找到维护信息 ZONE CABIN SENSOR，查找到故障隔离程序为 21-62 TASK 817，如图 2-77 所示。

图 2-77 维护信息索引表

2.3 空客飞机维护类手册查询

本节主要以 A320 为例,介绍空客常用的飞机维护类手册 AMM、IPC、TSM、ASM、AWM、AWL 的结构、内容概括、查询方式。空客 PDF 格式维护类手册的查询方法同波音类似,本章不再介绍,目前空客维护类手册使用 AirN@v 软件浏览。

2.3.1 功能识别号

1. 功能识别号的组成

功能识别号(Function Identification Number,FIN)也叫功能项目号,是空客公司用于识别部件而设立的一种编号。功能识别号的核心由两个英文字母构成,第一个字母代表系统,第二个字母代表系统中的电(环)路。两个核心字母加有前缀和后缀,前缀为数字,后缀为数字或字母,或数字与字母的组合。前缀必须有,后缀不一定有。例如 14CA1:C 表示系统识别号(飞行控制系统);A 表示电(环)路识别号(自动驾驶);14 表示序号;飞行控制系统自动驾驶系统有很多部件用序号予以区分,后缀 1 表示 14CA 这个部件有多个,这是第一个。功能识别号在飞机上可以很容易找到,一般机械或电器设备的功能识别号标签都贴在此设备附近(见图 2-78)。

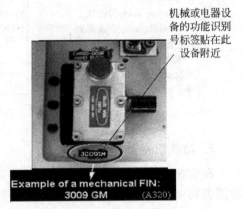

图 2-78 功能识别号标签

2. 功能识别号与 ATA 章节之间的对应关系

系统/电路字母与 ATA 章节之间是相互对应的,每一个 FIN 代表的部件在各手册中的章节是相同的。例如:SA 表示无线电高度表,5SA1 表示无线电高度表天线,手册中各章节与 5SA1 的对应关系为

-AMM 34-42-00---Description & Operation 概述与操作

-AMM 34-42-11---Removal/Installation 拆卸与安装

-IPC 34-42-11---Detailed figure 详图

-TSM 34-42-00---Trouble shooting procedure 排除故障程序

-ASM 34-42/01--Schematic 线路原理图

-AWM 34-42-01--Wiring connections 线路图

3. 功能识别号的机械电气属性

功能识别号可以判断其部件是机械部件还是电子、电气部件。

(1) 对于 A320 系列飞机,在两核心字母中,第二个字母为 M 表示是机械部件,不是 M 则表示是电子、电气部件。如:3013GM 为机械部件,12GL 则表示是电子、电气部件。

(2) 对于非 A320 系列飞机,由功能识别号前缀区别。前缀大于 5000 为机械部件,小于 5000 为电子、电气部件。如:5064GM 为机械部件,12GM 则表示是电子、电气部件。

4. 特殊功能识别号

对于不专属于某一个系统的部件,其功能识别号代码由字母"V+功能字母"组成表示(见图 2-79)。

VC-Electrical connector 电连接器
VD-Diode module 二极管组件
VE-Cabin furnishing panel(A330/A340)
　　客舱装饰版(A330/A340)
VG-Ground terminal point 地线接线桩
VN-Ground point 接地点
VP-Pressure seal/Feed thru 压力封严
VS-Splice 拼接管
VT-Terminal block 接线块
VU-Panel/Rack 面板/设备架
VX-Printed circuit board(A330/A340)
　　印刷电路板(A330/A340)
VZ-Spare wire(A330/A340) 备用导线
VB-Wire Bundle(hamess) 导线束

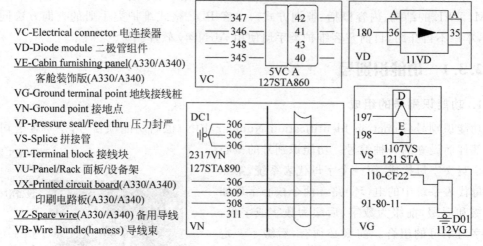

图 2-79　特殊功能识别号

5. 功能识别号的应用

在空客飞机上任何一个部件的功能识别号都是唯一的。相同的部件,件号可以相同,但功能识别号是不同的。AirN@v 提供了利用功能识别号查询手册的多种方法,且功能识别号标识在部件周围,容易获得,因此利用功能识别号查询手册非常方便。例如 20XE 是一个继电器的功能识别号,通过它可以查到 AMM、IPC、TSM、ASM、AWM、AWL 中与 20XE 相关的内容(见图 2-80)。

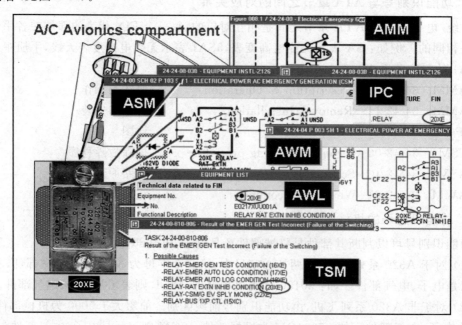

图 2-80　功能识别号的应用

功能识别号的定义、组成方式及字母含义在 ASM、AWM 手册前言的 Introduction 里有详细描述,这里对每个功能识别号的含义不再详述。

2.3.2 手册概述

1. 飞机维护手册（AMM）

AMM 是维护人员使用最频繁的一本手册,它提供了航线和定检维护时所需的详细技术信息,包含概述与操作、各种例行维护程序和非例行维护程序。

1）手册结构

如图 2-81 所示,AMM 手册分为前言和章节。前言包括手册更改、手册介绍、机队序列号/厂家序列号交叉索引表、服务通告清单、客户发起的更改清单、解除/恢复使用程序索引。

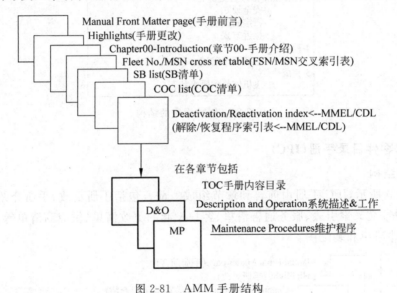

图 2-81　AMM 手册结构

2）内容介绍

A320AMM 手册只使用 PB001、PB201、PB301、PB401、PB501、PB601、PB701、PB801 共 8 个页段。AMM 手册包含 05~80 章,每章包含若干节,每节包含若干主题,每个主题包含相关页段,需要强调的是并非每个主题都包含上述 8 个页段。

A320AMM 手册对 PB001 的内容做了要求,其具体内容如下：

（1）部件位置（Component Location）;

（2）系统及部件描述（System/Component Description）;

（3）供电（Power Supply）;

（4）与其他系统的交联（Interfaces With Other Systems）;

（5）系统工作/控制 & 指示（Operation/Control & Indicating）;

（6）自测（BITE Test）。

其中"供电"和"与其他系统的交联"不需要时,可以省略。

3）维护程序结构

PB 201~PB 801 是各种维护程序,每个维护程序的结构都是相同的,其结构如图 2-82 所示：

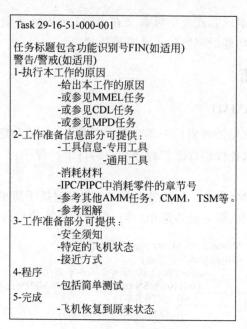

图 2-82 维护程序的结构

2. 图解零件目录手册(IPC)

1) 手册结构

如图 2-83 所示，IPC 手册由前言和章节组成。前言包括手册更改、手册介绍、机队序列号/厂家序列号交叉索引表、服务通告清单、客户发起的更改清单、供应商清单等。章节内容包括详细零件清单和装配图。

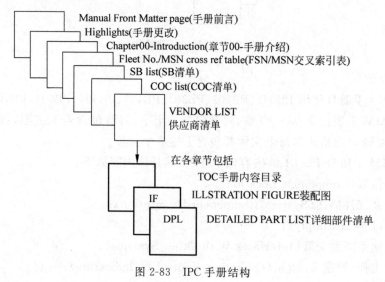

图 2-83 IPC 手册结构

2) 内容介绍

（1）装配图说明

装配图给出部件在飞机上的大致区域及详细区域，部件的分解图及每个分解部件的项次号,并用虚线标出其他系统的部件,如图 2-84 所示。

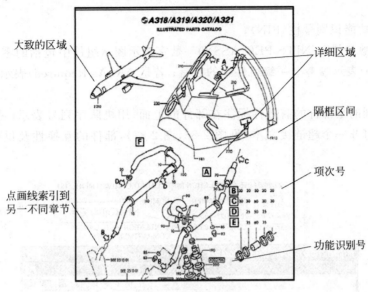

图 2-84　装配图说明

(2) 详细零件清单说明

详细零件清单是 IPC 中最重要的部分,描述了所有零件的必要信息,是查询的最终目标。清单由 5 列内容组成(见图 2-85),分别是:

① 第 1 列图号/项次号栏(FIG ITEM);

② 第 2 列件号栏(PART NUMBER);

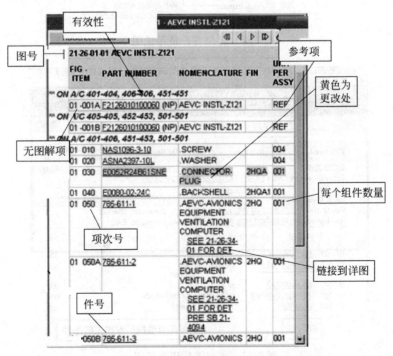

图 2-85　详细零件清单说明 1

③ 第 3 列解释栏（NOMENCLATURE） 解释栏中说明了该图或零件的名称及缩格关系；

④ 第 4 列功能识别号栏（FIN）；

⑤ 第 5 列数量栏（UNITS PER ASSY） 数字表示图示组件中包括的零件个数。若是 REF(Reference)表示参考上一级组件中的数量；若是 AR(As Required)表示根据装配情况确定零件数量。

与 737 不同的是部件的有效性标注在部件的上面，用机队序列号表示（见图 2-85）。每个件号都可以打开一个超链接文本（见图 2-86，图 2-87），部件的互换性及供应商信息用超链接文本显示。

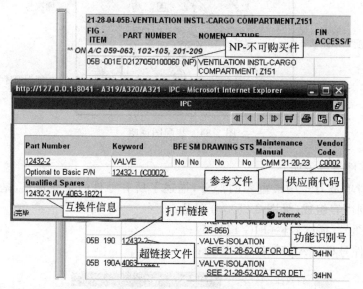

图 2-86 详细零件清单说明 2

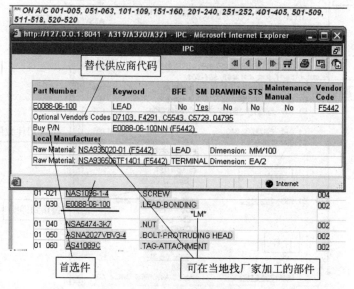

图 2-87 详细零件清单说明 3

(3) 术语

① 在件号栏里,件号后标注 NP (NON PROCURABLE ITEM)表示此件号不能用于订购。

② 代用件号 OPTIONAL PART NUMBER (OPT TO),表明此件与件号栏里的基本件号可完全互换。

③ 替换件号 ALTERNATE PART NUMBER (ALT FROM),表明此件号在经过重新加工后,与件号栏中的基本件号在功能上可以互换。

④ 首选件号 PREFERRED SPARE PART (BUY PN),表明此件号被推荐为目前备件的首选件号。

⑤ 左侧/右侧安装指示,在对称安装中,左侧和右侧件分别用 LH 和 RH 表示,零件如只在飞机的一侧安装,则用(LH SIDE)或(RH SIDE)表示。

⑥ 当地加工件 LOCAL MANUFACTURE (LM),用 * LM * 表示,说明此部件可在当地加工,一般会给出加工该部件的材料件号,在手册中列有如下信息:

-Raw material to finished PN 原材料-成品件号索引;

-Finished PN to raw material 成品件号-原材料索引。

⑦ 限制使用 RESTRICTED USAGE (RU),例如 RU 010,表示 RU 010 所指部件只能用于 010 项零件上。

3) 件号互换

件号互换方式包括三种。

(1) 双向互换 I/W (Interchangeable With PN)

如,**Y**(8450B2) I/W **X**(8450B3),件号 **Y** 可以被件号 **X** 替换,反之亦可,此替换不对飞机的构型产生任何改变。

(2) 单向互换 RPLD BY (Replaced BY PN)

如,**Y**(8450B2) RPLD BY **X**(8450B3),件号 **Y** 可以被件号 **X** 替换,此替换不对飞机的构型产生任何改变。件号 **X** 安装后不可以再被 **Y** 替换。

(3) 条件互换

如,IF **Y** See **X** with qualified condition   在一定条件下,件号 **Y** 可以被件号 **X** 替换,反之不可。

3. 排故手册(TSM)

排故手册提供故障隔离程序。要排除故障,首先要知道故障信息。故障信息来自三方面:飞行记录本、航后报告、观察到的。在使用排故手册前,先将所得到的故障信息分类。在 TSM 中故障信息分为 5 类:

ECAM 类   来自 ECAM 页面的故障信息;

EFIS 类   来自 EFIS 页面的故障信息;

LOCAL 类   来自驾驶舱控制面板的指示灯故障信息;

OBV 类   机组或维护人员观察到的故障信息;

CFDS 类   航后报告上 CFDS 故障信息。

1) 手册结构

如图 2-88 所示,TSM 手册分为前言、故障现象清单和章节。前言包括手册更改、手介绍、机队序列号/厂家序列号交叉索引表、服务通告清单、客户发起的更改清单。故障现象清单包括各章节可能出现的故障及对应的故障隔离程序号。章节内容为故障隔离程序。

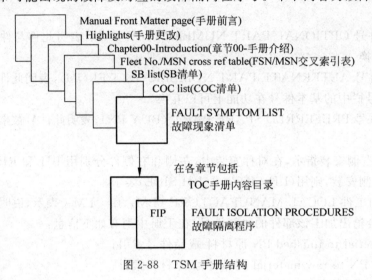

图 2-88　TSM 手册结构

2) 航后报告

航后报告分为三部分(见图 2-89)。

(1) 本次航班信息；

(2) ECAM 警告信息：ECAM WARNING MESSAGES；

(3) CFDS 故障信息：FAILURE MESSAGES。

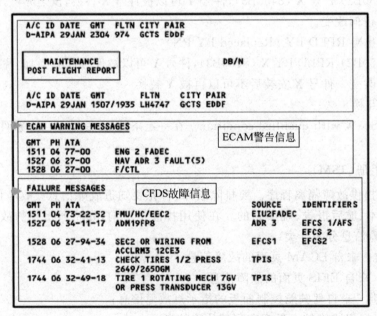

图 2-89　航后报告

在航后报告中 ECAM 警告信息和 CFDS 故障信息可能会出现对应关系，一般在查 TSM 时，会将发生在同一时段、同一航段的信息共同使用。如：在 ECAM 警告信息中，

GMT(格林尼治时间)15：11/PH(航段)04 发生的"ENG 2 FADEC"警告信息,与 CFDS 故障信息中 GMT15：11/PH 04 发生的故障信息"FMU/HC/EEC2"视为对同一事件的描述。

3) 故障等级划分

空客公司将故障划分为三个等级,一级最严重,二级次之,三级最轻。等级划分是依据对飞行操作是否有影响,对机组是否有指示信息,对放行是否有影响,对维护人员否有指示信息等四方面来划分(见图 2-90)。

Failure / Fault Classes 故障/故障等级	1	2	3
对本航段的飞行操作是否有影响	是	否	否
对机组是否有指示信息	是 自动显示 - 在ECAM显示警告/警戒信息 - 在驾驶舱中显示警告灯和其他警告	是 在ECAM STATUS PAGE状态页上,但只在航段10 & 01	否
对放行影响	参考 MMEL 可能是 "GO" – 无条件放行 "GO IF" – 有条件放行 "NO GO" 不能放行	勿需参考 MMEL 无条件放行 10天	MMEL 不适用 (不影响放行)
对维护人员是否有指示	是 每个航段之后打印 CFDS PFR	是 PFR	是 通过CFDS System Report/Test查寻

图 2-90 故障等级划分

4) 排故原则

根据不同的维护岗位,空客公司对维护人员提供了相应的指导原则。

(1) 航站维护　查看飞行记录本中有无故障报告(一级故障),如无故障报告则无须做维护工作。如有故障报告,查阅航后报告并做测试,参考 MEL 决定是否放行。

(2) 本站维护(航后维护)　根据故障信息,排除二级以上故障。

(3) 定检　排除三级故障。

(4) 车间部件维护　对航线可更换件进行修理,对故障数据进行重置。

4. 线路手册(WDM)

在空客手册体系中将 ASM、AWM、AWL 三部手册统称为 WDM。

1) ASM 手册结构及内容

如图 2-91 所示,ASM 手册分为前言、章节。前言包括手册更改、手册介绍、机队序列号/厂家序列号交叉索引表、服务通告清单、客户发起的更改清单。章节内容包括方块图、系统简图、简化简图。

手册介绍包括 ASM、AWM、AWL 的结构、编排、功能识别号构成、字母含义、导线走向、导线识别号构成、面板组成、各种符号说明、手册缩写、手册如何使用等。ASM 手册为各电气系统或电气部件的工作原理图,在分析线路故障时经常与 AWM 一起使用。

2) AWM 手册结构

如图 2-92 所示,AWM 手册分为前言、章节。前言包括手册更改、手册介绍、机队序列号/厂家序列号交叉索引表、服务通告清单、客户发起的更改清单。AWM 与 ASM 手册介

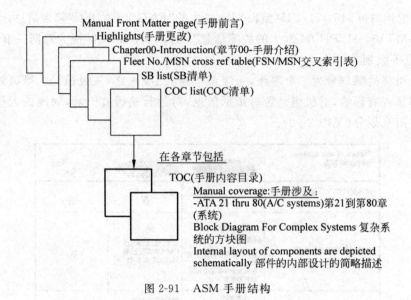

图 2-91 ASM 手册结构

绍部分相同。章节内容增加了 93 章（Panels 面板）和 94 章（Zoning and Routing 分区和导线走向）。

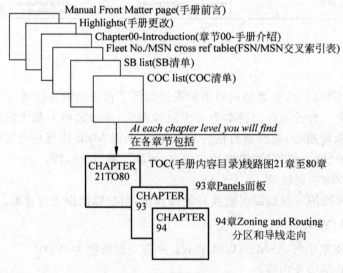

图 2-92 AWM 手册结构

3) AWL 手册结构

如图 2-93 所示，AWL 手册分为前言和两个清单，没有章节。前言包括手册介绍、机队序列号/厂家序列号交叉索引表、服务通告清单、客户发起的更改清单。两个清单为设备清单和扩展导线清单。

(1) 设备清单（Equipment list）

设备清单列出了所有电子电气部件，每个清单包含一件设备，清单内容为部件的功能识别号、件号、名称、供应商代码、供应商名称、位置、数量等（见图 2-94）。

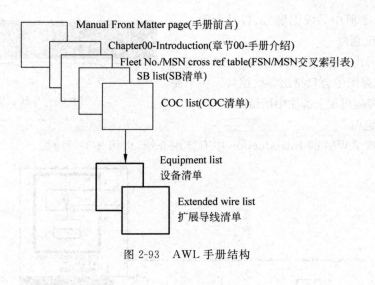

图 2-93　AWL 手册结构

Equipment list

ON A/C 251-251

Technical data related to FIN		
Equipment No.	:	1CA MD1
Part No.	:	F1420028
Functional Description	:	DISK-FMS OPTION CONFIGURATION
Vendor Code	:	F9111
Vendor Name	:	THALES AVIONICS
Location (ZONE)	:	210
Quantity	:	00001

图 2-94　设备清单

（2）扩展导线清单（Extended wire list）

每一根导线都对应一个扩展导线清单，扩展导线清单描述了一根导线，以及这根导线两端的连接终端，包括了导线的识别号、型号、尺寸、长度、走向以及两个连接终端的功能识别号和件号（见图 2-95）。

Extended wire list

ON A/C 307-399

Technical data related to a wire		
Wire Identification		
No.	:	0001-0002
AWG	:	18
Length	:	00327 CM
Type	:	CF
Route	:	2M
From Termination A		
FIN	:	1BL
Term No.	:	/
Contact PN	:	NSA936603CC0100
To Termination B		
FIN	:	2BL
Term No.	:	/
Contact PN	:	NSA936603CC0100

图 2-95　扩展导线清单

4) AWM 手册中导线识别号、符号说明

（1）导线识别号

导线识别号由一组 8 位数字组成（见图 2-96）。一般来说，在线路图中会只给出导线编号。一个完整的导线识别号应再加上备注中所给的章节号。

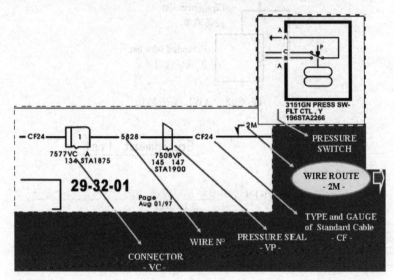

图 2-96　导线识别号

（2）符号说明

在 ASM 或 AWM 的 Introduction 中有详细介绍，以图 2-97 为例。

图 2-97　AWM 标识

① VC 表示接头，134 表示接头所在区域，STA1875 表示接头所在站位；

② 5828 表示导线编号，导线识别号为 2932-5828；

③ VP 表示压力封严；

④ CF24 中，CF 表示导线型号，24 表示导线规格（单位为 AWG—American Wire Gauge）；

⑤ 2M 表示导线走向。导线走向表示飞机导线在飞机上布线时所在规定通道的编号，空客公司对飞机导线的排布做了规定（见图 2-98）。每个通道编号的含义在 ASM、AWM 手册的 Introduction 中有详细介绍。

2.3.3　AirN@v 使用

1. AirN@v 介绍

空客公司为方便手册查询，推出了一个手册浏览软件 AirN@v。航空维修技术人员可以使用它方便地查找各种信息。该软件有 6 个数据库，即 AirN@v/Maintenance、AirN@v/Engineering、AirN@v/Associated data、AirN@v/Repair、AirN@v/Shop 和 AirN@v/Planning，安装时，可以选择安装一个数据库或全部数据库（见图 2-99）。常用维护类手册查询使用的数据库为 AirN@v/Maintenance。

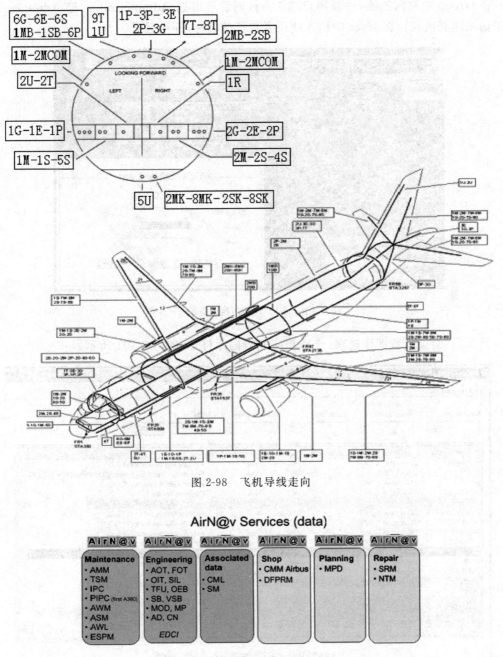

图 2-98　飞机导线走向

图 2-99　AirN@v 数据库

2. AirN@v 安装与登录

AirN@v 有两种安装方式：单机版和服务器版。单机版有两种运行方式：直接运行和安装后运行。服务器版需登录相应网站。单机版运行如图 2-100 所示，单击 Console 或 Start ADOC 弹出 Start process 窗口，之后弹出登录窗口。在登录窗口 Customer 中填写用户全称，如东方航空公司客户输入 CHINA EASTERN AIRLINES。在 Password 中填写密码。在 Group 中有两选项,一般用户选 User,网管可以选 Administrator,选 Administrator 还需输入网管密码。在 User 中填入使用者自己的名称,即可登录。

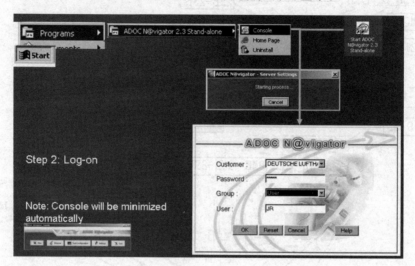

图 2-100　AirN@v 登录

登录后,会弹出数据库选项,选择相应的数据库打开,如图 2-101 所示。

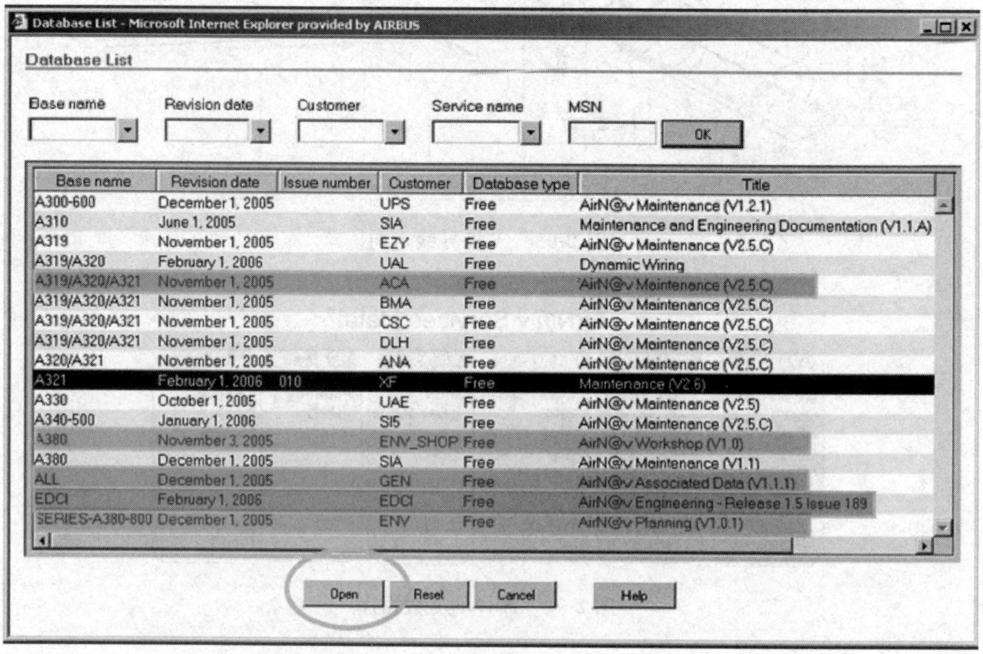

图 2-101　AirN@v 数据库选择

3. AirN@v 手册查询页面介绍

图 2-102 为 AirN@v 手册查询(AirN@v/Maintenance)的首页,在首页可以选择进入 AMM、TSM、IPC、ASM、AWM、AWL、ESPM 手册,各手册页面格式都是一样的。

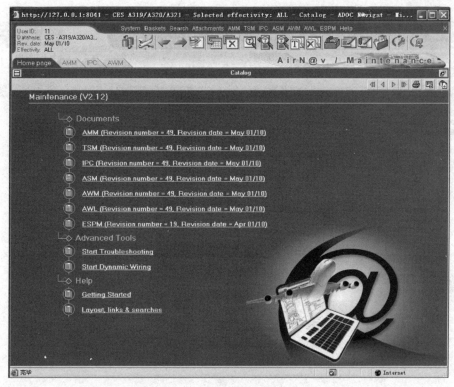

图 2-102　AirN@v 手册查询首页

1) AirN@v 手册查询页面划分

AirN@v 页面分为工具栏和文本框（见图 2-103），工具栏分为信息栏、菜单栏和快捷键（见图 2-104），文本框分为目录、文本键、第二窗口、主文本框（见图 2-104）。

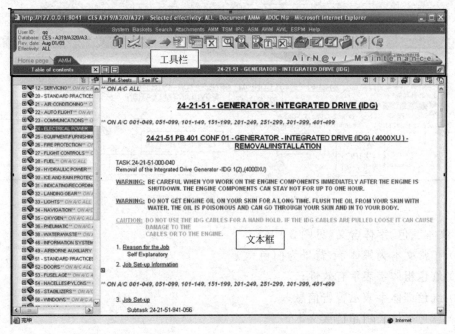

图 2-103　AirN@v 页面划分 1

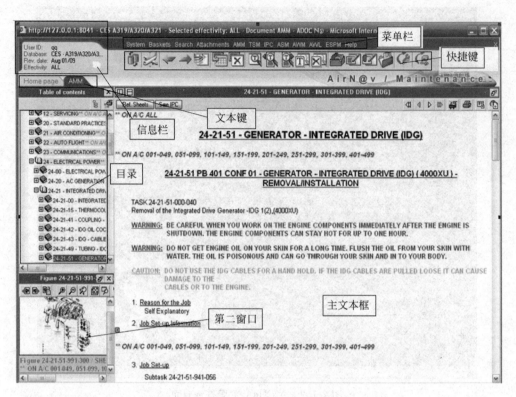

图 2-104　AirN@v 页面划分 2

2) 文本键介绍（见图 2-105）

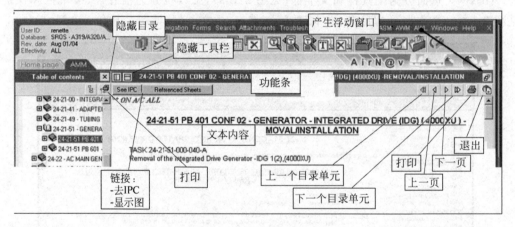

图 2-105　AirN@v 文本键

3) 文本颜色、字体含义（见图 2-106）

(1) 正常文本为黑体字，背景为白色；

(2) 红色粗体字表示有效性；

(3) 红色细体字表示警告信息；

(4) 蓝色字体表示超链接文本；

（5）浅黄色字体背景表示更改文本；

（6）深黄色字体背景表示查询文本。

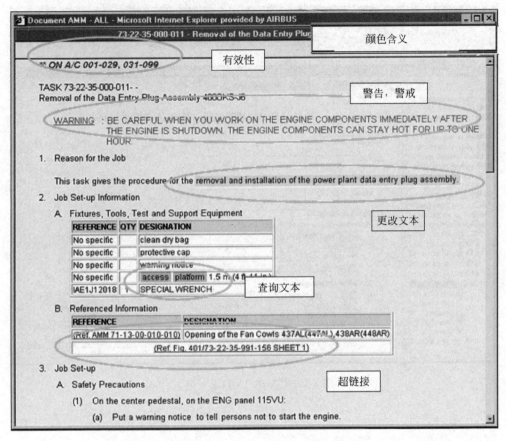

图 2-106　AirN@v 文本颜色、字体含义

4) AirN@v 目录介绍

在 AirN@v 中打开手册，手册的目录是以文件夹的形式出现（见图 2-107）。通过打开文件夹可以看到每一级目录。在文本框右上角有翻页键（见图 2-108），打开具体文件，可以用滚动条翻阅文件。

4. AirN@v 查询

搜索分为词语查询（Word Search）和方式查询（Form Search）。

1) 词语查询

词语查询是单击 AirN@v 菜单栏的 Search 下拉菜单中的 Word Search（见图 2-109），弹出一对话框。例如：想查询 Bleed Valve，在对话框中首先选择手册，例如选择 AMM、IPC，再输入 Bleed Valve（见图 2-110），单击对话框中 Search 按钮，显示在 AMM 中查到 1624 个结果，在 IPC 查到 19 个结果（见图 2-111）。选择相应手册（如 AMM），单击 Open 按钮或双击相应手册，打开该手册。如选 AMM 手册，在 AMM 手册目录中会用红色数字在每个目录中显示查到了多少个结果。打开具体的文件，文件中 Bleed Valve 的背景变为深黄色（见图 2-112）。

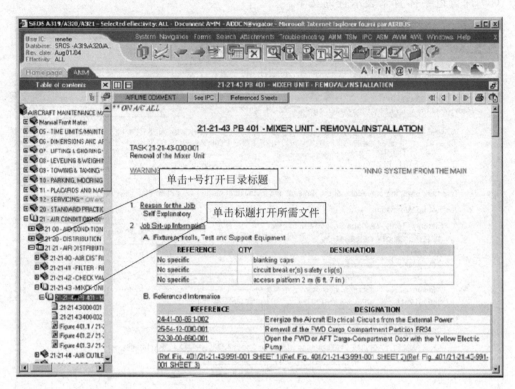

图 2-107　AirN@v 目录介绍 1

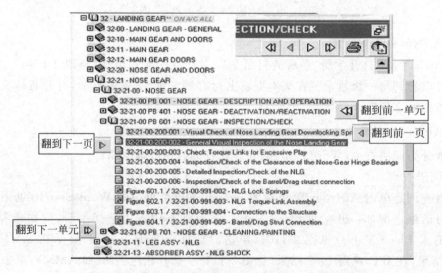

图 2-108　AirN@v 目录介绍 2

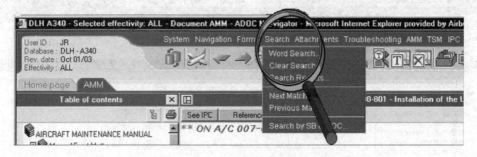

图 2-109　Search 选择菜单

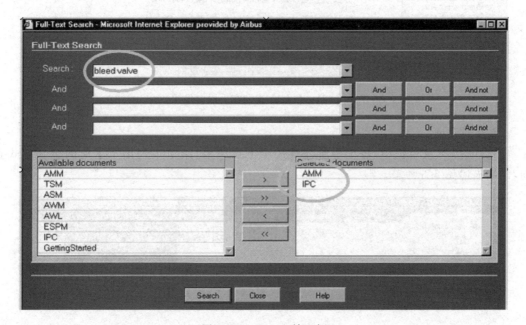

图 2-110　Search 输入框

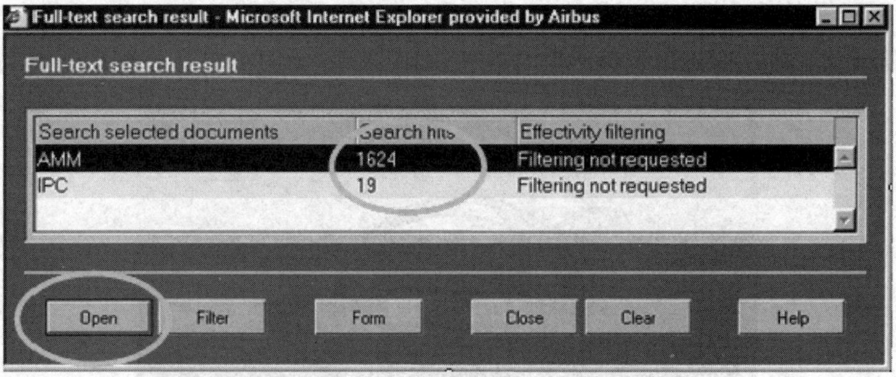

图 2-111　Search 查询结果

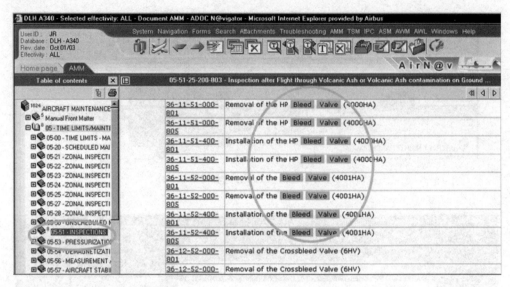

图 2-112　Search 查询在手册中显示

2）方式查询

在 AirN@v 菜单栏中，每个手册都有一个下拉菜单，菜单中列出本手册的全部方式查询，详细描述见 2.3.4 节。

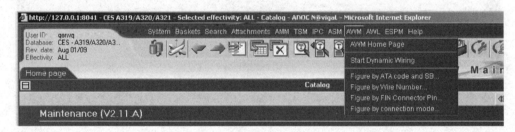

图 2-113　方式查询

5. 手册有效性选择

在使用 AirN@v 时可以选择手册有效性，如图操作（见图 2-114）：单击 System 下拉菜

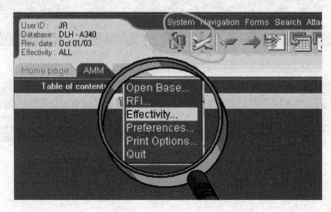

图 2-114　有效性选择

单中的 Effectivity 或快捷键（飞机图标），会弹出一对话窗口（见图 2-115），窗口左栏为被选框，右栏为选定框。两栏中间 4 个键为选择键。">"为单选键，"≫"为全选键，"<"为单个取消键，"≪"为全部取消键。例如：选择 007 飞机（见图 2-116）。选择前信息栏 Effectivity 为 ALL，选择后信息栏 Effectivity 为 007-007（见图 2-117）。

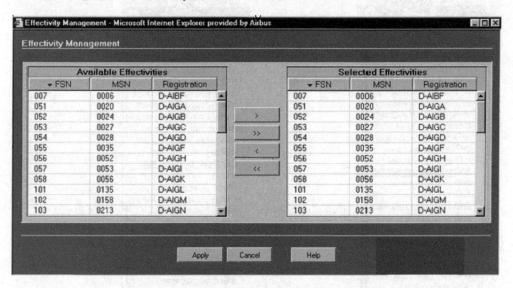

图 2-115　有效性选择框

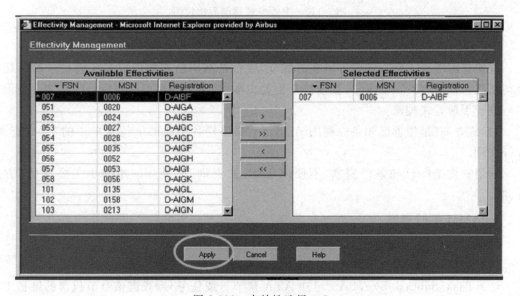

图 2-116　有效性选择 007

2.3.4　使用 AirN@v 查手册

AirN@v 查询手册有三种方法：
（1）利用手册目录直接查询；
（2）利用手册词语查询；

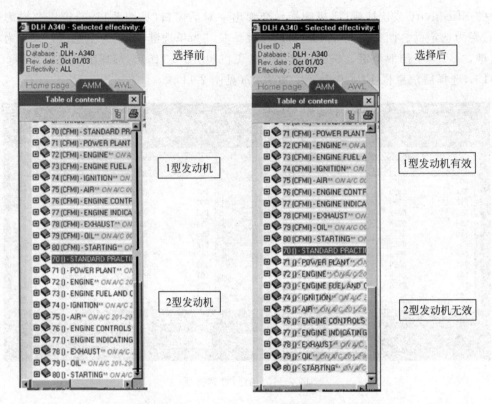

图 2-117　有效性选择前后比较图

（3）利用 AirN@v 菜单栏各手册的下拉菜单中的"方式查询"进行查询。

直接查询需要了解查询内容所在的章节，或者是利用已知知识根据各级目录的标题内容判断出查询内容所在的章节，直接打开相关文本，在文本内容里搜寻所要的答案。查询方式与波音手册方式相同。

"方式查询"是根据已知条件利用 AirN@v 菜单栏各手册的下拉菜单中的"方式查询"进行查询。

词语查询是在已知条件模糊，不便使用"方式查询"时使用。本节中主要介绍"方式查询"。

1. AMM 手册查询

1）AMM 的方式查询分为 7 类（见图 2-118）

（1）D/O by ATA　已知 ATA 章节号，查询该章节的概述与操作。

（2）Task/Subtask by ATA　已知 ATA 章节号或任务号，查询该章节包含的维护工作任务。

（3）Task by FIN　已知部件的功能识别号，查询与该部件有关的维护工作任务。

（4）Deac/Reac Task by CDL/MMEL　已知 CDL/MMEL 章节，查询与该章节对应的解除/恢复程序。

（5）Deac. Tasks List (print)　列出 CDL 和 MMEL 中所有更改的地方。

（6）Figure　已知任务号，显示相关部件安装图、原理图。

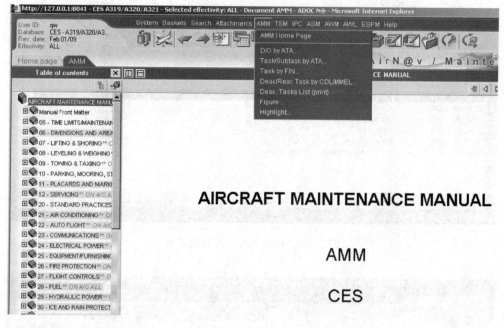

图 2-118 AMM 方式查询

(7) Highlight 已知章节号,显示该章节有哪些地方进行了修改。

2) AMM 方式查询举例(D/O by ATA)

已知 ATA 章节号 22-00-00,想了解该章节部件安装。在菜单栏中选择 AMM 下拉菜单中的 D/O by ATA,弹出对话框,在对话框中输入"22-00-00"(见图 2-119),弹出选择对话框,显示 ATA 章节 22-00-00 含有 D/O6 项内容。根据需要可选择内容,若想查看部件安装,单击 Component Location(见图 2-120),可以查看到相关内容(见图 2-121)。

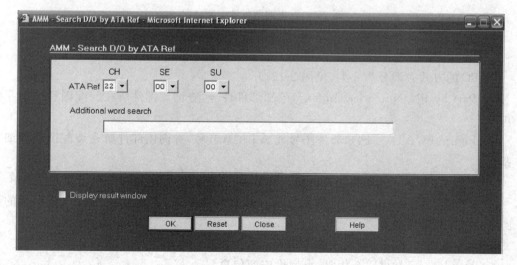

图 2-119 D/O by ATA 输入框

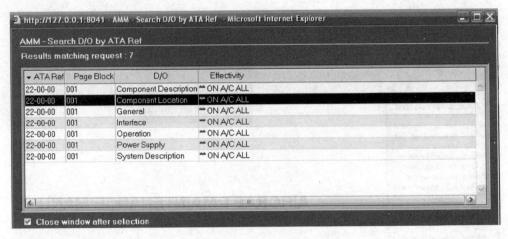

图 2-120　D/O by ATA 查询结果

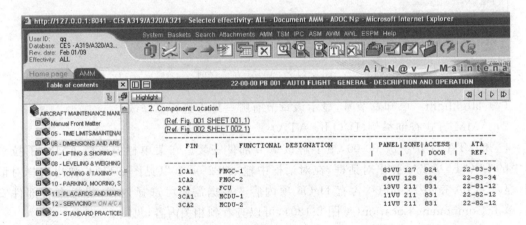

图 2-121　查询的部件安装情况

2. IPC 手册查询

1) IPC 的方式查询分为 6 类（见图 2-122）

（1）Part by PN/Numerical Index　已知部件件号，查询该部件所在装配图和详细零件清单。

（2）Figure by ATA　已知部件图号或 ATA 章节号，查询该部件所在装配图和详细零件清单。

（3）Part by FIN　已知部件的功能识别号，查询该部件所在装配图和详细零件清单。

（4）Part by access/panel　已知部件所在接近门或面板，查询在该接近门或面板的部件装配图和详细零件清单。

（5）PN Information　查询该部件相关基本信息。

（6）Vendor　已知供应商代码，查询供应商信息。

2) IPC 的方式查询举例应用（Part by PN/Numerical Index）

已知部件件号为"12NE4717-02"，想了解该部件装配图和详细零件清单。在菜单栏中

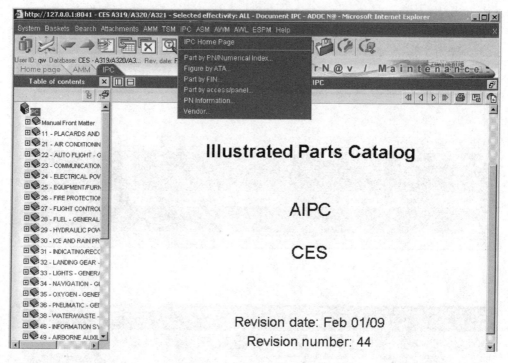

图 2-122　IPC 方式查询分类

选择 IPC 下拉菜单中的 Part by PN/Numerical Index 方式,输入"12NE4717-02"(见图 2-123),会弹出一个选择对话框,显示该部件件号"12NE4717-02"为代用件号,其基本件号为"MS17826-3"(见图 2-124),单击该条目后,会弹出"MS17826-3"的装配图和详细零件清单(见图 2-125)。

注：在 IPC 手册的详细零件清单中只显示基本件号,不显示代用件号。

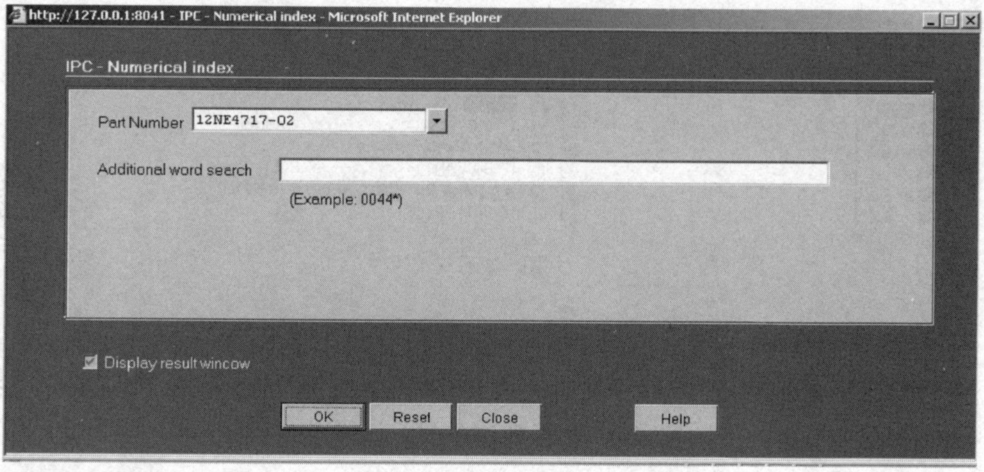

图　2-123

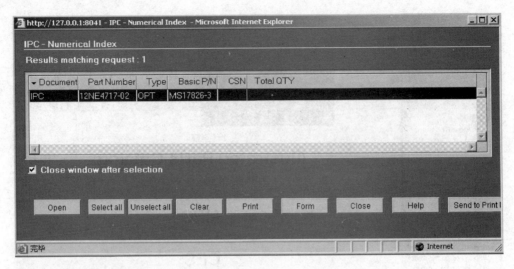

图 2-124

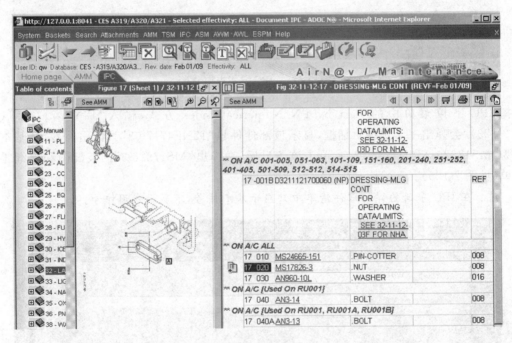

图 2-125

3. TSM 手册查询

在 AirN@v 首页，打开 TSM 手册。使用 TSM 手册查询，可以利用 TSM 目录直接查阅，也可以用 Start Trouble Shooting 方式进行查询。进入 Start Trouble Shooting 有三种方式：

(1) 在 AirN@v 首页直接进入；

(2) 在 TSM 下拉菜单中单击 Start Trouble Shooting 进入；

(3) 在工具栏用快捷键进入。

1) Start Trouble Shooting 的查询分类（见图 2-126）

图 2-126　Start Trouble Shooting 查询分类

（1）ECAM　当故障信息来自 ECAM 时，用此方法。

（2）EFIS　当故障信息来自 EFIS 时，用此方法。

（3）LOCAL　当故障信息来自驾驶舱控制面板时，用此方法。

（4）Crew & Maintenance Obs　当故障信息来自观察时，用此方法。

（5）CFDS Fault Messages　当故障信息来自航后报告时，用此方法。

（6）Pattern Search　当根据航后报告信息，使用 ECAM、CFDS Fault Messages 方式查不到结果时，可以用 Pattern Search 方式。

其中 ECAM 查询又分为 5 类：①Ecam Warning；②Engine Warning Display；③Inoperative System；④Maintenance Status；⑤SD。

EFIS 查寻又分为两类：①EFIS PFD；②EFIS ND。

2）Start Trouble Shooting 查询举例

如图 2-127 所示为一份 A320 飞机航后报告。

```
A/C ID    DATE    GMT         FLTN      CITY    PAIR
B-2213    01SEP   1223/1501   MU2354    ZSSS    ZLLL
ECAM  WARNING  MESSAGES
GMT    PH   ATA
0730   02   31-00    QAR
0744   06   34-00    NAV ILS 2 FAULT
FAILURE    MESSAGES
GMT    PH   ATA                          SOURCE     IDENTIFIERS
0744   06   34-36-31  FWC1 NO MMR2 DATA  ECAM 1     EIS 1
```

图 2-127　航后报告

(1) ECAM 查询应用

由航后报告知道 ECAM WARNING 信息是 NAV ILS 2 FAULT，其对应章节 ATA34-00。单击 ECAM WARNING，会弹出对话框，输入 ATA34-00 和 NAV ILS 2 fault（见图 2-128）。会弹出选择对话框，其内容显示对应 NAV ILS 2 FAULT 信息有 24 条相应的故障信息（见图 2-129）。选择与航后报告上 FWC1 NO MMR2 DATA 对应条目，得到故障隔离程序 TASK 34-36-00-810-814（见图 2-130）。

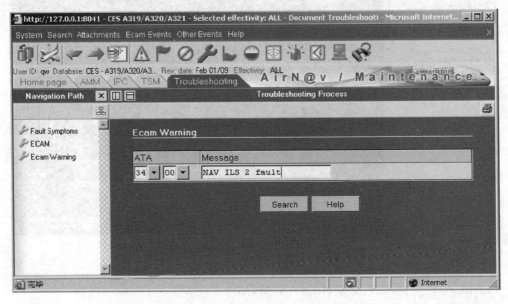

图 2-128

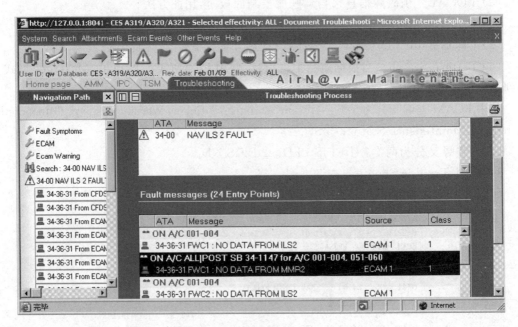

图 2-129

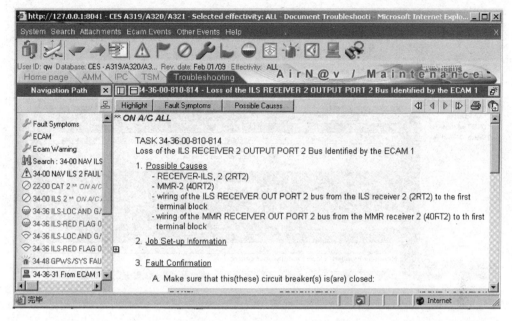

图 2-130

(2) CFDS Fault Messages 查询应用

根据上述航后报告,知道 CFDS Fault Messages 信息是 fwc1 no mmr2 data,对应章节为 ATA34-36-31。单击 CFDS Fault Messages,弹出对话框,输入"ATA34-36-31"和 ECAM1 fwc1 no mmr2 data(见图 2-131),显示查不到结果(见图 2-132)。原因是:航后报告 CFDS Fault Messages 信息是:fwc1 no mmr2 data,手册储存的故障信息 fwc1 no data from mmr2,措词不一样,故查无结果。此时,可选择只输入"ATA34-36-31"和 ECAM1(见图 2-133),会弹出选择对话框,显示有 8 条故障信息,其中有 FWC1:NO DATA FROM

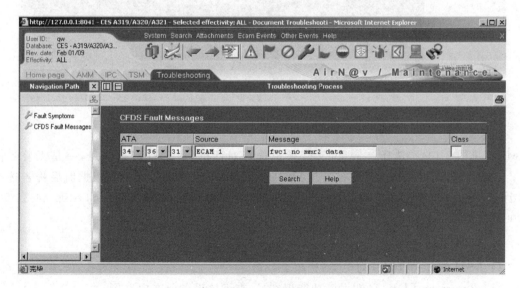

图 2-131

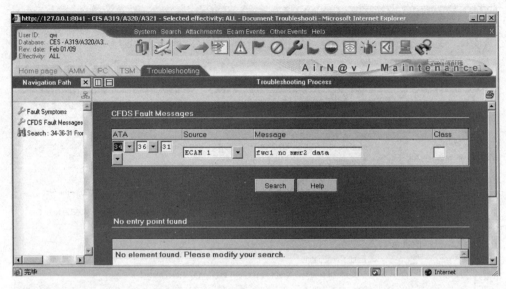

图 2-132

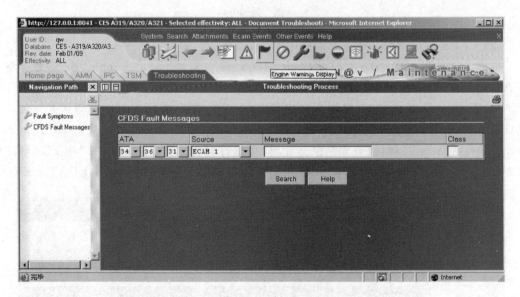

图 2-133

MMR2(见图2-134),选择该信息,又会弹出选择对话框,显示有两条信息,一是无警告信息;二是有警告信息,其信息内容为 NAV ILS 2 FAULT(见图2-135)。根据航后报告选择与上 NAV ILS 2 FAULT 对应条目(见图2-135),得到故障隔离程序 TASK 34-36-00-810-814(见图2-136),与用 ECAM 方式查询的结果一样。

4. ASM 手册查询

1) ASM 的方式查询分为两类(见图2-137)

(1) Figure by FIN 已知设备功能识别号,查询该设备所在电路图。

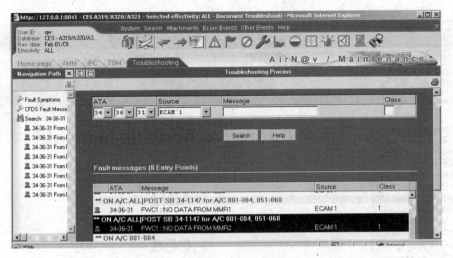

图 2-134

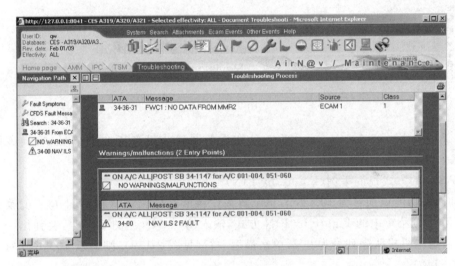

图 2-135

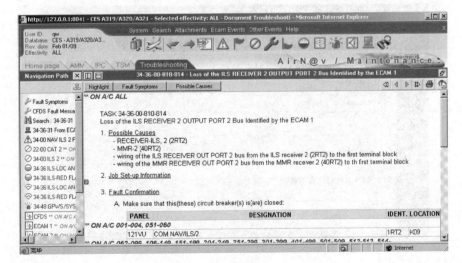

图 2-136

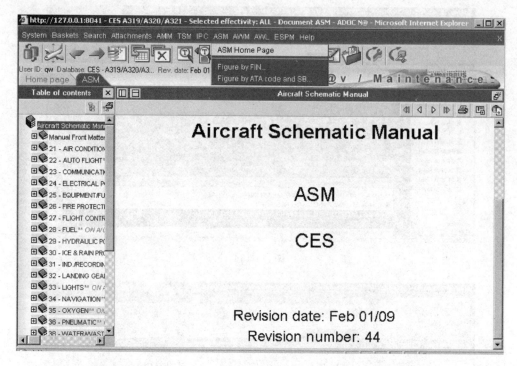

图 2-137

(2) Figure by ATA code and SB 已知设备图号或设备所在章节号,查询该设备电路图。

2) ASM 的方式查询举例(Figure by FIN)

已知设备功能识别号为 1000GQ,想了解该设备所在电路图。在 AirN@v 的菜单栏中选择 ASM 下拉菜单中的 Figure by FIN 方式,输入 1000GQ(见图 2-138),会弹出一个选择对话框,假定飞机机队序列号为 002,单击最后一行(见图 2-139),则显示 1000GQ 所在电路图(见图 2-140)。

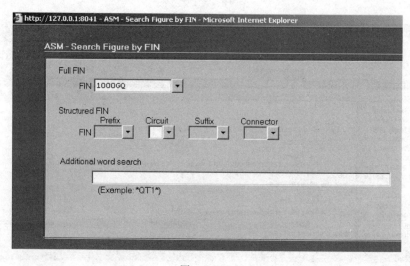

图 2-138

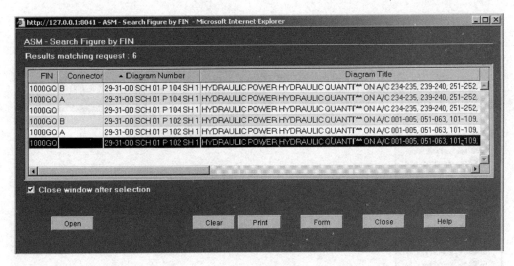

图 2-139

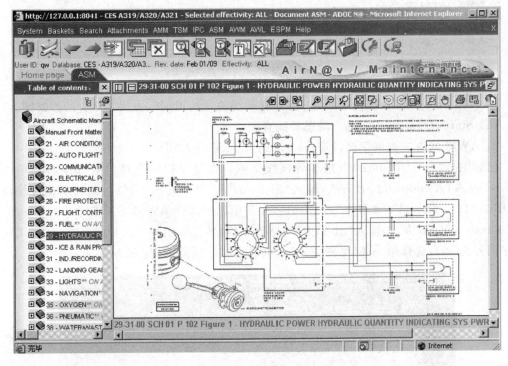

图 2-140

5. AWM 手册查询

1) AWM 的方式查询分为 5 类(见图 2-141)

(1) Figure by ATA code and SB 已知图号查找对应的线路图,或已知章节号查找对应的线路图。

(2) Figure by Wire Number 已知导线识别号查找该导线对应的线路图。

(3) Figure by FIN Connector Pin 已知电气部件的功能识别号查找对应的线路图。

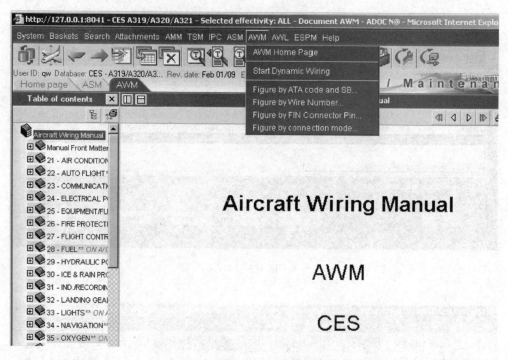

图 2-141　AWM 的方式查询分类

(4) Figure by connection mode　已知屏蔽线的导线识别号查找其对应的线路图。

(5) Start Dynamic Wiring　动态导线查询。

2) AWM 的方式查询举例(Figure by ATA code and SB)

已知图号"21-21-01-001-1",想了解该线路图。在菜单栏中选择 AWM 下拉菜单中的 Figure by ATA code and SB 方式,输入"21-21-01-001-1"(见图 2-142),则显示相应线路图(见图 2-143)。例：只知章节号"21-21-01",在菜单栏中选择 AWM 下拉菜单中的 Figure by ATA code and SB 方式,输入"21-21-01"(见图 2-144),会弹出一个选择对话框,假定飞机机队序列号为 002,选择第一条(见图 2-145),则显示相应线路图(见图 2-146)。

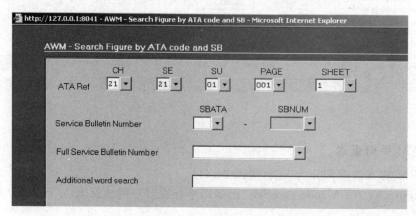

图　2-142

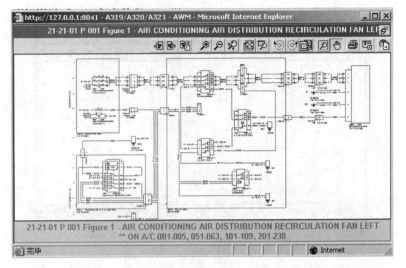

图 2-143

图 2-144

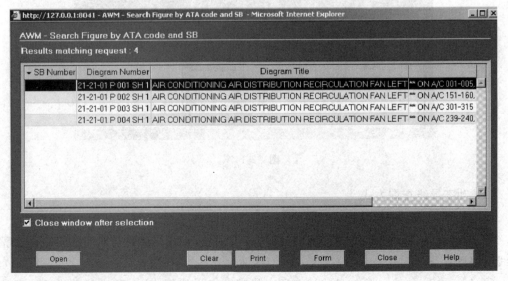

图 2-145

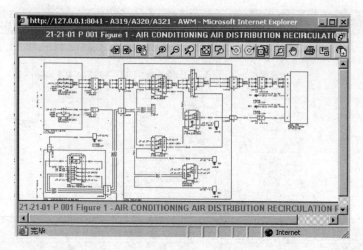

图 2-146

3) 动态导线查询(Start Dynamic Wiring)

动态导线查询方式可以用来显示两个插钉之间完整的线路连接。进入动态导线查询方式有三种方法：

(1) 在 AirN@v 首页进入；

(2) 在 AWM 下拉菜单中单击 Start Dynamic Wiring 进入；

(3) 在工具栏用快捷键进入。

动态导线是显示具体导线途径，因为不同飞机插钉之间导线连接途径可能不一样，所以要使用 Start Dynamic Wiring 必须先选择具体一架飞机。如选择 B-2360（见图 2-147），才能进入 Start Dynamic Wiring 的主页（见图 2-148）。

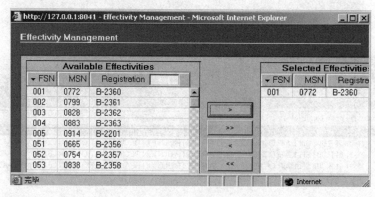

图 2-147

(1) 动态导线查询方式

动态导线查询方式有两种：

① Access by equipment　已知插钉的功能识别号，查找该插钉与对应插钉之间完整的导线连接图。

② Access by wire　已知导线识别号查找其动态导线图，动态导线图是描述该导线与

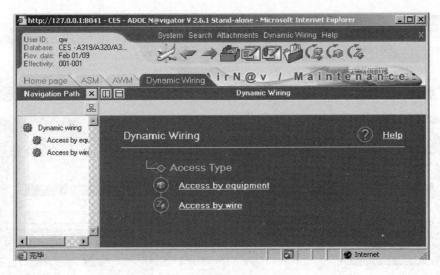

图 2-148

两端设备之间的连接图。

（2）动态导线查询方式举例（Access by equipment）

已知设备"1000gq"上连接器 A 的插钉 A，想了解插钉 A 连接的线路。在 Start Dynamic Wiring 的主页（见图 2-148），单击 Access by equipment，会弹出输入对话框，分别输入"1000gq"、"A"、"A"（见图 2-149）。弹出选择对话框，若选择设备"SDAC-1"（见图 2-150），则会显示"1000GQAA"与"SDAC-1"的导线连接图（见图 2-151）。

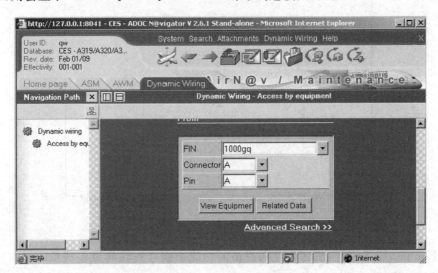

图 2-149

6. AWL 手册查询

1）AWL 的方式查询分为 6 类（见图 2-152）

（1）Wire by FIN Connector Pin　已知插钉的功能识别号查找其扩展导线清单。

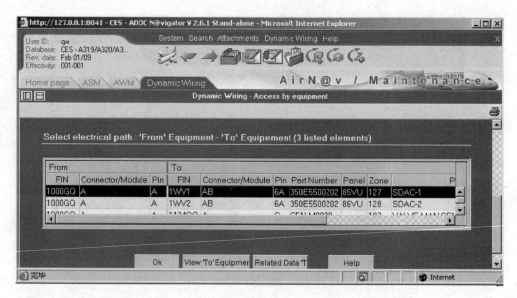

图 2-150

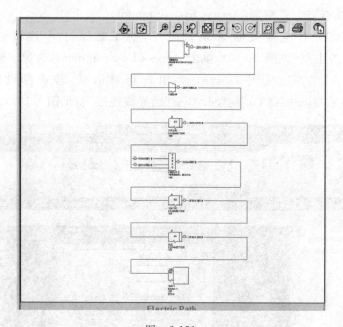

图 2-151

(2) Equipment Information 已知设备的功能识别号查找其设备清单。

(3) Wire by Location 已知导线所在区域,查找该区域内导线的扩展导线清单。

(4) Wire Information 已知导线识别号查找该导线的扩展导线清单。

(5) Feed Through Equipment Information 已知压力封严的功能识别号,查询通过该压力封严的导线的扩展导线清单。

(6) Shielded wires 已知屏蔽线导线识别号,查询该屏蔽线的屏蔽层连线所在的扩展

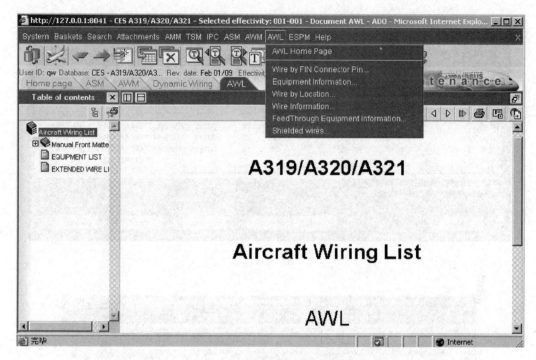

图 2-152　AWL 的方式查询分类

导线清单。

2) AML 的方式查询举例 (Wire by FIN Connector Pin)

已知部件插钉的功能识别号为"1000GQAA",想了解该部件扩展导线清单。在菜单栏中选择 AWL 下拉菜单中的 Wire by FIN Connector Pin 方式,输入"1000GQ"(见图 2-153),会弹出选择对话框,单击第一行(见图 2-154),则显示 1000GQAA 所在的扩展导线清单(见图 2-155)。

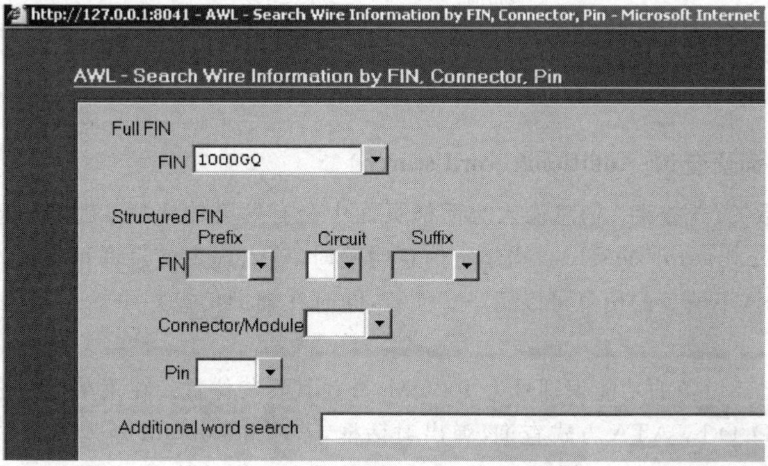

图　2-153

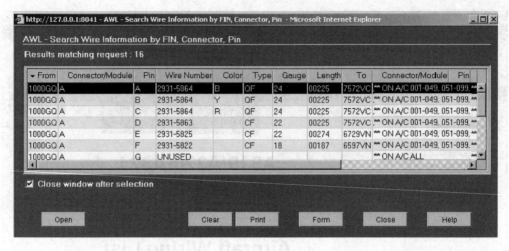

图 2-154

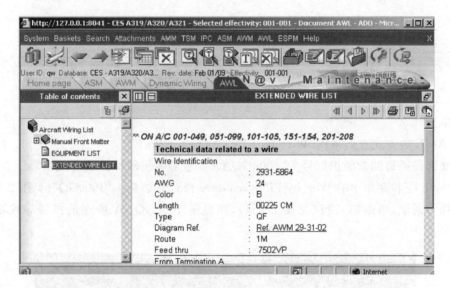

图 2-155

7. 辅助词语查询(Additional word search)

在大多数"方式查询"信息输入对话框页面中会有两类输入栏：规定信息栏和辅助信息栏(Additional word search)。当规定信息明确时，输入规定信息即可完成查询；当规定信息不明确时，不清楚的信息可以用"＊"代替，同时在辅助信息栏中输入其他已知信息，也可实现查询。

例如：已知设备的功能识别号为100QM，查找其安装位置。在菜单栏中选择AMM下拉菜单中的D/O by ATA方式查询，弹出对话框，若明确100QM所属章节(28-25-00)，输入规定查询即可(见图2-156)；若不明确100QM所属章节，仅知道主题为"00"，在规定信息栏CH中输入"＊＊"，SE中输入"＊＊"，SU中输入"00"，在Additional word search栏输入"100QM"(见图2-157)，也可实现查询(见图2-158、图2-159)。

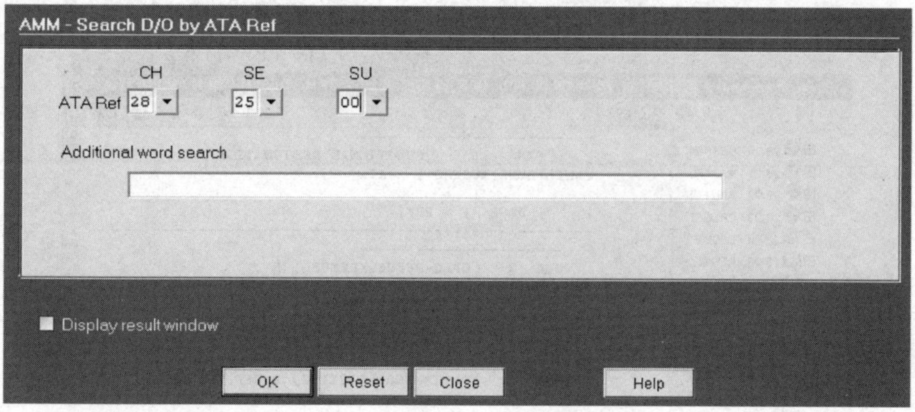

图 2-156

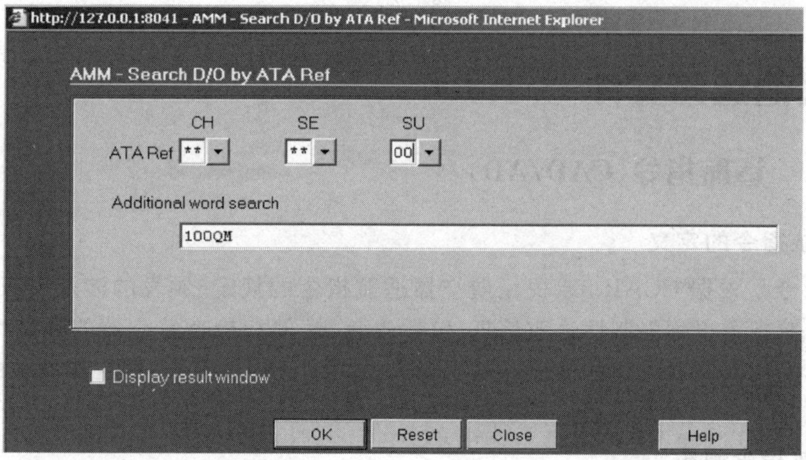

图 2-157

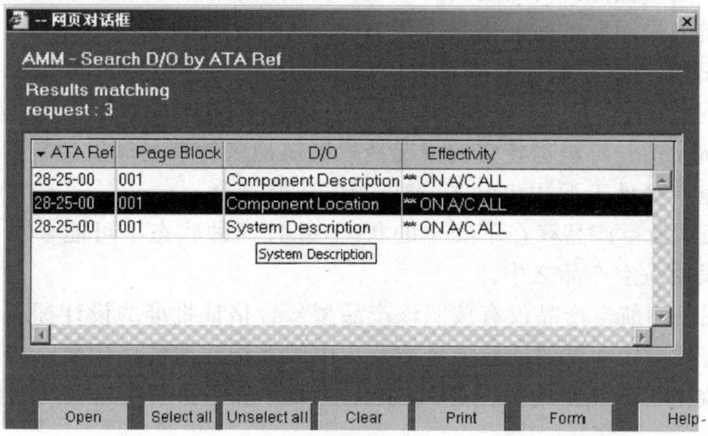

图 2-158

图 2-159

2.4 其他维修文件

2.4.1 适航指令(CAD/AD)

1. 适航指令的定义

适航指令是根据 CCAR-39《民用航空器适航指令的规定》颁发的涉及飞行安全的强制性措施。适航指令也称强制性适航信息,包括改装、换件和检查航空器的强制性要求,另外还包括操作使用限制和程序的修改。适航指令适用于民用航空器、航空器发动机、螺旋桨及机载设备。

2. 适航指令颁布

适航指令是由批准飞机及其发动机和附件产品合格证的适航当局颁发,或是由飞机及其发动机和附件登记注册国的适航当局颁发。由中国适航当局颁发的适航指令称为 CAD,中国以外的适航当局颁发的适航指令称为 AD。

CAD 由中国民用航空局局长授权中国民用航空局航空器适航司司长以中国民用航空局的名义颁发适航指令。

航空器适航司司长可根据特定的情况授权民航地区管理局颁发适航指令。

当民用航空产品处于下述状况之一时,颁发适航指令:

(1)某一民用航空产品存在不安全的状态,并且这种状态很可能存在于或发生于同型号设计的其他民用航空产品之中。

(2)当发现民用航空产品没有按照该产品型号合格证批准的设计标准生产。

(3)外国适航当局颁发的适航指令涉及在中国登记注册的民用航空产品。

适航指令规定了必须实施的检查、必须要遵守的条件和限制以及为解除不安全状态必须采取的措施。

3. 适航指令的执行

当航空器的制造厂、营运人、维修单位或个人发现航空产品存在影响安全的隐患时,有责任向适航当局报告并建议颁发适航指令；航空器的设计人、制造厂、所有人、营运人、维修单位和个人，有义务按规定完成适航指令，如果航空器未按照有关适航指令要求完成工作，任何人不得使用该航空器或航空部件。

适航指令的执行可分为两类：

（1）紧急的，必须立即遵照执行；

（2）紧急性稍差的，要求在一个稍长的时间后应予执行。

4. 适航指令格式

适航指令是局长授权颁发的指令性文件，包含有极其重要的技术内容，不是一般的技术性文件。每一份适航指令都有统一的编号，其编号如图 2-160 所示。

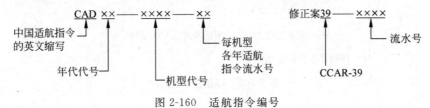

图 2-160 适航指令编号

例：CAD2007-B737-05R2 修正案号 39-5578（见图 2-161），表示该适航指令是 2007 年颁发的波音 737 飞机的第 5 份适航指令，CCAR-39 部的第 5578 次修正案。

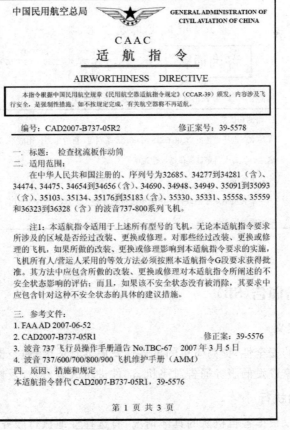

图 2-161 适航指令格式

2.4.2 咨询通告(AC)

咨询通告是适航部门向公众公开的适航管理工作的政策,以及某些具有普遍性的技术问题的解释性、说明性、推荐性或指导性文件。对于适航管理工作中的某些具有普遍性的技术问题,也可以用咨询通告的形式,向公众公布适航部门可以接受的处理办法。咨询通告由各级适航部门根据分工起草、编写,由民用航空局、航空器适航司司长批准发布。咨询通告的封面是蓝色的,其编号方法如图 2-162 所示。

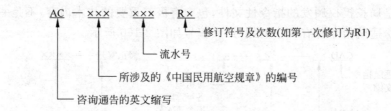

图 2-162 咨询通告编号

例如:民用航空器维修管理人员资格证书培训及考试大纲(AC-66R1-04),如图 2-163 所示,该咨询通告是依据 CCAR-66R1 第 66.35 条制定,目的是为民用航空器维修管理人员培训提供指导性说明。

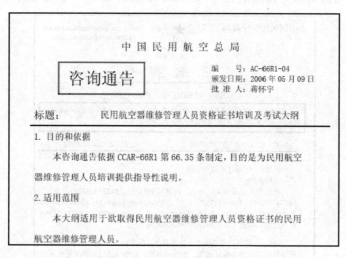

图 2-163 咨询通告格式

2.4.3 服务通告(SB)

1. 服务通告定义

为了保证飞机的安全性,提高飞机的可靠性及旅客舒适度,航空器制造厂家颁发的服务通告和部件制造厂家颁发的服务通告对飞机、部件进行改装、检查及修理工作。

2. 服务通告的执行

航空营运人可以根据各自机队的具体情况,有选择性地执行服务通告和服务信函。

当营运人接收到服务通告/信函后,由工程部门负责对服务通告/信函进行评估,确定是否执行服务通告/信函。

对确定执行的服务通告/信函,由工程部负责制定相应的工程指令(EO)、工程通告(EB)、维修提示(MT)、操作提示(OT)和持续适航维修方案(CAMP)等工程文件,下发给相关维修单位执行。

对于涉及适航指令的服务通告,按照适航指令要求执行。

3. 航空器制造厂家服务通告

航空器制造厂家颁发的服务通告(见图2-164)用来建议用户对服役飞机进行改装或检查。服务通告号由飞机型号、ATA参考章节及顺序号组成,例如 SB A320-21-1022。

图 2-164　航空器制造厂家服务通告

用户接到服务通告后应当及时向厂家报告服务通告的执行计划及具体执行情况。

4. 部件制造厂家服务通告

部件制造厂家服务通告(VSBs)由供应商颁布,向用户通知有关部件的改装。当下面任一方面受到影响时,部件制造厂家服务通告(见图2-165)将被飞机制造厂商服务通告涵概:

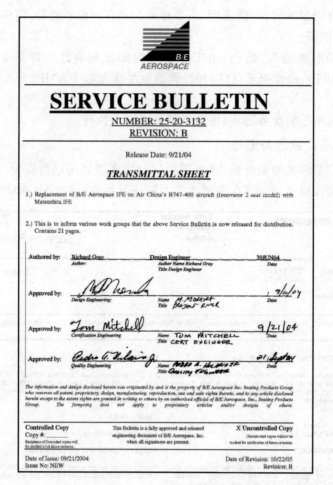

图 2-165　部件制造厂家服务通告

(1) 安全性。
(2) 飞机性能，飞行运营，地面操作。
(3) 双向互换性。
(4) 勤务和地面维护。
(5) 同时涉及飞机机体本身的改变。
(6) 同时进行几个 VSB。

营运人在决定是否实施服务通告之前需要对服务通告进行评估，评估属于营运人工程技术部门的职能。

5. 服务通告的结构内容

1) 首页

(1) 发行服务通告的单位；
(2) 服务通告名称；
(3) 通告涉及的零、部件名称及件号；
(4) 服务通告号。

2）正文

（1）计划编制信息　包括本服务通告的概述、涉及的零部件、协作需求、条件、描述、遵守、批准、工时成本、重量、电负荷、参考及对其他出版物的影响。

（2）航材信息　包括航材价格、耗材、特殊设备和工具。

（3）操作指示　包括改装、测试和确认程序。

2.4.4　放行偏离指南

放行偏离指南（Dispatch Deviations Guide，DDG）也叫放行偏离程序指南（Dispatch Deviations Procedures Guide，DDPG），是航空器制造厂商提供的技术文件，其主要内容包括两部分：主最低设备清单（Main Minimum Equipment List，MMEL）和外形缺损清单（Configuvation Deviation List，CDL）。主最低设备清单是指飞机系统方面出现故障时的放行程序指南，外形缺损清单是指飞机结构外形缺失或损伤时的放行程序指南。它们都是设备项目清单，清单中的设备不工作或缺失，也能保证航空器在一个可以接受的安全水平。

主最低设备清单不包括影响飞行安全的必不可少的项目，如机翼、襟翼、方向舵、发动机、起落架等，营运人应根据自身情况制定自己的最低设备清单，最低设备清单应比主最低设备清单更严格。不同飞机或相同飞机不同的营运人，其 MEL 和 CDL 的格式可能不同，但 MEL 和 CDL 所包含的内容相同，下面结合具体飞机介绍 MEL 和 CDL。

2.4.5　最低设备清单

最低设备清单（Minimum Equipment List）是营运人为保证航空器正常运行，依据 MMEL 并考虑航空器的构型、运行程序和条件，所编制的设备清单。最低设备清单经局方批准后，允许航空器在清单中所列设备不工作时继续运行。下面以 A320 最低设备清单为例介绍其结构、使用和管理。

1. MEL 结构

（1）批准页。

（2）MEL 制定、管理、使用、说明。

（3）00 节概述：①目录；②手册的编排；③正常修订—有效页清单（LEP）；④修订清单；⑤交叉参考表；⑥缩写语清单。

（4）00E 节 ECAM 警告/最低设备查找。

（5）01 节最低设备清单。

（6）02 节操作程序。

（7）03 节维护程序。

2. 页眉、页脚说明（见图 2-166）

（1）章节标题。

（2）MEL 章节编号/ATA 章节（除 00 节之外）。

（3）页号。当一个新页必须插入两个已有页之间时，在页码后加后缀字母。例：页 1A 必须插入在页 1 和页 2 之间。

（4）修订号。

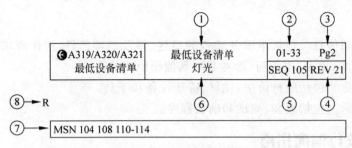

图 2-166 页眉、页脚说明

(5) 顺序号,用于对不同飞机形态进行管理并允许输入有效页清单。

(6) 次章节标题。

(7) 飞机厂家序号。104、108 指该页适用于飞机厂家序号 104 和 108；110-114 指该页适用于飞机厂家序号 110 至 114；ALL 指该页适用于该手册所包括的所有飞机。

厂家序号和注册号间的对应关系可以在交叉参考表中找到。

(8) 行前 R 指该行已进行修订。

3. MEL 使用的原则及说明

1）使用 MEL 的声明

在飞机营运时,要求飞机的故障或缺陷都必须在有可能的最近的时间里排除和恢复,除非由于时间或设备的原因不能排除和恢复的可按 MEL 规定放行飞机。飞机放行人员要确认失效的系统、设备之间不会产生相互作用而降低飞行品质或加重机组操纵负担。无论飞机在基地或在外站,放行飞机的标准都不得低于 MEL 的标准。

2）MEL 中有关设备的修复期限

A 类：该项目必须在备注栏中限定时间间隔以内修复。

B 类：该项目要求在 3 日历日(72h)之内修复。

C 类：该项目要求在 10 日历日(240h)之内修复。

D 类：该项目要求在 120 日历日(2880h)之内修复。

对于有故障的设备进行修理和恢复的起止时间限制的时间计算不包括故障的当天,是从发生故障那一天后的子夜零时开始。

3）关于"O"、"M"、"R"符号的说明

(1) MEL 备注栏中的"O"符号代表机组操作程序。

(2) MEL 备注栏中的"M"符号代表维护程序。

(3) 执行"O"、"M"程序使不工作的设备项目在特定的工作条件和限制下完全放弃其功能。

(4) MEL 页面边框左侧标有的"R"字母,表示该项目内容在此版本中作了修改。

4）关于失效项目挂牌的说明

所有失效项目必须挂上标牌以告知和提醒机组和维护人员。除特别规定外,标牌的用词及位置摆放可由操作者自行确定。

5）放行程序

按 MEL 放行飞机,维护人员必须在飞行记录本上写清故障的检查处理情况,及放行依据 MEL 中的项目号并及时通知公司签派部门,飞机执管的维修单位还要按规定及时办理故障保留手续。故障排除后,维护人员也要在飞行记录本上填写保留故障撤销记录。

6) MEL 页面适用性的说明

在 MEL 页脚处标注为 CES ALL,表示适用于东航所有飞机;页脚处标注为 MSN××××,表示飞机的出厂序号,表示该页仅适用该序号的飞机,飞机序列号相对应的飞机注册号请参考概述中的交叉参考表(00-04 第 1 页)。由于 A319/A320/A321 飞机 MEL 适用性有许多差异,在使用 MEL 前需确认飞机的 MSN 号。

7) 备注和例外栏目的说明

对于备注和例外栏目内有检查工作要求,而未注明"O"或"M"的项目,牵涉到飞行性能及气象的检查工作由机组完成,其余由机务完成。

4. "ECAM 警告/最低设备清单查找"应用

在进入 MEL 01 节之前,应完成排故工作以便决定或确定哪个设备、部件、系统或功能不工作。目的是在 ECAM 警戒/警告信息显示时帮助机务人员确定 MEL 查找点,不能代替排故工作。

1) ECAM 警告信息与主最低设备清单项目号的 4 种对应关系

(1) NO DISPATCH 表示对应 ECAM 警告信息,此飞机不允许放飞。

(2) REFER TO MEL ××-××-×× 表示对应 ECAM 警告信息,必须参考最低设备清单。

(3) NOT APPLICABLE 表示对应 ECAM 警告信息不适用,表示 MEL 并不是要查阅的适合手册。当已触发了这类警戒/警告时,若有的话可使用相应的程序(参考 FCOM 第 3 册不正常/应急程序),且/或需要时完成维护动作,从而来解决问题。

(4) FCOM(REFER TO FCOM ××-××-××)表示对应 ECAM 警告信息,必须参考 FCOM。

2) 举例

(1) 如果在 ECAM 上显示 BCL1(2)FAULT 警告信息(见图 2-167),机组必须参考 MEL 24-30-03(见图 2-168)。

图 2-167 ECAM 警告/最低设备清单查找 1

A319/A320/A321 最低设备清单	最低设备清单 电　源	01-24　第 6 页 序号 001　R31/080301

1. 系统及序列号 项　　目	2. 修复期限	3. 安装数量	4. 放飞所需数量	5. 说明或例外
24-30 直流发电				
30-01 变压/整流组件	C	3	2	(o)　a) 除了延长航程飞行外，TR1可以不工作。 -或-
	C	3	2	(o)(m)　b) 除了延长航程飞行外，TR2 可以不工作， 但需： 1) 每天检查 AC ESS FEED 控制工作，且 2) 备用 IAS 指示器工作，且 3) 备用高度表工作，且 4) 备用地平仪工作，且 5) 备用罗盘工作。
30-02 电瓶通道		2	2	
30-03 电瓶充电限制器	A	2	1	(o)(m)　除了延长航程飞行外，一个可以不工作最长达 10 次飞行，但需： 1) 在地面和空中都不起动 APU，且 2) 两个主发电机通道工作，且 3) 加油时，接好外接电源，且 4)飞行前按相关机务程序，给与不工作电瓶充电限制器有关的电瓶充电。

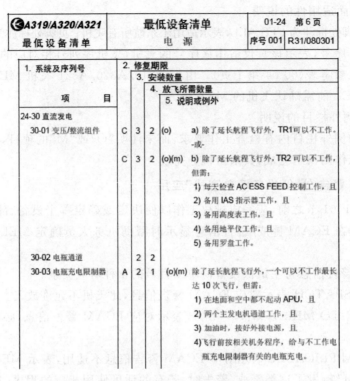

图 2-168　ECAM 警告/最低设备清单查找 2

(2) 如果 ECAM 上显示 AC BUS 1 FAULT 警告信息，飞机不允许放飞(见图 2-167)。

(3) 如果 ECAM 上显示 GEN 1 OFF 警告信息，不需要查阅最低设备清单。在此例中，机组必须接通发电机电门(见图 2-167)。

(4) 如果显示(PACK 1+2 FAULT)警告信息，机组必须参考 FCOM 02-04-20 中关于“无增压飞行”(见图 2-169)。

A319/A320/A321 最低设备清单	ECAM警告/最低设备清单查找 空　调	00-21E　第 1 页 序号 001　R31/080301

	ECAM WARNING	DISPATCH CONDITION	REMARK
	AIR		
	AFT CRG VENT FAULT (If Installed)	Refer to MEL 21-28-04	
	FWD CRG VENT FAULT (If Installed)	Refer to MEL 21-28-01	
	PACK 1 (2) FAULT or OVHT or OFF	Refer to MEL 21-52-01	
R	PACK 1 (2) REGUL FAULT	Refer to MEL 21-52-02, or	If pack ram air inlet flap is affected
R R		Refer to MEL 21-52-03, or	If pack ram air outlet flap (if installed) is affected
R R R		Refer to MEL 21-61-01, or	If pack controller, pack anti-ice valve or water exchanger temperature sensor are affected
R		Refer to MEL 21-61-02	If turbine bypass valve is affected
→	PACK 1 + 2 FAULT	Refer to FCOM 02-04-20	
	COND		

图 2-169　ECAM 警告/最低设备清单查找 3

5. MEL 栏目说明（见图 2-170）

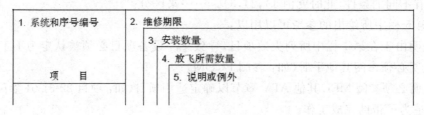

图 2-170 栏目说明

1) 第 1 栏："项目"

此栏列出放飞所要求的设备、部件、系统或功能。

系统编号是根据航空运输协会（ATA）第 100 项条款而定的。

注：一个单独的计算机可能包括几个功能。如果计算机本身完全故障，那么相应的 MEL 条目则针对于计算机，否则只针对于某个单独的功能。如果有数个功能不正常，则需逐条参考每个项目。

2) 第 2 栏："维修期限"

对于一个给定的项目，它表示维修期限的类型。

3) 第 3 栏："安装数量"

此栏列出指定的项目安装在飞机上的设备、部件、系统或功能的数量。所列出的数量反映了取证飞机的构造以及所有飞行条件下所需的数量，除非在第 4 栏及第 5 栏的"说明和例外"中另有说明。如果无指示（空白指示），那么根据第 5 栏中的当地适航规章执行。

4) 第 4 栏："放飞所需数量"

就所给定的项目，此栏指出在第 5 栏所述条件下（如果有），飞机放飞时所需的设备、部件、系统或功能的最少数量。如果无指示（空白指示），那么根据第 5 栏中的适航规章执行。

5) 第 5 栏："说明或例外"

不工作的设备、部件、系统或功能应在驾驶舱内挂牌以提示机组设备的状态。

（1）"O"表示机组操作程序。

（2）"M"表示所列项目不工作时必须完成特定的维修程序。如果在 MEL 的备注栏内没有定义周期，那么对于相关的 MEL 项目在第一次飞行前要完成一次性维护（例如，解除功能程序）。否则，这就是一个重复动作。在这种情况下，维修程序的周期在相关的 MEL 项目的备注栏中有定义。

注 1：有定义周期时，对于相关的 MEL 项目第一次飞行前必须使用维护程序，且必须在定义的期限内重复维护程序。正常情况下这些程序应由维护人员完成；但经由国家有关部门许可后，其他人员也可以有资格授权完成某些工作。但是，那些需要专业知识或技术以及要专门工具或测试设备的程序应当由维护人员完成。无论由谁完成，公司必须确保所有的维护程序均已圆满地完成。

注 2：在一个项目不工作时飞行，一定要对有符号"O"和"M"（无论"O"和"M"是单独出现或同时出现）的项目进行建立、公布程序并加以执行。

一个项目有时可能有几种不同状况,此时就由 a),b),c)。……来加以区别。有时同一个状况又有不同的条件,此时就由 1),2),3)。……来区分。

(3) 第 5 栏中所给出的参考可以用以:

① 说明由于在第 1 栏中所列失效项目,导致某一设备项目必须被认定为不工作;

② 说明必须参阅其他手册(如:参阅 FCOM);

③ 说明必须参阅 MEL 其他 ATA 章节以确定适用项目(如:项目 22-61-01 参阅 27-23)这些参考只是为了帮助完成工作。

(4) 第 5 栏中的"注"为机组或维护人员提供的额外信息和参考,参考 00-02-05 页。

6. MEL 名词定义

(1) "不工作"表示所列出的设备不能使用或失效,已不能完成它的预定功能,或在其设计工作极限或容差内,不能保持始终如一的功能。一些系统设计有故障容差并由数字化的计算机进行监视,此计算机将故障信息传送到中央故障显示系统(CFDS)。这类故障信息的出现不表示此系统不工作。

(2) "认为不工作"表示所列出的设备视为不工作设备。

(3) "中央故障显示系统"表示为了维修的目的确定故障系统,飞机飞行不需要。

(4) VMC 目视气象条件表示在代表飞机仪表飞行标准(IFR)或目视飞行标准(VFR)下,机组必须保持目视气象条件。

(5) "结冰条件"表示可以在飞机或动力装置上形成结冰的大气环境。

(6) "根据条例按需"表示所列项目必须符合相应的运行条例。营运人可以参考"JAA LEAFLETNO-26:MEL 政策手册"。

(7) "要求的乘务员座椅"指在关键飞行阶段客舱乘务员需要占用的座椅。根据条例规定,该客舱乘务员是机组一员并且在飞行中分配有座位。

(8) ER 表示按"双发飞机延程飞行"要求的运行(ETOPS)。

(9) "天数"表示一些项目在 MEL 备注栏中列有时间间隔。除非特殊说明,"天数"应认为是不包括记录故障当天的日历日。

(10) "延程水上飞行"是指根据相应条例,要求有救生筏的水上飞行。

(11) "着火或燃烧材料"参考有捕捉火焰和燃烧能力的材料。

禁止装载易燃或着火材料,也不允许装载其他材料,除非以下材料:货舱操作设备(卸载、排放或气垫),飞行器材包(不包括液压油、清洗剂、电瓶、电容、化学发生器等),空中服务器材(往返餐食——仅是封闭餐食推车/箱包、无报纸、无酒精或免税货品)。

注:如果包括可用轮胎,轮胎应该仅充气到最小压力,保证可用即可。

(12) 航段为了使用 MEL 而定义的。一个"航段"定义为从飞机开始移动、准备起飞、起飞、飞行、着陆、到最后完全停止在停机位结束飞行的整个时间段。

7. MEL 查询举例

A320 飞机厕所和厨房通风风扇不工作,是否能放行?须做哪些工作?

(1) 对该题进行分析,查询手册相关章节为 21 章,对 MEL 手册该部分进行查询,发现条目 21-23 为厕所和厨房通风,23-01 为抽风扇,如图 2-171 所示。

(2) 厕所和厨房通风风扇只有一个,可以不工作,但条件是:机组在 ECAM COND 页

图 2-171　MEL 查询举例

上可以获得客舱管道温度。

（3）10 天内必须修复。

2.4.6　外形缺损清单

在确保飞机飞行安全的前提下，为提高飞机签派率，保证飞机正常飞行，允许飞机某些次要结构和发动机零部件在缺损的情况下营运，特制定飞机外形缺损清单（CDL）。

下面以 737-600/700/800 CDL 为例介绍 CDL 的结构和使用。737-600/700/800 的 CDL 附在 MEL 手册的后面，有些机型 CDL 是飞机飞行手册（AFM）的一个附录。737-600/700/800 MEL 分为三部分：前言、MEL、CDL。第三部分为 CDL，所以 CDL 编号为：本书章节号(3)、ATA 号、项目编号、流水页号，如图 2-172 所示。

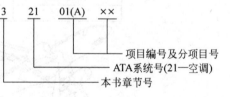

图 2-172　外形缺损清单编号

1. 一般限制

（1）当飞机在外形缺损清单条件下使用时，必须遵守本清单修正后的限制。

（2）修正后的限制，需要列在驾驶员能清晰看见的位置处的标牌上。

（3）应在飞行前告知机长哪些零部件已缺损。

（4）除非外形缺损清单中具体给出了可以同时缺损的零部件，任何一个系统都不得缺损一个以上的零部件。

（5）如果有另外零部件在飞行中丢失，飞机就不允许飞离出现这种情况后着陆的那个机场，直到它再次符合外形缺损清单中规定的限制要求。当然，这包括飞机飞往某一地点进行必要的修理或更换。

(6) 本清单允许缺损放行的项目必须由维修负责人员按保留维修项目处理,并在飞行记录本/维修记录上详细填写,项目排除后应立即反映到飞行记录本/维修记录上。

2. 构型缺损清单内容及说明

(1) 编号说明(见图 2-172)。

(2) 项目名称:允许缺损零部件的项目名称。

(3) 安装数量:该系统零部件的数量。

(4) 允许缺损/限制条件:系统允许缺损零部件的数量、缺损后需补充限制条件。

(5) 性能影响:允许缺损零部件后对飞机性能的影响。

3. 查询举例

CDL 查询是根据缺损零部件的名称判断其章节,然后在手册目录中查找。

例: 已知在一架过站的 B737-800 飞机上发现左侧冲压空气进口盖板丢失,根据外形缺损清单判断是否能放行?

(1) 根据左侧冲压空气进口盖板信息属于 ATA21 章空调系统项目,在 CDL 21-51-01 中找到这条项目。

(2) 根据 CDL 内容确定左侧冲压空气进口盖板缺失一个或两个,起飞、着陆和航路爬升无影响(见图 2-173)。

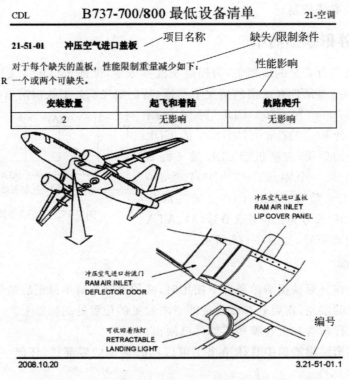

图 2-173 外形缺损清单

第3章 常用工具与量具

工具和量具的正确使用与管理,在航空器修理工作中十分重要。维修人员规范和熟练使用工具和量具,能够保证维修质量,提高工作效率,确保人机安全。本章主要介绍常用手工工具和量具,其中的钳工工具、钣金工具及其他专业工具将在相关章节中介绍。

3.1 常用工具

3.1.1 夹持工具

1. 鱼口钳

鱼口钳(slip joint pliers)也称滑动支点钳,是维修中常用的夹持工具(见图 3-1),其铰接点部位有一个双孔槽,通过滑动支点在双孔中的位置,可以改变其夹持范围。由于鱼口钳钳口锋利,维修中切勿夹持紧固件,尤其不能用于铝、铜螺帽的拆装。

2. 鹰嘴钳

鹰嘴钳(interlocking joint pliers)也称内锁支点钳或槽锁钳,其钳口可平行沿滑槽滑动,以此调节夹持范围,鹰嘴钳夹持力较大,可用于夹持密封螺帽、管接头和异形零件,有时也称水管钳,如图 3-2 所示。

3. 大力钳

大力钳(vise grips)属于复合型钳子(见图 3-3),具备杠杆加力机构,当压紧手柄时,复合支点可使夹持力倍增。通过调整手柄后端的调节螺丝,可调节钳口大小及其相应的夹持力。由于过挠度自锁作用,即使撤出手柄夹紧力,两颚口也不会打开。如果需要松开颚口,可以通过手柄后端的一个小杠杆使其松开。由于大力钳极强的夹持力,常用于拆卸变形的螺钉或断头高出工件的螺栓等。

图 3-1 鱼口钳

图 3-2 鹰嘴钳

图 3-3 大力钳

4. 尖嘴钳

尖嘴钳(long nose)拥有不同长度的半圆形长钳口(见图3-4),有直和斜两种钳嘴,用于夹持小物体,可在狭小空间进行操作,多用于电气维修和打保险。

5. 斜口钳

斜口钳(diagonal cutter)又称克丝钳(见图3-5),是短钳口的剪切工具,其钳口处有一小角度刀刃,用于剪切金属丝、铆钉、开口销等。斜口钳是维修中常用的工具,特别在拆卸和打保险工作中使用最多。

6. 鸭嘴钳

鸭嘴钳(duckbill pliers)钳口扁平,形状像鸭嘴(见图3-6)。其较长的手柄提供良好的夹持力,颚口内有细牙,用来增加摩擦同时不损伤夹持物,适合拧保险丝结。

图3-4 尖嘴钳　　　　图3-5 斜口钳　　　　图3-6 鸭嘴钳

7. 平口钳

平口钳(flat-nose pliers)钳口较厚,前端平直(见图3-7),具备斜口钳和鱼口钳的功能,平直钳口咬合齐整,可用于板件边缘弯曲和整形。钳子根部有剪切刃,用于剪切铁丝等物。

8. 卡环钳

卡环钳(card ring pliers)分为内卡环钳和外卡环钳两种(见图3-8)。内卡环钳通过钳嘴插入卡环耳孔,使卡环收缩变形完成拆卸和安装。外卡环钳通过钳嘴插入卡环耳孔,使卡环扩张变形完成拆卸和安装。使用卡环钳时要特别小心,以免卡环弹出伤人或掉入航空器内。

9. 保险丝钳

保险丝钳(safety wire pliers)集夹持、剪切、旋转于一体(见图3-9)。使用时,首先在已固定好一端的保险丝上确定所需编结的保险丝长度,然后用钳口夹住另一端并用锁紧机构锁紧,用手握住钳子尾端的旋转钮,向后拉动,即可使保险丝编花,其编结的密度取决于拉动的次数。保险丝钳的刃口可在打保险前和完成后,剪去多余的保险丝。

图3-7 平口钳　　　　图3-8 卡环钳　　　　图3-9 保险丝钳

3.1.2 旋拧工具

1. 螺丝刀

螺丝刀一般按形状、刀口类型和刀口宽度分类。按长度或杆径标识，刀柄一般采用木质和高强度塑料。螺丝刀最基本的类型有"一"字形螺丝刀和"十"字形螺丝刀（见图 3-10）。

1）"一"字形螺丝刀

"一"字形螺丝刀又称普通型螺丝刀（见图 3-11），用于带"一"字形槽口的螺纹紧固件。选用"一"字形螺丝刀时，应保证螺丝刀口的刃宽不少于槽口长度的 75%。刃口应锋利，与槽口两侧平行，且能插到槽的底部，否则将会损坏螺纹紧固件槽口。

2）"十"字形螺丝刀

"十"字形螺丝刀用于"十"字槽形螺纹紧固件（见图 3-12），典型的"十"字槽有双锥形（phillips head）和单锥形（reed and prince head）两种。双锥形两侧边不平行，对应的十字心较粗，刃较短，可插入较平的孔底；单锥形两侧边平直，槽宽比较窄，十字形明显，螺丝刀的刃较长且较尖，也称尖十字螺丝刀。

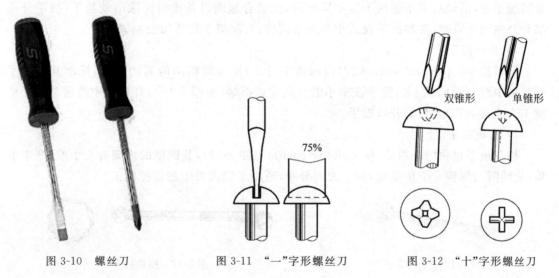

图 3-10　螺丝刀　　　图 3-11　"一"字形螺丝刀　　　图 3-12　"十"字形螺丝刀

3）偏置螺丝刀

在垂直空间受到限制时，可使用偏置螺丝刀（见图 3-13）。偏置螺丝刀的两端头与杆身成 90°，两刀口相互垂直。交替使用两头，大多数螺钉都能完成拆装。偏置螺丝刀有标准型和埋头型。

4）棘轮式螺丝刀

棘轮式螺丝刀是一种手动快速螺丝刀（见图 3-14），手柄内具备单向旋转功能的棘轮装置，使螺丝刀头无需脱离紧固件，手柄反复连续旋拧，即可快速拆装紧固件。使用时通过手柄的转换开关选择旋转方向。对于大负荷拆装，为保护棘轮装置，不用于初始拆卸和最终紧固。棘轮式螺丝刀刀头一般可根据需要更换，螺丝刀杆端部为避免刀头掉落装有磁铁，对于某些磁性设备和特殊元件应谨慎使用。

图 3-13 偏置螺丝刀

图 3-14 棘轮式螺丝刀

5) 气动螺丝刀

气动螺丝刀是用气源作旋拧动力的螺丝刀(见图 3-15),广泛用于批量紧固件操作。这种螺丝刀端头有固定刀头的夹具,可防止脱落。有些螺丝刀上还设有力矩预置装置,可进行定力矩安装。

图 3-15 气动螺丝刀

2. 扳手

扳手是维修中最常用的工具,按形状分为活动扳手、开口扳手、梅花扳手、内六角扳手、套筒扳手等,活动扳手不能用于航空器维修,仅适合地面设备维修。除活动扳手,扳手分英制和公制两个系列,英制扳手仅适用英制紧固件,公制扳手仅适用公制紧固件。

1) 开口扳手

开口扳手(open end wrench)开口两侧平行,与螺栓螺帽的两对边接触,标准开口扳手开口的中线与手柄成 15°,便于在窄小的空间完成拆装(见图 3-16),开口的中线通常与手柄成 15°,也有 30°、60°角的开口扳手。

2) 梅花扳手

梅花扳手也称眼眶扳手(box end wrench)(见图 3-17),其圆框的内圈有 6 个或 12 个卡角,旋转时与螺帽 6 个角接触,便于力的分布,适用于较大力矩的旋拧施工。

图 3-16 开口扳手

图 3-17 梅花扳手

3) 组合扳手

组合扳手(combination wrench)一端是梅花扳头,另一端是同样尺寸的开口扳手,俗称梅开扳手(见图 3-18)。对于固定较紧的螺纹紧固件使用梅花端头,一旦拧松后,使用开口端头更方便。

4) 内六角扳手

内六角扳手(见图 3-19)是最简单的扳手,六边形杆,长端和短端垂直,可两端使用,用于端头带内凹式六角孔螺帽。

5) 套筒扳手

套筒扳手(socket wrench)由套在螺帽或螺栓头上的套筒头和连到套筒头上的手柄两部分组成(见图 3-20)。套筒一端内有 6 角或 12 角卡口与螺帽接触,另一端为正方形的开口供安装手柄。

图 3-18　组合扳手　　　　　图 3-19　内六角扳手　　　　图 3-20　套筒扳手

套筒扳手手柄有多种,常见的有:棘轮手柄(ratchet handle)(见图 3-21);铰接手柄(breaker bar)(见图 3-22);快速手柄,俗称摇把(speed handle)(见图 3-23)。

图 3-21　棘轮手柄　　　　　图 3-22　铰接手柄　　　　　图 3-23　快速手柄

3. 其他旋拧工具

1) 开口扳头

开口扳头有直口和梅花口两种形式(见图 3-24),工作中和手柄配接使用,常用于管路接头的拆装或与力矩扳手配合使用。

2) 棘轮梅花扳手

棘轮梅花扳手(见图 3-25)是梅花扳手增加棘轮机构,具备一个方向连续转动而锁住另一方向功能,使得梅花扳手使用方便快捷。

图 3-24　扳头　　　　　　　　　　　　　图 3-25　棘轮梅花扳手

3) 万向铰接头

万向铰接头(见图 3-26)适用于空间较小或者角度不适之处。

4) 卡带扳手

卡带扳手(见图 3-27)分为皮带扳手和链条扳手,常用于拆装圆形件和异形件。使用时,按螺纹连接零件方向套上卡带,用固定环固定好卡带,通过手柄按需要方向转动。

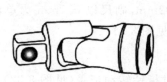　　　　　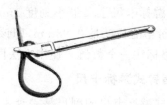

图 3-26　万向铰接头　　　　　　图 3-27　卡带扳手

3.2 常用量具

3.2.1 游标卡尺

游标卡尺是常用的内孔、外径和深度测量工具(见图3-28),它由主尺和副尺组成,其读数是由主尺和副尺两部分之和确定。游标卡尺有公制和英制两种,普通游标卡尺的副尺一般是在主尺上滑动,通过对刻度线的方法进行测量,其他类型游标卡尺有指针式和电子式的,其主要区别在于副尺结构不同,但其测量方法基本相同。

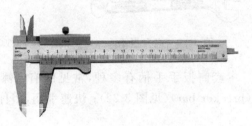

图3-28 游标卡尺

1. 普通英制游标卡尺

普通英制游标卡尺主尺每英寸分10大格,每大格为0.1in;每1大格又分成4小格,则每小格为0.025in。副尺刻线为25小格,对应主尺0.6in,每小格0.024in(见图3-29),与主尺每一小格差0.001in,该尺的精度则为0.001in。

图3-29 英制游标卡尺刻度

测量时,将工件置于固定卡脚与活动卡脚之间,从主尺上读出对应于副尺零刻线的大格数及最后1个大格后面的小格数;再找到副尺与主刻度线对正的副尺读数。将主尺整数值和副尺数值相加即为测量尺寸,有效数字按照对应精度确定(见图3-30)。

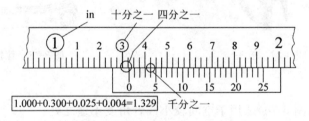

图3-30 英制游标卡尺读数

2. 普通公制游标卡尺

公制游标卡尺主尺最小刻度1mm,常以1cm为单位标注数值。副尺49mm长度上刻50小格,每格的长度是0.98mm,即该尺的精度为0.02mm,副尺以0.1mm为单位标注数值,每5格标注一个数值。使用方法同英制游标卡尺(见图3-31)。

3. 指针式游标卡尺

指针式游标卡尺的副尺是表盘式,副尺的滑动通过指针转动记录(见图3-32)。有些采用英制单位的导管和紧固件等常用分数形式表示其直径和长度。测量时可以选用带分数的英制表盘式游标卡尺(见图3-33)。此种游标卡尺,副尺在主尺上移动1in,表盘上指针转动一周,表盘上内圈一周分64格,每小格为1/64in。此表盘外圈一周分100等分,则每小格为0.01in。读数时将主尺上整数读数与表盘上分数读数相加即可。

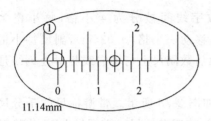

图 3-31　普通公制游标卡尺

图 3-32　表盘式英制卡尺

指针式游标卡尺除定期校验外,使用前应通过转动表盘进行调零。

4. 电子数显卡尺

电子数显卡尺是副尺的滑动通过电子系统记录并通过数字显示(见图3-34),使用者可直接从显示屏上读出尺寸,并可通过"in/mm"按钮实现公英制读数换算。

图 3-33　分数英制卡尺

图 3-34　电子数显卡尺

电子数显卡尺需要电源(纽扣电池),使用前要按下电源开关,将尺框向左滑动到固定卡脚与活动卡脚并拢的端头位置,按下调零按钮调零,使用完毕要及时关闭电源。

3.2.2　千分尺(螺旋测微器)

千分尺是精密测量工具之一,根据其功能分为:外径千分尺(图3-35)、内径千分尺和深度千分尺(见图3-36)。千分尺也有公制和英制两种,其使用方法基本相同。

图 3-35　外径千分尺

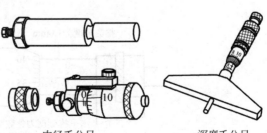

内径千分尺　　　深度千分尺

图 3-36　内径千分尺和深度千分尺

千分尺的可动副尺是测微套筒和测量轴。测微套筒和测量轴固定在一起，当测微套筒在圆筒上转动时，测量轴随之转动并向左或向右移动。测量轴和砧座之间的开度为被测工件尺寸。千分尺圆筒上的刻度区为主尺部分，测微套筒上的刻度区为副尺部分。

1. 英制千分尺

英制千分尺主尺在轴向线上的数字是 0.1in，数字线间被分为 4 小格，每小格为 0.025in。副尺圆周等分 25 小格，其转动一圈在主尺上移动一小格(0.025in)，副尺每小格为 0.001in。如图 3-37 所示，测量时先读主尺的数值，然后数副尺上与轴向线相对处刻线是多少格，将主副尺读数相加即为被测件尺寸。

为了更精确地测量，有些千分尺上带有游标卡尺，如图 3-38 所示。带游标尺的千分尺是在主尺轴线上方，靠近测微套筒横向排列 11 条水平线，构成游标尺。游标尺上 10 小格对应副尺上的 9 小格，即将副尺上一小格(0.001in)再等分 10 份，每一小格为 0.0001in。读值时应将三部分数据按位相加。

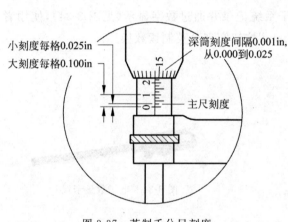

图 3-37 英制千分尺刻度

图 3-38 英制游标刻度

2. 公制千分尺

公制千分尺主尺在轴线的刻度线间的距离是 0.5mm。副尺圆周等分 50 格，其转动一周在主尺上移动 0.5mm，因此每小格代表 0.01mm。测量时先读主尺的数值，然后数副尺上与轴向线相对处刻线是多少格，副尺刻线读数乘以 0.01 即为副尺读数，如图 3-39 所示。

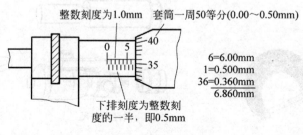

图 3-39 公制千分尺

带游标尺的千分尺(见图3-40)读数方法同英制,有效数字按照对应精度确定。

3.2.3 千(百)分表

千分表(见图3-41)是用相对测量法测量和检查工件尺寸和形位偏差的量具。

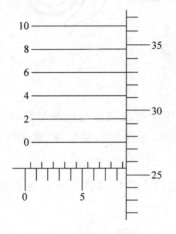

图3-40 公制游标刻度

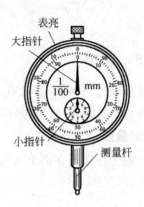

图3-41 千分表

常用英制千分表的精度为0.001in,表盘圆周分100格,大指针转动一圈(100格)为0.1in,刻度盘上每小格代表0.001in。表盘上的小指针用于记录大指针旋转圈数,大指针转动一圈,小指针转动一小格,即0.1in。

常用公制百分表的精度为0.01mm。表盘圆周分100格,大指针转动一圈(100格)为1mm,即每小格代表0.01mm。表盘中小指针的功用与上述英制千分表相同。

千(百)分表可用于检查表面不平行度、圆柱体锥度、圆柱体的椭圆度和间隙等(见图3-42)。

用千(百)分表测量工件时,必须装到相应的表架上。

千(百)分表与内径测量架组合,可用来测量工件孔径(见图3-43)。

图3-42 测椭圆度和端面跳动量　　　　图3-43 内径测量架组合

3.2.4 内径量表

内径量表又称内卡表(见图3-44),是一种小量程测量仪表。使用时,将仪表侧边的手柄压下,两个测爪收缩至最小,将其放入测量部位,松开手柄,测爪外张,此时读取表盘数据即为被测内孔尺寸。由于每块表测量范围是有限的,使用时注意量程的选择。使用内径量表前,应将测爪放入与其配套的内孔规中检查是否与仪表起点一致。

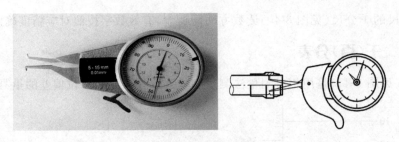

图 3-44　内径量表

3.2.5 量规

量规是指经过精确加工，具有一定尺寸精度的、用于快速测量的标准量具(块)。量规按作用可分为：极限量规、塞尺(间隙规)、线径规、圆角规(半径规)、钻头规、螺距规、孔规等。

1. 极限量规

只能检查工件是否在两个极限范围内，而不能读出工件的具体尺寸。极限量规分有通规和止规两种(见图 3-45)。

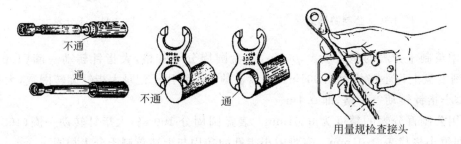

图 3-45　通规与止规

2. 塞尺(间隙规)

塞尺是测量间隙的量规(见图 3-46)。它是一组厚薄不同的钢片，使用时选一片或多片组合，放入待测间隙中，感到稍有摩擦就为合适，从片上的数字可以知道间隙的大小。塞尺有以 mm 为单位和以 in 为单位两种。

图 3-46　塞尺(间隙规)

3. 线径规

线径规(见图 3-47)是测量导线金属丝直径的量规(直径的大小用数字号数表示)。它的周边有很多大小不同的开口，使用时找两个相邻缺口，金属丝能通过其中的一个但不能通过另一个，在能通过的缺口两侧标示的数字就是金属丝的直径和线号数。

4. 圆角规

圆角规(见图 3-48)也称半径规，用来检测工件内、外圆角的半径。

5. 钻头规

钻头规(见图 3-49)可用于检查钻头直径。钻头规按照英制钻头的尺寸类别有分数型号、字母型号和数字型号三种规格。

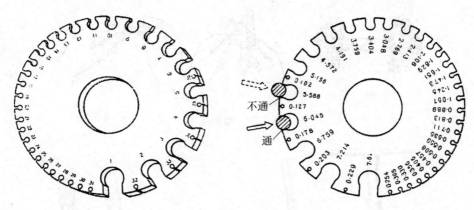

图 3-47 线径规

图 3-48 圆角规

注意：切勿用钻头规检测铰刀的直径，应使用千分尺检测铰刀规格。

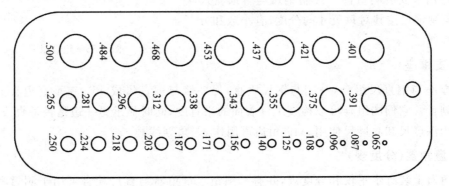

图 3-49 钻头规

6. 螺距规

螺距规（见图 3-50(a)）是测量螺距的量规，有公制和英制之分。测量时用螺距规齿牙和螺纹牙配合，借助透光方法可完成测量（见图 3-50(b)）。

7. 孔规

孔规用于一定深度位置的孔径测量，是一种尺寸取样工具。孔规自身没有刻度，需和千分尺或游标卡尺一起配合使用。孔规有两种形式，T 形规（见图 3-51）和球形规（见图 3-52）。

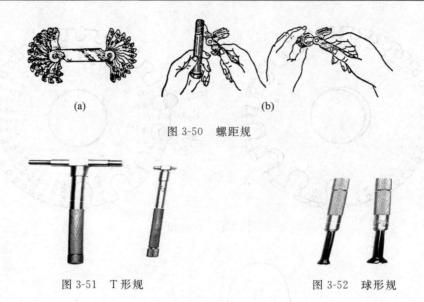

图 3-50 螺距规

图 3-51 T 形规　　　　　　图 3-52 球形规

3.2.6 组合量具

组合量具是由一个钢直尺和三个辅助测量件组合而成的多功能量具。3 个测量件根据测量任务安装到钢直尺上并可左右移动(见图 3-53)。

1. 钢直尺

钢直尺有公制和英制两种。钢直尺的一面有一条长槽用来安装测量件。公制钢尺与普通直尺一致;英制钢尺按其对每英寸的分度,有小数和分数的刻度。

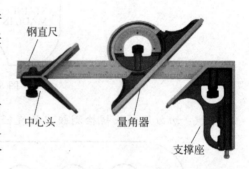

图 3-53 组合量具

2. 支撑座

支撑座与钢直尺组合,一侧与钢尺垂直,另一侧与钢直尺成 45°,在垂直边头上装有水平仪和划针。它们的组合可以检查工件表面的平直度,同时显示另一边是否垂直或水平,也可以作为深度尺和高度尺使用。45°角边可用作 45°角划线规。

3. 量角器(分度规)

量角器上装有水平仪和分度规,并有一锁钮。量角器与直尺配合可用于测量和检查工件角度,并可给出任何要求角度的划线。单独使用量角器可以测量舵面偏转角度。

4. 中心头(规)

中心头用于确定工件圆心。将所测工件放于中心头 V 形槽中,以钢直尺为基准,在端头划一直线,再任意转动圆形材料一个角度,再划一直线,两线的交点即为工件圆心。

3.2.7 组合量角器

组合量角器(见图 3-54)由基座、圆环、圆盘、旋钮、水平仪组成。圆盘上有 0-180-0 的刻度,水平仪固定在圆盘上。圆环在"0"刻线两侧只有 10 条刻线,为十分之几度;基座和圆环上的两个旋钮分别可使圆盘、圆环转动；圆环上的定位销用于圆环与圆盘"0"刻线对齐时，将圆盘与圆环固定；基座下角有一水平仪。组合量角器可以对舵面偏转角进行测量，也可以测量螺旋桨的安装角度。

图 3-54　组合量角器

3.2.8　力矩扳手

力矩扳手是一种常用的带有力矩测量功能的专用工具，它可测量作用在紧固件上的扭力，从而防止由于力矩过大损坏紧固件或机件。力矩单位通常有：英寸·磅（in·lb）、英尺·磅（ft·lb）和米·牛顿（m·N）。

力矩工具按其工作原理分为：测力矩式和定力矩式两类。维修中常用的力矩扳手有三种：可弯梁式、肘节式和扭力杆式。

1. 可弯梁式

可弯梁式也称指针式（见图 3-55），它是最简单直观且较为精确的力矩扳手。扭力头上端固定一指针，在扳杆梁靠手柄处装有指示刻度盘。套筒头装于扭力头上，当力矩作用于手柄时，梁弯曲变形，指针不弯曲，从而在刻度盘上指示出实时的力矩数值。可弯梁式力矩扳手属于测力式力矩工具。

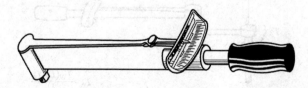

图 3-55　可弯梁（指针）式

2. 肘节式

肘节式力矩扳手属于定力矩扳手（见图 3-56）。使用时需预先设定力矩值，当力矩达到预定值时，便会发出响声及震感，表示已达到调节预定值。其工作原理是内部有一肘节块，通过旋转手柄套筒改变手柄杆内弹簧对载荷杆上的作用力,当扭力头力矩达到预定值时,肘节块摆动使滑动块发出震感。故也称预置式力矩工具。需要注意,使用时应均匀缓慢施力,当发出响声及震感后若继续旋转扳杆施力,扳头仍可转动,造成力矩过大。

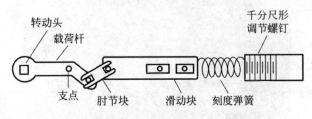

图3-56 肘节式力矩扳手

3. 扭力杆式

扭力杆式也称表盘式(见图3-57)。工作中它显示实时力矩,属测力式力矩工具。使用时应注意量程的选择,通常在全量程开始的1/3和最后的1/4区域是不允许使用的。

对于有力矩要求的螺钉紧固件可使用螺钉用力矩工具(见图3-58)。

图3-57 扭力杆式

图3-58 螺钉用力矩工具

4. 力矩扳手的使用

力矩扳手在使用时,必须注意正确的握持方法,否则将会出现误指示。正确的握持为:手掌中部指线必须与力矩扳杆手柄上的中心线(点)对正,此时的力矩值才是正确值。

在拧动特殊部位的紧固件时,有时必须采用扳头前部加接延长杆才可进行操作。使用延长杆时,设定值和显示值之间必须进行换算(见图3-59)。

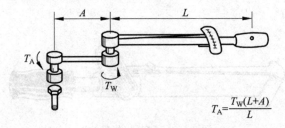

$$T_A = \frac{T_W(L+A)}{L}$$

图3-59 力矩计算

当延长杆和力矩扳手不同轴时,必须将延长杆的长度向力矩扳手轴线投影,取投影长度进行计算。

3.3 工具和量具的使用与保管

工具和量具是航空维修工作不可缺少的,工具和量具的损坏和丢失直接影响维修工作和航空器安全,使用和保管工具量具应遵循如下规则。

1. 作标记,建清单,分别保管

(1) 所有工具和量具要作标记,以免各维修部门的工具和量具相混;

(2) 工具和量具应专人管理,登记清单,并建立分类保管制度,严格履行借用手续;

(3) 维护工作中,未经登记的工具和量具,严禁带上飞机使用。

2. 勤清点,不乱放,严防丢失

(1) 工具和量具在使用过程中,要坚持三清点、即开始工作前清点、工作场所转移前清点、工作结束后清点;

(2) 要坚持"三不放":不随地乱放,不随意将工具和量具放在飞机上、发动机上或短舱内,不随便把工具和量具放在衣袋内或带出工作场所;

(3) 发现工具和量具丢失,及时报告、认真查找。当不能确认工具和量具是否丢失在飞机上时,禁止飞机放行。

3. 不乱用,不抛掷,防止损坏

(1) 工具和量具应按用途使用,不得随意互相代用,也不得抛掷或随意敲打,以防损坏;

(2) 量具使用时要查看有效标签,要选择合适量程,按照测量目标值正确选择单位和精度;

(3) 量具使用时不要用力过猛、过大,不要测量发热或转动的工件,不要用精密量具测量粗糙工件。

4. 常擦拭,防锈蚀,定期检查

(1) 工作结束或风沙雨雪之后,应将工具、量具等擦拭干净;

(2) 不常用的工具和量具等,要定期进行涂油保养和检查,防止锈蚀和丢失;

(3) 量具要进行定期校验,确保精确度。

第4章 常用电子电气测试设备的使用

在飞机电子电气维修过程中,常用的测试仪表和设备包括万用表、毫欧表、兆欧表、LCR测量表、气压仪表、大气数据仪表等,以及示波器、频率计数器等测试设备。

4.1 模拟和数字万用表的操作、功能和应用

万用表是最常用的电子电气测量仪表,具有用途广泛、测量范围大、使用方便等优点。除了可用来测量电阻、电压和电流值以外,常见的万用表还可以测量电容值、三极管的放大倍数、音频电平等参数,多功能万用表还增加了通断声响检测、二极管正向导通电压测量、频率测量、温度测量、数据记忆等功能,在实际工作中使用非常方便。

4.1.1 万用表的结构与功能

常见的万用表有模拟式(指针式)和数字式两种,主要结构由表头、转换开关、测量线路以及表笔组成。常用模拟式万用表结构和各部分功能见图 4-1,数字式万用表结构和各部分功能见图 4-2。

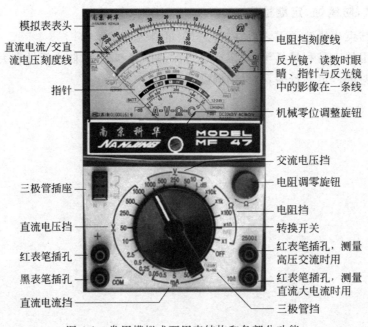

图 4-1 常用模拟式万用表结构和各部分功能

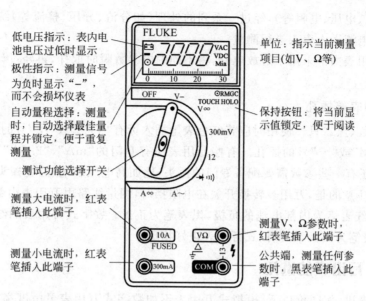

图 4-2 常用数字式万用表结构和各部分功能

1. 表头

模拟式万用表的表头是一只高灵敏度的直流电流表,只要有微小电流通过,指针就会偏转,偏转的角度与被测量的参数大小和测量线路的变化有关。模拟式万用表的主要性能指标基本上取决于表头的性能。表头指针满刻度偏转时流过表头的直流电流值越小,就说明表头的灵敏度越高。

在电流表指针下面有显示不同测量参数的刻度盘,刻度盘上印有不同参数的刻度线、测量值和表示符号。万用表测量的各种电气参数均通过相应的转换开关和测量线路转换为表头可以反应出的偏转信号,通过对应的不同刻度线读出数值。

模拟式万用表的表头上还设有机械零位调整旋钮和电阻零位调整旋钮。机械调零旋钮用以校正指针在刻度盘上的零位指示。电阻调零旋钮,是用来在不同电阻量程下,使指针指在电阻挡的零位。另外表头上还有各量程的精度范围、厂家、型号等信息。

数字式万用表的表头由液晶显示屏替代直流电流表和刻度盘,测量值直接以数字的形式显示,读取更方便。新型数字万用表大多增加了功能标志符,如单位符号 mV、V、kV、μA、mA、A、Ω、$k\Omega$、$M\Omega$、pF、nF、μF、kHz、ns,测量项目符号 AC、DC、Ω,特殊符号 LO BAT(低电压)、H(读数保持)、AUTO(自动量程)、×10(乘 10 倍)、·))(蜂鸣器)等。

2. 转换开关

万用表的转换开关是一个多挡位的旋转开关,用来选择各种不同的测量项目和量程,以满足各种测量参数和测量精度的要求。

一般万用表常用的测量项目包括:直流电压挡"V-"、交流电压挡"V~"、直流电流挡"A-"、交流电流挡"A~"、电阻挡"Ω"等,每个测量项目又划分为几个不同的量程。有些万用表还包括电容挡、二极管测量和晶体管放大倍数、音频电平等不同挡位。

3. 测量线路

模拟式万用表通常由电阻、半导体元件及电池组成,它能将各种不同性质、不同大小的被测量(如电流、电压、电阻等),经过一系列的处理(如分流、分压、整流等)统一变成一定量限的微小直流电流送入表头进行测量。

数字式万用表内部采用了运放电路,将不同的电参数瞬时取样,再经过计算和放大来显示测量结果。

4. 表笔和表笔插孔

表笔分为红、黑二只。使用时应将红色表笔插入标有"V/Ω"或"+"号的插孔,黑色表笔插入标有"COM"或"-"号的插孔。有些万用表还有专门的"mA"、"2.5A"、"10A(20A)"、"kV"等插孔,还有一些参数需要配备专门的探头,比如高电压表笔、温度探头等。

需要特别注意的是,万用表转换开关在电阻挡时,测量线路由万用表内部电池供电。模拟式万用表的红表笔为内部电池的负极,黑表笔为正极;数字式万用表的红表笔为内部电池的正极,黑表笔为负极,与模拟式万用表正好相反。

4.1.2 万用表的选用

(1) 一般来讲,相同价位下,模拟式万用表不如数字式万用表灵敏度高,而且读数不如数字式万用表清晰、直观,如果量程选用不当或直流正负极错误,极易使表头和指针损坏;而数字式万用表灵敏度相对较高,读数方便,功能齐全,内部保护电路比较完善,所以过载能力强,使用更简单。

(2) 模拟式万用表指针摆动的速度和幅度能比较直观地反映出被测量瞬时值的变化;数字式万用表读取静态数值比较直观,但被测量在变化过程中,数字变化的过程反而不太容易观看。

(3) 模拟式万用表内部一般没有放大器,所以内阻较小,电压挡的精度相对较差,在某些高电压微电流的场合,因为其内阻会对被测电路造成影响,使测量数值出现比较大的偏差;数字式万用表由于内部采用了运放电路,电压挡的内阻很大,至少在兆欧级,对被测电路影响很小,测量精度较高,但极高的输出阻抗使其易受感应电压的影响,在一些电磁干扰比较强的场合测出的数据可能出现偏差。

(4) 数字式万用表输出电压较低,对于一些电压特性特殊的元件不方便测试(如可控硅、发光二极管等);模拟式万用表输出电压较高,电流也大,可以方便的测试可控硅、发光二极管等元件。

因此可根据实际情况选用模拟式万用表和数字式万用表。但现在高精度的模拟式万用表成本很高,所以有被数字式万用表逐步取代的趋势。为克服数字式万用表不能反映被测量的变化过程及变化趋势的不足,一些厂家又生产了"数字/模拟条图"双重显示数字万用表,兼有数字式和模拟式的优点,专业级别的双显数字万用表还增加了许多功能,如记录数值、计算一组数值的平均值、最大值、最小值、记录并清除表笔电阻等功能。

4.1.3 万用表的使用及注意事项

1. 万用表的使用

(1) 测电阻时,被测电阻不能有并联支路,最好将被测电阻从电路中拆下(至少将一端脱开线路)后再测量。在测量晶体管、电解电容等有极性元件的等效电阻时,必须注意两支表笔的极性。

(2) 测量电压时,将万用表并联在被测电路两端;测量电流时,将万用表与被测电路串联。

(3) 测量直流电路时,模拟式万用表要注意表笔的极性,红表笔接高电位处,黑表笔接低电位处,即让电流从红表笔流入,从黑表笔流出;数字式万用表测量直流量时,能自动显示极性。

(4) 测量交流电路时,只能测量正弦交流电的电压和电流,万用表两表笔没有正负之分。

(5) 模拟式万用表在使用前要检查表的指针是否停在刻度盘左端的"零位"上,如有偏离,可转动表头上的机械零位调整旋钮,使指针指零(一般不必每次都调)。

(6) 模拟式万用表在测量电阻前,还应进行"电气调零",即将万用表的红表笔和黑表笔短接,使指针向右偏转,调节"电阻调零旋钮",使指针刚好指在电阻刻度线右边的零位。如果指针不能调到零位,说明电池电压不足或仪表内部有问题。数字式万用表没有机械调零和电气调零旋钮,但在测量电阻前,也应将表笔短接,记录下初始误差值,测量后,将测量值减去初始误差值,才是真实测量值。当数字式万用表显示"BATT"或"LOW BAT"时,表示内部电池电压低于工作电压,这时应更换电池。

每次更换电阻挡位,都要再次进行电气调零,以保证测量的准确。

(7) 避免万用表不同挡位的误用。模拟式万用表表头的内阻很小,如果误用电阻挡或电流挡去测电压,就极易烧毁万用表。数字式万用表内部保护电路相对比较完善,在挡位使用错误时,显示屏将显示"000",或低位上的数字闪动。

2. 万用表的读数

(1) 模拟式万用表的刻度盘上印有多条刻度线,分别表示不同测量参数和量程。

电阻挡刻度线标有"Ω"或"R",其右端为零,左端为∞。电阻挡往往有 R×1、R×10、R×100、R×1K、R×10K 等挡位,分别表示不同的倍率。使用不同量程时,刻度线上的读数乘上量程转换开关所设定的倍率,才是所测电阻的实际电阻值,单位为欧姆。例如用 R×100 挡测一电阻,指针指示为"10",那么它的电阻值为 10×100=1000,即 1K。

刻度线标有符号"－"或"DC"表示直流、"～"或"AC"表示交流,交直流电压挡和电流挡的指示原理不同于电阻挡,量程转换开关所选定的量程即为表头上表针满刻度读数的对应值,读表时只要根据刻度盘上的指示,即可读出实际测量值。例如"10V"挡表示该挡只能测量 10V 以下的电压,"500mA"挡只能测量 500mA 以下的电流,若是超过量程,就会损坏万用表。由于电压和电流挡的刻度是均匀的,所以大多数的模拟式万用表电压挡和电流挡共用一条刻度线。

(2) 数字式万用表可以直接从液晶屏上读取测量的电阻、电压、电流值,但是需要注意显示屏右侧的测量单位。如果万用表的转换开关上不仅有测试项目的选择而且有量程的变换,测量出的参数数值很小,但单位很大,说明量程选择得过大,需要变换到小量程进行测量。如果被测值超出所选择量程的最大值,万用表仅在最高位显示数字"1",需要变换到更大量程进行测量。有些数字式万用表,转换开关上只有测试项目的选择而没有量程的变换,测量时万用表根据测试参数的大小自动变换到合适的量程,读数更方便,如图 4-2 所示。

3. 万用表的使用注意事项

（1）测试前，打开万用表的电源开关，并将转换开关拨到低电阻挡，两只表笔短接，如果表头指针明显偏转或显示屏显示一个很低的电阻值，说明万用表及表笔良好。然后根据被测量的参数种类及大小，将转换开关拨到相应的测试项目和量程位置。同时注意避免外界强磁场对万用表的影响。模拟式万用表还要找出对应的刻度线。

（2）模拟式万用表电阻挡刻度值分布是非线性、不均匀的，不同量程共用这一条刻度线读取数值。每一个量程都可以测量 0～∞ 的电阻值，但用同一块万用表的不同电阻挡测量同一个电阻时，测出的电阻值各不相同，一般量程越小，测出的阻值越小。为使测量较为准确，测量电阻时应使指针指在刻度线的 1/3～2/3 附近。

（3）模拟式万用表在测量电压或电流时，根据被测电路的大概数值，选择合适的量程。如果不能确定被测电压与电流的大小，应先选择最大量程挡开始试测，再视情况逐步减小量程，尽量使指针偏转到满刻度的 2/3 左右时读取测量值。测量直流电路时，如果不能确定电路的极性，可以将万用表放在最大量程挡，在被测电路上很快试一下，看指针的偏转方向，判断出电路的正、负极性。

（4）不能在测量过程中转换万用表的量程，尤其是在测量高电压（500V 以上）、大电流（0.5A 以上）时，以防止产生电弧，烧毁开关触点。如需更换量程，应先断开测量电路再转换量程。

（5）当测量高电压（2500V 以上）、大电流（10A 以上）时，要使用专门的表笔插口。大电流测试挡往往不经过表内保险丝，所以不能长时间接在电路里，以免损坏万用表。

（6）不能带电测量电阻。因为在电阻挡，万用表由内部电池供电，如果带电测量则相当于接入一个额外的电源，可能损坏表头。

（7）在万用表测试过程中，不能用手去接触表笔的金属部分，一方面可以保证测量的准确，另一方面也可以保证人身安全。在测量 100V 以上的高电压时，尽可能使用一只手进行测量。

（8）万用表暂时不用时，转换开关不要长时间放在电阻挡，因为电阻挡测试电路内部有电池连通，耗费电池。测量完毕，应将转换开关拨到交流电压最大量程挡，并关闭电源。

4.2 毫欧表、兆欧表的操作、功能及应用

4.2.1 毫欧表的功能、操作及应用

毫欧表的工作原理与万用表测量电阻相同，即在被测电阻上通入电流，通过检测电流的大小计算出电阻的数值，只不过毫欧表的测试精度更高，功能更完善。

1. 毫欧表功能介绍

毫欧表是用于低电阻测量的精密仪器，在航空器维护和修理工作中担负着比较重要的角色。毫欧表主要用于测量各种接触电阻，包括：继电器、接触器、电气开关的触点，电气插头、电缆以及接线片的连接，基本结构的连接，碳纤维强化塑料的连接，AC/DC 电流回路接地，临时接地，金属容器接地，重要接地，双重终端接地，电接触接地，静电释放接地，易爆区域接地，金属结构结合表面连接，金属结构内部连接，临时静电接地，没有指定的搭接和接地的搭接，其分辨率可达到微欧级。经过专业鉴定的仪表可以在航空器的任何区域进行测量

工作,其中包括易燃易爆泄漏区域、易燃蒸汽、氢、丙烷、甲烷和汽油等危险环境,也可以在燃油箱内进行测量工作。图4-3是经过美国电气质量标准UL93鉴定通过的T477W毫欧表。它共有3套探头(表笔),每套探头有4根线相连接;它是一种不需要外部连接的仪表,在它的内部有一块可以反复充电的电池为它提供电源。

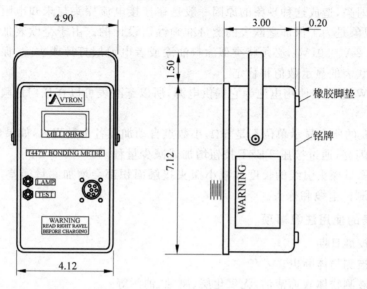

图4-3 T477W毫欧表

2. 毫欧表操作前使用说明

1) 使用前准备

在飞机上使用的T477W毫欧表是使用充电电池供电,如果T477W毫欧表30天没有使用,使用前应先给T477W毫欧表充电。当电池电压过低时,在毫欧表显示窗的左边显示"LO BAT"指示,这时毫欧表会保留精确的读数,但是电池需要充电。

警告:T477W毫欧表不允许在危险的区域进行充电,待充电结束后可以在易燃气体或蒸汽区域使用。

2) 测量电缆和探头

T477W毫欧表共有3套电缆和探头,分别用于测量不同的物体和效验本仪表。每套电缆有两个电流探头和两个电压探头。探头非常尖并且带刺,在使用时必须小心,防止手被刺伤。电流探头用来从毫欧表给被测物施加电流,电压探头用来从毫欧表给被测物施加电压;两个电流探头和两个电压探头不能交换使用。电压探头和电流探头的极性靠夹子的颜色来识别:电流探头黑色是正极,否则是负极;电压探头红色是正极,否则是负极;这样才能保证测量的数值是精确的。

3. T477W毫欧表的使用

(1) 仪表的操作:在T477W毫欧表的三套测量探头中选择一种,并且连接到毫欧表的面板的J1上。按前面板上的TEST按钮,不仅可以打开显示还可以改变毫欧表的测量范围:第一次按压TEST按钮是激活毫欧表的2mΩ范围,之后是20mΩ、200mΩ、2000mΩ和返回到2mΩ范围。电池在正常工作的条件下,毫欧表具有在操作52s后自动关闭显示。毫欧表的液晶显示器,在测量需要照明时,可按压面板上的 LAMP 按钮;在关闭毫欧表时,照明灯将延时关闭。

(2) 仪表在测量过程中必须注意测量时的任何一种非接触的显示提示,准确知道什么时候的测量读数是正确的。如果 T477W 毫欧表没有连接测量探头,这时毫欧表指示窗数字的小数点将闪亮,造成这种现象的原因一般是在连接电流探头与未知电阻接触不好造成的,这种闪亮现象是为了保证毫欧表的测量准确性而设计的。由于毫欧表加在未知电阻上的电流很小(0.2A、0.01V),必须将类似涂料油漆或者电镀层打掉或去除,保证导电接触的良好。这时毫欧表的显示数值将稳定。

(3) T477W 毫欧表使用电池为它提供电源,所以毫欧表可以在任何危险区域安全的进行测量。

(4) 毫欧表的所有显示单位都是 mΩ,小数点自动加在各个量程内,如果显示超出范围,所显示的数字闪亮,通过按压 TEST 按钮增加或减少量程。

(5) 加长测量探头引线的长度或减小探头接触面积都会增加测量误差,所以不得使用非厂家提供的测试电缆和探头。

4. 毫欧表的使用注意事项

(1) 检查校准日期。

(2) 确认被测物体断电。

(3) 确认被测物体表面清洁,无氧化层、腐蚀、油污等。

(4) 确认探针与被测物体表面有良好的接触。

(5) 在使用过程中不宜将测试探针长期带电短接。

4.2.2 兆欧表的功能、操作及应用

1. 兆欧表的功能

兆欧表也叫绝缘电阻表或高阻表,是用来测量电气设备的绝缘电阻和高值电阻的仪表。其基本工作原理就是在被测绝缘电阻两端加上高压直流电,通过检测流过绝缘电阻的电流来计算绝缘电阻的大小。兆欧表的单位用"MΩ"表示。

根据产生高压直流电的形式和读取测量结果的方式不同,兆欧表分为两种:一种为手摇发电机发电、指针式表盘度数的,俗称摇表,如图 4-4 所示。摇表在使用时需要双手进行操作,有些设备的测试甚至需要两个人配合操作,很不方便。另一种是数字脉冲式兆欧表,测试电路由电池升压到所需电压,测试结果由显示屏直接显示读数,使用更简单、读数更方便,如图 4-5 所示。两种兆欧表在选择和使用过程中的注意事项方面均相同。

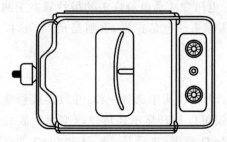

图 4-4 手摇式兆欧表

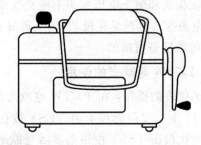

图 4-5 数字脉冲式兆欧表

2. 兆欧表的选用

兆欧表是以额定工作电压来进行分类的,手摇发电机式兆欧表其额定电压有 100V、250V、500V、1000V 以及 1kV 以上等电压等级。一般情况下,额定电压在 100~500V 的设备,应选用 500V 的兆欧表,若用额定电压太高的兆欧表测量低电压设备的绝缘电阻值,则可能会破坏设备的绝缘。数字脉冲式兆欧表有多种输出电压等级,一般有 50V、100V、200V、250V、500V、750V 和 1kV;或者 25V、50V、100V、200V 和 250V;或者 10~109V 每 1V 一个挡位,100~1099V 每 10V 一个挡位;或者专用 5V 和专用 9V 等电压等级。只有在特殊要求下需要测试电气设备的耐压时,才选用 1000V 或 1500V 的测试仪表。

在日常维护工作中,测量线路绝缘电阻使用的兆欧表根据飞机维护手册(AMM)、故障隔离手册(FIM)、部件维护手册(CMM)要求选择兆欧表的电压等级,如果上述手册没有记录请根据等于或小于被测线路的工作电压选择兆欧表电压等级。

3. 兆欧表的使用方法及注意事项

(1) 兆欧表外观应完好没有任何缺陷,并定期校验其准确度。

(2) 根据被测试系统或线路的电压等级选择合适的兆欧表或合适的量程。

(3) 为了防止发生人身和设备事故及得到精确的测量结果,在测量前必须断开系统线路跳开关和电门,并将被测线路和设备与其他线路和设备(如:机载计算机、电子仪表、控制盒和其他线路等)脱开,并对有大电容、大电感的设备或回路进行临时接地或短路放电。

(4) 被测物表面要清洁,减少接触电阻和漏电流。测试线包括鳄鱼夹接触面必须良好、干净,没有折断或绝缘破损。测试线应采用单股线分开单独连接,并保持适当距离,避免绞在一起,以免影响测量精度。

(5) 在测量时被测设备上不能有人工作,不能用手接触兆欧表的接线端和被测回路,以防触电。

(6) 禁止在雷电时或高压设备附近测绝缘电阻,不可以在强磁场和强电场中使用。

(7) 测量前要对兆欧表进行校验,判断其是否处于正常工作状态。校验包括开路校验和短路校验。如果是电压等级 750V 以下的手摇式兆欧表,必须做短路和开路实验检查兆欧表的好坏;如果是电压等级 750V 及以上的手摇式兆欧表,只能做开路测试,不能做短路测试,如果进行短路实验,比较大的短路电流会将手摇发电机烧毁。对于数字式兆欧表使用前只能进行开路试验,不能进行短路实验,因为会使兆欧表内的电池能量瞬间释放,致使数字式兆欧表无法使用。

校验时,应将兆欧表放在水平固定的工作台面上,一手按住表身,另一只手摇动兆欧表摇柄。开路校验就是将兆欧表的连接线开路,摇动手柄到额定转速,指针应指在"∞"处,说明兆欧表测试机构正常。短路校验是将两连接线短接,缓慢摇动手柄1/4至半圈,指针应迅速指在"0"处,说明兆欧表接线及表笔正常可用。

(8) 测量时必须正确接线。手摇式兆欧表测量绝缘电阻时,一般只用"L"和"E"端。测量回路对地电阻时,"L"端接被测设备导体,"E"端接地线或金属外壳;测量回路之间的绝缘电阻时,两个回路分别与L、E连接。

(9) 使用手摇式兆欧表检测时,按顺时针方向由慢到快摇动兆欧表的手柄,当转速达到120r/min时,手摇发电机要保持匀速,不可忽快忽慢而使指针不停地摆动,最后保持到120r/min。用手摇式兆欧表测量绝缘电阻时,一般规定以摇测1min后的读数为准备;因为在绝缘体上加上直流电压后,流过绝缘体的电流(吸收电流)将随时间的增长而逐渐下降。而绝缘的直流电阻率是根据稳态传导电流确定的,并且不同材料的绝缘体,其绝缘吸收电流的衰减时间也不同。但是试验证明,绝大多数材料其绝缘吸收电流经过1min已趋于稳定,所以规定以加压1min后的绝缘电阻值来确定绝缘性能的好坏。使用数字式兆欧表测量时,需要待测量数值稳定之后才能记录数值。

(10) 测量完毕进行拆线。对非电容性负载直接拆线即可。对电容性较小的负载,拆线前要进行放电;对电容性较大的负载,拆线时保持兆欧表的转速不变,用一只手拆下E端即负极接线端,然后再对被测设备放电,放电方法是将测量时使用的地线从摇表上取下来与被测设备短接一下即可,最后再拆线。在兆欧表手柄未停止转动或被测物设备未放电前,不可用手去触及被测物的测量部位及引线的金属部分,以防触电。

4.2.3 气压仪表

1. 概述

压力的应用范围高至气体钢瓶的压力,低至真空系统的真空度。压力通常可分为高压、中压、常压和负压。压力范围不同,测量方法不一样,精确度要求不同,所使用的单位也各有所不同。

飞机的一些重要参数都使用了气压仪表来测量和显示,例如飞行高度、速度、马赫数、升降速度和座舱压力等。在地面维护时,常用到一些气压仪表,如图4-6所示。本教材主要讲述在维修中常用到的气压仪表。

2. 压力单位

常用压力单位有:

▲ 兆帕(MPa);千帕(kPa);帕(Pa)。

▲ 磅力/英寸^2(lbf/in^2,psi)。

▲ 毫米汞柱(mmHg)。

▲ 英寸汞柱(inHg)。

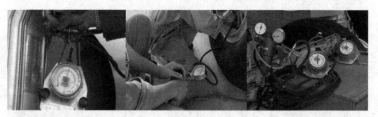

图 4-6　在日常维护工作中用到的压力仪表

- ▲ 毫米水柱（mmH_2O）；米水柱（mH_2O）。
- ▲ 英寸水柱（inH_2O）。
- ▲ 千克力/厘米^2（kgf/cm^2）。
- ▲ 巴（bar）、毫巴（mbar）。
- ▲ 标准大气压（atm），标准大气压（atm）是根据北纬45°海平面上15℃时测定的数值。
- ▲ 托（Torr）。

压力单位的换算关系可查表 4-1"压力计量单位换算表"。

3. 常用测压仪表

在地面常用的压力表一般测量的是表压强，即气压源的压力与大气压力的差值，例如测量胎压时，只要知道轮胎内部的压力与外部大气的压力差即可，这种压力差是引起轮胎膨胀的原因。常用的测压仪表有波登管（弹簧管）式压力表和膜盒式压力表。

压力表使用时应注意以下几点：

- 合理选择压力表量程。
- 测量压力时，压力表指针不应有跳动和停滞现象。
- 对压力表应定期进行校验。

1）波登管（弹簧管）式压力表

测量较大的压力时，常使用波登管（弹簧管）式压力表。波登管（弹簧管）由空心的黄铜管或椭圆形的青铜管弯成半圆构成。管的一端开口，连到被测量的压力源，另一端是密封的，如图 4-7 所示。当施加压力时，椭圆形管改变形状，这种变形使得半圆形的管伸直，并通过齿轮机构带动指针移动，压力表指针安装在指针轴上，通过表盘指示出被测压力。

2）膜盒式压力表

膜盒式压力表原理如图 4-8 所示，表壳（膜盒的外侧）与大气相通，膜盒内与被测气源相连，其压力差使膜盒作膨胀或收缩运动，并通过机械齿轮机构带动指针移动，在表盘上指出压力值。

表 4-1 压力计量单位换算表

标称单位	MPa	kPa	Pa	Psi	0℃mmHg	0℃inHg	15℃mmH$_2$O	15℃inH$_2$O	kgf/cm²	atm	bar	mbar	Torr
Mpa	1	1000	1000000	145.03725	7500.61682	295.28744	102047.865	4018.75154	10.19718	9.86923	10	10000	7500.61682
kPa	0.001	1	1000	0.14503	7.50061	0.29528	102.04786	4.01875	0.01019	0.00986	0.01	10	7.50061
Pa	1.000001	0.001	1	0.00014	0.0075	0.00029	0.10204	0.00401	0.00001		0.00001	0.01	0.0075
Psi	0.00689	6.89478	6894.78017	1	51.7151	2.03594	703.5976	27.7084	0.0703	0.06804	0.06894	68.9478	51.7151
0℃mmHg	0.00013	0.13332	133.32236	0.01933	1	0.03936	13.60526	0.53578	0.00135	0.00131	0.00133	1.33322	1
0℃inHg	0.00338	3.38653	3386.53074	0.49117	25.40106	1	345.58823	13.60962	0.03453	0.03342	0.03386	33.8653	25.40106
15℃mmH$_2$O	0.00979	0.00979	9.79932	0.00142	0.0735	0.00289	1	0.03938	0.00009	0.00009	0.00009	0.09799	0.0735
15℃inH$_2$O	0.00024	0.24883	248.83349	0.03609	1.8664	0.07347	25.39292	1	0.00253	0.00245	0.00248	2.48833	1.8664
kgf/cm²	0.09806	98.06625	98066.2582	14.22326	735.55742	28.95773	10007.4523	394.10392	1	0.96783	0.98066	980.66258	735.55742
atm	0.10132	101.325	101325	14.6959	760	29.92	10340	407.2	1.03323	1	1.01325	1013.25	760
bar	0.1	100	100000	14.50372	750.06168	29.52874	10204.7865	401.87515	1.01971	0.98692	1	1000	750.06168
mbar	0.0001	0.1	100	0.0145	0.75006	0.02952	10.20478	0.40187	0.00101	0.00098	0.001	1	0.75006
Torr	0.00013	0.13332	133.32236	0.01933	1	0.03936	13.60526	0.53578	0.00135	0.00131	0.00133	1.33322	1

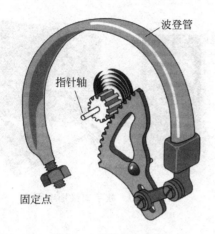
图4-7 弹性金属曲管

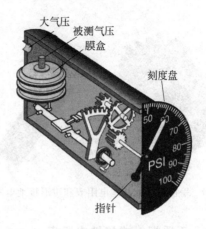
图4-8 膜盒式压力表

4.2.4 接地电阻表的功能、操作及应用

电气设备使用的接地通常分为工作接地、保护接地、防雷接地、屏蔽接地等,相应接地线的主要作用有:提供电源回路、保护人体免受电击、将雷击电流有效地泄入大地、屏蔽设备内部电路免受外界电磁干扰或防止干扰其他设备。

设备接地的方式通常是设置金属接地桩、金属网等导体,通过电缆线与设备内的地线或机壳相连。根据系统的分布区域和重要程度,接地形式分为单点接地和多点接地,目的是保证设备的接地电阻应尽可能地小,接地更加可靠。接地电阻表是检验、测量接地电阻的常用仪表,其测量功能、内容与精度是一般万用表所不能相比的。

测量接地电阻最基本的原理就是在接地点上加上电流,通过检测流过接地点的电流和压降,换算出接地电阻。

接地电阻测量方法通常有以下几种:两线法、三线法、四线法、单钳法和双钳法。各种方法各有特点,实际测量时,尽量选择正确的方式,才能使测量结果准确无误。

(1) **两线法** 在有已知良好接地点的情况下,测量良好接地点和被测接地点电阻值之和,计算出被测接地点电阻。

(2) **三线法** 测试条件是必须有两个接地棒:一个辅助地和一个探测电极,各个接地电极间的距离不小于20m。测试原理是在辅助地和被测地之间加上电流,测量被测地和探测电极间的电压降,测量结果包括测量电缆本身的电阻。

(3) **四线法** 基本原理同三线法,是所有接地电阻测量方法中准确度最高的,在低接地电阻测量和消除测量电缆电阻对测量结果的影响时替代三线法。

(4) **单钳法** 使用钳形接地电阻表测量多点接地系统中的每个接地点的接地电阻,而且不能断开接地连接防止发生危险。

(5) **双钳法** 多点接地系统,测量单个接地点的接地电阻。

常用的测量仪器是手摇指针式接地电阻表、数字式接地电阻表和钳形接地电阻表,如图4-9、图4-10所示。

图 4-9　手摇指针式接地电阻表和钳形接地电阻表

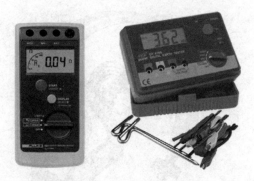

图 4-10　数字式接地电阻表

1. 手摇指针式接地电阻表

手摇指针式接地电阻表是一种较为传统的测量仪表，由手摇发电机、电流互感器、滑线电阻、电流表及辅助探棒和导线等组成。表上有 4 个接线端子：两个 E 端、一个 P 端、一个 C 端。它的工作原理是采用三点式基准电压比较法，接线方式如图 4-11 所示。

手摇式指针式接地电阻表使用及注意事项：

（1）熟读使用说明书，全面了解仪器的结构、性能及使用方法，并在仪表的有效校验期内使用。

（2）将接地干线与接地体的连接点或接地干线上所有接地支线的连接点断开，使被测接地体脱离任何连接关系成为独立体，以避免接地体影响测量的准确性。

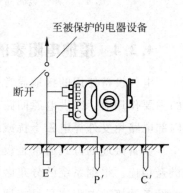

图 4-11　手摇式指针式接地电阻表三点式接线图

（3）禁止在有雷电或被测物带电时进行测量。

（4）将手摇式接地电阻表水平放置后，检查指针是否指向中心线，否则通过机械调零旋钮进行调节。

（5）正确接线，仪表与被测物接地极 E'、辅助地极 P' 和探测电极 C' 应牢固接触。

（6）将"倍率标度"旋钮（或称粗调旋钮）置于最大倍数，转动发电机转柄（指针开始偏移），并逐步使其转速达到 120r/min。

（7）随着指针偏转，同时旋动"测量标度盘"旋钮（或称细调旋钮）使指针恢复到中心线。

（8）计算测量结果：被测电阻＝测量标度盘读数×倍率标度。

（9）如果刻度盘读数小于 1 时，指针仍未取得平衡，说明倍率标度倍数过大。可将倍率开关置于小一挡的倍率，重新调整"测量标度盘"使指针指向中心线上并读出准确读数。

（10）如果发现仪表检流计指针有抖动现象，可变化摇柄转速，以消除抖动现象。

2. 数字式接地电阻表

数字式接地电阻表的检测原理与手摇式基本相同，采用多种基本的接地测试方法，其中包括三线电压降测试法及两线接地电阻测试法，但是其稳定性比手摇指针式高，而且使用更简单，测试结果直接在 LCD 显示屏上显示。

3. 钳形接地电阻表

钳形接地电阻表和手摇式接地电阻表的测量原理完全不同。手摇式接地电阻表在使用时,应将被测接地桩与设备断开,以避免设备自身接地体影响测量的准确性。钳形接地电阻表是用来测量任何有回路系统的接地电阻,在仪器本身能产生一个电源电势,通过钳口内部的电磁线圈,利用电磁感应原理,在构成环路的被测线缆中产生电流,同时钳口测出回路中的电流,即可计算出回路中的总阻抗,测试结果直接在 LCD 显示屏上显示。

钳形接地电阻表的最大特点是不需要辅助地极,只要钳住接地线就能测出其接地电阻;它还有一个很大的优点是可以对在用设备的接地电阻进行在线测量,而不需切断设备电源或断开地线。另外,它具有快速测试、操作简单等优点,并具有数值保持及智能提示等独特功能。但也存在着精度不高的问题,特别是接地电阻在小于 0.7Ω 以下时,无法分辨。

钳形接地电阻表测量注意事项:

(1) 注意是否单点接地,被测地线是否已与设备连接,有无可靠的接地回路。

(2) 注意测量位置,选取合适的测量点。选取的测量点不同,测得的结果是不同的。

(3) 注意"噪声"干扰,地线上较大的回路电流对测量会造成干扰,导致测量结果不准确,甚至使测试不能进行,很多仪表在这种情况下会显示出"Noise"或类似符号。

(4) 由于钳口法测量采用电磁感应原理,易受干扰,测量误差比较大,不能满足高精度测量要求,所以建议在外界有强干扰的情况下选用地桩辅助法进行测量。

另外,由于钳形接地电阻表的特殊结构,使它可以很方便地作为电流表使用,很多这类仪表同时具有钳形电流表的功能。

4.3 示波器的操作、功能和应用

示波器是常用的电子仪器之一。它可以将电压随时间的变化规律显示在荧光屏上,以便研究它的大小、频率、相位和其他的变化规律,还可以用来显示两个相关的电量之间的函数关系。因此,示波器已成为测量电量以及研究可转化为电压变化的其他非电学物理量的重要工具之一。

4.3.1 示波器的操作

1. 功能面板

数字示波器向用户提供简单而功能明晰的前面板,以进行基本的操作。一般包括旋钮和功能按键。通过菜单操作键,可以设置当前菜单的不同选项。通过不同的功能键,可以进入不同的功能菜单或直接获得特定的功能应用,如图 4-12 所示。不同厂家的产品,前面板不同,但功能基本相同。

2. 显示屏

通过显示界面,用户可以观察到被检测参数的波形及界面各部分的说明,如图 4-13 所示。

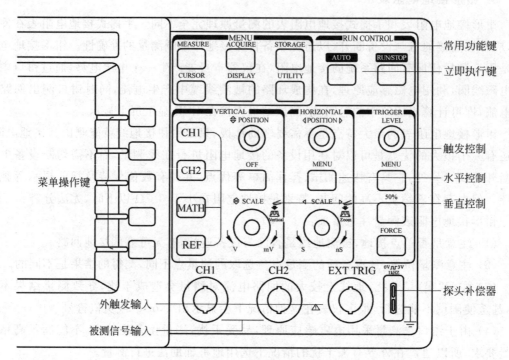

图 4-12 前面板操作说明图

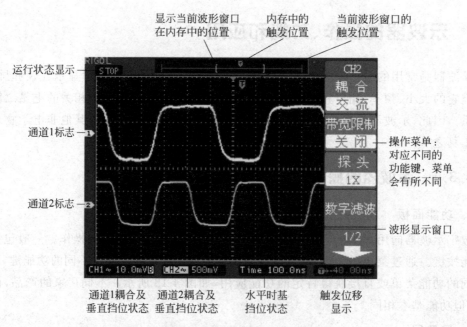

图 4-13 显示界面说明图

3. 测试探头

用示波器测量电信号,需要对输入信号进行衰减,由测试探头的衰减系数进行控制。一般分为×1和×10两挡。此衰减系数改变仪器的垂直挡位比例,从而使得测量结果正确反映被测信号的电平。默认的探头菜单衰减系数设定值为×10,如图4-14所示。

使用前,将探头连接器上的插槽对准示波器同轴电缆插接件上的插口并插入,然后向右旋转以拧紧探头。

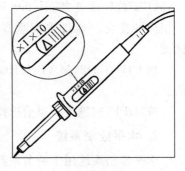

图4-14 测试探头

4. 探头补偿

在首次将探头与任一输入通道连接时,进行探头补偿调节,使探头与输入通道相配。未经补偿或有补偿偏差的探头会导致测量误差或错误。

将探头菜单衰减系数设定为"×10",将探头上的开关设定为"×10",并将示波器探头与CH1连接。如使用探头钩形头,应确保与探头接触紧密。将探头端部与探头补偿器的信号输出连接器相连,基准导线夹与探头补偿器的地线连接器相连,打开CH1,然后按"AUTO"功能键。几秒钟内,可见到方波显示(方波标准在示波器前面板上有标识)。

检查显示波形形状,如图4-15所示。

图4-15 探头补偿

如需要,请用非金属质地的螺丝刀调整探头上的可变电容,直到屏幕显示的波形如图4-15中的"补偿正确"。

用上述方法检测其他通道。

注: 为了配合探头的衰减系数,需要在通道操作菜单相应调整探头衰减比例系数。如探头衰减系数为10∶1,示波器输入通道的比例也应设置成×10,以避免显示的挡位信息和测量的数据发生错误。

4.3.2 示波器的使用

1. 垂直控制系统

垂直控制系统用于调节被测信号光迹在屏幕垂直方向的位置,如图4-16所示。

当转动垂直"POSITION"旋钮时,指示通道地(GROUND)的标识跟随波形而上下移动。

如果通道耦合方式为DC,通过观察波形与信号地之间的差距来快速测量信号的直流分量。

如果通道耦合方式为AC,信号里面的直流分量被滤除,并显示信号的交流分量。

通过波形窗口下方的状态栏显示的信息,确定任何垂直挡位的变化。转动垂直

"SCALE"旋钮改变"Volt/div(V/格)"垂直挡位,可以发现状态栏对应通道的挡位显示发生了相应的变化。通过按下垂直"SCALE"旋钮作为设置输入通道的粗调/细调状态的快捷键。

按 CH1、CH2、MATH、REF,屏幕显示对应通道的操作菜单、标志、波形和挡位状态信息。

按"OFF"按键关闭当前选择的通道。

2. 水平控制系统

水平控制系统用于调节被测信号光迹在屏幕水平方向的位置,如图 4-17 所示。

使用水平"SCALE"旋钮改变水平挡位设置,并观察因此导致的状态信息变化。转动水平"SCALE"旋钮改变"s/div(s/格)"水平挡位,可以发现状态栏对应通道的挡位显示发生了相应的变化。水平扫描速度从 1ns～50s,以 1-2-5 的形式步进,在延迟扫描状态可达到 10ps/div。

水平"SCALE"旋钮不但可以通过转动调整"s/div(s/格)",更可以按下切换到延迟扫描状态。

注意:示波器型号不同,其水平扫描和延迟扫描速度也有差别。

3. 触发系统

如图 4-18 所示,在触发控制区(TRIGGER)有一个旋钮、三个按键。下面的练习逐渐引导您熟悉触发系统的设置。

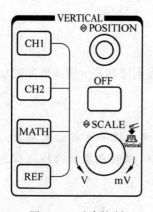

图 4-16 垂直控制

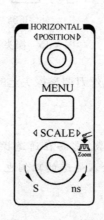

图 4-17 水平控制

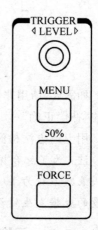

图 4-18 触发系统

(1) 转动"LEVEL"旋钮,可以发现屏幕上出现一条橘红色(单色液晶系列为黑色)的触发线以及触发标志,随旋钮转动而上下移动。停止转动旋钮,此触发线和触发标志会在约 5s 后消失。在移动触发线的同时,可以观察到在屏幕上触发电平的数值或百分比显示发生了变化。

(2) 使用"MENU"调出触发操作菜单(见图 4-20),改变触发的设置,观察由此造成的状态变化。

(3) 按"50%"按钮,设定触发电平在触发信号幅值的垂直中点。

(4)按"FORCE"按钮:强制产生一触发信号,主要应用于触发方式中的"普通"和"单次"模式。

4. 自动测量

如图 4-19 所示,在"MENU"控制区的"MEASURE"为自动测量功能按键。

按"MEASURE"自动测量功能键,系统显示自动测量操作菜单。示波器一般具有多种自动测量功能,包括:峰-峰值、最大值、最小值、幅值、占空比等。

(1)选择参数测量 按 2 号或 3 号菜单操作键选择测量类型,查找感兴趣的参数所在的分页。按钮操作顺序为:MEASURE—>电压测量、时间测量—>电压 1/3、……

(2)获得测量数值 应用 2、3、4、5 号菜单操作键选择参数类型,并在屏幕下方直接读取显示的数据。若显示的数据为"*****",表明在当前的设置下,此参数不可测。

(3)清除测量数值 按 4 号菜单操作键选择清除测量。此时,所有的自动测量值从屏幕消失。

5. 光标测量

如图 4-20 所示,在"MENU"控制区的"CURSOR"为光标测量功能按键。

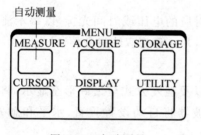

图 4-19 自动测量

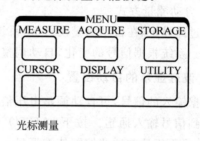

图 4-20 光标测量

光标模式允许用户通过移动光标进行测量,光标测量分为 3 种模式。

1)手动方式

光标电压或时间方式成对出现,并可手动调整光标的间距。显示的读数即为测量的电压或时间值。当使用光标时,需首先将信号源设定成所要测量的波形。手动光标测量方式是测量一对电压光标或时间光标的坐标值及二者间的增量。手动光标操作和光标调整增量如表 4-2 和表 4-3 所示。

表 4-2 手动光标操作

功能菜单	显示	说明
光标模式	手动	手动调整光标间距以测量电或时间参数
光标类型	电压 时间	光标显示为水平线,用来测量垂直方向上的参数 光标显示为垂直线,用来测量水平方向上的参数
信源选择	CH1 CH2 MATH	选择被测信号的输入通道

表 4-3　光标调整增量

光标	增量	操　　作
光标 A	电压	旋转垂直"POSITION"旋钮使光标上下移动
	时间	旋转垂直"POSITION"旋钮使光标左右移动
光标 B	电压	旋转水平"POSITION"旋钮使光标上下移动
	时间	旋转水平"POSITION"旋钮使光标左右移动

获得光标的数据：

显示光标 A、B 的水平间距(ΔX)，即光标间的时间值。

显示光标 A、B 的垂直间距(ΔY)，即光标间的电压值。

注：只有光标功能菜单显示时，才能移动光标。

2）追踪方式

水平与垂直光标交叉构成十字光标。十字光标自动定位在波形上，通过旋转对应的垂直控制区域或水平控制区域的"POSITION"旋钮可以调整十字光标在波形上的水平位置。示波器同时显示光标点的坐标。

3）自动测量方式

通过此设定，在自动测量模式下，系统会显示对应的电压或时间光标，以揭示测量的物理意义。系统根据信号的变化，自动调整光标位置，并计算相应的参数值。

6. 波形显示的自动设置

根据输入的信号，可自动调整电压倍率、时基以及触发方式至最好形态显示，将被测信号连接到信号输入通道。按下"AUTO"按钮，示波器将自动设置垂直、水平和触发控制。如需要，可手工调整这些控制使波形显示达到最佳。

4.4　LCR 表的功能、操作与应用

在航空器电子电气维修中，经常需要测量未知的电感、电容、电阻等元器件的大小，或测量电缆、电门、线路板的电阻和电容，要高精度地测量这些元件的参数，一般使用 LCR 测试仪（即 LCR 表）。

4.4.1　LCR 测试仪的功能

LCR 表是一种具备双层显示的测量仪表，既可以在主显示区读出被测电感、电容和电阻的数值，还可以在辅助显示区读出被测电感的损耗系数（D）和电容的品质系数（Q）。电容的品质系数和电感的损耗系数直接代表元件的工作性能和工作质量。

常用的 LCR 表一般具备自动量程和人工量程两种测量方式，在所有的量程有两种测试频率 1kHz 和 100Hz（或 120Hz）可以选择。LCR 表广泛用于航空器飞机系统线路的导线、数据电缆、同轴高频电缆的通路电阻和电缆匹配阻抗的测量，同样还可以对飞机系统机载计算机数据总线的匹配阻抗进行测量，在航空器附件修理维护工作中，以及在从事航空维修电子/电气工程部门、综合实验室、生产制造厂商、服务车间和培训学校中广泛使用。

4.4.2 LCR 测试仪的基本原理

不同厂家生产的 LCR 测试仪,测试原理基本相同。比如,测量电阻的阻值,一般是检测流过电阻的电流而换算出相应的阻值;而电感和电容,是分别与已知的电容和电感组成的谐振电路,然后再根据谐振频率计算得出。不同的仪表,只是在测试频率的高低、测试精度的大小等方面有差别。

LCR 测试仪的测量电路方式有串连方式、并连方式和交叉方式三种。串连测量方式主要用于电阻和电容测量;并连测量方式主要用于电感测量;交叉方式主要通过操作仪表按钮实现电阻和电容使用并连测量方式,电感使用串连测量方式。

如图 4-21 所示为 Model 878 LCR 表前面板。

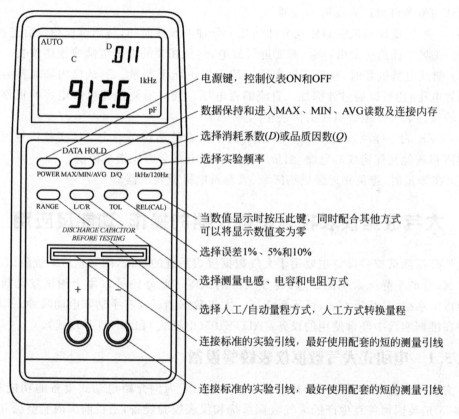

图 4-21 Model 878 LCR 表前面板

4.4.3 LCR 测试仪的使用

1. 自动量程方式

自动量程方式执行自动程序,可以迅速地指示被测元器件的大概参数,但没有人工量程方式测量出的数值精确。

将被测元件的引线插入仪表的测量插座,选择实验频率 1kHz 或 120Hz(按压 1kHz/120Hz 按键),仪表自动选择在最合适的自动量程方式测量。在主 LCD 上读出测量数值,在辅助 LCD 上读出电感的 Q 参数和电容的 D 参数。

2. 人工量程方式

人工量程方式可以人工转换量程和选择 L、C、R 的测量方式,得到比较精确的测量数值。其他同自动量程方式。

不论是自动量程方式还是人工量程方式,由于电阻没有 D(损耗系数)和 Q(品质因数),所以在电阻测量方式辅助 LCD 没有显示。

4.4.4 LCR 测试仪的使用注意事项

(1) 使用前,确认测试仪的校验期。

(2) 测试频率的选择。高值元件应在 120Hz(或 100Hz)下测量,低值元件在 1kHz 下测量。具体测量条件以厂家说明书为准。

(3) 一些测试仪开机后需要几分钟到几十分钟的预热时间,待测试仪稳定后进行测试。

(4) 在测量任意一个电容时,都要进行放电,避免相关的电击危险或损伤仪表。

(5) 测试电解电容时,通常在施加适当的偏置电压下测量。测试仪内部通常有几伏的固定偏置电压,也可以通过外部加入直流偏置电压。同时需要注意电解电容的极性与测试仪夹具的极性和外加偏置电压的极性相同。

(6) LCR 表不能测量线路的内部电路,由于仪表的结构是一个 AC 实验信号发生器和由半导体和其他元件构成的电路,测量线路的内部电路会造成指示错误。

(7) 在测量时,避免靠近强磁场区域、大容量电机或变压器。

4.5 大气数据仪表校验设备仪器的操作、功能及应用

大气数据测试校验设备主要用于大气数据仪表系统的测试,例如全压系统测试、静压系统测试、综合的全静压系统测试、马赫数表的测试等。此外还可以用于测试发动机压力比(EPR)指示系统、总管压力表、低压系统等。大气数据测试仪有手动和电动两种。以下将介绍两种在维修实践中经常使用的设备:ADTS405(电动式)和 1811(手动式)。

4.5.1 电动式大气数据仪表校验设备

本文以国内航空企业常用的校验设备 ADTS405 为例介绍电动式设备的功能和操作。ADTS405 是英国德鲁克生产的大气数据系统和仪表校验设备,是目前国内航空公司使用比较广泛的设备,熟悉它的操作对维修人员很有实际意义。该设备是电动设备,没有专门学习过设备的使用,就不能进行系统的校验,如果掌握了使用方法后,反而要比手动设备使用起来更方便,所以这里详细介绍一下该设备。

ADTS405 有两种类型,一种是 19in6U 高度的机架型,另一种是航线型。如图 4-22(b)所示的 ADTS405 是机架型,连接到外部的压力和真空源后,提供了测量和控制功能,如:泄漏检查、校验精度检查和大气数据仪器、部件和系统的功能检查。ADTS405F(见图 4-21(a))是一体化的外场大气数据测试系统,能对机载设备提供完整的压力和真空测量及控制,进行泄漏测试、校验精度检查和大气数据仪器、部件和系统的功能测试。仪器中的电子机架和泵机架装在高密度聚乙烯箱内。

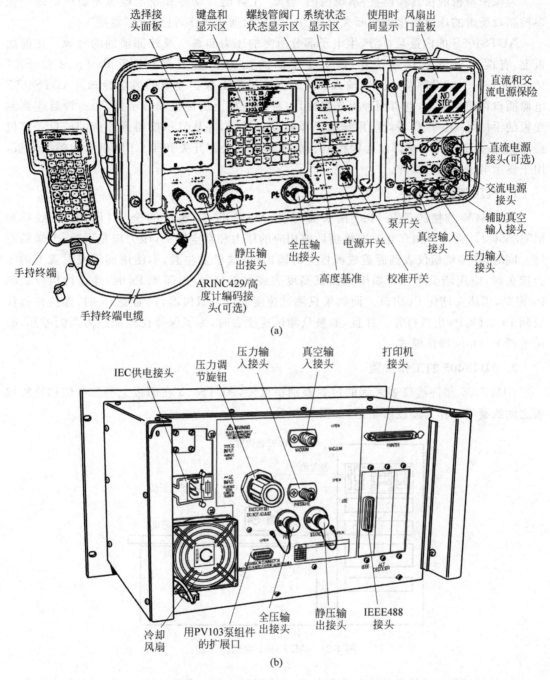

图 4-22 ADTS405
(a) ADTS405F 前面板图；(b) ADTS405 后面板图

ADTS405F 能以压力单位或航空单位显示或操作。在控制模式下，能控制改变到新的设置点的压力变化率，或航空单位的变化率。独立的双通道结构使 ADTS405F 能直接连到航空器或仪器系统，一路用于静压，另一路用于全压。双通道在测量模式下用于检漏，在控制模式下产生相应于高度和速度的压力。

为保护精密的仪器和设备,系统内的"着陆"工具能自动地和安全地按先前设定的变化率控制双通道的压力变化到地面大气压力。完成后通知操作者已安全"着陆"。

ADTS405F的内置泵,能产生电子部分所需的压力和真空及外部辅助的气源。在前面板上,有两个外部连接接头用于连接外部的压力和真空源(EXT Pressure 和 EXT Vacuum),一个辅助静态(真空)输入(Aux)。该机架由保护盖下的风扇冷却。ADTS405F电源插口在前面板上,它有两种操作界面,一种是面板上的键盘和显示屏,另一种是连到前面板的手持终端。操作者均能用键盘选择或设定目标,并从显示屏得到相应的信息。该仪器还能通过IEEE488接口而远程控制。前面板上有操作开关和带LED指示的模拟面板,用于显示电子阀门的操作。

1. 气压管路的连接

ADTS405连接的静压(Ps)接头型号为MS33656-6,连接的全压(Pt)接头型号为MS33656-4。将压力和真空源连接到后盖相应的压力和真空接头,压力应是干净、干燥的空气。同时,连接待检仪表到后盖或面板上的输出口,这里要注意,不使用面板或后盖上的压力接头时,应用堵头堵住。如果只测试高度表或类似仪器,仅需要Ps时,连接待检仪表到Ps出口,用堵头堵住Pt出口。而如果只测试速度表或类似仪器,仅需要Pt时,连接待检仪表到Pt出口,Ps出口打开。并且,如果只测试速度表时,为了保持比地面压力高的差压,必须选择Pt Only操作模式。

2. ADTS405的工作位置

ADTS405和待检仪表之间的位置差别很重要,ADTS405在面板上的参考位和待检仪表之间的高度差作为高度修正值,如图4-23所示。

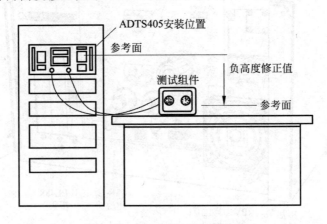

图4-23　ADTS405的工作位置

ADTS405F和飞机上传感器之间的位置差别很重要,ADTS405F在面板上的参考位和航空器高度传感器之间的高度差作为高度修正值。要根据仪器的位置,选择合适的在侧面参考位置,或者在面板上参考位置,如图4-24所示。

3. 操作

1) 开机

首先检查面板上的电源指示灯亮后,扳动面板上的开机开关。如果有手持终端,上面会

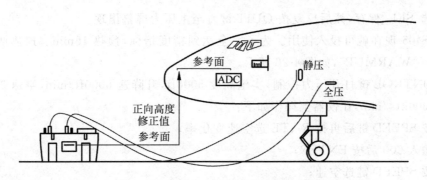

图 4-24　ADTS405F 与飞机的参考位置

顺序显示：ADTS405 开机；上一次校准日期、自检和初始信息；用户显示高度或高度和空速。在 ADTS405F 的面板上，扳动面板上泵开关，ADTS405F 上的泵是双速控制，在开机顺序时以高速和低速周期转换。在开机时，系统总是关闭压力控制，进入泄漏测量模式。如欲改变到控制模式，应先打开泵的电源，提供正确的压力和真空。开机时的显示内容可以人工改变。

开机后，仪器就准备好，可以投入使用。但在开机后预热一段时间（约 15min），才能达到预定的精度和控制稳定度。在预热期间，屏幕右下角将出现"WARMUP"。

2）显示

一般 ADTS405 显示压力和它的变化率，或者等值的航空单位。显示能被设置成单参数（single）、双参数（dual）和三参数（triple）模式。在设置或菜单操作等待超过 1min，显示将自动切换成压力单位。三参数显示至少显示高度和速度，在压力单位格式下，它会显示 Ps 及 Qc、Pt、EPR 三个中的一个。当再选择高度或速度，将会显示高度或速度的目标值及测量值，实际上变成了双显示；如选择其他参数，将会显示高度和速度的测量值，及刚选的参数的测量值及目标值，如图 4-25 所示。

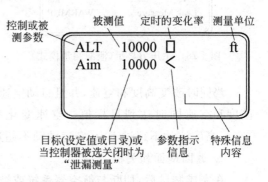

图 4-25　单参数显示模式（图中文字用中文）

3）典型的操作顺序

以下举例说明典型的操作顺序，以大写列出的按键是在面板上的功能键，方括号列出的按键如[MORE]是一些程序定义的软功能键（在屏幕指示下选择）。首先连接手持终端和电源电缆，再连接全压和静压管。临时堵住另一开口端。开机后，确认 ADTS405 执行自检并且不报错，系统指示灯变绿。参见具体的测试及故障定位部分以得到进一步开机信息。设置单位为 ft 和 kts，并设置双显示。每次开机时出现的当前参数的测量值会不同。这取决于开机时的当地大气压。使用设置菜单选择一套相应与飞机或待检仪表的限定集，操作如下：

(1) 按 SETUP 键，选[LIMITS]，选[NEXT]直至出现所需的限定集。

(2) 选[SEL]保存,然后反复按 QUIT 键直至主压力屏幕出现。

ADTS405 现在就可投入使用。为了完全达到精度指标,预热 15min。预热期间,屏幕右下角出现"WARMUP",如图 4-26 所示。

按 CONTROL 键打开压力控制,实施高度 5000ft,升降速 6000ft/min,空速 300kts,空速变化率 600kts/min,在仪器上操作如下:

(1) 按 SPEED 键后再按 RATE 选空速变化率;

(2) 输入 600 后按 ENTER;

(3) 按 SPEED 键选空速;

(4) 输入 300 后按 ENTER;

(5) 按 ROC 键选升降速;

(6) 输入 6000 键后按 ENTER;

(7) 按 ALT 键选高度;

(8) 输入 5000 后按 ENTER;

(9) 按 SPEED 键同时查看高度和速度,如图 4-27 所示。

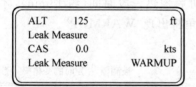 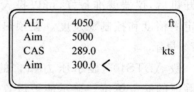

图 4-26 主压力显示(泄漏测量模式)　　图 4-27 主压力显示模式(控制模式)

当同时改变高度和空速,并且自动空速变化率处于有效,系统会自动调节空速变化率使高度和空速同时达到目标值。空速变化率不会超过设定的值。等待目标值到达,观察 1min,高度波动不超过 10ft,空速波动不超过 1kts。

4) 返回地面和关机

在完成测试后,切断与航空器系统或被测设备的连接之前,系统压力必须平衡到当地大气压力与零空速,操作步骤如下:

(1) 如果画面显示"LEAK MEASURE"泄漏测试模式,按 CONTROL 键;

(2) 按 GROUND 键、[GO TO GROUND],返回地面;

(3) 等待显示"SAFE AT GROUND",现在可以切断与飞机系统或被测设备的连接。

系统压力变化到地面压力,地面压力取代了静压或高度目标值,如果需要,在返回地面时,可以输入新的变化率。例如要改变升降速或静压变化率,按 ROC 键并输入一个新值;要改变空速或差压变化率,按 SPEED 键后再按 RATE 键,并输入一个新值;如要改变返回地面,输入一个新的高度(静压)或空速(差压)。当空速为零,Ps 通道压力接近地面压力,ADTS405 将重新检测地面大气压力,并更新地面压力的记录值(QFE)。此时,系统显示"CHECKING GROUND"。然后,ADTS405 重新连接到飞机或待检仪表平衡压力。在此期间,系统不接受任何命令。

Ps 静压控制到新测得的地面压力,在这压力下,显示"SAFE AT GROUND"。地面释放阀和零点平衡阀打开,因此飞机或待检仪表直接排空到大气压。按 QUIT 键可继续正常的操作,地面释放阀和零点平衡阀自动关闭。

4.5.2 手动式大气数据仪表校验设备

1. 简介

1)目的

1811GA/HA 大气数据校验设备可以用作飞机全静压系统的测漏,也可以对以下仪表进行操作测试或者调校:空速表、高度表、升降速率表、发动机压力比(EPR)、管道压力指示仪表以及其他的真空或低压仪表。

2)结构

1811GA/HA 大气数据校验设备上装有三个经过精准调校的仪表:空速表、高度表和升降速率表。在面板内安装了两个配备蓄压瓶的手动泵,即压力泵和真空泵,用以提供全压和静压。在面板上还有一些计量活门的控制旋钮,控制输出压力的大小。在仪器的上方安装了一个全压和一个静压的输出端口,可以通过外部管道与飞机的系统相连接。

1811GA/HA 校验设备有两个型号,1811GA 和 1811HA。图 4-28 所示为 1811GA/HA 大气数据校验设备。校验设备面板上部件的名称和功用请参考表 4-4。

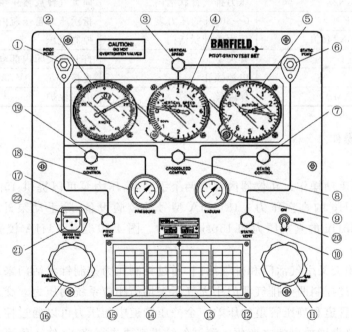

图 4-28 1811GA/HA 大气数据校验设备

表 4-4 1811GA/HA 部件的名称和功用

标号	面板标示	描述	功用
①	PITOT PORT	1/8-27 NPT 内螺纹接头	输出端口,连接到飞机全压或其他压力系统
②	----	空速表	指示空速即全压和静压的压差

续表

标号	面板标示	描述	功用
③	VERTICAL SPEED	隔离针状活门	隔离或控制升降速率表和静压源
④	----	升降速率表	指示静压的变化率
⑤	----	高度表	指定压力高度
⑥	STATIC PORT	1/8-27 NPT 内螺纹接头	输出端口,连接到飞机静压或其他低压系统
⑦	STATIC CONTROL	真空压力源针状活门	控制静压
⑧	CROSSBLEED CONTROL	交输引气针状活门	控制全压和静压的压差
⑨	VACUUM	0～30in 汞柱的真空压力表	指示真空蓄压瓶内的压力
⑩	STATIC VENT	真空排气针状活门	将真空压力瓶与大气连通
⑪	VACUUM PUMP	手动活塞泵	抽真空,提供静压
⑫	(ALTIMETER)	校准卡	提供高度校准修正
⑬	(HYSTERESIS)	校准卡	列出高度表的滞后
⑭	(VERTICAL SPEED)	校准卡	提供升降速率校准修正
⑮	(AIRSPEED)	校准卡	提供空速校准修正
⑯	PRESSURE PUMP	手动活塞泵	产生压力,提供全压
⑰	PITOT VENT	压力排气针状活门	向大气释放蓄压瓶压力
⑱	PRESSURE	0～30psi 的压力表	指示压力蓄压瓶内的压力
⑲	PITOT CONTROL	压力源针状活门	控制全压
⑳	PUMP	开关	打开或关闭内部电泵
㉑	----	电源插孔	连接 115/230V,50/400Hz 电源
㉒	250Volt/2AMP	保险丝	电路保护

2. 设备的操作

1) 概述

测试全程为手动操作。在仪器内部有两个手动泵,压力泵可以提供 15psi 的压力,真空泵能够提供 25inHg 的真空压力。1811HA 型号的校验设备,除手动泵外,还有内置的电泵,可以产生 27inHg 的真空压力和 15psi 的压力。图 4-29 是 1811HA 校验设备的内部管路连接的示意图。

测试时,关闭交叉引气活门和排气活门,通过控制压力控制针状活门来调整蓄压瓶输出压力的大小。通过控制两个排气活门用大气压来均衡相应系统的压力。交叉引气活门控制校验设备内全压管道和静压管道的压差。全静压管道中的压力可以通过控制相应的活门来进行调整,相连仪表读数也随之变化。测试的结果需要进行修正,修正值可参考安装在校验设备面板上的校准卡。

2) 操作注意事项

测试前,使用者应当首先熟悉相应的测试设备(1811),遵循正确的操作程序,以避免测试误差及损坏飞机或校验设备。

测试时,首先要对校验设备进行自测试,以检测仪器的精度。

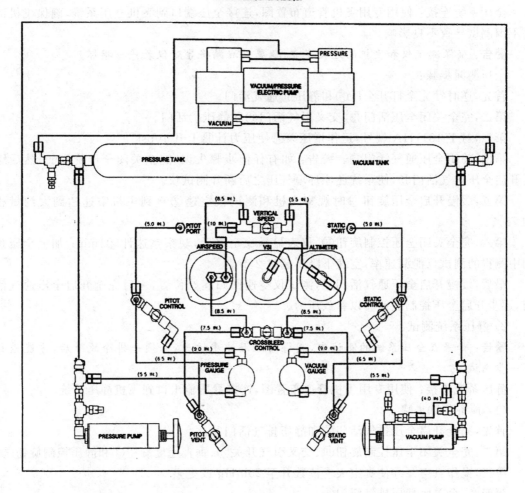

图 4-29　1811HA 气压管路连接图

4.5.3　大气数据仪表校验设备的应用

下面以手动设备 1811GA/HA 为例介绍大气数据校验设备的操作和应用。

1. 设备的自测试

1）目的

为确保测试的精度，每次测试前都必须先对校验设备进行初步测试，检查仪器内部全静压管路泄漏的情况。为方便使用，可以直接在仪器的控制面板上查看测试的步骤和数据。

2）注意事项

转针状活门控制旋钮的力度要适中，扭力过大会损害旋钮。

2. 大气数据校验设备的应用

以下将对全压系统和静压系统测试作一个简单介绍。实际操作必须参考相关的飞机维修手册。

1) 全压系统测试

全压系统连接：使用专用飞机管道布置图，连接全压端口到飞机全压系统，确保飞机部件不因测试导致不良影响。

警告：确保测试仪和飞机的连接牢靠，骤裂或泄漏将导致仪表严重损坏。

全压测漏步骤：

首先，逆时针完全打开全压⑰和静压⑩通气活门。

第二，完全关闭全压活门⑲、交叉引气活门⑧和静压⑦活门。

第三，对于 1811HA 型号，运作增压泵⑯使压力计⑱上升 10psi。

第四，关闭全压通气活门⑰。警告：如有任何步骤失误，完全关闭全压旋钮⑲，然后缓缓开启全压通气活门⑰，使系统还原环境气压之后断开测试仪。

第五，缓慢开启全压旋钮⑲时观察飞机和测试仪空速②直到飞机空速达到大约量程的 75%。

第六，完全关闭全压控制旋钮⑲，仪表显示稳定之后，观察空速计② 1min；加上全压预测中测得的测试仪泄漏速率，空速下降不超过 2 节。

最后，缓慢开启全压通气活门⑰，测试仪空速回归起始位置，之后完全开启全压通气活门⑰，逐步开启全压控制旋钮⑲以释放压力。

2) 静压系统测试

警告：如果在全压系统的测试中，测得的泄漏速率过大，必须先排除故障后，方能进行下一步测试。

静压系统连接：使用专用飞机管道布置图，连接静压输出口到飞机静压系统。

(1) 预备测试步骤

首先，完全开启全压排气活门⑰和静压排气活门⑩。

第二，完全关闭全压控制旋钮⑲、交叉引气开关⑧、垂直速度旋钮③和静压控制旋钮⑦。

第三，操作真空泵⑪使真空表⑨读数升至 20inHg 或更多。

第四，完全关闭静压排气活门⑩。

最后，设置校验设备和飞机的高度表读数至 29.92inHg(1013.3mbar)。

警告：在静压系统测试过程中，一定要注意控制高度变化速率，否则会损坏升降速率表。

(2) 静压测漏步骤

注意：模拟大气压高度不能高于 1000ft。升高至高于机场大气压，或者飞机空速表取值 150 节及以下，连接全压和静压系统。测试期间飞机和校验设备空速表将随海拔高度升高而升高。切勿使飞机空速超出满程。

警戒：如有任何步骤失误，完全关闭静压控制活门⑦，然后缓慢开启交叉引气活门⑧，使系统与外界大气相通之后断开校验设备。

首先，缓慢开启静压控制活门⑦，使高度表读数升至原数值⑤以上 1000ft，勿超出飞机垂直速度表(VSI)量程，之后完全关闭活门。

第二，读数稳定之后，观察高度表⑤ 1min，加上静压预测试中测得的校验设备泄漏速率，高度下降不超过 100ft。

第三,测试完毕之后,再逐步开启交叉引气活门⑧,至环境气压时切勿超出垂直速度量程。

第四,系统与外界大气相通时,完全开启交叉引气活门⑧和静压排气活门⑩,断开飞机管道与静压输出口⑥。

最后,缓慢开启静压控制活门⑦释放真空,当真空表⑨归零位时完全关闭静压控制活门⑦。

4.6 频率计数器的操作、功能和应用

频率计数器是一种具有灵敏输入电路的宽带仪器。只需把被测信号接到输入端,数字显示屏就会显示测试的频率或其他参数,在航空维修中可以用来测量发电机电源的频率、校验电子设备的工作频率等。

1. 频率计数器的工作原理

不同厂家生产的频率计数器外形各不相同,但基本上都包括显示部分、功能选择/切换面板和测量探头或接线端子几部分。如图4-30所示为台式频率计和手持式频率计。

图4-30 台式频率计和手持式频率计

在频率计数器内部由晶振产生一个振荡频率稳定的脉冲,通过分频整形、门控双稳后,产生所需宽度的基准时间脉冲,提供准确的计数时间。外界被测信号经过采样、变换,转变为可计数的脉冲信号,与基准计数时间进行比较,实现频率的测量,经过显示电路读出测量结果。

频率计方框图如图4-31所示。

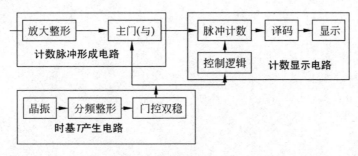

图4-31 频率计方框图

2. 频率计数器的使用及注意事项

(1) 选择符合测试需要的计数器。测试不同频率范围的参数,选择不同的频率计数器:通用计数器可进行较低频率和时间间隔,以及一些相关参数的测量。超过几 GHz、几十 GHz 或更高的精确频率需要使用射频频率计数器或微波频率计数器进行测量。

(2) 选择适合被测参数分辨率和精度的测试仪器。测试仪器的分辨率和精度是两个不同的概念。计数器的分辨率是指计数器能够在相近频率中检测的最小变化量。精度由测试的随机误差和系统误差确定。在所有其他情况(如测量时间和产品成本)均相同时,位数越多越好,但是必须在足够的测试精度条件下。当测试误差使计数器的分辨能力偏离真实频率时,精确的读数并无实际意义。

(3) 定期进行校验。

(4) 保持计数器时基晶振的温度。

(5) 保持频率振荡器的连续通电,直到输出频率稳定后再进行测试。不同型号的测试仪器稳定时间不同,从几分钟到几十分钟。

第5章 静电敏感元器件/部件的防护

5.1 概述

飞机上使用的微机和其他电子设备中有许多集成电路,其中的微型芯片只能承受毫安级电流和毫伏级电压。人体由于衣着摩擦、走动摩擦等原因可以带成千上万的静电。有些电路如CMOS,是由超薄的互补金属氧化物半导体覆盖在硅芯片上制成的,只能承受几个毫安的电流。如果施加一个500V的电压,就可能有百倍于设计极限那样强的电流开始流动。这样瞬间的大电流能够烧穿氧化膜,在显微镜下观察,形状类似一个个的弹坑。可见,实际上只要100V甚至更低的电压都能够对静电敏感元件造成损伤。

中国民航各维修车间对静电放电现象都给予高度重视,对静电敏感元件均须履行严格的防护操作规程。本章将对静电放电的原因和危害作一般性说明,介绍静电敏感设备、元件、电路板的识别标牌并对拆装电子设备、拆装印制电路板等维护任务的步骤作简要说明。

5.2 静电的产生

5.2.1 静电的产生原理

从原子学角度来说,塑料、纸张和其他材料通常都是中性的。如图5-1所示,每一原子中带正电的原子核与其周围带负电的电子云中和。如图5-2所示,当两种材料,不论是通过压力还是通过摩擦接触分开后,电子就会游离材料的表面,从而产生静电区。如果带电材料是导电性的,则静电荷很快会通过材料转移到地面上。如果材料是绝缘体,则静电荷会在几个小时、几周甚至几个月以后逐渐漏掉。当静电积累到一定程度时就会发生放电。

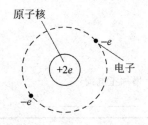

图5-1 原子的构成

图5-2 带电粒子

5.2.2 静电产生的方式

静电产生的方式很多,如接触、摩擦、冲流、冷冻、电解、压电、温差等,但主要是两种形式,即摩擦产生静电和感应产生静电。

1. 摩擦产生静电

如图 5-3(a)所示,摩擦生电主要发生在绝缘体之间,因为绝缘体不能把所产生的电荷迅速分布到物体的整个表面,或迅速传给它所接触的物体,所以能产生相当高的静电势。

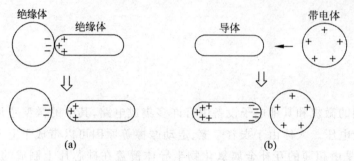

图 5-3 静电产生的两种形式
(a)摩擦生电;(b)感应生电

表 5-1 列出了常见物体带电顺序表,排在前面的材料与排在后面的材料相互摩擦时,前者带正电,后者带负电。表中分隔越远的物体之间静电效应越强。一种材料与不同种材料相互摩擦时所带电荷的极性可能不同,如棉布与玻璃棒摩擦带负电,但与硅片摩擦时带正电。棉布与玻璃摩擦后所带电量大于它与尼龙摩擦所带电量。

表 5-1 物体带电顺序表

材 料	电 荷
空气	↑
人的手	
石棉(阻燃纤维)	
兔皮	
玻璃	
云母	
人的头发	
尼龙	
羊绒	
皮毛	
铅	
丝绸	
铝	
纸	↓
棉	增加正电荷

续表

材 料	电 荷
钢铁	
木头	
琥珀	
密封蜡	
硬橡胶	
镍,铜	
黄铜,银	
金,铂	
硫黄	
醋酸纤维	
聚酯	
明胶	
聚氨基甲酸酯	增加负电荷
聚乙烯	
聚丙烯	
PVC(聚氯乙烯)	
三氟氯乙烯	
硅	
特氟隆,聚四氟乙烯(塑料,绝缘材料)	

2. 感应产生静电

如图 5-3(b)所示,当一个导体靠近带电体时,导体会受到该带电体形成的静电场的作用,在靠近带电体的导体表面感应出异种电荷,远离带电体的表面出现同种电荷,这样在导体表面就出现了局部带电区域。此时只有通过一个导体的屏障才能屏蔽这些电场。

5.2.3 影响静电产生和大小的因素

静电的产生及其大小与环境湿度和空气中的离子浓度有密切的关系。在高湿度环境中由于物体表面吸附有一定数量杂质离子的水分子,形成弱导电的湿气薄层,提高了绝缘体的表面电导率,可将静电荷散逸到整个材料的表面,从而使静电势降低。

表 5-2 是电子生产中产生的静电势的典型值,从中可以看到,同样的动作在不同的湿度下,产生的静电电压可以相差一个量级以上。

表 5-2 电子生产中产生的静电势的典型值 V

事件 \ 相对湿度	静电势的典型值		
	10%	40%	50%
走过乙烯地毯	12000	5000	3000
在工作椅上操作人员的移动	6000	800	400
将 DIP 封装的器件从塑料管中取出	2000	700	400
将印制电路板装进泡沫盒中	21000	11000	5 500

5.3 静电的危害

集成电路元器件的线路缩小,耐压降级,线路面积减少,使得器件耐静电冲击能力减弱,静电电场和静电电流成为这些高密度元器件的致命杀手。同时大量的塑料制品等高绝缘材料的普遍应用,导致产生静电的机会大增。

1. 静电放电对敏感元器件的影响

静电的基本物理特性为:吸引或排斥,与大地有电位差,会产生放电电流。在电子工业过程中从元器件的生产到使用的整个过程都会产生静电。静电产生后会在其周围形成静电场,产生力学效应、放电效应及静电感应效应等。在上述几点效应中,放电效应造成的危害最为严重。静电放电产生的电压可能高达数千伏,甚至数万伏,对于静电敏感元器件来说,可能几十伏的电压就可以将它击穿。

现代飞机上的电子设备应用了大量集成电路,如各种计算机的运算电路、数据处理电路和储存电路,接收机中的放大电路、信号处理电路和各种控制电路等。这些电路大多是由半导体器件构成,半导体器件有很多优点,但也很脆弱,稍有不慎有可能遭到静电袭击而使机件或设备受到破坏。许多可更换电子组件(LRU)内包括各种各样的微电路板和其他敏感装置,也属于飞机的静电放电敏感元件(ESDS)。

静电放电对飞机维护操作的影响主要表现在:静电放电损害能导致需要准备额外的备用件和产生备用组件短缺的结果;许多易受静电放电损害的组件和电子电路在遭受损害后,除了会出现容易监测到的硬件故障,还会出现隐藏的或是延时的其他故障;性能退化是静电放电损害对电路产生的最常见的影响,组件继续运行,但却伴随着性能的退化或改变。包含着这些元件的单元或许通过了正常的完全装配测试,但是在实际的应用中却不能正确地运行。

2. 静电损害的特点

根据静电放电对元器件的损害后果不同,可将静电危害的特点归纳如下:

(1) 暂时性失效 可能发生于某类元件上的记忆体和晶片上。典型的征兆是失去资料或功能暂变,而硬件方面却没有明显的损伤。

(2) 潜伏性损坏 也称为软击穿,可造成元器件性能劣化或参数指标下降,但还没有完全损坏,从而形成隐患,在最后质量检测中很难被发现。在使用时静电造成的电路潜在损伤会使其参数变化、品质劣化、寿命降低,使设备运行一段时间后随温度、时间、电压的变化出现各种故障从而不能工作。

(3) 永久性损坏 也称为硬击穿,是一次性造成芯片过热击穿、金属镀层、熔融、介质击穿、表面击穿等,最终使集成电路彻底损坏,永久失效。永久性损坏发生时,设备就不能通过测试。

5.4 静电防护

5.4.1 ESDS 的标识

1. 包装标识（见图 5-4）

图 5-4 包装标识

2. 航线可更换组件装配标识（见图 5-5）

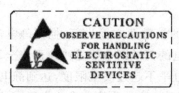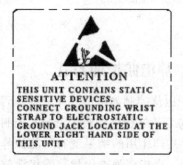

图 5-5 航线可更换组件装配标识

3. 防静电符号（见图 5-6）

图 5-6 防静电符号

4. 一套典型的 ESDS 装置（见图 5-7）

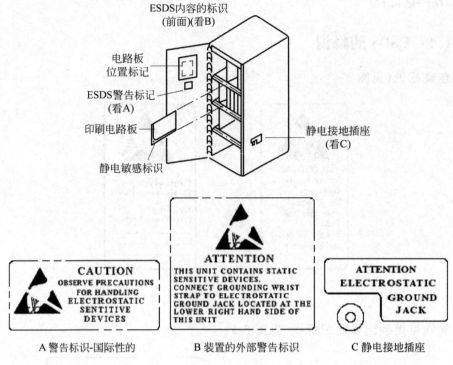

图 5-7 一套典型的 ESDS 装置

5.4.2 静电防护的方式

静电防护应从控制静电的产生和控制静电的消散两方面进行，控制静电产生主要是控制工艺过程和工艺过程中材料的选择；控制静电的消散则主要是快速而安全地将静电泄放和中和；两者共同作用的结果就有可能使静电电平不超过安全限度，达到静电防护的目的。

（1）接地 直接将静电用导线连接泄放到大地，这是防静电措施中最直接最有效的，对于导体通常用接地的方法，如人工戴防静电手腕带及工作台面接地等。

（2）静电屏蔽 静电敏感元件在储存或运输过程中会暴露在有静电的区域中，用静电屏蔽的方法可削弱外界静电对电子元件的影响，最通常的方法是用静电屏蔽袋和防静电周转箱作为保护。

（3）离子中和 绝缘体往往容易产生静电，对绝缘体静电的消除，用接地方法是无效的，通常采用的方法是离子中和（部分采用屏蔽），即在工作环境中用离子风机，提供一等电位的工作区域。

5.4.3 防静电材料和设施

1. 防静电材料

静电防护材料通常以其电阻率作为类别划分标志，分为静电导体（导静电）材料、静电耗散（耗散静电）材料和抗静电材料。

表面电阻率用于厚度一定的薄膜材料,其定义为表面上单位长度的直流压降与单位宽度流过电流之比。它指正方形两对边之间的阻值,只要面积远远大于薄膜厚度,则该阻值与正方形的大小无关。表面电阻率的单位是 Ω。

1) 导电防护材料

表面电阻率低于 $10^5\,\Omega/m^2$,比如金属、整体导电的塑料。

最敏感的元件即第一级元件,例如不具备保护电路的金属半导体,这些元件需用导电材料防护。

2) 散电防护材料

表面电阻率在 $10^5 \sim 10^9\,\Omega/m^2$ 之间。

第二级的元件,例如备有防护电路的金属半导体,这些元件需用散电材料防护。

3) 抗静电材料

表面电阻率在 $10^9 \sim 10^{14}\,\Omega/m^2$ 之间。

第三级的元件,例如小片电阻,适合用抗静电材料作防护。

导电材料的颜色作为敏感指标,黑代表已加入碳,为导电性最强的;蓝代表材料是属散电类;粉红(代表抗静电)的防护性最低。

2. 防静电产品

1) 接地类防静电产品

(1) 防静电手腕带(见图 5-8)　由防静电松紧带、活动按扣、弹簧软线、保护电阻及插头或夹头组成。松紧带的内层用防静电纱线编织,外层用普通纱线编织。腕带应用专门的带插座的接地线与地连结,不能夹在桌面或桌边的金属体上,因为这些金属体对地的电阻可能很大。使用腕带操作时不允许断开,否则会失去接地作用。

图 5-8　防静电手腕带

手腕带的测试有以下几种方式。

① 用手腕带测试仪进行测试(见图 5-9):

a) 选择一个手腕带测试仪。

b) 套上手腕带。

c) 将手腕带的插座终端插入测试仪。

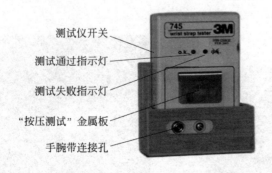 

图 5-9　防静电手腕带测试仪

d) 按下测试钮。
e) 测试仪正面的指示(成功或失败)灯会立即亮起。
系统失效的情况有：接地的导电率不足；腕带或接地线内置的安全电阻损坏。
② 用万用表进行测试：
a) 将万用表调至 Ω 挡位。
b) 调整万用表的 Ω 挡位至合适的电阻范围。
c) 将手腕带的插座终端与万用表的黑表笔相连。
d) 用万用表的红表笔接触手腕带的金属片一端。
e) 测得的电阻范围是 $250k\Omega \sim 1.5M\Omega$。
f) 套上手腕带。
g) 用食指和拇指捏住万用表的红表笔。
h) 测得的电阻不大于 $10M\Omega$。

(2) 防静电手表　需要其他防静电措施的补救才能取得较好的防静电效果。

(3) 防静电脚带/防静电鞋(见图 5-10)　厂房使用防静电地面后,应佩戴防静电鞋带或穿防静电鞋,建议车间以穿防静电鞋为主,可降低灰尘的引入。

(4) 防静电台垫　各台垫串上 $1M\Omega$ 电阻后与防静电地板可靠连接。

(5) 防静电地板。

2) 屏蔽类防静电包装运输及储存材料

(1) 防静电周转箱、防静电元件盒,如图 5-11 所示。

图 5-10　防静电鞋

图 5-11　防静电周转箱、防静电元件盒

(2) 防静电屏蔽袋,如图 5-12 所示。

(3) 防静电胶带,如图 5-13 所示。

图 5-12　防静电屏蔽袋

图 5-13　防静电胶带

(4) 防静电 IC 料条及 IC 托盘,如图 5-14 所示。
(5) 防静电货架、手推车及工作台。
(6) 防静电工作服,如图 5-15 所示。

图 5-14 防静电 IC 料条及 IC 托盘

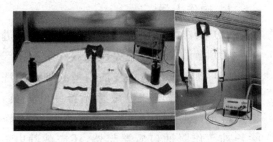

图 5-15 防静电工作服

3) 中和类设备

中和类设备主要有离子风机和离子风枪。离子器把空气分子转化为正、负离子,正离子被吸向负电荷从而消散静电。

3. 防静电工作台(见图 5-16)

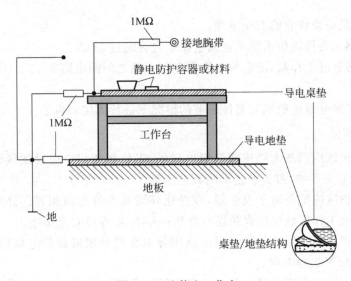

图 5-16 防静电工作台

修理、测试 ESDS 部件时,必须在静电调控工作台进行。一个完整的静电安全工作台应装配有:已接地的导电桌、腕带将导电体放电以及选配性的离子吹风机和导电地垫。

桌垫:预防静电产生,同时又去除垫上导电体的静电,桌垫必须正确接地。地线与桌垫之间的阻值应为 1MΩ,建议用于航电车间、收货和储存部。桌垫采用三层式耗散静电材料,三层式的设计包括具有高导电性的中间层,提供了快速的放电路线而无需跨过表面接地。表层是耐用的防电材料,会将垫上局部集结的静电导向中层。底层不导电,防止安全电阻被旁通,采用舒适的(发泡)垫子,具有防滑功能。

地垫：导电地垫主要是替短暂前来工作台的人去除静电，其次是当操作员不便佩戴腕带或返回工作台时忘记佩戴腕带的情况下去除静电。

5.4.4　ESDS 操作要求

1. 操作人员

（1）操作静电敏感元器件的人员应该进行静电防护知识的培训。

（2）操作人员应避免在元器件附近做产生静电的身体活动，如脱穿工作服等。

（3）操作人员应用浸沾酒精或加水的洗净剂棉花球清洗手指。

（4）操作静电放电敏感元器件的人员，应穿静电放电保护工作服。这种工作服应定期用静电计监测。为防止衣服直接接触静电放电敏感元器件，防止腕带从衣服上放电，除长袖工作服袖口应卷起外，还应戴静电放电保护手套，绑扎在裸露手腕上，并向上伸展到肘部。

（5）在不能使用人体接地扣带的地方，维护静电放电敏感设备的人员，在静电放电敏感元器件从其保护包装盒移出之前应把身体接地。

（6）操作人员应用适当的实验设备定期地检验皮肤接触点和接地线之间的人体接地扣带、静电安全工作台表面、导电地板垫和其他与地连线的电阻值，以保证其符合接地的要求。

（7）操作人员必须注意的安全事项：

① 静电敏感元器件防护系统的泄漏电流不允许超过 5mA。

② 在进行防静电工作时，静电放电操作者与大地之间的电阻在 $10^6 \sim 10^9 \Omega$ 才能使用防静电操作系统。

③ 不允许在静电放电敏感元器件通电的情况下进行焊接和拆装。

2. 防护工作区

（1）静电防护区应远离大功率源辐射电磁场，工作区的门口应设地线母线柱。静电防护区内禁止放置非生产物，避免产生瞬间高电压源。

（2）静电防护区应配备离子发生器，以净化环境减少静电荷积累。静电防护区的固定设备应良好接地；工作区域应铺设防静电地垫；人体、桌面应安全接地。

（3）静电防护区内使用的包装材料应选用导电塑料薄膜或抗静电聚脂泡沫塑料，在操作过程中材料不应产生静电荷。

（4）防静电工作区内应尽量避免人员走动和移动工件、设备，以减少摩擦起电。

（5）进入防静电工作区的人员应习惯地与地线柱碰触，以便先使人体静电释放。操作者应穿防静电工作服、鞋，戴防静电手套、工作帽，座椅应配有防静电靠背和坐垫。

（6）全部装配操作过程一般应在静电防护区和防静电工作台上进行。工序间周转时，敏感器件应封闭在防静电的保护罩、袋或盒内，并不得掉落。

（7）非生产人员进入静电防护区时，先进行人体静电释放，并穿好防静电工作服、鞋，并在工作区内不允许随便触摸敏感器件或靠近正在操作的人员。

3. 操作要求

（1）对静电敏感元器件防静电保护性操作应力求简化。

(2) 在打开包装材料之前,为了使包装容器先放电,应将包装的静电敏感元器件放置在静电安全工作台上进行操作。

(3) 手指或金属摄取工具只有在接地之后,才可以将静电敏感元器件从静电放电保护包装材料内取出。

(4) 拿取静电敏感元器件的方法应正确,如用拇指及食指拿集成电路的两个侧面,手不要接触引脚线,最好用专用的组件插拔器拔集成电路。

(5) 不允许使静电敏感元器件在任何非静电保护表面滑动。

(6) 静电敏感元器件(尤其是 MOS 器件)从设备上拔出或插入时,或在接触不好情况下,不要对设备或印制板组装件通电。

5.5 静电防护在航空维修中的应用

5.5.1 飞机维护与维修的静电防护

对电子系统的维护过程中,会经常遇到电子仪表或电子设备损坏而需要进行更换的情况,如果静电防护措施不当,则会使新装的仪表或设备被静电损坏;对油箱的维护过程中,会经常遇到机务人员进入油箱进行检查或维修的情况,如果不注意静电的防护,则会造成爆炸的严重事故。

因此,在维修时必须要求接地,定期对接地柱进行维护测量。

5.5.2 静电敏感元器件/部件的拆装

1. ESDS 航线可更换组件的拆装(见图 5-17)

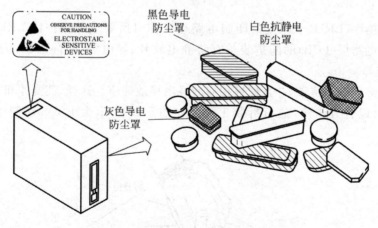

图 5-17 ESDS 航线可更换组件

航线可更换组件(LRU)后部电插头的防护罩有黑色与灰色的导电防尘罩和白色的防静电防尘罩。当没有导电防尘罩时,可用白的防静电防尘罩代替。防静电防尘罩用绝缘材料制造,加以防静电溶液处理,并标注日期。

1) 拆除程序

第一步：参照适当的拆装程序，关断系统的电源供应，挂安全警告标签。

第二步：佩戴腕带并可靠接地。

第三步：参照适当的拆装程序，从所在的设备架上松开并拆除有 ESDS 标识的 LRU 组件。

第四步：确保不要接触接头里的电针。

注意：待装组件上的防尘罩可以转用在待拆组件上。

第五步：根据标准方法，装配防尘罩后，包装运送组件。

2) 安装程序

第一步：参照适当的拆装程序，关断系统的电源供应。

第二步：如有包装应先去除。从待装的组件上，除去防尘罩确保不要接触接头电针。

第三步：参照适当的拆装程序，进行安装，并紧固有 ESDS 标识的 LRU 组件。

2. ESDS 印制电路板的拆装（见图 5-18）

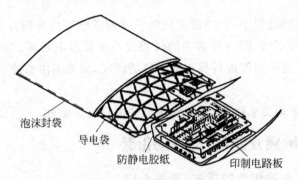

图 5-18　ESDS 印制电路板

对航线可换件（LRU）卡箱里的印制电路板工作时所要求的防护比 LRU 组件还要广泛。有关印制电路板（PCB）的防护装备有防静电软片、导电袋、防静电胶封套、腕带、全棉绳、ESDS 标签等。

操作人员必须戴好腕带，并且插接相应的静电接地插座。这样，使身体和卡箱保持同一电平，然后才可以打开卡箱，进行拆装工作。如图 5-19 所示为 ESDS 印制电路板的特殊处理。

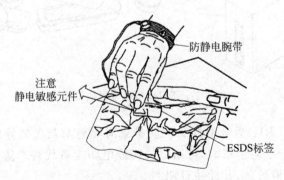

图 5-19　ESDS 印制电路板的特殊处理

警告：只准使用备有 $250\mathrm{k}\Omega\sim1.5\mathrm{M}\Omega$ 接地引线电阻的腕带，因为接触低电阻腕带和高电压，会对人员造成触电危险。常见腕带电阻为 $1\mathrm{M}\Omega$。

1) **拆除程序**

第一步：参照适当的拆装程序，关断系统的电源供应。

第二步：拆除 PCB 的人员佩戴好腕带，并可靠接地。

第三步：打开卡箱的检修门，从位置告示牌上找出待拆除 PCB 的准确位置。

第四步：利用 PCB 上下（或左右）的提取器，把它从卡箱拆除。

第五步：用防静电软片把 PCB 包好，并以 ESDS 标签紧固软片。防静电软片用于保护导电袋的完整性，不致被 PCB 上凸出、锐利的元件引线所割伤。

第六步：把包好的 PCB 放进 ESDS 导电袋里，将开口处反摺，以 ESDS 标签或以全棉绳紧固，密封导电袋。

第七步：把整个包装放进发泡胶封套内，保持运送时外形完整。

第八步：关闭并紧固卡箱检修门。

第九步：从静电接地插座处，断开腕带。

第十步：最后将 PCB 放入专用容器里，以便运送。

2) **安装程序**

第一步：参照适当的拆装程序，关断系统的电源供应。

第二步：拆除 PCB 的人员佩戴好腕带，并可靠接地。

第三步：打开卡箱的检修门，从位置告示牌上找出待装 PCB 的准确位置。

第四步：从发泡胶封套、导电袋、和反静电软片中取出 PCB。

第五步：利用 PCB 上下（或左右）的提取器，把它插进卡箱内，锁定提取器，把 PCB 紧固。

第六步：关闭并紧固卡箱检修门，断开腕带。

5.5.3 ESDS 包装、点收、储存和运送

1. ESDS 包装

（1）选取合适的包装材料来包装 ESDS 组件和组装件，确保这些材料是属于导电的、静电屏蔽类型的。

（2）禁止将普通塑料和聚苯乙烯泡沫塑料接触 ESDS 装置或是用在 ESDS 保护包装内。

（3）ESDS 包装应该将末端的开口折叠进行封闭，同时贴一个纸质的 ESDS 警告标志。

（4）禁止使用塑料和玻璃纸材料的胶带，因为在移除的过程中它们会产生非常高的静电电压。

（5）禁止使用钉书钉和大头针，因为它们会刺破保护包装。

2. ESDS 点收

（1）不得打开内有的 ESDS 包装，除非在防静电调控的工作台上进行。

（2）货件可留在原来（供应商）的包装里，采用任何适当的导电材料都可以。

（3）导电包装必须完全封闭，不能有缺口。

3. ESDS 储存

(1) 已包裹导电屏蔽的 ESDS,以及有金属封罩及防护接头帽的 LRU,可以用一般部件的方法处理。

(2) 若是部件本身放在未加防护的容器(防静电袋,防静电 DIP 管等)内,就需要专线接地的货架、导电的层架和储物斗。

4. ESDS 运送

(1) 较大的 ESDS 件用金属、木的或纸卡箱运送,条件是有关的 PCB 已用导电袋护好。

(2) 未加防护的部件必须用搬运箱运送,并且在防静电工作台上开箱。搬运箱的用途:厂内搬运部件及 PCB 往来防静电工作台。

5.5.4 进入油箱检查时的静电防护

进入油箱检查时的静电防护如图 5-20 所示。

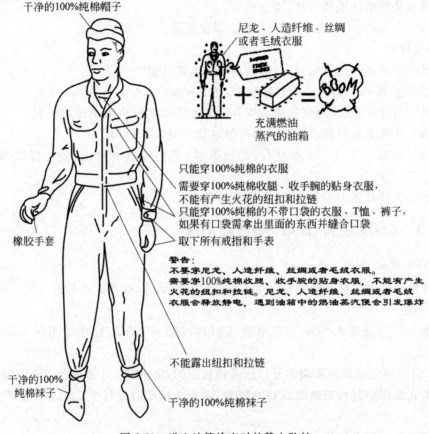

图 5-20 进入油箱检查时的静电防护

(1) 穿戴干净的 100% 纯棉无帽舌的帽子。

(2) 只能穿 100% 纯棉的不带口袋的衣服、T 恤、裤子。如果有口袋需拿出里面的东西并缝合口袋。

（3）取下所有戒指和手表。

（4）戴橡胶手套。

（5）穿干净的 100％纯棉袜子。

（6）衣服上不能露出纽扣和拉链。

警告：不要穿尼龙、人造纤维、丝绸或者毛绒衣服。需要穿 100％纯棉收腿收手腕的贴身衣服，不能有产生火花的纽扣和拉链。尼龙、人造纤维、丝绸或者毛绒衣服会释放静电，遇到油箱中的燃油蒸汽便会引发爆炸。

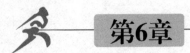

第6章 标准线路施工

6.1 标准线路施工手册

高度的可维护性是现代大型民用飞机的重要特征之一,波音系列和空客系列飞机作为现代民用航空器的杰出代表,其可维护性不仅仅体现在飞机的机械系统上,同时也体现在飞机的电子/电气线路系统上。波音公司和空客公司提供的技术手册是电子/电气线路系统进行维护工作的重要技术保障,波音公司提供的技术手册称为标准线路施工手册(Standard Wiring Practices Manual,SWPM),空客公司提供的技术手册称为电气标准施工手册(Electrical Standard Practices Manual,ESPM)。

6.1.1 波音标准线路施工手册介绍

1. 概述

标准线路施工手册(SWPM)来源于波音系列各个机型的线路图解手册(WDM)20 章,适用于波音系列 B707-B787、BBJ、DC-8、DC-9、DC-10、MD-10、MD-11、MD-80、MD-88 和 MD-90 机型,还适用于 B777 飞机使用的 PW4000 系列和 GE90 系列发动机等,属于非客户化的手册。

标准线路施工手册(SWPM)是描述波音系列飞机线路维护工作中需要的重要数据和环境、修理导线及导线终端需要的工具、设备和修理方法等相关内容的技术文件。

2. 手册的结构

标准线路施工手册(SWPM)的目录是按照章节进行排序的,章节可以通过手册的交叉索引目录按照材料的名称、件号或生产厂商的首字母顺序进行查找,得到在维护工作中需要的维护数据、组件名称或安装程序等信息内容。通过交叉索引目录还可以对材料的名称、件号或生产厂商进行互查。

3. 手册的主要章节目录

20-00-×× 通用数据

20-02-×× 防火区域与周围环境

20-10-×× 导线安装

20-11-×× ARINC 629 数据总线

20-12-×× 光纤电缆

20-14-×× 主飞行控制、燃油量指示系统和飞行记录器导线束捆扎

20-15-×× 777ELMS 板修理
20-20-×× 电接触与接地
20-23-×× ROLLS ROYCE RB211-800 动力装置导线修理
20-24-×× PRATT AND WHITNEY P44000/777 动力装置导线修理
20-25-×× 屏蔽电缆和屏蔽地线
20-30-×× 接线片与拼接管
20-35-×× 专用电缆
20-40-×× 焊接连接器
20-42-×× MATE-N-LOC 连接器
20-51-×× 同轴连接器
20-53-×× 双中心钉连接器
20-61-×× 前退圆形连接器
20-62-×× 专用连接器
20-63-×× 后退圆形连接器
20-64-×× 小模块连接器
20-71-×× 支架和配电板矩形连接器
20-72-×× 小型 D 矩形连接器和其他小型连接器
20-73-×× 扁平电缆连接器
20-74-×× 矩形后退连接器
20-81-×× 前退和后退继电器插座
20-82-×× 印制电路板连接器
20-83-×× 线路系统终端系统和触发电门
20-84-×× 灯和灯电门
20-85-×× 连接器卡子与起落架电缆
20-86-×× BURNDY MT17R-1 连接器
20-87-×× HF 天线插头的装配
20-90-×× 终端块装配
20-91-×× 保险丝二极管模块和灯泡更换

6.1.2 空客电气标准施工手册介绍

1. 手册简介

电气标准施工手册(ESPM)主要用于描述电气线路标准施工和电气器件的标准规范,是一本非客户化手册,适用于所有的空客系列飞机。值得注意的是,关于发动机部分的电气标准施工并不在 ESPM 中,相关内容参见 AMM 70-71-××。

2. 手册结构

ESPM 由两大部分组成,分别是前言和正文。
1) 前言
前言包括重要信息、手册介绍和索引。重要信息,是指手册版本更新信息介绍。手册介绍,包括手册如何使用的相关信息,通过典型的实例,帮助使用者学习如何使用手册获得信息。手册索引关联到手册正文的各个章节,帮助使用人索引相关信息。索引的类型包括:

(1) 字母序列索引　通过关键词查找相关信息。
(2) 件号索引　通过件号查找相关信息。
(3) 杂项参考索引　通过非标准件号查找相关信息。
(4) 工具参考索引　通过件号查找工具信息。
(5) 替换表格。

2) 手册正文

ESPM 正文的信息可以通过索引、手册章节或者 ADOC N@VIGATOR 的搜索功能获取。ESMP 各个章节的标题如下所列。

20-10-00 安全防护
20-25-×× 标准工具
20-30-×× 标准规范和建议
20-31-×× 特殊区域
20-32-×× 标记与识别
20-33-×× 导线束
20-40-×× 标准电气器件和连接部件
20-42-×× 套管、终端封帽和金属环
20-43-×× 拼接管和压力封严
20-44-×× 连接器和接线排、接地组件
20-45-×× 杂项电气器件
20-46-×× 跳开关、继电器和继电器座
20-48-×× 终端和接触件
20-50-×× 维护程序
20-51-×× 标准程序
20-52-×× 检测、检查和测试
20-53-×× 修理程序
20-54-×× 施工防护
20-55-×× 清洁

6.2 特殊区域和安全防护

在线路标准施工中,由于飞机的区域不同,施工环境也随之改变,相应的施工工艺和要求就会有所区别。下面就波音系列飞机和空客系列飞机的特殊区域和安全防护知识分别介绍。

6.2.1 波音系列飞机特殊区域

1. 易燃泄漏区域

易燃泄漏区域是指由于故障或正常操作产生的易燃液体泄漏或易燃蒸汽泄漏的区域,

如图 6-1 所示。在易燃泄漏区域不允许出现明火、烟雾、火花和其他火源；必须使用防爆工具和防爆测试设备，不允许使用兆欧表测量导线、电缆或机载设备的绝缘电阻；设备的电源导线必须使用防火导线；在此区域的所有电气设备，例如灯光、马达、导线，必须标有防火代码，同时必须具备防止残留易燃蒸汽的措施，并保证通风良好。

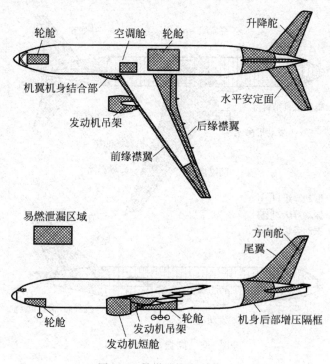

图 6-1 易燃泄漏区域介绍

2. 高温区域位置

温度等级是 D 的区域就是高温区域，如图 6-2 所示。在高温区域修理导线使用的消耗

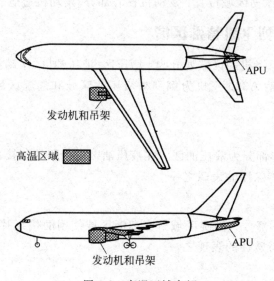

图 6-2 高温区域介绍

材料(如:捆扎线)必须是耐高温的,要根据温度等级来选择。

3. 高振动区域位置

飞机上的所有区域可以按照振动区域类型和振动级别来划分,如图6-3所示。振动级别1指无高振动,振动级别2、3均指高振动。高振动区域安装的导线束必须进行防护。

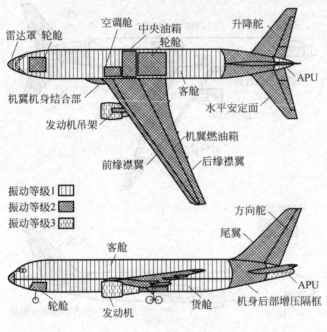

图6-3 高振动区域介绍

(1) 振动级别1的振动区域位置:客舱、电子设备舱、货舱区域。

(2) 振动级别2的振动区域位置:空调舱、尾翼、燃油箱、水平安定面、前缘襟翼、雷达罩、方向舵、吊架、后缘襟翼、轮舱、机翼机身结合部。

(3) 振动级别3的振动区域位置:发动机核心部分、发动机短舱、APU隔离舱。

6.2.2 空客系列飞机特殊区域

在空客系列飞机上,飞机的区域划分为:增压区、液压油区、振动区、高温区、潮湿区、燃油区、防火区。在此仅就A320飞机为例列举液压油区域和潮湿区域,其他具体信息参考ESPM 20-31-31。

1. 液压油区域

如图6-4所示,阴影部分为液压油区。在液压油区域使用的连接器必须是NAS1599系列连接器,这是该区域特殊性的表现之一。

2. 潮湿区域

如图6-5所示,阴影部分为潮湿区域。在潮湿区域使用的接线片必须是铜镍合金材料的接线片,这是该区域特殊性的表现之一。

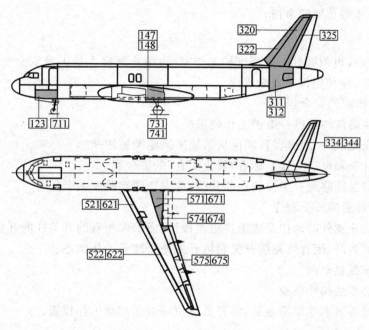

图 6-4　A320 液压油区域

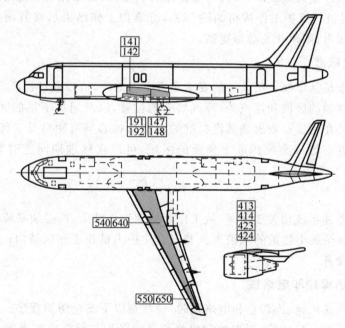

图 6-5　A320 潮湿区域

6.2.3　安全防护

维修人员在任何一种高电压线路和电源系统线路上工作都是非常危险的,如果在维护工作中触摸到这些带有危险电压的线路,会导致维修人员休克甚至死亡;维修人员在易燃和易爆蒸汽区域进行维护工作时,如果操作不当将线路短路,短路产生的火花会引起爆炸事故,这也是一件非常危险的事情。

1. 概述

在电源系统或电源部件上进行维护工作时,为防止维修人员人身安全受到伤害和对维护设备造成损坏,应使用以下安全程序。

1) 维护工作前的安全程序

(1) 鉴定并确认将要进行维护工作的系统。

(2) 断开线路跳开关和电门,确保从系统来的电源被切断。

(3) 在跳开关和电门上挂上标有"禁止闭合"的警告牌。

(4) 为了确保线路跳开关保持在断开位,应安装线路跳开关卡环。

2) 维护工作后的安全程序

(1) 为了防止意外的动作造成组件错误操作,需确保所有的开关在断开位置。

(2) 拆除警告牌,闭合线路跳开关和将开关处于准备工作状态。

(3) 给系统提供电源。

(4) 执行必要的操作检查。

(5) 当操作检查的结果满意后,将开关复位或处于起动工作位置。

3) 线路跳开关复位

当一个线路跳开关失效或断开时,不要试图将其复位,必须先检查跳出的线路跳开关的故障原因;如果是进行维护工作拔出的跳开关,待维护工作结束后将其闭合;如果是由于跳开关故障导致弹出,则跳开关必须更换。

2. 燃油蒸汽标准

燃油蒸汽标准是从维修人员人身的安全角度上考虑的,可以通过检测设备进行测量。

在附近存有燃油的区域和蒸汽源、蒸汽集中的位置,以及通风不足的区域,必须有明显易于阅读的标识。在用于检查燃油蒸汽标准的设备上也必须有明显易于阅读的操作说明;这些测量设备放置在燃油蒸汽标准十分低的区域,可以在修理期间随时监控燃油蒸汽的标准。

3. 火源

在从事任何燃油系统相关工作时,从工作开始到工作结束,都必须安装相配套的验火设备进行监测;要确保最小数量的维护人员和安全防护人员在工作区域内;要在工作维修场地放置紧急防火设备。

4. 热风枪、锡焊枪和电烙铁

在飞机内使用热风枪、锡焊枪和电烙铁时,应注意以下安全防护程序。

(1) 潜在的爆炸 热风枪、锡焊枪和电烙铁等设备的加热温度有可能超过燃油蒸汽燃点的操作温度(450°F)和会产生火花,从而点燃燃油蒸汽,引起潜在的爆炸危险。

(2) 在燃油箱内使用 对于波音系列飞机,热风枪、锡焊枪和电烙铁等加热设备不允许在加过燃料的燃油箱内使用,也不允许在装满惰性气体的容器内使用。而对于空客系列飞机,在没有特殊保护的情况下,油箱中也不允许使用前述设备。

(3) 在燃油和易燃液体附近 飞机在加油工作期间、放油工作期间、燃油箱打开的维护工作期间、燃油泄漏、燃油溢出和其他易燃液体附近,在100ft范围内不允许使用热风枪、锡焊枪和电烙铁。

（4）在烟雾区域使用　禁止在烟雾区域使用热风枪、锡焊枪和电烙铁等加热设备；在未来有危险的燃油蒸汽区域也不能使用这些设备。

6.3　标准施工工具

无论是空客还是波音系列飞机,在线路标准施工中使用的工具较为特殊,包括导线绝缘层剥除工具、热缩工具、压接工具、退/送钉工具和测试工具等,这些工具在线路标准施工中起着关键作用。

6.3.1　绝缘层剥除工具

导线/电缆绝缘层的去除是线路标准施工中最基本的工作内容,每一种类型的导线/电缆都有与其相配套的绝缘去除工具,绝对不允许将一种线号的绝缘去除工具适用于其他类型线号的导线；绝缘去除工具的外形多种多样,有的绝缘去除工具配有多个剥线刀。在实际工作中如何正确选用绝缘去除工具是一个最基本的问题。

1. 常用绝缘去除工具选用与替代

根据导线类型代码,波音系列飞机在线路标准施工手册(SWPM)的 20-00-15 可找到该导线的绝缘去除工具,空客系列飞机在电气标准施工手册(ESPM)的 20-25-1× 可找到相应导线的绝缘去除工具使用方法。

1) 剥线钳

剥线钳是一种手动操作的绝缘层去除工具,只需更换不同类型的刀片就可完成多种类型导线的绝缘层去除工作。对于屏蔽导线和同轴电缆,以及导线截面积大于 $5mm^2$ 或者导线规格超过 AWG 10 的导线,可以使用专用的电缆刀进行绝缘去除工作。剥线钳的操作程序如图 6-6 所示。

2) 绝缘去除替代工具

可以使用专用剥线小刀、单面刀片、壁纸刀和手术刀等替代工具,如图 6-7 所示。使用替代刀具时,刀片切入导线/电缆绝缘皮的深度为绝缘皮厚的 80%,沿着导线/电缆横向顺时针切转一圈,在切痕上反复折叠,然后取下绝缘皮,如图 6-8 所示；刀片切的太深容易损伤导线。

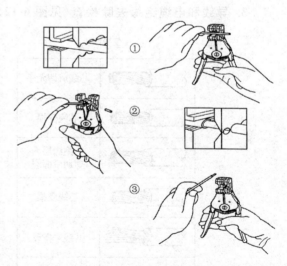

图 6-6　剥线钳的操作程序

2. 专用绝缘去除工具

高频电缆专用绝缘去除工具,如图 6-9～图 6-11 所示,也可以使用手术刀、单面刀片、壁纸刀等刀具替代,替代原则和施工方法同上。

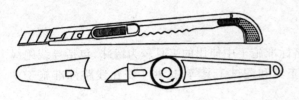
图6-7 替代绝缘切除工具

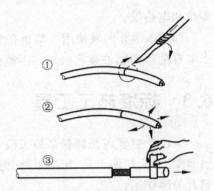
图6-8 使用替代工具切除电缆绝缘程序

图6-9 45-162绝缘去除工具

图6-10 45-163绝缘去除工具

图6-11 45-400绝缘去除工具

3. 导线和电缆绝缘去除检查（见图6-12）

在导线上：

	芯线剪切无序
	芯线受损
	绝缘层剪切后撕裂
	芯线受损
	芯线未撑丝
	芯线残留绝缘
	在绝缘层上有标记

在电缆上：

	屏蔽层剪切无序
	屏蔽层受损
	绝缘层剪切后撕裂
	屏蔽层受损
	屏蔽层胶合不好
	在屏蔽层上有残留绝缘
	在外层绝缘有标记

图6-12 导线/电缆绝缘切除错误施工视图

注解：上述描述的单芯屏蔽电缆，同样也适合多芯电缆和同轴电缆

6.3.2 热缩工具

1. 热风枪

热风枪是进行热缩的施工工具。按照用途分为：通用型，如图 6-13～图 6-17 所示；专用型，如图 6-18～图 6-20 所示。通用型热风枪是一种多用途热风枪，可以配不同的反射罩完成多项热缩工作，如图 6-21 所示。

图 6-13　RAYCHEM CV1981 和 CV1983 热风枪

图 6-14　MASTER APPLIANCE HG-501A、HG502A、HG751A 和 HG752A 热风枪

图 6-15　RAYCHEM HL1802E 热风枪

图 6-16　博士 GHG 630 DCE 热风枪

图 6-17　Type 500 热风枪

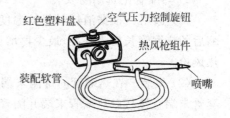

图 6-18　RAYCHEM MODEL AA-400 热风枪

图 6-19　RAYCHEM IR-550 热风枪

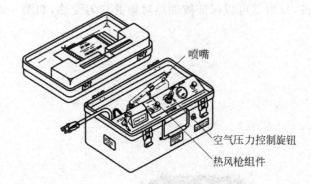

图 6-20　RAYCHEM MODEL HT-900 热风枪

2. 远红外加热枪（见图 6-22）

远红外加热枪用于加热焊锡套管。

3. 热缩工具的操作程序和注意事项

1）热缩管安装准备

在飞机上使用热风枪或加温设备容易产生爆炸，波音系列飞机安全防护程序参考线

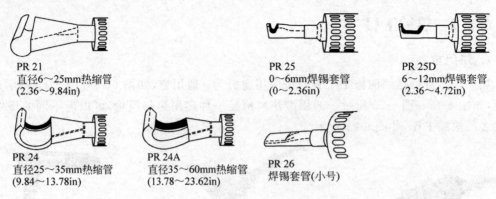

图 6-21 PR 24-PR 26 反射罩介绍

路标准施工手册(SWPM)的 20-00-10 部分；空客系列飞机安全防护程序参考电气标准施工手册(ESPM)的 20-10-00 部分；热缩后的热缩管必须与导线或电缆绝缘层重叠 3/16in(4.7625mm)～1/2in(12.7mm)。

2) 热缩管的选用与安装

(1) 选用 根据消耗材料的温度等级和抵抗液压油腐蚀能力的等级选择热缩管，以热缩后的热缩管长度为基准，最少再增加 10% 来截取热缩管，最后根据工作要求选择合适的热风枪。

(2) 安装 在热缩管的每侧末端使用开口的特氟隆套管最少延伸 1in 进行防护，防护套管末端直接接触热缩管末端并随着热缩管收缩调节移动，以防止导线或电缆出现过热损伤；热风枪达到设定温度后预热 15s，在需要安装热缩管的位置放置热缩管，热风枪枪口距离热缩管最少 3in，在热缩管中心加热 5～10s，在任何一点加温不能超过 20s。如果热缩管没有完全收缩，待导线或电缆冷却 5min 后再次施工直至完成热缩工作。反射罩是一种附件，反射罩可以保证被加热对象的均匀受热，如图 6-23 所示。

图 6-22 RAYCHEM IR-1759 和 IR-3104 远红外加热枪

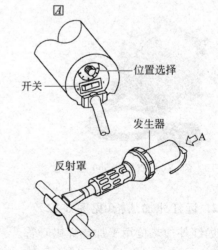

图 6-23 热缩管安装程序

3) 焊锡套管的安装（见图6-24）

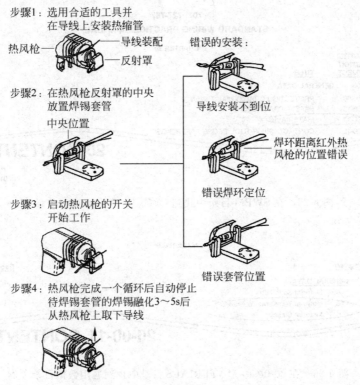

图6-24 远红外加热枪加热锡焊管

4. 热缩管和热缩工具施工程序查找举例

1) 波音系列飞机举例

在维护检查中发现中央电子设备舱有一根导线绝缘层破损，清洁检查后发现只是绝缘层出现破损，芯线无断丝和划痕损伤，需要使用热缩管进行导线绝缘层永久性修理工作；在施工前需要在标准线路施工手册（SWPM）找到热缩管的件号、热风枪的件号和热缩管施工程序相关内容，然后按照标准线路施工手册（SWPM）要求进行施工。

（1）热缩管件号查找举例

步骤1： 在标准线路施工手册（SWPM）目录中找到 20-00-10 MATERIALS，如图6-25所示。

步骤2： 在 20-00-10 MATERIALS 中找到消耗材料的温度等级和抵抗液压油腐蚀能力等级目录，如图6-26所示。

步骤3： 在 20-00-10 MATERIALS 消耗材料目录中找到消耗材料的温度等级和抵抗液压油腐蚀能力等级表格，如图6-27所示。

根据已知条件，需要安装的热缩管位于中央电子设备舱，属于常温区域和没有液压油的区域，应该选择温度等级A级的热缩管和抵抗液压油腐蚀能力2级的热缩管。由于这根导线处于比较重要的区域，所以在选择消耗材料的温度等级和抵抗液压油腐蚀能力等级时，比实际需要高一级别，就是选用热缩管的温度等级B级，抗液压油腐蚀能力1级。

图 6-25 在 SWPM 目录中找到 20-00-10 MATERIALS 举例

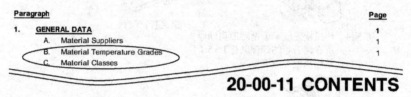

图 6-26 在 20-00-10 MATERIALS 目录中找到通用数据目录举例

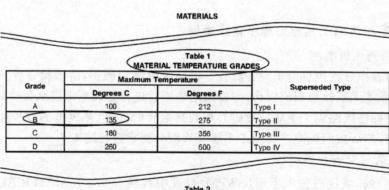

图 6-27 选择热缩管的温度等级和抵抗液压油腐蚀能力等级举例

步骤 4： 在 20-00-10 MATERIALS 消耗材料目录中找到 2. MATERIALS（材料）的分目录 M. Sleeves（套管）内容页号是 15 页，如图 6-28 所示。

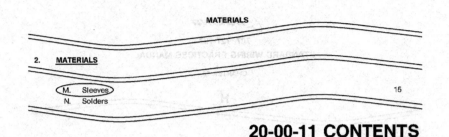

图 6-28 选择热缩管的件号目录举例

步骤 5： 在 M.Sleeves(套管)标题下找到 HEAT SHRINKABLE SLEEVES 表格,如图 6-29 所示；根据热缩管的温度等级是 B 级,抗液压油腐蚀能力是 1 级的条件,在 HEAT SHRINKABLE SLEEVES 表格中找到需要的热缩管件号。在表格中符合条件的热缩管有多种,任选其一即可。

M. Sleeves

Table 26
HEAT SHRINKABLE SLEEVES

B	1	AMS-DTL-23053/5 Class 1	An available source	Insulating sleeve, heat shrinkable, irradiated polyolefin, flame retardant
		AMS-DTL-23053/8	An available source	Insulating sleeve, heat shrinkable, polyvinylidene fluoride; clear; nominal I.D.: 3/64 inch to 1.5 inch
		CRN (Type 1)	Raychem	Insulating sleeve, heat shrinkable, irradiated polyolefin, semi-rigid, flame retardant, AMS-DTL-23053
		DR-25	Raychem	Insulating sleeve, heat shrinkable, thin wall, semi-rigid, fuel resistant
		ECC-VFP-876	Electronized Chemicals	Insulating sleeve, heat shrinkable; irradiated polyolefin, flexible, flame retardant per ASTM-D-876, AMS-DTL-23053; colors: red, yellow, blue; sizes: 1/16, 3/32, 1/8, 3/16, 1/4, 3/8, 1/2, 3/4, 1, 1-1/2, 2 inch
		MIL-LT	Raychem	Insulating sleeve, heat shrinkable, irradiated polyolefin, flame retardant, MIL-R-46846 Type V, AMS-DTL-23053/5
		PLF 100	Plastronic	Insulating sleeve, heat shrinkable, irradiated polyolefin, flame retardant, AMS-DTL-23053/5
		RT-876	Raychem	Insulating sleeve, heat shrinkable, irradiated polyolefin, flame retardant, AMS-DTL-23053/5
		RW-175	Raychem	Insulating sleeve, heat shrinkable, polyvinylidene fluoride, AMS-DTL-23053/8; clear; nominal I.D.: 3/64 inch to 1.5 inch
		Versafit	Raychem	Insulating sleeve, heat shrinkable, irradiated polyolefin, flame retardant, AMS-DTL-23053/5

20-00-11

图 6-29 热缩管件号选择举例

（2）热缩管工具查找举例

步骤 1： 在标准线路施工手册(SWPM)章节交叉索引目录中找到字母 H,在字母 H 包含的内容中找到 HOT AIR GUN(热风枪)项目,对应 20-30-12 章节号,如图 6-30 所示。

步骤 2： 在标准线路施工手册（SWPM）20-30-12 目录中找到 4.TOOLS AND MATERIALS 的分目录 D.Hot Air Guns,如图 6-31 所示。

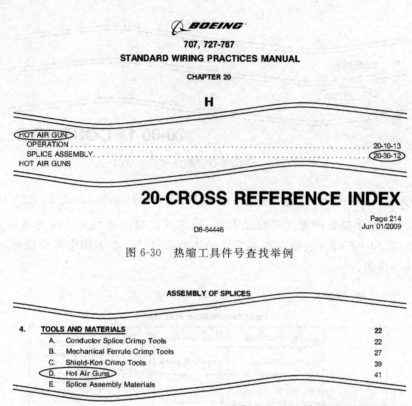

图 6-30　热缩工具件号查找举例

图 6-31　热缩工具件号查找举例

步骤 3：在 4. TOOLS AND MATERIALS 分目录中的 HOT AIR GUNS 表格中选择需要的热缩工具件号，如图 6-32 所示。

图 6-32　热缩工具件号查找举例

（3）热缩管安装程序查找举例

步骤 1：在标准线路施工手册（SWPM）章节目录找到 20-10-14 INSTALLATION OF

SHRINKABLE SLEEVES(热缩管的安装程序),如图 6-33 所示。

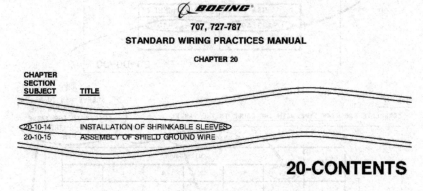

图 6-33　热缩管安装程序的查找举例

步骤2：在标准线路施工手册(SWPM)20-10-14 2. INSTALLATION OF HEAT SHRINKABLE SLEEVES 目录中找到 B. Installation of Heat Shrinkable Sleeves(热缩管的安装程序)内容页号是 1 页,如图 6-34 所示。

图 6-34　热缩管安装程序的查找举例

步骤3：在标准线路施工手册(SWPM)20-10-14 中的 2. INSTALLATION OF HEAT SHRINKABLE SLEEVES 找到热缩管安装的施工程序,如图 6-35 所示。

图 6-35　热缩管安装程序的查找举例

2) 空客系列飞机举例

在 CF14 的导线上安装 NSA937493 系列热缩管。

步骤1：索引 NSA937493,提示参考 20-42-12。

步骤2：根据导线的类型和规格补全件号后缀,如图 6-36 所示。

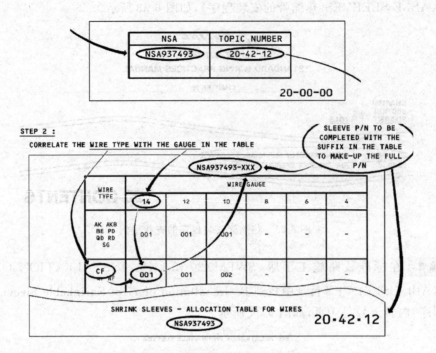

图 6-36 热缩管施工查找举例

步骤 3： 根据确定的完整件号查找适用的热风枪和反射罩，如图 6-37 所示。

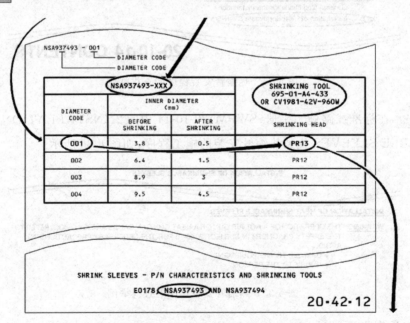

图 6-37 热缩管施工查找举例

步骤 4： 查找工具使用，如图 6-38 所示。

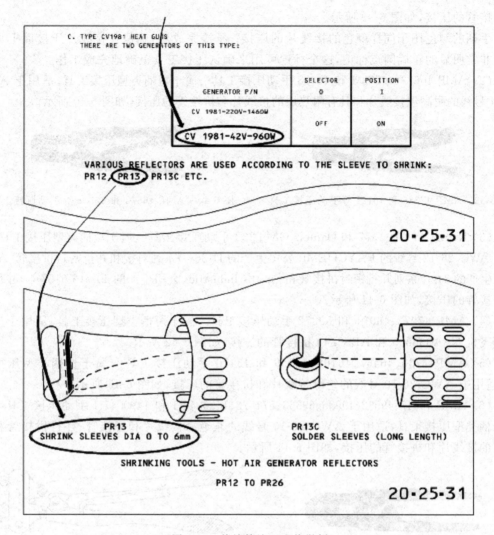

图 6-38 热缩管施工查找举例

6.3.3 压接工具

1. 接线片和拼接管压接工具

在民用航空器上进行导线和电缆的修理工作时,经常使用的压接工具有:手动压接工具、手动模块压接工具和动力压接工具。手动压接工具分为:短柄压接工具、长柄压接工具、T形头压接工具、重头压接工具、C形头压接工具和脂鲤头形压接工具。动力压接工具分为气动压接工具和液压压接工具;液压压接工具分为手动液压压接工具和电动液压压接工具。

所有压接工具的压接挡位均按照导线规格进行选择。具备防倒转棘轮结构的压接工具可以保证在压接完成后,压接工具手柄才释放。

(1) AMP 47386、47386-0、47386-4、409775-1、47387、47387-0 和 46121 手动压接工具属于长柄类型压接工具,适用于 AWG 30-14 号线的耐高温接线片和具有耐热层的接线片和拼接管的压接,如图 6-39 所示。

手柄的颜色用于同样颜色的接线片的压接;压接完成后,确保在接线片压接筒上可以看到非常明显的正确圆点标记,这个标记可用来确认压接工具正确地完成工作。

(2) AMP 46673、46673-1 和 46988 手动压接工具 属于短柄类型压接工具,适用于 AWG 22-14 号线的耐高温接线片和具有耐热层的接线片和拼接管的压接,如图 6-40 所示。

图 6-39 AMP 47386 和 46121 等手动压接工具

图 6-40 AMP 46673 和 46988 等手动压接工具

(3) Raychem AD-1377 和 Daniels GMT232 手动压接工具 属于短柄类型压接工具,适用于 AWG 26-12 号线的 RAYCHEMP 公司生产的 D436( )系列对接和并行密封拼接管、AMP 公司生产的 34( )系列并行密封拼接管和 Smiths Industries 公司生产的 40-716-6157-( )并行密封拼接管的压接,如图 6-41 所示。

(4) AMP 47073、46074 和 59272 手动压接工具 属于短柄类型压接工具,适用于空客系列飞机 NSA936805 和 ABS0249 拼接管的压接,如图 6-42 所示。

(5) AMP45730、46467、46468、46469 和 46470 手动压接工具 属于长柄类型压接工具,适用于 AWG 26-10 号线的绝缘接线片和拼接管的压接,如图 6-43 所示。

(6) AMP 46447、49592、49935、69363、574573、1490048-1 和 1490047-1 手动压接工具 属于长柄类型压接工具,适用于 AWG 26-10 号线的非绝缘接线片和拼接管、并行拼接管和耐高温的接线片和拼接管的压接,如图 6-44 所示。

图 6-41 AD-1377 和 GMT232 手动压接工具

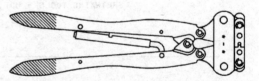
图 6-42 AMP 47073 和 59272 等手动压接工具

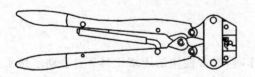
图 6-43 AMP 45730 和 46470 等手动压接工具

图 6-44 AMP 46447 和 574573 等手动压接工具

(7) AMP 59170、59250、59275、59300、69692-1 和 69693-1 手动压接工具 属于 T 形头类型压接工具,适用于 AWG 26-14 号线的绝缘接线片和拼接管的压接,还可以压接耐高温的接线片和拼接管,如图 6-45 所示。

(8) AMP 59239-4、59287-2 和 525692 手动压接工具 属于重头类型压接工具,适用于 AWG 14-10 号线的绝缘接线片和拼接管的压接,还可以压接耐高温的接线片和拼接管,如图 6-46 所示。

图 6-45　AMP 59250 和 69693-1 等手动压接工具　　　图 6-46　AMP 59239-4 和 525692 手动压接工具

（9）AMP 169400 手动压接工具　属于重头类型压接工具，适用于 AWG 22-10 号线的绝缘接线片和拼接管的压接，还可以压接耐高温的接线片和拼接管，如图 6-47 所示。

（10）AMP 69710、576714、576715、576723、576742 和 47814 手动压接工具　属于 C 形头类型压接工具，适用于 AWG 22-10 号线的绝缘接线片和拼接管的压接，如图 6-48 所示。

图 6-47　AMP 169400 手动压接工具　　　图 6-48　AMP 69710 和 576715 等手动压接工具

（11）AMP 59824、58079 和 580804 手动压接工具　属于脂鲤头形压接工具，只需更换压接模块就可压接不同类型的终端，适用于 22-10 号线的绝缘接线片和拼接管的压接，还可以压接耐高温的接线片和拼接管，如图 6-49 所示。

（12）DMC M22520/5-01 和 M22520/10-01 手动模块压接工具　属于多功能压接工具，只需更换压接模块就可压接不同类型的终端，适用于 AWG 26-10 号线的绝缘、非绝缘、耐高温的接线片和拼接管的压接，还可以压接高频插头、同轴电缆的各种终端和屏蔽地线冷压接终端等，如图 6-50 所示。

图 6-49　AMP 59824 和 58079 等手动压接工具　　　图 6-50　M22520/5-01 和 M22520/10-01 手动模块压接工具

（13）Bundy MY28 手动模块压接工具　适用于 AWG 8-2/0 号线的旗形接线片的压接，如图 6-51 所示。

（14）AMP 626 气动压接工具系统　只需更换工具头就可压接不同类型的终端，适用于 AWG 22-10 号线的绝缘接线片和拼接管的压接，还可以压接耐高温的接线片和拼接管，如图 6-52 所示。

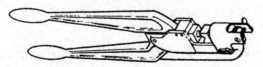

图 6-51　MY28 手动模块压接工具　　　图 6-52　AMP 626 气动压接工具系统

(15) AMP 69005 和 69010 气动压接工具系统　只需更换工具头就可压接不同类型的终端,适用于 AWG 26-8 号线的绝缘接线片和拼接管的压接,还可以压接耐高温的接线片和拼接管,如图 6-53 所示。

(16) AMP 69082、69073、69074 和 69099 手动液压压接工具　只需更换压接模块就可压接不同类型的终端,适用于 AWG 8-0 号线的绝缘、非绝缘接线片和拼接管的压接,如图 6-54 所示。

图 6-53　AMP 69005 和 69010 气动压接工具系统　　图 6-54　AMP 69082 和 69073 手动液压压接工具

(17) AMP 69120 电动液压压接工具　只需更换压接模块就可压接不同类型的终端,适用于 AWG 8-0 号线的绝缘、非绝缘接线片和拼接管的压接,如图 6-55 所示。

2. 插钉/插孔压接工具

在民用航空器上进行插钉/插孔的压接时,经常使用的工具有手动压接工具和动力压接工具。动力压接工具又分为气动压接工具和液压压接工具。

压接工具的定位器(又称为塔头),可以在压接施工中

图 6-55　AMP 69120 电动液压压接工具

对插钉/插孔快速定位。不同的定位器适用于不同类型的插钉/插孔压接。压接工具的不同压接挡位,适用于不同规格的导线。防倒转棘轮结构可以保证只有在压接工作完成后,压接工具手柄才能释放。

(1) AF8 或 M22520/1-01 手动压接工具　属于标准插钉/插孔压接工具(见图 6-56),适用于 AWG 26-10 号线的插钉/插孔压接,有 16 个可供更换的定位器,压接工具有 8 个压接挡位。

(2) AFM8 或 M22520/2-01 手动压接工具　属于小号插钉/插孔压接工具(见图 6-57),适用于 AWG 32-16 号线的插钉/插孔压接,有 35 个可供更换的定位器,压接工具有 8 个压接挡位。

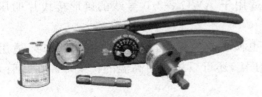

图 6-56　AF8 或 M22520/1-01 手动压接工具　　图 6-57　AFM8 或 M22520/2-01 手动压接工具

(3) MH860 或 M22520/7-01 手动压接工具　属于中号插钉/插孔压接工具(见图 6-58),适用于 AWG 28-16 号线的插钉/插孔压接,有 12 个可供更换的定位器,压接工具有 8 个压接挡位。

(4) MH801、MH802、MH803、MH804、GS100-1 和 GS200-1 手动压接工具　属于标准和小号插钉/插孔压接工具(见图 6-59),适用于 AWG 32-12 号线的插钉/插孔压接,有配套可供更换的定位器,压接工具有 8 个压接挡位。

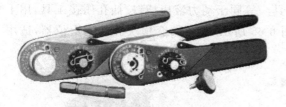 

图 6-58　MH860 或 M22520/7-01 压接工具　　　　图 6-59　MH801 和 GS200-1 等压接工具

(5) M22520/5-01(HX4) 和 M22520/10-01(HX3) 手动压接工具　属于多功能手动压接工具(见图 6-60),适用于 AWG 32-12 号线的插钉/插孔压接,通过更换压接工具的模块可以压接各种类型的终端。

(6) M10S-1 手动压接工具　Burndy 公司生产的用于压接波音系列飞机上接地接线块和高密度接线块的接线钉(俗称棒槌钉)压接工具(见图 6-61),常用的压接模块和定位器有 11 种,压接工具没有压接模块和定位器不能单独使用。

图 6-60　M22520/5-01(HX4) 和 M22520/10-01(HX3) 手动压接工具　　　图 6-61　M10S-1 手动压接工具

(7) AMP 220015-1 和 220015-2 手动压接工具　适用于 E0375 和 NSA938×××类型同轴电缆插头的压接,如图 6-62 所示。

(8) AMP 69141-1、69241-1、69376-1、69376-2 和 476408 手动压接工具　适用于 2-329083-1、RG58、KX23 和 BNC 类型同轴电缆插头的压接,如图 6-63 所示。

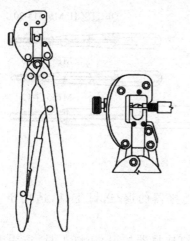 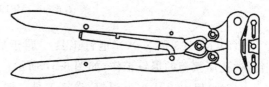

图 6-62　AMP 220015-1 和 220015-2 手动压接工具　　　图 6-63　AMP 69141-1 和 476408 等手动压接工具

(9) WA22P、WA22 和 WA27F 气动压接工具　等同于标准手动插钉/插孔压接工具，用干燥的压缩空气(80～120psi)作为动力源，如图 6-64 所示。此类工具适用于 AWG 26-12 号线的插钉/插孔压接，有 16 个可供更换的定位器，8 个压接挡位。

(10) WA23 和 M22520/23 气动压接工具　等同于动力液压插钉/插孔压接工具，用干燥的压缩空气(90～125psi)作为动力源，如图 6-65 所示，配备 6 套模块和 8 个定位器，适用于 AWG 8-4/0 号线的插钉/插孔压接。

图 6-64　WA22P、WA22 和 WA27F 气动压接工具　　图 6-65　WA23 和 M2252023 气动压接工具

6.3.4　退/送工具和测试工具

1. 退钉/送钉工具

(1) M81969/17-×× 退钉/送钉工具　属于前退钉连接器的退/送钉工具，适用于 16-20 插钉/插孔压接筒的退/送钉工作，如图 6-66 所示。

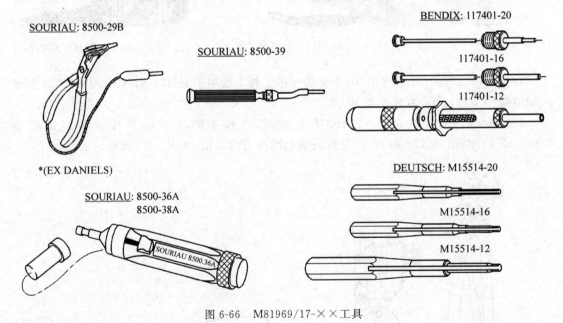

图 6-66　M81969/17-×× 工具

(2) M81969/2X-×× 退钉工具　属于后退钉连接器的退/送钉工具，适用于 8-26 插钉/插孔压接筒的退钉工作，如图 6-67 所示。

(3) M81969/1-×× 退钉/送钉工具　属于后退钉连接器的退/送钉工具，适用于 16-22 插钉/插孔压接筒的退/送工作，如图 6-68 所示。

第6章 标准线路施工

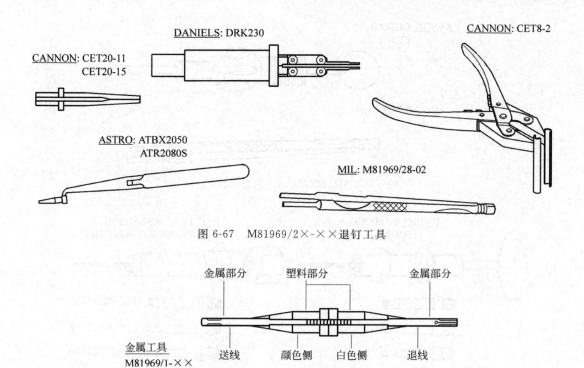

图 6-67　M81969/2×-××退钉工具

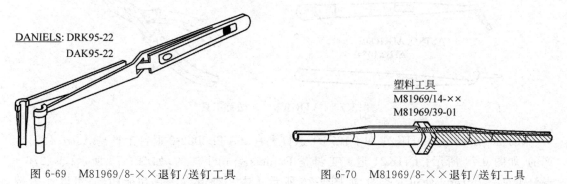

图 6-68　M81969/1-××退钉/送钉工具

（4）M81969/8-××退钉/送钉工具　属于后退钉连接器的退/送钉工具，适用于12-22插钉/插孔压接筒的退/送工作，如图6-69所示。

（5）M81969/14-××退钉/送钉工具　属于后退钉连接器的退/送钉工具，适用于12-22插钉/插孔压接筒的退/送工作，如图6-70所示。

图 6-69　M81969/8-××退钉/送钉工具　　　　图 6-70　M81969/8-××退钉/送钉工具

（6）M81969/28-××退钉/送钉工具　属于后退钉连接器的退/送钉工具，适用于20-22插钉/插孔压接筒的退/送工作，如图6-71所示。

（7）M81969/30-××退钉工具　属于后退钉连接器的退钉工具，适用于8-22插钉/插孔压接筒的退钉工作，如图6-72所示。

（8）ATR10×××送钉工具　属于后退钉连接器的送钉工具，适用于8-22插钉/插孔压接筒的送钉工作，如图6-73所示。

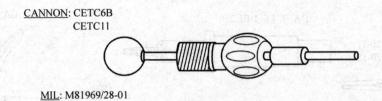

图 6-71　M81969/28-×× 退钉/送钉工具

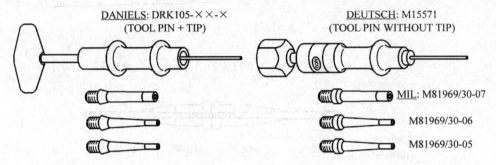

图 6-72　M81969/30-×× 退钉工具

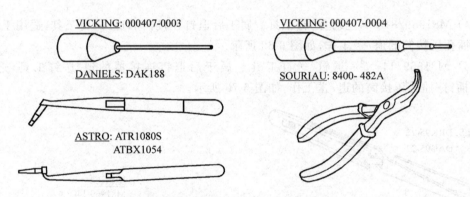

图 6-73　ATR10××× 送钉工具

（9）ATB3062-2、DHK21 和 J-1276-1 退钉工具　ATB3062-2 退钉工具是 Astro 公司生产的，如图 6-74 所示；DHK21 退钉工具是 Daniels 公司生产的，如图 6-75 所示；J-1276-1 退钉工具是 Burndy 公司生产的，如图 6-76 所示。这三种退钉工具功能相同，可以互为替代，用于接地接线块和高密度接线块接线钉的退/送工作。

图 6-74　ATB3062-2 退钉工具　　图 6-75　DHK21 退钉工具　　图 6-76　J-1276-1 退钉工具

2. 连接器插钉/插孔保持力测试工具

HT250-4 接触保持力测量工具用于测量连接器的保持力,如图 6-77 所示,配有 5 对共 10 个测试探头。HT250-4 接触保持力测量工具可以测量 12、16、20、22、22M、22D 和 23 号插钉/插孔的保持力,测量时根据不同规格的插钉/插孔号自动调节,测量范围为 7～18lb。

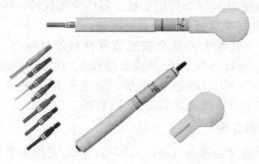

图 6-77　HT250-4 接触保持力测试工具

6.4　导线与电缆

6.4.1　导线和电缆的分类

1. 导线与电缆分类(见图 6-78 和图 6-79)

图 6-78　常用导线的分类

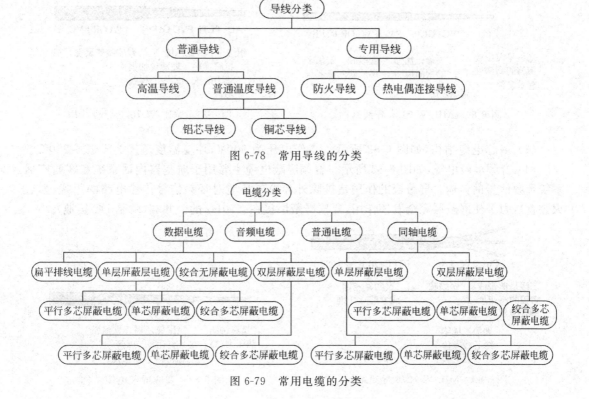

图 6-79　常用电缆的分类

2. 导线/导缆的选用原则

在选用导线/电缆时，要考虑导线/电缆的安装环境、温度等级和绝缘等级。

铝线主要用于民用航空器电源系统的部分线路（发动机、APU 区域不允许使用）和厨房电源系统，使用铝线是为了减轻飞机重量，减少发动机的燃油耗油，提高航空器的经济效益。

导线/电缆的环境温度为 105℃时，用于航空器的常温区域；环境温度为 250℃时，用于航空器的发动机、APU 和气源管道附近等高温区域。

波音系列飞机导线/电缆绝大多数是按照波音材料规范标准（BMS）选用的，但是一些重要系统（如：导航系统、飞行操纵系统、防火系统和发动机控制系统等）采用高于波音材料规范标准的美国军用标准（MIL）的导线/电缆。空客系列飞机导线/电缆使用的有 MIL、AIR 和 SN2S 标准，也有个别导线使用的是 BMS 标准。

3. 导线/电缆的结构介绍

导线/电缆在电路中起到金属电气连接的作用，导线/电缆由芯线、屏蔽层和各种类型的绝缘层构成。环境温度为 105℃的导线/电缆芯线主要由镀银、镀锡的多股铜丝组成，环境温度为 250℃的导线/电缆芯线主要由镀银、镀镍的多股高密度铜合金丝组成；屏蔽层主要由镀银、镀锡铜丝编织成网状结构或由镀银、镀镍的多股高密度铜合金丝编织成网状结构；绝缘层由聚氯乙烯（PVC）、聚酰胺（PA）、聚四氟乙烯（PTFE）、卡玻隆纤维（KAPTCON）、硅树脂绝缘材料（SI）和玻璃丝加强的聚酯树脂（GUP）等绝缘材料构成。

下面以波音系列导线/电缆为例进行介绍。

(1) 普通导线结构，如图 6-80 所示。工作电压为 600V，环境温度范围为 −60～250℃。

(2) 铝线结构，如图 6-81 所示。工作电压为 600V，环境温度范围为 −55～250℃。

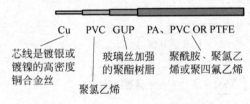

图 6-80 MIL-W-7139 导线结构

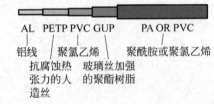

图 6-81 MIL-W-7072 导线结构

(3) 多芯电缆结构，如图 6-82 所示。工作电压为 600V，环境温度范围为 −65～250℃。

(4) 音频屏蔽电缆，如图 6-83 所示。音频屏蔽电缆主要用于航空器内话系统和客舱广播系统音频信号的传输。屏蔽层的作用是排除外界电磁环境对音频信号传输电路的干扰（如点火装置），为了使屏蔽层完全发挥作用，要求屏蔽层接在 <50Hz 的公共端（就是 DC 接地）。

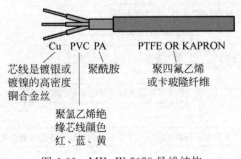

图 6-82 MIL-W-7078 导线结构

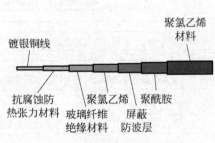

图 6-83 音频屏蔽电缆结构

(5) 高频同轴电缆，如图 6-84 所示。环境温度范围为 −40～84℃。高频同轴电缆主要用于通信系统的高频信号传输，其匹配阻抗是 50Ω。屏蔽层可作为回线使用，还可起到屏蔽作用。芯线是镀银独芯铜线。

4. 专用导线介绍（波音系列）

1）热电偶连接导线

在发动机排气温度（EGT）、发动机滑油温度和发动机燃油温度的指示系统中，使用的温度传感器是热电偶。热电偶由两种不同金属材料焊接而成。连接 EGT 传感器的导线一根是耐高温的镍铬合金导线，另一根是镍基铝锰合金导线。在维护工作中必须注意，接线时不能将两根不同材料的导线接反，否则会造成温度指示系统故障。

热电偶传感器接线端必须使用磅表来磅螺母的扭力矩，因为电接触螺栓全部都是防扭力螺栓，当扭力超过一定数值后它会被扭断，螺母的扭力矩值参见相关机型的飞机维护手册或发动机维护手册。

2）防火系统线路

防火系统线路使用的导线具有红色、白色或红白相间的绝缘外套，导线特别耐高温。导线符合 MIL-W-25038 要求，工作环境温度是 400℃。要求在导线绝缘和导线本身烧毁之前 5min 之内能够承受 1093℃ 高温，导线结构如图 6-85 所示。硅树脂绝缘材料（SI）的主要作用是增强导线的耐磨性和阻燃性；带玻璃纤维的聚氟乙烯材料（GPTFE）的主要作用是增强导线的耐磨性、抗火性、抗拉性和阻燃性。

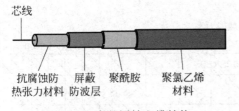

图 6-84　高频同轴电缆结构

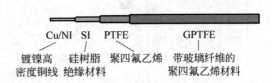

图 6-85　防火系统线路的导线结构

6.4.2　导线的规格和负载能力

1. 导线的规格

导线规格是指导线导体横截面积的大小，如图 6-86 所示，波音系列飞机上安装的导线使用美国导线规格（AWG）标识，也就是常说的线号。而空客系列飞机上安装的导线同时使用两种标识，AWG 标准和英制（EN）标准。在 AWG 中，最粗电缆为 4/0，最细电缆是 46。在飞机上常用的是 AWG 4/0-30 号导线。

2. AWG 导线的负载能力

如图 6-87 所示，该图表的横坐标是波音系列飞机标准 AWG 导线规格（线号），纵坐标是导线在不同电压等级下允许的导线长度。对于不同等级的电压，导线所允许的电压损耗值是不同的。纵坐标的不同电压等级是不同导线长度所允许的导线电压损耗范围，位于主图表左侧的单独表格内斜穿图表的一系列平行线代表导线的负载电流。通过这个图表可根据负载电流、导线长度和允许的电压损耗值找到所需的导线规格（线号）。

AWG 导线规格	EN 导线规格	实际横截面积	
		mm^2	in^2
26	001	0.15	0.2×10^{-3}
24	002	0.25	0.3×10^{-3}
22	004	0.40	0.5×10^{-3}
20	006	0.60	0.9×10^{-3}
18	010	1.00	1.5×10^{-3}
16	012	1.20	2×10^{-3}
14	020	2.00	3×10^{-3}
12	030	3.00	4×10^{-3}
10	050	5.00	7×10^{-3}
8	090	9.00	10×10^{-3}
6	140	14.00	20×10^{-3}
4	220	22.00	30×10^{-3}
2	340	34.00	50×10^{-3}
1	420	42.00	60×10^{-3}
0	530	53.00	80×10^{-3}
00	680	68.00	0.1
000	850	85.00	0.13
0000	107	107.00	0.167

图 6-86 AWG 与 EN 导线规格对照

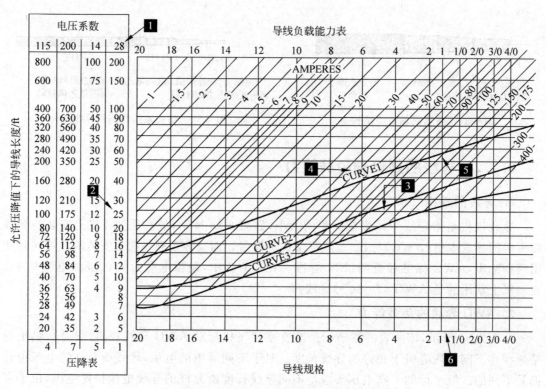

图 6-87 AWG 导线负载能力图表

在图表中有三条从左下角斜向右上方的粗曲线,表示在不同安装环境条件下导线负载能力的变化。如果负载电流和导线长度的交点在曲线1的上部,则表明该导线或电缆在任何环境下通过这个连续负载电流都不会超载。如果负载电流和导线长度的交点在曲线1和曲线2之间,则表明该导线或电缆必须是在通风良好的空气中才能连续承受负载电流,如果是安装在导线管里则会过热超载,造成导线或电缆过热损坏。如果负载电流和导线长度的交点在曲线2和曲线3之间,则表明导线或电缆承载的负载电流必须限制在2min之内。

6.4.3 波音系列飞机线缆的标识与查找

1. 导线和导线束的标识

在波音系列民用飞机上所有系统的每根导线/电缆都有标识,这些标识是用专用设备制作到导线/电缆绝缘层上面的,在飞机不同区域使用的方法有所不同。现在最先进的导线/电缆标记机采用激光雕刻的方法把标识刻在导线/电缆的绝缘层上,这种方法标记清楚,不易磨损,就算是最细的导线标识也非常清晰。

导线/电缆标识用于在日常维护工作中检查电路和排除航空器故障时辨认导线或电缆,如图6-88所示。参照线路图解手册的导线束清单,这些标识是以"W导线束编号-导线编号-导线规格-导线颜色"的形式组成;在航空器的每个飞行系统中可以安装一束或多束导线束,一个导线编号代表一根导线,在同一导线束里这根导线的编号是唯一的,同时导线编号也代表这根导线的种类(例如:219代表带屏蔽或不带屏蔽的双芯绞合Class Ⅱ 导线/电缆)。

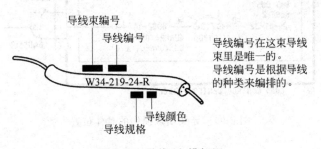

图6-88 导线/电缆标识

波音系列民用航空器在出厂时,在导线束上每隔6~12ft作一个标识;导线束末端一般不超过3in作一个标识,3in以下的导线可以不用作标识。两芯和多芯屏蔽电缆只在两端加套管作标识,单芯电缆和同轴电缆每隔6~12ft作一个标识,这些电缆上的标识是由航空器的厂家做在电缆上的;为航空器新增功能的导线束都没有作标识,需要维护人员每隔6ft作一个导线束标识;上述尺寸是最低要求,施工中可以高于这个标准,为了方便施工,可以每隔3in作一个标识,这样可以降低维护人员在改装飞机线路时的劳动强度。导线/电缆的标识可以横着书写也可以竖着书写。

2. 波音标准导线件号

波音系列民用航空器使用的导线件号必须符合一定的标准,其中波音标准导线件号结构如图6-89所示。BMS13-××代表波音导线材料规格;T ××代表导线/电缆的类型,

T32 是指屏蔽电缆，芯线由镀镍铜合金丝组成；C××代表导线或电缆的等级，C03 是指三芯电缆；G×××代表导线的规格，G020 是指芯线的导线规格是 20；×××代表颜色代码，004 是指黄色。

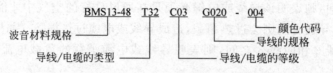

图 6-89　波音标准导线件号结构

3. 导线标记查找举例

在对一架波音 B737-800 飞机进行维护时，发现驾驶舱 P6-4 配电板上安装的 1 号发动机控制组件控制跳开关 C1283 的 L 接线端与插座 D40352J 的 4 号孔位连接的导线 W0044-0001-20 严重破损无法修理，需要更换这根导线，如图 6-90 所示，先查到这根导线的件号和长度，然后进行施工。

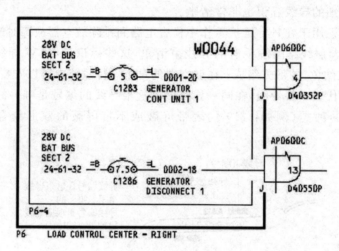

图 6-90　导线出现损伤的具体位置

步骤 1： 在导线束清单里找到这根导线的类型代码是 CQ，导线长度是 7ft5in，如图 6-91 所示。

BOEING　　737-700/800 WIRING DIAGRAM MANUAL

Bundle No. / Wire No.	Part Number / GA	CO TY	Fam	Description / FT-IN	Diagram	From Equip	Term	Type	Splice	To Equip	Term	Type	Splice	Effectivity
W0044	286A0044			P6 (LOAD WIRES)										
0001	20	CQ		7-5	24-11-11	C01283	=L	D		D40352J	4			ALL
0002	18	CQ		7-7	24-11-11	C01286	=L	D		D40550J	13	18		ALL
0003	20	CQ		7-6	24-11-21	C01284	=L	D		D40352J	6			ALL
0004	18	CQ		7-6	24-11-21	C01287	=L	D		D40558J	10	18		ALL
0005	20	CQ		7-7	24-22-31	C01285	=L	D		D40352J	8			ALL

WIRE LIST　　91-21-11

图 6-91　导线束清单查找举例

步骤2：在标准线路施工手册的目录里找到 20-00-13 Wire Type Codes（导线类型代码），如图 6-92 所示。

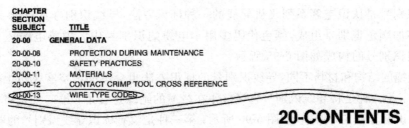

图 6-92　标准线路施工手册查找举例

步骤3：在导线类型代码的目录里找到 2.A. Wire Type Codes，如图 6-93 所示。

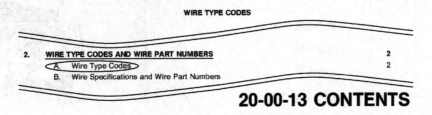

图 6-93　导线类型代码查找举例

步骤4：在导线类型代码的 2.A. Wire Type Codes 里找到表格1，在表格1的 Wire Type Code 列中根据类型代码 CQ 找到导线的件号，如图 6-94 所示。

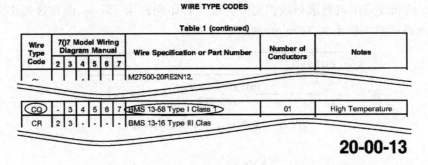

图 6-94　导线类型代码查找举例

这种类型的导线适用于 737、747、757、767 和 777 机型，导线的类型是 BMS 13-58 Type 1 Class 1，是单芯耐高温导线。按照波音导线标准推导出导线的件号是 BMS13-58T01C01G020。BMS13-58 代表波音材料规格；T01 是指单芯导线或电缆，一层 PTFE 绝缘层的导线或者两层或多层 PTFE 绝缘层组合电缆,芯线由镀镍铜丝组成;C01 是指是单芯导线;G020 是指导线规格是 20 号。

6.4.4 空客系列飞机线缆的标识与查找

空客飞机上的导线可以通过导线识别号、导线件号进行标志与识别。

1. 导线识别号

导线识别号是认识空客系列飞机导线的一种标识方法,导线识别号具有唯一性,它通常由 8 个数字加颜色识别号组成,颜色代码多用于电缆的识别号中。敏感电缆还有敏感电缆代码。导线识别号的构成如图 6-95 所示。

由于线缆的结构和材料不同,导线识别号的标识方法也会不同。空客飞机上线缆的标识方法有三种:第一种是将导线识别号直接打印在线缆的绝缘护套上;第二种是将打印了导线识别号的标识套管套在导线上,如图 6-96 所示;第三种是没有标识导线识别号的电缆。

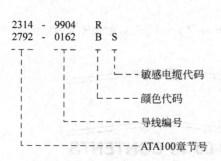

图 6-95 导线识别号介绍

图 6-96 导线识别号标识举例

1) 打印型识别号

导线识别号打印在 24~6 号规格的线缆外表皮上并且间隔均匀。长度短于 2000mm 的线缆,标识间距最大不得超过 75mm,如图 6-97 所示。长度大于 2000mm 的线缆,在距离线缆末端 1m 的长度范围内要求导线识别号的最大打印间距为 75mm,而在线缆中间部分,导线识别号允许的最大间距为 380mm,如图 6-98 所示。

图 6-97 电缆长度小于 2000mm 举例

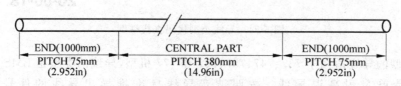

图 6-98 电缆长度大于 2000mm 举例

2) 标识套管型识别号

对于同轴电缆、双绞线等类型的线缆,由于它的结构或外表皮不适于打印导线识别号,所以对这类线缆就采用标识套管来标识。不能直接打印导线识别号的电缆包括:线缆规格(AWG)≤14 的线缆、电子设备架区域中线缆长度小于 2500mm(98.4252in)的一般中等规格电缆、敏感电缆、位于液压油区域并且至少有一端连接接地块或连接器的电缆;同轴电缆、光缆等。标识套管长度在 25～35mm 之间,最远不得超过终端 150mm(5.9055in)。非敏感线缆使用白色标识套管,敏感线缆使用粉色标识套管。标识套管适用温度为 －55～200℃区域,所安装的位置应尽可能靠近线缆终端,如图 6-99 所示。

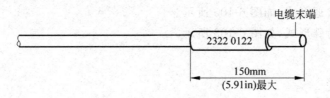

图 6-99　有标识套管的导线

多芯电缆包含的多根导线,颜色各不相同,为了便于识别,导线识别号增加了一个颜色代码以标识线缆内部的各个导线,如图 6-100 所示。

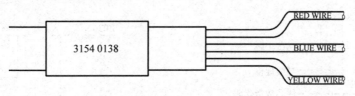

图 6-100　多芯电缆的导线标识

对于导线颜色相同的部分绞线,每根导线都有一个导线识别号不同的标识套管,套在每根导线末端。不同颜色的绞线,导线识别号需标注颜色代码,如图 6-101 所示。飞机上的电源线也用标识套管,红色套管表示 A 相电压,黄色套管表示 B 相电压,蓝色套管表示 C 相电压。

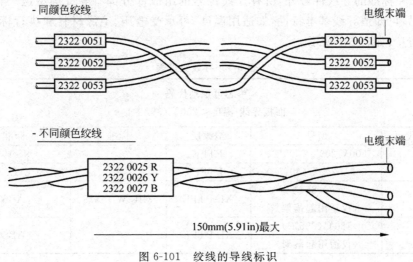

图 6-101　绞线的导线标识

3) 没有标识导线识别号的电缆

对于长度小于 150mm(5.9055in)的接地线、电路跳开关监控电路的电缆(只有在 A320 飞机上)、狭窄面板区域里的柔韧电缆都不需要标识导线识别号。

2. 导线件号

1) 件号形式

空客系列飞机上使用的线缆遵循 ABS、ASNE、EN、NSA 等标准。遵循这些标准的导线件号都由两部分组成：基本部分＋后缀。基本部分称为标准件号，而后缀则是标准件号下的分类项目。

导线件号的普通形式，如图 6-102 所示。

导线件号的特殊形式，如图 6-103 所示。

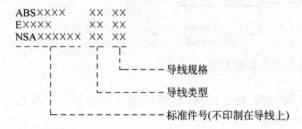

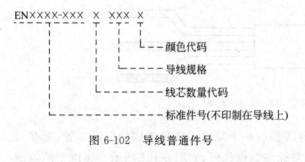 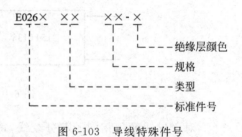

图 6-102　导线普通件号　　　　　图 6-103　导线特殊件号

2) 导线类型代码

除了 EN 标准的导线件号外，所有导线件号的组成部分都有导线类型这一项。通过导线类型代码，可知道导线基本特性，如适用温度、可承受电压、绝缘材料和执行标准，以及标准件号等信息，如表 6-1 所示。

表 6-1　导线类型表

单芯可识别代码				
面板导线-温度＜200℃(392°F)				
导线类型代码	型号	绝缘层	标准	标准件号
BE	600V-200℃(392°F)	PTFE		NSA935041
BF	600V-200℃(392°F)	PTFE	MIL-W-16878	E0260
BJ	180℃(356°F)(仅适用起落架)	XL-PTFE		ABS0826
BP	180℃(356°F)(仅适用起落架)	XL-PTFE		ABS0820

3) 导线规格

在空客系列飞机中,规格的标准为 AWG 标准或者 EN 标准,具体内容可参考 6.4.2 节。

4) 导线类型的替换

空客飞机上安装有美制和公制两种导线系列。美制导线安装在 A300/A310/A300-600 飞机,公制导线安装在其他的空客飞机上。美制导线的线芯导体较公制导线的线芯导体略粗。例如:公制 CF24 号线,其线芯导体由 19 根线丝构成,每根线丝的直径为 0.12mm;美制 AKA24 号线,线芯导体也是由 19 根线丝构成,但每根线丝的直径为 0.127mm。在飞机上采用公制导线,减轻了飞机重量。

工作中如果需要更换的一根导线,但是这根导线没有航材备件。在导线规格一致的前提下,可以通过查询手册,确定是否存在可替换的其他类型的导线。

替换的方式有两类。一类是公制导线和美制导线的替换,这种替换为单向替换,即能够用公制导线替换美制导线,但是美制导线不能够替换公制导线。如表 6-2 所示,公制的 CF 导线可以替换美制的 AKA 或者 AKB 的导线,但是 AKA 或者 AKB 的导线不得替换 CF 导线。

表 6-2 导线公制-美制单向替换表

美国标准	公用标准
AKA	CF
AKB	CF
BE	BF
DE	DK

另一类是公制和公制导线的替换,既包括单向替换也包括双向替换。表 6-3 所示为单向替换,DR 导线可以替换 CF 导线,反之则不行。双向替换指两种类型的导线可以互相替换。表 6-4 所示为双向替换,DM 导线可以替换 DK 导线,DK 导线也可以替换 DM 导线。

表 6-3 导线公制-公制单向替换表

导线类型代码	CF	MG	PF	QF	RF	SJ	TK	UD	YT
导线类型代码	DR	MMG	DRB	DRC	DRD	MLA	MLB	MLC	HP

表 6-4 导线公制-公制双向替换表

导线类型代码	DK	HA	PG	QG	RH	ST	TT	UE
导线类型代码	DM	MJ	PN	QL	RK	GJ	MH	UU

3. 导线查找

导线的识别号可以通过导线表皮上打印的标识或其他方式获得。如果需要获得导线件号的相关信息,可以通过 AML 或者 AWM 结合 ESPM 获得。

1) 通过 AWL 和 ESPM 手册查找导线件号

AWL 扩展导线清单如图 6-104 所示。No:导线识别号 2121-1006;AWG:导线规格 20 号;Length:长度为 282cm;Type:导线类型为 CF;Route:导线线路为 2M。在 ESPM 20-32-21 中根据导线类型代码 CF 找到导线的标准件号是 E0261,如图 6-105 所示;结合导线 ASNE 件号标准可确定该导线的件号为 E0261CF20,如图 6-103 所示。

2) 通过 AWM 和 ESPM 手册查找导线件号

一个完整的导线识别号由章节号+导线编号构成,在飞机线路手册中只给出导线编

```
ON A/C 160-199, 515-515, 517-599
Technical data related to a wire
Wire Identification
  No.              : 2121-1006
  AWG              : 20
  Length           : 00282 CM
  Type             : CF
  Diagram Ref.     : Ref. AWM 21-21-02
  Route            : 2M
```

图 6-104　扩展导线清单

```
TABLE 1-C
-----------------------------------------------------------------------
|           Single Wire Identification Coding                         |
|           Normal Use - Unshielded T = 200 C (392 F)                 |
-----------------------------------------------------------------------
| WIRE  |  TYPE              | INSULATOR   | SPECIFICATION | STANDARD |
| TYPE  |                    |             |               |  P/N     |
| CODE  |                    |             |               |          |
-----------------------------------------------------------------------
| CF    | 600V-200 C (392 F) | KAPTON/FEP  |               | E0261    |
|       | (Ink jet or hot    |             |               |          |
|       |  stamp marking)    |             |               |          |
|       | CF-C               | FEP or PTFE |               | E0261    |
|       | (Co2 laser marking)|             |               |          |
|       | CF-U               | FEP or PTFE |               | E0261    |
|       | UV laser marking)  |             |               |          |
|       | CF-Y               | FEP or PTFE |               | E0261    |
|       | YAG/X3 laser marking|            |               |          |
-----------------------------------------------------------------------
```

图 6-105　导线类型

号。例如连接器 1156VC 的 3 号端子与终端块 1156VT 的 F 端子的导线编号为 716，导线类型代码 DK，导线规格 24。根据图示备注可知，这根单芯导线所在章节号 34-11，则它的导线识别号为 3411-0716，导线线路 1M，如图 6-106 所示。在 ESPM 20-32-21 中根据导线类型代码 DK，找到导线的标准件号是 E0262，如图 6-107 所示，则这根导线的件号为 E0262DK24。

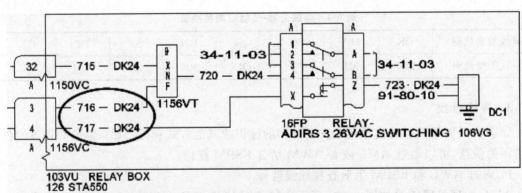

图 6-106　线路图

```
-----------------------------------------------------------------
|           Single-core and Multicores Identification Coding    |
|           Normal Use - Unshielded - T > 200°C (392°F)         |
-----------------------------------------------------------------
| WIRE  | TYPE            | INSULATOR          | SPECIFICATION | STANDARD   |
| TYPE  |                 |                    |               | P/N        |
| CODE  |                 |                    |               |            |
-----------------------------------------------------------------
| DE    | 600V-260°C (500°F) | PTFE-KAPTON-PTFE | AIR 4524    | EN2267-008 |
|       |                 |                    |               | (ex.       |
|       |                 |                    |               | NSA935130) |
|       |                 | 2 DE               |               | EN2267-007 |
|       |                 |                    |               | (ex.       |
|       |                 |                    |               | NSA935248) |
|       |                 | 3 DE               |               | EN2267-007 |
|       |                 |                    |               | (ex.       |
|       |                 |                    |               | NSA935248) |
| DG    | 600V-260°C (500°F) | KAPTON-GLASS-PTFE | AIR 4524   | NSA935131  |
|       |                 |                    |               | or         |
|       |                 |                    |               | EN2854-003A|
| DJ    | 600V-260°C (500°F) | PTFE-FIREPROOF    | AIR 4524    | NSA935132  |
|       |                 | SILICA             |               |            |
| DK    | 600V-260°C (500°F) | PTFE-KAPTON-PTFE  |               | E0262      |
```

图 6-107 DK 导线类型代码

6.5 波音系列飞机导线束的捆扎与敷设

6.5.1 概述

1. 造成导线束损伤的原因

1）机械损伤引起的振动造成导线绝缘层的损坏

如果在发动机、燃油泵、襟翼驱动马达、起落架机械结构和有强气流的区域的设备和传动机构出现机械损伤，就会在这些区域造成不规则振动，这些振动会造成导线和电缆绝缘层的损伤。

2）外界环境造成导线绝缘层的损坏

导线束安装在飞机的各个角落，导线束周围恶劣的环境会直接破坏导线束的绝缘层，如：热源区域、冷源区域、潮湿区域、液压油箱及其液压油管路区域、燃油油箱及其燃油管路区域和其他污染区域。

3）不正确的安装造成导线绝缘层的损坏

维护人员在敷设安装导线束时，选择的导线卡子件号不正确、导线束捆扎的过松或过紧、在高振动区域和高温区域使用塑料扎带捆扎导线束、增压区导线束在交叉时使用塑料扎带而没有增加防护措施和导线束分线不正确等，不正确的安装都会造成导线和电缆绝缘层的损坏。

4）高振动区域造成导线绝缘层的损坏

高振动也会造成导线和电缆绝缘层的损坏。航空器的高振动区域是指振动级别 2 和振动级别 3 的区域。

2. 常用消耗材料的选用原则

维护人员在对波音系列民用航空器进行日常维护、排故和修理导线/电缆时经常使用一些消耗材料（如：热缩管、冷缩管、绝缘防磨胶带、防护套管、填充物和捆扎线等），材料的选择是按照材料的温度等级（见表 6-5）和抵抗液压油腐蚀能力等级（见表 6-6）进行的。替代原则是相同温度等级的消耗材料可以相互替代，温度等级高的消耗材料可以替代温度等级低的消耗材料；相同抵抗液压油腐蚀能力等级的消耗材料可以相互替代，抵抗液压油腐蚀能力等级高的消耗材料可以替代抵抗液压油腐蚀能力等级低的消耗材料。

表 6-5 消耗材料温度等级

温度等级	最高环境温度		替代类型
	℃	℉	
A	100	212	Type Ⅰ
B	135	275	Type Ⅱ
C	180	356	Type Ⅲ
D	260	500	Type Ⅳ

表 6-6 消耗材料抵抗液压油腐蚀能力等级

抵抗腐蚀能力等级	描 述
1	具备 BMS 3-11 材料的抵抗腐蚀能力
2	不具备 BMS 3-11 材料的抵抗腐蚀能力

6.5.2 导线束的捆扎

导线束可以使用捆扎线和塑料扎带进行捆扎。捆扎线还可以作为标记使用，例如：相线标识、中性线标识和系统导线束的隔离代码标识。需要去除导线束捆扎扣结时，使用剪钳剪切捆扎结处，以防伤及导线和电缆的绝缘层。

1. 使用捆扎线捆扎导线束

1）增压区域导线束捆扎方法及要求

在增压区域的导线束可以使用直角结捆扎方法，如图 6-108 所示；也可以使用平结，如图 6-109 所示；这两种方法只适用于增压区域。

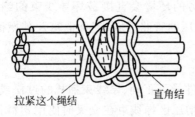

图 6-108 增压区域直角结捆扎方法

图 6-109 增压区域平结捆扎方法

在导线束捆扎扣里的导线/电缆必须平行，如图 6-110 所示，不能出现交叉现象，否则会造成导线/电缆的损伤。导线束捆扎扣必须绷紧，导线/电缆的外层绝缘不能出现变形现象。捆扎扣不允许系在被修理的导线或电缆绝缘层位置，捆扎扣可以捆在拼接管上部。对于 AWG16 号线或更细的导线，在拼接管上需要使用防护套管或绝缘套

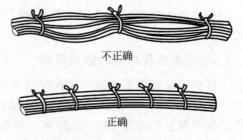

图 6-110 导线束捆扎结的安装

管进行防护后再进行捆扎。需要标识系统导线束隔离代码时,必须使用带颜色的捆扎线进行捆扎,不允许使用带黏性胶带标识系统隔离代码。在屏蔽电缆的地线上可以使用捆扎扣捆扎,导线束捆扎结不能处于导线束与绝缘套管或导线束与防护套管之间。

2)高振动区域导线束捆扎方法及要求

在高振动区域的导线束必须使用防滑直角结捆扎方法,如图 6-111 所示;或防滑平结捆扎方法,如图 6-112 所示。这两种方法适用于飞机的所有区域。防滑结里的导线最多可以取导线束根数的 1/3,最少取 1 根,导线束防滑捆扎扣里的导线/电缆必须平行,不能出现交叉现象。导线束捆扎扣必须绷紧,导线/电缆的外层绝缘不能出现变形现象。导线束捆扎扣间隔最大为 2in。如果导线束使用防护胶带进行防护时,捆扎扣间隔最大为 6~8in,如果需要将捆扎扣系在导线束标识标签上时,导线束捆扎结不能处于导线束与导线束标识标签之间。

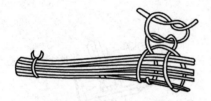
图 6-111 高振动区域防滑直角结捆扎方法

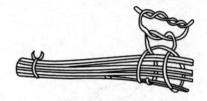
图 6-112 高振动区域防滑平结捆扎方法

发动机区域的导线束防滑结捆扎方法,如图 6-113 所示,与高振动区域防滑结捆扎方法、要求和尺寸完全相同,这里不再重复介绍。

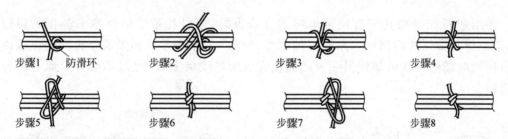
图 6-113 PW4000 系列发动机区域防滑直角结捆扎方法

3)导线束捆扎具体参数

在发动机区域、吊架和吊舱区域导线捆扎扣最大间隔为 2in(50.8mm),如图 6-114 所示。捆扎扣留出的线头长度为 0.25in(6.35mm)~0.5in(12.7mm)。在发电机电源馈线和导线束直径大于 1.5in(38.1mm)时要使用双结,如图 6-115 所示。所谓的双结就是在同一位置捆两个结。

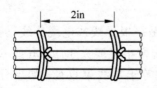
图 6-114 导线束捆扎结的间距

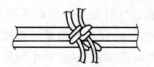
图 6-115 双结的捆扎方法

2. 使用塑料扎带捆扎导线束

塑料扎带只能在飞机的增压区域且温度等级为 A 和 B 的区域内使用。在飞机的燃油箱区域、非增压区域、高振动区域、温度等级为 C 和 D 的区域、使塑料扎带容易磨损的区域和机械传动区域禁止使用塑料扎带捆扎导线束。

使用塑料扎带捆扎导线束时，必须使用扎带枪拉紧，也可以使用尖嘴钳替代。根据塑料扎带的件号选择扎带枪。塑料扎带拉紧后最多留出 0.01in，在扎带结末端不能过于锋利，否则可能会对维护人员造成伤害。扎带枪的使用方法同空客系列飞机，详细内容参见 6.6.1 节。

塑料扎带结去除时必须使用扎带结拆除工具，按照塑料扎带的件号选择扎带结拆除工具，如图 6-116 和图 6-117 所示。如果没有可以使用剪钳来替代，将剪钳的钳口塞进塑料扎带结的左侧，如图 6-118 所示；合拢剪钳手柄，再将剪钳逆时针翻转，完成塑料扎带结拆除工作。

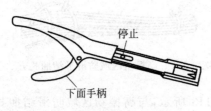

图 6-116 捆扎结去除工具的介绍

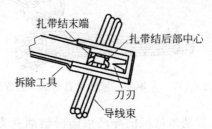

图 6-117 捆扎结去除工具的使用

使用塑料扎带捆扎带有同轴电缆的导线束时，塑料扎带结的外侧不能顶着同轴电缆，但塑料扎带结的内侧可以贴着同轴电缆，如图 6-119 所示；如果需要将同轴电缆或包含有同轴电缆的导线束加到另一束已捆扎完成的导线束上时，可以不必拆除原有的塑料扎带结。

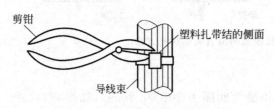

图 6-118 捆扎结去除工具的替代方法

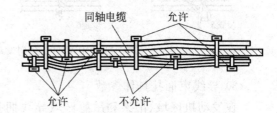

图 6-119 使用塑料扎带捆扎在导线束中有一根同轴电缆的结构

3. 导线束的分线方法

导线束在分线时需要按照以下规定进行。如果是一根导线或电缆分线，转弯半径是导线或电缆直径的 10 倍；如果是一根同轴电缆分线，转弯半径要大于 1.5in 或 6 倍于同轴电缆直径；如果是导线束分线，最小转弯半径要大于或等于导线束直径；如果分支导线束里有屏蔽电缆，转弯半径要大于 1.5in 或 6 倍于分支导线束直径；如果分支导线束里包含两束或多束导线束，转弯半径要大于 1.5in 或 6 倍于分支导线束直径。如图 6-120 所示。

导线束在分线时必须遵循下述原则,如图 6-121 和图 6-122 所示。分支导线束必须从主导线束的中心分出,而且分出的分支导线束要平滑,主导线束与分支导线束要在一个平面上;分支导线束中所有相邻的导线必须是互为平行的,不得有交叉;不管是使用捆扎线还是使用塑料扎带捆扎导线束,从主导线束开始分线前的捆扎结到分支第一个捆扎结的间距最大是 1in;分支导线束不能与主导线束出现交叉,当分支导线束根数太少时,从相反方向进行分线;如果在维护工作中无法达到上述标准,必须在捆扎之前增加防护措施进行防护,但不允许使用带黏性的防护胶带。错误的导线束分支结构,如图 6-123 所示。

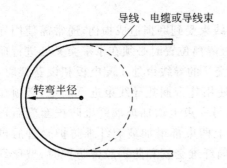

图 6-120　导线/电缆或导线束分线弯曲半径

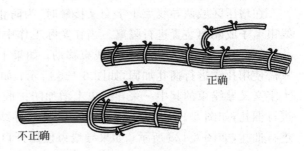

图 6-121　导线束上分支一束导线束视图

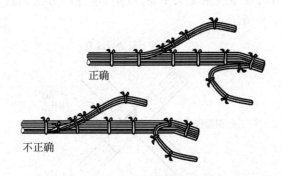

图 6-122　导线束上分支两束导线束视图

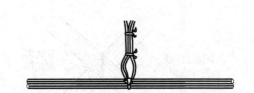

图 6-123　错误的导线束分支方法视图

6.5.3　导线束的防护

1. 主导线束和分支导线束防护

导线束在分线时,主导线束与分支导线束不在一个平面、两束导线束出现交叉、导线束内的导线绝缘受到破损时需要进行防护,可以使用热缩管、冷缩管、安全防磨 TEF、ETEF、GTEF、PTEF 等胶带进行防护,如图 6-124 和图 6-125 所示。在导线束穿过增压隔框、金属隔框或燃油箱时还需要进行导线束防护密封施工。

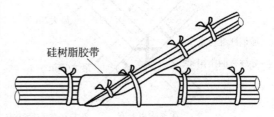

图 6-124　使用防护胶带进行防护

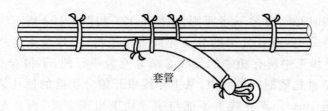

图 6-125　使用防护套管进行防护

2. 导线束十字交叉防护

1）增压区域导线束的十字交叉防护

在增压区域两导线束十字交叉接触时，为防止导线束受到磨损造成损伤，通常需使用导线束卡子或隔离装置进行隔离。当在实际工作中没有隔离位置时必须在十字交叉处进行捆扎，捆扎的目的就是为了防止导线束移动；如果十字交叉的导线束处于配电板和设备架时，只需使用扎线进行捆扎加固，如图 6-126 所示；如果使用扎带捆扎导线束进行固定，必须在十字交叉导线束的其中一束导线束上增加防护胶带，另一束上增加玻璃纤维防护套管后再进行捆扎，如图 6-127 所示；或在十字交叉的导线束上两束都增加玻璃纤维防护套管后再进行捆扎，如图 6-128 所示；如果导线束使用开口玻璃纤维套管和防护胶带防护时，玻璃纤维套管与防护胶带必须重叠 50% 以上；如果十字交叉的两束导线束全部使用套管进行防护时，只捆扎一个导线束扣，如图 6-129 所示。当两束导线束交叉不是 90°时，推荐的方法是在导线束交叉大于 90°的位置进行捆扎，如图 6-130 所示。

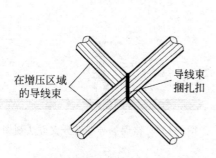

图 6-126　增压区域导线束交叉结构 1

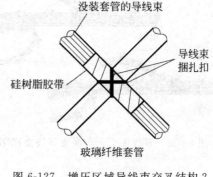

图 6-127　增压区域导线束交叉结构 2

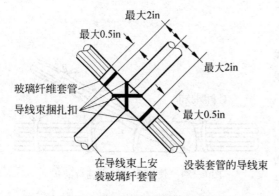

图 6-128　增压区域导线束交叉结构 3

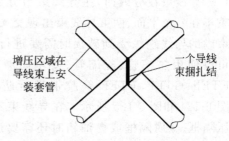

图 6-129　增压区域导线束交叉结构 4

2）非增压区域导线束的十字交叉防护

在非增压区域两束导线束十字交叉接触时，必须使用两个捆扎结，不允许使用塑料扎带捆扎导线束，在导线束十字交叉处必须使用重叠50%的多层硅树脂胶带或开口的防护套管或玻璃纤维套管进行防护，如图6-131～图6-133所示。在导线束十字交叉处如果两束都使用套管进行防护，则必须再捆扎两个扣，如图6-134所示；如果一束使用玻璃纤维套管，则另一束使用重叠50%的多层硅树脂胶带或开口的防护套管进行防护，如图6-135所示。如果十字交叉的两束导线束全部使用防护套管，则必须使用两个捆扎结进行捆扎，如图6-136所示。

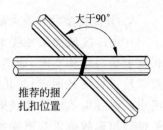

图6-130　增压区域导线束交叉结构5

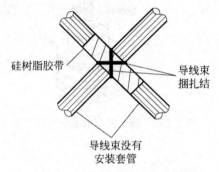

图6-131　非增压区域导线束交叉结构1

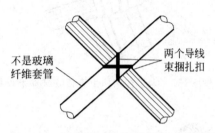

图6-132　非增压区域导线束交叉结构2

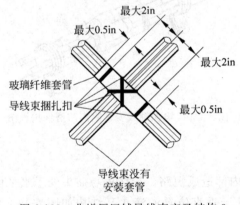

图6-133　非增压区域导线束交叉结构3

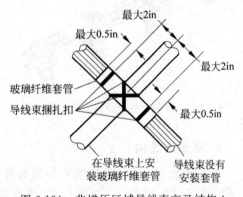

图6-134　非增压区域导线束交叉结构4

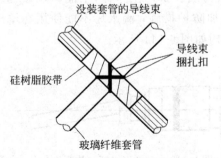

图6-135　非增压区域导线束交叉结构5

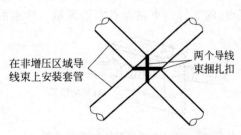

图6-136　非增压区域导线束交叉结构6

3）其他类型的导线束防护

在增压区域如果导线束卡子直接在结构上安装时，必须安装防磨保护，防护胶带的长度要超过结构宽度，如图 6-137 所示。对于增压区域的插头必须在插头尾部缠上防磨胶带后进行捆扎固定，防止维护时插头里的导线从插钉根部被扯断，如图 6-138 所示。飞机出厂时发电机电源馈线铜铝过渡拼接头安装结构如图 6-139 所示，如果其中一根或两根馈线出现故障重新更换拼接头后，必须使用隔离星隔离后再加以捆扎固定，如图 6-140 所示，防止出现相间短路故障。在吊架吊舱区域不能使用橡胶卡子，必须使用块状卡子或石棉卡子，如果使用块状卡子必须在导线束上缠绕硅树脂胶带以防导线束磨损，如图 6-141 所示。

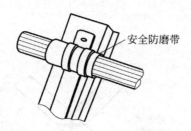

图 6-137　卡子在结构上直接安装防磨保护视图

图 6-138　插头尾部安装防磨保护视图

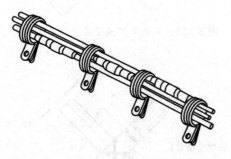

图 6-139　发电机电源馈线安装结构视图

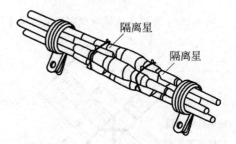

图 6-140　电源馈线安装隔离防磨保护视图

3. 滴水环结构

滴水环是为了防止液体顺着导线束流入插头内部造成短路。导线束与插头处于水平位置的滴水环结构如图 6-142 所示，导线束与插头处于垂直位置的滴水环结构如图 6-143 所示。滴水环必须正确安装以减少晃动，必须防止与结构或设备产生摩擦，不能出现松弛现象；滴水环与结构或设备接近时，在导线束上必须增加防护措施；滴水环不能使用在增压区域，除非导线束路经有水的区域。标准的滴水环结构如图 6-144 所示。

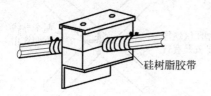

图 6-141　块状卡子安装防磨保护视图

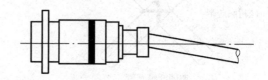

图 6-142　水平滴水环结构视图

图 6-143 垂直滴水环结构视图

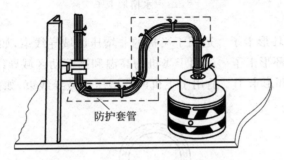

图 6-144 标准的滴水环结构视图

6.5.4 导线束的敷设与支撑

1. 导线束卡子的介绍

(1) 287T0011 环形卡子　适用于导线束的直径小于 1.25in,环境温度不大于 275℉ 的区域,如图 6-145 所示。

(2) 69B90438 块形卡子　适用于飞机的吊架吊舱容易有液体泄漏的区域导线束,如图 6-146 所示。

(3) BACC10BU 环形卡子　适用于非增压区域和高振动区域导线束,如图 6-147 所示。

图 6-145　287T0011 环形卡子

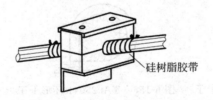

图 6-146　69B90438 块形卡子

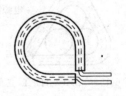

图 6-147　BACC10BU 环形卡子

(4) BACC10DK 环形卡子　适用于导线束的直径小于 1.25in,环境温度不大于 275℉ 的区域,如图 6-148 所示。

(5) BACC10DR 和 BACC10DS 水槽形卡子　只限用于飞机的增压区域导线束,如图 6-149 所示。

(6) BACC10GE 环形卡子　适用于导线束的直径小于 1.25in,环境温度不大于 275℉ 区域的配电板和设备架导线束,如图 6-150 所示。

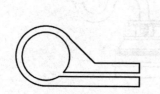
图6-148 BACC10DK环形卡子

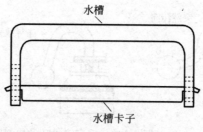
图6-149 BACC10DR和BACC10DS水槽形卡子

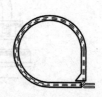
图6-150 BACC10GE环形卡子

(7) BACC10GU环形卡子 适用于飞机的非增压区域导线束,如图6-151所示。

(8) BACC10HS环形卡子 适用于飞机的高温和高振动区域导线束,如图6-152所示。

(9) BACC10JU环形卡子 适用于飞机的非增压区域导线束,如图6-153所示。

图6-151 BACC10GU环形卡子

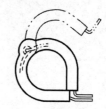
图6-152 BACC10HS环形卡子　　图6-153 BACC10JU环形卡子

(10) BACC1DKL三角形卡子 适用于飞机的机翼前缘和高振动区域的发电机电源馈线,如图6-154所示。

(11) TA025041环形卡子 适用于飞机的高温和高振动区域,主要用于发动机上导线束,如图6-155所示。

(12) TA025097环形卡子 适用于飞机上根数等于或大于3根的发电机电源馈线,如图6-156所示。

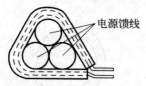

图6-154 BACC1DKL三角形卡子　　图6-155 TA025041环形卡子　　图6-156 TA025097环形卡子

2. 导线束卡子支架的介绍

(1) BACS31H环形卡子支架 由尼龙材料制成,使用BACS38W3扎带来固定导线束,用于固定直径小于或等于1.25in的导线束,可以安装BACC10DK、BACC10GE、BACC10GU、287T0011类型的卡子,如图6-157所示。

(2) BACS31J卡子支架 由尼龙材料制成,使用BACS38W3扎带来固定导线束,按照

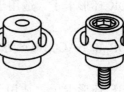

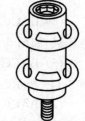

BACS31H1A　　BACS31H1B　　BACS31H2B

图6-157 BACS31H环形卡子支架

BAC1510-407 规范安装在导线束走向凸出的支架上,可以安装 BACC10DK、BACC10GE、BACC10GU、287T0011 类型的卡子,如图 6-158 所示。

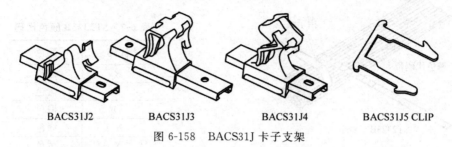

图 6-158　BACS31J 卡子支架

（3）行条卡子支架　由卡子支架和拉紧带两部分组成,这种类型的支架既可以在行条上安装卡子,也可以在飞机结构上安装壁板,如图 6-159 所示。

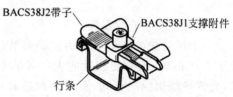

图 6-159　BACS38J 行条卡子支架

3. 导线束卡子的选用与安装

1）导线束卡子的选用

导线束卡子的安装环境确定后,还要选择它的尺寸;卡子的尺寸使用 ST2323B 颜色代码指示工具来测量,如图 6-160 和图 6-161 所示。

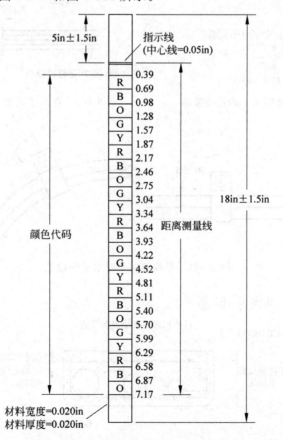

图 6-160　ST2323B 颜色代码测量工具

ST2323B 颜色代码指示工具上的代码对应的颜色参见表 6-7。

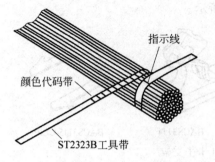

图 6-161 ST2323B 测量工具使用方法

表 6-7 ST2323B 颜色代码

代码	颜色
R	红色
B	蓝色
O	橙色
G	绿色
Y	黄色

2) 导线束卡子的安装

一个带防护的环形卡子的正确安装结构,如图 6-162 所示。如果卡子衬垫之间的距离大于 0.03in 时,必须更换比它大一号的卡子来固定导线束;导线束安装在一个环形卡子里时,允许导线束纵向移动、顺时针和逆时针移动,但不允许横向移动,如图 6-163 所示,块状卡子不允许导线束移动或在卡子里变换方向;固定导线束的卡子要尽可能的小,可以在导线束里增加填充材料。导线束卡子在安装时,导线束卡子必须与导线束或与导线束的切线成 90°±5°,如图 6-164 所示。

图 6-162 带防护的环形卡子的正确安装

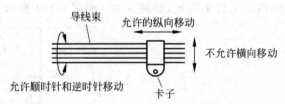

图 6-163 在卡子里的导线束可允许的情况

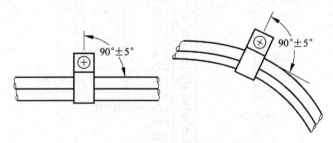

图 6-164 导线束转弯时卡子的位置

水槽卡子的安装,如图 6-165 所示。

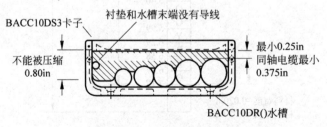

图 6-165 水槽卡子的安装

导线束卡子和卡子支架在结构上的安装结构,如图 6-166 和图 6-167 所示。导线束卡子在平面上的安装结构,如图 6-168 所示。

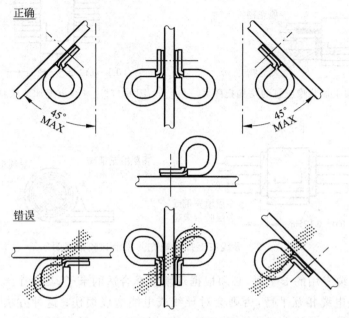

图 6-166　导线束卡子在结构上的安装

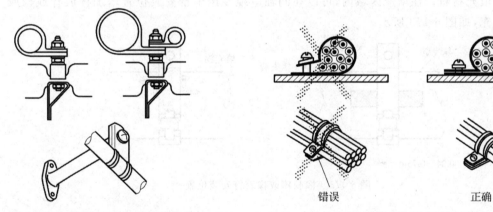

图 6-167　卡子支架在结构上的安装　　　　图 6-168　导线束卡子在平面上的安装

4. 导线束卡子的填充

在日常维护工作中,如果导线束卡子的直径比实际导线束的直径大,需要在导线束上增加填充材料增大导线束的直径:导线束填充橡胶钉,如图 6-169 和图 6-170 所示;填充橡胶棒,如图 6-171 所示;填充薄膜带及防磨胶带,如图 6-172 所示。

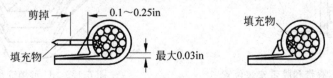

图 6-169　导线束上加装橡胶钉的结构视图

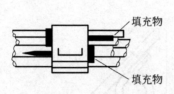
图 6-170　导线束上加装橡胶钉的结构视图

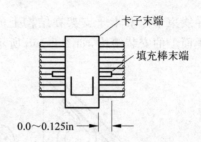
图 6-171　导线束上加装橡胶棒的结构视图

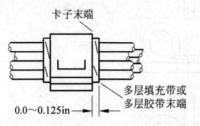

图 6-172　导线束上加装填充薄膜带和胶带视图

　　选择同轴电缆专用的卡子时，必须根据环境选择合适的卡子，在每个卡子位置确保卡子里的导线和同轴电缆相互平行，否则会对导线或电缆造成损伤；这种方法不适合多芯电缆和绞合电缆。如果卡子偏大可以在导线束上增加填充材料，按照温度等级和抵抗腐蚀能力等级选择填充材料。在增压区域内，可以在同轴电缆专用卡子安装位置增加橡胶棒或橡胶钉进行填充，如图 6-173 所示。

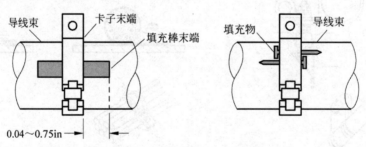
图 6-173　橡胶棒或橡胶钉安装位置

　　在非增压区域内，同轴电缆专用卡子安装位置只能增加多层填充薄膜胶带，如图 6-174 所示，如果使用 U 形填充胶带，每层胶带要求 100％重叠，如图 6-175 所示。

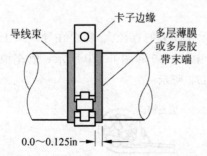
图 6-174　填充薄膜带和胶带安装位置

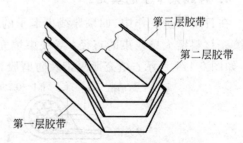
图 6-175　U 形填充胶带结构

5. 导线束安装结构

1）导线束间隔

为了避免发生磨损，导线束在安装时与飞机结构或设备必须保持一定的间隔，如图 6-176 和表 6-8 所示。如果情况允许，导线束与易燃材料管线之间的间隔必须保持最大间距。

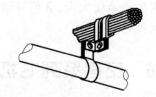

图 6-176 导线束间隔最小安全距离

表 6-8 导线束间隔最小安全距离

飞机零件	最小间隔/in	专用指导
引气管路旁边	1	没有
引气管路顶部	2	没有
控制钢索	2	如果隔离使用金属支架支撑，允许小于最小间隔，参考图 6-176
燃油系统管路	2	如果隔离使用金属支架支撑，允许小于最小间隔，参考图 6-176
加热设备	0.2	玻璃纤维管路必须保持最小的指定间隔
液压系统管路	0.5	如果隔离使用金属支架支撑，允许小于最小间隔，参考图 6-176
氧气系统管路	2	如果隔离使用金属支架支撑，允许小于最小间隔，参考图 6-176
空速管静压管路	0.5	如果隔离使用金属支架支撑，允许小于最小间隔，参考图 6-176
结构和设备的尖锐边缘	0.13	使用特氟隆或热缩管进行防护时，允许小于最小间隔
平板金属或曲率小于 0.13in 的塑料表面	0.0	只有在增压区域内，线束卡子之间的导线束可以接触到平板金属表面或曲率小于 0.13in 的塑料表面
水系统管路	0.5	如果隔离使用金属支架支撑，允许小于最小间隔，参考图 6-176

2）导线束支撑

可以在同一穿线槽或同一导线束卡子内安装多束分隔好的导线束；导线束必须与导线卡子纵向垂直；如果需要将小直径的导线束附着在其他导线束上，必须使用扎线进行捆扎；一根 AWG 22 或更细的非屏蔽线必须使用卡子在结构上加以固定，卡子间距 6in 或更小；三根或更多的 AWG22 或更细的导线必须归并入其他导线束，或形成一根新导线束。

3）导线束张弛控制

导线束必须沿着导线束的纵向保持适当的松弛度，如图 6-177 所示；如果在两个卡子之间的导线束太松弛，则必须增加支撑点。在导线束设计安装时，通常在导线束末端连接终端处留有 1～1.5in 的余度，最少留有 2 次修理的长度。在高振动区域导线束控制松弛度是非常必要的，如果导线束的松弛度不够充分，容易损伤导线束，如果导

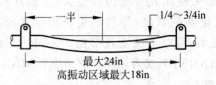

图 6-177 导线束张弛控制

线束的松弛度太大,会使导线磨损或破裂。有适当松弛度的导线束可以使连接器容易连接和拆分。

6.6 空客系列飞机导线的捆扎与敷设

6.6.1 导线束的捆扎

通常在空客飞机中使用扎带和捆扎线来捆扎导线和电缆,扎带的适用工作温度为-55~130℃,捆扎线的适用温度为-55~1100℃。扎带通常使用在飞机中温度较低的区域,而捆扎线用于飞机的各个区域。扎带的安装快捷方便,所以在条件允许的情况下尽量使用扎带来完成导线束的捆扎。

1. 扎带捆扎导线束

1) 扎带的件号

扎带的件号由标准件号、尺寸代码和颜色代码共同构成,如图 6-178 所示。

2) 扎带的选择

当区域温度可以适用扎带时,根据所捆扎线束的直径来选择扎带的尺寸。选择的依据如表 6-9 所示。例如:直径为 10mm 的线束可以选用尺寸代码为 03 的扎带进行捆扎。

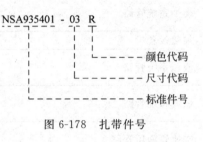

图 6-178 扎带件号

表 6-9 扎带的选用

尺寸代码	宽 度	扎带长度	导线束线径
03	2.5mm(0.0984in)	102mm(4.0157in)	1.6mm(0.0629in)至 20mm(0.7874in)
04	3.6mm(0.1417in)	150mm(5.9055in)	1.6mm(0.0629in)至 35mm(1.3779in)
05	4.8mm(0.1889in)	204mm(8.0315in)	1.6mm(0.0629in)至 50mm(1.9685in)
06	4.8mm(0.1889in)	302mm(11.8897in)	1.6mm(0.0629in)至 78mm(3.0708in)
08	4.8mm(0.1889in)	389mm(15.3149in)	1.6mm(0.0629in)至 109mm(4.2913in)
10	7.6mm(0.2992in)	376mm(14.8031in)	4.8mm(0.1889in)至 108mm(4.2519in)
12	8.9mm(0.3503in)	780mm(8.0315in)	4.8mm(0.1889in)至 230mm(9.0551in)
13	3.7mm(0.1456in)	295mm(8.0315in)	1.6mm(0.0629in)至 77mm(3.0314in)

3) 扎带枪的选择与调节

扎带安装过程中应当使用专用工具——扎带枪。扎带枪使用时必须调节挡位和紧度,以确保扎带以合适的力度捆扎线束,如表 6-10 所示。如果使用扎带枪力度过大,会损坏扎带头或线束。扎带枪的力度过小就不足以捆绑线束至足够的紧度,导致线束松脱等现象。如果由于某些原因无法使用扎带枪时,比如操作空间狭小,可以不使用扎带枪,人工拉紧扎带。可供使用的扎带枪有 GS2B、GS4H、GTH、GTS、MARKIII 或者 MK3SP、MK7、MK9、P46 和 WT193。扎带枪在使用之前必须调节挡位或紧度。

表 6-10 扎带枪的选用

扎带枪		扎带尺寸代码			
件号(P/N)	挡位调节	03 2.5mm (0.1in)	04 或 13 3.7mm (0.145in)	05,06 或 08 4.8mm (0.189in)	10 或 12 7.6/8.9mm (0.31/0.35in)
GS2B	SELECTOR	MIN	INT	STD	—
	TENSION	1~3	3~5	6~8	—
GS4H	SELECTOR	—	—	STD	HYV
	TENSION	—	—	1~4	5~8
P46	TENSION	2	4	5	—
MK 3	TENSION	1 or 2	2 or 3	3 or 4	—
WT193	TENSION	2 or 3	3 or 4	4 or 5	—

GS2B、GS4H 扎带枪的构造，如图 6-179 所示。使用前先调节挡位，调节旋钮可以在三个方向上扳动，能够分别调整到 MIN、STD、INT 三个挡位；再调节紧度，旋转调节旋钮可以调节微调紧度如图 6-180 所示，在紧度指示窗口上有一条银白色的指示线，代表调整到的紧度。

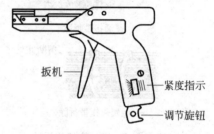

图 6-179 GS2B 和 GS4H 扎带枪构造

4）扎带的安装（见图 6-181）

步骤 1：将扎带绕在线束上，带齿的一面朝里。

步骤 2：手动拉紧扎带轻轻系紧线束。

步骤 3：将扎带扣入到扎带枪的头部，扣动扳机直到扎带拉断为止。

扳动调节旋钮进行挡位调节

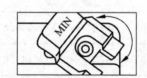
旋转调节旋钮为紧度调节，顺时针旋转增加紧度，逆时针旋转减少紧度

图 6-180 挡位和紧度调节

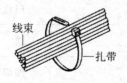

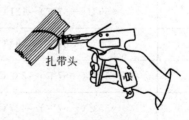

图 6-181 扎带安装

5）扎带的拆除

扎带拆除时，使用剪钳剪断扎带头。对于 1991 年以前使用的金属头扎带，使用剪刀或

者剪钳沿着导线束的方向剪断扎带的中部,如图 6-182 所示。

2. 捆扎线捆扎导线束

1) 捆扎线的件号

捆扎线的件号由标准件号和尺寸代码构成,如图 6-183 所示。

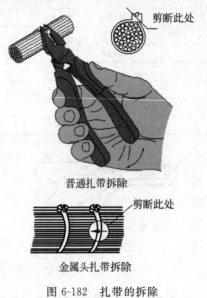

图 6-182 扎带的拆除

图 6-183 捆扎线的件号

2) 捆扎线的选用

捆扎线根据导线束安装环境的温度选取,如表 6-11 所示。

表 6-11 捆扎线选用表

尺寸代码	温 度	尺寸 mm(in)	状 态
0	−55℃(−67℉)～121℃(249.8℉)	2.5(Dia.) (0.10)	线
1	−55℃(−67℉)～232℃(449.6℉)	1.55×0.33 (0.06×0.01)	带
2	−55℃(−67℉)～232℃(449.6℉)	2.67×0.33 (0.11×0.01)	带
3	−55℃(−67℉)～121℃(249.8℉)	2.28×0.3 (0.09×0.01)	白色带
4	−55℃(−67℉)～121℃(249.8℉)	3.55×0.38 (0.14×0.01)	白色带
5	−55℃(−67℉)～360℃(680℉)	3(dia.) (0.12)	线
6	−55℃(−67℉)～232℃(449.6℉)	2(dia.) (0.08)	编织带
7	−55℃(−67℉)～427℃(800.6℉)	3.17×0.40 (0.12×0.02)	带
8	−55℃(−67℉)～175℃(347℉)	1.52×0.30 (0.06×0.02)	带
9	−55℃(−67℉)～1100℃(2012℉)	2.8×1.04 (0.11×0.04)	带

3）常用导线束捆扎方法

（1）标准捆扎方法1（见图6-184）

步骤1：将扎线绕成环。

步骤2：绕在导线束上。

步骤3：将绳头穿入环中。

步骤4：打两个死结。

步骤5：按照尺寸剪切扎线留头，仅在高温区域涂上CAF4标记胶。

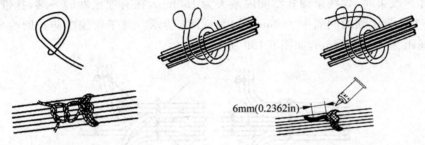

图6-184　NSA8420-1、NSA8420-2和NSA8420-7扎线捆扎程序

（2）标准捆扎方法2（见图6-185）

步骤1：扎线在导线束上绕两个圈。

步骤2：在两个环上增加一个死结。

步骤3：使用热剥离器、电烙铁或剪刀切断扎线，留下6mm(0.2362in)。

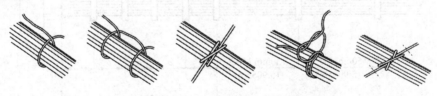

图6-185　NSA8420-3、-4或-8扎线捆扎程序

（3）标准捆扎方法3（见图6-186）

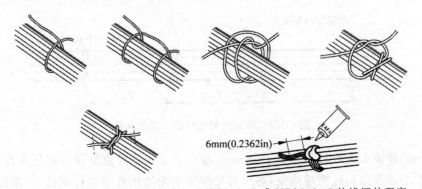

图6-186　NSA8420-3、NSA8420-4、NSA8420-7或NSA8420-8扎线捆扎程序

步骤 1：扎线在导线束上绕两个圈。

步骤 2：在两个环上增加一个死结。

步骤 3：使用热剥离器、电烙铁或剪刀剪去多余扎线头，留下 6mm(0.2362in)。

步骤 4：在高温区域使用－7 和－8 扎线捆扎导线束时须在捆扎结上涂上 CAF4 标记胶。

3. 导线束捆扎与分线

1) 导线束捆扎要求

导线束捆扎时要求被捆扎的导线排列整齐，导线不能出现交叉现象，如图 6-187 所示。用扎带捆扎导线束时，导线束捆扎结间隔最大为 150mm，在有连接器的一端，扎带需连续安装 5 个，每个扎带之间的间隔为 100mm，如图 6-188 所示。对于带编织防护网的导线束，扎带安装的间距为 70~100mm，如图 6-189 所示。

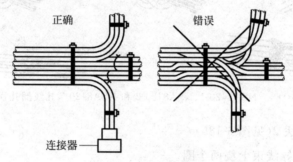

图 6-187 导线束捆扎

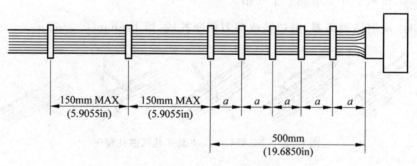

图 6-188 导线束捆扎间距

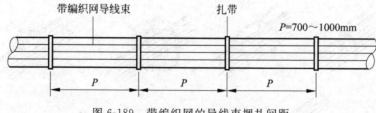

图 6-189 带编织网的导线束捆扎间距

通常一根导线束的直径不得大于 50mm，若大于 50mm 要求把导线束分成若干分线束。对于由若干个分线束构成的总线束，各个分导线束不能使用扎带进行捆扎，必须使用扎线捆扎，总线束可以使用扎带进行捆扎，如图 6-190 和图 6-191 所示。

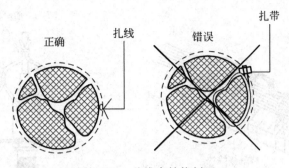

图 6-190 总线束结构剖面

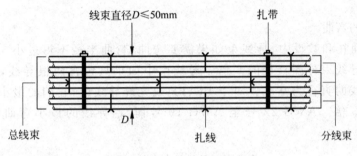

图 6-191 总线束结构

2) 导线束分线要求

当导线束需要出现分支时,为防止导线束由于分线而发生扭曲现象,导线束分线前应考虑好分支导线束的走向和安装位置;根据分支导线束所在的环境和直径选择不同的捆扎方法。对于 VU 板上或者导线束直径<25mm 的导线束,采用图 6-192 所示的方式进行捆扎;对于导线束直径>25mm 时,采用图 6-193 所示的方式进行捆扎;导线束如果只允许使用捆扎线进行捆扎时,捆扎方法如图 6-194 所示。

如果分支导线束需要从主导线束中分出接入到终端接线块时,每相邻的 3~4 个接线块上的导线捆扎在一起,如图 6-195 所示;对于跳开关上的监控导线,分线不允许接触到结构的金属部分,如图 6-196 所示。

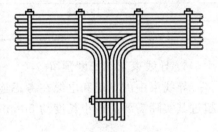

图 6-192 导线束分线捆扎

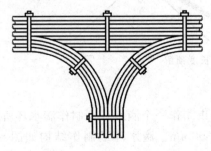

图 6-193 导线束分线捆扎

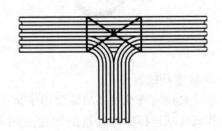

图 6-194 使用捆扎线分支导线束

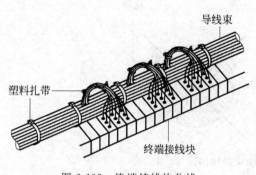

图 6-195 终端接线块分线

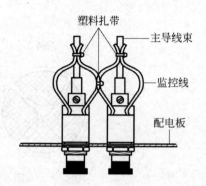

图 6-196 跳开关上的监控导线分线

3) 导线束的弯曲

在导线束捆扎和敷设中,导线束如果需要弯曲,弯曲半径不得过小。通常线束的最小弯曲半径为导线束外圈直径的 6 倍。导线束中如果只包含两根导线,那么弯曲半径以其中最粗导线的直径为基准。对于 BE、BF 或光纤导线束,它们的最小弯曲半径为最粗导线直径的 3 倍。AWG 22 号至 AWG 10 号铜、铝导线的最小弯曲半径如表 6-12 所示。

表 6-12 导线最小弯曲半径表

规　　格	最小弯曲半径
26~22	6mm
20	7.5mm
18~12	10mm
10	15mm

4) 导线束末端长度预留

导线束中的导线和电缆在考虑连接器拆装、终端的拆装和设备移动等因素时,导线束应超过其实际需要的最小长度约 50mm,如图 6-197 所示。

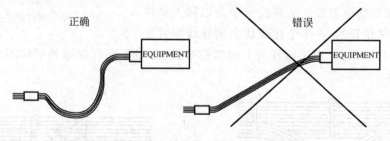

图 6-197 导线束末端长度预留

5) 滴水环的制作

导线束接入终端设备前需要用多余长度的导线束制作一个滴水环。制作滴水环所使用的导线长度从连接器到最近的固定点间不得超过 300mm。滴水环的制作结构如图 6-198 所示。

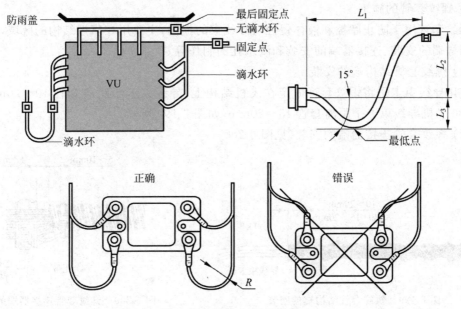

图 6-198 滴水环制作举例

6.6.2 导线束的防护

1. 概述

导线束在安装敷设过程中为了避免导线束与结构、导线束与设备、导线束之间的摩擦、碰撞或者导线束下垂等现象的发生,以及为了防止污染物对导线束的侵蚀和防止电磁干扰的发生,需要对导线束进行必要的保护措施。使用的材料有非热缩类材料,包括螺纹套管、金属套管、多功能套管和胶带、缠绕带等防护材料以及热缩类材料。

2. 非热缩材料

1) 非热缩套管使用要求

(1) 在防护套管内的导线束不能使用捆扎线和扎带进行捆扎。

(2) 高振动区域,建议使用开口编织套管或热缩套管。

(3) 一段导线束只能安装一段套管。

(4) 当套管的长度超过 500mm 时,需要在套管内安装牵引拉线。

(5) 对直径超过 10mm 的套管,需要制作滴水孔。

(6) 套管内的导线束最小弯曲半径为线缆直径的 6 倍。

2) 非热缩套管的选择

根据导线束的直径和长度选择与其配套的套管。当套管的长度<2m 时,导线束的截面积不超过套管截面积的 80%,剩余的 20% 是为了方便以后的维护工作而预留。对于电源线路(G)导线束直径尽可能与选用套管直径相同或者略大。当套管的长度≥2m 时,导线束的截面积不能超过套管截面积的 60%。对于开口套管,使用时,套管重叠部分的范围是 45°～135°。套管的长度一般不超过 3.5m。安装套管时,套管应当超过最近的固定点 10～20mm,在 A380 飞机上,这个长度为 15～20mm。

3) 螺纹套管的施工

螺纹套管用于防止摩擦和液体侵蚀对导线束的损伤,主要用在靠近结构的区域,安装时包括结构端的安装、连接器端的安装和滴水孔的制作等。

(1) 螺纹套管结构端的安装

使用导线束卡子将螺纹套管固定在飞机结构上,导线束卡子距离套管10～20mm;对于A380飞机导线束卡子距离套管15～20mm,如图6-199所示。

(2) 螺纹套管连接器端的安装(见图6-200)

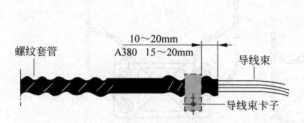
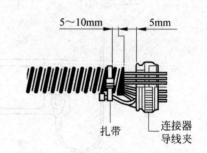

图6-199 螺纹套管结构端的安装　　图6-200 螺纹套管连接器端的安装

(3) 滴水孔的制作

滴水孔制作工具的刀片有两个大小不等的孔,用于不同尺寸的螺纹套管。制作滴水孔时,用制作工具的刀口在螺纹套管的最低点割一个小孔作为滴水孔;操作过程中应始终保持工具与螺纹套管垂直,同时保持刀口的水平,如图6-201所示。

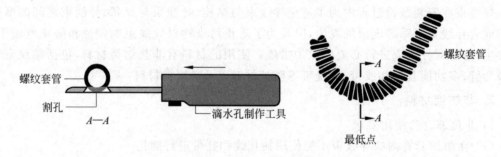

图6-201 滴水孔的制作

(4) 螺纹套管与导线束的捆扎(见图6-202)

(5) 拉线的安装

当套管的长度超过500mm时需要安装拉线,便于在以后的维护工作中在该套管内加装导线,拉线的规格为18号。拉线穿过整个套管后两头折叠在套管两端,折叠的长度至少为100mm,然后用扎带固定。拉线的两个端头用端帽压接。在拉线上还要安装标识套管,用于识别拉线,如图6-203所示。

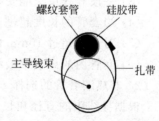

图6-202 螺纹套管与导线束的捆扎视图

3. 热缩管

热缩管分为热缩模块和热缩套管两类。热缩模块主要用于导线束和连接器尾夹中的线束保护;热缩套管可以广泛用于非绝缘接线片、拼接管和导线束的保护。热缩管分为低温

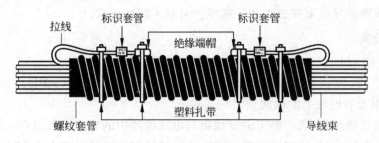

图 6-203 拉线的安装

热缩管和高温热缩管,它的选用取决于热缩管类型以及导线束和终端的使用环境。

导线束使用热缩管进行防护时,热缩管的切割边缘应当平齐无缺口,避免热缩管在热缩过程中破裂,如图 6-204 所示。把热缩管安装在导线束上进行热缩,对于长度较短的热缩管,从热缩管中间开始热缩,然后向两边移动;而对于尺寸较长的热缩管,要求热缩管一端必须包裹住导线,热缩管从包裹导线的那一端开始热缩,然后逐渐向另一端移动。热缩时应避免热风枪与导线束接触,当热缩管的外形和轮廓达到平齐时热缩结束。

(1) 热缩套管在螺纹套管中的防护,如图 6-205 所示。

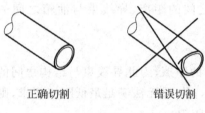

图 6-204 热缩管的正确切割

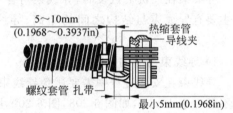

图 6-205 热缩套管在螺纹套管中的防护

(2) 使用热缩模块对导线束的防护,如图 6-206 所示。
(3) 导线束在线槽组件中的防护,如图 6-207 所示。

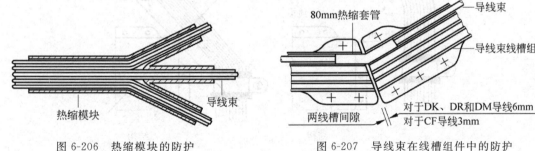

图 6-206 热缩模块的防护　　　　图 6-207 导线束在线槽组件中的防护

6.6.3　导线束的敷设与支撑

1. 线路简介

空客系列飞机出于安全的原因和为了减少导线束之间产生电磁干扰现象,导线束在敷设过程中依据位置相近或者功能相近的原则被分成不同的线路,并以不同的字母作为区分的标志,不同线路的导线束在施工和日常维护时有不同的要求。

2. 线路分类

在空客系列飞机上,常见的线路有以下几种。

G:电源线路,包括组合驱动发电机(IDG)、辅助动力装置(APU)、冲压空气涡轮(RAT)、外接电源和电瓶上的馈线。

E:发电机励磁线路,该线路上的导线束与电源线路中的导线束敷设在一起。

P:电力供电线路,包括使用跳开关进行防护的额定电流等于或大于15A的导线束。

M:多功能线路,包括使用跳开关进行防护的额定电流小于15A 的 AC、DC 线路的导线束,ARINC429 数据总线,大于 12V 的高电平信号电缆(最大允许电压为115VAC)。

S:敏感线路,包括易受干扰的敏感线路低电平信号(最大允许电压为28VDC)。

R:音频视频线路,为防止干扰,音频或视频导线束被敷设在一起。

T、U、V:同轴电缆排布在该线路中。

还有其他几种特殊线路参见 ESPM 20-33-21。

3. 敷设中导线束的安全距离

导线束在飞机上敷设时,导线束与各个环境单元之间的距离有详细规定。这些安全距离主要有导线束与结构之间的距离、导线束与管路之间的距离、导线束与油箱之间的距离等。

1) 导线束与结构之间的安全距离

导线束在安装过程中需要避免导线束与结构之间的摩擦,为此导线束与结构之间的距离不得少于 10mm,如图 6-208,图 6-209,图 6-210 所示;如果无法满足最低距离要求,则必须在结构上粘贴防磨胶带或者在导线束加装套管进行防护。

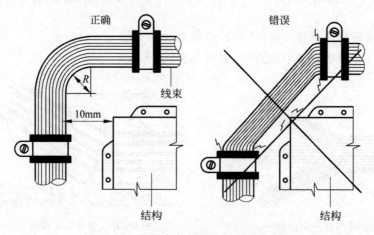

图 6-208 导线束与结构之间的安全距离

当结构中 $t \geqslant 10$mm 或者 $L \geqslant 10$mm 时,要求的导线束和托架之间的距离 D 为 20mm 或者 25mm;当 $t < 10$mm 同时 $L < 10$mm 时,要求导线束和托架之间的距离 D 为 10mm,如图 6-209 所示。导线束穿过金属隔框时,导线束与相邻结构上下左右之间的距离不得小于10mm,如图 6-210 所示。

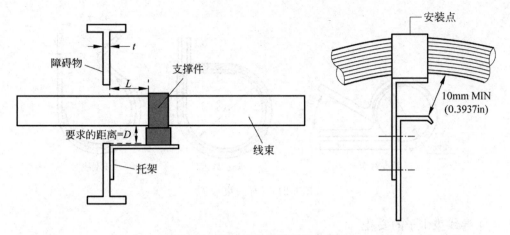

图 6-209 导线束与结构的安全距离

2) 导线束与特殊环境的安全距离

具有套管防护的导线束,如果套管与结构之间没有相对运动,套管与结构可以接触;但是这种情况对于电源线路(G)和电力供电线路(P)的导线束并不适用。导线束与管路(水路、油路、气路)之间的距离一般不得低于 50mm;如果管路中不是易燃或者高温介质,距离可以不低于 15mm。导线束与油箱之间的距离一般不得低于 50mm,在有特殊保护的情况下,不得低于 25mm,电源线路(G)的导线束需严格要求,无论何种情况都不得低于 50mm。导线束敷设时从导线束终端算起与第一个固定点的距离不得超过 300mm。

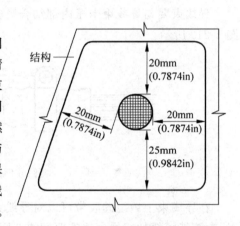

图 6-210 导线束与结构之间的距离

4. 导线束的支撑

导线束在飞机的结构上安装时,需要使用相应支撑件进行支撑,常用的支撑件分为导线束卡子、导线束线槽和导线束支架三类。

1) 导线束卡子

(1) 导线束卡子分类

安装在飞机上的线卡有三大类:尼龙线卡(nylon clamp)、防护线卡(protected clamp)、P 型线卡,如图 6-211 所示。

(2) 导线束卡子的选用

不同种类的导线束卡子材质不同、大小尺寸不同、安装环境不同,适用导线束的直径也不同。在选择导线束卡子时,首先要考虑导线束的安装环境,例如 NSA5515 适用于油箱环境中,P 型线卡适用于带有护套管的导线束上。在 ESPM 中对于导线束卡子的适用环境有详细的描述,具体的选择请参考 ESPM。适用的导线束卡子类型选定之后,根据导线束的直径来选择导线束卡子的直径,要求选用的导线束卡子直径恰好和导线束直径相一致或者略微大于导线束直径。

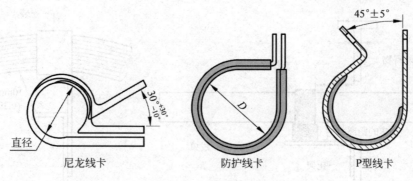

图 6-211 导线束卡子

(3) 导线束卡子的安装

① 导线束卡子与导线束的装配

导线束要与导线束卡子内部结合紧密,导线束卡子可以用螺栓或者用扎带进行安装,如图 6-212 所示。

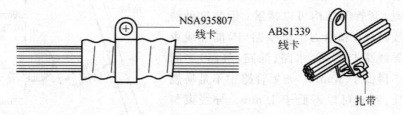

图 6-212 导线束卡子安装

在导线束上缠绕硅胶带可以对导线束进行防护或者增加导线束的直径,硅胶带在缠绕时,在胶带缠绕的起始位置需要缠绕 3 圈,其后每一圈胶带重叠的宽度为胶带宽度的 50%,胶带超过导线束卡子为左右各 10~15mm,导线束卡子安装完成后,在导线束轴向方向上轻拉导线束,导线束不应移动,如图 6-213 所示。

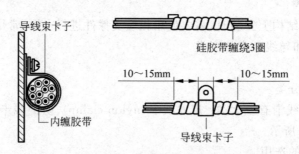

图 6-213 导线束安装时防护

ABS1339 导线束卡子在安装时,导线束卡子两边需要使用扎带或者硅胶带定位导线束,硅胶带缠绕在导线束卡子两边的 10~15mm 的范围内,如图 6-214 所示。

② 导线束卡子在飞机结构上的安装

导线束卡子在结构上安装时,需要注意导线束卡子安装的方向,如图 6-215 和图 6-216 所示。在导线束上安装距离设备最近的一个导线束卡子时,卡子和设备之间的距离不得过短。

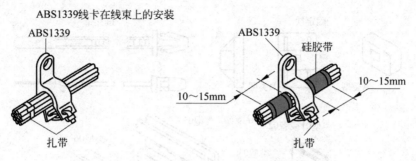

图 6-214　ABS1399 线卡的安装

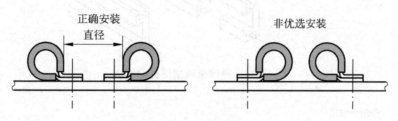

图 6-215　导线束卡子水平安装

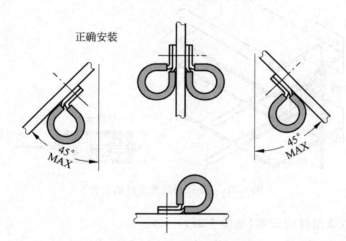

图 6-216　导线束卡子的安装

③ 导线束卡子与螺纹管的安装

在螺纹套管上安装导线束卡时，在套管端头 10～20mm 的位置安装，如图 6-217 所示。

2) 导线束线槽组件

线槽组件安装在飞机特定区域，例如高振动区。使用它排布和固定导线束，可以防止电磁干扰，保护导线束不易受损。空客系列飞机上使用的导线束线

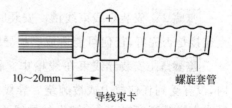

图 6-217　导线束卡子与螺纹套管的安装

槽组件有两种：ABS0127 安装在 A320 系列的飞机上，ABS0689 安装在 A330、A340 上。

(1) 导线束线槽组件的组成

以 ABS0127 为例，导线束线槽组件通常由固定块、鱼叉带、导线器组成，如图 6-218 和图 6-219 所示。

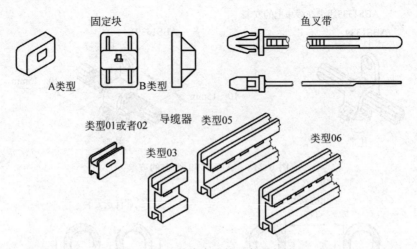

图 6-218 导线束线槽组件的构成

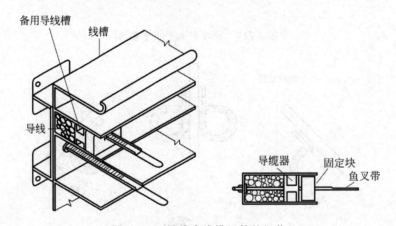

图 6-219 导线束线槽组件的组装

(2) 导线束线槽组件的安装（见图 6-219）

步骤 1： 安装鱼叉带。首先把鱼叉带穿进导线束线槽一侧，最大间隔 150mm，从另一侧拉鱼叉带直至完全锁定在导线束线槽孔中。

步骤 2： 安装导线束线槽。安装时应注意导线束线槽的位置调整是否正确，检查接地点连接是否完好，任何可能造成磨损导线的结构都应做好防护。

步骤 3： 安装导线束在线槽中。铺设导线束过程中，确保导线是平放在导线束线槽内，没有受到任何拉力或被缠绕。导线在鱼叉带两侧等量排布，铺设的导线的高度不得超过导线束线槽高度的 80%，铺设的导线不能有任何弯曲。然后在鱼叉带上穿入相应的电缆隔离器和固定块，把导线固定在相应位置。扎紧鱼叉带，切去鱼叉带尾部多余部分，其残余物不得留在导线束线槽内。

步骤 4： 对于新加入的导线，不必拆开导线束线槽组件，可以把导线安装在电缆隔离器的备用导线束线槽中。排布到位后，在导线束线槽的两头终端将新加入的导线与原导线束使用合适的扎带捆扎。

3) 导线束支架

支架用来固定导线束,根据支架的外形,安装在空客系列飞机上的电缆支架有:楔形支架、V形或U形支架、U形线卡、导缆器和隔离件。

(1) 楔形支架

楔形支架适用于增压区,适用导线束直径较小,可安装的最大导线束直径为25mm,适用温度为-55～150℃。

件号为NSA935513的楔形支架及安装图,如图6-220和图6-221所示。

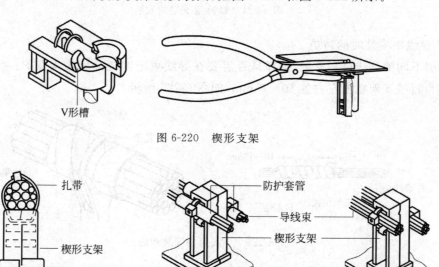

图 6-220 楔形支架

图 6-221 楔形支架导线束的安装

(2) V形或者U形支架

V形或U形支架适用于增压区,适应环境温度为-55℃～170℃。此类支架可以用来支撑单束、两束或者多束导线束,V形或U形支架适用的导线束直径为5～40mm。

① 支架安装

此类支架的安装分为卡钉型、铆钉型和螺栓型三种,安装时依据不同类别将相应的支架安装在飞机结构上。安装结构如图6-222～图6-224所示。

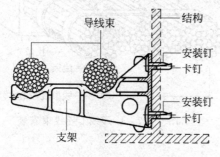

图 6-222 卡钉型支架的安装

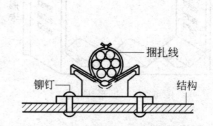

图 6-223 铆钉型支架的安装

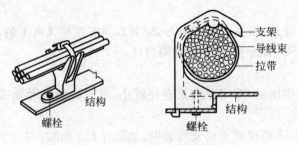

图 6-224 螺栓型支架的安装

② 导线束安装时的防护

根据不同的导线束和支架,选择是否需要在导线束上缠绕硅胶带来保护;缠绕的硅胶带长度为超过支架宽度左右各 10~15mm,如图 6-225 所示。

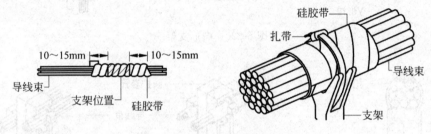

图 6-225 导线束的安装和防护

③ U 形导线束卡子

U 形导线束卡子也是一种支架,适用于增压区域直径比较大的导线束,最大导线束直径为 35mm,如图 6-226 所示。U 形线卡安装过程如下:首先根据线束的线径选择合适的 U 形线卡,用螺丝钉把 U 形线卡安装在结构上,然后将线束安装在 U 形线卡上,用锁定盘固定线束,最后在锁定盘上安装扎带,安装结构如图 6-227 所示。

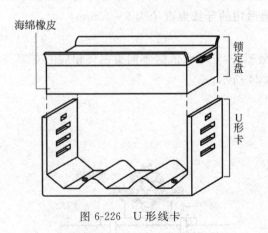

图 6-226 U 形线卡

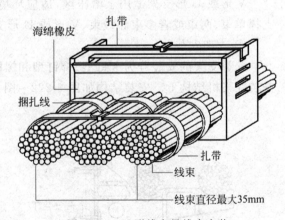

图 6-227 U 形线卡导线束安装

④ 导缆器

导缆器用于电缆的分隔与保护,只用于供电电缆。将线筒安装在导缆器中,然后将导线束穿入到线筒中，如需安装支架或者导线束卡子，将导缆器安装到支架或者导线束卡子上，如图 6-228 所示。

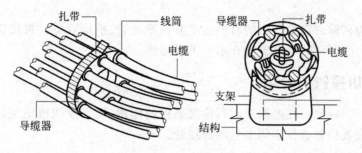

图 6-228 导缆器的安装

⑤ 隔离件

隔离件用于分隔导线束，使导线束间保持一定的间距，防止导线束相互摩擦受损，防止导线束传输信号时相互的干扰。安装隔离件时，需用扎带捆扎隔离件上导线束。如图 6-229 所示。

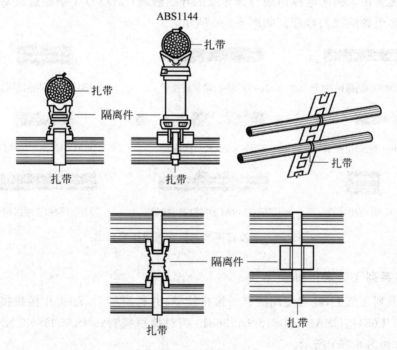

图 6-229 隔离件的安装

对于电子飞行控制系统 EFCS 导线束，使用隔离件仅作为一种临时性的维修方法，这种修理不得超过 20 个月。对于必须使用的隔离件，在系统的安装图中会指出具体的使用类型。在高温或者高潮湿的区域，对于电源线路（G）和电力供电线路（P）只能使用金属隔离件。

6.7 导线和电缆的修理

导线和电缆的修理需要使用的材料主要有各型套管、拼接管等。拼接管作为一种常用材料,施工相对比较复杂,所以首先介绍一下拼接管。

6.7.1 拼接管的介绍

拼接管(又名拼接头)在电路中起到连接通路的作用,用于导线或电缆的修理。使用中根据导线束的安装位置选择不同型号的拼接管。

1. 波音系列飞机常用拼接管

在波音系列的飞机上,NAS1388-( )和 NAS1389-( )对接拼接管用于无水增压区域的导线修理;NAS1387-( )、D436-( )对接拼接管,D436-( )并行拼接管和 343( )并行拼接管用于有水增压区域和非高温、非增压区域的导线和电缆修理;294( )高温密封对接拼接管和 BACT12C( )高温非绝缘对接拼接管用于高温区域的导线和电缆修理;269-31499-( )非绝缘对接拼接管用于铜芯电源馈线与铜导线的导线修理;277( )-1 铜铝过渡对接拼接管用于铜芯和铝芯电源馈线的修理。如图 6-230 所示。

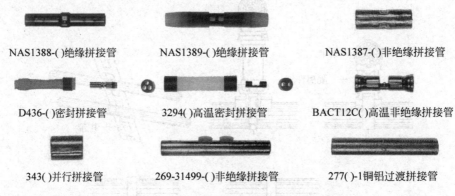

图 6-230 波音系列飞机常用拼接管介绍

2. 空客系列飞机常用拼接管

在空客系列飞机上,经常使用的有对接拼接管、并行拼接管、端头压接拼接管三类。其中,ABS0249、E0541、NSA936805、NSA936813 为对接拼接管;NSA936808、NSA936809 为并行拼接管,如图 6-231 所示。

3. CAU 介绍

CAU 用来标识导体的直径,英文全称 Circular Area Units。根据导体的环形面积(CMA)可以计算 CAU 的数值,CMA 单位是密耳,1 密耳 = 10^{-3}in(0.0254mm)。在标准线路施工中导体的总 CAU 尺寸要小于终端的最小 CAU 尺寸,如表 6-13 所示。

$$CAU = \frac{CMA}{100} = \frac{(100 \times 导线直径)^2}{100} \times 线号$$

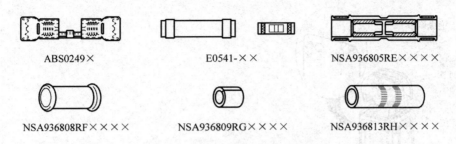

图 6-231 空客系列飞机常用拼接管介绍

表 6-13 AWG 导线与 CAU 转换

AWG 线号	CAU	AWG 线号	CAU	AWG 线号	CAU
32	0.6	18	19	4	426
30	1	16	24	2	665
28	1.6	14	38	1	837
26	3	12	59	0/1	1045
24	5	10	99	0/2	1330
22	8	8	170	0/3	1665
20	12	6	268	0/4	2109

6.7.2 拼接管压接工具的使用

1. T 形头压接工具的压接与辨认

AMP 公司生产的 59170、59250、59275、59300、69692-1 和 69693-1 等手动 T 形头压接工具,如图 6-232 所示。

在 T 形压接工具的手柄上用颜色标识工具的压接范围;绝缘调节指示是控制绝缘筒的压接力度,有 4 个位置,根据导线外层绝缘的直径选择绝缘调节位置;T 形压接工具也有定位、快速弹起扳机和代码颜色信息;具备防倒转棘轮功能,压接工作完成后压接工具手柄才能释放,为了保证压接的可靠性,防倒转棘轮不能调整。

根据拼接管的结构,去除导线上的绝缘层,导线芯线不能出现断丝和划痕,如图 6-233 所示。按照图 6-234 所示将拼接管放到压接工具的压接模块上,压接工具的定位卡住拼接管的观察孔,观察孔向上与压接工具顶部平行,按压压接工具手柄使模块固定住拼接管,但不能使拼接管压线筒变形,将去除绝缘的导线送入拼接管的压线筒直至导线芯线顶到拼接管止位端,挤压压接工具手柄使棘齿到达力矩时释放,完成拼接管的第一次压接。按照图 6-235 所示将拼接管调转方向放到压接工具的压接模块上,参照拼接管第一次压接程序完成拼接管的第二次压接。拼接管压接完成后执行目视检查程序,如图 6-236 和表 6-14 所示。

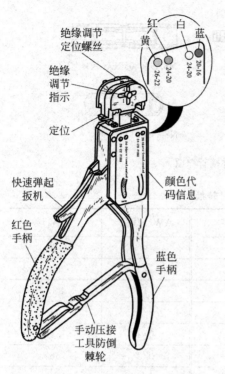

图 6-232 AMP 59250 压接工具介绍

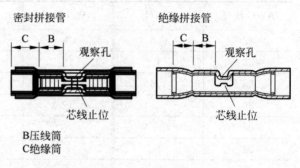

图 6-233 拼接管的结构

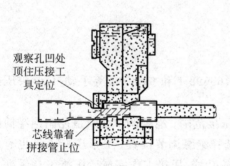

图 6-234 拼接管的第一次压接介绍

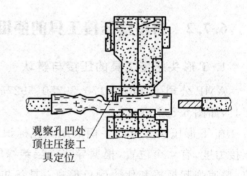

图 6-235 拼接管的第二次压接介绍

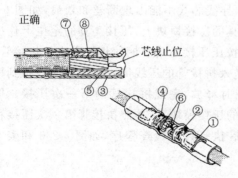

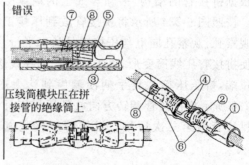

图 6-236 拼接管的目视检查

表 6-14 拼接管压接后的可靠性检查

正 确	错 误
① 绝缘筒与导线绝缘可靠接触	① 导线绝缘压出（拼接管绝缘压接太紧）
② 正确的颜色标记和模块标记	② 错误的颜色标记和模块标记
③ 导线规格在拼接管压接范围之内	③ 导线规格不在拼接管压接范围之内
④ 压线筒压接在中心	④ 压线筒压接不在中心（压接不到位）
⑤ 在拼接管上的导线末端到达规定位置	⑤ 导线末端没有到达规定位置（检查剥线长度）
⑥ 在拼接管上的芯线末端到达止位	⑥ 过度压接或绝缘变形（工具和拼接管选择错误）
⑦ 压线筒没有压接到导线绝缘	⑦ 压线筒压接到导线绝缘
⑧ 芯线没有断丝或划痕	⑧ 芯线有断丝或划痕

注：表中序号对应图 6-236。

2. 长柄压接工具的压接与辨认

AMP 公司生产的 46447、49592、49935、69363、574573、1490048-1 和 1490047-1 等手动长柄压接工具，如图 6-237 所示。压接工具包括 1～3 个压接模块，工具上都标有可以压接的导线规格范围，具备防倒转棘轮功能。

压接时必须将拼接管的接缝处放在压接模块的凹槽中心，如图 6-238 所示。压接模块压接在拼接管压线筒的中心，确保拼接管压接后的压接标记中心与观察孔成一条直线，如图 6-239 所示。经过两次压接程序完成拼接管的压接施工，然后执行目视检查程序，如图 6-240 和表 6-15 所示。

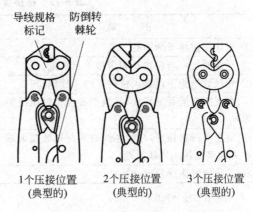

图 6-237 长柄压接工具介绍

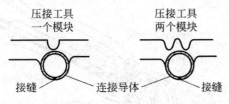

图 6-238 49935 压接工具的压接位置

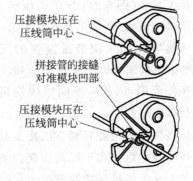

图 6-239 长柄压接工具使用

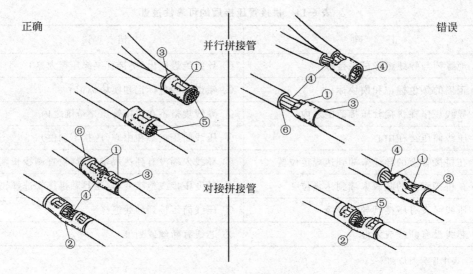

图 6-240 拼接管的目视检查

表 6-15 拼接管压接后的可靠性检查

正 确	错 误
① 压接在拼接管的中心	① 压接在拼接管的边缘
② 导线的规格与拼接管和压接工具匹配	② 导线的规格与拼接管和压接工具不匹配
③ 导线的绝缘不能进入拼接管的压线筒	③ 导线的绝缘进入压线筒(检查剥线长度)
④ 在观察孔能看见导线,导线平齐或超过压线筒末端	④ 导线没有完全插入拼接管或芯线末端没有到达止位
⑤ 对于并行拼接管,导线芯线必须与压线筒末端平齐或稍微超出压线筒端	⑤ 拼接管压接过度损伤,拼接导线错误或工具使用不正确
⑥ 导线绝缘去除长度合适	⑥ 导线裸露芯线太长

注:表中序号对应图 6-240。

3. 短柄压接工具的压接与辨认

AMP 公司生产的 47386、47387、4612147386-0、47386-4、409775-1 和 47387-0 等手动短柄压接工具,如图 6-241 所示。压接工具有一个压接基准模块、压接定位、压接模块和三个绝缘压接调节钉,压接工具头后面有一个导线规格颜色标记。压接工具具备防倒转棘轮功能。压接定位用于调节拼接管的压接位置;绝缘压接调节钉用于调节压接工具模块的压接范围,以适应不同导线规格压线筒的拼接管压接。

压接拼接管前需要调节压接工具到合适的拼接管绝缘筒和压线筒压接位置。压接工具有 3 个绝缘压接调节位置;1-紧、2-中等和 3-松;将压接工具的绝缘调节钉插入到 3 位置(见图 6-241),在拼接管的绝缘

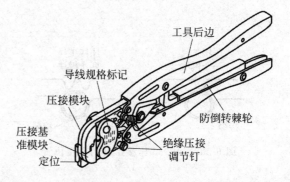

图 6-241 AMP 47386、47387 和 46121 手动压接工具

筒插入没有去除绝缘的导线，压紧压接工具手柄使棘齿到达力矩时释放，取下压接完的拼接管，检查绝缘压紧情况；将导线向后、向外弯曲，导线绝缘应紧压在绝缘筒内；如果导线被拉出，调节绝缘调节钉到紧的位置（2位置），如果导线不能被拉出，压接工具的绝缘压接调节位置合适。按照压接绝缘调节步骤完成拼接管压线筒的压接试验，检查压线筒压紧情况，不必将绝缘调节钉调节到最紧的位置。

压接时从工具前面向上推动定位，将拼接管压线筒插入压接模块，确保压线筒的边缘靠紧定位，如图6-242所示。经过两次压接程序完成拼接管的压接，然后执行目视检查程序，如图6-243和表6-16所示。

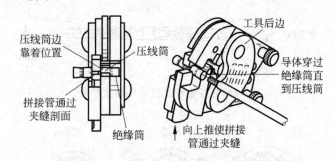

图6-242 拼接管的压接介绍

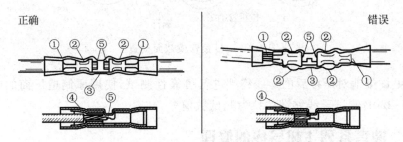

图6-243 压接后的拼接管检查

表6-16 拼接管压接后的可靠性检查

正　确	错　误
① 拼接管的绝缘筒压住导线绝缘	① 导线芯线太长或导线绝缘层裂开
② 压接在压线筒中心且标记清楚	② 标记不清楚，压线筒出现撕裂痕迹
③ 导线的规格与拼接管和压接工具匹配	③ 导线的规格与拼接管和压接工具不匹配
④ 导线绝缘进入拼接管的绝缘筒位置合适	④ 导线绝缘进入拼接管的压线筒
⑤ 在观察孔看见芯线并到达止位	⑤ 导线没有完全插入拼接管，芯线没有到达止位

注：表中序号对应图6-243。

4. 拼接管压接完成后的标准

允许在压接施工期间拼接管的压线筒和导线有一定的弯曲。当拼接管压接完成后，按照图6-244所示对拼接管进行向上与向下弯曲目视检查、侧面与侧面弯曲目视检查，拼接管的压线筒和导线以参考线为基准，允许的最大弯曲角度不能超过11°。按照图6-245所示对拼接管进行横截面的检查，出现图6-245所示左侧的问题主要是由于压接工具的压接挡位太松，出现图 6-245 所示右侧的问题主要是由于压接工具的压接挡位太紧。

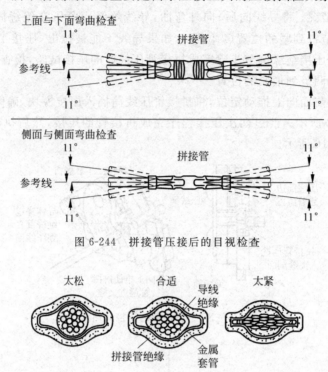

图 6-244 拼接管压接后的目视检查

图 6-245 拼接管横截面检查

如果想更详细地对压接后的导线终端进行可靠性测试，使用原制造厂商的电子拉力测试系统 MPT-250B 测试导线终端的拉力测试数值。

6.7.3 波音系列飞机导线的修理

对于波音系列飞机上允许修理的导线，导线芯线损伤 20% 及以上时，必须进行永久性修理；发动机及 APU 部分发电机的电源馈线，导线芯线损伤 20% 及以上时，不允许修理的必须更换；如果导线芯线损伤没有达到 20% 时，只需要进行绝缘层修理工作。

1. 绝缘层修理

(1) 在导线绝缘损伤区域去除多余的绝缘层且确保绝缘层表面平滑；使用异丙醇清洁导线绝缘损伤位置每侧大约 3in 的区域，保持清洁区域干燥，如图 6-246 所示。

(2) 如果在绝缘损伤区域出现空洞，使用温度等级 D 类的薄膜胶带或 TFE 胶带进行填充，同时确保绝缘层表面平滑，如图 6-247 所示。在空洞处最少缠绕两层胶带，确保胶带缠绕时最小重叠 50%，第二层需要与第一层缠绕方向相反；多层薄膜胶带的每一侧末端超出空洞损伤边缘最小距离是 0.25in。

(3) 选择温度等级 D 类的 TFE 胶带或温度等级 C 类的硅树脂胶带或相同温度等级的热缩管；在绝缘损伤区域缠上两层胶带，确保胶带缠绕时最小重叠 50%，第二层需要与第一层缠绕方向相反，如图 6-248 所示；每一侧胶带末端超出填充空洞使用的多层薄膜胶带末端最小距离是 0.75in；每一侧胶带末端超出损伤边缘最小距离是 1in。

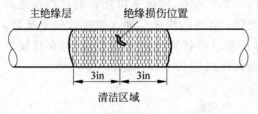

图 6-246 清洁导线损伤区域

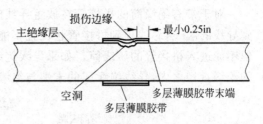

图 6-247 导线绝缘层损伤修理

(4) 在导线绝缘修理胶带的每个末端大约 0.25in 处使用相同温度等级的扎线进行捆扎,如图 6-248 所示。

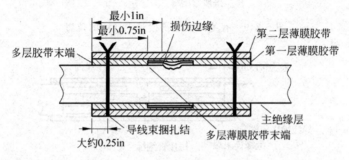

图 6-248 导线绝缘层损伤修理

2. 增压区域导线修理

从表 6-17 和表 6-18 中选择需要的绝缘拼接管和拼接管压接工具。

表 6-17 绝缘对接拼接管件号举例

CAU 范围		件号	压线筒号	描述	绝缘颜色	供应厂商
最小	最大					
3	8	NAS1388-5	26-22	有绝缘筒	黄色	QPL
4	12	NAS1388-4	24-20	有绝缘筒	白色	QPL
7	24	NAS1388-1	22-18	有绝缘筒	红色	QPL
15	51	NAS1388-2	16-14	有绝缘筒	蓝色	QPL
……	……	……	……	……	……	……

表 6-18 绝缘对接拼接管压接工具举例

压线筒号	压接工具		
	基本组件	定位模块	
		件号	位置
26-22	59275	—	—
	69692	—	—
22-18	47386	—	—
	59250	—	红
	69692-1	—	—
……	……	……	……

对于带有绝缘筒的拼接管在放置导线时,如图 6-249 所示,确保从拼接管的观察孔里看到导线的芯线,芯线顶到拼接管止位且不能超过止位;导线的绝缘层插入拼接管的绝缘筒,但不能进入拼接管的压线筒。如果导线绝缘层直径超过拼接管绝缘筒的直径,但在拼接管的绝缘直径之内,导线绝缘层的末端与绝缘筒的最大距离是 0.13in,如图 6-250 所示。

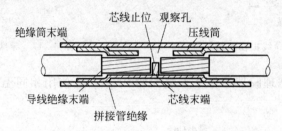

图 6-249　有绝缘筒的拼接管中导线的位置

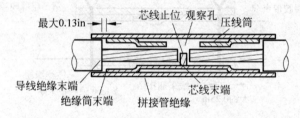

图 6-250　有绝缘筒的拼接管中粗导线的位置

对于没有绝缘筒的拼接管在放置导线时,AWG 10 号线及更细的导线和 AWG 8 号线及更粗的导线绝缘层的末端与压线筒的最大距离有所不同,如图 6-251 所示。

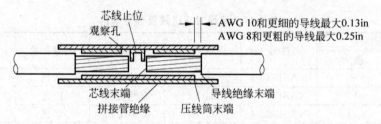

图 6-251　无绝缘筒的拼接管中导线的位置

3. 高振动区域导线修理

高振动区域的导线需要进行永久性修理,修理时选取密封拼接管,如图 6-252、图 6-253 和表 6-19 所示,这种施工方法也适用于经常接触到水的增压区域损伤导线的修理,由于拼接管的材料和热缩套管的温度等级限制,不适用于高温区域损伤导线修理。

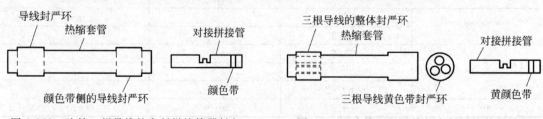

图 6-252　连接一根导线的密封拼接管器材包　　图 6-253　连接三根导线的密封拼接管器材包

表 6-19　密封拼接管器材包件号组成举例

器材包件号	组成	件号	压线筒号	颜色带	供应厂商
D-436-36	对接拼接管	D-609-06	26-20	红色	Raychem
	热缩套管	D-436-0096	—	红色	Raychem
D-436-37	对接拼接管	D-609-07	20-16	蓝色	Raychem
	热缩套管	D-436-0097	—	蓝色	Raychem
……	……	……	……	……	……

将去除绝缘层的导线放入拼接管,检查导线在拼接管内的位置,如图 6-254 和图 6-255 所示。

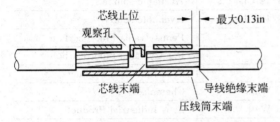

图 6-254　一根导线在拼接管里的位置

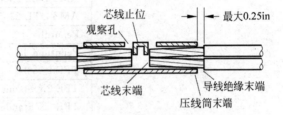

图 6-255　两根导线在拼接管里的位置

拼接管压接完成后,将拼接管放置在热缩套管中心,如图 6-256 和图 6-257 所示。根据热缩套管的温度等级设置热风枪的温度,按照热风枪的施工程序进行热缩工作,热缩后确保热缩套管外侧末端边缘不能出现粗糙的现象。

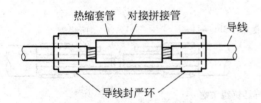

图 6-256　热缩套管在一根导线上的位置

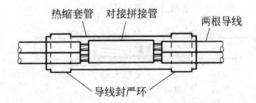

图 6-257　热缩套管在两根导线上的位置

4. 高温区域导线修理程序

高温区域的导线需要进行永久性修理,修理时选取铜合金材料的拼接管,如表 6-20 所示。这种施工方法也适用于增压区域和高振动区域的损伤导线修理,根据修理导线的具体位置,选择不同温度等级的绝缘胶带和热缩套管进行防护,如表 6-21 和表 6-22 所示。

表 6-20　高温对接拼接管的件号

CAU 范围		波音标准	压线筒号	类型	供应厂商
最小	最大				
7	24	BACT12C20	22-18	有绝缘筒	Boeing
15	51	BACT12C15	16-14	有绝缘筒	Boeing
43	138	BACT12C11	12-10	有绝缘筒	Boeing

表 6-21 绝缘胶带件号举例

温度等级	件号	供应厂商
D	P-421	Saint Gobain Performance Plastics
	2045-5	Fluorglas
		Saint Gobain Performance Plastics
	2245-5	Fluorglas
		Saint Gobain Performance Plastics

表 6-22 热缩套管件号举例

温度等级	件 号	供应厂商
D	AMS-DTL-23053/12 Class 2	Available source
	AMS-DTL-23053/12 Class 3	Available source
	Penntube Ⅰ	Pennsylvania Fluorocarbon
	Penntube Ⅱ	Pennsylvania Fluorocarbon
	TFE 2 to 1	Zeus Industrial Products
	TFE 2X Standard Wall	Chemplast
	TFE 2X Standard Wall	Zeus Industrial Products
	TFE 4X Standard Wall	Chemplast
	TFE 4X Standard Wall	Zeus Industrial Products

(1) 将去除绝缘层的导线放入拼接管,检查导线在拼接管内的位置,如图 6-258 和图 6-259 所示。

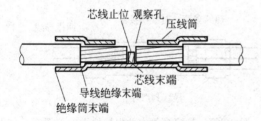
图 6-258 有绝缘筒的拼接管中导线的位置

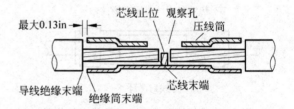
图 6-259 有绝缘筒的拼接管中粗导线的位置

(2) 拼接管压接完成后,在拼接管上缠绕两层绝缘胶带,第一层绝缘胶带紧紧地缠绕在拼接管上,确保胶带末端大于拼接管两侧末端最少 0.6～0.85in,胶带缠绕时最小重叠 50%;第一层绝缘胶带缠绕后,再逆时针紧紧地缠绕第二层绝缘胶带,第一层胶带的终点就是第二层的起点,第二层的终点就是第一层起点,胶带缠绕时最小重叠 50%。

(3) 选择合适温度等级的绝缘胶带和热缩套管,确保合金拼接管的最大直径在热缩套管的收缩范围之内。截取合适的热缩套管长度,热缩套管伸出拼接管末端最少 1.1in。将防护完成的拼接管放置在热缩套管中心,如图 6-260 所示,使用热缩工具完成热缩工作。

5. 拼接管在标准线路施工手册的查找

在维护检查工作中发现一架波音 B737-800 飞机驾驶舱 P6 板上有一根导线出现严重损坏,这根导线连接 C786 跳开关的=L 终端到插座 D40820J 的 6 号孔位,如图 6-261 所示,导线长度可以再做一次永久修理,导线标识是 W0044-0224-24;由于这根导线位于驾驶舱,可

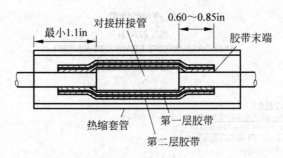

图 6-260　拼接管、绝缘胶带和热缩套管的位置

以使用绝缘拼接管进行修理,需要从标准线路施工手册中找到拼接管的件号、压接工具的件号和压接施工程序。

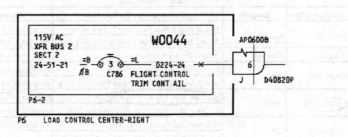

图 6-261　导线出现损伤的具体位置

步骤 1：在标准线路施工手册中找到导线修理的具体章节 20-30-12,如图 6-262 所示。

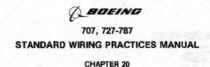

图 6-262　标准线路施工手册目录

步骤 2：进入标准线路施工手册 20-30-12 的分目录,找到通用信息中的 1.B Assembly of Specified Splices(专用拼接管装配),如图 6-263 所示。

步骤 3：进入标准线路施工手册 20-30-12 1.B,在表格 1 中找到使用的绝缘对接拼接管的件号是 NAS1388-( ),施工程序在 6.B,如图 6-264 所示。

步骤 4：进入标准线路施工手册 20-30-12 的分目录,在件号和描述中找到绝缘对接拼接管的件号在 3.B,如图 6-265 所示。

BOEING

707, 727-787

STANDARD WIRING PRACTICES MANUAL

ASSEMBLY OF SPLICES

20-30-12 CONTENTS

图 6-263　标准线路施工手册 20-30-12 分目录

Table 1 (continued)

Specified Splice	Supplier	Splice Assembly Configuration	Reference
D-436-38	Raychem	Sealed Butt Splice Kits - One to Two Wires	Paragraph 7.F.
		Sealed Butt Splice Kits - One to Five Wires	Paragraph 7.H.
D-436-60	Raychem	Sealed Closed End Splice Kit	Paragraph 5.B.
NAS1387-()	QPL	Butt Splice With Sleeve - One Wire	Paragraph 6.D.
		Butt Splice With Sleeve - More Than One Wire	Paragraph 6.E.
NAS1388-()	QPL	Insulated Butt Splice - One Wire	Paragraph 6.B.
		Insulated Butt Splice - More Than One Wire	Paragraph 6.C.
NAS1389-()	QPL	Insulated Butt Splice - One Wire	Paragraph 6.B.
		Insulated Butt Splice - More Than One Wire	Paragraph 6.D.

20-30-12

图 6-264　拼接管相关信息查找

20-30-12 CONTENTS

图 6-265　拼接管件号相关信息查找

步骤 5: 进入标准线路施工手册 20-30-12 3. B,在表格 10 里根据 AWG 24 号导线找到绝缘对接拼接管的件号是 NAS1388-5,如图 6-266 所示。

B. Insulated Butt Splices

Table 10
PART NUMBERS OF INSULATED BUTT SPLICES

CAU Range		Part Number	Crimp Barrel Size	Description	Insulation Color	Supplier
Minimum	Maximum					
3	8	NAS1388-5	26-22	Insulation Grip	Yellow	QPL
4	12	NAS1388-4	24-20	Insulation Grip	White	QPL
------	------	------	------	------	------	------
838	1195	NAS1389-13	1/0	No Insulation Grip	Blue	QPL

20-30-12

图 6-266　拼接管件号查找

步骤6：进入标准线路施工手册 20-30-12 的分目录，在工具和材料中找到绝缘对接拼接管的压接工具件号在 4.A，如图 6-267 所示。

```
Paragraph                                              Page
4.  TOOLS AND MATERIALS                                 22
    A.  Conductor Splice Crimp Tools                    22
    B.  Mechanical Ferrule Crimp Tools                  27
    C.  Shield-Kon Crimp Tools                          39
    D.  Hot Air Guns                                    41
    E.  Splice Assembly Materials                       41
```

20-30-12 CONTENTS

图 6-267　拼接管压接工具相关信息查找

步骤7：进入标准线路施工手册 20-30-12 4.A，在表格 38 里根据 AWG 24 号导线找到绝缘对接拼接管的压接工具件号是 59275 或 69692，如图 6-268 所示。

Table 38
CRIMP TOOLS FOR INSULATED BUTT SPLICES

Crimp Barrel Size	Crimp Tool		
	Basic Unit	Locator Die	
		Part Number	Nest
24-20	59275	-	-
	69692-1	-	-
26-22	59275	-	-
	69692	-	-
------	------	------	------

20-30-12

图 6-268　拼接管压接工具查找

步骤8：根据步骤 3 的相关信息，可知绝缘对接拼接管的施工程序是 6.B，在标准线路施工手册 20-30-12 找到拼接管的施工程序 6.B，如图 6-269 所示。

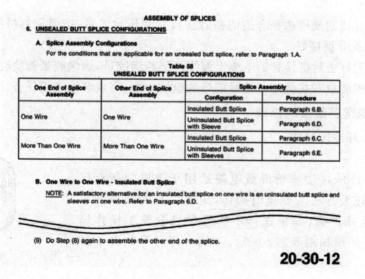

图 6-269　拼接管压接程序

6.7.4 波音系列飞机电缆的修理

1. 普通电缆的修理

以对增压区域的一根三芯电缆进行永久性修理为例,具体方法如下:

(1) 去除合适长度的电缆外层绝缘,检查密封拼接管与电缆外层绝缘末端的距离,如图 6-270 所示。

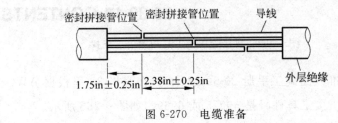

图 6-270 电缆准备

(2) 选择温度等级 B 级或 D 级的绝缘胶带和热缩管,截取合适长度后,将热缩管套在需要修理的电缆末端,如图 6-271 所示。

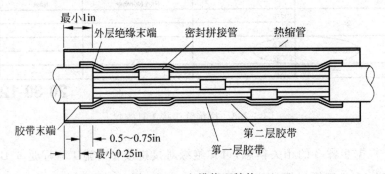

图 6-271 电缆修理结构

(3) 根据导线的规格选择合适的密封拼接管和压接工具,按照密封拼接管施工程序将电缆的三根芯线分别接好。

(4) 在装配好密封拼接管的电缆上缠绕两层绝缘胶带,确保胶带缠绕时最小重叠 50%。

(5) 将热缩管放置在缠绕好绝缘胶带的电缆中心,完成热缩施工任务。

2. 屏蔽电缆屏蔽层的修理

1) 金属小环冷压接法

(1) 概述

金属小环冷压接法修理屏蔽电缆适用于飞机的所有区域,使用这种施工方法需要谨慎操作,压接工具的模块和金属小环必须选择正确,如果选择不当容易导致施工操作错误。金属小环外形如图 6-272 所示,金属小环件号如表 6-23 所示。

图 6-272 RSK 金属小环介绍

表 6-23　RSK 金属小环件号

温度等级	屏蔽层直径/in		件号	颜色	镀层	生产厂商
	最小	最大				
B	0.050	0.090	RSK101	Red	Tin	Thomas
	0.090	0.145	RSK201	Blue	Tin	Thomas
	0.144	0.200	RSK301	Yellow	Tin	Thomas
	0.200	0.300	RSK401	Green	Tin	Thomas
D	0.301	0.325	SK501HT	—	Nickel	Thomas & Betts
	0.401	0.425	SK502HT	—	Nickel	Thomas & Betts

（2）屏蔽电缆屏蔽层的修理

① 去除屏蔽电缆的外层绝缘，如图 6-273 所示；然后去除损伤区域的屏蔽层，如图 6-274 所示。

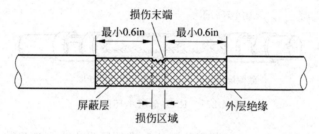

图 6-273　电缆外层绝缘去除

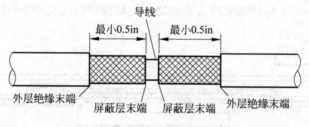

图 6-274　电缆屏蔽层修理准备

② 将电缆两侧屏蔽层回折，使用临时胶带将屏蔽层的每个末端缠紧，确保电缆上的屏蔽层不能移动。

③ 根据温度等级选择屏蔽材料，屏蔽材料的最小直径大于电缆屏蔽层回折直径，最小长度等于电缆两侧屏蔽层回折后末端之间的距离；将屏蔽材料套在电缆上，屏蔽材料的末端与电缆屏蔽层回折后的末端对齐，如图 6-275 所示。

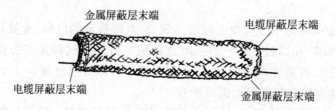

图 6-275　电缆屏蔽层与屏蔽材料位置

④ 测量装配后的屏蔽材料外侧直径,如图 6-276 所示;根据温度等级和屏蔽材料外层直径在表 6-23 中选择合适的两个金属小环;根据金属小环件号选择压接工具。

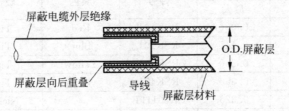

图 6-276　屏蔽材料外层直径

⑤ 去除电缆屏蔽层每个末端上缠绕的临时胶带;在电缆的一端套入金属小环,确保金属小环末端与屏蔽材料和电缆屏蔽层回折末端重合,压接金属小环,然后按照相同的施工方法完成另一端金属小环的压接工作,如图 6-277 所示。

图 6-277　RSK 金属小环的压接

⑥ 根据温度等级和完成拼接屏蔽层装配的电缆外层最小直径选择热缩管,如图 6-278 所示,根据温度等级选择 TFE 绝缘胶带;在装配好屏蔽材料的电缆上缠绕两层绝缘胶带,确保胶带缠绕时最小重叠 50%;将热缩管放置在缠绕好绝缘胶带的电缆中心,完成热缩施工任务。

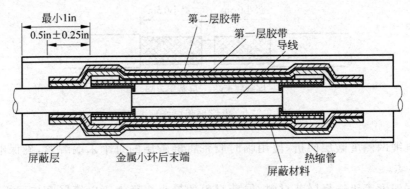

图 6-278　金属小环修理屏蔽电缆屏蔽层的结构

2) 焊接套管焊接修理法

(1) 概述

焊接修理屏蔽电缆适用于飞机上温度等级 A 类和 B 类的区域,也就是低温区域和常温区域,在发动机、APU 和高温区域严禁使用这种施工方法。这种施工方法相对于其他施工方法具有简单、安全、可靠性高等优点,广泛用于增压区域导线修理。

(2) 使用整体焊接套管修理电缆屏蔽层

① 根据屏蔽电缆外层直径在表 6-24 中选择整体焊接套管;根据整体焊接套管的件号

参照表 6-25 去除屏蔽电缆外层绝缘,如图 6-279 所示。

表 6-24 整体焊接套管件号举例

外层绝缘 O.D/in		件号	生产厂商
最大	最小		
0.11	0.06	D-155-0350	Raychem
0.15	0.08	D-155-0450	Raychem
……	……	……	……
0.35	0.18	D-155-0975	Raychem

表 6-25 屏蔽电缆外层绝缘去除长度举例

整体焊接套管件号	外层绝缘去除长度/in	
	目标值	误差
D-155-0350	2.18	±0.04
D-155-0450	2.18	±0.04
……	……	……
D-155-0975	3.16	±0.04

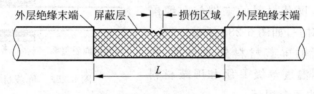

图 6-279 绝缘去除尺寸

② 使用异丙醇清洁电缆损伤位置每侧大约 3in 的区域。

③ 将整体焊接套管放置在电缆上,焊接套管的密封环在电缆绝缘层的每个末端之上,焊接套管的屏蔽材料覆盖屏蔽电缆去除绝缘的屏蔽层,如图 6-280 所示。

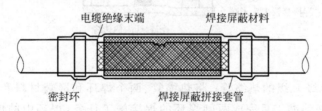

图 6-280 整体焊接套管装配结构

④ 参考 20-10-14 操作施工程序进行焊接施工。从整体焊接套管的焊接屏蔽材料中心开始加温,整体焊接套管开始收缩;在整体焊接套管一侧的焊接材料中心连续加温直至发现焊锡熔化流动;重复上述步骤完成整体焊接套管另一侧焊接材料的施工。

(3) 使用分步焊环修理电缆屏蔽层

① 去除屏蔽电缆外层绝缘,如图 6-281 所示;去除损伤区域的屏蔽层,如图 6-282 所示。

② 使用异丙醇清洁电缆损伤每侧大约 3in 的绝缘区域。

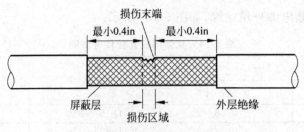

图 6-281 绝缘去除尺寸

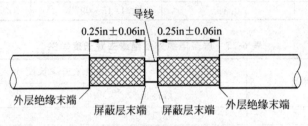

图 6-282 电缆屏蔽层截取介绍

③ 选择温度等级 B 级的屏蔽材料,屏蔽材料的最小直径大于电缆屏蔽层回折直径;将屏蔽材料套在电缆上,屏蔽材料的末端与电缆屏蔽层回折后的末端对齐,如图 6-283 所示。

④ 测量装配后的屏蔽材料外侧直径,如图 6-284 所示;根据温度等级 B 级和屏蔽材料外层直径选择合适的两个焊环。

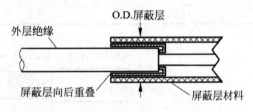

图 6-283 屏蔽材料外层直径

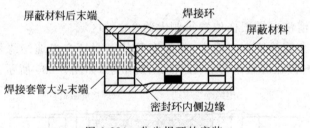

图 6-284 分步焊环的安装

⑤ 选择温度等级 B 级的热缩管;将热缩管、两个焊环和屏蔽材料套在屏蔽电缆上,如图 6-285 所示;选择热缩工具完成两侧焊环的焊接施工任务,焊环中的焊接材料最少熔化 75% 以上。

⑥ 选择温度等级 B 级的绝缘胶带;在装配好屏蔽材料的电缆上缠绕两层绝缘胶带,确保胶带缠绕时最小重叠 50%;将热缩管放置在缠绕好绝缘胶带的电缆中心,完成热缩施工任务。

3) 钢环铜环冷压接法

(1) 概述

钢环铜环冷压接法修理屏蔽电缆适用于飞机的所有区域,经常使用在发动机、APU 和高温区域,这种施工方法简单、安全、可靠性高,但操作方法相对于其他施工方法比较复杂。钢环铜环件号的介绍和举例,如图 6-286 和表 6-26 所示。

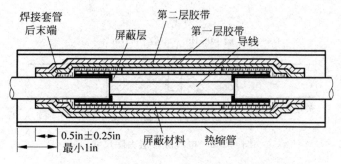

图 6-285 分步焊环修理屏蔽电缆屏蔽层的结构

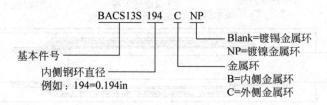

图 6-286 钢环铜环件号介绍

表 6-26 钢环铜环件号举例

内 侧 钢 环		外 侧 铜 环	
波音件号	颜色	波音件号	颜色
BACS13S046B	Tin	BACS13S128C	Blue
BACS13S058B	Yellow	BACS13S149C	Purple
……	……	……	……
BACS13S219B	Tin	BACS13S312C	Yellow
		BACS13S327C	Tin

(2) 钢环铜环冷压接法对屏蔽电缆屏蔽层的修理

① 去除屏蔽电缆外层绝缘,如图 6-287 所示;去除损伤区域的屏蔽层,如图 6-288 所示。

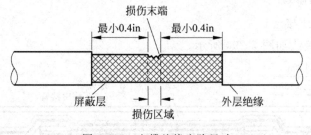

图 6-287 电缆绝缘去除尺寸

② 根据温度等级选择两侧需要的内侧钢环和外侧铜环,确保内侧钢环的最小直径大于屏蔽电缆外层绝缘,外侧铜环的直径大于内侧钢环和屏蔽层厚度之和;将一个内侧钢环放置在屏蔽电缆绝缘层末端之上,向后回折电缆屏蔽层在内侧钢环之上并与内侧钢环平齐,如图 6-289 所示。

③ 根据温度等级选择屏蔽层材料,屏蔽材料的最小直径大于电缆屏蔽层回折直径,最

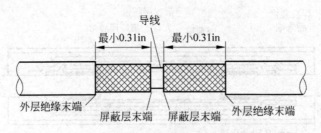

图 6-288　电缆屏蔽层去除尺寸

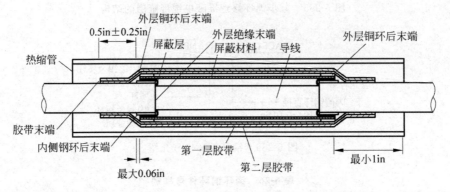

图 6-289　钢环铜环修理屏蔽电缆屏蔽层的结构

小长度等于电缆两侧屏蔽层回折后末端之间的距离;将屏蔽材料套在电缆上,屏蔽材料的末端与电缆屏蔽层回折后的末端对齐。

④ 在电缆两端套入外侧铜环,确保包住内侧钢环、回折后的电缆屏蔽层和屏蔽材料末端,外侧铜环末端距离内侧钢环末端最多 0.06in;选择压接工具分别压接两侧外侧铜环。

⑤ 根据温度等级选择 TFE 绝缘胶带,在装配好屏蔽材料的电缆上缠绕两层绝缘胶带,确保胶带缠绕时最少重叠 50%;将热缩管放置在缠绕好绝缘胶带的电缆中心,完成热缩施工任务。

3. 屏蔽电缆的修理

1）金属小环冷压接法

金属小环冷压接法如图 6-290 所示。

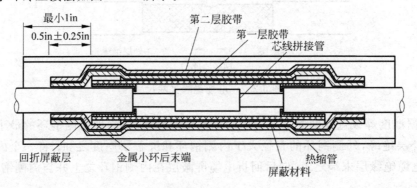

图 6-290　金属小环修理屏蔽电缆的结构

2) 焊接套管焊接修理法

(1) 使用整体焊接套管修理屏蔽电缆

根据温度等级、屏蔽电缆外层直径和中心导线规格选择整体焊接套管器材包,如图 6-291 和表 6-27 所示。使用整体焊接套管修理屏蔽电缆的结构,如图 6-292 所示。

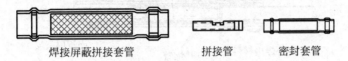

图 6-291　整体焊接套管器材包介绍

表 6-27　整体焊接套管器材包件号

电缆外层 最大直径/in	屏蔽层 最小直径/in	中心导线 CAU 范围		焊接套管器材包件号	
		最小	最大	件号	生产厂商
0.12	0.06	3	15	D-150-0168	Raychem
0.15	0.08	8	27	D-150-0169	Raychem
0.18	0.10	19	67	D-150-0170	Raychem
0.22	0.14	43	138	D-150-0172	Raychem

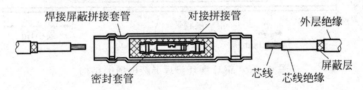

图 6-292　整体焊接套管修理屏蔽电缆的结构

(2) 使用分步焊环修理屏蔽电缆

根据温度等级、屏蔽电缆外层直径和中心导线规格选择屏蔽电缆修理器材包,根据屏蔽材料外层直径选择合适的两个焊环;选择温度等级 B 级热缩管。如图 6-293 所示。

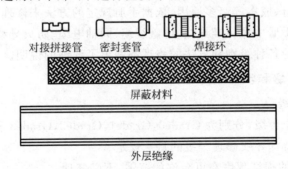

图 6-293　分步焊环修理屏蔽电缆修理器材包介绍

使用分步焊环修理屏蔽电缆的结构,如图 6-294 所示。

3) 钢环铜环冷压接法

使用钢环铜环冷压接法修理屏蔽电缆,如图 6-295 所示。

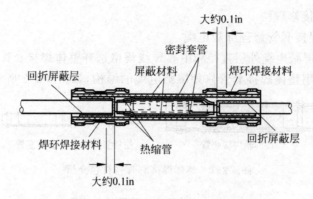

图 6-294 分步焊环修理屏蔽电缆的结构

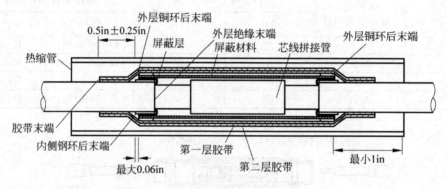

图 6-295 钢环铜环修理屏蔽电缆的结构

6.7.5 空客系列飞机导线的修理

1. 导线修理原则

导线受损以后,通用的处理方法是用相同或者可替代的导线进行更换。但是,在实际的工作中,由于时间、耗材、成本等诸多原因,依据手册规定的方法来修理导线也是经常采取的措施。电气标准施工手册中对标准导线、屏蔽线缆、同轴电缆、防火导线、热电偶导线、EFCS线缆、馈电线缆、光缆的各种级别和方法的修理都做出了详细的说明。

2. 导线修理的等级和步骤

1) 导线修理的等级

导线修理分为 5 个等级,分别为 Grade0、Grade1、Grade2、Grade3 和 Grade4。维修等级中的"＊"号是对某些特殊导线修理等级的特殊规定。

Grade0 表示导线的损坏程度在可允许的范围,不必修理。

Grade1 表示这个导线修理程序是永久性修理。

Grade2 表示每隔不超过 20 个月,必须对这个修理作一次检查。

Grade3 表示该修理只是一次临时性修理,在随后检修中,应替换该导线。该维修不得超过 20 个月。

Grade4 表示导线的损坏程度已不是修理能够弥补的,需要更换。

2)导线修理步骤

步骤1： 确定损伤导线的类型与规格,判断导线是否为 EFCS 导线或者敏感导线。这个步骤通过查找 AWL 的相关内容可以确定。

步骤2： 观察和评估损伤导线的位置和程度。具体的要求是明确损伤的位置在何处,损伤长度为多长,损伤的深度有多深。

步骤3： 确定修理等级和修理方法。根据损伤的程度来确定修理的等级和方法。

每项导线修理等级又分为多项修理方法,导线修理方法具有优先级。如果不能做低方法的导线修理,那么必须做较高方法的修理。例如某根损坏导线的修理程序为1A,由于某种原因做不了,就选择1B修理程序。

步骤4： 实施维修。实施维修就是要根据手册的要求使用的相应材料、工具和施工工艺完成修理。

步骤5： 排查造成损伤的原因。线束或者导线与结构的摩擦；线束或者导线与扎带、线卡等附件的摩擦；线束或者导线受到热源的热辐射造成的老化和损伤；线束或者导线在有滑油、燃油、润滑脂、液压油等区域,被各类油脂侵蚀造成的老化和损伤。根据不同的原因,选择不同的方法来排查这些因素,防止导线被更换或者修理后再次受损。

3. 常用导线修理施工程序

导线修理中根据使用材料的不同,可以分为使用胶带的修理、使用热缩套管的修理和使用拼接管的修理。

1）使用胶带

用 PTFE 胶带缠绕导线的损坏区域,胶带缠绕的长度比导线破损长度每边至少长20mm。PTFE 胶带缠绕电缆两层；每层胶带重叠部分至少为胶带宽度的51%；第二层缠绕的方向与第一层相反；在缠绕电缆的结束位置,胶带需在此处缠绕两圈；在距离胶带两边末端10mm处用扎线捆扎丁香结和方结。如图 6-296 所示。

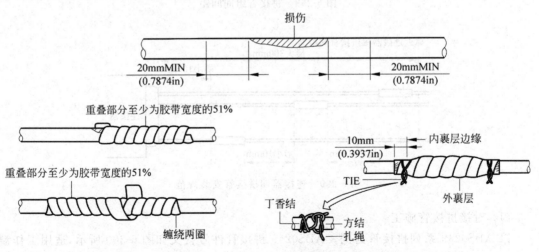

图 6-296　PTFE 胶带缠绕修理

2)使用热缩套管

安装两层热缩套管修理绝缘层。使用合适的热风枪和反射头安装套管。1号热缩管端头最小比2号热缩管短5mm,1号热缩管端头至少比损伤处两端各长15mm。第一个热缩套管安装完成后必须完全冷却后才可以安装第二个热缩套管。如图6-297所示。

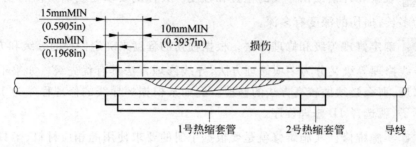

图6-297 热缩套管修理

3)使用拼接管

导线修理中使用拼接管施工工艺相对复杂,此处对拼接管及其施工做出介绍。拼接管在G线路、EFCS导线和敏感导线中使用时,不得作为永久修理。在一段电气线路中拼接管的安装一般不超过3个。若有两组拼接管,D的最小间隔为10mm。拼接管组间间距规范如图6-298所示,靠近连接器端拼接管间距规范如图6-299所示。

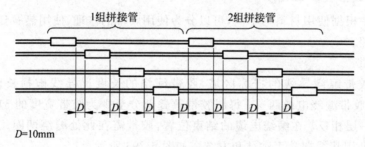

图6-298 拼接管组间间距

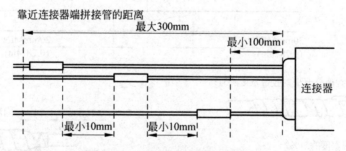

图6-299 连接器端拼接管安装规范

(1)对接拼接管施工

以ABS0249系列拼接管为例。ABS0249拼接管件号含义如图6-300所示,适用工作温度为-52℃~649℃。从导线末端去除导线绝缘,如图6-301所示。然后可使用AMP46673压接工具压接导线与拼接管。

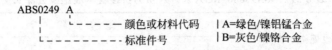

图 6-300　ABS0249 系列拼接管件号描述

(2) 并行拼接管施工

以 NSA936809 RG 系列拼接管为例。NSA936809 RG 系列类型拼接管属于高温并行拼接管，如图 6-302 所示。适用工作温度为 260℃，压接装配程序如图 6-303 所示。

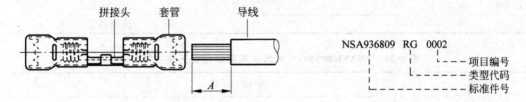

图 6-301　ABS0249 系列拼接管　　　　图 6-302　NSA936809 RG 系列拼接管件号描述

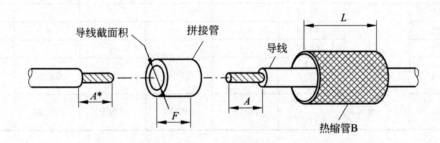

图 6-303　NSA936809 RG 系列拼接管压接装配程序

根据拼接管选择合适的热缩套管和热缩工具如表 6-28 所示；从导线末端剥除导线绝缘，如表 6-29 所示；根据拼接管的件号选择拼接管压接工具，如表 6-30 所示。压接时要注意拼接管的焊缝对准压接板牙的齿部中央，如图 6-304 所示。确保导线绝缘没有进入拼接管的压接筒，压接工具模块凹痕压接在拼接管的中央位置。压接后，将热缩管 B 放到拼接管的中心位置完成热缩工作，如图 6-305 和图 6-306 所示。

表 6-28　拼接管使用的热缩工具和热缩管

拼接管	热缩管 B		热缩工具		
	NSA937493-×××	L 长度/mm	厂商	参考	反射罩代码
RG0001	001	35	RAYCHEM	CV1981-42V-960W	PR13
RG0002	002				PR12
RG0003	003				
RG0004	004				
RG0005	005				

表 6-29 NSA936809RG××××系列拼接管导线绝缘去除长度

拼接管	导线规格 /mm²	绝缘去除				
		导线规格	A 长度/mm	工 具		
				标准	件号	颜色
RG0001	0.24～1.3	24-16	8.3	STRIPMASTER	45-2020-1	蓝色
RG0002	1.3～2.6	16-14	8.3		45-2020-1	蓝色
					45-1939-1	红色
RG0003	2.6～6.6	12-10	9		45-1939-1	红色
RG0004	6.6～10.5	8	11.4	AS	9922801500	
RG0005	10.6～16.8	6	12.7	—	或剥线刀	

表 6-30 NSA936809RG××××系列拼接管压接工具

拼接管	压接工具						
	工 具		工 具 头		模 块		
	标准	件号	标准	件号	标准	件号	模具
RG0001	AMP	46447	—	—	—	—	22-16
RG0002	AMP	46447	—	—	—	—	16-14
RG0003	AMP	46447	—	—	—	—	12-10
RG0004	AMP	69064 或 69120	AMP	69099	AMP	69099	—
RG0005	AMP	69064 或 69120	AMP	69099	AMP	69099	—

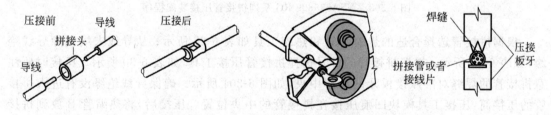

图 6-304 NSA936809 拼接管压接

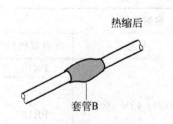

图 6-305 NSA936809 RG 系列拼接管热缩位置

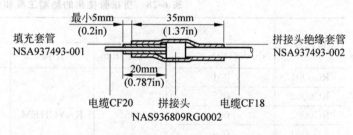

图 6-306 NSA936809 RG 系列拼接管热缩尺寸

（3）端头压接拼接管施工

端头拼接管有 NSA936830 系列、E0301 系列和 E0543 系列，在电磁门锁的更换中常常用到，如图 6-307 所示。端头拼接管与一般意义上的拼接管不同，它首先需要将连接的导线线芯与插钉压接，然后送入到拼接管上。插钉与导线压接完成后，将接触件插入相应的拼接管的孔中即完成装配。

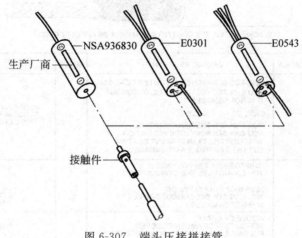

图 6-307　端头压接拼接管

4. 导线修理的手册查找

导线修理的手册查询对于各类导线修理都非常重要，其基本步骤与思路类似，在此仅举一例做出说明。

例： 通过观察发现导线 2121-1006 绝缘层受损，可见导线的导体，导体有磨损，磨损长度 5mm，导体未断。

步骤 1： 通过查找 AWL 获得 2121-1006 的相关信息。确定这根导线的类型（Type）为 CF，它的规格（AWG）为 20，所在的线路为 2M，非 EFCS 线路也不是敏感线路，如图 6-308 所示。

```
ON A/C 160-199, 515-515, 517-599
Technical data related to a wire
Wire Identification
No.                          :   2121-1006
AWG                          :   20
Length                       :   00282 CM
Type                         :   CF
Diagram Ref.                 :   Ref. AWM 21-21-02
Route                        :   2M
```

图 6-308　扩展导线清单找到导线的类型代码

步骤 2： 找到适用于该导线的损伤评估表来评估损伤。确定损伤的部位。确定损伤时，以损伤最深处为标准。本例损伤至核心导体所以黑框内的描述适用本例。如图 6-309 所示。

步骤 3： 根据本例情况 1-C 修理程序比较适合本例，如图 6-310 所示。参见 1-C 修理程序，要求导线的损伤长度小于拼接管长度，如果一根导线超过 3 次使用拼接管修理，则必须更换这根导线。

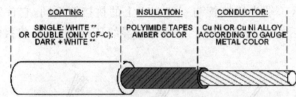

DAMAGE LOCATION	DAMAGE ASSESSMENT	GRADE	REPAIR TYPE (ORDER OF PRIORITY)
COATING:	- SURFACE SCRATCHES ON OUTER COATING: YOU CAN SEE POLYIMIDE INSULATION BUT IT IS NOT DAMAGED. - CASE OF CF-C ONLY: YOU CAN SEE THE DARK COATING. YOU CAN SEE POLYIMIDE INSULATION THROUGH THE TRANSPARENT COATING BUT THE COATING IS NOT DAMAGED.	0	NO REPAIR (CABLE SATISFACTORY IN THIS CONDITION)
INSULATION:	- SURFACE NICKS IN POLYIMIDE: YOU CANNOT SEE THE CONDUCTOR.	1	1-B
	- DEEP NICKS IN POLYIMIDE: YOU CAN SEE THE CONDUCTOR BUT IT IS NOT DAMAGED.	1*	1-C 1-D 1-E
	- MIDDLE OF CABLE: SEPARATION OF AMBER COLORED POLYIMIDE TAPE (CHEMICAL AGRESSION).	1*	1-E
	- END OF CABLE: SEPARATION OF AMBER COLORED POLYIMIDE TAPE (CHEMICAL AGRESSION).	1	1-B
CONDUCTOR:	- DAMAGED STRANDS OR CUT CONDUCTOR: YOU CAN SEE THE COPPER (NICKEL DAMAGED) OR THE STRANDS ARE CUT.	1*	1-C 1-E

图 6-309 导线损伤评估

REPAIR TYPE		GENERAL DESCRIPTION	CONDITIONS OF APPLICATION
1	A	-WRAP WITH PTFE TAPE MATERIAL No 05-116	-DAMAGE ≤ 300mm (11.8110in.)
	B	-DISCONNECT THE CABLE TERMINATION -INSTALL THE APPLICABLE HEAT-SHRINK SLEEVE ON THE DAMAGE (REF. SLEEVES ALLOCATION TABLE)	-LENGTH MUST BE EASY TO REMOVE -DAMAGE ≤ 300mm (11.8110in.)
	C	-CUT THE WIRE AT THE DAMAGE -ENGAGE THE APPLICABLE HEAT-SHRINK SLEEVE OR STANDARD SLEEVE ON THE CABLE (REF. REPAIR SPLICES ALLOCATION TABLE) -INSTALL THE APPLICABLE SPLICE ON THE DAMAGE (REF. REPAIR SPLICES ALLOCATION TABLE) -INSTALL THE SLEEVE ON THE SPLICE	-LENGTH OF DAMAGE IS LESS THAN LENGTH OF THE SPLICE -IF THERE ARE MORE THAN 3 REPAIR SPLICES ON THE SAME WIRE, REPLACE THE CABLE

MAKE SURE YOU USE THE CORRECT SLEEVE FOR THE AIRCRAFT TEMPERATURE ZONE.

图 6-310 导线修理程序

步骤 4： 实施修理的必要条件是选择施工工艺、施工工具和耗材。此例中，1-C 的修理方法要求剪断受损导线、安装拼接管连接导线、安装套管制作拼接管的绝缘，并且提示参考“REPAIR SPLICES ALLOCATION TABLE”，如图 6-310 所示。本例中可以应用的拼接管耗材是 E0360RK2220 或 NSA936803RA2322，还可以使用 NSA936809RG0001，如图 6-311 和图 6-312 所示。

E0360RKXXXX
NSA936803RAXXXX

COPPER CABLE				WIRE GAUGE	SPLICE
LOW TEMPERATURE (200°C/392°F)		HIGH TEMPERATURE (260°C/500°F)			
WIRE	CABLE *	WIRE	CABLE *		
AK/AKA/AKB CF/CF-C/CF-U	PD/PF QD/QF RD/RF	DE/DG DK/DK-C/DK-U DM/DR	DRB/DRC/DRD PE/PG/PN QE/QG/QL RE/RH/RK	26-24	RA2324 RA2424 RK2424
				22-20	RA2322 RK2220
				18-16	RA1816 RK1816
				14	RA1314 RK1614
				12	RA1112 RK1210
				10	RA1210 RK1210
				8	RA0808 RK0808
				6	RA0606 RK0606

图 6-311　E0360RK××× 和 NSA936803RA×××× 拼接管器材包

NSA936809RGXXXX

COPPER CABLE				WIRE SECTION ** (mm²)	SPLICE	SLEEVE NSA937493
LOW TEMPERATURE (200°C/392°F)		HIGH TEMPERATURE (260°C/500°F)				
WIRE	CABLE *	WIRE	CABLE *			
AK/AKA/AKB CF/CF-C/CF-U	PD/PF QD/QF RD/RF	DE DK/DK-C/DK-U DM/DR	DRB/DRC/DRD PE/PG/PN QE/QG/QL RE/RH/RK	0.24 TO 1.3	RG0001	001
				1.3 TO 2.6	RG0002	002
				2.6 TO 6.6	RG0003	
				6.6 TO 10.5	RG0004	003
				10.6 TO 16.7	RG0005	004

图 6-312　NSA936809RG×××× 拼接管器材包

步骤 5： 根据拼接管件号 E0360、NSA936803 和 NSA936809 在件号索引表格中找到相应的施工程序，如图 6-313 所示。

ASN	TOPIC NUMBER
E0358	20-45-23
E0360	20-43-11
E0362	20-44-23
E0365	20-33-45
E0365	20-44-23
E0365	20-53-45

NSA	TOPIC NUMBER
NSA936604	20-42-13
NSA936803	20-43-11
NSA936805	20-43-11
NSA936807	20-43-11
NSA936808	20-43-12
NSA936809	20-43-12

图 6-313　拼接管施工程序章节查找

步骤6： 根据拼接管件号 E0360、NSA936803RA 和 NSA936809RG 施工程序的章节号找到相应的施工程序，如图 6-314～图 6-316 所示。如果选用的是 NSA936809RG0001 拼接管，可以按照 NSA936809RG××××施工程序进行施工。

```
                 - Do a check to make sure that the splicing is correct.
3. E0360
    A. P/N Identification
         E0360RK2220
R         |        |  ---------- Reference No. | R = Splice Code
R         |        |                           | K = Type
R         |        |                           | 22 = Sequence No.
R         |        |                           | 20 = Size Code
          |        ---------------- Standard P/N

EFF : ALL                              20-43-11    Page 3
                                                   Apr 01/06
```

图 6-314　E0360 拼接管施工程序

```
5. NSA936803
    A. P/N Identification
         NSA936803   RA2220
R         |           |  ------- Reference No. | R = Splice Code
R         |           |                        | A = Type
R         |           |                        | 22 = Sequence No.
          |           |                        | 20 = Wire Gauge Reference
          |           -------------- Standard P/N

EFF : ALL                              20-43-11    Page 12
                                                   Apr 01/06
```

图 6-315　NSA936803 拼接管施工程序

```
            PARALLEL SPLICES - DESCRIPTION AND OPERATION

1. General
   The desired result is a connection between several cables through a splice
   without alterations to the cable electrical and mechanical characteristics.
   Parallel splices installed on aircraft have the following code :
   - NSA936809RG High Temperature Parallel Splice
   - NSA936808RF Low Temperature Parallel Splice

2. NSA936809
   (Ref. Fig. 001, 002)

EFF : ALL                              20-43-12    Page 1
                                                   Apr 01/05
```

图 6-316　NSA936809 拼接管施工程序

6.7.6　空客系列飞机电缆的修理

电缆的修理中，对外绝缘层破损后修理的常用材料有 PTFE 胶带和热缩套管，对屏蔽层修理的常用材料有焊锡套管、屏蔽材料管、压接套管。

1. 焊锡套管介绍

1) ABS0237 焊锡套管

ABS0237 焊锡套管,如图 6-317 和图 6-318 所示,最大操作温度为 200℃(392℉),ABS0237 焊锡套管选用和工具选用如表 6-31 所示。

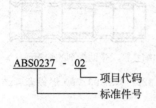

图 6-317 ABS0237 焊锡套管件号描述

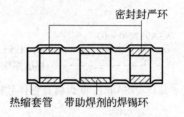

图 6-318 ABS0237 焊锡套管结构

表 6-31 ABS0237-××焊锡套管的选用与工具介绍

项目代码	最大绝缘直径"A"/mm	导体最小直径"B"/mm	热缩工具			
			标准	发生器件号	枪件号	加温时间/s
01	2.41	0.89	RAYCHEM	ED-7-001 或 ED-7-004	IR1759 MK31	24
02	3.18	1.4				
03	5.08	2.54				30
04	7.62	4.06			IR3104 MK31	54
05	9.8	5.08				
06	10	6				72

2) E0160 焊锡套管

E0160 焊锡套管,如图 6-319 和图 6-320 所示,操作温度为 150℃(302℉)~200℃(392℉),E0160 焊锡套管选用和工具选用如表 6-32 所示。

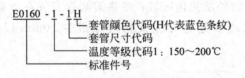

图 6-319 E0160 焊锡套管件号描述

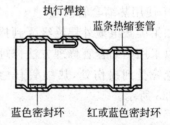

图 6-320 E0160 焊锡套管结构

表 6-32 E0160-1-××焊锡套管的选用与工具介绍

套管	热缩工具					
	标准	发生器件号	枪件号	发生器指示		
				加温时间	暂停	循环
1-0H	RAYCHEM	ED-7-001 或 ED-7-004	IR1759 MK31	24	—	—
		ED-7-005		60	01	04
1-1H		ED-7-001 或 ED-7-004		30	—	—
		ED-7-005		60	01	05

3) NSA937790 焊锡套管

NSA937790 焊锡套管，如图 6-321 和图 6-322 所示，最大操作温度为 260℃（500°F），NSA937790 焊锡套管选用和工具选用如表 6-33 所示。

图 6-321　NSA937790 焊锡套管件号描述　　　图 6-322　NSA937790 焊锡套管结构

表 6-33　NSA937790-××焊锡套管的选用与工具介绍

尺寸代码	导线类型	导体最小直径"A"/mm	最大绝缘直径"B"/mm	热缩工具		
				标准	发生器件号	反射罩
00	—	3	4.2	RAYCHEM	CV1981-42V-960W	PR13C
01	—	3.5	5.4			
02	—	4.5	6.9			
03	YN-YP	7	10.4			
04	—	2	2.4			

2. 屏蔽电缆绝缘层破损修理方法

1）使用 PTFE 胶带修理

如果屏蔽电缆外层绝缘受到损伤，屏蔽层和中心导线没有出现任何损伤，在没有液体区域可以采用 PTFE 胶带缠绕修理方法修理屏蔽电缆的外层损伤区域，如图 6-296 所示。

2）使用热缩套管修理

如果屏蔽电缆外层绝缘受到损伤，屏蔽层和中心导线没有出现任何损伤，在有液体区域也可以采用热缩套管修理方法修理屏蔽电缆的外层损伤区域；将热缩套管安装在屏蔽电缆外层绝缘受到损伤处，热缩管任意一端的长度要超过导线损伤边缘最少 10mm 以上，如图 6-323 所示。

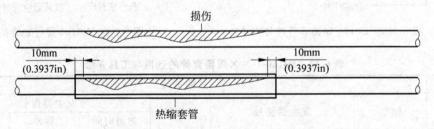

图 6-323　使用热缩套管修理屏蔽电缆外层绝缘

3. 电缆屏蔽层破损修理方法

这里只介绍焊锡套管焊接修理法。

如果屏蔽电缆屏蔽层出现损伤，屏蔽电缆中心导线没有出现任何损伤，屏蔽电缆屏蔽层损伤部位接近屏蔽电缆末端，损伤区域≤200mm（7.874in），需要对屏蔽电缆屏蔽层进行修理。断开屏蔽电缆外层绝缘和屏蔽层，剥除屏蔽电缆外层绝缘，在屏蔽电缆上安装1个热缩套管和2个焊锡套管，去除CF22连接线两头的绝缘层，使用焊锡套管将屏蔽电缆屏蔽层与CF22连接线一端焊接在一起，使用远红外加热设备加热焊锡套管使焊锡熔化，确保焊锡套管流入连接线和屏蔽层中，焊环熔化75％以上然后冷却；同样制作另一端的锡焊套管。最后，将热缩套管放置到屏蔽电缆损伤中心，使用热风枪加热直至完成热缩工作，热缩套管任意端的长度超过导线拨开外皮边缘10mm以上。如图6-324和图6-325所示。

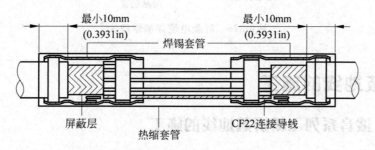

图6-324　屏蔽电缆屏蔽层焊接修理法1

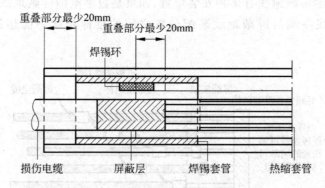

图6-325　屏蔽电缆屏蔽层焊接修理法2

4. 屏蔽电缆线芯破损修理方法

根据线芯破损的程度焊接修理法有不同的修理方法，下面举一典型修理方法来介绍这种破损的修理。

如果屏蔽电缆和中心导线都出现损伤，屏蔽电缆损伤部位不允许接近屏蔽电缆末端，可以对屏蔽电缆进行修理。断开屏蔽电缆外层绝缘和屏蔽层，剥除屏蔽电缆外层绝缘；在屏蔽电缆上安装1个热缩套管、2个焊锡套管、1个屏蔽层套管和3个拼接管器材包；根据屏蔽电缆中心导线三个拼接管的位置截取导线长度，确保中心拼接管末端距离另一个拼接管末端距离最小10mm；选择合适的拼接管压接工具，完成拼接管两侧的压接工作。最后在压接完成的拼接管上使用热缩管做防护。如图6-326所示。

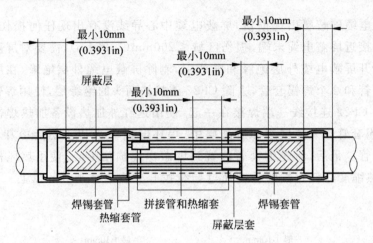

图 6-326　屏蔽电缆焊接修理法

6.8　屏蔽地线的施工

6.8.1　波音系列飞机屏蔽地线的施工

1. 概述

在屏蔽电缆上的屏蔽地线有多种安装位置,如果是数字电缆屏蔽地线接地装配时,屏蔽层可以延伸,但接线终端与屏蔽地线装配位置之间的延伸长度不能超过6in,如图6-327所示。

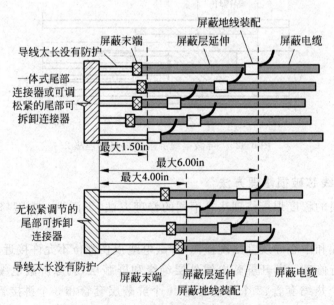

图 6-327　屏蔽地线装配位置 1

如果连接2根或2根以上的屏蔽地线时,屏蔽地线必须使用AWG20号导线;5根及5根以上屏蔽地线接地时必须采用闭合环形方式连接,如图6-328所示。

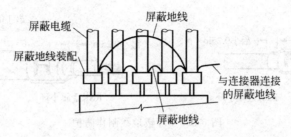

图 6-328 屏蔽地线装配位置 2

2. 金属小环冷压接法

金属小环冷压接法制作屏蔽地线适用于飞机的所有区域。

(1) 根据温度等级选择热缩管和 RSK 金属小环的件号。

(2) 去除屏蔽电缆的外层绝缘,如图 6-329 所示;将屏蔽电缆外绝缘层末端的屏蔽层向后折回,如图 6-330 所示。

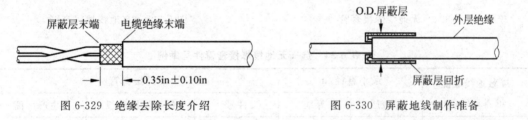

图 6-329 绝缘去除长度介绍　　　图 6-330 屏蔽地线制作准备

(3) 将金属小环卡在压接工具的上下模块中心,如图 6-331 所示;将去除绝缘的导线放置在金属小环卡子上,屏蔽电缆放在金属小环的底部,确保金属小环的后末端与屏蔽层后末端平齐,如图 6-332 所示;根据具体需要,导线可以从前出线,也可以从后出线;压接金属小环完成压接工作。

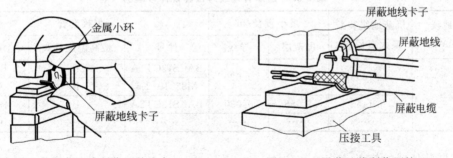

图 6-331 屏蔽地线制作压接准备　　　图 6-332 屏蔽地线制作压接

(4) 将热缩管放置在压接完成的金属小环上,完成热缩施工任务,如图 6-333 所示。

3. 焊接套管焊接法

1) 概述

焊接套管焊接法制作屏蔽地线适用于飞机上温度等级 A 类和 B 类的区域,即低温区域和常温区域;广泛应用于增压区域屏蔽地线的制作,但不能在发动机、APU 和高温区域使用。

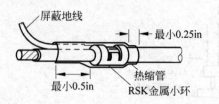 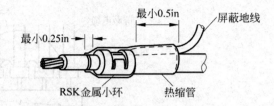

图 6-333 屏蔽地线制作防护

焊接套管分为不带地线(见图 6-334 和表 6-34)和带地线(见图 6-335 和表 6-35)两种。BACS13CT 系列焊接套管件号结构,如图 6-336 所示。

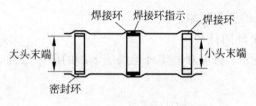 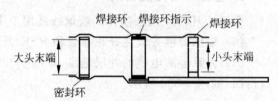

图 6-334 无地线焊接套管　　　　　图 6-335 有地线焊接套管

表 6-34 选择无地线焊接套管件号举例

屏蔽地线装配最大直径/in	最小直径/in		焊接套管		
	屏蔽层	导线	件号	最高温度等级	生产厂商
0.095	0.020	0.075	D-144-25	B	Raychem
0.105	0.020	0.035	BACS13CT1N	B	Boeing
	0.030	0.040	BACS13BH1	B	Boeing
……	……	……	……	……	……

表 6-35 选择有地线焊接套管件号举例

屏蔽地线线号(AWG)	屏蔽地线装配最大直径/in	最小直径/in		焊接套管		
		屏蔽层	导线	件号	最高温度等级	生产厂商
22	0.105	0.035	0.020	BACS13CT1A	B	Boeing
				M83519/2-6	B	QPL
	0.145	0.055	0.030	BACS13CT2A	B	Boeing
	……	……	……	……	……	……

2) 屏蔽地线的施工

(1) 去除屏蔽电缆末端的外层绝缘,如图 6-337 所示。

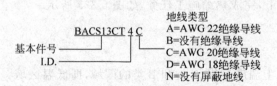 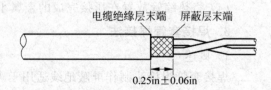

图 6-336 BACS13CT 件号结构　　　　　图 6-337 电缆绝缘去除尺寸

(2)屏蔽电缆末端的屏蔽层有向后回折(如图6-338所示)和没有回折(如图6-339所示)两种施工方法,施工时根据需要进行选择。采用向后回折的方法时,确保回折屏蔽层围绕电缆绝缘层分布对称均匀且平齐。

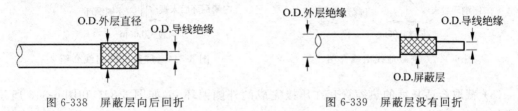

图 6-338　屏蔽层向后回折　　　　　图 6-339　屏蔽层没有回折

(3)选择合适内径的焊接套管;将焊接套管放置到合适位置,如图6-340所示,确保焊接套管的大头端与屏蔽地线同方向;焊接环位于屏蔽层中心;选择热缩工具完成焊接套管的焊接施工任务,焊环中的焊接材料最少熔化75%以上。

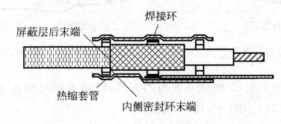

图 6-340　焊接套管安装位置

4. 钢环铜环冷压接法

钢环铜环冷压接法制作屏蔽地线适用于飞机的所有区域,经常使用在发动机、APU和高温区域。

(1)根据温度等级选择热缩管、内侧钢环和外侧铜环。

(2)将内侧钢环套在屏蔽电缆上,去除屏蔽电缆外层绝缘和屏蔽层,保留0.25~0.38in的电缆屏蔽层,如图6-341所示。

(3)将内侧钢环放置到屏蔽电缆末端,回折屏蔽层在钢环之上,如图6-342所示;回折后的电缆屏蔽层后末端超过内侧钢环的后末端。

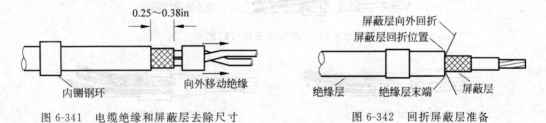

图 6-341　电缆绝缘和屏蔽层去除尺寸　　　　图 6-342　回折屏蔽层准备

(4)根据需要,屏蔽地线可以从前出线,也可以从后出线,如图6-343和图6-344所示;将外侧铜环套在内侧钢环、回折屏蔽层和去除绝缘的屏蔽地线之上,铜环末端距离钢环末端最多0.06in;选择合适的压接工具压接铜环完成压接工作。

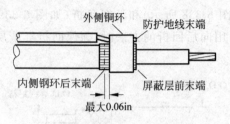
图 6-343 屏蔽地线出线介绍 1

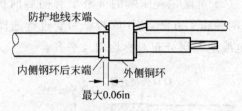
图 6-344 屏蔽地线出线介绍 2

（5）截取合适长度的热缩管套在压接完成的外侧铜环上，如图 6-345 和图 6-346 所示，完成热缩施工任务。

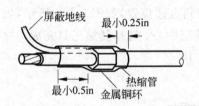
图 6-345 屏蔽地线的防护 1

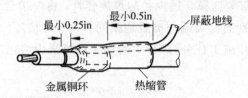
图 6-346 屏蔽地线的防护 2

屏蔽地线可以采用 1 根、2 根或是 3 根的方式，数量不同时屏蔽地线的安装方法也有所不同，具体方法如图 6-347～图 6-349 所示。

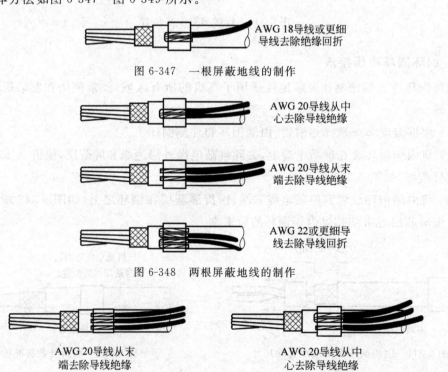

5. 抽线法

抽线法制作屏蔽地线适用于飞机的所有区域，经常使用在发动机、APU 和高温区域。这种施工方法相对于其他施工方法具有简单、安全、可靠性高等优点。

（1）按照温度等级选择热缩管，去除合适长度的屏蔽电缆外绝缘层，如图 6-350 所示。

（2）推动屏蔽层，使其在屏蔽电缆绝缘层末端产生扩张，如图 6-351 所示。

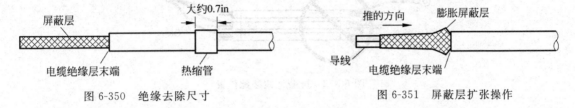

图 6-350　绝缘去除尺寸　　　　　　图 6-351　屏蔽层扩张操作

（3）使用尼龙锥子或其他替代工具，在屏蔽层膨胀处开一个孔，如图 6-352 所示，孔的中心距离电缆末端大约 0.5in。

（4）在开孔处向下弯曲屏蔽电缆，使屏蔽电缆中心导线在孔中心出现，如图 6-353 所示。使用尼龙锥子小心地将孔中的导线抽出，如图 6-354 所示，按照此施工方法继续将其他中心导线从屏蔽层开孔处抽出，如图 6-355 所示。

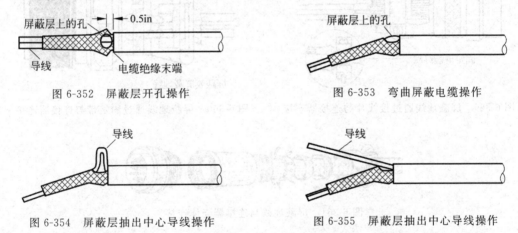

图 6-352　屏蔽层开孔操作　　　　　　图 6-353　弯曲屏蔽电缆操作

图 6-354　屏蔽层抽出中心导线操作　　　　图 6-355　屏蔽层抽出中心导线操作

（5）将屏蔽层拉紧并使其平整，截取拉直的屏蔽层到合适的长度，如图 6-356 所示；根据需要向后回折拉直的屏蔽层。

（6）将热缩管放置在屏蔽电缆绝缘层末端，如图 6-357 所示，完成热缩施工任务。

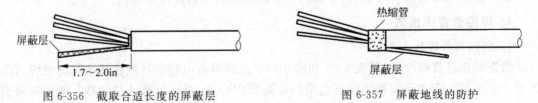

图 6-356　截取合适长度的屏蔽层　　　　图 6-357　屏蔽地线的防护

6. 插头尾部屏蔽地线连接

导线或电缆的屏蔽层完成屏蔽地线施工后，可以通过连接器的尾部或壳体与飞机结构接地连接。

(1) 屏蔽电缆末端需要双重接地；连接终端距离屏蔽地线制作密封中心处不能超过4in；屏蔽电缆屏蔽地线与终端连接必须采用并联连接方式，禁止采用串联连接方式，如图6-358所示。

图 6-358　屏蔽地线装配位置

(2) 在插头尾部，屏蔽地线可以通过接线片与连接器直接连接，如图6-359所示。

(3) 对于敏感线路使用金属固定带将屏蔽地线与连接器壳体连接，如图6-360所示；屏蔽地线也可以与连接器壳体通过压力固定连接，如图6-361所示。

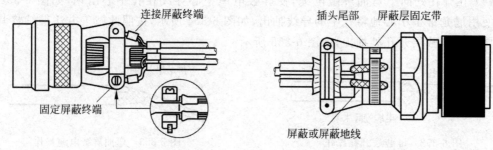

图 6-359　屏蔽地线通过接线片与连接器连接　　图 6-360　屏蔽地线通过固定带与连接器连接

图 6-361　屏蔽地线与连接器壳体连接

6.8.2　空客系列飞机屏蔽地线的施工

屏蔽电缆地线的正确制作可以更好地提高屏蔽电缆的抗干扰性能，屏蔽电缆地线的制作方法可以分为焊锡套管焊接法、金属套管冷压接法和金属环冷压接法。

1. 焊锡套管焊接法

1) 焊锡套管焊接法1

根据焊锡套管的件号（见表6-36和图6-362）选择屏蔽电缆和屏蔽连接地线的绝缘去除长度。将焊锡套管水平放置于屏蔽电缆的屏蔽层中心处，放入屏蔽连接地线；调整焊锡套管位置，如果是NSA937790类型的焊锡套管请参见图6-363，如果是E0160类型的焊锡套管请参见图6-364；使用热风枪或远红外加热设备加热焊锡套管和热缩套管。

表 6-36 E0160 和 NSA937790 焊锡套管绝缘去除

套管	绝缘去除长度/mm L	A	B
E0160-1-0H	70	5.5	7
E0160-1-1H		5.5	7
E0160-1-2H		6.5	8
E0160-1-3H		8	9.5
NSA937790-××		6~7	6~7
E0720FA×××		6~7	6~7

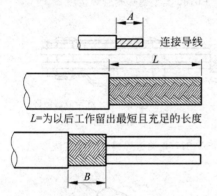

图 6-362 焊锡套管焊接法 1 绝缘去除

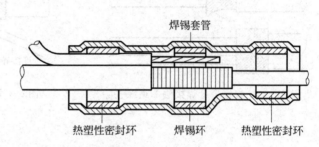

图 6-363 NSA937790 类型焊锡套管焊接法 1

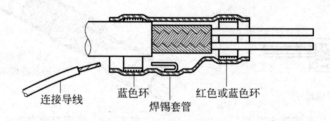

图 6-364 E0160 类型锡焊套管焊接法 1

2) 焊锡套管焊接法 2

根据焊锡套管的件号(见表 6-37 和图 6-365)选择屏蔽电缆和屏蔽连接地线的绝缘去除长度,将屏蔽电缆屏蔽层回折。将焊锡套管水平放置于屏蔽电缆的屏蔽层中心处,放入屏蔽连接地线;调整焊锡套管位置,如果是 NSA937790 类型的焊锡套管请参见图 6-366,如果是 E0160 类型的焊锡套管请参见图 6-367;使用热风枪或远红外加热设备加热焊锡套管和热缩套管。

3) 焊锡套管经常出现的错误

使用焊锡套管进行焊接会经常出现一些错误的施工方法。第一种施工错误就是在焊锡套管下出现焊锡珠子现象,如图 6-368 所示,当出现这种错误的施工现象后,使用热风枪重新施工;第二种施工错误就是加热过度,如图 6-369 所示,热缩焊锡套管、电缆屏蔽层和屏蔽连接地线出现过热现象,当出现这种错误的施工现象后,发现将要过热时立即停止热风枪工作;第三种施工错误就是加热不足,如图 6-370 所示,焊锡套管加温温度不够,焊锡套管中的焊锡必须显示焊锡融化痕迹(熔化 75% 以上),当出现这种错误的施工现象后,使用加热设备重新施工。

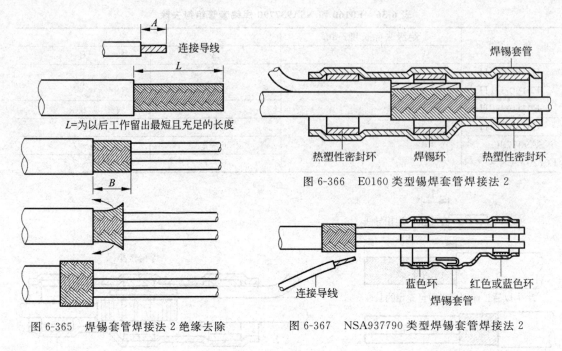

图 6-366　E0160 类型锡焊套管焊接法 2

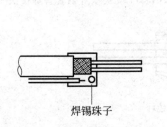

图 6-365　焊锡套管焊接法 2 绝缘去除

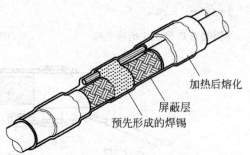

图 6-367　NSA937790 类型焊锡套管焊接法 2

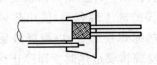

图 6-368　错误焊锡套管施工 1

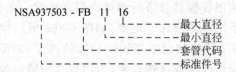

图 6-369　错误焊锡套管施工 2

2. 金属套管和金属环冷压接法

对于环境区域温度超过 200℃时，可以采用金属套管和金属环冷压接法制作屏蔽地线。

1) NSA937503 和 NSA937505 压接套管

NSA937503 和 NSA937505 压接套管如图 6-371～图 6-373 所示。NSA937503 压接套管最大操作温度为 260℃（500℉），NSA937505 压接套管最大操作温度为 135℃（275℉）。NSA937503 和 NSA937505 压接套管选用和工具选用如表 6-37 所示。

图 6-370　错误焊锡套管施工 3

图 6-371　NSA937503 压接套管件号描述

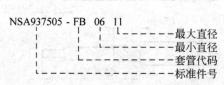

图 6-372 NSA937505 焊锡套管件号描述

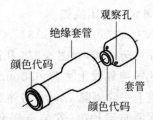

图 6-373 NSA937503 和 NSA937505 压接套管结构

表 6-37 NSA937503FB××××和 NSA937505FB××××压接套管的选用与工具介绍举例

套管	电缆直径 A/mm		颜色	59500 压接工具模块
	最小	最大		
0611	0.6	1.1	白色	45061-3
1116	1.1	1.6	紫色	45062-3
1621	1.6	2.1	蓝色	45063-3
……	……	……	……	……
6268(1)	6.2	6.8	绿色	45058-2

备注：(1) 仅是 NSA937503

2) NSA937504 压接金属环

NSA937504 压接金属环，如图 6-374 和图 6-375 所示，其最大操作温度为 260℃ (500℉)。NSA937504 压接金属环的选用和工具选用如表 6-38 所示。

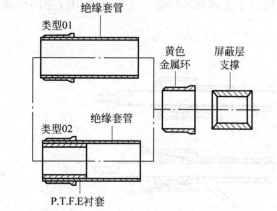

NSA937504 - 01
　　　　　　└──── 类型代码
　　　　└──────── 标准件号

图 6-374 NSA937504 压接金属环件号描述

图 6-375 NSA937504 压接金属环管结构

表 6-38 NSA937504-××压接金属环的选用与工具介绍

类型代码	导线类型	电缆直径/mm	压接工具				热缩套管 NSA937201MA××××
			标准	件号	工具头	模块	
01	YE	8.3-9.3	AMP	69064 或 69120 或 P/A133	69099	69214-1	—
	YF	7-7.9					09××
	HA	8-9.1					—
02	YD	7.2-8					—
	YF	7-7.9					09××
	HA	8-9.1					—

3) 金属套管冷压接法

使用 NSA937503 和 NSA937505 金属套管冷压接法制作屏蔽地线,如图 6-376 和图 6-377 所示,首先从接地连接导线上去除 6.3mm 导线绝缘层,从屏蔽电缆上去除剥除 70mm 的外层绝缘,散开屏蔽层并制作屏蔽层构型,安装金属套管和接地线,使用 AMP 59500 压接金属套管,在压接完成后的金属套管上安装绝缘套管。

4) 金属环冷压接法

使用 NSA937504 金属环冷压接法制作屏蔽地线,如图 6-378 和图 6-379 所示;从连接导线末端去除 10mm 绝缘层,把绝缘套管、金属环依次套在屏蔽电缆上,剥除屏蔽电缆外层绝缘大约 110mm,从屏蔽电缆上去除 92mm 长度的屏蔽层,剩余屏蔽层长度为 18mm,保留屏蔽电缆与屏蔽层之间的缠绕聚酰亚胺胶带,向后翻起屏蔽层;在电缆上安装

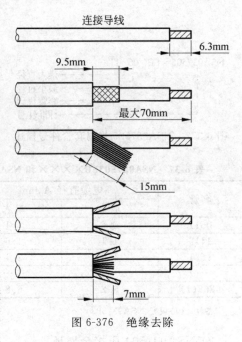

图 6-376 绝缘去除

一个长度为 25mm 的硅树脂热缩套管并热缩,在硅树脂热缩套管上与屏蔽层之间加装一个屏蔽层支撑件,把屏蔽层重新覆盖在支撑件上,并把压接金属环放在屏蔽层上,安装连接接地线于金属环和屏蔽层之间;选用合适的压接工具并进行压接;去除多出压接位置的接地

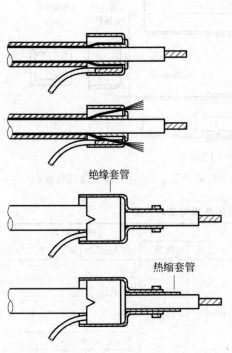

图 6-377 金属套管冷压接法施工程序

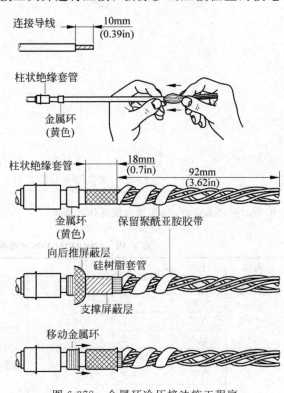

图 6-378 金属环冷压接法施工程序

线,剪掉多余的缠绕硅树脂胶带至金属环大约 1mm 的位置;将绝缘套管置于压接完成后的金属环上,把接地导线穿过该绝缘套管,接地导线位于套管与压接金属环之间。

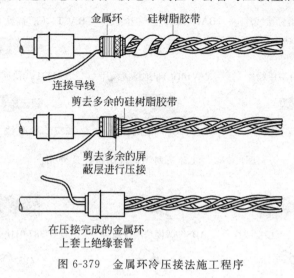

图 6-379　金属环冷压接法施工程序

6.9　接线片的压接与安装

6.9.1　接线片的介绍

接线片是一种可拆卸的连接件,在电路中起到连接通路的作用;在维护工作中使用它连接导线或电缆构成系统功能电路。

1. 波音系列飞机常用接线片的介绍

根据导线束的安装位置选择不同型号的接线片。BACT12AC( )和 BACT12AR-( )接线片用于没有水的增压区域;BACT12M( )接线片用于高温、高振动区域;3223( )接线片用于发动机、APU 区域;YAV14H( )接线片用于防火系统超温电门的连接导线终端;42731-( )快速接线片和 2888-( )快速接线片用于增压区域的娱乐系统和服务系统;BACT12G( )非绝缘接线片用于汇流条和大电流导线终端;2771( )-( )铝线专用接线片用于发电机电源馈线和电源系统铝线终端;MS20659-( )非绝缘接线片用于发电机电源馈线和电源系统终端。如图 6-380 所示。

2. 空客系列飞机常用接线片的介绍

接线片分为铜线用接线片、铝线用接线片、热电偶接线片、特殊接线片和杂类接线片。常见接线片如图 6-381 所示。

6.9.2　接线片压接工具的使用

1. T 形头压接工具的压接与辨认

手动 T 形头压接工具包括 AMP 公司生产的 59170、59250、59275、59300、69692-1 和 69693-1 等工具。

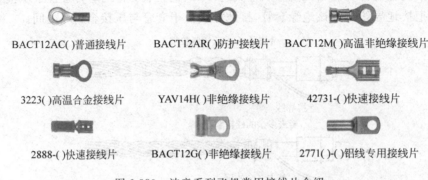

图 6-380 波音系列飞机常用接线片介绍

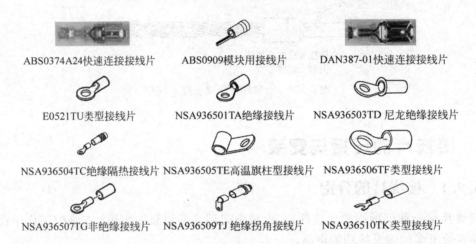

图 6-381 空客系列飞机常用接线片介绍

根据接线片的结构,如图 6-382 所示,去除导线上的绝缘层。按照图 6-383 所示将接线片放到压接工具的压接模块上,压接工具的定位卡住接线片的压线筒,接线片舌部向上与压接工具定位平行,按压压接工具手柄使模块固定住接线片,但不能使接线片压线筒变形,将去除绝缘导线送入接线片的压线筒,芯线顶到定位止线端,挤压压接工具手柄使棘齿到达力矩时释放,完成接线片的压接。接线片压接完成后目视检查,如图 6-384 和表 6-37 所示。

图 6-382 接线片的结构　　　图 6-383 接线片压接介绍

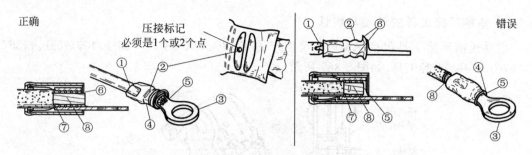

图 6-384　接线片的目视检查

表 6-39　接线片压接后的可靠性检查

正　　确	错　　误
① 绝缘筒与导线绝缘可靠接触	① 导线绝缘压出（接线片绝缘压接太紧）
② 正确的颜色标记和模块标记	② 错误的颜色标记和模块标记
③ 导线规格在接线片压接范围之内	③ 导线规格不在接线片压接范围之内
④ 压线筒压接在中心	④ 压线筒压接不在中心（压接不到位）
⑤ 接线片上的芯线末端到达规定位置	⑤ 导线末端没有到达规定位置
⑥ 接线片压接合适	⑥ 过度压接或绝缘变形（工具和接线片选择错误）
⑦ 压线筒没有压接到导线绝缘	⑦ 压线筒压接到导线绝缘
⑧ 芯线没有断丝或划痕	⑧ 芯线有断丝或划痕

注：表中序号对应图 6-384。

2. 长柄压接工具的压接与辨认

手动长柄压接工具包括 AMP 公司生产的 46447、49592、49935、69363、574573、1490048-1 和 1490047-1 等工具，如图 6-385 所示。

施工时压接模块压接在接线片压线筒的中心，确保压接后的压接标记中心与螺栓孔中心成一条直线。接线片压接完成后目视检查，如图 6-386 和表 6-40 所示。

图 6-385　长柄压接工具使用

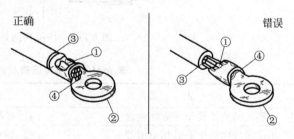

图 6-386　接线片的目视检查

表 6-40　接线片压接后的可靠性检查

正　　确	错　　误
① 压接在接线片的中心，标记清楚	① 压接在接线片的边缘
② 导线规格与接线片和压接工具匹配	② 导线规格与接线片和压接工具不匹配
③ 导线的绝缘不能进入压线筒	③ 导线裸露芯线太长，且有断丝
④ 露出接线片的芯线长度符合要求	④ 露出接线片的芯线长度太短

注：表中序号对应图 6-386。

3. 短柄压接工具的压接与辨认

手动短柄压接工具包括 AMP 公司生产的 47386、47386-0、47386-4、409775-1、47387、47387-0 和 46121 等工具，如图 6-387 所示。

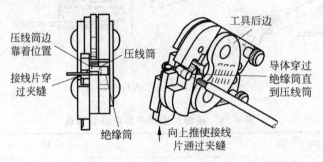

图 6-387 接线片的压接介绍

压接接线片前需要调节压接工具到合适的接线片绝缘筒和压线筒压接位置。压接时从工具前面向上推动定位，将接线片压线筒插入压接模块，确保压线筒的边缘靠紧定位。接线片压接完成后目视检查，如图 6-388 和表 6-41 所示。

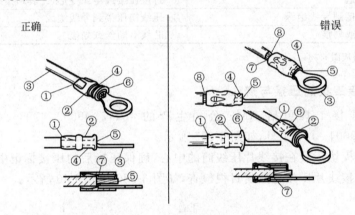

图 6-388 压接后的接线片检查

表 6-41 接线片压接后的可靠性检查

正　确	错　误
① 接线片的绝缘筒压住导线绝缘	① 导线绝缘层裂开或没有压住绝缘层
② 压接在压线筒中心且标记清楚	② 标记不清楚，压线筒出现撕裂痕迹
③ 导线规格与接线片和压接工具匹配	③ 导线规格与接线片和压接工具不匹配
④ 接线片的压线筒压接位置合适	④ 接线片压接位置偏前
⑤ 露出接线片的芯线长度符合要求	⑤ 露出接线片的芯线长度太短
⑥ 绝缘筒压接合适	⑥ 绝缘筒出现撕裂痕迹
⑦ 导线绝缘进入绝缘筒位置合适	⑦ 导线绝缘进入接线片的压线筒
	⑧ 绝缘筒没用压住导线绝缘

注：表中序号对应图 6-388。

4. 接线片压接后检查与测试

允许在压接施工期间接线片的压线筒和导线有一定的弯曲。当接线片完成压接工作后,如图 6-389 所示对接线片进行向上与向下弯曲目视检查、侧面与侧面弯曲目视检查,接线片的压线筒和导线以参考线为基准,允许接线片最大弯曲角度不能超过 11°。如图 6-390 所示对接线片进行横截面的检查,出现图 6-390 所示左侧的问题主要是压接工具的压接挡位太松造成的,出现如图 6-390 所示右侧的问题主要是压接工具的压接挡位太紧造成的。

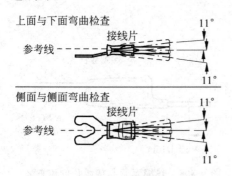

图 6-389 接线片压接后的目视检查

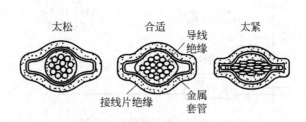

图 6-390 接线片横截面检查

如果想更详细地对压接完成后的导线终端进行可靠性测试,请使用原制造厂商(OME)的电子拉力测试系统 MPT-250B 测试导线终端的拉力测试数值。

6.9.3 波音系列飞机接线片的压接与安装

1. 接线片压接施工

1) BACT12AC( )普通接线片压接施工

根据导线的规格和螺栓尺寸找到需要的接线片件号。根据接线片压线筒号找到需要的接线片压接工具件号,如果压接工具有多种选择,最好选用不需要压接头、定位器和模块的压接工具,因为这些附件使用起来工序复杂。

如果接线片连接的是 AWG 10 号或更细的单根导线,芯线露出压线筒最大 0.06in,如图 6-391 所示。如果接线片连接的是 AWG 8 号或更粗的单根导线,芯线露出压线筒最大 0.10in,如图 6-392 所示。如果接线片没有绝缘筒,连接 AWG 10 号或更细的单根导线,接线片压线筒末端距离导线绝缘层末端最大 0.12in;连接 AWG 8 号或更粗的单根导线,接线片压线筒末端距离导线绝缘层末端最大 0.25in。

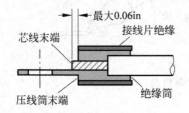

图 6-391 细导线与普通接线片的位置

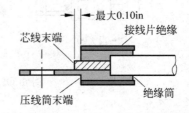

图 6-392 粗导线与普通接线片的位置

2) BACT12AV( )高温接线片压接施工

根据导线的规格和螺栓尺寸找到需要的耐高温接线片件号。根据接线片压线筒号找到需要的耐高温接线片压接工具件号。

接线片在高温或高振动区域使用时,需安装长度为 1in±0.06in 的 TFE 2X 热缩套管进行防护,如图 6-393 所示。如果连接的是 AWG 10 号或更细的导线,热缩套管到接线片压线筒前末端的距离如图 6-393 所示;如果连接的是 AWG 8 号或更粗的导线,热缩套管到接线片螺栓孔后缘的距离如图 6-394 所示。

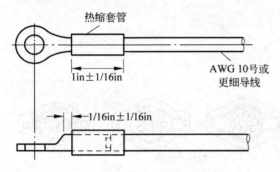

图 6-393 热缩套管与接线片的位置 1

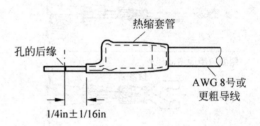

图 6-394 热缩套管与接线片的位置 2

在高温或高振动区域如果不能使用热风枪,可选择温度等级 D 类的 TFE 胶带,在接线片压线筒周围和导线绝缘周围充分缠绕多层胶带,胶带重叠最少 50% 以上,在导线绝缘上大约缠绕 1in 长度的多层胶带,并在缠绕胶带的两个末端使用扎线进行捆扎固定。

2. 接线柱上接线片的安装

1) 接线片的安装环境

接线片在安装时需根据手册要求按照力矩值拧紧螺栓上的螺帽,拧紧的螺帽最小露出螺栓 1½ 螺纹,接线片螺栓孔尺寸必须与安装螺栓尺寸相同;如果接线片螺栓孔尺寸与安装螺栓尺寸不相同时,例如可以采取将一个 10 号螺栓孔的接线片安装在 8 号螺栓上的方法;所有安装在泄漏区域的电气连接终端必须进行密封处理。

绝缘接线片和非绝缘接线片在安装时,由于空间限制允许向下最大弯曲 90°,在终端接线块上安装时向上最大弯曲 30°,如图 6-395 所示,接线片在安装时只允许弯曲一次,绝不允许来回反复弯曲,弯曲半径不能小于 5/32in±1/32in,在弯曲区域不能出现裂纹和撕裂痕迹。

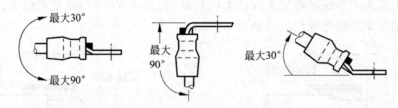

图 6-395 接线片允许的弯曲角度

2) MS27212 接线柱上接线片的安装

接线片在接线柱上安装时,确保接线柱上的接线片不能往松的方向移动;在 1 个螺栓上最多安装4个接线片；在接线柱螺栓上，每一侧最多可以安装2个AWG 8号线接线片；大线号的接线片必须安装在螺栓的底部，其他线号的接线片从大到小依次安装。

如果是一个接线螺栓的安装结构如图6-396所示；如果是多个接线螺栓的安装结构如图6-397所示；如果是在汇流条上的安装结构如图6-398所示；普通螺帽下必须安装弹簧垫片且完全拧紧，也可以使用自锁螺帽替代普通螺帽，在接线柱上拧紧自锁螺帽后，螺栓最少露出一圈螺纹；如果螺帽在螺栓底部则不需要使用自锁螺帽；所有电接触使用的螺栓和螺帽必须按照手册要求测量螺栓和螺帽的扭力值。

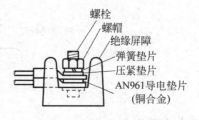

图6-396 一个接线螺栓安装结构

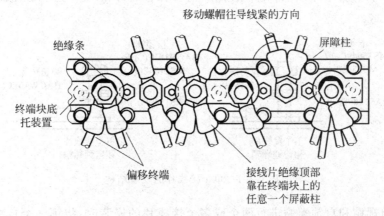

图6-397 多个接线螺栓安装结构

3）线路跳开关上接线片的安装

在线路跳开关上安装接线片的结构如图6-399所示。当接线片螺栓孔大于线路跳开关上的安装螺栓时可以采用备用方法，如图6-400所示，在接线片与弹簧垫片之间增加AN960压力垫片，AN960压力垫片孔与线路跳开关接线终端安装孔相同。例如一个10号固定螺栓的接线片使用AN960-8压力垫片安装在线路跳开关上的8号接线终端上。

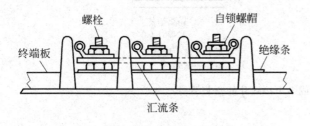

图6-398 配电板螺栓安装结构

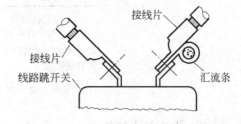

图6-399 接线片在线路跳开关上安装结构

4）导线终端的安装程序

（1）安装铜线用接线片

在维护工作中，在接线柱上安装一个铜线用的接线片时，不能使用铝氧化垫片和钢制垫片；铜线用接线片采用黄铜制螺栓、螺丝或镀金黄铜螺帽；如果使用钢制螺栓和螺丝需要

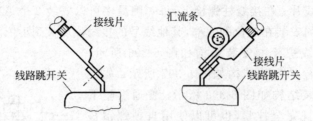

图 6-400　接线片在线路跳开关上安装备用结构

使用自锁螺帽。

使用普通螺帽和自锁螺帽进行单个接线片的安装时,将接线片放在接线柱螺栓上,在接线片上放置一个平垫片,如果使用普通螺帽,需要在普通螺帽与平垫片之间加装弹簧垫片。如图 6-401 所示。

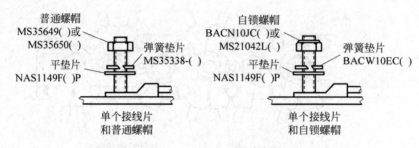

图 6-401　单个接线片的安装结构

使用普通螺帽和自锁螺帽进行两个或多个接线片的安装时,将第一个接线片放在接线柱螺栓上,在接线柱的对面相对放置第二个接线片,在第三个接线片与第二个接线片之间放置一个隔离垫片,后续施工内容同上。如图 6-402 所示。

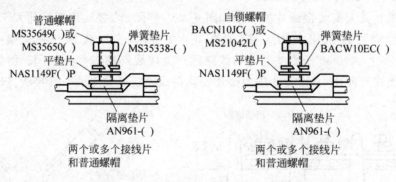

图 6-402　两个或多个接线片的安装结构

(2) 力矩扳手的施工

根据维护手册上的数据要求选择力矩扳手,使用力矩扳手之前,检查力矩扳手的外观是否完好;检查力矩扳手上的校验标签,确认所使用的力矩扳手在校验期内;力矩扳手只能单方向往螺栓/螺母紧的方向旋转,不允许反方向旋转。

根据相关手册上的数据要求进行测量。首先在力矩扳手上设定所需力矩值,如表 6-42 所示,锁定力矩扳手开始拧紧螺栓,当施加的扭矩达到设定值时,扳手会发出"卡塔"声响或者扳手连接处折弯一点角度,这就代表已经紧固不要再加力了。

表 6-42 安装铜线接线片力矩值举例

螺栓号	零件名称	力矩值/(lb·in)	
		最小	最大
6-32	普通螺帽	7	9
	普通螺帽和弹簧垫片	7	9
	自锁螺帽	7	9
8-32	普通螺帽	12	16
	普通螺帽和弹簧垫片	12	16
	自锁螺帽	12	16
10-32	普通螺帽	28	32
	普通螺帽和弹簧垫片	28	32
	自锁螺帽	28	32

3. 接地桩上接线片的安装

1) 接线片的安装环境

在民用航空器结构上安装接地螺栓和在接地螺栓上安装接线片必须服从以下规定:在铝结构上安装接地桩使用的接线片必须是镀金的铜接线片;在钢结构和钛结构上安装接地桩使用的接线片必须是镀镍的接线片;在金属管路上使用卡子安装接线片时,卡子必须小心勒紧,确保对金属管路没有造成损伤,不能出现弯曲、变形或接线片固定太紧的现象;接线片在安装时只能弯曲一次。

接地桩上安装的接线片必须先倾斜一定角度后再安装;在接线片的压线筒舌部区域或在螺栓孔区域不允许出现弯曲现象,如图 6-403 和图 6-404 所示;在接线片压线筒的任何区域都不能出现弯曲现象;在接线片环形舌部的任何区域也都不能出现弯曲现象,如图 6-405 所示。

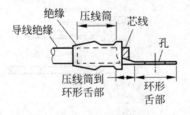

图 6-403 接线片结构

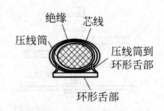

图 6-404 满意的接线片

一个标准的普通接线片向上最大允许弯曲 30°,向下最大允许弯曲 90°,如图 6-406 所示;一个 BACT12M( )接线片向上最大允许弯曲 30°,向下最大允许弯曲 30°,如图 6-407 所示;一个合金接线片向上最大允许弯曲 45°,向下最大允许弯曲 45°,如图 6-408 所示;允许接线片在弯曲时镀层表面出现裂纹,但没有露出铜,决不允许接线片在弯曲时表面镀层脱落。

图 6-405 接线片环形舌部不满意的弯曲

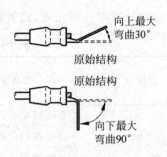

图 6-406 普通接线片允许弯曲角度

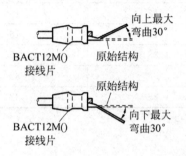

图 6-407 BACT12M( )接线片允许弯曲角度

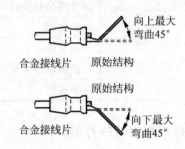

图 6-408 合金接线片允许弯曲角度

2) 接地桩上接线片的安装

接地桩上安装的接线片在任何情况下都不能出现晃动;当在一个接地桩上安装多个接线片时,大号的接线片必须贴近结构,其他依次按照接线片的大小进行安装;接线片在安装时沿着螺栓周围必须平行对称,不能与其他接线片或结构出现碰撞现象;在一个接地桩上最多安装 4 个接线片,确保螺帽拧紧后螺栓最少露出一圈螺纹。

接线片在各种类型的接地桩上的安装结构,如图 6-409~图 6-414 所示。

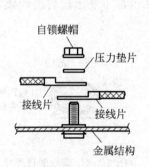

图 6-409 接线片在 BACS53B 和 MIL-T-83454/4 接地桩的安装

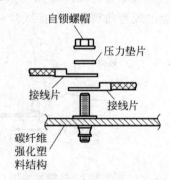

图 6-410 接线片在 BACS53F 接地桩的安装

4. 接地桩最大允许电阻和测试程序

接地桩安装施工后必须测量接触电阻,在测量之前必须将接线片周围不超过 0.25in 的区域清洁干净。必须使用效验的测量仪表,仪表有 4 个测试探头;在仪表的测量范围内,测量精度误差±5%;测量电阻值不能小于仪表满量程的 10%;使用前仪表需调节零电阻。

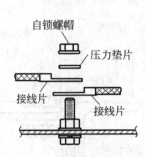

图 6-411　接线片在标准预装接地桩的安装

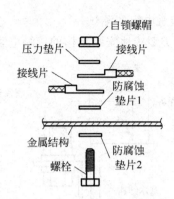

图 6-412　接线片在 1 类非密封和 1 类密封直接接地桩的安装

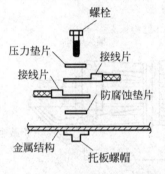

图 6-413　在 1 类非密封和 6 类密封托板螺帽接地桩的安装

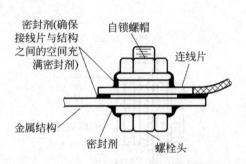

图 6-414　BACJ40C,D,E 连接跳线在 2 类完全密封直接接地桩的安装

接地桩的最大接触电阻值,如表 6-43 所示。

1) 非易爆区域接触电阻测试

在表 6-44 里选择推荐的接触电阻测试仪表。如果使用 Model M1 毫欧表测量 AC 和 DC 回路电流接地,不需要脱开设备插头;如果使用其他型号毫欧表需脱开设备插头。

表 6-43　接地桩最大接触电阻

接地桩	最大电阻/Ω
10-32	0.001
1/4-18	0.001
5/6-24	0.0007
3/8-24	0.0001
1/2-20	0.0001

表 6-44　非易爆区域的接触电阻测试仪表

件　号	生产厂商
DLRO 247000-47	Biddle
DLRO 247000-7	Biddle
Model M1	BCD Electronics
Model T207 Type W	Avtron
Model T477W	Avtron

2) 易爆危险区域接触电阻测试

在易爆危险区域使用毫欧表之前,确保此区域没有危险蒸气存在,在表 6-45 里找到允许使用的毫欧表。

表 6-45　易爆危险区域的接触电阻测试仪表

件　号	生产厂商
Model M1	BCD Electronics
Model T477W	Avtron

3）接触电阻的测试

各种类型接地安装结构的接触电阻测试，如图 6-415～图 6-420 所示。

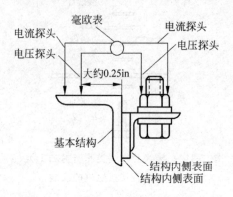

图 6-415　标准预安装接地桩的测试

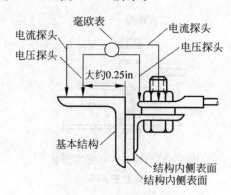

图 6-416　直接接地桩的测试

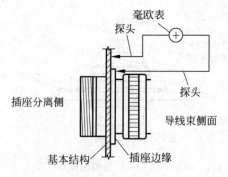

图 6-417　连接器插座与结构之间的测试

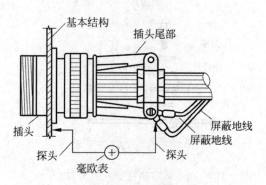

图 6-418　连接器尾部与结构之间的测试

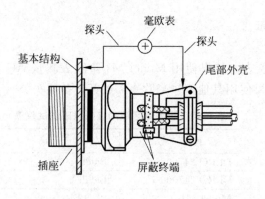

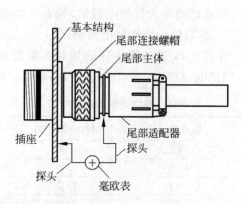

图 6-419　连接器尾部外壳与结构之间的测试

5. 接线片在标准线路施工手册中的查找

在维护工作中检查发现，在波音 B737-800 飞机的驾驶舱 P6-4 配电板上备用设备冷却排气风扇备用控制跳开关 C1436 的＝L 接线端的接线片导线芯线损坏超标，如图 6-421 所示，导线标识是 W0044-0638-24，剩余导线符合要求，不需要更换或连接导线，只需要重新压接接线片后重新安装即可。

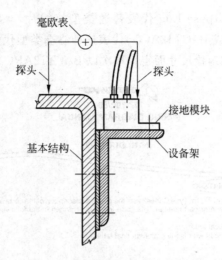

图 6-420　接地模块与结构之间的测试

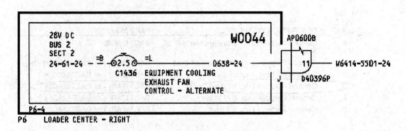

图 6-421　导线出现损伤的具体位置

施工前需要在标准线路施工手册(SWPM)中找到接线片的件号、压接工具的件号和接线片压接施工程序相关内容,然后按照标准线路施工手册(SWPM)要求进行施工。

步骤 1: 根据导线标识 W0044-0638-24,在导线束清单中找到接线片的终端类型代码,如图 6-422 所示,终端类型代码是 D。

BOEING　　737-700/800 WIRING DIAGRAM MANUAL

Bundle No. / Wire No.	Part Number GA	CO	TY	Fam	Description FT-IN	Diagram	From Equip	Term	Type	Splice	To Equip	Term	Type	Splice	Effectivity
W0044	286A0044				P6 (LOAD WIRES) (continued)										
0637	24		B6		8-5	21-27-21	C01435	=L	D		D40812J	19			ALL
0638	24		PK		8-2	21-27-21	C01436	=L	D		D40396J	11			ALL
0641	24		B6		8-7	21-27-31	C01117	=L	D		D40800J	22			ALL
0642	24		B6		8-8	21-27-31	C01116	=L	D		D40822J	17			ALL
0643	20		PA		10-0	27-31-11	C01464	=L	D		D40386J	30			ALL
0645	20		PA		8-3	28-21-21	C01471	=L	D		D12006	5			ALL
0646	20		PA		7-9	28-21-21	GD00638	ST..	1A		D12006	8			ALL
0649	20		CQ		6-1	28-21-21	R00669	=C	F		D12006	12			ALL
0650	20		PA		5-4	23-32-11	D45233J	15			GD00642	AC..	1A		YK161-YL930
0651	20		PA		7-9	28-21-21	GD00638	DC..	1A		D12006	6			ALL

WIRE LIST　　91-21-11 Section W0040

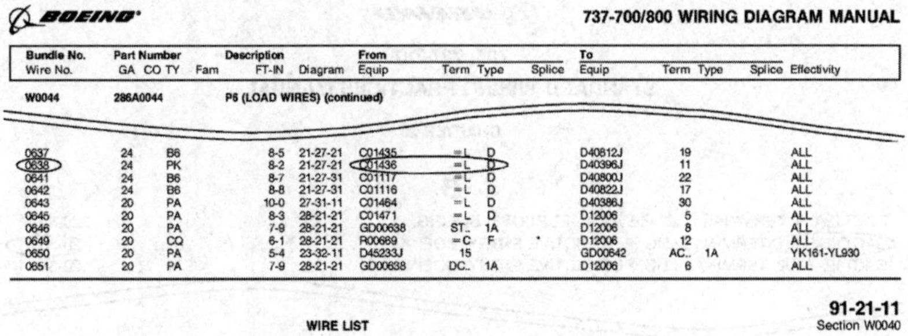

图 6-422　在导线束清单里找到接线片终端的类型代码

步骤 2: 根据终端类型代码 D,在线路图解手册(WDM)中,Front Matter→INTRODUCTION→CODES→3. TERMINAL INFORMATION→A. Single alphabetical letter→终端类型代码 D,显示 General Purpose Lug,♯8 Stud,BACT12AR( ) or BACT12AC( ),如

图 6-423 所示。General Purpose Lug 代表普通类型接线片，♯8 Stud 代表接线片安装在♯8 螺栓上，BACT12AR( )或 BACT12AC( )代表这种终端类型代码 D 的接线片件号，括弧里的数字要根据导线的规格和螺栓尺寸而定。本次以 BACT12AR( )为例执行下面程序。

图 6-423 在代码里根据终端的类型代码找到接线片的类型件号

步骤 3：根据接线片的类型件号，在标准线路施工手册(SWPM)章节检查索引里找到相关章节 20-30-11，如图 6-424 所示。

图 6-424 根据接线片的类型件号找到相关章节 20-30-11

步骤 4：进入标准线路施工手册 20-30-11 的分目录，在件号和描述中找到 BACT12AR( )类型接线片的件号在 1.D，如图 6-425 所示。

```
ASSEMBLY OF INSULATED AND UNINSULATED TERMINAL LUGS

Paragraph                                                                 Page
1.  PART NUMBERS AND DESCRIPTION                                           1
    A.  General Data                                                       1
    B.  BACT12AC General Purpose Terminal Lugs                             4
    C.  BACT12AL General Purpose Terminal Lugs                            10
    D.  BACT12AR Restrictive Entry Terminal Lugs                          12
    E.  BACT12AV Solid Nickel High Temperature
```

20-30-11 CONTENTS

图 6-425　根据接线片的类型件号找到接线片件号目录

步骤 5：进入标准线路施工手册 20-30-11 找到 1.D，在表格 7 里根据 AWG 24 号导线和 8 号安装螺栓选择接线片的件号是 BACT12AR243，如图 6-426 所示。

```
ASSEMBLY OF INSULATED AND UNINSULATED TERMINAL LUGS

D.  BACT12AR Restrictive Entry Terminal Lugs
    Refer to Paragraph 2.F. for the procedure to assemble these terminals.
    BACT12AR terminal lugs have a wire insulation grip.
    One BACT12AR terminal lug can be used to terminate only one wire.
    An AWG 26 through AWG 10 wire can be terminated with a BACT12AR terminal lug.
    NOTE: A BACT12AC terminal lug is a satisfactory alternative to a BACT12AR terminal lug for AWG 12
          and smaller wire. Refer also to Table 9.
                                        Table 7
                    BACT12AR RESTRICTIVE ENTRY TERMINAL LUG PART NUMBERS
```

Crimp Barrel Size	CAU Range		Insulation Color		Stud Hole Size	Boeing Standard
	Minimum	Maximum	Sleeve	Band		
24	4	5	Yellow	Blue	4	BACT12AR241
					6	BACT12AR242
					8	BACT12AR243
					10	BACT12AR244
						BACT12AR245

20-30-11

图 6-426　接线片件号选择

步骤 6：进入标准线路施工手册 20-30-11 的分目录，在接线片的装配章节中找到 BACT12AR( )类型接线片的装配程序，如图 6-427 所示。

```
ASSEMBLY OF INSULATED AND UNINSULATED TERMINAL LUGS

Paragraph                                                                 Page

2.  ASSEMBLY OF TERMINAL LUGS

    F.  Assembly of BACT12AR and Other Restrictive Entry Terminal Lugs    54
```

20-30-11 CONTENTS

图 6-427　根据接线片的类型件号找到压接程序目录

步骤 7：进入标准线路施工手册 20-30-11 2.F，在表格 57 里根据 AWG 24 号导线找到 BACT12AR( )类型接线片的压接工具件号，如图 6-428 所示。

ASSEMBLY OF INSULATED AND UNINSULATED TERMINAL LUGS

F. Assembly of BACT12AR and Other Restrictive Entry Terminal Lugs

Refer to Paragraph 1.D. for the description of the BACT12AR terminal lugs.

Table 57
CRIMP TOOLS FOR BACT12AR TERMINAL LUGS

Wire Size	Terminal Lug			Crimp Tool			
	Crimp Barrel Size	Sleeve Color	Band Color	Basic Unit	Holder	Head	Die
26	24	Yellow	Blue	59275	-	-	-
24	24	Yellow	Blue	47907	-	-	-
				565435-5	-	567200-2	69878
				59275	-	-	-
				68075	-	-	69878
				69692-1	-	-	-
				69875	-	-	69878

20-30-11

图 6-428 根据接线片的类型件号找到压接工具

步骤 8: 进入标准线路施工手册 20-30-11 2. F,在压接工具列表下面就是需要的 BACT12AR( )类型接线片压接程序,如图 6-429 所示。

ASSEMBLY OF INSULATED AND UNINSULATED TERMINAL LUGS

(1) Make a selection of a terminal lug from Table 7.

Make sure that the crimp barrel size of the terminal lug is the same as the wire size.

NOTE: BACT12AR terminal lugs are indended to be terminated to only one wire. If more than one wire is to be terminated, refer to Subject 20-30-22.

(2) Remove the necessary length of the insulation from the end of the wire.

Refer to Subject 20-00-15 for the insulation removal procedures.

(7) Crimp the terminal lug.

Make sure that:

- All of the strands of the conductor are in the crimp barrel
- The end of the conductor extends farther than the end of the crimp barrel
- The end of the wire insulation is in the insulation grip of the terminal lug
- The crimp tool is adjusted to give the correct insulation support. Refer to Paragraph 2.B.
- If a sleeve or tape is on the wire, the end the sleeve or tape is in the insulation grip of the terminal lug
- If a sleeve or tape is on the wire, the sleeve or tape does not go into the crimp barrel of the terminal lug
- The clearance from the end of the conductor is sufficent for the installation of the washer and the nut.

20-30-11

图 6-429 根据接线片的类型件号找到压接程序

6.9.4 空客系列飞机接线片的压接与安装

1. 接线片压接施工程序

1) NSA936503 系列尼龙接线片

NSA936503 系列接线片属于 PIDG 尼龙绝缘层接线片,如图 6-430 和表 6-46 所示,使用环境温度是 105℃(221℉)。

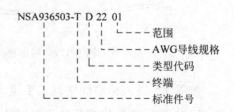

图 6-430 NSA936503 系列接线片件号识别

表 6-46　NSA936503TD××××接线片介绍

接线片	导线规格	螺栓直径 B		套管颜色
		US	mm	
TD2201	24-22	#2	2.2	黄色
TD1601	22-16			红色
TD1602	22-16			红色
TD1401	16-14			蓝色

根据接线片的件号，选择剥线工具和导线剥线长度 A 如表 6-47 和图 6-431 所示；根据接线片的件号，选择压接工具如表 6-48 所示。接线片压接后的标记如图 6-432 所示。

表 6-47　NSA936503TD××××接线片绝缘去除

接线片	绝缘去除			
	长度 A/mm	工具		
		标准	件号	颜色
TD2201	4.6	STRIPMASTER	45-2020-1	蓝色
TD1601	5.8			
TD1602	5.8			
TD1401			45-1939-1	红色

表 6-48　NSA936503TD××××接线片压接工具

接线片	导线规格	压接工具	
		标准	件号
TD2201	24-22	AMP	46121
			48518
			59275
			169485

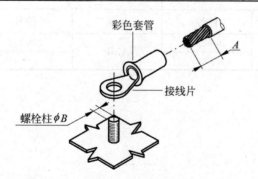

图 6-431　NSA936503 系列接线片压接

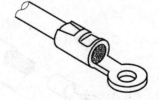

图 6-432　NSA936503 系列接线片压接验证

2) NSA936506 系列接线片

NSA936506 系列接线片属于非绝缘接线片，如图 6-433 和表 6-49 所示，使用环境温度是 105℃（221℉）。

图 6-433　NSA936506 系列接线片件号识别

表 6-49　NSA936506TF××××接线片举例

接线片	导线规格	螺栓直径 B		颜色
		US	mm	
TF1401	16-14	#6	3.5	—
TF1402		#8	4	
TF1403		#10	4.8	
TF1404		1/4	6.3	
TF1405		5/16	7.9	

根据接线片的件号,选择绝缘去除工具和导线绝缘层去除长度 A 如表 6-50 和图 6-434 所示;根据接线片的件号,选择压接工具如表 6-51 所示。接线片压接后的标记如图 6-435 所示。

表 6-50　NSA936506TF××××接线片绝缘去除

接线片	绝缘去除			
	长度 A/mm	工具		
		标准	件号	颜色
TF14××	5.5	STRIPMASTER	45-1939-1	红色
TF10××	7.5			
TF08××	9.5	AS	9922801500 或剥线刀	—
TF06××	11.3			

表 6-51　NSA936503TF××××接线片压接工具

接线片	导线规格	压接工具			
		工具		工具头	
		标准	件号	标准	件号
TF14××	16-14	AMP	69005	AMP	300454
			49935		—

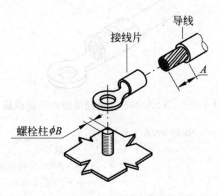

图 6-434　NSA936506 系列接线片压接

图 6-435　NSA936506 系列接线片压接验证

3) E0348 热电偶系列接线片

E0348 系列接线片属于热电偶导线专用系列接线片,如图 6-436 和表 6-52 所示,使用环境温度是 －55℃(－67°F)～260℃(500°F)。

表 6-52　E0348T××××接线片举例

接线片	导线规格	接线片尺寸 B		C/mm	颜色
		US	mm		
TM2201	22	#8	4.2	7.92	灰色
TM2201		#10	4.8		绿色

4) NSA936502 非绝缘系列接线片

NSA936502 系列非绝缘接线片,如图 6-437 所示。使用环境温度是 260℃(500°F)。

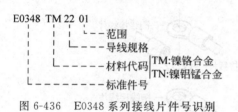

图 6-436　E0348 系列接线片件号识别

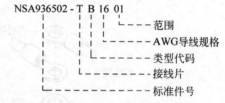

图 6-437　NSA936502 系列接线片件号识别

2. 接线柱上接线片的安装

在空客系列飞机上的接线柱上、线路跳开关上和接地桩上安装了很多接线片,每个接线柱最多安装 4 个接线片,在一些特殊条件下可以安装 5 个接线片;如果接线片的大小尺寸不同,必须先安装尺寸大的接线片,然后逐一进行安装。

1) 接线片的安装方向

当导线从相对方向安装时,接线片也必须按照相对方向安装,如图 6-438 所示。当导线从相同方向安装时,接线片也必须相同方向安装且接线片必须面对面背对背安装,如图 6-439 所示。当导线来自于不同方向安装在接地点上时,接线片也要按照导线的方向安装,如图 6-440 所示。

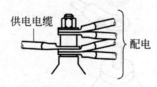

图 6-438　接线片相对方向安装

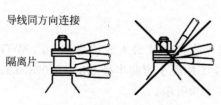
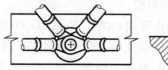

图 6-439　接线片同方向安装　　　　图 6-440　接线片在接地桩上安装

2）接线片在接线柱上的安装

在接线柱上安装不同类型的接线片时安装顺序有所不同,如图 6-441～图 6-444 所示。

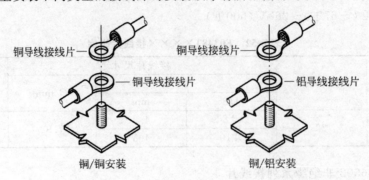

图 6-441　铜/铜导线接线片和铜/铝导线接线片在接地桩上安装

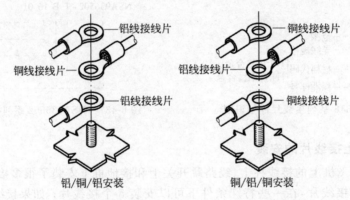

图 6-442　铝/铜导线接线片与铜/铝/铜接线片在接地桩上安装

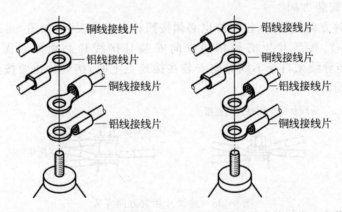

图 6-443　两个铝导线接线片与两个铜导线接线片在接地桩上安装

3）接线片的弯曲角度

铝导线接线片禁止弯曲,AWG 10-AWG 0000 号铜导线接线片最大允许弯曲 30°,AWG 12-AWG 24 号铜导线接线片最大允许弯曲 45°,铜导线接线片最小弯曲半径 2mm(0.0787in);同方向安装的接线片必须使用隔离片进行隔离,如图 6-445 所示。

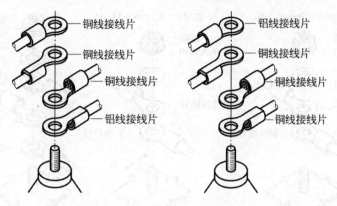

图 6-444 一个铝导线接线片与三个铜导线接线片在接地桩上安装

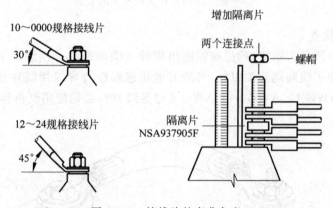

图 6-445 接线片的弯曲角度

4) 接线片、垫片和螺帽的安装

如果接线柱上有铝导线接线片单独或与其他铜接线片安装时,必须使用 ASNA2553 弹簧垫片;螺栓直径≥9.5mm(0.37in)的铜导线接线片在安装时,也必须使用 ASNA2553 弹簧垫片,如图 6-446 和图 6-447 所示。

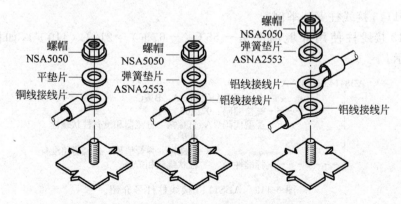

图 6-446 接线片在接线柱上的安装

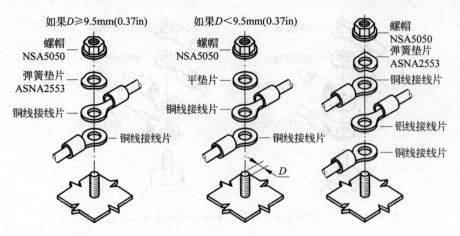

图 6-447 接线片在接线柱上的安装

5）力矩值的检查

使用力矩扳手测量力矩值，确保螺帽露出螺栓一圈半螺纹。接线片平面应当与接线柱装配平面平行。除了线路跳开关以外，当所有电接触螺栓与导线接线片接触面积等于或大于 $5mm^2$（例如：AWG 10、AWG 8 和 AWG 6 号导线）的，必须使用红色标记胶进行标记，如图 6-448 所示。

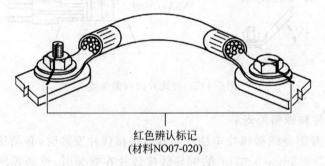

图 6-448 扭力值检查后的标记

6）ABS1143 接线柱安装举例

ABS1143 接线柱使用环境温度是 $-55℃$（$-67℉$）~ $210℃$（$410℉$），如图 6-449 和图 6-450 所示。

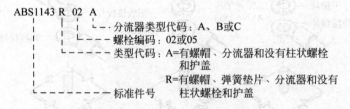

图 6-449 ABS1143 接线柱件号介绍

在接线柱上安装接线片时，每个接线片的接触面应当与其他接线片保持平行，不能出现变形或在接线柱相邻位置出现相碰现象，确保装配安全可靠，如图 6-451 所示。

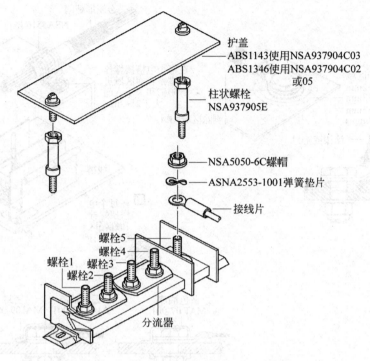

图 6-450　ABS1143 接线柱介绍

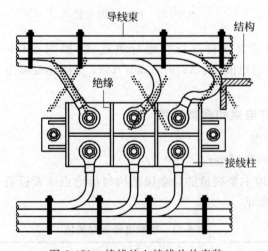

图 6-451　接线柱上接线片的安装

3. 接地桩上接线片的安装

在空客系列飞机上接地点（VN）与结构接触、连接器的方形边缘与结构接触、管路附件与结构接触和继电器与结构接触都必须按照标准程序进行。

在结构或设备上安装接地桩时需要使用紧固件进行安装，如图 6-452 所示，参考 ESPM 20-4×-×× 选择力矩值，以 A319/A320/A321 为例还需要参考 AMM 20-28-11 确保测量接触电阻值符合要求。

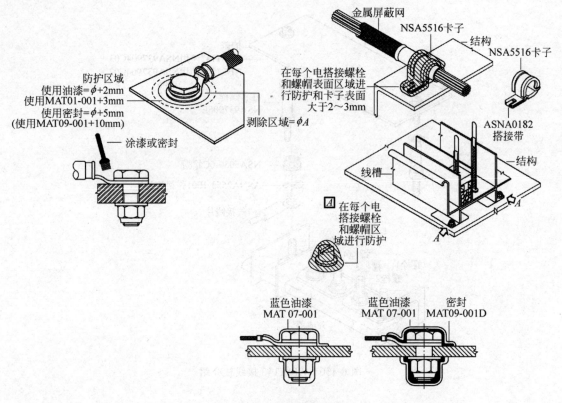

图 6-452 接地桩的安装

在结构或设备上通过紧固件进行接地导电连接,如图 6-453 和图 6-454 所示,参考 ESPM 20-4×-×× 选择力矩值,以 A319/A320/A321 为例还要参考 AMM 20-28-11 确保测量接触电阻值符合要求。

4. 接地桩最大允许电阻和测试程序

1) 典型接触电阻标准

(1) 重要接地点和回路接地点

重要接地和回路接地主要测量的是金属结构与接地点或者设备与接地点之间的接触电阻,测量数值如表 6-53 所示。

表 6-53 接触电阻测量数值

接地点位置	最大接触电阻值	接地点位置	最大接触电阻值
主电瓶	0.05mΩ	地面电源插座	0.05mΩ
变压器/调压器	0.05mΩ	静变流机	0.05mΩ
交流发电机	0.05mΩ	紧急发电机	0.05mΩ
APU 发电机	0.05mΩ		

(2) 辅助接地点

辅助接地点主要测量金属结构与接地点之间的接触电阻,测量数值如表 6-54 所示。

第6章 标准线路施工

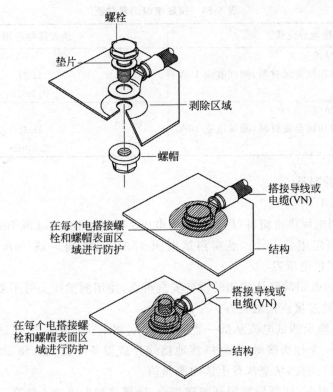

图 6-453 结构接地的安装

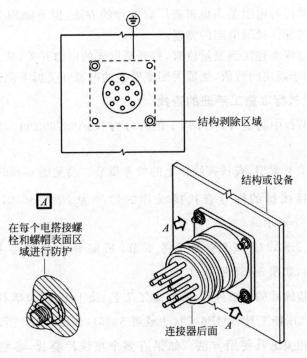

图 6-454 设备接地的安装

表 6-54 接触电阻测量数值

接地点位置	最大接触电阻值
用于≤AWG 22 线导线	
适用于钢、不锈钢和钛金属材料,测试电流 10A	1mΩ
适用于其他材料	0.1mΩ
用于＞AWG 22 线导线	
适用于钢、不锈钢和钛金属材料,测试电流 10A	1mΩ
适用于其他材料	0.1mΩ

2) 接触电阻的测量

(1) 测量方法 1

需要一台可调电源供给组件(PSU),输出电压 24V,输出测试电流 10A。测试时输出电流最大可以超过额定电流 25%,最高测试电流 13A。还需要一块 10A 的电流表和一块 2mV~20V 的 5 挡位电压表。

① 在测量接触电阻前确认使用的设备安全可靠,使用测试探头时不要损伤测试设备和结构,确认所有接地连接点接触良好。

② 调节 PSU 输出测试电流从低一直到达 10A,将毫伏计的一个测试探头接触在结构上,将毫伏计的另一个探头接触在部件(接地接线片或设备外壳)上,将 PSU 输出测试电压从低连续调节到 20 挡位,从毫伏计上读出测量值。

③ 断开 PSU 电源,从测量端脱开测试探头,计算接触电阻值不能高于规定的数值。

(2) 测量方法 2

使用毫欧表测量接触电阻是飞机制造厂商推荐的方法,但不能用于流动性液体系统和在复合材料上安装的部件接触电阻的测量。

将毫欧表的测试探头连接到测量位置,打开毫欧表的电源开关,从毫欧表上读出测量数值,测量数值不能高于规定的数值,然后关闭毫欧表的电源开关拆下测试探头。

5. 接线片在电气标准施工手册的查找

在 AWM 和 AWL 中确定(FIN)18VT 的件号为 NSA937905A10,连接导线为 CF10,如图 6-455 所示。

步骤 1：通过交叉索引,查找接线排上的参考章节。参见图 6-456 所示。

步骤 2：根据接线排的件号查找接线片的件号为 NSA936501TA,且进一步查找 20-48-11。如图 6-457 所示。

步骤 3：查到 NSA936507TA 的参考章节,根据导线的类型和规格补全件号为 NSA936507TA1004,如图 6-458 所示。

步骤 4：根据接线片的完整件号,查找施工工艺、施工工具,包括剥线长度 9±0.3mm、剥线工具 45-1939-1,压接工具 AMP69694-1 或者 59461,如图 6-459 所示。

步骤 5：查找相关工具使用方法。如果有多个接线片叠放,参照其他相应的章节施工,如图 6-460 所示。

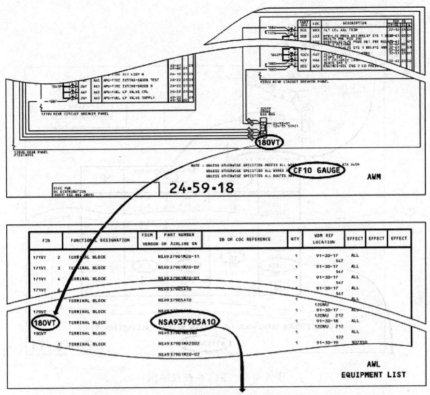

图 6-455 接线片查找举例

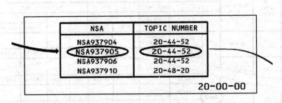

图 6-456 接线片查找举例

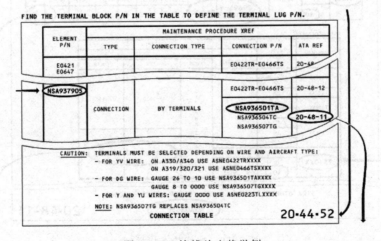

图 6-457 接线片查找举例

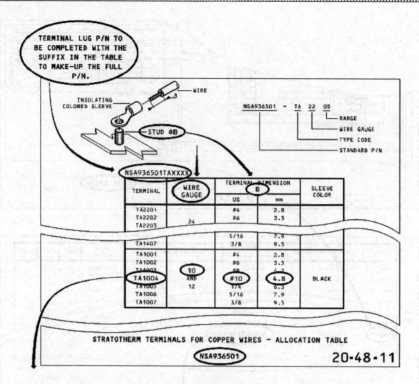

图 6-458 接线片查找举例

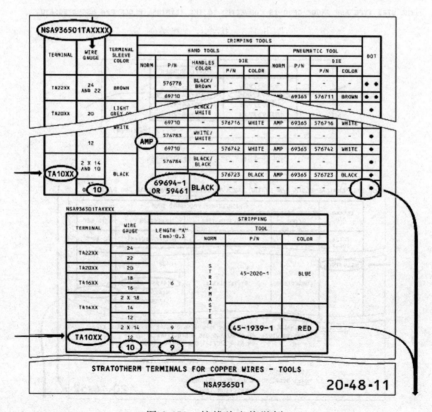

图 6-459 接线片查找举例

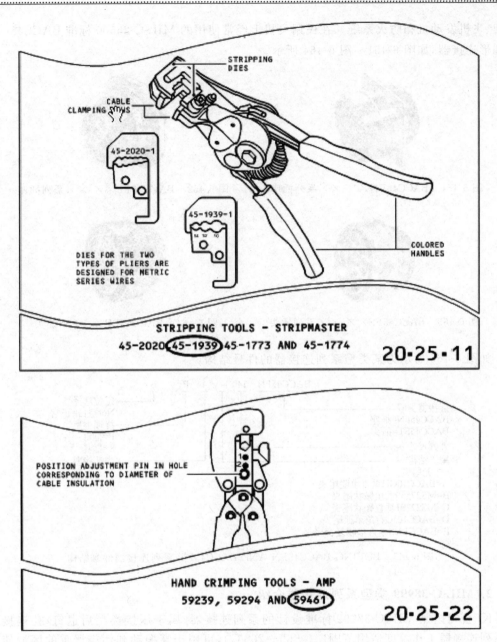

图 6-460 接线片查找举例

6.10 普通连接器的识别与施工

6.10.1 连接器类型编号

1. MIL-C-26500 类型系列连接器介绍

Amphenol 和 Pyle 公司按照 MIL-C-26500 标准设计的系列连接器,属于压接类型前退钉/孔连接器。该系列连接器可以抵抗很多溶剂的侵蚀,应用于飞机的很多系统,如电子设备架、飞机发动机和防火系统。在民用飞机上经常使用的 MIL-C-26500 标准 BACC45（ ）系列圆形连接器，如图 6-461～图 6-464 所示。

图 6-461　BACC45FN××-×× 系列插座　　　图 6-462　BACC45FP××-×× 系列插座

图 6-463　BACC45FS××-×× 系列插头　　　图 6-464　BACC63BP×× 系列插头

如图 6-465 所示为某类型系列连接器的件号结构。

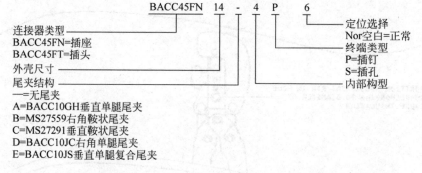

图 6-465　BOEING BACC45FN AND BACC45FT 系列连接器件号结构

2. MIL-C-38999 类型系列连接器介绍

KJ 公司按照 MIL-C-38999 标准设计的系列连接器，属于压接类型后退钉/孔连接器。该系列连接器工作温度适用范围广（-65～200℃），可用于高振动和污染严重的区域使用，如电传操作系统。连接器采用三点式快速连接方式，拆装方便。在民用飞机上经常使用的 MIL-C-38999 标准 MS2747（ ）系列圆形连接器，如图 6-466～图 6-469 所示。

图 6-466　MS27472 系列插座　　图 6-467　MS27473 系列插头　　图 6-468　MS27474 系列插座

如图 6-470 所示为 MS27472 系列连接器件号结构。

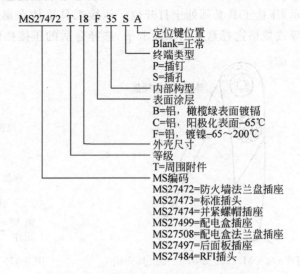

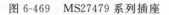

图 6-469　MS27479 系列插座　　　图 6-470　MS27472 系列连接器件号结构

6.10.2　插钉/插孔的压接与检查

1. 压接工具使用前准备

1）压接工具 M22520/1-01 使用前准备

M22520/1-01 压接工具如图 6-471 所示，共有 8 个压接挡位，适用于 AWG 10-26 号线的压接。有 16 个可供更换的定位器，根据插钉/插孔的类型和大小选择不同件号的定位器（又称塔头）及定位器上的选择旋钮，确保压接工具可以压接在插钉/插孔的合适位置。M22520/1-01 具备防倒转棘轮功能。

使用压接工具 M22520/1-01 之前必须检查外观的完好性，检查压接工具上定位器的件号是 M22520/1-（　）。定位器安装时，压接工具必须处于打开位，压接工具平放在桌面上，将定位器安装在压接工具的固定环上，使用 9/64 内六角扳手将定位器上的两个固定螺丝拧紧；旋转定位器上的钉号选择旋钮，确保所有钉号选择旋钮位置移动顺畅；取下导线规格选择盘上的保险卡子，选择合适的压接挡位到 SEL.NO 指示线上。

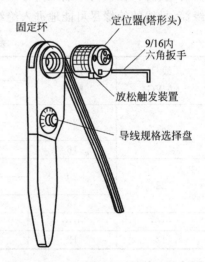

图 6-471　M22520/1-01 压接工具介绍

2）压接工具 M22520/2-01 使用前准备

M22520/2-01 压接工具，如图 6-472 所示，共有 8 个压接挡位，适用于 AWG 16-32 号线的压接；有 35 个可供更换的定位器，每种类型的定位器对应一种类型的插钉/插孔；具备防倒转棘轮功能。

使用压接工具 M22520/2-01 之前必须检查外观的完好性。定位器安装时,如图 6-473 所示,压接工具必须处于打开位。压接工具平放在桌面上,将定位器插入锁盘扭转 90°;取下导线规格选择盘上的保险卡子,选择合适的压接挡位到 SEL. NO 指示线上。

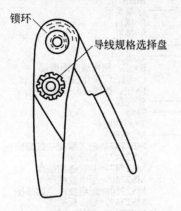

图 6-472 M22520/2-01 压接工具介绍

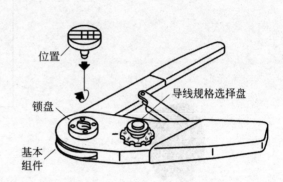

图 6-473 M22520/2-01 压接工具定位器的安装介绍

2. 插钉/插孔的压接

1) 波音系列飞机插钉/插孔的压接

根据表 6-55 所示尺寸去除导线绝缘层,如图 6-474 和图 6-475 所示;将去除绝缘的导线放入压接筒,从观察孔中必须看到芯线;如果导线绝缘层不能进入插钉的绝缘筒或插钉没有绝缘筒,压接筒末端距离导线绝缘层末端最大 0.03in,如图 6-476 所示;如果插钉有绝缘筒,导线的绝缘尽可能地进入绝缘筒,如图 6-477 所示。

表 6-55 绝缘去除长度举例

线号 (AWG)	压接 筒号	去除长度/in		专用说明
		目标值	误差	
24	20	0.19	±0.02	—
	20	0.28	±0.02	只使用 ZZL-4( )20-10( )插钉
	16	0.50	±0.03	导线芯线回折
22	20	0.19	±0.02	—
	20	0.28	±0.02	只使用 ZZL-4( )20-10( )插钉
	16	0.50	±0.03	导线芯线回折
……	……	……	……	……
12	12	0.25	±0.02	—

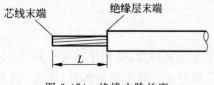

图 6-474 绝缘去除长度

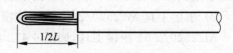

图 6-475 导线芯线回折

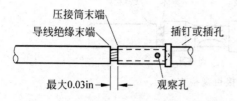 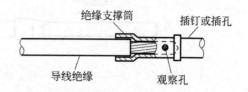

图 6-476 不带绝缘支撑筒的绝缘去除长度　　　图 6-477 带绝缘支撑筒的绝缘去除长度

根据插钉/插孔的型号、压接筒号和导线规格选择压接工具及定位器。将定位器安装在压接工具上；按照插钉/插孔的压接筒号选择定位器上的选择旋钮并锁定位置，按照导线规格选择压接工具的压接挡位；将插钉/插孔放入压接工具的定位器，如图 6-478 或图 6-479 所示，将去除绝缘的导线插入插钉/插孔的压接筒，按压压接工具的手柄到达压接力矩时防倒转棘轮复位反转，压接工具手柄自动释放，完成插钉/插孔的压接施工。

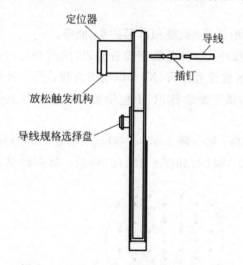 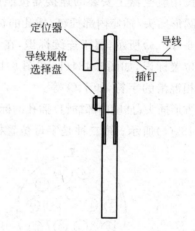

图 6-478　M22520/1-01 压接工具操作　　　图 6-479　M22520/2-01 压接工具操作

2）空客系列飞机插钉/插孔的压接

如果普通连接器没有特殊要求，压接筒末端距离导线绝缘层末端最大 1mm，如图 6-480 所示；如果专用连接器有特殊要求，压接筒末端距离导线绝缘层末端最大 0.3mm，如图 6-481 所示。插钉/插孔的压接方法同上。

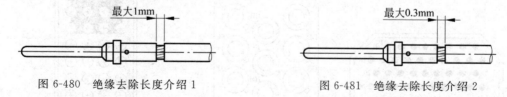

图 6-480　绝缘去除长度介绍 1　　　　　　图 6-481　绝缘去除长度介绍 2

3. 压接后的目视检查

插钉/插孔压接工作完成后，需目视检查插钉/插孔的压接位置和尺寸，如图 6-482 和图 6-483 所示，从观察孔中必须看到芯线，压接筒压接模块痕迹位于中心并且受力均匀，不能出现金属撕裂的痕迹，不能出现弯曲现象。

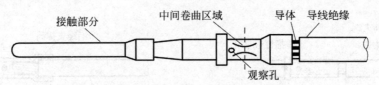

图 6-482 插钉/插孔压接目视检查

如果需要更详细地对压接完成后的导线终端进行可靠性测试,请使用原制造厂商(OME)的电子拉力测试系统 MPT-250B 测试导线终端的拉力测试数值。

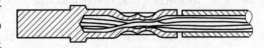

图 6-483 插钉/插孔压接剖面视图

6.10.3 插钉/插孔的退送与检查

1. 连接器的插钉/插孔位置标识

民用航空器上安装的连接器按照形状分为圆形插头/插座和方形插头/插座。

圆形插头/插座内部插钉/插孔的标识方法有两种:一种是数字位置标识,如图 6-484(a)和图 6-485(a)所示,属于连续标识,在每个 10 的倍数位置标有(X0),以便于查找;另一种是字母位置标识,如图 6-484(b)和图 6-485(b)所示,属于断续标识,不包括磨损后容易与其他标识相混淆的字符,如 I、O 等。

方形插头/插座内部插钉/插孔的标识方法有三种:第一种是数字位置标识,如图 6-484(c)和图 6-485(c)所示;第二种是字母位置标识,如图 6-484(d)和图 6-485(d)所示;第三种是数

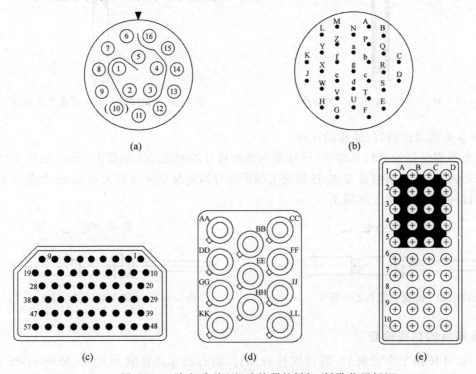

图 6-484 波音系列飞机连接器的插钉/插孔位置标识

(a)圆形连接器数字位置标识;(b)圆形连接器字母位置标识;(c)方形连接器数字位置标识;
(d)方形连接器字母位置标识;(e)方形连接器数字字母混排位置标识

字和字母混排位置标识,如图 6-484(e)和图 6-485(e)所示。

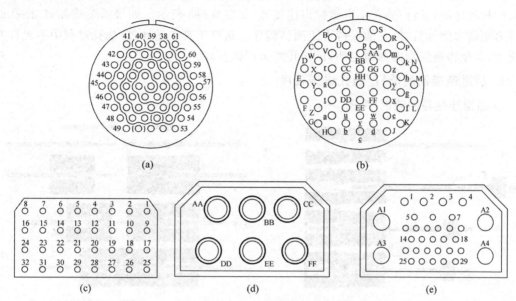

图 6-485 空客系列飞机连接器的插钉/插孔位置标识

(a)圆形连接器数字位置标识;(b)圆形连接器字母位置标识;(c)方形连接器数字位置标识;
(d)方形连接器字母位置标识;(e)方形连接器数字字母混排位置标识

2. 前退连接器的插钉/插孔退送程序

1)前退连接器的装配(见图 6-486)

2)前退连接器的退插钉/插孔步骤

根据连接器的类型选择合适的退钉工具,退钉工具与连接器接触平面保持垂直,将退钉工具顺着插钉/插孔外围插入连接器直至推到止位,将锁定插钉/插孔的金属锁打开,向前推动退钉工具的滑块将插钉/插孔退出连接器,如图 6-487 所示。退钉工具在退插钉/插孔过程中不允许左右扭动,以免将连接器内部锁定插钉/插孔的金属锁损坏。

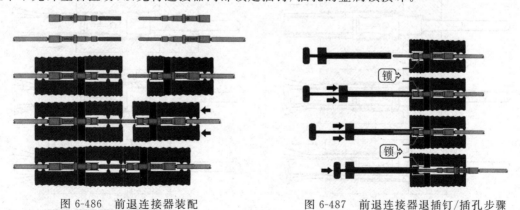

图 6-486 前退连接器装配　　　　图 6-487 前退连接器退插钉/插孔步骤

3)前退连接器的送插钉/插孔步骤

根据连接器的类型选择合适的送钉工具,将压接完成的插钉/插孔卡在送钉工具上,送钉工具与连接器尾部平面保持垂直,将送钉工具顺着插钉/插孔外围插入连接器直至推到止位,可以听到清脆的"咔嗒"声响,说明插钉/插孔已经送到位,从连接器中拔出送钉工具,轻轻向后拉扯导线,插钉/插孔不应被拉出连接器,如图6-488所示。如果需要磅插钉/插孔的保持力矩请参照插钉/插孔的保持力矩测试程序。送钉工具在送插钉/插孔过程中不允许左右扭动,以免将连接器内部锁定插钉/插孔的金属锁损坏。

3. 后退连接器的插钉/插孔退送程序

1) 后退连接器的装配(见图6-489)

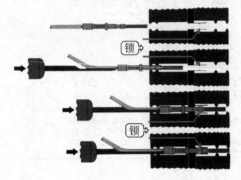

图6-488 前退连接器送插钉/插孔步骤　　　图6-489 后退连接器装配

2) 后退连接器的退插钉/插孔步骤

根据连接器的类型选择合适的退钉工具,将需要退出的插钉/插孔的导线卡入退钉工具,退钉工具沿着导线向前移动到导线与连接器的密封橡胶处,退钉工具与连接器尾部平面保持垂直,将退钉工具顺着插钉/插孔外围插入连接器直至推到止位(推动过程中退钉工具不允许左右扭动),将锁定插钉/插孔的金属锁打开,轻轻的向后扯拽导线,将带有导线的插钉/插孔和退钉工具一起拉出,完成退插钉/插孔工作,如图6-490所示。

3) 后退连接器的送插钉/插孔步骤

施工方法同"前退连接器的送插钉/插孔步骤",如图6-491所示。

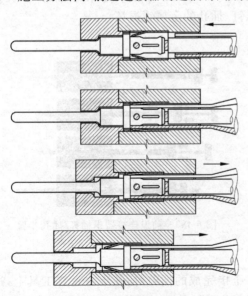

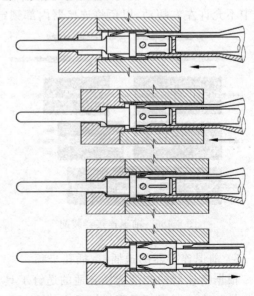

图6-490 后退连接器退插钉/插孔步骤　　　图6-491 后退连接器送插钉/插孔步骤

4. 插钉/插孔的接触保持力测量

进行接触保持力测试是为了保证插钉/插孔在连接器内部的可靠连接。接触保持力测试工具 HT250-4,如图 6-492 和表 6-56 所示,测试力在出厂前已经设定好,不需要维护人员调整;测试工具所有的测试头均可以更换,使用起来非常方便。

表 6-56　接触保持力测试工具举例

终端类型		接触保持力测试工具			生产厂商
终端号	类型	基本组件	测试头	颜色	
12	测试钉	HT250-4	68-012-01	黄色	Daniels
	测试孔	HT250-4	67-012-01	黄色	Daniels
16	测试钉	HT250-4	68-016-01	蓝色	Daniels
	测试孔	HT250-4	67-016-01	蓝色	Daniels
……	……	……	……	……	……
23	测试钉	HT250-4	68-023-01	黑色	Daniels
	测试孔	HT250-4	67-023-01	黑色	Daniels

测试时,将接触保持力测试工具的测试头插入插钉/插孔,沿着轴向方向小心向前推动测试工具,直到测试筒末端到达指示带为止,如图 6-493 所示。如果连接器的插钉/插孔保持原有位置,说明其保持力符合要求;如果连接器的插钉/插孔保持不住往回退缩,说明其没有到达指定位置或连接器内部的金属锁损坏。

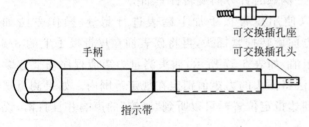

图 6-492　接触保持力测试工具介绍

图 6-493　接触保持力测试工具操作程序

6.10.4　波音系列飞机连接器的安装

1. 插座的安装

将 4 个螺栓安装在插座的 4 个螺栓孔位上,如图 6-494 所示,螺栓头正面朝着插头一侧,如果没有特殊要求,插座的主定位应朝上或朝前方位置。如果插座安装在非增压区域,则必须使用自锁螺帽固定。

2. 插头的安装

首先使用异丙醇彻底清洁连接器,选择需要的插头拧紧工具——皮带扳手或安全插头钳,如图 6-495 所示,不允许使用鹰嘴钳和鱼口钳;查看插头/插座的连接器编号是否成套,插头的定位是否与插座相同,确认后对准主定位将插头套在插座上,使用插头拧紧工具顺时针拧紧插头;如果是卡拴式连接器,当插头到达指定位置时可以听到"咔嗒"声响。

图 6-494 插座的安装视图

图 6-495 插头拧紧工具介绍

皮带扳手主要用于拧紧圆形物体,操作方法如图 6-496 所示,先将皮带扳手固定在插头上,拉紧皮带扳手的皮带,手握皮带扳手手柄顺时针方向旋转拧紧插头。

如果需要测量插头的力矩值,可以使用皮带扳手加上磅表进行测量,操作方法如图 6-497 所示。先使用皮带扳手顺时针方向旋转拧紧插头,再将磅表插在皮带扳手上的 3/8 方孔上,手握磅表将插头转到规定的力矩值,如表 6-57 所示,插头测量力矩值程序需要连续执行两次。最后使用保险丝锁定保护方法将插头的力矩值锁定在规定范围内。如果测量螺纹接口自锁连接器的力矩值时,当插头到达指定位置时可以听到"滴答"的声响并且打滑,说明插头已经到达规定力矩值。

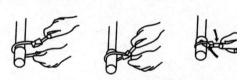

图 6-496 皮带扳手使用介绍

图 6-497 皮带扳手加上磅表测量力矩值

表 6-57 连接器的力矩值举例

插头外壳号	力矩值/(lb·in)	
	最小	最大
10	21	26
12	24	29
14	30	35
……	……	……
32	115	120

6.10.5　波音系列飞机连接器施工程序查找举例

维护工作时发现在一架 B737-800 飞机驾驶舱中，与右侧中央负载控制配电板-P6 板连接的一个插头的 8 号孔位上的导线断开，其导线标识是 W5612-0521-20，如图 6-498 所示，导线长度有余量还可以再压接一次。

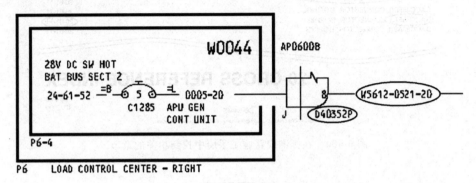

图 6-498　导线出现损伤的具体位置

施工前需要在标准线路施工手册(SWPM)中查找 8 号孔位的接触件件号、接触件的退钉工具及退钉程序、压接工具及压接程序和送钉工具及送钉程序。

步骤 1： 根据插头的设备号 D40352P，在设备清单里找到其件号是 BACC45FT22-32P9，如图 6-499 所示。

BOEING　　737-700/800 WIRING DIAGRAM MANUAL

Equip	Opt	Part Number Part Description	Used On Dwg Vendor	Qty	Diagram Station / WL / BL	Effectivity
D40352J	1	BACC45FN22-32S9 RCPT-	81205	1	24-11-11 P006-00/ /	ALL
D40352P	1	BACC45FT22-32P9 PLUG-	81205	1	24-11-11 P006-00/ /	ALL
D40353J	1	BACC63CC12-12S8 RECP	81205	1	23-70-11 AB0358/ /	YL901-YL930
D40353JK		BACC10KD12 BACKSHELL	81205	1	23-70-11 "/"/"	YL901-YL930
D40353P	1	BACC63CB12-12P8 PLUG	81205	1	23-70-11 AB0358/ /	YL901-YL930

EQUIPMENT LIST

图 6-499　在设备清单中找到插头的件号

步骤 2： 根据插头的件号 BACC45FT22-32P9，在标准线路施工手册的交叉索引目录中找到相关的章节 20-61-11，如图 6-500 所示。

步骤 3： 根据插头的件号 BACC45FT22-32P9，在标准线路施工手册的 20-61-11 目录中找到 2. C BACC45FN 和 BACC45FT 系列连接器的相关介绍，如图 6-501 所示。

步骤 4： 在标准线路施工手册 20-61-11 的 2. C 中，通过 BACC45FN 和 BACC45FT 系列连接器的件号描述，根据插头的件号 BACC45FN22-32P9 可以得知需要更换的是一个插钉，外壳尺寸是 22、内部构型是 32、插头定位是 9，如图 6-502 所示。

图 6-500　在标准线路施工手册中找到相关的章节

图 6-501　在标准线路施工手册中找到对 BACC45FT 系列连接器的相关介绍章节

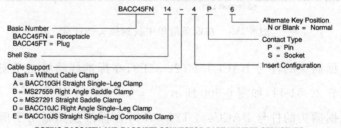

图 6-502　在标准线路施工手册中找到对 BACC45FN 系列连接器的相关介绍内容

步骤 5： 在标准线路施工手册的 20-61-11 目录中找到 5. A MIL-C-26500 类型连接器的内部构型，如图 6-503 所示。

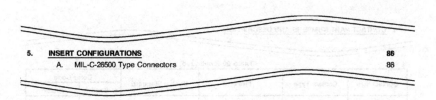

图 6-503 在 20-61-11 目录中找到 MIL-C-26500 类型连接器的内部构型

步骤 6： 在标准线路施工手册 20-61-11 的 5.A 中，根据 22-32 内部构型和需要更换的 8 号孔位，找到 8 号孔位安装的是 12 号插钉，如图 6-504 所示。

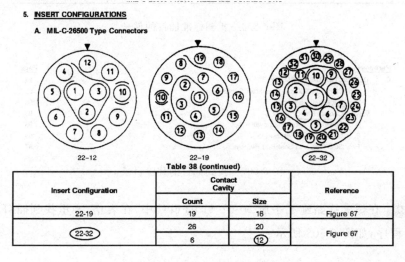

图 6-504 在内部构型中找到插钉的尺寸

步骤 7： 在标准线路施工手册 20-61-11 目录中找到 4.C Standard Contacts 标准接触件目录，如图 6-505 所示。

图 6-505 在 20-61-11 目录中找到标准接触件

步骤 8： 在标准线路施工手册 20-61-11 的 4.C 中，在表格 26 里找到 12 号插钉的件号是 BACC47CN3、BACC47CN3A 或 BACC47CN3S，如图 6-506 所示。因是在驾驶舱区域施工维修，故选取件号是 BACC47CN3A（镀金）或 BACC47CN3S（部分镀金）的插钉。

步骤 9： 在标准线路施工手册 20-61-11 目录中找到 6.C Contact Removal 接触件的移除目录，如图 6-507 所示。

4. CONTACT PART NUMBERS AND DESCRIPTION

Table 26 (continued)

Contact Size	Contact Type	Finish	Boeing Standard	Color Code Band	Color Code Color
1212	Pin	Rhodium	BACC47CN3	1	Yellow
		Gold	BACC47CN3A	1	Yellow
		Localized Gold	BACC47CN3S	1	Yellow
				2	Black
	Socket	Gold	BACC47CP3A	1	Yellow
		Localized Gold	BACC47CP3S	1	Yellow
				2	Black
		Rhodium	BACC47CP3T	1	Yellow

图 6-506　找到标准插钉的件号

```
Paragraph                                                    Page
6.  CONNECTOR DISASSEMBLY                                    93
    A.  Cinch CN0900-329 Connector Separation                93
    B.  Backshell Removal                                    93
    C.  Contact Removal                                      93
    D.  Shielded Contact Removal                             95
    E.  Coax Contact Removal                                 96
    F.  Seal Plug and Seal Rod Removal                       97
```

图 6-507　找到插钉的移除目录

步骤 10：在标准线路施工手册 20-61-11 的 6.C 中,在表格 39 里找到插钉的退钉工具和退钉施工程序,如图 6-508 所示。

6. CONNECTOR DISASSEMBLY

C. Contact Removal

Table 39 (continued)

Contact Engaging End Size	Removal Tool
12	294-73
	AT 2012
	ATML 1909
	DRK12
	DRK56-12
	M81969/19-02
	M81969/19-09
	MS24256R12
	MS90456-12
	RTX12-7
	RX12-7
	ST2220-3-15
	ZZL-R-9511-12

(1) Make a selection of a recommended contact removal tool from Table 39.

(9) Pull the contact out from the rear of the connector.

20-61-11

图 6-508　找到插钉的退钉工具和退钉程序

步骤 11：在标准线路施工手册 20-61-11 目录中找到 7. A Wire Preparation 导线准备施工程序目录，如图 6-509 所示。

图 6-509　找到导线准备施工程序

步骤 12：在标准线路施工手册 20-61-11 的 7. A 中，在表格 42 里根据导线的规格和插钉的压接筒尺寸找到导线绝缘去除参数和程序，如图 6-510 所示。

图 6-510　找到导线绝缘去除参数和程序

步骤 13：在标准线路施工手册 20-61-11 目录中找到 8. A Selection of a Crimp Tool 压接工具的选择和 8. B Contact Assembly 接触件的装配施工程序目录，如图 6-511 所示。

图 6-511　找到插钉装配目录

步骤 14：在标准线路施工手册 20-61-11 的 8. A 和 8. B 中，在表格 49 里根据导线的规格和插钉的尺寸找到压接工具和压接施工程序，如图 6-512 所示。

步骤 15：在标准线路施工手册 20-61-11 目录中找到 11. A Contact Insertion 接触件的插入施工程序目录，如图 6-513 所示。

步骤 16：在标准线路施工手册 20-61-11 中的 11. A 中，在表格 85 里根据插钉的尺寸找到送钉工具和送钉施工程序，如图 6-514 所示。

8. CONTACT ASSEMBLY

A. Selection of a Crimp Tool

Table 49
RECOMMENDED CONTACT CRIMP TOOLS FOR ONE WIRE IN THE CRIMP BARREL

Wire Size (AWG)	Contact Size	Crimp Tool				Code
		Basic Unit		Locator		
		Part Number	Setting	Part Number	Color	
20	2020	M22520/1-01	4	M22520/1-02	Red	F
		M22520/2-01	7	M22520/2-02	-	E
	1616	M22520/1-01	4	M22520/1-02	Blue	I
	1212	M22520/1-01	6	M22520/1-02	Yellow	M

(1) If the contact is to be terminated to one wire, make a selection of a recommended crimp tool from Table 49.
(2) If the recommended crimp tool is not available:

B. Contact Assembly

This paragraph gives the procedure to assemble:
- A standard contact
- A thermocouple contact
- A special purpose contact.

For the procedure to assemble:
- A shielded contact, refer to Paragraph 9.
- A coax contact, refer to Paragraph 10.

(1) Make a selection of the contact. Refer to the Wiring Diagram Manual.

图 6-512　找到插钉的压接工具和压接施工程序

Paragraph	Page
11. CONTACT INSERTION	159
A. Contact Insertion	159
B. Shielded Contact Insertion	163
C. Coax Contact Insertion	165

图 6-513　找到插钉插入施工程序目录

11. CONTACT INSERTION

Table 85 (continued)

Contact Size	Wire O.D. (inch)	Basic Unit	Bit
1212	-	294-72	-
		AT 1012	-
		DAK55-12	-
		MS24256A12	-
		M81969/17-05	-
		MS90455-12	-
		RTM12-5	-
		RTPIT-120B	ST2220-2-5
		ST2220-2	ST2220-2-5
		ZZL-R-9510-12	-

(1) Make a selection of a contact insertion tool from Table 85. Refer to Subject 20-00-16 to find the O.D. of the wire.

(11) If the contact is not locked in the contact cavity:
　(a) Pull the contact out of the contact cavity.
　(b) Do Step (4) through Step (10) again.

20-61-11

图 6-514　找到送钉工具和送钉施工程序

6.10.6 空客系列飞机连接器的安装

插座都安装在飞机结构上,在插座的安装中首先需要注意的问题是极化方式。极化方式的不同可以防止在同一区域里不同位置上的错误安装。任意两个插座的距离小于300mm时,可以通过它们的尺寸、极化方式或者排布代码来进行区别。

1. 插座的安装位置

插座水平安装或者垂直安装时,插座极化方式中的主定位向前或者向上,如图 6-515 所示。

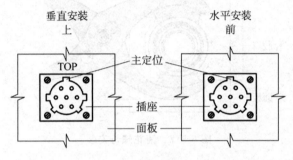

图 6-515 插座的安装位置

2. 插座的安装方式

插座后的法兰有圆形和方形两种。对于圆形法兰插座使用螺母安装,对于方形法兰插座使用螺栓安装。

(1) 螺母安装　拧紧螺母即可,如图 6-516 所示。如果使用的是滚花螺母,手动安装滚花螺母到拧不动为止,然后使用安全插头钳继续拧紧该螺母 1/8 至 1/4 圈,如图 6-517 所示。

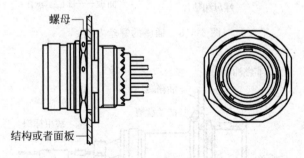

图 6-516 普通螺母安装

(2) 螺栓安装　用螺丝刀上紧螺丝,如图 6-518 所示,在增压区螺丝可以以对角方式只安装两个。在非增压区,螺丝必须安装 4 个。

特殊的,在安装油箱中的插座时,如图 6-519 所示,其施工步骤:

(1) 清洁安装区域。

(2) 用粘接剂将 O 形圈粘在法兰盘槽中,粘合时间需要 5min 左右。

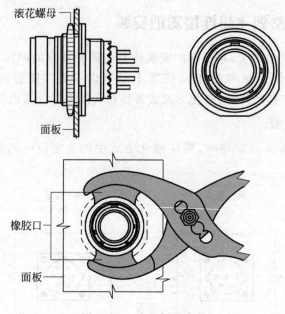

图 6-517 滚花螺母安装

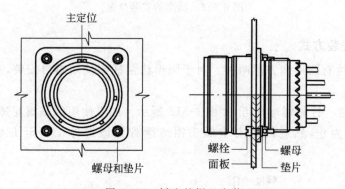

图 6-518 插座的螺丝安装

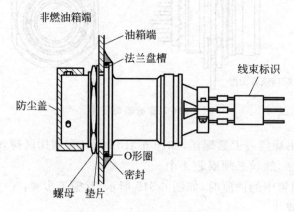

图 6-519 油箱中插座的安装

(3) 安装螺母和垫片,并按照表 6-58 所示测量力矩值。
(4) 使用密封剂在插座周围制作封严。

表 6-58 油箱插座安装的力矩

插座尺寸号	力 矩	
	m·daN	lbf·in
8	0.38~0.44	33.6~38.4
16	1.23~1.36	109~120
22	2.36~2.61	206~228

1m·daN=1N·m,余同。

插头和插座的装配参见波音部分的说明。

6.10.7 空客系列飞机连接器施工程序查找举例

从飞机线路手册(AWM)中得到连接器的功能识别号(FIN)18CE,导线类型和规格是 CF24;根据飞机线路清单中的设备清单找到 18CE 连接器的件号是 EOO52R14B19SNF,如图 6-520 所示。

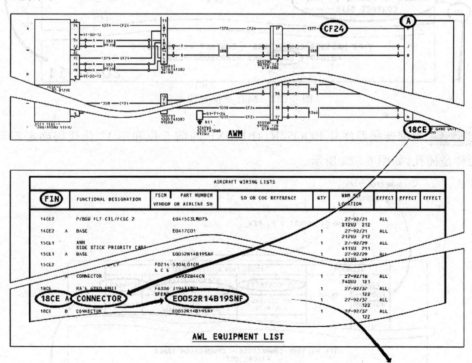

图 6-520 插孔更换查找举例

步骤 1: 根据连接器件号 EOO52R14B19SNF 的前 5 位 EOO52 参考 20-00-00 交叉索引目录找到 20-44-11,如图 6-521 所示。

步骤 2: 根据连接器件号 EOO52R14B19SNF 的第 7、8 位和第 10、11 位获得接触件布局代码 14-19,找到连接器件号 EOO52R14B19SNF 的接触件尺寸是 20 号,如图 6-522 所示。

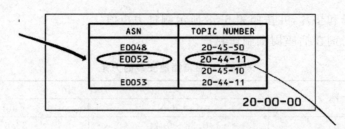

图 6-521 插孔更换查找举例

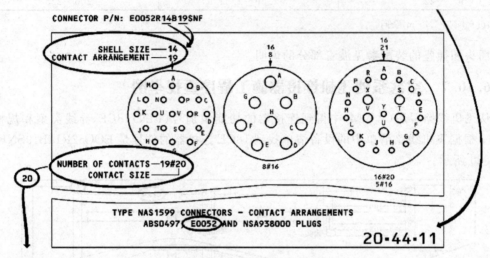

图 6-522 插孔更换查找举例

步骤3：根据连接器件号 EOO52R14B19SNF 的前 5 位和第 12 位代码确定需要更换的接触件是插孔，如图 6-523 所示。

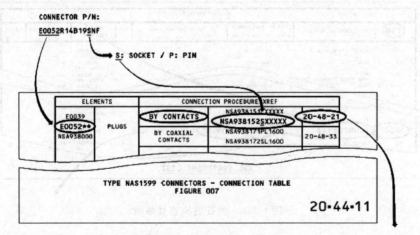

图 6-523 插孔更换查找举例

步骤4：根据在 20-48-21 中得到的连接器信息，以及插孔件号 NSA938152S×××××中的接触件类型、导线类型和规格 CF24 选择完整插孔件号是 NSA938152SA2000，如图 6-524 所示。

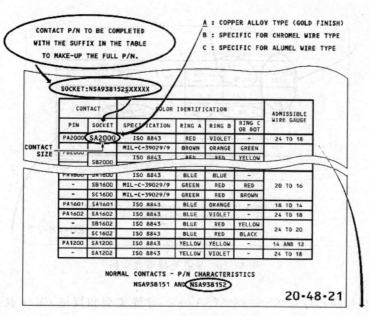

图 6-524 插孔更换查找举例

步骤 5: 根据插孔件号 NSA938152SA2000 和连接导线的情况选择送钉/退钉工具,送钉/退钉工具件号是 M81969/14-02,如图 6-525 所示。

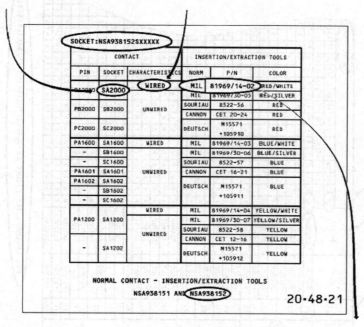

图 6-525 插孔更换查找举例

步骤 6: 根据导线类型和规格 CF24 及接触件尺寸 20 号选择绝缘去除工具和导线绝缘去除长度,如图 6-526 所示,绝缘去除工具件号是 45-2021-1,导线绝缘去除长度是 4.5mm。

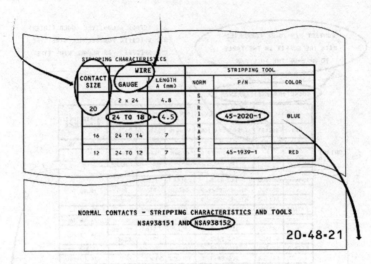

图 6-526 插孔更换查找举例

步骤 7: 根据插孔件号 NSA938152SA2000、导线类型和规格 CF24 及接触件尺寸 20 号找到代码 A，如图 6-527 所示，根据代码 A 确定此种情况不需要使用热缩套管制作封严，如图 6-528 所示。

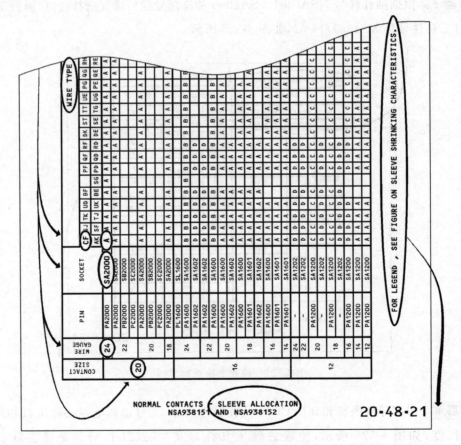

图 6-527 插孔更换查找举例

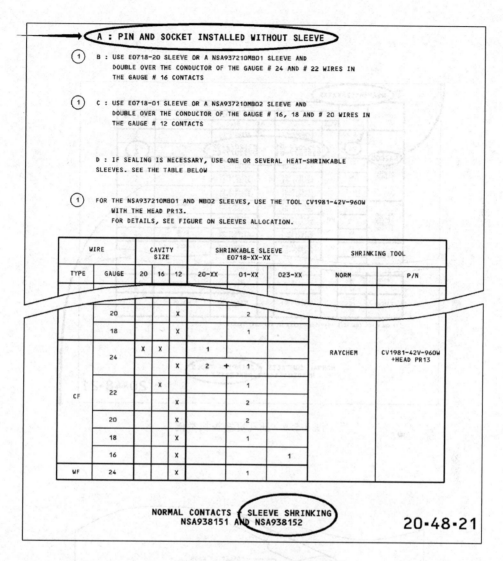

图 6-528 插孔更换查找举例

步骤 8： 根据插孔件号 NSA938152SA2000 和导线规格 24 号，找到压接工具件号 MIL22520/2-01、定位器件号 MIL22520/2-02 和压接挡位设置在 5 位置，或者压接工具件号 MIL22520/7-01、定位器件号 MIL22520/7-02 和压接挡位设置在 4 位置，如图 6-529 所示。

步骤 9： 根据压接工具件号 MIL22520/2-01 和 MIL22520/7-01 通过章节交叉索引或 MIL 相关交叉索引在 20-25-22 里找到压接工具的操作方法，如图 6-530 所示；根据绝缘去除工具的件号 45-2020 在 20-25-11 里找到绝缘去除工具的操作方法，如图 6-531 所示；根据退钉/送钉工具的件号 MIL81969/14-02 在 20-25-41 里找到退钉/送钉工具的操作方法，如图 6-532 所示。

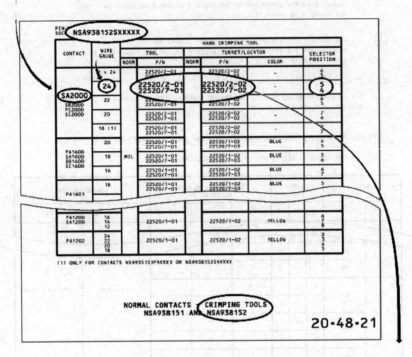

图 6-529 插孔更换查找举例

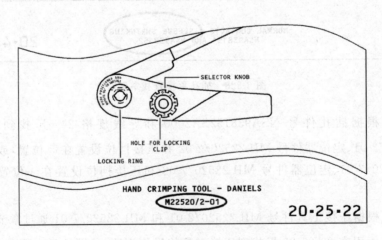

图 6-530 插孔压接工具查找举例

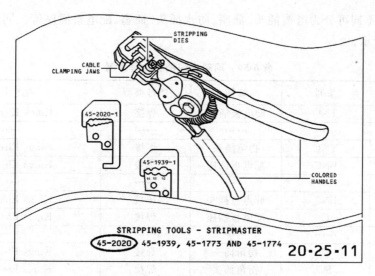

图 6-531　绝缘去除工具查找举例

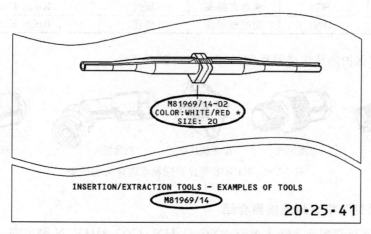

图 6-532　插孔退钉/送钉工具查找举例

6.11　高频连接器和信号电缆连接器的施工

6.11.1　概述

在航空器的通信和导航系统中,例如高频通信系统(HF)、测距仪系统(DME)和空中交通警报与防撞系统(TCAS)等,使用各种不同型号的高频连接器和馈线将系统天线信号与系统计算机和控制板进行连接组成完整的系统。其中高频连接器的施工质量直接影响到通信和导航系统的正常工作和工作的长期稳定性。现代通信技术中高频连接器分为 50Ω 和 75Ω 阻抗两种类型,在航空器中主要使用 50Ω 阻抗的高频连接器、电缆以及设备。

1. 波音系列飞机高频连接器介绍

高频连接器按照中心插钉/插孔的连接方式分为冷压接类和焊接类,冷压接类分为 BNC、C、HN、KM、N 和 SC 等类型,焊接类分为 BNC、C、HN、N、TNC、SC 和 UHF 等类型。

按照工作用途不同可分为电缆插头/插座、防水插头/插座、配电板插座等。同轴电缆插头件号如表 6-59 所示。

表 6-59 同轴电缆插头件号举例

件号	系列	结构	插钉类型	生产厂商
KA-19-21	TNC	配电板插座	焊接	Kings Electronics
……	……	……	……	……
KA-59-99	TNC	拐角插头	焊接	Kings Electronics
KC-19-100	BNC	配电板插座	焊接	Kings Electronics
……	……	……	……	……
KC-59-61	BNC	麻点直插头	压接	Kings Electronics
KD-19-26	C	配电板插座	焊接	Kings Electronics
……	……	……	……	……
KD-59-95	C	拐角插头	焊接	Kings Electronics
KG-59-16	SC	拐角插头	焊接	Kings Electronics
……	……	……	……	……
KG-59-25	SC	麻点直插头	压接	Kings Electronics
KH-19-13	HN	配电板插座	焊接	Kings Electronics

KINGS 带保护高频连接器举例,如图 6-533 所示。

防水插座　　电缆插座　　配电板插座　　拐角插头　　麻点插头

图 6-533　KINGS 带保护同轴电缆插头和插座

2. 空客系列飞机高频连接器介绍

空客系列飞机高频连接器主要有 BNC、C、HN、TNC、MHV、N 等类型,其制作方法也分为冷压接制作和焊接制作。按照工作用途不同可分为电缆插头/插座、拐角插头、配电板插座等,如图 6-534 所示。

电缆插头　　电缆插座　　配电板插座　　拐角插头　　插头/插座转接器

图 6-534　空客系列飞机高频连接器类型

3. 压接工具介绍

压接高频插头、同轴电缆的工具包括重型头类型压接工具 AMP 220015-1 和 220015-2,如图 6-535 所示;短柄类型压接工具 AMP 69141-1 和 69241-1,如图 6-536 所示;多功能压接工具 DMC M22520/5-01 和 M22520/10-01,如图 6-537 所示。

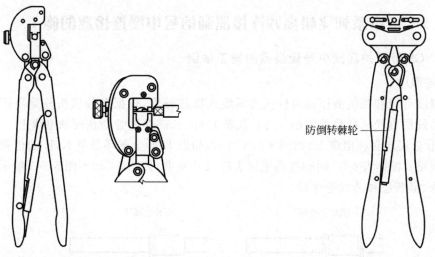

图 6-535 220015-1 和 220015-2 压接工具介绍　　　　图 6-536 69141-1 和 69241-1 压接工具介绍

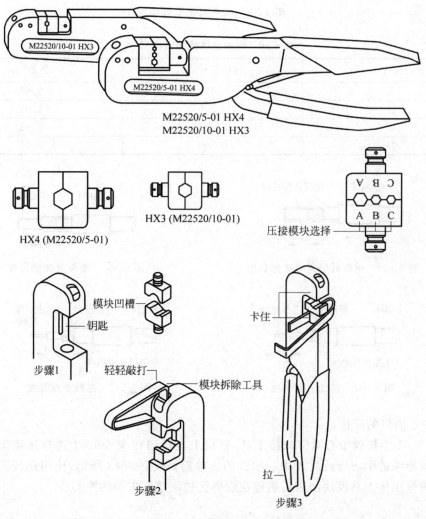

图 6-537 M22520/5-01 和 M22520/10-01 压接工具介绍

6.11.2 波音系列飞机高频连接器和信号电缆连接器的施工

1. KINGS 带保护高频小号连接器的施工举例

1）准备程序

按照温度等级和抵抗液压油腐蚀能力等级选择热缩管，根据高频插头外侧压接铜环和同轴电缆的外层直径选择热缩管的尺寸；截取 1.5in 长的热缩管套在同轴电缆上。

将 K 形金属环套在电缆上，如图 6-538 所示，如果 K 形金属环是单 K，K 的位置放在同轴电缆的末端；根据表 6-60 同轴电缆绝缘去除尺寸要求，如图 6-539～图 6-542 所示去除电缆外层绝缘、屏蔽层和芯线绝缘层。

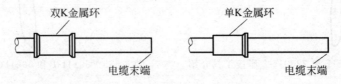

图 6-538　K 形环的安装位置

表 6-60　同轴电缆绝缘去除尺寸

尺寸	目标尺寸/in	公差/in
A	0.678	0.02
B	0.390	0.02
C	0.187	0.02
D	0.500	0.02

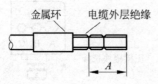

图 6-539　电缆外层绝缘去除长度

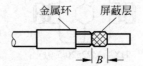

图 6-540　电缆屏蔽层长度

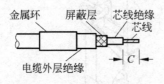

图 6-541　芯线去除长度

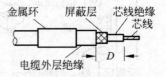

图 6-542　芯线绝缘长度

2）中心插钉的压接

从表 6-61 中找到中心插钉压接工具，根据工具代码在表 6-62 中选择压接工具及其附件，将去除绝缘的中心导线放入中心插钉的压接筒，如图 6-543 所示，使用压接工具压接中心插钉，确保压接工具模块的压接痕迹在观察孔和压接筒末端的中心。

表 6-61 同轴电缆插头中心钉压接工具

压接工具基本组件	类型
CT-32	气动
HX23	气动
HX4	手动
KTH-1000	手动
KTM-1000	电动
KTM-3000	气动
KTM-4000	气动
M22520/5-01	手动

表 6-62 同轴电缆插头中心钉压接工具

工具代码	压接工具			
	基本组件	主夹具	模块	
			件号	开口/in
041H	CT-32	—	KTH-2081	0.041
	KTH-1000	—	KTH-2081	0.041
	KTM-1000	KTM-1099	KTH-2081	0.041
	KTM-3000	—	KTH-2081	0.041
	KTM-4000	—	KTH-2081	0.041
……	……	……	……	……

3) 中心插钉的焊接

根据温度等级 C 级选择焊锡丝,不能使用温度等级 D 级的焊锡丝(温度太高容易损伤同轴电缆);将去除绝缘的中心导线放入中心插钉的焊接筒,如图 6-544 所示;在焊接插钉的观察孔位置放入少量的焊锡丝,焊接时电烙铁的温度不能太高,否则容易损伤插钉和电缆;焊接后去除插钉外表面多余的焊锡,检查焊接筒没有损伤,如果发现损伤中心插钉必须更换。

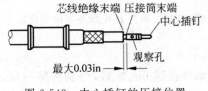

图 6-543 中心插钉的压接位置

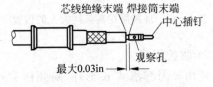

图 6-544 中心插钉的焊接位置

4) KINGS 带保护高频小号连接器的安装程序

根据工具代码在表 6-63 中找到 K 形金属环的压接工具和模块。

将中心插钉送入高频插头,插钉/插孔在高频插头/插座内部的位置如图 6-545 和图 6-546 所示,确保高频插头锁住中心插钉;将同轴电缆的屏蔽层平铺在高频插头壳体的内侧金属环上,如图 6-547 所示;向前推动 K 形金属环到插头外壳的前末端,使用压接工具压接 K 形金属环,如图 6-548 所示,确保压接完成的 K 形环没有裂痕,在 K 形环底部区域不能看到压接痕迹。

表 6-63 同轴电缆插头 K 形环压接工具

工具代码	压接工具			
	基本组件	主夹具	模块	
			件号	开口/in
105H	612648	—	612734	0.105
	CT-32		KTH-2008	0.105
			KTH-2230	0.105
	HX23		M22520/5-03	0.105
	HX4		M22520/5-03	0.105
	KTH-1000		KTH-2008	0.105
			KTH-2230	0.105
	M22520/5-01	—	M22520/5-03	0.105

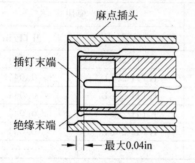

图 6-545 插钉在插头上的连接位置

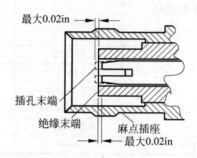

图 6-546 插孔在插座上的连接位置

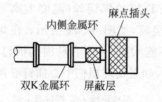

图 6-547 屏蔽层在高频插头上的位置

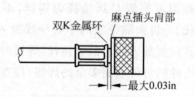

图 6-548 插头上 K 形环压接的位置

5) 防护程序

使用异丙醇清洁 K 形环、高频插头外壳和从 K 形环往后 6in 区域,分别将第一层、第二层、第三层和最外层热缩管按如图 6-549、图 6-550 和图 6-551 所示位置推至高频插头后末端,按照热缩管施工程序对热缩管进行施工。

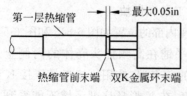

图 6-549 第一层热缩管安装的位置

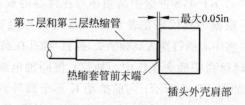

图 6-550 第二层和第三层热缩管安装的位置

2. 信号电缆连接器的施工举例

1) 概述

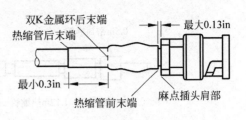

图 6-551 最外层热缩管安装的位置

航空器的燃油系统、液压系统和发动机滑油系统中,传感器的油量信号通过信号电缆传送到油量指示系统,该系统对油量指示信号电缆的长度和施工工艺要求比较苛刻,如果有一点疏忽都会直接影响燃油系统、液压系统和发动机滑油系统的油量指示精度,造成飞机系统产生故障或失效。

2) MS39029/54-342 和 MS27184-22P 信号电缆连接器装配

参照表 6-64 选择需要的热缩管,参照表 6-65 选择中心插钉的压接工具,参照表 6-66 选择金属环压接工具;在电缆上安装密封套管和外层金属环,如果是 Raychem 55A6087 电缆或 Boeing 10-60816-61 电缆,依次套上一个 1/4in 直径 0.5in 长度和一个 3/16in 直径 0.75in 长度的热缩密封套管,如图 6-552 所示;如果是其他型号的电缆,还需最后再套一个 1/8in 直径 1.12in 长度的热缩密封套管。

表 6-64 消耗材料件号

材料	件号或描述	生产厂商
热缩管	Grade B, Class 1	参考 20-00-11
密封套管	DWP-125	Raychem(Tyco)

表 6-65 中心插钉压接工具

导线规格 (AWG)	中心插钉尺寸	压接工具			
		基本组件		定位器	
		件号	设置	件号	颜色
24	20	ST2220-1-Y	—	ST2220-1-15A	—
22	20	M22520/1-01	6	M22520/1-02	
		M22520/2-01	3	M22520/2-02	
		ST2220-1-Y	—	ST2220-1-15A	
20	20	ST2220-1-Y	—	ST2220-1-15A	
		WA22	7		
		WA27F	4	M22520/1-02	红色
18	20	M22520/1-01	5	M22520/1-02	红色
		WA27F	5	M22520/1-02	红色

表 6-66 金属环压接工具

基本组件	模块	
	件号	位置
612648	612661	
M22520/5-01	M22520/5-39	
ST965-1		
WT-202-06-08	—	S

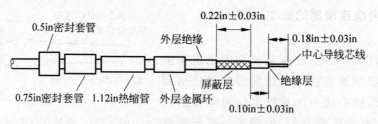

图 6-552 热缩管安装位置和绝缘去除

具体施工方法参考"KINGS 带保护高频小号连接器的施工",如图 6-553～图 6-557 所示。

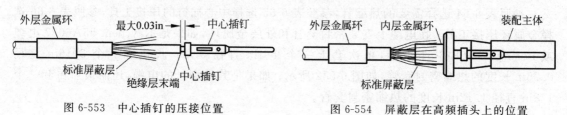

图 6-553 中心插钉的压接位置　　　　图 6-554 屏蔽层在高频插头上的位置

图 6-555 外层金属环和热缩管在高频插头上的位置

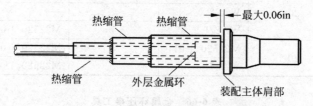

图 6-556 第一层热缩管在高频插头上的位置

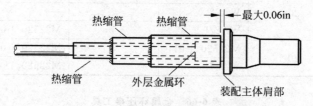

图 6-557 热缩管在高频插头上的位置

3) 使用 O 形环的信号电缆连接器

O 形密封环的作用就是密封连接器,防止异物进入,但不能防止液体,因此只能用于没有液体的增压区域;O 形密封环由橡胶制成,有很大的收缩变形特性,O 形密封环在塞入连接器的同时被连接器后部的密封橡胶锁住,O 形密封环变形再将信号电缆插头主体锁定并密封。如图 6-558 所示。

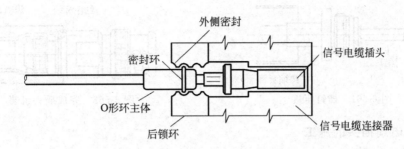

图 6-558 O 形环在信号电缆连接器上的位置

6.11.3 空客系列飞机高频连接器和信号电缆连接器的施工

1. BNC 型高频插头的施工

首先将压接屏蔽层用的金属小环和防护用的热缩套管放置于电缆外层绝缘,按照表 6-67 要求完成电缆外层绝缘和芯线绝缘的绝缘去除工作,如图 6-559 所示;高频插头的安装帽放置于电缆上,将电缆的屏蔽网放置于屏蔽网支撑上;将金属小环套回到屏蔽网上层,与屏蔽网支撑根部平齐。按照表 6-68 数据要求选择压接工具完成金属环压接;热缩套管放置于金属小环上层,完成热缩程序,如图 6-560 所示;将绝缘垫圈安装到电缆上,紧贴安装帽;将芯线插钉放置在芯线上,紧贴绝缘垫圈。按照表 6-67 数据要求选择压接工具完成芯线插钉的压接,组装高频插头,如图 6-561 所示;将芯线插钉送入插头,将安装帽安装到插头上并拧紧到规定力矩,如图 6-562 所示。

表 6-67 电缆绝缘去除尺寸

插头/插座			导 线		
插头/插座代码	导线类型代码	导线代码	剥线长度/mm		
			A	B	C
F	01	XF	9	9	23
TC					

表 6-68 高频插头/插座制作压接工具

插头/插座		压接工具					力矩
插头/插座代码	导线类型代码	金属环		芯线插钉			CAP
		基本组件	模块	基本组件	定位器	位置	
F	01	22520/5-01	22520/5-05 CAVITY A	22520/1-01	22520/1-13	7	0.17m·daN
TC							

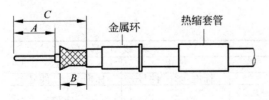

图 6-559 电缆绝缘的去除

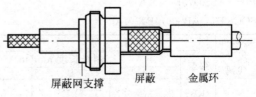

图 6-560 金属环压接

图 6-561 插钉压接　　　图 6-562 完成插头组装

2. 信号电缆插头的施工

在现代航空器中，多芯信号电缆常用于 ARINC 数据传输，并且需要与多种类型的连接器进行连接。信号电缆插头制作可采用冷压接法和焊接法。

1) 信号电缆和插头构型（见图 6-563）

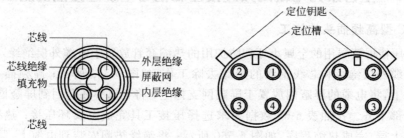

图 6-563 四芯电缆构型和四芯插头/座构型

2) 信号电缆插头的制作

信号电缆插头的装配结构如图 6-564 所示。

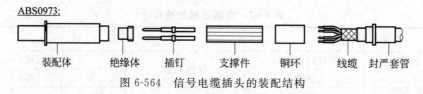

图 6-564 信号电缆插头的装配结构

按照表 6-69 所示数据要求完成导线绝缘去除程序，对于 ARINC600 的插头需要预先放置封严圈在电缆外层绝缘，如图 6-565 所示；将屏蔽网搓成尖头状便于安装金属小环，在电缆外层绝缘放置金属小环，如图 6-566 所示；将外层屏蔽网后翻，放置于金属环上层，如图 6-567 所示；去除芯线绝缘层，如图 6-568 所示。按照表 6-70 选择压接工具完成芯线插钉的压接，如图 6-569 所示；在插钉中放置绝缘衬套，如图 6-570 所示；将芯线插钉送入到外插钉，如图 6-571 所示；并完成屏蔽网的压接，如图 6-572 所示。将制作完成的插钉送入到信号电缆插头中，如图 6-573 所示。

表 6-69　电缆绝缘去除尺寸及绝缘去除工具

PIN：ABS0973M××A
SOCKET：ABS0974F××A

接触件尺寸代码	导线				剥线工具			
	类型	剥线长度 mm(in)			外皮		导体	
		A	B	C	标准	件号	标准	件号
08	KB KD	20±5(0.787 ±0.197)	13.5+0.5−0 (0.531+ 0.019−0)	3.5+0.1−0.3 (0.138+0.004 −0.012)	IDEAL	45−403	DAVUM	TMC TS031M

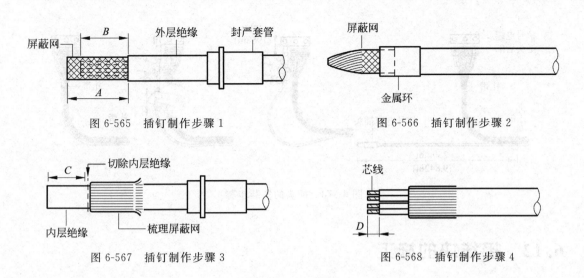

图 6-565 插钉制作步骤 1　　　　　图 6-566 插钉制作步骤 2

图 6-567 插钉制作步骤 3　　　　　图 6-568 插钉制作步骤 4

表 6-70 压接工具

PIN：ABS0973M××A
SOCKET：ABS0974F××A

接触件尺寸代码	手动压接工具								挡位
	铜 环				连 接 导 体				
	工具		模口		工具		定位器		
	标准	件号	标准	件号	标准	件号	标准	件号	
08	MIL	M22520/5-01	MIL	M22520/5-45 CAVITYB	MIL	M22520/2-01	MIL	K709 OR M22520/2-37	5

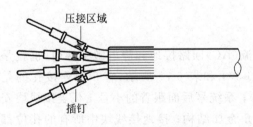

图 6-569 插钉制作步骤 5

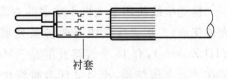

图 6-570 插钉制作步骤 6

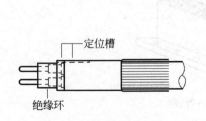

图 6-571 插钉制作步骤 7

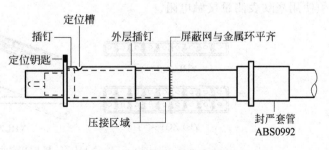

图 6-572 插钉制作步骤 8

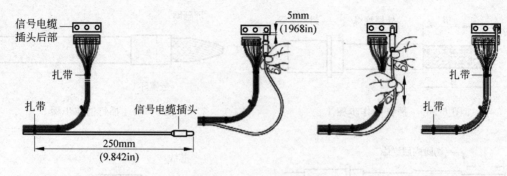

图 6-573 插头的安装步骤

6.12 接线块的施工

6.12.1 波音系列飞机接线块的施工

1. 概述

在民用航空器线路系统中使用了大量的接线块（又叫终端块，俗称邦迪块），这些接线块主要用于增压区域的配电板、设备架和设备舱或非增压区域的密闭式配电盒。接线块的作用就是将需要连接的两根或多根导线连接在一起。接线块只适用于功率比较小的电路连接或各类传感器传输信号的连接。接线块最粗只能连接 AWG 12 号导线，更粗的导线和非增压区域的导线使用接线柱完成连接功能。

接线块分为接地接线块、连接接线块和组件接线块。连接接线块又分为标准密度连接接线块和高密度连接接线块，组件接线块又分电阻组件接线块和二极管组件接线块。

2. YHLZG 接地接线块

1) 接地接线块件号介绍

接地接线块用于飞机小功率的直流（DC）、交流（AC）回路接地和静电敏感接地（也就是壳体接地）。接地接线块有两种系列型号，如图 6-574 和表 6-71 所示，有 8 个连接孔的是 YHLZG8-( )，有 16 个连接孔的是 YHLZG16-( )；系统号后面跟着的小号 1 代表接线块安装在平面金属结构，小号 2 代表接线块安装在直角金属结构；接地接线块中所有的孔位都是互相连通的，安装插钉时可任意选择；接地接线块是铆接在飞机结构上的，安装完成后必须使用毫欧表测量接触电阻。

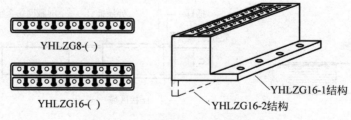

图 6-574 YHLZG 接地接线块结构

表 6-71 接地接线块件号

件 号	结 构	生产厂商
YHLZG8-1	8 孔相连	Burndy
YHLZG8-2	8 孔相连	Burndy
YHLZG16-1	16 孔相连	Burndy
YHLZG16-2	16 孔相连	Burndy

2）接地接线块的插钉（俗称棒槌钉）件号和结构（见图 6-575 和表 6-72）

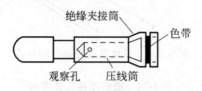

图 6-575 BACC47DE( )插钉结构

表 6-72 插钉件号举例

波音标准	件 号	生产厂商
BACC47DE1	YHMM16-1F50	Burndy
BACC47DE1A	YHMM16-6D28	Burndy
	417-1215-332	Tri-Star
……	……	……
BACC47DE8	YHMM24-1F50	Burndy
BACC47DE8A	YHMM24-3D28	Burndy
	417-1224-332	Tri-Star

3）接地接线块插钉的拆除

在表 6-73 中选择退钉工具，将退钉工具的尖部插入与插钉相邻的槽缝中，将退钉工具继续向下推进槽缝直至到达止位后，插钉自动开锁，小心扯拽带钉导线，将插钉从接地接线块的孔中取出，最后从槽缝中拔出工具。如图 6-576 所示。

表 6-73 插钉拆除工具举例

拆除工具		供应厂商
手柄	头	
ATB3062-2	—	Astro
DHK21	—	Daniels
J-1276-1	—	Burndy
ST2220-3-34A-1	ST2220-3-34A-3	Boeing
ST2220-3-34A-2	ST2220-3-34A-8	Boeing

4）接地接线块插钉的压接

去除导线末端的绝缘层，如果导线绝缘层直径超出插钉绝缘筒的压接范围，需在导线上套上一段热缩管套，如图 6-577 所示；在表 6-74 中选择压接工具及其附件压接插钉，确保插钉上有 4 个压接模块痕迹，插钉的压线筒压紧导线芯线，插钉的绝缘筒压紧导线绝缘，如图 6-578 所示。

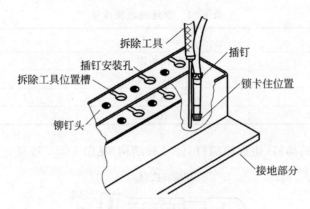

图 6-576 接地接线块插钉的拆除

表 6-74 插钉压接工具举例

基本组件	模块	定位	生产厂商
M10S-1	S-1	SL-53	Burndy
11210	—	612245	Astro

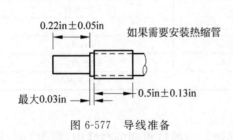

图 6-577 导线准备

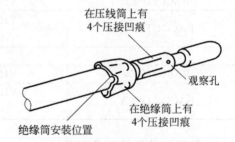

图 6-578 接地接线块插钉的压接

5）接地接线块插钉的安装

在表 6-75 中选择送钉工具，使用拇指和食指将插钉插入接地接线块的孔中，将送钉工具的尖部顶住插钉的末端，将送钉工具向下推进直至插钉到达止位，确保接地接线块锁住插钉，安装完成后移开送钉工具，如图 6-579 所示。

表 6-75 插钉安装工具举例

安装工具	生产厂商
ATB3062-2	Astro
DHK21	Daniels
J-1276-1	Burndy
ST2220-3-34A-1	Boeing
ST2220-3-34A-2	Boeing

图 6-579 接地接线块插钉的安装

3. M81714( )类型接线块

M81714( )类型接线块属于连接接线块;接线块中每个分割区域的孔位是连通的,孔位可以通过接线块上的字母标识进行识别;接线块是安装在导轨上的。

(1) M81714( )类型接线块的件号,如表6-76和图6-580所示。

表6-76 接线块件号举例

件 号	模块类型	生产厂商
M81714/1-( )	连接	QPL
M81714/2-( )	连接	QPL
……	……	……
TJM11260( )	连接	Precision Connector Design

(2) M81714( )类型接线块的结构,如图6-581~图6-583所示。

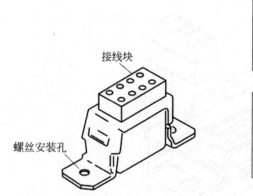

图6-580 M81714( )类型接线块和支架外形

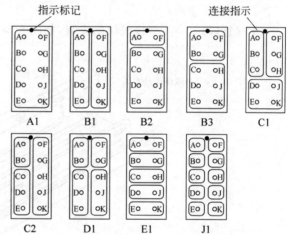

图6-581 M81714 Ⅰ类型22号和20号接线块结构

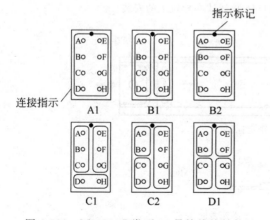

图6-582 M81714 Ⅰ类型16号接线块结构

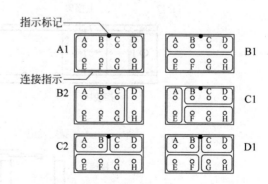

图6-583 M81714 Ⅰ类型12号接线块结构

(3) M81714( )类型接线块的插钉结构,如图6-584所示;插钉的拆除与安装操作,如图6-585和图6-586所示。

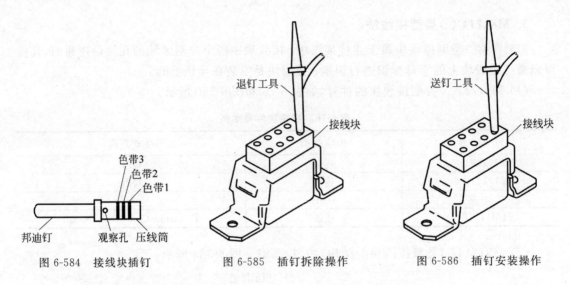

图 6-584 接线块插钉　　图 6-585 插钉拆除操作　　图 6-586 插钉安装操作

(4) M81714( )类型接线块的安装,如图 6-587 和图 6-588 所示。

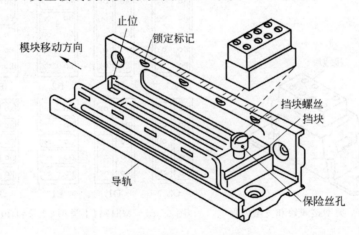

图 6-587　M81714/5 或 M81714/16 接线块在导轨上的安装

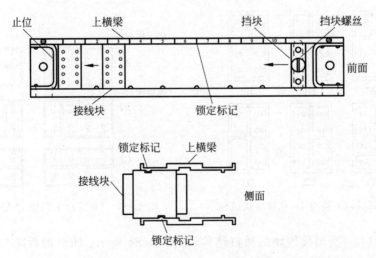

图 6-588　M81714/10 或 M81714/14 接线块在导轨上的安装

4. BACM15C、YHLZD-( )和 YHLZR-( )接线块的拆装

BACM15C 类型接线块属于连接接线块，YHLZD-( ) 和 YHLZR-( ) 接线块属于组件式接线块；接线块中每个分割区域的孔位是连通的；接线块是安装在导轨上的。

1）接线块件号描述

（1）BACM15C 类型接线块的件号，如表 6-77 和图 6-589～图 6-594 所示，其中 F 型、G 型和 H 型接线块属于标准密度连接接线块，X 型、Y 型和 Z 型接线块属于高密度连接接线块。

表 6-77 接线块件号

接线块类型 （参考）	波音标准	接线块		
		件号	密度	生产厂商
F	BACM15C1A	YHLZ-22	标准	Burndy
G	BACM15C1B	YHLZ-44	标准	Burndy
……	……	……	……	……
Z	BACM15C3C	YHLZ16-8	高	Burndy
		421120-454	高	Precision Connector Design

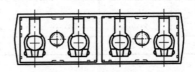

4个插孔，每2个相连，共2组

图 6-589 类型 F 接线块结构

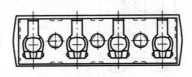

4个插孔全部相连

图 6-590 类型 G 接线块结构

8个插孔全部相连

16个插孔，每2个相连，共8组

图 6-591 类型 H 接线块结构

图 6-592 类型 X 接线块结构

16个插孔，每4个相连，共4组

16个插孔，每8个相连，共2组

图 6-593 类型 Y 接线块结构

图 6-594 类型 Z 接线块结构

(2) YHLZD-( )和 YHLZR-( )接线块的件号如表 6-78、表 6-79 和图 6-595 所示,其中 YHLZD-( )接线块是二极管组件接线块,YHLZR-( )接线块是电阻组件接线块。

表 6-78　二极管组件接线块件号举例

件号	颜色		二极管类型	生产厂商	备注
	A 侧	B 侧			
YHLZD-23	绿色	蓝色	UZ1325	Burndy	没有长度可用,无法更换
YHLZD-24	绿色	黑色	UDZ860	Burndy	—
……	……	……	……	……	……
YHLZD-39	自然色	红色	JANTX 1N6467	Burndy	—

表 6-79　电阻组件接线块件号举例

件号	电阻/Ω	功率/W	误差/%	颜色		生产厂商
				A 侧	B 侧	
YHLZR-1	27K	0.5	2	蓝色	自然色	Burndy
YHLZR-2	4.3K	0.5	2	蓝色	黑色	Burndy
……	……	……	……	……	……	……
YHLZR-22	2.15K	0.25	1	棕色	棕色	Burndy

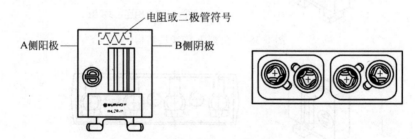

图 6-595　类型 F 电阻或二极管接线块结构

2) 接线块插钉介绍

(1) BACC47DE( )标准密度连接钉用于 BACM15C 类型中的 F 型、G 型和 H 型标准密度连接接线块,以及 YHLZD-( )和 YHLZR-( )组件接线块。插钉的结构如图 6-596 所示;压接位置如图 6-597 所示;拆除与安装方法如图 6-598 和图 6-599 所示。

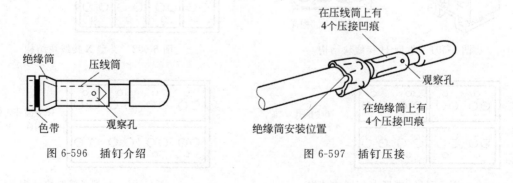

图 6-596　插钉介绍　　　　图 6-597　插钉压接

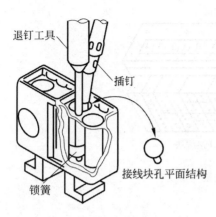

图 6-598 插钉的拆除

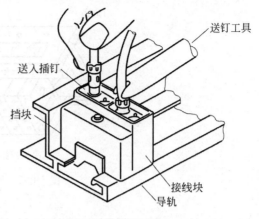

图 6-599 插钉的安装

（2）M39029/11-145 高密度连接钉用于 BACM15C 类型中的 X 型、Y 型和 Z 型高密度连接接线块，如图 6-600 所示。

3）接线块的安装

接线块安装所需的组件，如图 6-601 所示；接线块在导轨上的安装方法和安装位置，如图 6-602 和图 6-603 所示。

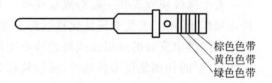

图 6-600 M39029/11-145 插钉

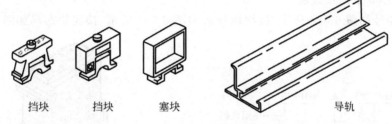

图 6-601 接线块相关组件

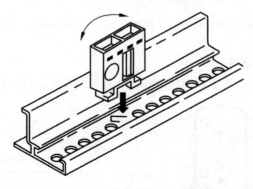

图 6-602 接线块在导轨上的安装

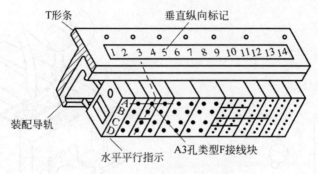

图 6-603 接线块安装位置

6.12.2 空客系列飞机接线块的施工

若干接线块安装在一起构成接线排。安装在空客飞机上的接线排有两类：第一类是模块化接线排，第二类是非模块化接线排。模块化接线排中安装的是各类模块化接线块，非模块化接线排中安装的是以接线桩为核心连接件的若干部件。另外，飞机上还有一类特殊的接线块，它的作用是用来接地的，所以被称为接地接线块。

1. 模块化接线块的介绍

此类接线块可以实现电气线路的中继连接或者其他电气功能，空客系列飞机上使用的这类接线块有三个系列，它们是 ABS1205、ABS1438 和 NSA937901。

1）ABS1205 系列接线块

接线块件号如图 6-604 所示，接线块外形如图 6-605 所示，接线块布局如图 6-606 所示。

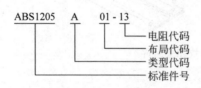

图 6-604 ABS1205 系列接线块件号描述

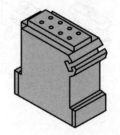

图 6-605 ABS1205 接线块外形

2）ABS1438 系列接线块

接线块件号如图 6-607 所示，接线块外形如图 6-608 所示，接线块布局如图 6-609 所示。

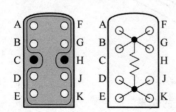

图 6-606 ABS1205 接线块布局

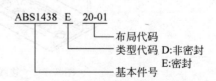

图 6-607 ABS1438 系列接线块件号描述

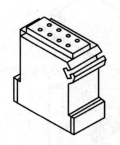

图 6-608　ABS1438 接线块外形

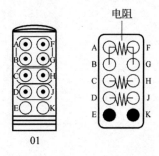

图 6-609　ABS1438 接线块布局

3）NSA937901M 系列接线块

接线块件号如图 6-610 所示，接线块外形如图 6-611 所示，接线块布局如图 6-612 所示。

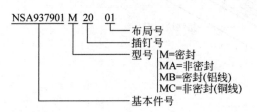

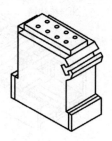

图 6-610　NSA937901M 系列接线块件号描述　　图 6-611　NSA937901 接线块外形

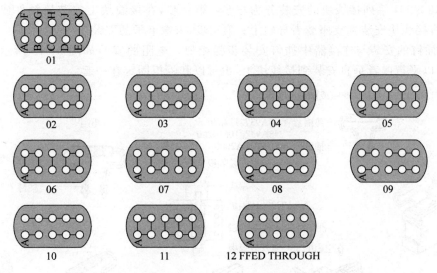

图 6-612　20 号插钉详细布局

2. NSA937901 系列接线块的安装

NSA937901 是一个模块化接线排，包括接线块、填充塞块、导轨、末端卡子、隔离片等多个部件。NSA937901 接线排件号如图 6-613 所示，组装总图如图 6-614 所示。

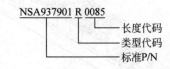

图 6-613　NSA937901 系列件号描述

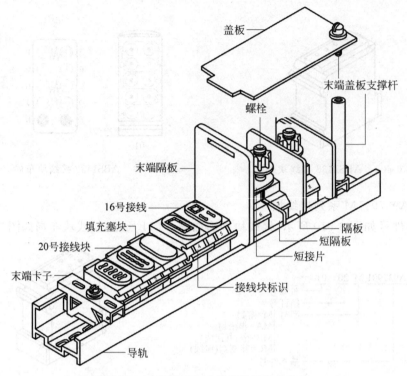

图 6-614　NSA937901 系列接线排组装图

NSA937901 系列接线块的安装分为三步：第一步，在接线块上安装接触件或者电阻；第二步，将接线块安装到支座或者导轨上；第三步，末端卡子的安装。

（1）插钉的安装与连接器中插钉安装步骤相似。电阻的安装如图 6-615 所示，装配好的电阻可以平行或者垂直安装到接线块上，也可以和隔板固定在一起。

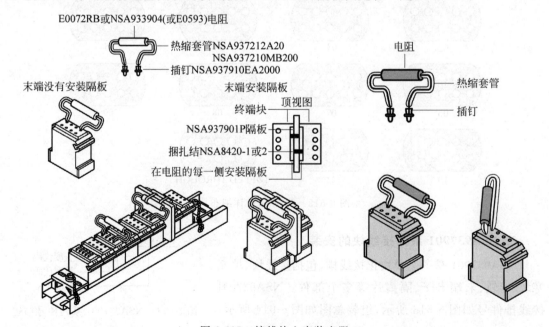

图 6-615　接线块上安装电阻

(2) 如图 6-614 所示将接线块安装到导轨上,接线块安装在导轨上时需要注意接线块上导线的线路,对于 EFCS 线路而言,优选方案为安装在单独的导轨上,如果这个条件无法满足,可以在导轨上用两个填充塞块将 EFCS 导线与其他的导线分隔。如图 6-616 所示为将接线块安装到支架上。

(3) 末端卡子安装在导轨上,可以使接线块牢固地固定在导轨上,为此需要测量卡子的力矩,力矩值为 0.07~0.1m·daN。然后还需要在卡子的螺栓上打保险,如图 6-617 所示。

图 6-616 NSA937915 接线块支架安装步骤

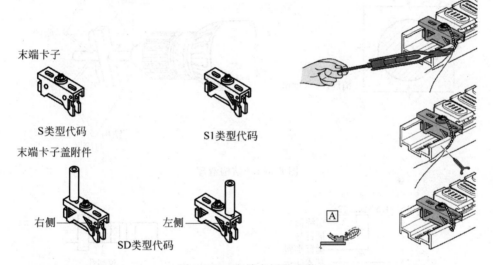

图 6-617 末端卡子的安装

3. 接地接线块

接地接线块的主要作用是占用较小空间实现多点接地,这类接线块有 ABS1599 系列、E0425 系列和 NSA937916 系列。下面以 E0425 系列为例介绍。

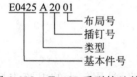

图 6-618 E0425 系列接地接线块件号描述

1) 布局介绍

件号描述如图 6-618 所示,布局如图 6-619 所示,结构连接如图 6-620 所示。

2) 接地块与飞机结构连接

结构清理直径范围为 13~15mm,如图 6-621 所示。

3) EN3155-015F2018 插钉

EN0425 系列接地接线块使用件号为 EN3155-015M2222M××××插钉,插钉描述如图 6-622 和图 6-623 所示。

图6-619 E0425接地接线块布局

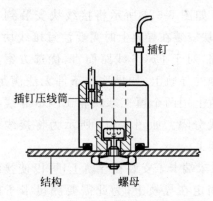
图6-620 E0425与飞机结构连接视图

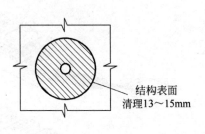

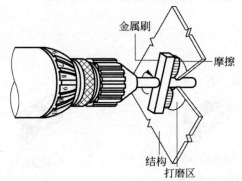

图6-621 结构清理

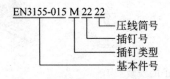
图6-622 EN3155系列插钉件号描述

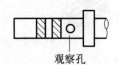
图6-623 EN3155系列插钉

6.13 小功率继电器的安装

6.13.1 波音系列飞机小功率继电器的安装

1. 概述

继电器是一种电子控制器件,主要用于航空器的自动控制电路,是用较小的电流去控制较大电流的一种"自动开关",在电路中起着自动调节、安全保护、转换电路等作用。

2. BACS16W 和 BACS16X 前退继电器座

(1) BACS16W 和 BACS16X 继电器座的件号和外形,如表6-80和图6-624所示。

表 6-80　继电器座件号举例

波音标准	件号	生产厂商
BACS16W1A	000300-1539	Viking
	102009-1	Burndy
BACS16W2A	000300-1542	Viking
	102011-1	Burndy

图 6-624　BACS16W 和 BACS16X 前退继电器座外形

(2) BACS16W 和 BACS16X 继电器座的结构，如图 6-625 和图 6-626 所示。继电器的定位方式有圆形极化、垂直极化和水平极化三种。

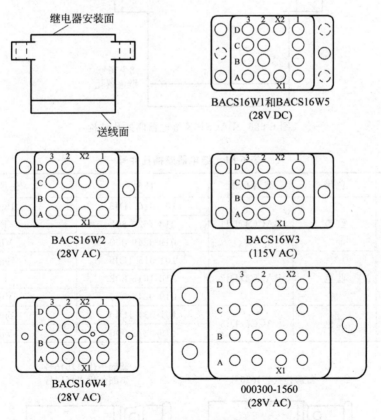

图 6-625　000300-1560 和 BACS16W 继电器座插孔结构

(3) BACS16W 和 BACS16X 继电器座的插孔介绍，如表 6-81 和图 6-627 所示。

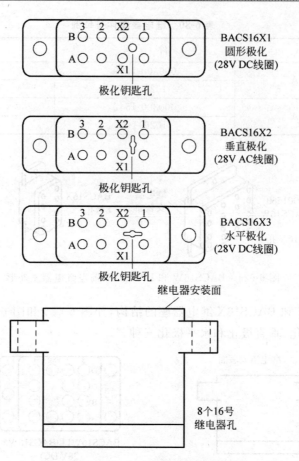

图 6-626 BACS16X 继电器座插孔结构

表 6-81 继电器座插孔件号

插钉尺寸	色带	波音标准	件号	生产厂商
1620	红色	BACC47DJ1	101-016-1DJ5	Burndy
			318-1620-802	PCB
			019-0249-000	Viking
1616	蓝色	BACC47DJ2	101-015-1DJ5	Burndy
			318-1616-802	PCB
			019-0248-000	Viking
1614	黑色	BACC47DJ3	101-034-1DJ5	Burndy
			019-0273-000	Viking

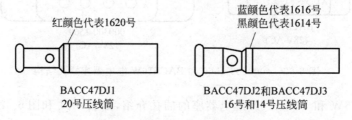

图 6-627 BACC47DJ( )插孔

3. SO-106（ ）-（ ）后退继电器座（见表 6-82 和图 6-628）

表 6-82 继电器座件号举例

件 号	生产厂商
SO-1061-8916	Leach
SO-1062-8917	Leach
SO-1064-001	Leach
……	……
SO-1066-10197	Leach

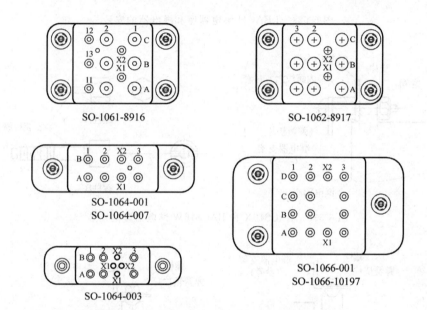

图 6-628 LEACH SO-106（ ）-（ ）继电器座结构

4. 继电器座及继电器的安装

继电器安装所需的附件如表 6-83 所示，安装结构如图 6-629～图 6-631 所示。

表 6-83 继电器座安装附件

件 号	描 述	生产厂商
422080-815	柱头螺栓	Precision Connector Design
422080-815	2-56 螺丝	Precision Connector Design
422080-815	2 号弹簧垫片	Precision Connector Design
422080-815	4 号弹簧垫片	Precision Connector Design
422080-815	隔离片	Precision Connector Design
422080-815	4-40 六角螺帽	Precision Connector Design

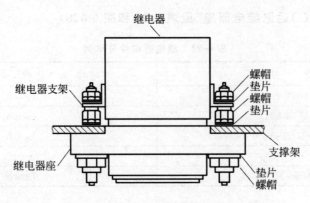

图 6-629　LEACH 继电器座和继电器的安装

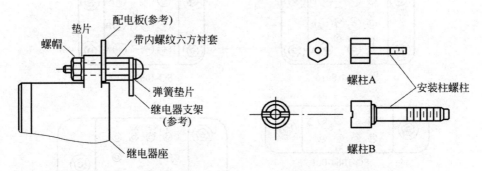

图 6-630　BACS16X 和 BACS16W 继电器座的安装

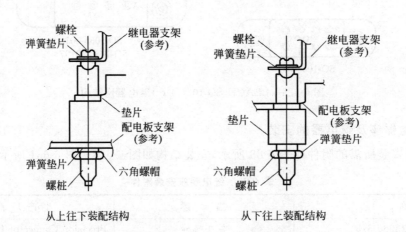

图 6-631　BACS16A( ) 和 PRECISION CONNECTOR DESIGN 继电器座的安装

6.13.2　空客系列飞机小功率继电器的安装

空客飞机上使用的继电器有两类，一类配备继电器座，一类不配备继电器座。不配备继电器座的继电器使用接线片完成电气连接。

1. 继电器座

下面以 E0250 为例介绍继电器座的安装。

(1) 继电器座的件号与布局。件号描述如图 6-632 所示。定位代码是继电器座上的定位钉与继电器配合安装时的位置代码，如图 6-633 所示。继电器的定位方式有极化销钉定位与定位钉两种。

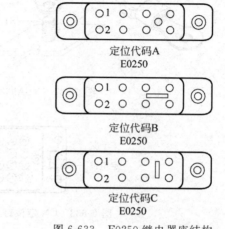

图 6-632 E0250 继电器座件号描述　　图 6-633 E0250 继电器座结构

(2) 继电器座中使用的接触件如表 6-84 所示，插钉件号描述如图 6-634 所示。

表 6-84 接触件

E0252	连接	接触件	E0252DK16××	20-48-25
			EN3155-017F1616	20-48-24
			EN3155-017F1620	

2. 继电器

下面以继电器 NSA932806 为例介绍继电器的安装。

(1) 继电器件号如图 6-635 所示，外形如图 6-636 所示。这种继电器没有可供安装的继电器座，它使用接线片完成电气连接。

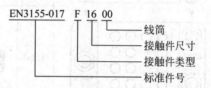

图 6-634 EN3155-017F 系列插钉件号描述

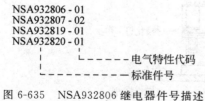

图 6-635 NSA932806 继电器件号描述

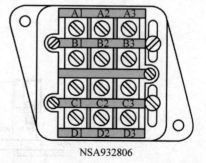

图 6-636 NSA932806 继电器外形

(2) 继电器上安装的接线片，如图 6-637 所示。
(3) 其他的定位形式与安装，如图 6-638～图 6-640 所示。

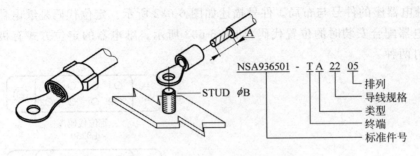

图 6-637 NSA932806 上的接线片

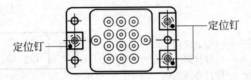

图 6-638 CN 定位钉 NSA932844 继电器

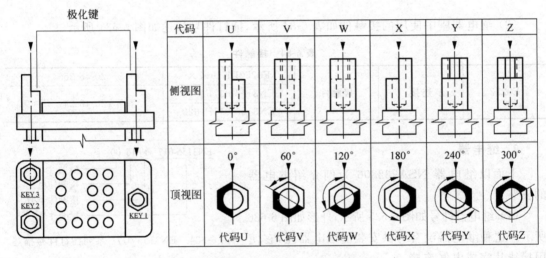

图 6-639 继电器与继电器座极化键位置

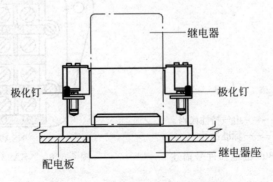

图 6-640 继电器与继电器座装配

6.14 线路通路和绝缘电阻的测量

随着民用航空工业的快速发展,航空器上的电子、电气系统日趋复杂,内部导线、电缆种类繁杂、数量众多,由导线、电缆的短路、断路问题引发的大量故障严重威胁着航空器运营安全。所以如何采用正确的测量方法和各种仪表测量线路的通断是维护人员必须掌握的技能。

6.14.1 线路通路的测量

1. 测量前准备

1)线路通路测量仪表的选用

测量线路通路最常用的测量仪表就是欧姆表。常用的三用表(万用表)也具备欧姆表的功能,所以我们也经常使用三用表测量线路通路电阻。除了使用欧姆表测量线路通路电阻以外,还可以用电压表和电流表结合的方法来测量线路电阻。两种方法的主要区别在于使用欧姆表测量线路通路电阻,要在被测线路断电的情况下才能进行测量,否则会直接烧坏欧姆表。使用电压表和电流表组合测量线路通路电阻,要在被测线路通电的情况下才能得到正确的测量结果,这种方法测量起来比较麻烦,并且有一定的危险性,所以在这里不再介绍。

欧姆表或者三用表有模拟式和数字式两种,维护中使用任意一种即可。注意:在燃油箱测试时,使用安全性高的测试仪表(如:AVTRON T477W 或等效仪表)。三用表的使用类似欧姆表,以下部分以欧姆表为例。

2)欧姆表使用前的校验检查

欧姆表使用前必须检查校验签,检查欧姆表外观应完好没有任何缺陷。如果是模拟式欧姆表请检查表盘的指针是否指示在∞位置;将欧姆表单位选择旋钮选择到需要的挡位,短接红黑表笔,如图6-641所示,表盘上的指针指示到0位置。如果欧姆表的测量表笔导线不够长,采用延伸导线进行测量,如图6-642所示。如果是数字式欧姆表只需打开电源,检查测量窗口所有指示字符自检显示2s后消失进入正常工作状态,短接红黑表笔,测量窗口显示0.00指示。

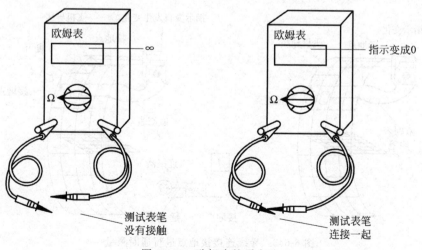

图 6-641 欧姆表校零方法

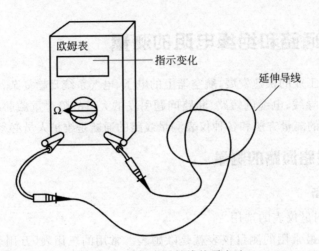

图 6-642 欧姆表延长线校零方法

3) 线路测量前准备工作

确认需要线路测量的飞机系统，断开系统线路跳开关和电门，断开与被测线路连接的机载计算机、仪表、控制盒和其他线路。线路测量工作者必须佩戴防静电手腕。

2. 线路通路电阻的测量

注意：当对线路进行通路测量时，不要将连接器的内部插钉/插孔损伤，被损伤的插钉/插孔可能造成电接触连接松动，引起间歇性通断故障。不要将导线/电缆绝缘层损伤，否则湿气将侵入导线/电缆引起腐蚀并引发线路故障。线路通路测量的方法有导线接地法与外接连线法。

1) 导线接地法

首先断开导线两端的连接线路，如图 6-643 所示；将导线的一端连接到接地点上，将欧姆表的红表笔与导线的非接地端连接；最后将欧姆表的黑表笔与地连接，当欧姆表指示发生变化后，读出欧姆表的数值。

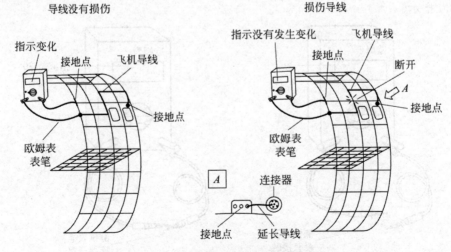

图 6-643 导线连接接地点进行通断测量

2) 外接连线法

首先断开导线两端的连接线路,如图 6-644 所示;将导线的一端连接到外部连线的一端,将欧姆表的红表笔与外部连线连接;最后将欧姆表的黑表笔与导线的另一端连接;当欧姆表指示发生变化后,读出欧姆表的数值。

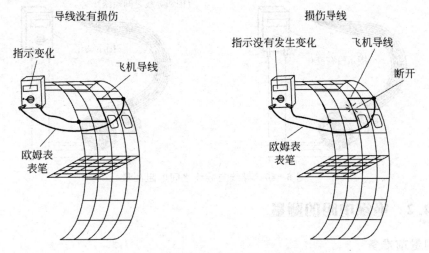

图 6-644　使用外部连线进行通断性测量

3. 线路短路电阻的测量

1) 飞机导线与结构之间短路测量

首先断开导线两端的连接线路,如图 6-645 所示;然后将欧姆表的红表笔与导线的一端连接,将欧姆表的黑表笔与结构接地连接;当欧姆表指示发生变化后,读出欧姆表的数值。

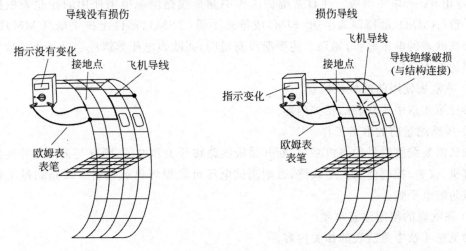

图 6-645　导线与结构接地之间电阻测量

2) 飞机导线之间短路的测量

首先断开导线两端的连接线路,如图 6-646 所示;然后将欧姆表的红表笔与导线的一端连接,将欧姆表的黑表笔与该端其余导线分别连接;最后当欧姆表指示发生变化后,读出欧姆表的数值,在需要测试的范围内重复测试,确保没有故障点。如果测量屏蔽电缆的屏蔽层或同轴电缆请按照数据线测量的方法进行测量。

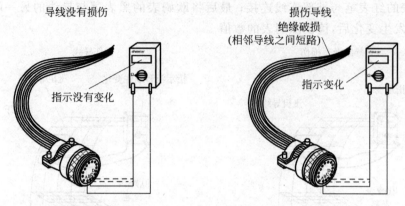

图 6-646　导线与导线之间电阻测量

6.14.2　绝缘电阻的测量

1. 测量前准备

1) 绝缘电阻测量仪表的选用

在日常维护中,测量线路绝缘电阻使用的测量仪表是一种特殊的欧姆表——兆欧表。兆欧表被称为高阻表,兆欧表从工作原理上分为手摇发电机式兆欧表(简称摇表)和脉冲式兆欧表,摇表的电压等级分为 100V、250V、500V、750V、1kV 等,脉冲式兆欧表有多种输出电压等级,一般有 50V、100V、200V、250V、500V、750V 和 1kV;或者 25V、50V、100V、200V 和 250V;或者 10~109V 每 1V 一个挡位,100~1099V 每 10V 一个挡位;或者专用 5V 和专用 9V 等电压等级。在日常维护工作中测量线路绝缘电阻使用的兆欧表根据飞机维护手册(AMM)、故障隔离手册(FIM)或排故手册(TSM)、部件维护手册(CMM)的要求来选择兆欧表的电压等级,如果上述手册没有说明,兆欧表电压等级应当选择小于或等于被测线路的工作电压。

2) 兆欧表使用前的校验检查

参见第 4 章中兆欧表的相关内容。

3) 线路测量前的准备工作

确认需要线路测量的飞机系统,断开系统线路跳开关和电门,断开与被测线路连接的机载计算机、仪表、控制盒和其他线路,否则测试电压可能损坏机载设备。线路测量工作者必须佩戴防静电手腕。

4) 兆欧表的使用注意事项

参见第 4 章中兆欧表的相关内容。

2. 绝缘电阻测量

1) 相邻导线之间绝缘电阻的测量

断开导线两端的连接线路,如图 6-647 所示,将兆欧表的红表笔与导线的一端连接,将兆欧表的黑表笔与该端其余导线分别连接,操作兆欧表,读出兆欧表的数值。

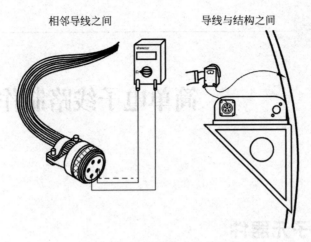

图 6-647　导线绝缘电阻的测量

2) 导线与结构(地)之间绝缘电阻的测量

同 1)。

3) 良好绝缘条件

当测量环境相对湿度小于等于 70% 时,测量绝缘电阻值需要 ≥10MΩ;当测量环境相对湿度介于 70% 与 80% 之间时,测量绝缘电阻值需要 ≥5MΩ;当测量环境相对湿度 ≥80% 时,测量绝缘电阻值需要 ≥1MΩ。

第7章 简单电子线路制作

7.1 常用电子元器件

随着电子技术的发展,电子产品已广泛应用于各个领域。任何电子产品都是由各个电子元器件组成的。电子元器件是电子产品的基础,因此在学习电子线路的制作方法之前,首先应对电子元器件有一定的了解和认识。最常用的电子元器件是电阻、电容、电感、二极管和三极管等,下面首先对常用的元器件做简单的介绍。

7.1.1 电阻器

电阻器简称电阻,是组成电子电路必不可少的元器件。在电路中,电阻器主要用作分压、分流和负载等。在电路图中,电阻器用字母"R"表示,其电路符号如图 7-1 所示。

图 7-1 电阻器的电路符号

1. 电阻的标称阻值和允许误差

电阻上表示的阻值就是电阻的标称阻值。电阻阻值的单位为欧姆(Ω),倍率单位有千欧(kΩ)、兆欧(MΩ)等。标称值都应符合表 7-1 所列数值乘以 $10^N \Omega$,其中 N 为整数。

表 7-1 标称阻值系列

允许误差	系列代号	标 称 阻 值
±1%	E96	100,102,105,107,110,115,118,121,124,127,130,133,137,140,143,147,150, 154,158,162,165,169,174,178,182,187,191,196,200,205,210,215,221,226, 232,237,243,249,255,261,267,274,280,287,294,301,309,316,324,332,340, 348,357,365,374,383,392,402,412,422,423,442,453,464,475,487,499,511, 523,536,549,562,576,590,604,619,634,649,665,681,698,715,732,750,768, 787,806,825,845,866,887,909,931,953,976
±5%	E24	10,11,12,13,15,16,18,20,22,24,27,30,33,36,39,43,47,51,56,62,68,75,82,91
±10%	E12	10,12,15,18,22,27,33,39,47,56,68,82

电阻的实际阻值不可能与标称阻值绝对相等,两者之间会存在一定的误差,一般将实际阻值与标称阻值的最大允许误差范围称为允许误差(也称允许偏差),它表示电阻的精度。国家规定用一系列的阻值允许误差作为产品的标准。不同误差等级的电阻有不同数目的标称阻值。误差越小的电阻,标称阻值越多。

通常普通电阻的允许误差为±5%、±10%、±20%;而高精密电阻的允许误差则为±0.5%、±1%。常用电阻允许误差等级如表 7-2 所示。

表 7-2 电阻器允许误差等级

级别	005	01	02	I	II	III
允许误差	±0.5%	±1%	±2%	±5%	±10%	±20%

2. 电阻器的识别

电阻的阻值参数标注方法有 4 种,即直标法、数标法、文字符号法和色环标注法。

(1) 直标法是将电阻值直接用文字表示在电阻体上,允许误差用百分比表示。

(2) 数标法主要用于贴片等小体积的电阻,例如阻值 472 表示 $47\times10^2\Omega$(即 4.7 kΩ)。

(3) 文字符号法是用阿拉伯数字和文字符号或二者有规律的组合,在电阻器表面标出其主要参数,其中文字符号可代替标称电阻值中的小数点,具体标注方法如表 7-3 所示。

表 7-3 文字符号法的表示方法

电阻值文字符号		示 例			
文字符号	含义	标称电阻值	文字符号	标称电阻值	文字符号
R	$\Omega(10^0\Omega)$				
K	$k\Omega(10^3\Omega)$	0.1Ω	R10	1kΩ	1K0
M	$M\Omega(10^6\Omega)$	1Ω	1R0	10kΩ	10K

(4) 色环标注法使用最多,色环所代表的意义如表 7-4 所示。普通电阻器用四色环标注,精密电阻则用五色环标注。紧靠电阻体一头的色环为第一环,露着电阻体本色较多的另一端则为末端,如图 7-2 所示。

表 7-4 色环含义

颜色	有效数	倍乘	允许误差
黑	0	10^0	—
棕	1	10^1	±1%
红	2	10^2	±2%
橙	3	10^3	—
黄	4	10^4	—
绿	5	10^5	±0.5%
蓝	6	10^6	±0.25%
紫	7	10^7	±0.1%
灰	8	10^8	—
白	9	10^9	—
银	—	10^{-2}	±10%
金	—	10^{-1}	±5%
无色	—	—	±20%

在四色环电阻中,第一道色环表示电阻值左起第一位数字,第二道色环表示电阻值左起第二位数字,第三道色环表示电阻值的乘方数,第四道色环表示电阻值的误差。例如,一电阻的色环顺序为红、紫、黄、金,这个电阻的阻值则为 $27\times10^4\Omega$(即 270 kΩ),误差为±5%。

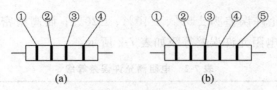

图 7-2 电阻色环表示方法
(a) 四道色环；(b) 五道色环

用五色环表示精密电阻器，第一至第三色环表示电阻从高到低的有效数字，第四道色环表示倍乘数，第五道色环表示允许误差。如，色环顺序为黄、黑、红、红、棕，则电阻的阻值为 $402×10^2$ kΩ（即 40.2kΩ），误差为 ±1％。

3. 温度对电阻的影响

温度变化时对电阻值的大小有影响。电阻温度系数（$α$）表示当温度改变 1℃ 时，电阻值的相对变化。即当温度每升高 1℃ 时，导体电阻的增加值与原来电阻的比值。$α$ 的单位为 ppm/℃（即 10^{-6}/℃）。

精密电阻的精度可以达到 0.1％，温度系数可以达到 20ppm 以内。普通电阻一般为 ±100ppm、±200ppm。电阻温度系数越小越好。

4. 电阻器的分类

电阻器的分类方法很多，通常可以分为固定电阻器、可变电阻器、熔断电阻器、敏感电阻器等。

固定电阻器根据制造材料和结构的不同，可以分为碳膜电阻器、金属膜电阻器、合成碳膜电阻器、玻璃釉电阻器、绕线电阻器等多种，如图 7-3 所示。表 7-5 列出了常用电阻器的特点。

表 7-5 常用电阻器的特点

电阻器种类	电阻器特点
碳膜电阻器	成本低、性能稳定、阻值范围宽、温度系数小，是目前应用较广泛的电阻器
金属膜电阻器	与碳膜电阻器相比，体积小、噪声低、稳定性好，但成本较高
合成碳膜电阻器	成本低、阻值范围宽，但性能差，很少采用
玻璃釉电阻器	耐高温、耐潮湿、温度系数小、负荷稳定性好、噪声小，阻值范围大
绕线电阻器	分固定和可变两种，有较低的温度系数，阻值精度高、稳定性好、耐热性能好，适用于大功率场合，额定功率一般在 1W 以上

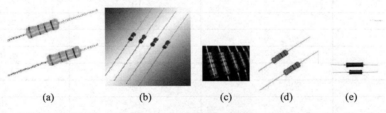

图 7-3 电阻实物示例图
(a) 碳膜电阻器；(b) 金属膜电阻器；(c) 合成碳膜电阻器；(d) 玻璃釉电阻器；(e) 绕线电阻器

5. 电阻器的选用和检测

在实际应用中，要根据电子设备的技术指标和电路的具体要求来选用电阻器的型号和误差等级，所选电阻额定功率一般应大于实际消耗功率的 1.5～2 倍。

使用电阻前,通常要对电阻进行检测,通过检测判断电阻的品质和确定其实际阻值。检测电阻用万用表即可进行。

固定电阻器的检测方法:

(1) 根据被测电阻标称值的大小来选择万用表量程;

(2) 将万用表表笔分别与电阻的两端引脚相接即可测出实际电阻值;

(3) 读出电阻阻值。根据电阻误差等级不同,读数与标称阻值之间分别允许有±1%、±5%或±10%的误差(依据电阻标称的允许误差)。如不相符,超出误差范围,则说明该电阻器已不能使用。

注意:测试时,特别是在测几十 kΩ 阻值的电阻时,手不要触及表笔和电阻的引线部分;被检测的电阻要从电路中断开,至少要断开一侧,以免电路中的其他元件对测试产生影响,造成测量误差;色环电阻的阻值虽然能以色环标志来确定,但在使用时最好用万用表测试,以确定其实际阻值。

7.1.2 电位器

前面所介绍的是一般电阻器,除此之外还有一种可调整电阻阻值的电阻器,称为可变电阻器。通过调节可变电阻器的转轴,可以使其输出电位发生改变,故这种连续可调的电阻器又称为电位器。

电位器是一种连续可调的电子元器件,它有三个引出端:一个为滑动端;另外两个为固定端。滑动端可以在固定端之间滑动,使其与固定端之间的阻值发生连续变化。在电路中电位器一般用来调节电阻阻值或电位。电位器的电路符号如图 7-4 所示。

1. 电位器的分类

电位器的种类很多,用途各不相同,图 7-5 所示是电位器实物图。通常可以按照其材料、结构特点、调节机构运动方式等进行分类。按照电阻材料可分为合金型电位器、合成型电位器和薄膜型电位器;按照结构特点可分为单联电位器、多联电位器、带开关电位器、缩紧电位器、抽头式电位器等;按照调节机构运动方式可以分为旋转式电位器和直滑式电位器两大类。表 7-6 所示为常用电位器的特点。

图 7-4 电位器的电路符号   图 7-5 电位器实物图

表 7-6 常用电位器的特点

电位器种类	电位器特点
合成碳膜电位器	分辨率高、阻值范围宽,但滑动噪声较大、耐热耐湿不好
金属膜电位器	耐热性好、分辨率高、滑动噪声小,但阻值范围小、耐磨性不好
绕线电位器	功率大、噪声低、精度高、稳定性好,但高频特性较差

2. 电位器的检测

1) 标称阻值的检测

(1) 转动旋柄，看转动是否平滑，听一听电位器内部接触点和电阻体摩擦的声音，如有"沙沙"声，说明质量不好。

(2) 测量时，选用万用表电阻挡位的适当量程。用万用表的欧姆挡测电位器两端（即两个固定端），其读数应为电位器的标称阻值。如果万用表的指针不动或者阻值相差很多，则表明该电位器已损坏。

(3) 检测电位器的滑动端与电阻片的接触是否良好。用万用表的欧姆挡测量"1"、"2"（或者"2"、"3"）两端，将电位器的旋轴按逆时针方向旋至接近关的位置，这时电阻值越小越好。再顺时针慢慢旋转轴柄，电阻值应逐渐增大，表头中的指针应平滑移动。当轴柄旋至极限位置时，阻值应接近电位器的标称阻值。如果万用表的指针在电位器的轴柄转动过程中有跳动现象，说明电位有接触不良的故障。

2) 带开关电位器的检测

除了应按标称阻值的方法检测电位器的标称阻值及接触情况外，还应检测开关是否正常。转动旋柄，检查开关是否灵活，使开关反复多次接通、断开，观察开关每次的动作反应。若开关在"开"位阻值不为 0Ω，在"关"位阻值不为无穷大，则说明该电位器的开关已损坏。

7.1.3 电容器

电容器通常称作电容，它是由两片金属膜紧靠、中间用绝缘材料隔开而组成的元件。

电容在电路中用于滤波、耦合、储能等。在电路中一般用"C"加数字表示（C25 表示编号为 25 的电容），其电路符号如图 7-6 所示。

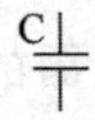

图 7-6 电容器的电路符号

1. 电容器的主要参数

(1) 标称容量　电容器储存电荷的能力。常用的单位是法拉（F）、毫法（mF）、微法（μF），其他单位还有纳法（nF）、皮法（pF）。其中：$1F = 10^3 mF = 10^6 \mu F = 10^9 nF = 10^{12} pF$。电容器上标有的数字是电容器的标称容量。电容器标称容量的标注方法主要有直标法、色标法、文字符号表示法和三位数表示法等。

(2) 额定工作电压　在规定的工作温度范围内，电容器连续稳定工作时所能承受的最大直流电压。常用的固定电容器工作电压有 6.3V、10V、16V、25V、50V、63V、100V、250V、400V、500V、630V、1000V 等。

(3) 绝缘电阻　由于电容两极之间的介质不是绝对的绝缘体，它的电阻不是无限大，而是一个有限的数值，一般在 1000MΩ 以上。电容两极之间的电阻叫做绝缘电阻，或者叫做漏电电阻。绝缘电阻越小，漏电越严重。电容漏电会引起能量损耗，这种损耗不仅影响电容器的寿命，而且会影响电路的工作。因此，绝缘电阻越大越好。

(4) 介质损耗　电容器在电场作用下消耗的能量。损耗大的电容器不适在高频情况下工作。

2. 电容器的识别

(1) 直标法　电容器的直标法与电阻器的一样，在电容器身上直接标出标称容量和允许误差,如 6800pF±10%。直标法的优点是识别方便,应用广泛。

(2) 色标法　电容器的色标法有多种形式,因种类不同而不同。例如有的是标出三条色带,前两条表示有效值,第三条表示倍乘,这种表示方式中不标出容量偏差。各色码的含义如表 7-7 所示。

表 7-7　电容器色码含义

颜色	黑	棕	红	橙	黄	绿	蓝	紫	灰	白
有效数	0	1	2	3	4	5	6	7	8	9
倍乘	10^0	10^1	10^2	10^3	10^4	10^5	10^6	10^7	10^8	10^9

图 7-7 所示为两种色标电容器示意图,图(a)所示为采用色环标注的电容器,色环的读码方向是从顶部向引脚方向读;图(b)所示是圆柱形瓷介电容器的色环标注方法,它的读码顺序与色环电阻器一样。

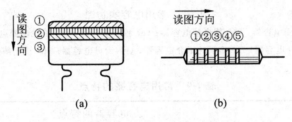

图 7-7　色标电容器示意图

(3) 文字符号表示法　电容器的文字符号表示法基本上与电阻器的文字符号表示法一样,采用单位字头字母来标称容量。表 7-8 所示为电容器的文字符号表示法。

表 7-8　电容器的文字符号表示法

电容量文字符号		示　　例			
文字符号	含　义	电容量	文字符号	电容量	文字符号
p	$pF(10^{-12}F)$	0.1pF	P10	33.2μF	33μ2
n	$nF(10^{-9}F)$	3.32pF	3p32	1mF	1m0
μ	$\mu F(10^{-6}F)$	100nF	100n	1000mF	1000m
m	$mF(10^{-3}F)$	5.9pF	5p9	33μF	33μ

(4) 三位数字表示法　前两位表示有效数字,第三位数字是倍率,这种标注方法使用较多。例如:102 表示 10×10^2pF=1000pF;224 表示 22×10^4pF=0.22μF;105 表示 10×10^5pF=1μF。

电容器的标称容量和实际容量会有误差。电容容量允许误差常用符号 F、G、J、K、L、M 表示,分别表示允许误差为 ±1%、±2%、±5%、±10%、±15%、±20%。例如一瓷片电容为 104J,表示容量为 0.1μF、误差为 ±5%。

3. 电容器的分类

电容器有很多种分类。按照其极性划分,可分为有极性和无极性两种;根据其结构划分,可分为固定电容器、可变电容器、半可变电容器,目前常用的电容器为固定电容器;依据介质材料划分,可分为纸介电容器、金属化纸介电容器、云母电容器、陶瓷电容器、独石电容器、涤纶薄膜电容器、铝电解电容器、钽电解电容器等。图 7-8 所示为电容器实物示例图,表 7-9 所示为常用电容器的特点。

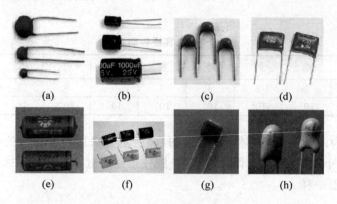

图 7-8 常用电容实物图

(a) 陶瓷电容器;(b) 铝电解电容器;(c) 独石电容器;(d) 涤纶薄膜电容器;
(e) 纸介电容器;(f) 金属化纸介电容器;(g) 云母电容器;(h) 钽电解电容器

表 7-9 常用电容器的特点

电容器种类	电容器的特点
铝电解电容器	容量大,但是漏电大、误差大、稳定性差,常用作旁通和滤波,在要求不高时也用于信号耦合。电解电容有正、负极之分,使用时不能接反
纸介电容器	体积较小、容量可以做得较大,但是固有电感和损耗都比较大,用于低频比较合适
金属化纸介电容器	体积小、容量较大,一般用在低频电路中
陶瓷电容器	一般陶瓷电容器体积小、耐热性好、损耗小、绝缘电阻高,但容量小,适宜用于高频电路;铁电陶瓷电容容量较大,但是损耗和温度系数较大,适宜用于低频电路
云母电容器	介质损耗小、绝缘电阻大、温度系数小,适宜用于高频电路
钽电解电容器	体积小、容量大、性能稳定、寿命长、绝缘电阻大、温度特性好,用于高要求设备中
涤纶薄膜电容器	介电常数较高、体积小、容量大、稳定性好,适宜做旁路电容
独石电容器	多层陶瓷电容器的别称。它的容量比一般瓷介电容器大,具有体积小、耐高温、绝缘性好、成本低等优点。独石电容器可以替代云母电容器和纸介电容器,在某些场合还可以替代钽电解电容器

4. 电容器的选用和检测

电容器在电路中的选用不仅要考虑电容量,还要考虑不同的电路对电容器的耐压值和工作频率的要求。电容器承受的电压不能超过它的耐压值。同时,使用电解电容器的时候,还要注意正负极不能接反。

测量电容时,应使用万用表电容挡位或专用的测试设备,可参考本书第 4 章部分。

7.1.4 电感器

电感器就是线圈,简称电感,它在电子电路中的应用较多,但远少于电容器和电阻器。电感器工作能力的大小用"电感量"来表示,用于表示产生感应电动势的能力。电感量的基本单位是亨利（H），常用单位为毫亨（mH）、微亨（μH）与纳亨（nH）。它的主要作用有滤波、储能及谐振等。图7-9所示为电感器的电路符号。

图7-9 电感器的电路符号

1. 电感器的分类

电感器的分类有多种形式。按电感类型可分固定电感、可变电感；按导磁体性质可分为空心线圈、铁氧体心线圈、铁心线圈、铜芯线圈；按工作性质可分天线线圈、振荡线圈、阻流圈（扼流圈）；按线圈结构可分单层线圈、多层线圈、蜂房线圈。表7-10为常见电感器的特性。

表7-10 常用电感器的特性

电感器种类	电感器的特点
单层线圈	电感量小，常用在高频电路中，要求骨架有良好的高频特性，介质损耗小
多层线圈	可以增大电感量，但分布电容也增大
蜂房线圈	在绕制时不断以一定的偏角在骨架上偏转绕向，可大大减小分布电容
带磁心的线圈	将线圈绕在磁心上以提高电感量和品质因素。高频特性好的磁心，可改善线圈的高频特性，例如收音机中的磁棒天线
可变电感线圈	磁心装在骨架的螺纹孔内，调节磁心位置可改变电感量，主要用在LC谐振回路中

2. 电感量的标注方法

（1）直标法　直接在外壳标上电感量和允许误差。

（2）文字符号法　将电感的标称值与允许误差用数字和文字符号法按一定的规律组合，表示在电感体上。采用这种标示方法的通常是一些小功率电感器。其单位通常为nH或μH，用μH做单位时，"R"表示小数点；用nH做单位时，"N"代替"R"表示小数点。如4N7表示4.7nH，4R7表示4.7μH。

（3）色标法　用色环表示电感量，其含义与四色环电阻类似，紧靠电感体一端的色环为第一环，露着电感器本色较多的另一端为末端。其中前两环为有效数值，其第一色环是十位数，第二色环为个位数，第三环为倍数，第四环为误差，单位为μH。也有用色点做标记，与色环标注相似，但顺序相反，单位为μH。表7-11为电感色环颜色含义。举例：色环顺序为棕、黑、棕、银，其读数为$10×10=100μH$，误差为10%。

表7-11 电感器色环颜色的含义

颜色	有效数	倍乘	允许误差/%
黑	0	10^0	±20
棕	1	10^1	±1
红	2	10^2	±2
橙	3	10^3	±3
黄	4	10^4	±4
绿	5	10^5	
蓝	6	10^6	
紫	7	10^7	
灰	8	10^8	
白	9	10^9	
金	—	10^{-1}	±5
银	—	10^{-2}	±10

3. 电感器的测试与检测

应使用专用的测试设备测量电感器,请参考本书第4章部分。

7.1.5 二极管

半导体二极管也称为晶体二极管,简称二极管。

二极管具有单向导电特性,它被广泛应用在整流、检波、保护等电路中。图7-10所示为二极管电路符号图,其中三角形的边长一侧表示二极管的正极。

对于用途和功能不同的二极管,其参数也不同。普通二极管的主要参数有额定正向工作电流、正向电压压降、最高反向工作电压、反向电流、反向击穿电压等;除了上述参数外,稳压二极管还有稳定电压、稳定电流、额定功率等;发光二极管还有发光强度、发光波长等。

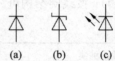

图 7-10 二极管的电路符号
(a) 普通二极管; (b) 稳压二极管;
(c) 发光二极管

1. 二极管分类

二极管有多种类型。按照材料,可分为锗二极管、硅二极管等;按制作工艺,可分为面接触二极管和点接触二极管;按用途,可分为整流二极管、检波二极管、稳压二极管、变容二极管、光电二极管、开关二极管、发光二极管(简称LED)等。表7-12是按用途划分的常用二极管的特点。

表 7-12 常用二极管的特点

二极管种类	二极管的特点
整流二极管	PN结结面积大,结电容大,一般工作频率小于3kHz
检波二极管	正向压降小,检波效率高,结电容小,频率特性好
稳压二极管	利用二极管的反向击穿特性来稳定直流电压,反向电流尽管在很大范围内改变,但其两端电压几乎不变
开关二极管	开启时间和反向恢复时间都短

2. 二极管的检测

1) 普通二极管的检测

普通二极管具有单向导电特性,通过万用表检测其阻值,可以判断出二极管的极性,也可以估测出二极管的好坏。

将模拟式万用表置于R×100Ω挡或者R×1kΩ挡,万用表表笔分别接触二极管的两极,测出一个结果;然后对调两个表笔,再测出另一个结果。观察两次测量的结果,正常时一次测量阻值较大,一次测量阻值较小。以阻值较小的那次为准,万用表黑表笔对应的是二极管的正极(阳极),而红表笔所对应的就是二极管的负极(阴极)。数字式万用表与模拟式万用表的测量方法一样,但若同样以阻值较小的那次为准,则黑表笔对应的为二极管负极(与模拟表测量结果正好相反,请大家注意)。

通常,锗二极管的正向电阻值为1kΩ左右,反向电阻值为300kΩ左右;硅二极管的正向电阻值为5kΩ左右,而反向电阻值为无穷大。若测得二极管的正、反向电阻值均接近为0

或阻值很小,则说明二极管内部已经击穿短路;若测得二极管的正、反向电阻值均为无穷大,则说明该二极管已开路。

2) 稳压二极管的检测

通过查看外形,我们可以区分稳压二极管的极性。金属封装的稳压二极管正极一端为平面形,负极一端为半圆形;塑封管管体上负极印有不同的彩色标记。而对于通过看外形不能区分极性的,可以参考普通二极管的检测方法检测。若测得稳压二极管的正反向电阻均很小或无穷大,则可以判定二极管损坏。

3) 发光二极管的检测

查看外形,通常情况下,发光二极管的管脚长度不一,管脚长的为正极,管脚短的为负极;也可以观察发光二极管的发光体处的金属片大小,通常金属片大的为负极,小的为正极(有时正好相反)。

利用具有 R×10kΩ 挡的模拟式万用表可以判断发光二极管的好坏。正常时,二极管正向电阻阻值为几十 kΩ 至 200kΩ,反向电阻值为无穷大。如果正向电阻值为 0 或为无穷大,反向电阻值很小或为 0,则已损坏。这种检测方法,不能实际看到发光管的发光情况,因为 R×10kΩ 挡不能向发光二极管提供较大的正向工作电流。

7.1.6 三极管

半导体三极管又称为晶体三极管,简称三极管。三极管在电路中,对电信号有放大和开关作用,其电路符号如图 7-11 所示。

1. 三极管的主要参数

三极管的主要参数有电流放大系数、集电极最大耗散功率、集电极最大电流、最大反向电压和反向电流等。

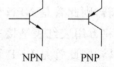

图 7-11 三极管的电路符号

(1) 电流放大系数 也称电流放大倍数,用来表示三极管的电流放大能力。根据三极管工作状态的不同,放大系数可以分为直流电流放大系数和交流电流放大系数。

(2) 集电极最大耗散功率 集电极耗散功率实质上是集电结的耗散功率,它等于集电结的电压与流过集电结电流的乘积。集电结所消耗的最大功率,称为集电极最大耗散功率。当三极管的集电极耗散功率大于最大耗散功率时,三极管就会因温度过高而烧坏。

(3) 集电极最大电流 三极管集电极所允许通过的最大电流。当三极管的集电极电流超过最大电流时,三极管的放大倍数等参数会发生明显改变,影响其正常工作。

(4) 最大反向电压 三极管在工作时,所允许施加的最高工作电压。它包括集电极-发射极反向击穿电压、集电极-基极反向击穿电压和发射极-基极反向击穿电压。

(5) 反向电流 包括集电极-基极之间的反向电流和集电极-发射极之间的反向击穿电流。

2. 三极管的分类

三极管的分类方法很多,不同的方法可以分出不同的类型。

按照所用的材料来分,可分为锗管和硅管;按照 PN 结的结构来分,可分为 NPN 管和 PNP 管;按照电流容量来分,可分为小功率、中功率、大功率三极管;按照工作频率来分,可分为低频、高频、超高频三极管；按照封装结构来分，可分为金属封装、塑料封装、玻璃壳封装、陶瓷封装等；按用途来分，可分为普通三极管、复合三极管、其他特殊用途三极管。表 7-13 所示为常用三极管的特点。

表 7-13 常用三极管的特点

三极管种类	三极管的特点
低频小功率三极管	截止频率一般在 3MHz 以下，输出功率小于 1W，体积小，一般用在低频电路中充当放大管或控制管等
高频小功率三极管	截止频率大于 3MHz，输出功率小于 1W，在很多电路中，可用高频小功率管替代低频小功率管
开关三极管	工作于开关状态（饱和或截止）。有小功率和大功率之分，小功率管输出功率小于 1W，常用于脉冲振荡、脉冲放大等电路中；大功率开关三极管的功率大于 1W，常用于开关电源
低频大功率三极管	输出功率大，输出电流大，带负载能力强

3. 三极管的检测

三极管有 NPN 和 PNP 两种，用模拟式万用表可以测量其好坏。选择 R×100Ω 挡或 R×1kΩ 挡。

1) NPN 型和 PNP 型三极管的判别

将万用表黑表笔接三极管的一个管脚，将红表笔依次接另外两个管脚，若万用表指针均能偏转，则此管是 NPN 管，且黑表笔所接的那个管脚是基极。

将万用表红表笔接三极管的一个管脚，将黑表笔依次接另外两个管脚，若万用表指针均能偏转，则此管是 PNP 管，且红表笔所接的那个管脚是基极。

2) 三极管各电极的判别

对于 NPN 型三极管来说，先假定一个极为集电极，另一个极为发射极。将万用表置 R×1kΩ 挡或 R×10kΩ 挡上，将黑表笔接到假定的集电极上，将红表笔接假定的发射极，用手指连通基极和假定的集电极（黑表笔所在的管脚），观察万用表指针的位置；互换黑表笔和红表笔，再用手指连通基极和黑表笔所在的管脚，观察指针的位置。比较前后两次所观察指针的位置，以阻值小（指针偏转大）的那次为准，黑表笔对应的是集电极。图 7-12 所示为三极管极电极和发射级的检测方法。

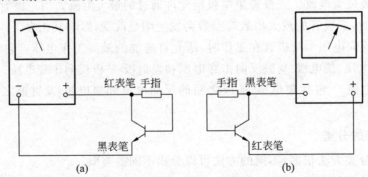

图 7-12 三极管极电极和发射级的检测方法示意图
(a) PNP 型；(b) NPN 型

对于 PNP 型三极管来说,先假定一个极为集电极,另一个极为发射极。将万用表置 R×1kΩ 挡或 R×10kΩ 挡上,将红表笔接到假定的集电极上,将黑表笔接假定的发射极,用手指连通基极和假定的集电极(红表笔所在的脚),观察万用表指针的位置;互换红表笔和黑表笔,再用手指连通基极和红表笔所在的脚,观察指针的位置。比较前后两次所观察指针的位置,以阻值小(指针偏转大)的那次为基准,红表笔对应的是集电极。

图 7-13 所示为常见的几种封装形式的三极管管脚极性分布。

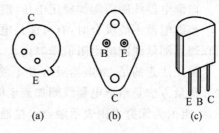

图 7-13 三极管的引脚分布图

3) 三极管好坏的判断

如果按照上述的方法无法判断出一个三极管的管型及基极,说明此管已损坏。

注意:数字式万用表测量方法与模拟式万用表测量方法相同。但模拟式万用表表笔的正极为黑表笔,而数字式万用表表笔的正极为红表笔,测量时请注意。测量方法这里不在叙述,请大家自己考虑。

7.1.7 继电器

1. 继电器的分类

按继电器的工作原理可分为电磁继电器、极化继电器、磁保持继电器、磁电式继电器等类型。其中,电磁继电器和极化继电器使用最多。

按继电器功率可分为微功率继电器(触点额定负载电流为 0.1~0.2A)、小功率继电器(触点额定负载电流为 0.5~1A)、中功率继电器(触点额定负载电流为 2~5A)、大功率继电器(触点额定负载电流为 10~40A)。

2. 继电器的测试

1) 触点电阻的测量

用万用表的电阻挡测量常闭触点的电阻,其阻值应为 0;而常开触点的阻值应为无穷大。由此可以区别出哪个是常闭触点,哪个是常开触点。

2) 线圈电阻的测量

测量继电器线圈的阻值,从而判断该线圈是否存在开路现象。

3) 吸合电压和吸合电流的测量

利用可调稳压电源和电流表,给继电器线圈输入一组电压,且在供电回路中串入电流表进行监测。慢慢调高电源电压,听到继电器吸合声时(即常开触点闭合时,可以采用万用表电阻最小挡监测常开触点的通断),记下该吸合电压和吸合电流。为求准确,可以多试几次而求平均值。

4) 释放电压和释放电流的测量

参考3)项连接测试,当继电器发生吸合后,再逐渐降低线圈的供电电压,当听到继电器再次发生释放声音时(即常闭触点吸合时),记下此时的电压与电流,亦可尝试多做几次而取得平均的释放电压和释放电流。一般情况下,继电器的释放电压约为吸合电压的 10%~50%。如果释放电压太小(小于吸合电压的 10%),就不能正常使用了,这样会对电路的稳定性造成影响,使工作不可靠。

5)继电器好坏的检测

向继电器线圈两端加额定电压,继电器应有吸合声,若无则表示继电器损坏。

当继电器不能吸合时,有可能是电流线圈断路,也可能是触点损坏。电流线圈是否断路可以通过测量线圈电阻阻值来判定。

但须注意的是,继电器吸合并不能证明继电器是正常的,还要测量吸合后触点是否导通。测量方法是给继电器线圈加额定电压,用万用表测量触点电阻值,若阻值为零,则说明正常,阻值为无穷大则表示触点未接通,继电器已损坏。

7.1.8 集成电路

集成电路是一种半导体元件,它是根据具体功能要求,将二极管、三极管、电阻、电容等元器件集成在一个硅片上,再封装于一体而成。集成电路的英文名称 Intergated Circuit,其缩写是 IC。集成电路打破了电路的传统概念,实现了材料、元件、电路的三位一体。与分立元器件组成的电路相比,IC 具有体积小、重量轻、功能多、成本低、适合于大批量生产的特点,同时缩短和减少了连线和焊接点,提高了电子产品的可靠性和一致性。几十年来,集成电路的生产技术得到了迅猛发展,集成电路也得到了极其广泛的应用。图 7-14 所示为集成电路实物图。

图 7-14 集成电路实物图

1. 集成电路的分类

集成电路有两种分类方法。

按用途来分,可分为模拟集成电路和数字集成电路两大类。模拟集成电路又分为运算放大器、功率放大器、集成稳压器等;数字集成电路又可分为双极型数字集成电路和 CMOS 数字集成电路等。

按集成电路内部所含的元器件数量来分,可分为小规模集成电路、中规模集成电路、大规模集成电路及超大规模集成电路。

2. 集成电路的主要参数

(1) 供电电压范围 集成电路正常工作时,所要求的最小供电电压与集成电路所能承受的最大供电电压之间的范围。应用时电源电压不得超出此范围。

(2) 最大端子电压 集成电路各个引脚允许施加的最大电压值。

(3) 最大输入电压 集成电路的输入端所能承受的最大输入信号电压。

(4) 最大耗散功率 集成电路本身所允许消耗的最大功率。

(5) 静态电流 在无信号输入情况下,供电引脚所流过的电流。

3. 集成电路的引脚识别

集成电路的封装有晶体管式封装、扁平式封装和直插式封装。集成电路的引脚排列次序都有一定的规律,一般都是从外壳顶部向下看,从左下脚按逆时针方向读数,其中第一脚附近一般有参考标志,如凹槽、色点等。引脚一般规律简介如下。

双列直插式集成电路引出脚常用的有 4 脚、8 脚、14 脚和 16 脚等多种,扁平式集成电路的引脚多达几百条。将集成电路引脚朝下,以缺口或打有一个色点"。"或划有一道竖线的位置为准,按逆时针方向计数排列。图 7-15 所示为双列直插式集成电路引脚识别图。

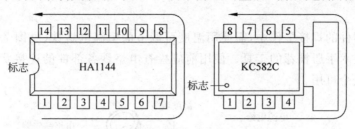

图 7-15　双列直插式集成电路引脚识别图

单列直插式集成电路以正面(印有型号商标的一面)朝上,引脚朝下,引脚编号顺序一般从左到右排列,第一个引脚一般都有色点标记。图 7-16 所示为单列直插式集成电路引脚识别示意图。

4. 芯片座

由于集成电路芯片引脚过短,散热效果差,焊接时的高温容易造成芯片的损坏,因此常使用芯片插座代替芯片。焊接时先将芯片插座焊接在电路板上,然后再将芯片装在该插座上。需要注意的是,成熟商业产品的集成电路芯片通常直接焊接在电路板上,而无须芯片插座,这是由于商业产品的焊接由机器快速完成。人工焊接时,一般不建议尝试直接焊接芯片,因为这样很容易造成芯片的损坏,拆焊时极其困难且容易损坏芯片。使用集成芯片插座时,插的方向应与芯片正确的方向保持一致,以免芯片插错方向。图 7-17 所示为集成电路芯片插座。

图 7-16　单列直插式集成电路
　　　　引脚识别图

图 7-17　集成电路芯片插座图

5. 集成电路使用注意事项

(1) 集成电路使用时,不允许超过手册规定的参数数值。
(2) 集成电路插装时要注意管脚序号方向,不能插错。
(3) 对于 MOS 集成电路,要特别注意防止栅极静电感应击穿。

7.2　焊接方法与焊锡点的检查

7.2.1　焊接技术概述

在航空器电子元件的维护修理工作中,经常需要进行焊接工作。焊接质量直接影响到航空器系统设备的工作性能和可靠性。电子元器件焊接工作中的静电敏感设备防护技术也直接影响着工作质量和设备安全。通过必要的电路板焊接练习,可以为学员在电路板上进行元件焊接打好基础,使学生掌握工具的正确使用方法和静电防护等安全程序。

7.2.2 工具和材料

1. 电烙铁

在电子元器件的焊接工作中,需使用温度可调节的恒温电烙铁(见图7-18)。实际工作中应选用维护技术手册推荐的工具。使用前应检查电烙铁各部件的连接状态及外观状态,以确保电烙铁安全可用。

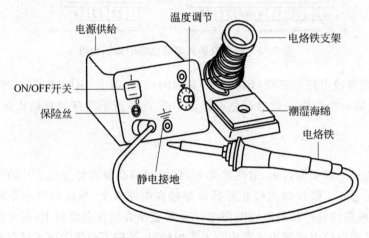

图7-18 恒温电烙铁示意图

根据烙铁的大小、形状和被焊件的要求等不同情况,电烙铁有如图7-19所示几种握法。

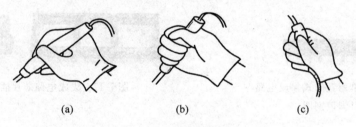

图7-19 电烙铁的三种握法

(1) 握笔法 相同于握毛笔的方法(见图7-19(a))。长时间用这种握法进行焊接操作,手易疲劳,这种握法仅适用于小功率烙铁和热容量小的被焊件焊接。

(2) 反握法 用五指把烙铁柄握在手掌内(见图7-19(b))。使用这种握法焊接时,动作稳定,长时间操作手也不容易感到疲劳。

(3) 正握法 手心朝下握着烙铁柄(见图7-19(c))。这种握法适用于弯烙铁头操作或用直烙铁头在机架上焊接互连导线。

使用烙铁应注意以下事项:

(1) 每次用湿布、浸水海绵擦拭烙铁头,以保持烙铁头良好的挂锡,并防止残留助焊剂对烙铁头的腐蚀。

(2) 焊接完毕,烙铁断电前要加锡,固态焊锡阻止空气接触烙铁头工作面,可保护烙铁头,以防止再次加热时出现氧化层。氧化物阻碍焊接所需热量的自由传导。高温时金属氧化非常快,因此,为了阻止热的烙铁表面氧化物的形成,烙铁不用时铜头应被焊锡覆盖。

(3) 烙铁头经长时间使用后,就会因氧化而不沾焊锡,这就是"烧死"现象,也称作不"吃锡"。当出现这种现象时,可以用细砂纸或锉将烙铁头重新打磨或锉出新茬,然后重新镀锡。对于合金材料的烙铁头,出现上述情况必须更换。

2. 去除焊锡工具

在电子元件焊接工作中常需要去除焊锡,常用真空吸锡器和吸锡线等。真空吸锡器分为手动吸锡器(见图 7-20)和气动吸锡器,其去除焊锡效果好,但容易造成电路板焊片脱落。吸锡线(见图 7-21)可用于精密电子元件的焊锡去除工作,但除锡工作效率不高。

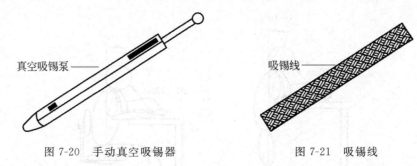

图 7-20 手动真空吸锡器　　　　图 7-21 吸锡线

3. 管脚处理工具

精密专用尖嘴小平口钳(见图 7-22)、弯弯钳、弯阻器等可用于元件管脚的弯弯制作。完成焊接工作后,需使用专用平口剪钳(见图 7-23)去除多余的管脚,镀银或镀锡铜丝和焊锡丝使用斜口剪钳进行剪切(见图 7-24)。

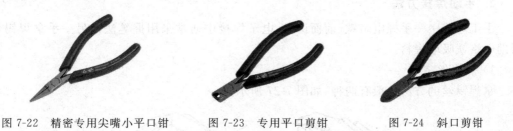

图 7-22 精密专用尖嘴小平口钳　　图 7-23 专用平口剪钳　　图 7-24 斜口剪钳

4. 焊锡丝和助焊剂

焊锡丝(见图 7-25)是用于完成焊接工作的材料,常用的焊锡丝主要由锡和铅组成,还含有锑等微量金属成分。手工焊接常用的焊锡丝是将焊锡制成管状,内部添加助焊剂。焊锡丝的外径通常有 0.5mm、0.6mm、0.8mm、1.0mm、1.2mm、1.6mm、2.0mm、2.3mm、3.0mm 等规格。在练习中可选用含锡量 60%、外径尺寸 0.8mm 的焊锡丝。实际工作中应参考技术手册选用推荐的焊锡丝。助焊剂在焊接工艺中能帮助和促进焊接过程,同时具有保护作用,可阻止化学物质的氧化反应。在练习中可选用有机系列助焊剂,或使用技术手册推荐的助焊剂。

使用添加助焊剂的焊锡丝时,应注意以下两个问题:

图 7-25 焊锡丝

（1）焊锡丝通常要用剪钳剪断，但焊锡被拉扯而断裂时，其内部的助焊剂也随之断裂，这会使助焊剂间歇性流向被焊接物件上。

（2）焊锡不应通过发热的烙铁带到被焊物件上。因为在高温烙铁将焊锡熔化前，助焊剂就会很快蒸发。另外，被焊物件也可能因烧过的助焊剂而被污染。

7.2.3 焊接的基本要求

1. 焊接姿势

焊接时，操作人员的身体稍稍前倾，其脸部离开焊接部位 20～30cm，如图 7-26 所示。

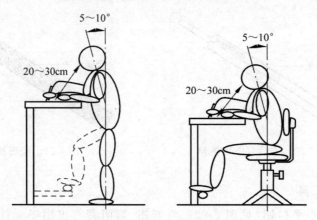

图 7-26 焊接姿势示意图

2. 手动焊接方法

手工焊接中一手握电烙铁（前面讲过，电子焊接中通常采用握笔法），另一手拿焊锡丝，帮助电烙铁吸取焊料。

1）焊锡丝拿法

拿焊锡丝的方法一般有两种，如图 7-27 所示。

图 7-27 焊锡丝的拿法

（1）连续锡丝拿法　即用拇指和食指握住焊锡丝，其余三手指配合拇指和食指把焊锡丝连续向前送进，如图 7-27（a）所示。它适于成卷焊锡丝的手工焊接。

（2）断续锡丝拿法　即用拇指、食指和中指夹住焊锡丝。这种拿法，焊锡丝不能连续向前送进，适用于小段焊锡丝的手工焊接，如图 7-27（b）所示。

由于焊锡丝成分中有一定比例的铅，因此，操作时应戴手套或操作后洗手，焊接过程中不要吸入焊锡烟。电烙铁使用后一定要放在烙铁架上，并注意烙铁线等不要碰烙铁。

2) 操作方法

有些人先用烙铁头沾上一些焊锡,然后将烙铁放到焊点上停留,等待焊件加热后被焊锡润湿,这是不正确的操作方法。这种方法虽然也能将焊件连接,但却不能保证质量。

正确的操作步骤应该是 5 步,如图 7-28 所示为焊接五步法示意图。步骤(a)准备施焊,左手拿焊丝,右手握烙铁,随时处于焊接状态。要求烙铁头保持干净,表面镀有一层焊锡,如图 7-28(a)所示。步骤(b)加热焊件,应注意加热整个焊件全体,使焊件均匀受热。烙铁头放在两个焊件的连接处,时间为 1~2s,如图 7-28(b)所示。在印制板上焊接元器件时,要注意使烙铁头同时接触焊盘和元器件的引线。步骤(c)送入焊丝,焊件加热到一定温度后,焊丝从烙铁对面接触焊件,如图 7-28(c)所示。注意不要把焊丝送到烙铁头上。步骤(d)移开焊丝,当焊丝熔化一定量后,立即将焊丝向左上方 45°方向移开,如图 7-28(d)所示。步骤(e)移开烙铁,焊锡浸润焊盘或焊件的施焊部位后,向右上方 45°方向移开烙铁,完成焊接,如图 7-28(e)所示。

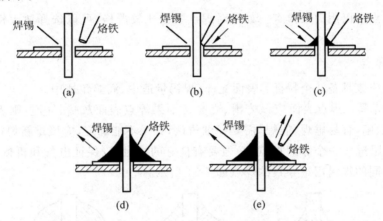

图 7-28 正确的操作手法

(a) 准备施焊;(b) 加热焊件;(c) 送入焊丝;(d) 移开焊丝;(e) 移开烙铁

对于热容量小的焊件,如印制板与较细导线的连接,可简化为三步操作:准备施焊、加热与送丝、去丝移烙铁。烙铁头放在焊件上后即放入焊丝。焊锡在焊接面上扩散达到预期范围后,立即拿开焊丝并移开烙铁,注意去丝时不得滞后于移开烙铁的时间。

3. 剪切器件的管脚

针对不同的器件管脚,偏口钳有三种握法,如图 7-29 所示。

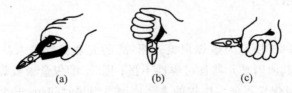

图 7-29 偏口钳握法

(a) 细管脚握法;(b) 粗导线握法 1;(c) 粗导线握法 2

在剪断器件焊脚时,应直接用力剪断,不能拉拽焊脚;一次剪断一个焊脚;剪切位置应为焊锡过渡面以上 0.5mm 位置左右,不能剪切到焊锡面;剪切时不要划伤电路板,如图 7-30

所示：图(a)边剪边拉，容易产生裂痕；图(b)两根一起剪，无论哪个受拉，都容易产生裂痕；图(c)剪切焊锡过渡面，破坏焊接部位，强度下降。

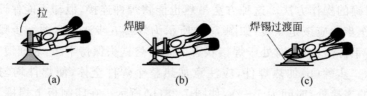

图 7-30 不正确的操作方法

注意：偏口钳属于精密工具，一落地就很容易造成不良影响，因此必须把工具放到不易掉落的地方并确定放置位置。

7.2.4 焊点的检查

大多数焊点可以用肉眼检查。如果对焊点要求比较严格，可以选择放大镜或专用显微镜检测。

1. 合格焊点

合格焊点应该具备 3 个特征：表面光泽、焊锡量适中、润湿角适中。

（1）表面光泽 焊点表面应该光滑、光亮。如果焊点表面灰暗、气泡，则表明焊点加热过头，可能有缺陷，容易虚焊、假焊，需要仔细辨认，如果不能确定，应该重新焊接。

（2）焊锡用量 一个好的焊点，必须要有良好的接触，以保证电气和机械连接，焊点应轮廓清晰。不同的焊锡用量导致的焊点如 7-31 所示。

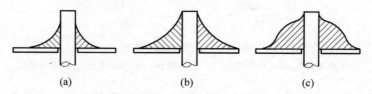

图 7-31 焊锡用量示意图
(a) 用量少；(b) 用量合适；(c) 用量太多

（3）润湿角 焊锡边缘与被焊金属表面的夹角。在理想情况下，焊锡边缘应该逐渐消失以至其平滑地与被焊表面融合，此时的润湿角为 0°。实际上，润湿角合理的范围应该在 0°～30°，如图 7-32 所示。

2. 不合格焊点

（1）虚焊 如图 7-33 所示为虚焊现象。图(a)的元器件管脚未被焊锡润湿，管脚与焊锡的润湿角大于 90°，其原因是元器件可焊性不强；图(b)的焊盘未被焊锡润湿，润湿角大于 90°，其原因是电路板可焊性不强。虚焊的主要原因是焊接时间短、温度低、助焊剂比重低或助焊剂失效。

（2）缺焊 如图 7-34 所示为缺焊现象，电路板元器件插入孔全部漏出，元器件管脚和焊盘未被润湿。其原因是元器件管脚和焊盘可焊性不强。

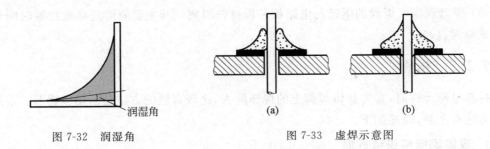

图 7-32 润湿角　　　　　图 7-33 虚焊示意图

(3) 半焊　如图 7-35 所示为半焊现象。元器件的管脚和焊盘已被润湿,但是焊盘上只有一半被焊锡覆盖,还有一半裸露。其主要原因是器件管脚与孔配合不合适,孔太大。

图 7-34 缺焊示意图　　　　　图 7-35 半焊示意图

(4) 拉尖　元器件管脚头部有焊锡拉出呈尖形(见图 7-36)。其形成原因为焊接温度低、焊接时间过短。

(5) 气孔(气泡)　焊点内部有针眼或大小不均的孔洞(见图 7-37)。其形成原因很多,如焊接温度低、焊接时间过长、助焊剂大量挥发、焊盘或器件管脚不清洁、电路板有潮气等。

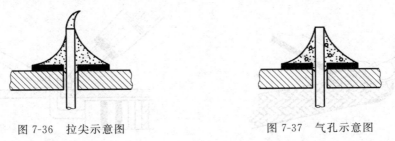

图 7-36 拉尖示意图　　　　　图 7-37 气孔示意图

(6) 毛刺　焊点表面不光亮、不光滑,有毛刺(见图 7-38)。其形成原因有焊接温度低、焊锡有杂质、助焊剂太多等。

(7) 桥接(连焊)　相邻焊点之间的焊锡连接在一起(见图 7-39),这种现象容易出现在焊盘间距过小的器件上。其形成原因为:焊接温度低、助焊剂比重大、焊锡量过大、焊后撤离烙铁的速度过快或角度较小。

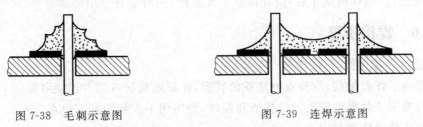

图 7-38 毛刺示意图　　　　　图 7-39 连焊示意图

(8) 焊盘剥离　焊盘的铜箔与电路板基板材料脱离。其主要原因是烙铁接触时间过长或烙铁温度过高。

7.2.5　拆焊

拆卸电路元件时,首先要将焊脚上的焊锡除去,比较有效的方法是采用吸锡器。常用的拆焊方法有三种,简述如下。

1. 吸锡铜网编织带拆焊

吸锡铜网编织带拆焊法(见图 7-40),实际上是利用一种细金属铜丝编织带来吸附多余焊锡的方法。使用时将吸锡绳放在松香上,用电烙铁加热,使吸锡绳表面涂满松香,然后用烙铁头压放在被拆焊点上,随着焊点的熔化,熔锡被金属丝编织带吸附,拿开电烙铁和吸锡绳后,焊盘上的焊锡就基本清理干净了。这样逐一对焊点进行处理,当元器件引脚上的焊锡都被吸附掉后,摇松元器件,就可以将元器件从印制电路板上取下来。

2. 吸锡器进行拆焊

使用电烙铁加热引脚焊点(见图 7-41),使焊锡完全熔化后,左手握吸锡器并将吸锡嘴对准引脚插下去,同时迅速用手指按压活塞的弹出按钮,可看到元器件引脚周围的焊锡基本上被吸入了吸锡器。按照这种方法每次处理一只引脚,则当元器件的引脚全部经过吸锡处理后,拿住元器件轻轻摇动,就可以使元器件引脚和印制电路板相连的少量残留锡箔断裂,因此很容易就将元器件从印制电路板上取下来。使用几次后必须清理掉吸锡器中的焊锡,否则将会影响吸锡器的密封性能。

图 7-40　吸锡铜网编织带拆焊法

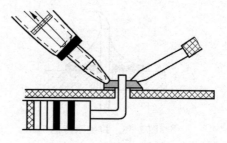

图 7-41　吸锡器拆焊法

3. 采用专用拆焊电烙铁拆焊

专用拆焊电烙铁能一次完成多线脚元器件的拆焊,而且不易损坏印制电路板及其周围的元器件。如集成电路、中频变压器等就可以用专用拆焊电烙铁拆焊。拆焊时也应注意加热时间不宜过长,当焊料熔化后,应立即取下元器件,同时拿开专用烙铁。

7.2.6　焊接步骤

实际进行焊接操作时,应遵循以下步骤:

(1) 焊接工作开始前,应检查电烙铁的状态,保证电烙铁各部件连接可靠。

(2) 海绵用来收集烙铁头上的锡渣和锡珠,海绵用手捏到刚好不出水为宜。

(3) 完成静电防护程序。

(4) 清洁电路板,均匀地在焊接区域涂抹助焊剂,防止出现假焊、虚焊。

(5) 打开电烙铁开关,根据焊锡丝的铅锡比例和维护手册的要求设置电烙铁温度,待电烙铁温度稳定后,恒温指示灯闪亮方可开始工作。注意:此温度设置仅用于培训,维修工作中请参考厂家技术手册的要求设置电烙铁温度。

(6) 烙铁头成 45°角靠住焊片和组件管脚,预先给组件管脚和焊片加热,预热时间为 1~2s。

(7) 将焊锡线从组件管脚一侧或管脚和烙铁接触面处引入,焊锡线不可直接靠在烙铁头上,以防止助焊剂烧黑,整个上锡时间为 1~2s,绝对不能超过 3s。

(8) 焊锡熔化,完全覆盖焊片并与管脚紧密连接,提起电烙铁。

(9) 完成焊接后检查元件管脚和焊片,确保焊锡焊接均匀,焊锡完全覆盖焊片并与管脚紧密连接,将多余管脚剪掉。

(10) 完成工作后,关闭电烙铁电源,待完全冷却后放入工具柜,清洁工作台面。

7.2.7 多孔板焊接练习

这一练习主要训练在多孔板上利用短接线进行布线,以及短接线的焊接技术,为在电路板上焊接元器件打好基础。通过练习,可以使学生掌握工具的正确使用方法和静电防护等安全程序。

1. 多孔板正面制作要求

如图 7-42 多孔板正面视图所示,正面使用 $\phi 0.5$ mm 镀锡或镀银铜丝,按图进行施工,每根镀锡或镀银铜丝在弯曲前必须拉直,两端弯曲半径应尽量小,必须紧贴多孔板正面。平铺在板面上的铜丝不允许出现弯曲、松弛、弯曲半径过大和距板面太远等现象。

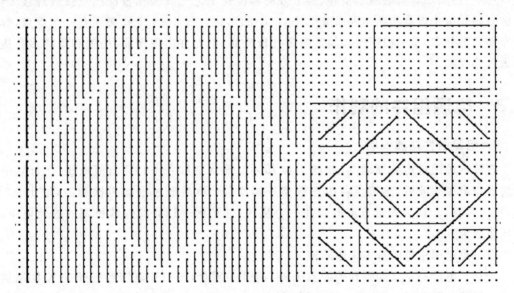

图 7-42 多孔板正面

2. 多孔板反面制作要求

如图 7-43 多孔板反面视图所示,首先按照上述施工步骤、施工方法和检查工艺,完成多孔板正面布线和反面圆形焊盘的焊接工作;然后,使用专用平口剪钳剪除多余的铜丝,但要注意确保铜丝末端距焊点上部留有 1~1.5mm 的长度；再使用 φ0.5mm 镀锡或镀银铜丝在每个圆形焊点内侧按照图形进行短接线焊接施工。

图 7-43　多孔板反面

在多孔板反面视图上，图形的直角和连接处是由一根根分离的镀锡或镀银铜丝焊接而成，禁止使用一根或多根铜丝弯成图 7-43 上的图形进行焊接。每一根铜丝焊接前必须拉直，按照上述圆形焊盘的施工步骤、施工方法和检查工艺完成多孔板反面短接线焊接工作。要注意确保每个焊点的纵向剖面成图 7-31(b) 的形状。每 6~9 个孔必须有一个焊点，焊点分布要均匀分布，每一根铜丝必须紧贴多孔板反面，不允许出现弯曲、松弛和距离多孔板距离太远等现象。

7.3　电源组件的制作

1. 电源组件功能说明

直流电源组件电路原理图，如图 7-44 所示。输入端加入 +15V 直流电压，+15V 电压经过各组电源滤波后，连接至各组三端稳压器组件；然后经过电容再次滤波，输出 +5V、+9V、+12V、+15V 固定直流电压和一个从 +1.3V 到 +12V 的连续可调的直流电压，其稳压系数为 5%。

以下是电源组件的基本工作原理。

+15V 电压的正极加到开关的 K-L 端，将开关闭合，+15V 电压经过开关 K-R 端加到发光二极管的阳极，经过分压电阻 R2 回到 +15V 电源的负极，红色发光二极管 D1 点亮。

+15V 电压经过开关后还加到电解电容 C1 和 C11 两端，经电容滤波后加到三端稳压器 7805 的输入端，三端稳压器 7805 输出 +5V 的直流电压，再经过电解电容 C6 和 C16 滤波后输出 +5V 的直流电压。

具有三端稳压器 7809 和 7812 的两路与上述电路工作过程相同，此处不再详述。

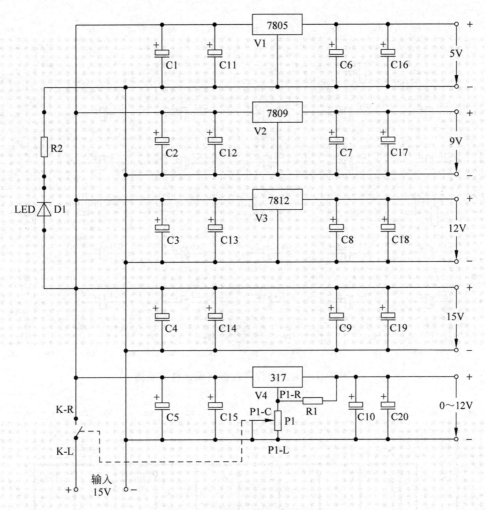

图 7-44 电源组件电路原理图

最后需要说明的是,三端稳压器 317 与上述 7805、7809 和 7812 的工作原理不同,其调整端的电压由电阻 R1 和电位器 P1 分压所得。因此,通过调节电位器 P1 的阻值就可调整输出电压的数值,电位器 P1 阻值越大,输出的电压就越高。使用三端稳压器 317 可使输出直流电压在+1.3V 到+12V 之间连续可调。

2. 多孔板正面元件的安装

直流电源组件正面元件安装位置后视图如图 7-45 所示,按照图上元器件布局进行施工。根据测试钉的直径选择合适的钻头,将钻头安装在专业手钻上,在相应的位置扩孔,然后安装好所有的测试钉,确保测试钉与多孔板的板面垂直。

3. 多孔板反面短接线走线图

直流电源组件反面连接短接线后视图如图 7-46 所示。首先按照上述施工步骤、施工方法和检查工艺,完成多孔板正面元器件布局和反面圆形焊盘的焊接工作;然后,使用专用平口剪钳剪除多余的元器件引脚,要注意确保引脚末端距焊点上部留有 1~1.5mm 的长度;再使用 ϕ0.5mm 镀锡或镀银铜丝按图 7-46 进行短接线焊接施工。

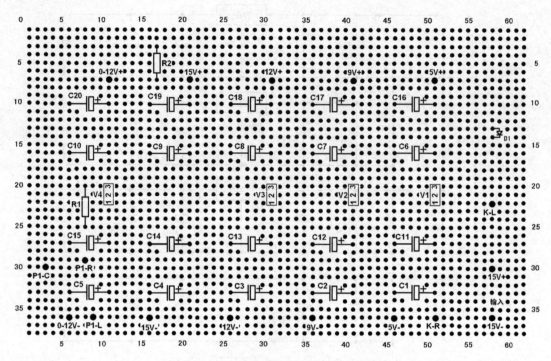

图 7-45 电源组件多孔板正面元件安装图

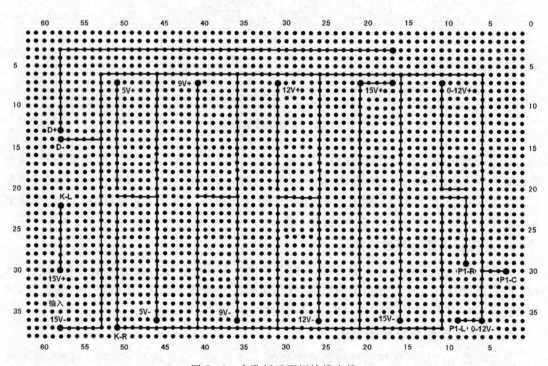

图 7-46 多孔板反面短接线走线

4. 电源组件元件清单(见表7-14)

表7-14 元件清单

序号	名　　称	规　　格	数量	位置号
1	电解电容	$1\mu F/50V$	20	C1～C20
2	电阻	$220\Omega,1/4W,5\%$	1	R1
3	电阻	$680\Omega,1/4W,5\%$	1	R2
4	开关电位器	$4.7k\Omega,1W$	1	P1
5	稳压器	LM7805	1	V1
6	稳压器	LM7809	1	V2
7	稳压器	LM7812	1	V3
8	稳压器	LM317	1	V4
9	多孔板	$16cm\times 10cm$	1	
10	测试钉	$\phi 1mm$	20	

5. 直流电源组件功能测试

在完成直流电源组件焊接工作后,按照图7-44电源组件电路原理和图7-45电源组件多孔板正面元件安装图,使用三用表进行功能测试前预检查。待检查结束后将直流+15V电源连接到输入端,将三用表挡位旋钮放置到直流电压挡位上,将三用表的表笔分别连接到直流电源组件5V、9V、12V、15V每块电路输出端进行电压测量;将三用表的表笔连接到直流电源组件0～12V电路输出端进行电压测量。如果某块电路输出电压不正确,则断开输入电源,使用三用表的电阻挡位对有故障的电路进行分段测量,找到故障点,直至排除故障。

第8章

航空电瓶

8.1 航空电瓶的基本知识

8.1.1 功用

航空电瓶(或称蓄电池、电池)是任何运输飞机必须安装的设备。航空电瓶在民航飞机中起着十分重要的作用,当飞机在飞行过程中主电源和其他辅助电源失效以后,靠飞机电瓶向飞机重要设备和仪表供电,维持飞机飞行至就近机场着陆。适航规定,在应急情况下,电瓶至少能维持0.5h供电(ETOPS维持飞行时间大于1h)。

电瓶的功用主要有:

(1) 在直流电源系统中,切换大负载时起到维持系统电压稳定的作用;

(2) 用于启动发动机、APU和地面检查;

(3) 在应急情况下,向重要的飞行仪表和导航等设备供电,保证飞机安全着陆。

航空电瓶为时控件,装机一定时间后,必须离位在内场进行检查、充电、容量检测和维护,以消除电瓶固有的记忆特性,恢复其额定容量。当电瓶的容量达不到额定容量的85%时就不能装上飞机。飞机上主要采用酸性(铅酸电瓶)和碱性电瓶(镍镉电瓶),铅酸电瓶一般在小型飞机上和地面使用,大型飞机的电瓶目前一般采用碱性电瓶。典型的碱性航空蓄电池如图8-1所示。

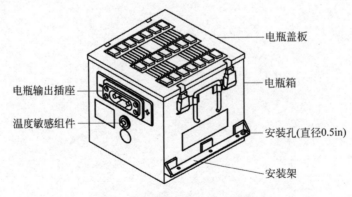

图8-1 典型的碱性航空蓄电池

8.1.2 蓄电池的常用术语

1. 额定电压

无论是酸性电瓶还是碱性电瓶都是由多个单体电池(cell)串联而成,输出电压为各单体电池之和。铅酸电瓶一般由12个单体电池组成,每个单体电池额定输出电压为2V,电瓶额定输出电压为24V;碱性电瓶由20个或19个单体电池组成,每个单体电池输出电压为1.2V,电瓶额定输出电压为24V。

2. 放电终止电压

蓄电池放电终止电压是指电瓶维持对飞机负载正常供电的最低电压。铅酸电瓶最低每单体电池电压为1.75V,电瓶电压为21V;镍镉电瓶最低每单体电池1V,电瓶电压为20V(或19V)。一般在高放电率、低温条件下放电时,终止电压比规定的低一些。

3. 放电速率

放电速率简称放电率,常用时率和"C"速率(倍率)表示。时率是以放电时间表示的放电速率,即以某电流放电至规定终止电压所经历的时间。例如某电池额定容量为40A·h,以5h率(表示为C_5)放电,则该电池应以8A电流放电。

"C"速率 常用来描述电瓶的充放电速率,单位为A。将充足的电瓶用1h放完(达到截止电压)的放电速率称为1C,如容量40A·h电瓶的"C"为40A,1/2"C"则为20A,用1/2"C"充电(或放电)说明充电(或放电)电流为20A。

4. 蓄电池的容量

电瓶的容量是指电瓶从充满电状态以一定电流放电到放电终止电压所放出的电量。常用的单位为A·h。1A·h是指电瓶用1A电流向负载放电可持续放电1h。理论上讲,1个40A·h的电瓶用40A放电能放1h,20A可以放2h。实际上,这一结论对于碱性电瓶基本上是正确的(碱性电瓶内阻很小)。而对于酸性电瓶,大电流放电时由于极板迅速被硫酸铅覆盖,使电瓶内阻增加,电瓶容量迅速下降,这是酸性电瓶的主要缺点之一。例如,一个25A·h的电瓶用5A放电能放5h,用48A放电只能维持20min,容量仅为16A·h,用140A放电仅为5min放完,电瓶的容量下降到11.7A·h。

为了准确定义酸性电瓶的容量,一般采用5h放电准则,即让一个充满电的电瓶用5h放完。如一个40A·h的电瓶,用8A放电,应能持续5h。

随着充放电次数的增加,电瓶容量会逐步下降,一般铅酸蓄电池为300～500次;碱性镍镉蓄电池较长,为500～1000次循环。当容量低于额定容量的85%时,就不能装上飞机使用。

5. 电池内阻

电池内阻包括欧姆内阻和极化内阻。欧姆内阻主要由电极材料、电解液、隔膜的电阻以及各部分零件的接触电阻组成,它与电池的尺寸、结构、电极的成形方式以及装配的松紧度有关,遵守欧姆定律。正极、负极进行电化学反应时极化引起的内阻为极化内阻。极化内阻与活性物质的性质、电极的结构、电池的制造工艺有关,尤其与电池的工作条件有关,放电电流和温度对其影响很大。一般飞机上常用的酸性电瓶内阻为30mΩ左右,而碱性电瓶内阻只有 10mΩ 左右。

6. 电池的自放电

电池的自放电指电池在存储期间容量降低的现象,电池在无负荷时由于自放电会使容量损失。自放电主要在负极,因为负极活性物质多为活泼的金属粉末电极,在水溶液中可发生置换氢气的反应。若在电极中存在电势较低的金属杂质,这些杂质和负极活性物质能够组成腐蚀微电池,导致负极金属自溶解,并伴有氢气析出,从而使容量减少。若电解液中存在杂质,同样会引起电池的自放电。

7. 电池的充电效率

蓄电池实际是一个能量储存器。电池充电时将电能转化为化学能储存起来,同时,有一部分电能消耗在水的分解和内阻上。一般情况下,当充电输入 A·h 数达到电瓶额定容量的 140% 时,就认为电瓶已经充满。

8. 深度放电

深度放电就是在电瓶放电到终止电压后,继续放电,先用带电阻的夹子放电,再用短路夹短接单体电池两端,把所有电都放完。深度放电主要适用于碱性电瓶,在对电瓶进行离位检查时进行,主要用于消除电瓶固有的记忆效应和电瓶反复充电后产生的单体电池电压不平衡现象(尤其在飞机上采用恒压充电时比较严重),以恢复电瓶容量。

8.1.3 航空电瓶常用充电方法

充电是电瓶日常维护管理的重要工作,充电方式主要有恒压充电、恒流充电和恒压恒流充电三种方式。由于电瓶存在自放电现象,为维持电瓶容量,在飞机上还采用浮充电方式。

1. 恒压充电

恒压充电是指在充电过程中,充电电压恒定不变。

这种充电方式的优点是:

(1) 充电速度快。在开始充电的 30min 内,就可以将完全放电的电瓶充到 90% 的容量。

(2) 充电设备简单。

(3) 电解液的水分损失比较小。

其缺点是:

(1) 冲击电流大。如一个 40A·h 的电瓶,冲击电流可能达到 400A,随着电瓶电压的上升,充电电流逐步减小。

(2) 由于各单体电池的内阻、极板、电解液不可能完全一样,恒压充电时,每个单体电池分配的电压不相等,容易造成单体电池充电不平衡,有些单体过充,有些单体充不足。

(3) 当充电设备的电压设定过高或过低时,容易造成电瓶过充或充电不足。对碱性电瓶容易造成"热失控"(thermal runaway)和"容量失效"(capacity fading)。

为了防止冲击电流过大,损伤电瓶和充电设备,有些充电设备采用恒压限流的充电方式,即在电瓶开始充电时进行电流限制,当然这种充电方式充电时间相对比较长。

2. 恒流充电

恒流充电是指在充电过程中,电流维持恒定。

这种充电方式的优点是：

(1) 没有过大的冲击电流。

(2) 不会引起单体电池充电不平衡。

(3) 容易测量和计算出充入电瓶的电能(A·h)。目前电瓶离位充电大多采用这种充电方式。

其缺点是：

(1) 充电时间长。

(2) 过充时电解液水分损失大。

(3) 充电设备比较复杂。

采用二阶段恒流充电法可以克服恒流充电时间长的缺点，一般采用大电流(也称为主充)(1/2C)充 2h，再用小电流(也称为过充)(C/10)充 4h。这种充电方式有效地克服了恒流充电法充电时间长的缺点，并且减小了充电过程中的水分损失，但充电设备比较复杂。没有大、小电流自动转换功能的充电设备需要人工调节。

实现恒流充电有两种基本方式，一种是采用模拟控制的方法实现电流恒定；另一种是采用脉宽控制(PWM)方法。恒流充电方式能有效防止单体电池电压的不平衡，因此得到了广泛应用。

注意：在电瓶电压低时，如采用 PWM 恒流充电，脉冲期间对电瓶有大电流冲击，另外脉冲充电时电瓶会产生尖脉冲，这无疑对电瓶会有所损伤。因此，有些电瓶生产厂家严格规定了电瓶的充电方式。如用于 TU-204 飞机的 SAFT26108-6 电瓶维护手册和工卡规定，"除了恒流和恒压充电方式外，若用其他充电方式如脉冲充电方式，需得到电瓶生产厂家的批准"。

3. 恒压恒流充电

当电瓶开始充电时采用恒流充电方式，充电一定时间后自动转换到恒压充电方式。这种充电方式集中了恒压、恒流充电的优点，克服了恒压、恒流充电的不足，但充电设备比较复杂。现代飞机上安装的充电器大多采用这种方式，当恒电流充电至预定的电压值后，改为恒电压充电，同时充电器作为 TRU 向飞机提供直流电源。

4. 快速充电

为了能够最大限度地加快电瓶的化学反应速度，缩短电瓶达到满充状态的时间，同时，保证电瓶正负极板的极化现象尽量地少或轻，提高电瓶使用效率。快速充电技术近年来得到了迅速发展。快速充电主要有脉冲式充电法和 Reflex™ 快速充电法等。

1) 脉冲式充电法

脉冲充电方式首先是用脉冲电流对电瓶充电，然后让电瓶停充一段时间，如此循环。充电脉冲使电瓶充满电量，而间歇期使电瓶经化学反应产生的氧气有时间重新化合而被吸收掉，使浓差极化和欧姆极化自然而然地得到消除，使电瓶可以吸收更多的电量。脉冲间歇使电瓶有较充分的化学反应时间，减少了析气量，提高了电瓶的充电电能接受率。

2) Reflex™ 快速充电法

这种技术是美国的一项专利技术，它主要面对的充电对象是镍镉电池。由于 Reflex™ 充电法采用了新型的充电方法，其一个工作周期包括正向充电脉冲、反向瞬间放电脉冲、停充维持 3 个阶段。这种方法有效减小了浓差极化和欧姆极化,大大降低了电瓶的充电时间,但充电设备比较复杂,大多数 CMM 手册中还没有推荐这种充电方法。Reflex™ 快速充电时,为了缩短充电时间(充电时间为 1h),一般采用大电流(≥2C)充电。

注意:有些电瓶(尤其是密封式电瓶)不能用 Reflex™ 快速充电法充电,如 EAGLE PICHER 密封式电瓶,在厂家的电瓶维护手册上有明确规定,在电瓶维护和充电时一定要注意。

5. 浮充电

由于电瓶存在自放电现象,因此为维持电瓶容量不减少,必须对充满的电瓶进行浮充电。在飞机上进行浮充电时,将电瓶连接到比电瓶电压略高的直流电源上,一般直流电压应为 28V。浮充电电流的大小与电瓶的环境温度、清洁程度和容量有关。在 15～33℃ 范围内,对于碱性电瓶来说,1A·h 需要浮充电电流 3mA 左右(酸性电瓶略高),一个 40A·h 的电瓶需浮充电电流 120mA 左右。当温度升高时,浮充电电流应有所增加。

8.2 酸性蓄电池

8.2.1 结构

飞机上常用的酸性蓄电池为铅蓄电池。构成铅蓄电池的主要部件是正负极板、电解液、隔板、电池槽,此外还有一些附件如端子、连接条、排气栓等。

航空铅酸电池由 12 个单体电池串联组成,每个单体电池输出电压为 2.1V。单体电池的极板由铅-锑合金栅架组成,其中锑含量约在 7%～10%。正极板上涂有糊状的二氧化铅(PbO_2),负极板上涂有金属铅(Pb)。二氧化铅和铅都是参与化学反应的有效材料,称为活性物质。正负极板间的隔板由多孔的高绝缘性能材料制成。电解液为稀硫酸(H_2SO_4)。为减小重量,航空蓄电池的电解液数量相对较少,而浓度相应增加,密度为 1.280～1.300g/cm³(25℃)。单体电池装在防酸容器中。由于电池工作时,有气体逸出,所以每个单体电池上方装有泄气阀(排气栓),用于排出气体,但电解液不会因飞机机动飞行而溅出。图 8-2 为单体电池的结构。

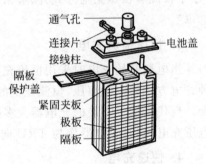

图 8-2 单体电池的结构

8.2.2 蓄电池的充电

1. 酸性蓄电池充电

酸性蓄电池充电可采用恒流或恒压充电,一般采用两阶段恒流充电,以 12HK-30 型航空电瓶为例,见表 8-1。

表 8-1 充电电流

蓄电池型号	第一阶段充电		第二阶段充电	
	电流/A	单体电压/V	电流/A	单体电压/V
12HK-30	3.5	2.35～2.42	1.8	2.6～2.85

充电时需每隔 2h 测量一次电解液温度和每个单体电池的电压,当大多数单体蓄电池电压达 2.35～2.42V 时,改用第二阶段电流充电,充电结束时调整电解液密度至 1.285±0.005g/cm³(30℃)及规定液面高度。当密度高于规定值时可加入蒸馏水,如低于规定值时,加入预先配置好的密度为 1.4g/cm³ 的稀硫酸,密度调整后继续充电 0.5～1h,以使电解液均匀。各单体蓄电池电解液密度相差不大于 0.01g/cm³。用比重计测量时,应考虑温度的影响。在 27℃(80°F)时,比重计读出的数不需要补偿。高于或低于 27℃时,读数需加上一个修正值。如 15℃时测的读数为 1.240,经修正后的读数应为 1.232。修正值大小如表 8-2 所示。

表 8-2 电解液比重测量的修正值

电解液温度	℃	60	55	49	43	38	33	27	23	15	10	5	−2	−7	−13	−18	−23	−28	−35
	°F	140	130	120	110	100	90	80	70	60	50	40	30	20	10	0	−10	−20	−30
修正值		0.024	0.020	0.016	0.012	0.008	0.004	0	−0.004	−0.008	−0.012	−0.016	−0.020	−0.024	−0.028	−0.032	−0.036	−0.040	−0.044

电池必须充足电,但也不能过充。判断是否充足电可用以下三个方面来衡量:
(1) 单体电池电压达到最大值(2.1V)(开路电压)并保持恒定;
(2) 电解液密度连续 2h 维持不变;
(3) 液面产生均匀细密的气泡。
用电解液密度来衡量电瓶充放电状态是比较准确可靠的方法。

2. 电解液密度的测量方法

测量方法如图 8-3 所示,先用手紧握比重计的橡皮球,挤出比重计内的部分空气,再将吸液管插到网状隔层上,然后缓慢地松开橡皮球,吸入电解液,当浮子式比重计浮起时,液面在比重计上所对应的刻度就是电解液密度的数值。

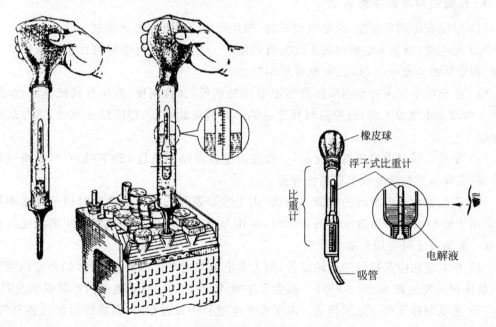

图 8-3 密度测量

必须指出：不能以一个单体电池的电解液密度来代替整个蓄电池电解液的密度,应该逐个测量,而且都要符合技术条件规定(电解液比重应在 1.285~1.300)。

3. 电解液高度的测量方法

为防止电池极板硬化,电解液的高度应符合要求。电解液的高度是指液面到网状隔层的高度。测量电解液高度的方法是：使用液面计或将内径不小于 4mm 的玻璃管插入蓄电池的网状隔层上,然后用食指堵住玻璃管的上端口,再取出玻璃管,量出管中液柱的高度 H,即为电解液的高度(电解液液面高度高出极板 6.35mm),如图 8-4 所示。

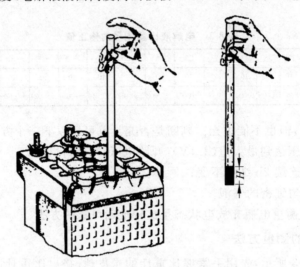

图 8-4　电解液高度的测量方法

4. 充电过程中的注意事项

(1) 串联充电的蓄电池,应是同型号的,相互间放电程度相差不超过 15%。

(2) 充电时,当充入电量约为上次实放电量的 140% 时,进行电解液比重及液面高度的调整,调整后继续充电 0.5h,以使电解液均匀。

(3) 在充电中发现有个别单体蓄电池电压特别低,而且密度、电压升高极其缓慢,继续用第二阶段充电电流充电,或单独对其充电仍不能消除此差别,则应停止充电,排除故障后再充电。

(4) 在充电过程中温度不宜过高,一般要求电瓶温度不超过 125°F(52℃),如果电瓶温度太高,应降低充电速度或采取措施降温。

(5) 应经常检查电解液的液面和密度,由于水分蒸发而使液面降低时加蒸馏水调整液面,若由于电解液溅出而造成液面降低时,可用与电解液密度相同的稀硫酸溶液注入蓄电池,在一般情况下可应用蒸馏水调整。

(6) 充电室内应有良好的通风设备,因为蓄电池充电时排出大量氢气,如果室内空气中氢气的体积浓度达到 4.0%~75.6% 就会发生爆炸,要特别注意充电室内严禁吸烟及明火。

(7) 充电时排气孔一定要畅通。由于在充电过程中或过充时,会释放出氢气和氧气,形成易爆的混合气体,因此不能有明火存在,应采用防爆电气设备并保持良好的通风。

(8) 电解液内不得掉入铁、铜等有害杂质。

8.2.3 蓄电池的放电和容量测试

以 12-HK-30 型的航空用铅酸电瓶为例说明放电和容量测试程序：

(1) 先将 12-HK-30 型电瓶充足，达到规定的各种充电数据，放置 5h 后方可将电瓶接入放电设备中。

(2) 用 5h 放电率放电，电流 6A，注意放电时间和电流，严禁过量放电。

(3) 放电 10min 后，检查放电电流，电压是否正常。

(4) 每 30min 测量一次电瓶电压、总电压、电流，放电末期应缩短检查的间隔时间。

(5) 当测量的单体电池电压低于 1.7V 时，停止对该电瓶放电，计算电瓶放电容量，不低于 85% 或 80%（根据适航规定）方可使用。

(6) 电瓶放电结束后，应尽快充电。

8.2.4 电解液的配制

由于硫酸有强腐蚀性，在配制电解液时一定要注意人身安全，应遵守下列要求：

(1) 配制电解液应于耐酸的硬橡胶槽、玻璃槽、陶瓷或衬铅皮的木槽等耐酸容器内进行。禁止使用铁质、铜质或其他金属容器。

(2) 硫酸应符合蓄电池硫酸标准。

(3) 配制电解液时，先准备好一定量的蒸馏水，将硫酸慢慢倒进水里，并搅匀。需要注意的是，千万不能将蒸馏水倒进硫酸里，因为水的密度小，浮在酸的表面，剧烈的化学反应产生的热量能将水烧开，迸溅出来使人员受伤。待电解液温度降低之后，调整电解的比重至规定的范围之内，一般为 $1.280 \sim 1.300 \text{g/cm}^3$（25℃）。测量电解液比重时，应考虑温度的影响。

(4) 在配制电解液时工作人员必须穿戴好防酸工作服、胶鞋、防护眼睛、胶手套等防护用品，如果硫酸泼溅到皮肤或衣服上，应用预先准备好的 10% 氨水或苏打水溶液中和，并用大量清水冲洗。

8.2.5 铅酸蓄电池的维护注意事项

(1) 电瓶的维护应该严格按照生产厂家的使用说明书和维护手册进行。

(2) 保持电瓶清洁，防止自放电。经常检查排气栓通气孔，用干软布擦去灰尘和脏物，并每隔 30~35 天用稍微沾有约 10% 的氨水或苏打水的软布擦洗蓄电池表面，再用干燥洁净的软布擦干。

(3) 放电终了的电瓶必须在 24h 内充电；充满电的电瓶每月至少复充一次，以防止极板硬化。

(4) 经常检查电解液是否充足。如电解液不足，会降低电瓶容量，极板暴露在空气中也会使极板硬化。如果电解液不足，应加蒸馏水，不能加自来水或矿泉水。

(5) 不能将航空电瓶的电解液与其他酸性电瓶电解液混用，因为航空电瓶电解液密度比其他地面用酸性电瓶电解液的密度大。

(6) 不要用蓄电池端子短路碰火花来试验蓄电池情况。

8.3 碱性蓄电池

飞机常用的碱性蓄电池为镍镉蓄电池(镍镉电瓶)。镍镉蓄电池与铅酸蓄电池相比,具有比能大、自放电小、低温性能好、耐过充电和耐过放电能力强、寿命长、内阻小、维护性好、能以充电态或放电态长期储存等优点,尤其是大电流放电时,电压平稳,非常适合于启动发动机等短时大电流放电场合。但镍镉蓄电池也有缺点,例如成本高、有"记忆"效应等。目前大多数运输机上都采用碱性电瓶。

镍镉蓄电池主要有两种结构形式:一种是阀控式(vented nickel-cadmium battery)镍镉蓄电池,当电瓶过充时的产生氧气和氢气从泄气阀(排气阀)中排出;另一种是密封式镍镉蓄电池(sealed nickel-cadmium battery)。目前飞机大多采用阀控式镍镉蓄电池。

8.3.1 镍镉蓄电池结构

镍镉蓄电池由20个或19个单体电池串联组成,每个单体电池的额定电压为1.2V。单体电池的基本结构与铅蓄电池相同,主要由正极板、负极板、隔膜、泄气阀、电池盖等组成,单体电池的结构如图8-5所示。

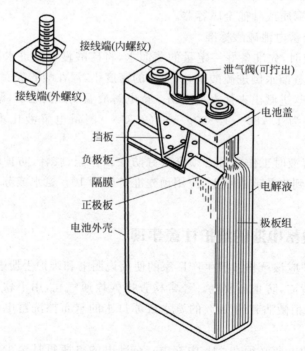

图 8-5 单体电池的结构

1. 极板(plate)

镍镉蓄电池正极板(positive plate)为活性物质三价镍的氢氧化物(nickel oxy hydroxide)(NiOOH),负极板(negative plate)为镉(Cd)。航空电瓶一般为烧结式极板。一个单体电池由多个正负极板组成的极板组构成。

2. 隔膜(separator)

在正极板和负极板之间有一层隔膜,隔膜由多孔多层的尼龙和中间一层玻璃纸构成,见图 8-6。隔膜的主要作用有两个:一是防止正极板和负极板接触,使电瓶失效;二是气体隔离作用(玻璃纸的作用),防止在过充时正极板产生的氧气流到负极板,与负极的镉起化学反应而产生热量,从而导致电池热失控(thermal runaway)。

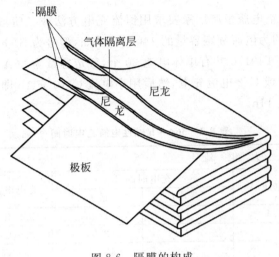

图 8-6 隔膜的构成

3. 电解液(electrolyte)

电解液为氢氧化钾(KOH)水溶液(30%氢氧化钾和70%的水),KOH 的密度为 1.24～1.30g/cm³。在镍镉电瓶中,电解液不起化学反应,而是作为离子的导体来传递离子,因此,在充放电过程中,电解液的密度不变,不能和酸性电瓶一样用测量密度的办法来判断电瓶的充放电状态。

4. 泄气阀(relief valve)

每个单体电池上安装有泄气阀,也称为释压阀或排气阀(vent cap),泄气阀有三个作用:

(1) 拧开时用于加蒸馏水或电解液;

(2) 防止飞机飞行时电解液泄漏;

(3) 为保护电瓶,防止电瓶内气体压力太大而引起爆炸。

电瓶的泄气阀可以使单体电池内的气体排出,又可以防止外界物质进入电池内部。泄气阀开启压力范围为 2～10psi(13.8～69kPa)。当蓄电池充放电时,尤其是过充时,会产生气体,当气体压力大于 10psi 时,泄气阀必须打开,否则会引起电瓶爆裂。当气压小于 2psi 时,泄气阀关闭,防止空气中的酸性气体与电瓶的电解液起反应而降低电瓶容量和飞机不在平飞或颠簸时电解液泄漏溅出。维护手册中规定,如果泄气阀在压力大于 10psi 时不能打开,必须对泄气阀进行清洁和修理;如果泄气阀在压力小于 2psi 时打开,说明泄气阀密封圈已损坏,必须更换。

另外,有些蓄电池还装有温度保护开关,当蓄电池温度超过 150°F(65.55°C)时切断蓄电池的充电电源。由于碱性电瓶在低温充放电时,会导致充电不足或放电容量下降,因此某些碱性电池上装有低温敏感开关和加热装置,当温度低于30℉(-2℃)时,接通加热电路,当温度达40℉(5℃)时断开。电瓶型号不同,超温保护和低温加热的温度值也会有区别,具体参考CMM手册。

8.3.2 镍镉电瓶的充电

目前,绝大多数航空电瓶生产厂家要求用恒流充电方法或二阶段恒流充电方法进行充电。充电的安时数大约为电瓶额定容量的140%。例如,型号为SAFT40176电瓶的充电必须按表8-3进行。SAFT40176共有单体电池20个,额定容量为36A·h。开始充电时用大电流(主充),一般用C或C/2电流充电,然后用小电流C/10充4h即可。如果时间允许,也可直接用C/10电流充14h。

表8-3　36A·h碱性电瓶充电时间

大电流				小电流	
充电电流/A	达到电压/V	充电时间/h		充电电流/A	充电时间/h
		最小	最大		
36(C)	31.4	1	1.25	3.6(C/10)	4
18(C/2)	31	2	2.5	3.6(C/10)	4
3.6(C/10)	30	10	12	3.6(C/10)	4

表8-3说明,如果用36A电流充电,则充电1h后,电瓶电压应达到31.4V,如达不到,再加充15min,如还达不到规定的电压值,说明电瓶的某些单体有问题,应该检修。如能达到,再用小电流3.6A充电4h,这时所有单体电池电压都应大于或等于1.5V小于1.7V,小于1.5V或大于1.7V的单体电池必须修理或更换。用1/2C(18A)或1/10C(3.6A)电流充电的原理相同。为防止过充,大电流的加充时间必须限制,如大电流18A充2h,如达不到31V,最多加充0.5h。有的电瓶生产厂家不容许大电流加充,如果在规定充电电流和规定时间内达不到规定的电压,电瓶单体必须进行修理或更换。

充电时的注意事项:

(1) 在电瓶充电之前,应做必要的检查、清洁及电瓶连接条间的力矩检查。

(2) 连接充电电缆之前,将电瓶输出端子及单体电池之间的短路夹子拆除(如有)。充电时,应将电瓶放置于竖立状态。

(3) 充电时,注意极性不能连错。开始充电之前,检查确认电瓶与充电机连接正确,即充电机的正端输出连接电瓶的正端、充电机的负端输出连接电瓶的负端。

(4) 避免短路,镍镉电瓶被短路时将产生巨大的能量释放,因此应避免将电瓶短路。在任何情况下,在电瓶上工作时都必须十分小心,不允许将工具或者其他金属物体放置于单体电池之间的连接片上,否则剧烈的火花放电将有可能导致人员伤害及电瓶损坏。因此,维护电瓶所使用的工具都应是绝缘工具。戒指、金属手表或者其他金属首饰在维护电瓶之前,都应摘除。

(5) 充电电瓶温度不能过热,一般超过60℃就要停止充电。

(6) 注意每个电池的电压,如果在大电流充电时,总电压达不到要求,如1/2C不能达到

31V，加时充电后，仍然达不到要求，肯定某个单体电池有问题。

(7) 在小电流充电结束前 10~15min，测量每个单体电池的电压，必须在 1.5~1.7V（有的厂家规定 1.53~1.75V），具体数值应根据 CMM 手册，如果在电解液液面高度符合要求，低于 1.5V 或高于 1.7V 的单体电池必须更换。

(8) 如果在充电开始后 15min，就发现某个单体电池电压超过 1.5V，肯定为电解液不足，应加蒸馏水，一般加 5~10cm³。过一段时间后，重新充电，如果该单体电池电压恢复正常，则继续充电，如果电压仍很高，说明该单体电池已损坏。

(9) 在充电时，可以拧松泄气阀，但不移开或取走。

8.3.3 电解液的调节和补充

电解液不足会引起容量降低，过多则容易溢出，堵塞泄气阀，损坏电瓶，甚至爆炸，因此，调节电解液高度，是电瓶维修中一项十分重要的工作。

电解液的调整和补充必须在充电结束前进行（电解液泄漏除外），即在小电流充电结束前 15~30min 或充电结束后（具体根据 CMM 手册要求），马上对电液进行测量和调整，而不能在放电时或充电结束后很长时间进行。因为放电时，电解液被极板和隔膜吸收，测量时电解液高度肯定很低，但此时不能作为补充电解液的依据，否则充电时电解液将溢出。

调整电解液面高度时，要求液面高度高于挡板底部 0.125~0.250in(3.18~6.35mm)，如图 8-7 所示。电解液面高度的调整和测量需要专用工具，有两种典型工具，一种是气囊式的，见图 8-8；另一种是针筒式（或注射器式）的，见图 8-9。用气囊式电解液面高度调整器，要垂直插入，直至挡板底部，见图 8-7。用针筒式液面高度调整器时要使限位器肩部靠在阀门座的位置上，见图 8-10；然后吸取电解液，如吸不到，说明电解液太少，能吸到，说明电解液太多，反复几次，就能把电解液调整到规定值。

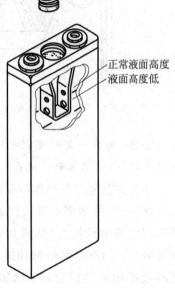

图 8-7 电解液面高度示意图

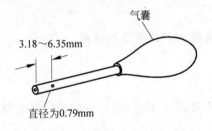

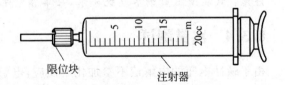

图 8-8 气囊式电解液面高度调整器　　图 8-9 针筒式电解液面高度调整器

电解液的调整和补充操作步骤（以 SAFT 电瓶为例）：

用特殊的塑料泄气阀门扳手（见图 8-11，部件号为 093382-000）拆泄气阀。把阀门组件（包括 O 形密封圈）一起沉浸在蒸馏水中，以溶解盐分，用一块干净的湿布盖住电池以避免异物进入；检查单体电池的电解液面，把注射器（部件号为 020915-004）插入单体电池的开口中，直到注射器限位块肩部靠在阀门座的位置上（见图 8-10），上拉注射器推杆并检查是否有电解液吸出，如果电解液面太低，注射器吸不到电解液，就表示注射器末端没有接触到电解液面，如果电池里有过多的电解液将会吸入注射器，反复吸几次，直到电解液面与注射器的末端水平为止。

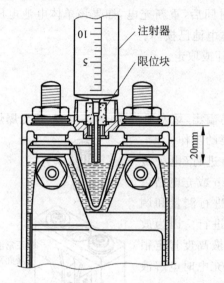

图 8-10　针筒式液面高度调整器使用示意图

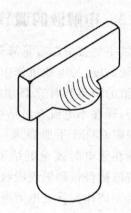

图 8-11　泄气阀门扳手

注意：电瓶一定得要在充满电状态下才能调整电解液面，以避免过量。当泄气阀松开或拆开时，小心别倾斜电池；电解液接触到皮肤会导致严重烧伤。

补充少量电解液操作步骤：

抽 $5cm^3$ 的蒸馏水吸入注射器，把注射器插入单体电池的开口，使注射器限位块肩部靠在阀门座的位置上（见图 8-10），将蒸馏水注入单体，上拉注射器推杆并检查是否有电解液吸出；如有电解液被抽进注射器，说明电解液液面已达到合适高度，把吸出的多余电解液排到单独的容器；如果注射器是空的，重复添加电解液、检查电解液液面动作，并记录注入 $5cm^3$ 蒸馏水的次数，如果加水量超过 5 次（$25cm^3$），对此单体电池做更换标记。

注意：只能使用蒸馏水或脱矿水，每单体电池都须逐个调到适当的液面。

8.3.4　容量测试

由于碱性电瓶的电解液不参加化学反应，电解液密度基本不变，因此不能像铅酸电瓶一样用测量电解液密度的方法来判断充电或放电状态。

碱性电瓶的容量只能用放电的方法来确定。将充满电的电瓶用电流 C 或 C/2 或 C/4 放电，放到第一个单体电池电压等于 1V 时停止放电（早期的 CMM 手册也有规定放到电瓶总电压 20V（20 个单体电池，19 个单体电池为 19V）），放电电流乘上放电时间就是该电瓶的容量。例如，$36A·h$ 电瓶的放电容量检测应满足表 8-4 要求。

表 8-4　36A·h 碱性电瓶放电时间要求

放电电流/A	第一个单体电池达到1V的最小时间
9(C/4)	3h24min
18(C/2)	1h42min
36(C)	51min

表 8-4 规定的放电最小时间,即为额定容量的 85%,如果达不到最小时间,就需要对电瓶进行维修。一般可以先采用深度放电,来消除电池之间的不平衡和镍镉电瓶固有的记忆效应,以恢复电瓶的容量。如果还不能解决问题,在对电瓶进行深度维修或更换单体电池,如三个以上单体电池需更换,那么整个电瓶应报废。

8.3.5　电瓶的深度放电

在电瓶进行容量测试放电后,需要进行深度放电时,可直接进行,而不需要停一段时间,此时放电不需要恒流,只要把每个单体电池放到 0V,可采用下面三种方法进行:

(1) 当完成容量测试后,即第一个单体电池已经达到 1V 后继续放电。当单体的电压接近或低于 0.5V 时,用一金属短路夹(见图 8-12)短路单体两极,此时电瓶仍要带负载继续放电。当 75% 的单体已被短路夹短路后,用 1.0Ω、2~3W 的电阻将剩余的单体短路。电瓶短接 16h(各种电瓶的规定有所不同,根据维护手册选用)后才允许取下短路夹和电阻。

(2) 当完成容量测试后,即第一个单体电池已经达到 1V 后继续放电,放到所有单体电池为 1V 或以下,用 1.0Ω、2~3W 的电阻将剩余的单体短路,保持这种状态 16~24h,以保证每个单体电池把电全部放完并冷却。

(3) 当完成容量测试后,即第一个单体电池已经达到 1V 后继续放电。当所有单体的电压接近或低于 0.5V 时,用一金属短路夹短路单体两极,保持这种状态 16h,以保证每个单体电池把电全部放完并冷却。

深度放电完成后,再按充电要求把电瓶充满。

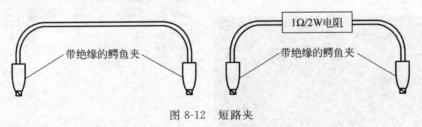

图 8-12　短路夹

8.3.6　镍镉电瓶充放电分析仪的应用

在内场对电瓶进行充电、容量测试、深度放电等工作时,要观察每一个单体电池的电压变化,用传统的充放电设备(需要使用万用表测量单体电池电压)已不能满足现代飞机碱性电瓶的充放电要求。国内外多个厂家研制出了一些飞机专用充电分析仪,如美国的 RF80-K 电瓶分析仪、中国民航大学的 BCA-2 航空电瓶充放电分析仪、石家庄生产的 HD-200C 航空镍镉电瓶自动检测仪等,各有特色。其中 BCA-2 航空电瓶充放电分析仪(见图 8-13),基于虚拟仪器技术,由计算机控制整个系统的操作和运行,可实现对电瓶的全自动充放电测试,实时监测充放电过程中电瓶每个单体电池的电压变化情况,实时记录充放电数据,具有操作方便、可靠、直观的特点。下面简单介绍该设备的原理和使用方法。

BCA-2 航空电瓶充放电分析仪具有恒流两阶段充电、恒压限流充电、容量测试、深度放电和电瓶补足充电等功能,如图 8-14 所示,单击各按钮可进入相应测试子界面。

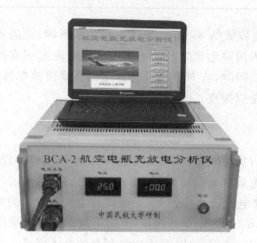
图 8-13　BCA-2 航空电瓶充放电分析仪

图 8-14　BCA-2 航空电瓶充放电分析仪功能

以"恒流充电"和"容量测试"为例介绍 BCA-2 航空电瓶充放电分析仪的使用操作:

在系统主界面选择【恒流充电】按钮,进入充电子界面,如图 8-15 所示。

输入电瓶的额定容量,选择充电电流等级(系统有 0.1C、0.25C、0.5C 和 1.0C 四个等级选择),输入电瓶件号、序号及操作员工号,单击【运行】开始充电。

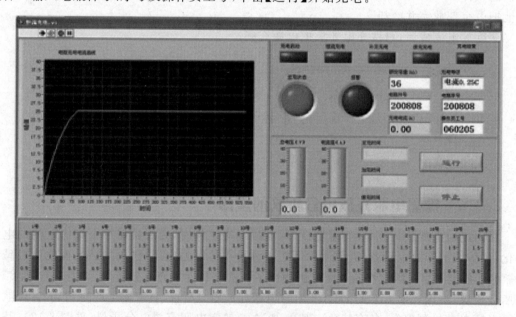
图 8-15　恒流充电界面

充电过程中,系统能够自动完成电瓶的大电流充电和 0.1C 小电流续充电的转换,界面右上侧为充电进程指示灯,提示电瓶的充电阶段,各阶段的充电电流和时间实时显示,电瓶的电压、充电电流以及各单体电池的电压变化能够以曲线的形式绘制在左侧的波形图中,单体电池的电压同时在界面底部以柱状条的形式显示。系统能够自动判断电瓶的充电状态,电瓶充满后自动停止,并生成充电报表。

在系统主界面选择【容量测试】按钮,进入容量测试子界面,如图 8-16 所示,同恒流充电界面相似,操作也基本相同。

输入电瓶额定容量,选择放电电流等级(0.1C、0.5C、0.85C 和 1.0C 四个等级),输入电瓶件号、序号及操作员工号,选择容量测试中止模式("总电压至 20V"或"首格电压至 1V"),选择是否进行深度放电(单击【深度放电】按钮,则系统在电瓶放电至容量测试中止模式所设定的电压后,自动进入深度放电操作;如果不单击【深度放电】按钮,系统在电瓶放电至容量测试中止模式所设定的电压后,会弹出对话框,询问是否进行深度放电,此时操作员也可根据实际情况选择是否进行深度放电),单击【运行】开始放电。

容量测试过程中,系统实时显示已放电时间和电瓶释放容量百分比,电瓶的电压、放电电流和单体电池的显示同恒流充电测试程序相似。如果电瓶容量测试符合要求(大于85%),容量测试绿灯亮,否则红灯亮。深度放电时自动短接单体电池。

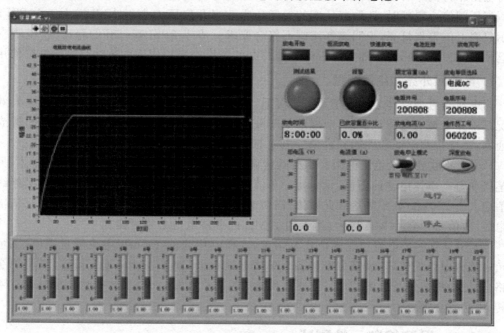

图 8-16 容量测试界面

8.3.7 镍镉电瓶泄气阀和绝缘测试

1. 泄气阀测试

飞机维护手册中要求必须对泄气阀(释压阀)进行定期校验,维护手册规定:"如果压力大于 10psi 不能打开,必须对泄气阀进行清洁和修理;如果压力小于 2psi 泄气阀打开,则说明密封圈已损坏,必须更换。"

可以用泄气阀专用测试仪(如中国民航大学工程技术训练中心开发研制的 BVT-1 飞机碱性电瓶释压阀测试仪,见图 8-17)或与气瓶(或压缩空气)连接的方法进行测试。与气瓶或压缩空气连接方法进行测试可根据电瓶维护手册进行。

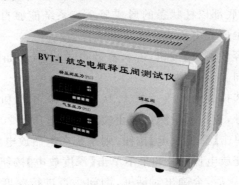

图 8-17　BVT-1 电瓶泄气阀测试仪

BVT-1 电瓶泄气阀测试仪内置微型气泵,无须外接气源,测试气压连续可调。测试时,从电瓶上取下释压阀,把它拧在专用接口上后置于水槽中(仪器附件),用仪器面板上的调压阀将输出压力调零后慢慢升高,在被测释压阀冒气时,读取释压阀的开启压力,再往回调,在被测释压阀停止冒气时,读取释压阀的关闭压力。当开启压力小于 2PSI 或大于 10PSI 时,显示仪表上的警告灯亮,说明该释压阀不符合要求。小于 2PSI 就打开的释压阀,说明密封圈已损坏,必须更换,对于那些 10PSI 不能打开的释压阀可用浸泡的方法修复后继续使用。

2. 电池对外壳的绝缘测试

当电池与电池壳体之间的绝缘被击穿后,将产生泄漏电流。最有可能引起绝缘失效的情况是单体电池的电解液泄漏,泄漏的电解液在单体电池的接线柱与电池壳体之间形成导电通路,直接影响电池的性能和容量。电池与外壳的绝缘测试有以下两种测量方法。

(1) 用兆欧表测量绝缘电阻。将兆欧表调在 250V 挡,将一表笔端搭在电瓶壳体,另一表笔搭在每一单体电池的正极,记录每一单体电池的测量结果。对使用过的电瓶,其绝缘电阻值应大于 250kΩ,如不能达到此数值,需对电瓶进行分解清洁。对新电瓶或刚分解清洁过的电瓶,数值必须在 10MΩ 以上,达到不 10MΩ 的单体电池必须更换。

(2) 用具有测量电流功能模拟式万用表,选择万用表的 250mA 电流测量挡位,测量时将负表笔接电瓶壳体,正表笔分别接各个单体电池正极,如果表针向零上偏转,说明绝缘不合格,必须对电瓶进行分解清洁;在分解和清洁后再次测量,如果单体电池测量时表针还有偏转,则必须更换。

8.3.8　温度控制元件测试

由于电瓶的充放电特性都与温度有关,因此,有些电瓶装有温度控制元件,以防止电瓶超温充放电而损坏电瓶或低温时造成电瓶输出容量不足。超温时停止给电瓶充电,低温时为电瓶加热,以提高充电效率和放电容量。温度控制主要有两种形式,一种是热敏开关(超温和低温),另一种温度传感器。

1. 热敏开关的测试

热敏开关包括超温热敏开关和低温热敏开关,见图 8-18,其中长的(黑色的)为超温热敏开关,另一个为低温热敏开关,它们安装在不同的电池的连接条上。测试时要拆下热敏开关(热敏开关和电池连接条一起拆下),按如下步骤测试超温热敏开关和低温热敏开关的功能(以 SAFT40176-7 为例)。

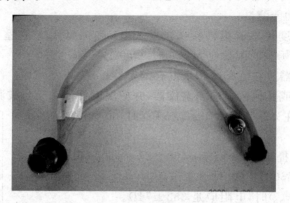

图 8-18 热敏开关

1) 超温热敏开关测试步骤

(1) 连接欧姆表到温度传感器组件接头的插钉 1 和插钉 2。在室内温度为 70±5℉或 21.1±2℃环境下,欧姆表的读数应≥1MΩ(热敏开关触点开路)。

(2) 将热敏开关和电池连接条一起拆下,放入一个盛有水的容器中,使热敏开关与容器底之间的距离至少为 2in(50.8mm),并且与水面顶部之间的距离至少有 1in(25.4mm)。

(3) 插入温度计或其他适当的测温仪器,并使温度计传感头与热敏开关靠近。

(4) 观察欧姆表(仍然连接插钉 1 和插钉 2),同时慢慢升高水温到 130℉(54.44℃)。在温度低于 130℉(54.44℃)时,欧姆表的读数应≥1MΩ。

(5) 继续升高水温到 140℉(60℃),并稳定此温度 5min 后,热敏开关应会闭合(≤1MΩ 电阻)。

(6) 慢慢将冷水加到容器中以降低水温到 125℉(51.67℃)。在温度稳定在 135℉(57.22℃)的 5min 内,热敏开关会断开。

(7) 如果超温热敏开关不符合以上测试,必须更换。

2) 低温热敏开关的测试步骤

(1) 连接欧姆表到温度传感器组件接头的插钉 3 和插钉 4。在室内温度为 70±5℉或 21.1±2℃环境下,欧姆表的读数应≥1MΩ(热敏开关触点开路)。

(2) 将热敏开关和电池连接条一起拆下,放入一个盛有冰的容器中。

(3) 插入温度计或其他适当的测温仪器,并使温度计传感头与热敏开关靠近。

(4) 观察欧姆表(仍然连接插钉 3 和插钉 4),当温度达到 30℉(-1.1℃),热敏开关应会闭合(≤1MΩ 电阻)。

(5) 慢慢将温度升到 40℉(4.4℃)。保持温度稳定,在温度稳定的 5min 内,热敏开关会断开,欧姆表的读数应≥1MΩ。

(6) 如果低温热敏开关不符合以上测试,必须更换。

2. 温度传感器的测试

温度传感器实际上是一个热敏电阻,该热敏电阻具有负温度系数,即温度越高电阻越小,传感器不同,测试方法也不一样。下面介绍两种典型的温度传感器:一种是 SAFT4579

电瓶上用的温度传感器,另一种是 SAFT442CH1 电瓶上用的温度传感器。

1) SAFT4579 电瓶温度传感器

SAFT4579 温度传感器安装在单体电池♯6 和♯9 电池之间。测试是要拆下温度传感器,按如下步骤进行功能测试:

(1) 欧姆表到温度传感器组件接头的插钉 11 和插钉 12。在室内温度为 70±5°F 或 21.1±2℃ 环境下,欧姆表的读数应为 2360~3050Ω。

(2) 把温度传感器放在装有冰和水混合的容器里。

(3) 插入温度计或其他适当的测温仪器,并使温度计传感头与被测温度传感器靠近。

(4) 证实温度在 32±3°F(0±1.5℃)时,欧姆表指示 7355±74Ω。

(5) 慢慢将温度提高到 140±5°F(60±2℃)。在 140±5°F 时,欧姆表指示应为 560±12Ω。

(6) 在 160°F(71℃)时,电阻应是 382±74Ω。

(7) 如果温度传感器不符合以上测试,必须更换。

2) SAFT442CH1 电瓶温度传感器

SAFT442CH1 电瓶温度传感器电路图见图 8-19。

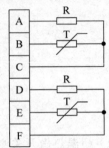

图 8-19 电瓶温度传感器电路图

图 8-19 中,R 为固定电阻,T 为热敏电阻。CMM 手册规定的测试比较简单,只在一个温度 25℃(77°F)下测量,并符合下表要求即可。

测量对象	测量温度	插　针	电 阻 值
热敏电阻 T	25℃(77°F)	B-C,E-F	30±3kΩ
固定电阻 R	25℃(77°F)	A-C,D-F	100±1Ω

实际上,要在一个固定温度上测量是比较困难的,必须要有恒温箱。根据 SAFT 的技术通告(thermistor values of sensor assembly 410929),在 20~30℃ 范围内,可查图 8-20 中电阻和温度关系曲线来确定,电阻值应该在两条曲线之间,如温度在 23℃,电阻值应为 32.5~33.5kΩ。

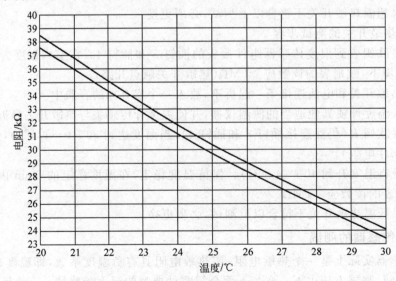

图 8-20 电阻和温度关系曲线

3. BTS-1 航空电瓶温度传感器校验仪介绍

从上述热敏电阻和热敏开关的测试可以看出，用传统的方法进行测量比较复杂，而且测量精度低，测量中人为因素较大。为此中国民航大学工程技术训练中心研制成功了专用航空电瓶温度传感器校验仪，该校验仪能自动完成对航空电瓶温度传感器包括热敏电阻和热敏开关的测试。图 8-21 为该校验仪的组成，下面简单介绍它的使用方法。

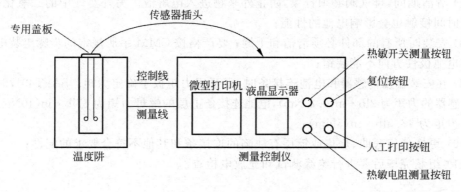

图 8-21　BTS-1 校验仪的组成

该校验仪采用单片机控制和测量，温度阱采用目前最新技术，能制冷制热，温度范围在 $-10\sim75℃$。可以满足所有电瓶热敏电阻和热敏开关的测试。仪器能完全按照 CMM 手册要求自动完成测量，测量结果由微型打印机打印出来，便于保存。下面以热敏开关的测试为例介绍仪器使用方法和步骤：

(1) 在温度阱中加入一些水，水量到温度阱中部；
(2) 将热敏开关放在温度阱中，拧上专用盖板；
(3) 将热敏开关的插座和仪器的插头相连；
(4) 打开仪器工作电源；
(5) 按下热敏开关测试按钮；
(6) 仪器将自动完成高温热敏开关和低温热敏开关的检测，并根据 CMM 手册要求，在热敏开关动作点恒温 5min，以确定热敏开关动作的稳定可靠性。测量结果由微型打印机打印出来。

按下热敏电阻的测试按钮，可对热敏电阻进行测量，测量方法与热敏开关相同。

8.3.9　电瓶的分解、清洁和组装

当单体电池损坏需要更换、绝缘不符合要求导致自放电增加，都需要拆装电瓶。电瓶的分解、清洁和组装是电瓶维护中的经常性工作，其基本方法是相同的，但不同生产厂家的要求不完全相同，具体参考生产厂家维护手册，但下列几点必须注意：

(1) 电瓶一旦短路将产生很高的电流，分解或组装电瓶时，注意将手上的戒指、手表和其他珠宝取下；
(2) 电瓶分解前应确保已经完全放电；
(3) 电池排气阀没有旋紧的情况下不要倾斜电池，不然的话，皮肤接触到电解液，会造成严重的烧伤；

(4) 不能用普通扳手或螺丝刀分解电瓶,要选用专用工具或用热缩套管将扳手和螺丝刀做好绝缘;

(5) 严格按 CMM 手册规定的步骤分解电瓶;

(6) 清洁电瓶时用非金属的硬棕刷、干净的软布,用异丙基酒精,不要使用石油酒精、三氯乙烯或其他溶剂来清洁;

(7) 清洁期间,排气阀必须拧紧,防止外来物进入电解液。另外空气中的二氧化碳与电解液长时间接触也会影响电池的性能;

(8) 安装时所有的部件必须清洁和干燥;要严格按 CMM 手册规定的步骤组装电瓶,注意单体电池极性方向不能装错;

(9) 在安装温度传感器和电池连接条时,需要用力矩扳手确定力矩。SAFT40176-7 电瓶温度传感器的力矩为 2lb·in(0.2 Nm),电池连接条上层的螺母力矩为 87lb·in(10Nm),下层的螺母力矩为 43.5lb·in(5Nm);

(10) 更换任何弯曲、烧焦或镀层有缺陷的连接条和其他不符合要求的配件;

(11) 组装完毕后要进行绝缘测试和充放电检查。

8.4 应急照明电池

应急照明电池组件独立于飞机电源系统,在飞机电源失效和主电瓶失效的情况下,飞机迫降时,提供应急逃生照明。根据适航要求,应定期对应急照明电池进行维护和容量检查。

如 B737、B747、B757、B767、B777 等现代飞机使用 BPS7-3 应急照明电池组件,内装有 6 节镍镉干电池,额定电压 7.2V,额定容量 3.5A·h,见图 8-22。

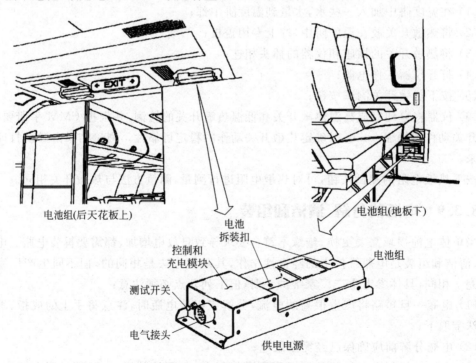

图 8-22 BPS7-3 应急照明电池组件

下面以 B737 机载的件号为 2013-1/2013-1A 应急照明电池组件的内场测试为例说明应急电池的充放电和检查方法。

1. 充电

(1) 充电电压为直流 10V,电流 350±20mA。

(2) 充电时间 15～20h,一般为 16h。

(3) 充电结束后,脱开电池和充电装置,测量电池开路电压,电压应为 7.5～8.8V。

2. 放电试验

(1) 将 1Ω 电阻串入电池进行放电。

(2) 放电到电池电压为 4.8～5.6V,不能低于 4.8V。

(3) 放电时间应达到 10～35min,一般情况下电压 5.6V 以上,放电时间超过 10min 视为合格。

如果电池容量满足要求,把电池再次充满,再次充电前应让电池冷却至少 30min。如电池容量达不到要求,应更换同型号电池,以保证应急照明电源可靠工作。

3. 飞机应急电池充放电器的使用

中国民航大学工程技术训练中心开发的 EBT-1 航空应急电池测试仪是专门为飞机应急电池研制的专用充放电设备,其面板如图 8-23 所示。

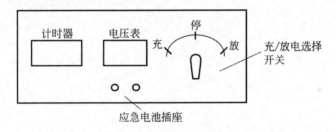

图 8-23　EBT-1 航空应急电池测试仪

1) 充电操作方法

(1) 打开充放电器电源。

(2) 插上被充应急电池,电压表显示应急电池的电压。

(3) 将充放电选择电门从"复位"扳到"充电"位,仪器开始用 350mA(可设定)对电池恒流充电。

(4) 计时器开始计时,单位为 min,充电时间为 900～1200min(15～20h),一般为 960min(16h)。

(5) 充电 960min(可设定),仪器自动停止充电,蜂鸣器响,提醒充电结束;或人工将充放电选择电门从"充电"扳到"复位"位,这时计时器归零。读电压表,电压表显示的电压即为电池的开路电压,电压应为 7.5～8.8V。

2) 放电操作方法

(1) 将充放选择电门从"复位"扳到"放电"位,开始放电。

(2) 计时器开始计时,单位为 min。

(3) 当电池电压放到 5.6V 时,仪器自动停止放电,蜂鸣器响,提醒放电结束。

(4) 读计时器,大于 10min 为合格,否则为不合格。

(5) 将充放选择电门从"放电"扳到"复位"位,计时器归零。

注意：在更换应急电池时,必须将充放选择电门置于"复位"位。

练习题

1. 理解航空酸性和碱性电瓶的基本知识和构造。
2. 按照工卡对电瓶电压、绝缘电阻、电解液密度、安全阀压力和温度传感器进行检测。
3. 按照工卡对酸性和碱性电瓶进行充放电和容量检测,同时进行电解液高度调整。

第9章 紧固件拆装和保险

9.1 螺纹紧固件

9.1.1 螺纹紧固件概述

螺纹紧固件(可拆卸紧固件)是指不破坏一个或几个紧固件单元就可以拆卸的紧固件。有许多航空器部件在频繁的定期维护中必须拆卸分解或者更换,因此对其装配紧固方法要求达到快卸快装。

9.1.2 航空螺栓

1. 航空螺栓的分类

航空螺栓按使用类型可分为通用型螺栓、发动机螺栓和轴销螺栓。

1) 通用型螺栓

航空器结构通用型螺栓按头形可分为标准头形、带孔六方头、埋头、内六方头、环眼头、一字槽口圆头、特殊头形等多种,如图 9-1 所示。

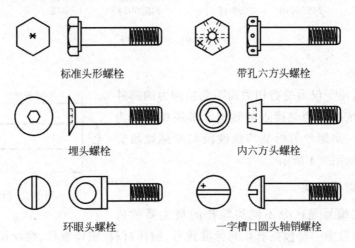

图 9-1　各种螺栓的头形

2) 发动机螺栓

发动机或振动较多的部位通常采用发动机螺栓,其主要应用于经受冲击负荷需要紧密配合的部位。发动机螺栓要求精度较高,为高精度螺栓,因对其要求配合紧密,所以螺栓无法镀镉。为了防腐,在装配之前应在螺栓的咬合部分涂一层薄薄的防锈脂。安装必须用榔头敲击才能到位。高精度螺栓头部一般有三角形标志,如图9-2所示。

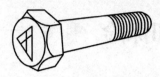

图9-2 高精度螺栓头部的三角形标记

如图9-3所示的内六方头螺栓为 BACB30JQ/MS20004 系列螺栓,其由高强度合金钢制成,可承受拉伸和剪切复合应力。螺栓头上的凹槽是用来插入内六方头扳手的。注意拆装时应选合适的内六方头扳手。当内六方头螺栓安装在铝合金部件上时必须加装 MS-20002 垫圈。内六方头螺栓的强度大大高于普通螺栓,所以绝不能用相同尺寸的 AN 螺栓代替内六方头螺栓安装在航空器结构上。

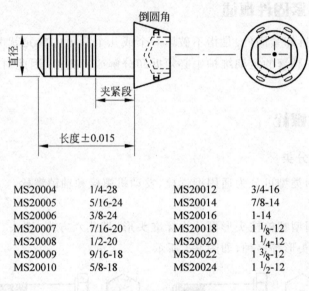

MS20004	1/4-28	MS20012	3/4-16
MS20005	5/16-24	MS20014	7/8-14
MS20006	3/8-24	MS20016	1-14
MS20007	7/16-20	MS20018	$1\frac{1}{8}$-12
MS20008	1/2-20	MS20020	$1\frac{1}{4}$-12
MS20009	9/16-18	MS20022	$1\frac{3}{8}$-12
MS20010	5/8-18	MS20024	$1\frac{1}{2}$-12

图9-3 内六方头螺栓

3) 轴销螺栓

轴销螺栓适用于仅承受剪切力而不受拉伸力的部件连接,如操纵系统中作为交接点的轴销。轴销螺栓头为圆头一字槽(用一字螺丝刀拆装),螺纹段与非螺纹段交接处开有环槽,如图9-4所示。

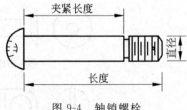

图9-4 轴销螺栓

2. 螺栓的型号编码

螺栓的零件编号是区分不同类螺栓的最主要的依据。一般螺栓型号中主要包括有系列标准代号、制作材料、螺栓直径、螺栓长度等内容,如下所示为 BAC(波音标准)系列的螺栓编号:

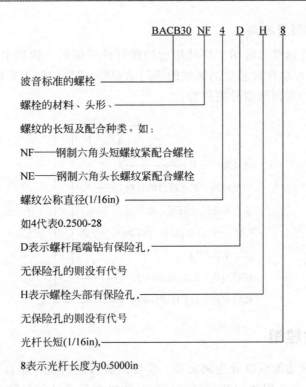

9.1.3 航空螺钉

1. 航空螺钉分类

常用的航空螺钉如图 9-5 所示,可分为三类:结构用螺钉、机械用螺钉和自攻型螺钉。

(1) 结构用螺钉具有与同尺寸螺栓完全相同的强度,故而可作为结构螺栓来使用。

(2) 机械用螺钉常用于一般性的非结构和次要结构件的连接。

(3) 自攻型螺钉靠螺钉本身在装配孔里攻螺纹而紧固。

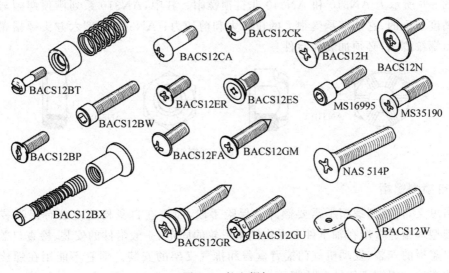

图 9-5 航空螺钉

2. 航空螺钉的型号编码

航空螺钉的波音标准通常用于特殊用途的螺钉件号编码。例如 BACS12ER 是一种钛合金螺钉，用于腐蚀环境比较恶劣的区域的活门的安装，或要求使用非磁性紧固件的地方。

BAC(波音标准)系列的型号编码为：

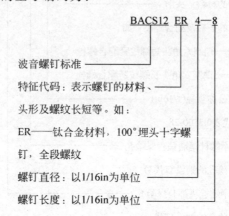

9.1.4 航空螺帽

航空螺帽按锁紧功能可以分为两大类：非自锁型和自锁型。非自锁型螺帽在固定后，如果是槽顶螺帽，必须采用诸如开口销、保险丝、防松螺母等外部保险方式；如果是平螺帽则应该与平垫圈和弹性锁紧垫圈一起使用，以保证螺帽的安装牢固。而自锁型螺帽则本身具有锁紧功能。按螺栓受载情况，可以把螺帽分为受拉螺帽和受剪螺帽。通常受拉螺帽比受剪螺帽厚一些。

1. 非自锁型螺帽

通常使用的普通螺帽、槽顶螺帽、承剪螺帽、普通六方头和薄形六方头螺帽以及普通锁紧螺帽都属此类。

如图 9-6 所示为 AN310 和 AN340 非自锁螺帽。其中，AN310 系列槽顶螺帽与螺栓是按 3 级精度装配的，它能够承受很大的拉伸力和剪切力；AN340 轻型六方头螺帽属于 2 级配合的粗螺纹螺帽，必须加装保险件。

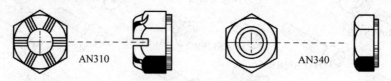

图 9-6 非自锁螺帽

2. 自锁型螺帽

顾名思义，自锁型螺帽不需要额外的保险手段，而是在自身构造上装有保险装置的螺帽。自锁型螺帽通常用在轴承件和操作钢索滑轮的固定、一般附件的安装、检查口盖板和油箱安装口盖板的安装、发动机气门摇臂盒盖和排气支架的安装。但它不能用在螺栓受扭矩作用而使螺栓或螺帽可能转动的部位。

1）低温自锁螺帽

低温自锁螺帽顶部镶嵌着一个纤维或塑胶锁圈，如图9-7所示。低温自锁螺帽不能用于温度高于250℉的工作区域。注意：自锁螺帽一旦拆下，必须报废，不能重复使用。一般情况，低温自锁螺帽无须保险，但必须做松动检查标记。

2）高温自锁螺帽

高温自锁螺帽用于温度超过250℉的部位。这种螺帽是全金属的，通常有承载螺纹和锁紧螺纹两部分，如图9-8所示。锁紧螺纹位于螺帽顶部一段内，它可有不同的形式：一种是将螺帽顶端开出槽缝，再将这些槽缝挤压闭合，这样使顶部螺纹的直径比承载螺纹的直径稍小一点；另一种锁紧方式是将螺帽顶端的螺纹孔锁紧部分挤压成稍有椭圆度，当螺栓拧入螺帽锁紧段时，螺帽螺纹孔受螺栓力而变形（椭圆变成圆形）。

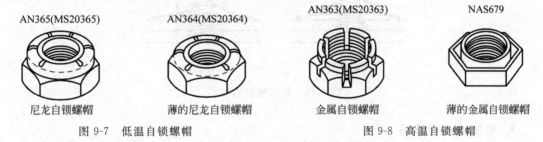

图9-7 低温自锁螺帽　　　　　图9-8 高温自锁螺帽

3）托板螺帽

航空器结构上通常采用的托板螺帽如图9-9所示，其主要用于受力口盖的固定性连接，被固定在开口区结构的内侧，通过拧入螺钉来将口盖固定到航空器结构上。

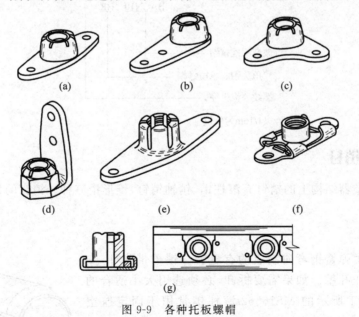

图9-9 各种托板螺帽

4）片状弹簧螺帽

片状弹簧螺帽用于对重量不大的零件的安装，比如对管线夹头、电子设备、小型航空器上盖板的安装和固定。

如图 9-10 所示,它由两个钢质弹簧片向上翘起,中间组成一个小于所使用螺钉直径的孔,当螺钉向内旋入的时候,螺纹将两个弹簧片拉平,中间的孔进一步减小,锁紧拉平方向结合面,同时也使得螺钉固定在机构上。它一般与普通螺钉和钣金自攻螺钉一起用。

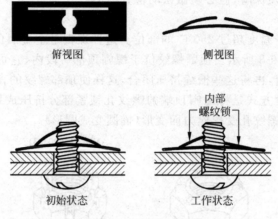

图 9-10　片状螺帽的安装

3. 螺帽的型号编码

螺帽的型号编码与螺栓的大致相同,首先是基本编码,包括系列代号和型别代号;随后是有关材料、尺寸规格等代号。

BAC(波音标准)系列的螺帽型号编码为:

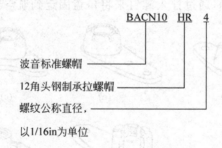

9.1.5　销钉

应用于航空器结构上的销钉有滚柱销、销轴销钉、锥形销三种。销钉的作用是承受剪切力和打保险。

1. 滚柱销

滚柱销是由弹簧钢弯曲制成的有缝管。销子带弹性,安装在孔内时挤压孔壁。如果需要拆卸,必须选用大小适合的冲头。如图 9-11 所示的 MS16562 滚柱销常用于固定航空座椅。

2. 销轴销钉

销轴销钉常用于连接航空器操纵系统部件。销轴销钉的

图 9-11　MS16562 滚柱销

一端为销钉头,另一端在销轴上开保险孔,安装时通过保险销固定防止脱落。销轴销的长度是以 1/16in 为递增单位,用镀镉钢制成。如图 9-12 所示的销轴销钉常用于连接航空器的操纵钢索。

3. 锥形销

锥形销分为光杆和带螺纹的两种,如图 9-13 所示。其主要用于承受剪切力且需要紧密固定的接合处。AN386 是带螺纹锥形销,用 AN364 自锁螺帽或 AN320 蝶形螺帽一起装配。

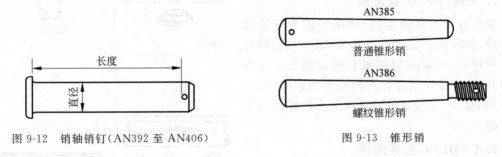

图 9-12 销轴销钉(AN392 至 AN406)　　图 9-13 锥形销

9.1.6 垫圈

常用的机体修理垫圈有普通型、自锁型和专用型,如图 9-14 所示。垫圈可以起到使承载面受力均匀分布、防止腐蚀和保护被连接表面的作用,可以修正螺帽紧固螺栓后的光杆段长度,还可以用来调节开口销插孔位置防止螺栓和螺帽因振动而松脱。

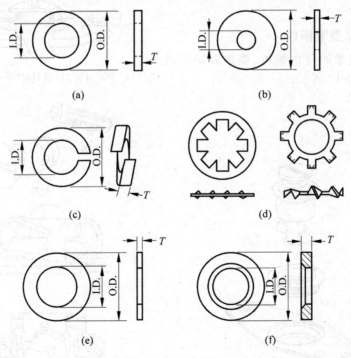

图 9-14 各种形式的垫圈

9.1.7 转角拧紧式紧固件

转角拧紧式紧固件,通常用于航空器上的检查窗板、舱盖以及其他经常拆卸的板面。转角拧紧式紧固件的最主要的特点是能使各处的窗门盖板迅速而灵巧地拆开,为检查和维护工作提供方便,其主要类型有 DZUS、CAMLOC 和 AIRLOC 三种。

1. 宙斯(DZUS)型紧固件

宙斯型紧固件由螺钉、垫圈和锁簧座等部分组成,如图 9-15 所示。这种紧固件,只需顺时针方向拧转 90°就可以使螺钉锁定固位。而当要卸开时,只需向逆时针方向略为扭转即可,一般使用 DZUS 专用扳手或特殊刀头的螺丝刀作为拆卸工具。

2. CAMLOC 型紧固件

CAMLOC 型紧固件常用来紧固航空器的整流罩和整流缘条,如图 9-16 所示。CAMLOC 型紧固件由螺桩组件、眼圈和锁座三部分组成。这种紧固装置,只需顺时针方向拧转 90°就可使螺桩锁定固位;卸开时,只需向逆时针方向略为扭动即可。

3. AIRLOC 型紧固件

AIRLOC 型紧固件由螺桩、横销和销座三部分组成,如图 9-17 所示。

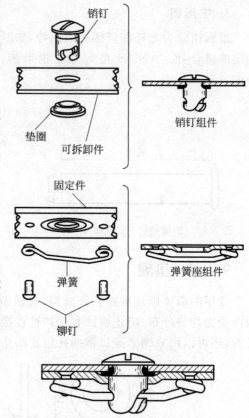

图 9-15 宙斯(DZUS)型紧固件

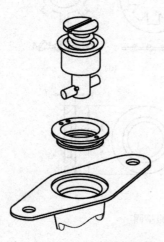

图 9-16 CAMLOC 型紧固件

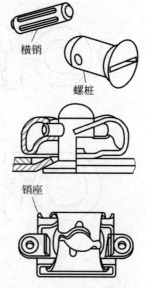

图 9-17 AIRLOC 型紧固件

9.2 螺纹紧固件拆装

9.2.1 螺纹紧固件一般拆装

1. 螺帽、螺栓拆装工具的选择和使用

（1）拆除螺帽的保险，禁止在未除保险的情况下拧动螺帽。

（2）选择合适的扳手，根据螺帽的大小和周围空间的宽窄选合适的开口、梅花、套筒或特种扳手，优先选用梅花扳手。

（3）扳手卡在螺帽上正确的位置（见图9-18），另一个扳手卡住螺栓头，如图9-19所示。扶住扳手，防止滑动。

（4）按照螺帽拧松的方向拧，拧松后，最好用手拧下螺帽。

（5）拆装螺栓时，如果太紧无法拆装，确认螺栓为要求的件号后，可以用冲子冲螺栓的方法拆装，如图9-20所示。

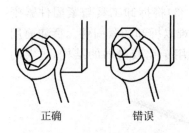
图9-18 扳手位置正误比较

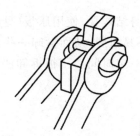
图9-19 拆装螺栓

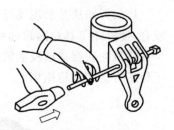
图9-20 用冲子冲螺栓

2. 螺钉拆装工具的选择和使用

（1）选择合适的一字或十字螺丝刀与螺钉的匹配，如图9-21所示。拆装一字螺钉时，螺刀口过窄、过薄都容易损坏螺钉凹槽，过宽还会损伤机件的表面。拆装十字螺钉时，十字螺丝刀刀口的锥度应与螺钉的凹槽大致相同，锥度过大、过小均易损坏螺钉槽。维护工作中，禁止用一字螺丝刀代替十字螺丝刀。

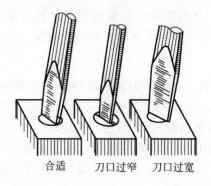
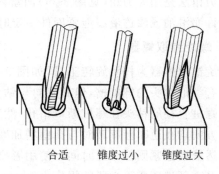

图9-21 螺丝刀的选择

(2) 螺钉中心线与螺丝刀中心线在一条线上,并用力压紧以防拧转时螺丝刀滑脱。

(3) 施加合适的力,正、反向转动,待松动后用手拧下螺钉。

(4) 螺钉过紧、不易拧松时,可事先渗透煤油、除锈剂、松动剂等,待锈层变松后再拆卸。也可用榔头轻轻振击零件或用冲击解刀,但必须防止敲坏零件。

(5) 装螺钉时,先用手将螺钉拧上,然后用螺丝刀拧紧,直到拧到与机件、蒙皮平齐,严禁一开始就用螺丝刀拧紧,防止因没对准螺纹而损伤机件。

9.2.2 螺纹紧固件特殊拆卸

1. 振动拆卸法

振动拆卸法是用塑料榔头敲击振动,或使用气动铆枪振动紧固件的拆卸方法。要求使用者在拆卸过程中,不能对飞行器零部件进行敲击。拆卸前用少许润滑油或渗透液浸泡紧固件一定时间。使用者要具备一定的钳工及钣金工基础,无论使用塑料榔头还是气动铆枪,都有可能对零部件造成不必要的损伤。如图 9-22 所示为常用的振动螺丝刀。

2. 压板拆卸法

压板拆卸法是利用飞行器本身结构孔,使用压板(见图 9-23)将拆卸工具与紧固件紧密咬合,使拆卸工具在拆卸过程中不易滑脱,从而拆卸一些比较难以拆卸的紧固件。拆卸前用少许润滑油或渗透液浸泡紧固件一定时间。压板拆卸法不能用于比较薄弱的结构,过大的压板压力会使结构损坏。

图 9-22 振动螺丝刀

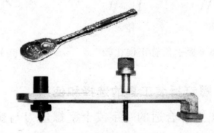

图 9-23 压板

3. 大力钳法

大力钳法是用大力钳(见图 9-24)加紧紧固件,从而拆卸已打滑的紧固件的方法。拆卸前用少许润滑油或渗透液浸泡紧固件一定时间。用大力钳拆下的紧固件应报废。

4. 螺旋锥取螺器

螺旋锥取螺器为杆状旋转工具,如图 9-25 所示。取螺器尖端制成四角或五角棱状,在杆身上有类似钻头的螺旋槽,但其旋向与钻头相反,在尾部有四方头与板杆连接。使用时,用小于螺桩直径的钻头在螺桩断口钻孔,然后把取螺器敲入孔内,逆时针旋转。由于棱尖和螺旋槽方向均在逆时针旋转时与孔壁增加摩擦作用,故可将螺桩取下。拆卸前用少许润滑油或渗透液浸泡紧固件一定时间。使用者要具备一定的钳工及钣金工基础,使用气钻,有可能对人及零部件造成不必要的损伤。

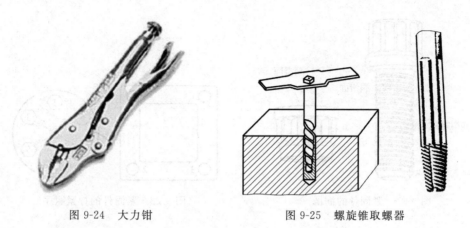

图 9-24　大力钳　　　　　图 9-25　螺旋锥取螺器

9.2.3　螺纹紧固件安装

1. 螺纹紧固件装配要点

（1）应根据手册或图册的规定领用航空器紧固件，决定安装的方向和方式。除非特别说明，航空器的螺栓应从上往下，从前往后安装，安装时必须与部件安装表面垂直，如图9-26(a)所示。

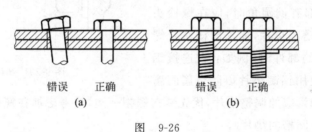

图　9-26

（2）在安装前检查螺栓或螺帽与零件贴合的表面要光洁、平整，螺栓或螺帽如有受损或自锁力不足时，应更换新件。

（3）紧固件装配时按手册相关章节对安装材料进行表面处理以防电化学腐蚀。当螺栓安装需要密封剂和防咬剂时必须在安装垫圈之前完成。对螺栓、螺帽进行正确的润滑，如图9-27所示。通常螺栓和螺栓孔的配合都是松配合，可以较轻松地用手装入螺栓孔内。安装紧配合螺栓用胶锤打入时要检查孔是否校齐，孔的直径以及螺栓的尺寸是否正确。

（4）在拆装螺栓时，应尽可能通过固定螺栓头、拧松螺帽的方式进行，如果通过固定螺帽，拧松螺栓头的方式，可能导致孔壁或螺纹的损坏。

（5）当在旋紧螺帽时，应先用手将螺帽带上牙后才用工具紧固，如果一开始就感觉很紧时，可能是位置不正确，必须旋松再重新旋紧。

（6）拧紧成组的螺帽时，须按照一定的顺序进行，如图9-28所示。

（7）航空器上的螺纹紧固件都有力矩要求，手册中规定的力矩值是指加在螺母一端的力矩值。磅紧力矩后根据手册规定采用防松装置或防松动标记。

（8）严禁使用丝锥修理自锁螺帽的螺纹。

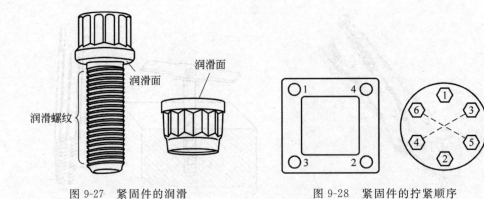

图 9-27 紧固件的润滑　　　　图 9-28 紧固件的拧紧顺序

2. 对螺纹紧固件长度、直径的要求

（1）安装螺栓时，要求光杆长度最好等于螺栓穿过的部件厚度，如果无法满足，可以略长，长出部分用垫片填满，如图 9-26(b) 所示。

（2）螺帽锁紧后，螺帽上露出的牙数（螺纹凸出量）不能太少或太多，如图 9-29 所示。具体要求见相关手册规定。

（3）当螺栓头部有倒圆角时，应在螺栓头部下面加有埋头凹槽的垫片，要求凹槽对着螺栓。连接不同材料的部件时，例如：在连接铝（镁）部件时，必须使用铝制垫片以防金属间腐蚀。调整螺栓长度时，应加调整垫片，优先装在螺帽一边，后考虑加在螺栓头，连接时不得超过 3 片（不包括埋头凹槽的垫片）。

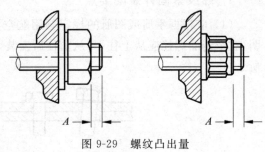

图 9-29 螺纹凸出量

（4）在航空器结构上，不得使用直径小于 3/16in 的合金钢螺栓或直径小于 1/4in 的铝合金螺栓。

9.2.4 螺纹紧固件装配力矩

1. 装配力矩

航空器的高速运动，各连接结构件承受相当大的应力。任何构件都必须分担按设计所赋予的载荷，既不能过载，也不能欠载，否则会影响结构的连接强度和整体稳定性。因此对于像螺栓、螺帽、螺钉之类的装配紧固件，必须严格掌握其紧固受力，从而使整个结构单元的负载得到合理分配和安全的传递。螺杆力矩过紧，会导致螺纹及螺杆承受拉力过大而失效；螺杆力矩过大，会导致内嵌的钢丝螺套破坏内螺纹，致使整个螺桩从螺纹孔脱出，彻底丧失紧固能力；反之，螺杆或螺桩力矩不足，会导致结合面的振动和疲劳失效。恰如其分的紧固力矩，不仅可使每一个连接结构件达到设计强度，而且在很大的程度上，可以降低由于材料疲劳而产生的结构破坏。如图 9-30 所示为装配力矩的三种情况。

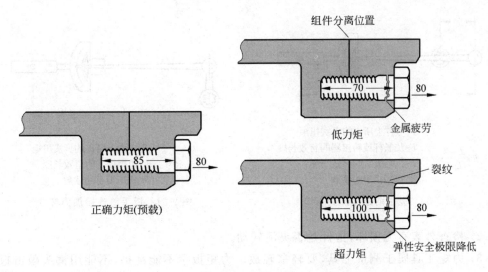

图 9-30　装配力矩

装配力矩的计算公式：

$$T = F \times L$$

其中，T——力矩；

L——扭转点中心线与作用力中心线之间的垂直距离；

F——作用力。

2. 装配力矩值修正计算

用加长杆磅紧力矩时，应注意设定力矩值的重新计算。

若使用加长扳手（杆），与施力杆不在一条直线，要计算出与磅表处于同一直线段的长度，如图 9-31 所示。

（1）修正计算 1，如图 9-32 所示。

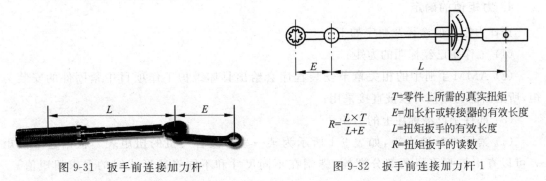

T=零件上所需的真实扭矩
E=加长杆或转接器的有效长度
L=扭矩扳手的有效长度
R=扭矩扳手的读数

$$R = \frac{L \times T}{L + E}$$

图 9-31　扳手前连接加力杆　　　　图 9-32　扳手前连接加力杆 1

（2）修正计算 2，如图 9-33 所示。

（3）修正计算 3，如图 9-34 所示，扳手和加力杆成 90°。

3. 力矩扳手使用注意事项

（1）所有的力矩扳手必须定期进行校准，使用前检查力矩扳手的计量日期、计量单位、计量量程。

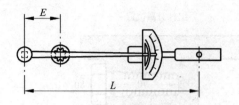

$R=\dfrac{L\times T}{L-E}$

T=零件上所需的真实扭矩
E=加长杆或转接器的有效长度
L=扭矩扳手的有效长度
R=扭矩扳手的读数

图 9-33 扳手前连接加力杆 2

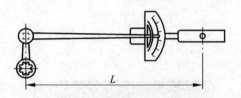

T=零件上所需的真实扭矩
R=T L=扭矩扳手的有效长度
R=扭矩扳手的读数

图 9-34 扳手前连接加力杆 3

（2）检查外表有无损坏，指针是否灵活转动。

（3）力矩工具属于测量工具，要轻拿轻放。力矩扳手不能乱扔，不能用榔头敲击扳手，不要将其当扳手使用。

（4）对于指针式力矩扳手要检查指针位置。

（5）使用的力矩值，处于力矩扳手的量程中间，以减少误差。

（6）不同的力矩扳手其加长力臂是专用的，不能混用。

（7）使用力矩扳手前，紧固件的拧紧度不超过标准力矩值的 70%。

（8）用单手握着力矩扳手，用力要在一个平面上，拧紧动作要柔和，确保静态加载到要求的力矩值。

（9）没有特殊的要求时，不要用万向头磅力矩。

（10）不允许用一把力矩扳手校验另一把力矩扳手。

（11）棘轮往复式使用完力矩扳手后，应将力矩扳手调节到最小刻度处。

注意：力矩扳手只能用来磅紧，不能用来拆卸紧固件。

4. 力矩值的确定

选择力矩值的途径及顺序如下：

（1）工作单已经标明的力矩；

（2）AMM 手册中的相关章节安装程序会给出具体维护工作项目中紧固件的安装力矩，所给出的力矩值可以被直接采用；

（3）部件上已经标注上的力矩；

（4）紧固件标准力矩，如表 9-1 所示为某一型号波音飞机的扭矩表。根据这个扭矩表可以查出该型飞机的部分螺栓、螺帽在不同尺寸和不同安装形式时的要求扭矩值。

表 9-1 某一型号波音飞机的扭矩表

NUTPARTUO.（螺帽件号）	BACN10HC、BACH10HR、BACN10JG	BACN10B、BACN10GW、BACN10JA、BACN10JD、BACN10RM、BACN10JB、NAS577、(7/16THRU 1-1/4ONLY)

续表

BOLT PART NO.(螺栓件号)	BACB30MT、BACB30NG、BACB30NH、BACB30TR、BACB30US、		BACB30EM、BACB30FD、BACB30LE、BACB30PN、BACB30NE、BACB30LM、BACB30NM、BACB30LN、BACB30NS、BACB30EM、BACB30LP、BACB30LU、BACB30LR、BACB30MS、BACB30NN、NAS6603 到 NAS6620、NAS6703 到 NAS6720	
FASTENER DIAMETER AND THREAD SIZE(紧固件直径和螺纹尺寸)	NUT TIGHENING TORQUE RANGE(POUND-INCH)(螺帽拧紧力矩值/in·lb)			
	DRY BOLT(干螺栓)	LUBRICATED BOLT(润滑螺栓)	DRY BOLT(干螺栓)	LUBRICATED BOLT(润滑螺栓)
10-23			30-33	20-25
1/4-28	90-125	70-80	65-100	50-75
5/16-24	180-250	145-180	130-200	90-125
3/8-24	300-500	275-330	220-410	150-250
7/16-20	510-840	370-440	370-690	260-425
1/2-20	870-1300	500-575	630-1070	440-650
9/16-18	1300-1800	800-1000	1000-1470	700-920
5/8-18	1900-2300	1350-1650	1400-1900	1000-1200
3/4-16	3300-4300	2800-3300	2400-3500	1700-2150
7/8-14	5100-6700	3900-4500	3700-5500	2600-3400
1-12 or 1-14	7000-10900	6200-7000	5100-6900	3600-5500
1-1/8-12	9500-13000	8300-9400	6900-1070	4900-6700
1-1/4-12	15800-19200	11000-12000	11500-15700	7500-9700
1-3/8-12	20000-24000	16000-17000		
1-1/2-12				

9.3 紧固件保险

在航空器上对紧固件除了规定拧紧力矩要求外,还要求采用某些措施以防止它们的松动,这些措施称之为保险。

保险有两大类:摩擦类、机械类。摩擦类保险有弹簧垫圈、双螺帽、自锁螺帽、自锁垫圈等;机械类保险有保险丝、保险钢索、开口销、锁片(保险片)、弹簧卡环、卡簧(别针式)。

9.3.1 摩擦类保险

摩擦类保险是指通过增加螺纹间的摩擦力防止松动。

1. 弹簧垫圈保险(见图 9-35)

弹簧垫圈一般用在受力不大的部件,靠弹簧的弹性形变产生的回复力来增大螺纹间的自锁力达到保险目的。弹簧垫圈可以重复使用,所以在安装前要确定弹簧垫圈是完好的,并且没有被压平。由于弹簧垫圈是不平整的,所以应该在弹簧垫圈与部件之间安装平垫圈,安装的目的是保证受力均匀和防止弹簧划伤部件。

2. 自锁螺帽

自锁螺帽主要用于轴承件和操纵钢索滑轮的固定、一般附件的安装、检查口盖的安装以及某些发动机零附件的安装等。这种螺帽在严重振动环境下不松动,但它不能用在螺栓受扭矩作用而使螺栓或螺帽可能转动的部位。

如图 9-36 所示为 3 种类型的自锁螺帽,其中图(a)所示为低温自锁螺帽;图(b)所示为抗剪型低温自锁螺帽;图(c)所示为高温自锁螺帽。

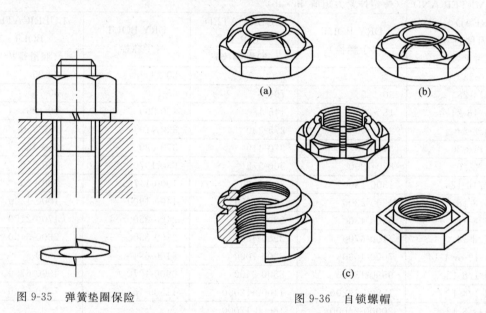

图 9-35　弹簧垫圈保险　　　　图 9-36　自锁螺帽

(1) 低温自锁螺帽俗称橡皮头螺帽。这种螺帽顶部镶嵌着一个纤维或塑胶锁圈。这种锁圈质地坚韧耐用,不受水、油和溶剂影响,且对螺栓的螺纹及表面镀层无影响。锁圈上无螺纹,且内径比螺帽螺纹最大直径稍小一些。低温自锁螺帽不能用于温度高于 250°F 的部位。

(2) 抗剪型自锁螺帽与低温自锁螺帽相似,只是较薄一些。这种螺帽用于螺栓受剪不受拉的地方,主要是和螺栓杆上无孔的轴销螺栓配合使用。

(3) 高温自锁螺帽用于温度超过 250°F 的部位。这种螺帽是全金属的,螺帽通常有承载螺纹和锁紧螺纹两部分。锁紧螺纹位于螺帽顶部一段内,它可有不同的形式,如图 9-37 所示。一种形式是将螺帽顶段开出槽缝,再将这些槽缝挤压闭合,这样使顶部螺纹的直径比承载螺纹的直径稍小一点。当螺栓拧入锁紧螺纹时,螺帽上的槽缝被撑开,螺帽变形的弹性力使螺栓与螺帽夹紧,防止松动。还有一种锁紧方式是将螺帽顶端的锁紧部分螺纹孔挤压成稍有椭圆度,当螺栓拧入螺帽锁紧段时,螺帽螺纹孔受螺栓力而变形(椭圆变成圆形),这种变形的弹性恢复力使螺帽实现对螺栓的夹紧作用,从而实现自锁。

3. 双螺帽保险

如图 9-38 所示,双螺帽中下螺帽是紧固螺帽,上螺帽是保险。

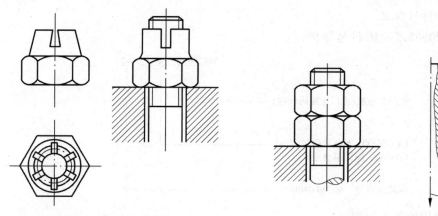

图 9-37　自锁螺帽保险　　　　　图 9-38　双螺帽保险

双螺帽保险用于受力较大或紧固件需保持在某一特定的部位,如散热器吊带处。其比弹簧垫圈受力大、比开口销式螺栓定位灵活。

当紧固螺帽拧紧或到位后,用扳手固定,再在其上拧上一个保险螺帽。拧紧后使两螺帽互相压紧,中间螺杆部分被拉伸,从而增大螺纹摩擦力。

起紧固作用的螺帽拧紧后不应使其再转动,上方的为保险螺帽。维修工作中可以用双螺帽方式拆装螺桩。

4. 自锁垫圈(内花、外花保险圈)

自锁垫圈为圆形,在内沿或外沿上有很多舌片,如图 9-39 所示,当螺帽或螺钉拧紧后将其压紧,其弹性变形增加摩擦阻力。此种垫圈适用在不适于安装自锁螺帽或槽顶螺帽的地方,其与机械螺钉和螺栓配合。

图 9-39　自锁垫圈

9.3.2　机械类保险

机械类保险是通过机械手段,限制螺纹紧固件的相对运动。

1. 保险丝保险

保险丝保险是航空器维修使用最多的保险形式,使用灵活、方便。它是将两个或两个以上的点用保险丝串联在一起,使它们相互牵制,任意一个点的活动都会受到其他点的限制,从而达到防松的目的。

1) 材料

常见航空器保险丝的材料、规格和用途如表 9-2 所示。

表 9-2　保险丝材料、规格和用途

材　料	尺寸/in	用　途
蒙耐尔	0.020、0.032、0.040、0.051、0.091	高温区的紧固件保险
不锈钢	0.020、0.032、0.040、0.051、0.091	非高温区的紧固件保险
铝合金(5056)	0.020、0.032、0.040、0.051、0.091	用于镁合金部件上,保险、防电化腐蚀
铜	0.020	用于应急设备、保护盖、灭火瓶、急救箱、应急活门、电门等,说明设备是否被操作使用了

2) 保险丝的件号含义

如下用 MS20995××40 件号举例：

3) 保险丝使用的基本规则

(1) 每次打保险必须用新的保险丝，不能重复使用。

(2) 对将用于保险部位的保险丝应检查：无腐蚀、无压痕、无损伤和急剧弯折变形，在编结段不得有任何损伤（否则会因振动断裂）。

(3) 保险丝按 MS20995 使用镍合金，除非大修工艺另有规定。

(4) 为防止电位腐蚀，在与镁接触的保险丝上使用 5056 铝合金覆盖层。

(5) 防腐和防热的保险钢索仅当大修说明允许时可作为保险丝的替代品。这些说明只允许保险钢索安装在直径小于或等于 0.250in 的螺栓和螺钉上，其头部中央有钻通的孔。保险钢索不能安装在六角头角边有钻孔的紧固件上。

(6) 保险丝、保险钢索拆下后不能再继续使用。

(7) 保险丝结尾长度打 3～6 个花（保险丝直径小于 0.032in），向后或向下打弯以保护保险丝的端部并使其不能钩住别的东西。

4) 用保险丝锁定零件的力矩

在用保险丝锁定零件前，必须正确地磅紧紧固件的力矩；拧紧力矩时正确对准保险丝孔。在对准保险丝孔时，不得降低或增加零件的力矩。

5) 单股保险丝的应用

(1) 单股保险丝通常用于窄小空间内闭环结构、电子系统上的零件和不适用双股保险经常拆卸的地方。

(2) 当使用单股方法时，使用能通过保险孔的最大标准尺寸的保险丝。

(3) 用单根保险丝串联时要注意保险丝穿孔时的走向，即当螺钉、螺帽开始松动时，封闭的保险丝圈将受力阻止松动。这种串联的螺钉数以保险丝长 24in（609mm）为限。

(4) 单股保险丝结尾长度应在 1/4～1/2in，要求不少于 4 个花。

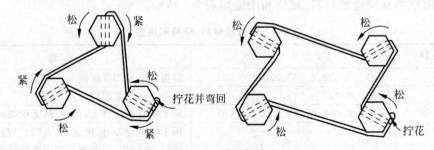

图 9-40 单股保险

6) 双股保险丝的应用

(1) 除了大修说明中有规定,所有保险丝均需用双股的方法。

(2) 对于直径大于等于 0.032in 的保险丝,保险丝直径必须占将要穿过的孔径的 1/3~3/4。

(3) 直径 0.020in 的保险丝能用于保险丝孔直径 0.045in 或更小的装置上,或者是零件相距小于 2in 并且保险丝孔直径是 0.045~0.062in。

(4) 对多个紧固件组。如果紧固件间隔在 4~6in,同一根保险丝的保险紧固件不能超过 3 个。如果紧固件彼此间隔超过 6in,不能把它们串在一起打保险,如果紧固件彼此间隔小于 4in 时,最长允许使用一根 24in 的保险丝将不多于 4 个紧固件连在一起打保险。

7) 双股保险丝的施工方法

(1) 不使用保险丝钳制作保险的施工方法,即手工编花(见图 9-41)。

① 工具

剪钳(斜口钳)——用于剪断保险丝;

鸭嘴钳或尖嘴钳——用于拧弯和弯折保险丝。

② 注意事项

工作过程中需要剪切、拆除保险丝,这个过程有可能会划伤皮肤或造成其他的伤害。正常情况下,不要用保险丝做控制部件或开关的限动装置。

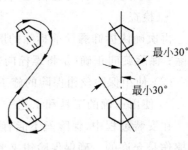

图 9-41 不使用保险丝钳保险的施工方法

③ 操作程序

• 准备工作

确保所有的保险孔都是可用的(没有堵塞、变形);确保螺纹紧固件拧紧到规定力矩范围;再次确定所选择的保险丝是新的并且是完好的。

• 实施

——剪切一段保险丝,长度应该在预计要实施的保险长度的 1.5~2 倍,如果不能确定可适当加长。

——选择合适的保险丝孔,如图 9-42 所示。

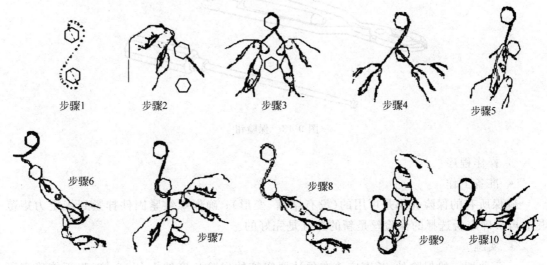

图 9-42 保险丝孔的选择

——将保险丝穿入保险孔,绕螺栓头后打折,用孔出口的一头压住绕螺栓头的另一头,而后打结(穿线压绕线),结必须打在保险丝的出口,结的第一扣角度为:对穿孔,第一扣为120°;边角孔,第一扣为60°。

——以60°的角度继续编结保险丝,编结过程要保持拉紧保险丝。当所编结的辫子末端距离下一个螺栓距离小于3mm(0.1181in)时即可停止编结。

——将在上面的一头穿入螺栓孔,重复上面步骤。

——保险丝从最后一个螺栓头穿出后,以80°的角度继续进行编结,最后留3~5个扣作为收尾,多余的部分剪掉。

——收尾段顺保险丝的走向弯曲即可。

• 检查

再次确认拆卸螺栓前拆除的旧保险及本次保险作业剪切下的保险丝头已经从航空器上清除;保险旋向正确(是将螺栓向紧的方向拉);完成的保险没有损伤。

(2) 使用保险丝钳保险的施工方法,即保险丝钳编花

① 使用正确的工具和工艺

在安装过程中,保险丝不能有任何损伤、扭曲或损坏。在扭转保险丝时,由保险钳造成的擦伤是允许的。确保保险钳夹紧面的边缘有足够大的圆角,以防损伤保险丝。使用保险钳时戴护目镜。

② 工具

护目镜——用于安全防护;

剪钳(斜口钳)——用于剪断保险丝;

鸭嘴钳或尖嘴钳——用于拧弯和弯折保险丝;

保险钳——如图9-43所示,一种专用工具,它集剪钳和鸭嘴钳的功能于一身,并且可以自动扭编结,打出来的编结均匀美观。

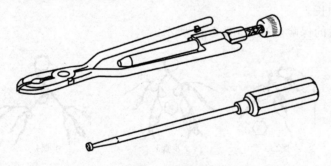

图9-43 保险钳

③ 操作程序

• 准备工作

确保所有的保险孔都是可用的(没有堵塞、变形);确保螺纹紧固件拧紧到规定力矩范围;再次确定所选择的保险丝是新的并且是完好的。

• 实施

——剪切一段保险丝,长度应该在预计要实施的保险长度的1.5~2倍,若不能确定可

适当加长。
——选择合适的保险丝孔。
——将保险丝穿入第一个螺栓保险孔,绕螺栓头后打折,用孔出口的一头压住绕螺栓头的另一头(穿线压绕线)。
——用保险丝钳夹取合适的长度进行拧花,编花的密度根据保险丝的直径可以查表得出。
——保险丝的捻绕处与任何零件的保险丝孔距离应在 1/8in 以内。
——对准第二个螺栓的保险孔插入保险丝,用保险钳夹住保险丝的末端并拉直。
——用孔出口的一头压住绕螺栓头的另一头(穿线压绕线)。
——夹紧保险丝的松脱部分并逆时针方向扭转保险丝末端直到紧固。
——留 3~5 个编花作为收尾,剪去多余的保险丝。
——收尾段顺保险丝的走向弯曲即可。

• 检查

再次确认拆卸螺栓前拆除的旧保险及本次保险作业剪切下的保险丝头已经从航空器上清除;保险旋向正确(是将螺栓向紧的方向拉);完成的保险没有损伤。在扭转保险丝时,由保险钳造成的擦伤是允许的。

8) 对螺栓、螺钉和螺桩打保险

(1) 安装保险丝使得通过紧固件的线圈在紧固件将松动时被拉紧。如图 9-44 所示的典型安装是针对右旋螺纹紧固件的。对左旋螺纹紧固件使用相反的方向。按如图 9-44 所示,不通过保险孔的回线能绕过或跨过紧固件,但保险丝必须拧紧。

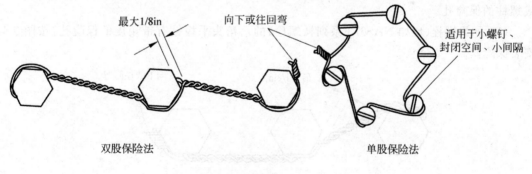

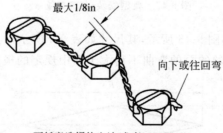

图 9-44 典型安装-右旋螺纹 1

(2) 在保险丝保持拉伸的状态下,扭转保险丝直到螺旋的末端距紧固件的保险孔在1/8in以内。为得到充分的拉伸,对保险丝上不能施加过多的应力,按表9-3的要求,对每英寸保险丝施加规定的捻数。双股保险丝的一捻是当保险丝被扭转半圈时,一根保险丝相对另一根的位置改变了180°,如图9-45所示。

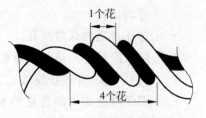

图 9-45　保险丝拧花详解

表 9-3　编花的密度

保险丝直径	<0.019	0.019~0.026	0.023~0.042	0.043~0.065	>0.065
每英寸捻数	11~14	9~12	7~10	5~8	4~7

(3) 对槽顶螺帽,回线沿着螺柱或绕过螺帽,如图9-46所示。

注意:不要拧紧或松动螺帽到超过它的规定力矩以安装保险丝。

图 9-46　典型安装-右旋螺纹 2

(4) 槽顶螺帽打保险时,磅紧螺帽到最小的规定力矩。如需要,再磅紧直到槽对准螺钉或螺柱的保险孔。

(5) 如果螺栓(比如 NAS673 系列钛螺栓)的六角头平板钻有带角度的保险孔,按图9-47安装保险丝。

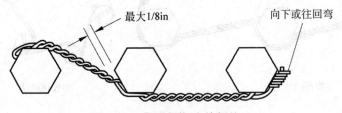

图 9-47　典型安装-右旋螺纹 3

(6) 保险丝弯曲极限如图9-48所示,其尺寸如表9-4所示。当手指轻压(大约2lb)保险丝跨度中部时,捻绕的保险丝的总的弯曲不得大于图中规定的极限。

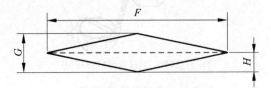

图 9-48　保险丝弯曲极限

F—保险丝跨度;H—单向弯曲极限;G—双向弯曲极限

表 9-4　保险丝弯曲极限尺寸

F/in	G/in	H/in
0.5	0.125	0.063
1.0	0.250	0.125
2.0	0.375	0.188
3.0	0.500	0.250
4.0	0.500	0.250
5.0	0.625	0.313
6.0	0.625	0.313

（7）保险丝保险的施工图例如图 9-49～图 9-57 所示。

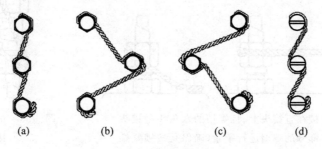

图 9-49　典型的双股保险丝的安装

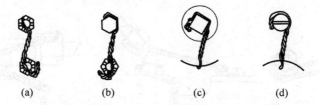

图 9-50　用不同标准进行保险丝锁定的例子（当出现间隙问题时，可以如图(a)和图(b)所示那样在零件上缠绕保险丝）

图 9-51　在不同平面上锁定螺栓（可以从任何一个螺栓开始打保险，但只能按锁紧螺栓的方向）

图 9-52　对空心堵头打保险（必须将保险丝末端弯向孔内，防止干涉和伤害在发动机上工作的人员）

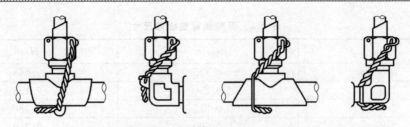

图 9-53 带保险凸耳的接头和无保险凸耳的接头必须按示例锁定(可以从任何一个凸耳、接头或管螺帽开始打保险,但应确保必须按使接头锁紧的方向进行)

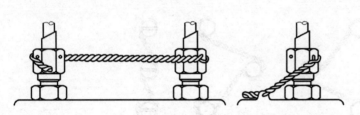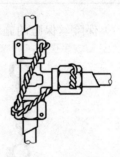

图 9-54 对所有连接在直接头上、且螺帽的六角头是接头整体的一部分的螺帽进行锁紧(确保是按锁紧螺帽的方向打保险的)

图 9-55 按示例对所有 T 形接头螺帽进行锁紧(确保是按锁紧管螺帽的方向打保险的)

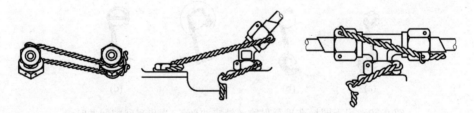

图 9-56 对不同标准的接头打保险的正确方法(检查螺帽用保险丝单独保险,这样当接头螺帽被拆下后,就没有必要拆下它)

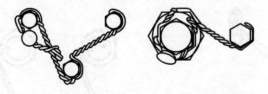

图 9-57 对重要的调整项目做铅封加以保护

9) 松紧螺套的保险

保险丝保险法分为单根保险和双根保险两种,单根方式虽能达到保险要求,但对比之下双根保险其质量可靠性更高。

(1) 单根保险

① 单根直拉式(见图 9-58):

- 保险后应能阻止两端螺纹接杆向松的方向转动<1/2 圈;

- 由螺套中心孔向两端螺杆孔拉紧的保险丝应有<15°；
- 收尾在螺纹接杆上缠绕不低于4圈并应拉紧修平。

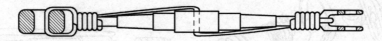

图 9-58　单根直拉式(SINGLE WRAP)

② 单根缠绕式,如图 9-59 所示。

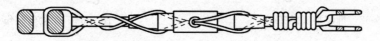

图 9-59　单根缠绕式(SINGLE WRAP SPIRAL)

③ 单根扭结式：要求保证使螺杆向旋紧方向拉紧。

(2) 双根保险

① 双根拉直式,如图 9-60 所示。

图 9-60　双根拉直式(DOUBLE WRAP)

② 双根缠绕式,如图 9-61 所示。

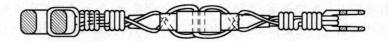

图 9-61　双根缠绕式(DOUBLE WRAP SPIRAL)

(3) 保险丝的选择原则(见表 9-5)

表 9-5　保险丝在保险螺套上的选取

钢索直径/in	1/16	3/32 或者 1/8	5/32～5/16
保险丝直径/in	0.024	0.031	0.043

10) 插头保险丝制作概述

在航空器的维护工作中,保险丝用于防止安装螺丝或部件的松动。对于非自锁电器插头、处于非增压区的电器插头以及电门护盖等都需要进行保险丝防护,防止出现插头连接松脱或者重要电门的误操作。

(1) 插头拆装工具(见图 9-62)

在进行插头的安装工作中应严格参照标准施工手册进行施工,在拧紧或松开插头时应使用专用插头安全钳或皮带扳手,严禁使用鹰嘴钳、克丝钳等工具。

(2) 保险丝制作工具(见图 9-63)

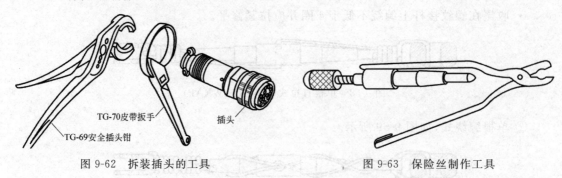

图 9-62　拆装插头的工具　　　　　　　　图 9-63　保险丝制作工具

(3) 常用工具和器材(见表 9-6)

表 9-6　常用工具和器材

	波　音	空　客
常用保险丝制作工具	GA311C	BELZER VAN EXTRA 2855
常用保险丝	0.020in 保险丝	0.6~0.8mm 保险丝

(4) 插头保险丝制作程序(见图 9-64)

- 将需要进行保险丝制作的插头拧紧固定好。
- 根据插头保险孔的直径尺寸选择合适的保险丝。常用保险丝为直径 0.20in 的不锈钢保险丝。保险丝在制作过程中只允许使用一次,禁止重复使用。
- 将保险丝穿过保险孔。保险丝的编花数由保险丝直径决定。防止过度的编花。在波音标准施工手册中规定,直径为 0.20in 的保险丝,每英寸应编制 9~12 个花。
- 保险丝的编制方向应能限制插头的逆时针松锁,防止插头的脱开。
- 如果保险丝固定于安装螺栓,保险丝必须紧密绕制于螺栓帽的周围,防止保险丝滑脱到螺栓帽上方,造成松动。
- 保险丝编制完成,在保险丝根部保留 15mm(0.5905in)并将露出的尾部保险丝弯曲,防止松动以及对维护人员的伤害。
- 检查保险丝制作的正确性,确保插头被安全地固定。

(5) 保险丝的手工制作(见图 9-65)

如果因工作区域空间的限制,保险丝钳无法使用时,需要维护人员采用手工编制的方法进行保险丝制作。

- 制作过程中可使用工具将保险丝拉紧进行手工编花。
- 制作过程中需注意保持保险丝编花距离,保证编花均匀。
- 编制过程中应注意编花方向,保险丝的编制方向应能限制插头的逆时针松锁,防止插头的脱开。
- 如果保险丝固定于安装螺栓,保险丝必须紧密绕制于螺栓帽的周围,防止保险丝滑脱到螺栓帽上方,造成松动。在保险丝末端可使用保险丝钳或等效工具拉紧保险丝。
- 保险丝编制完成,在保险丝根部保留 15mm(0.5905in)并将露出的尾部保险丝弯曲,防止松动以及对维护人员的伤害。
- 检查保险丝制作的正确性,确保插头被安全地固定。

第9章 紧固件拆装和保险

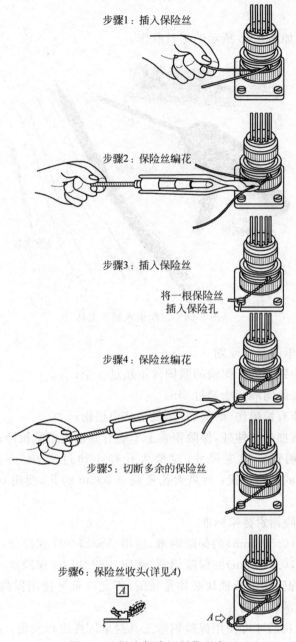

图 9-64 插头保险丝制作程序

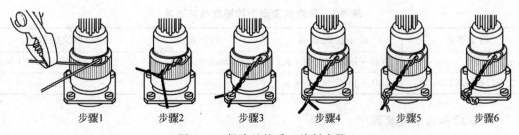

图 9-65 保险丝的手工编制步骤

2. 保险钢索

保险钢索一般由如图 9-66 所示的工具制作。

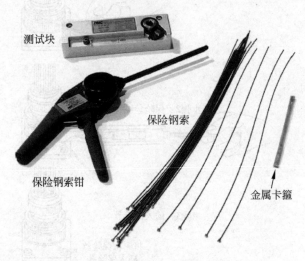

图 9-66 保险钢索制作工具

(1) 使用保险钢索的基本原则
- 用同一根保险钢索进行保险的紧固件不超过 3 个；
- 紧固件间的彼此间隔不能超过 6in；
- 保险钢索不能有锐损伤、磨损、打结或是其他损伤；
- 除了被拔具施加的拉伸外，保险钢索上不能有其他类型的拉伸；
- 如果大修说明没有规定尺寸，对最大孔径不超过 0.047in 的孔，使用 0.030～0.034in 直径的保险钢索；对最大孔径到 0.035in 的孔，使用 0.020～0.026in 直径的保险钢索。

(2) 保险丝与保险钢索替换标准
- 替换 0.020in(0.508mm) 的保险钢索，使用 AS3214-01 保险丝；
- 替换 0.032in(0.813mm) 的保险钢索，使用 AS3214-02 保险丝。

在每次使用时，保险钢索及锁块必须是新的，不允许重复使用保险钢索和锁块，不允许将钢索插入螺栓上的减轻孔内。

拉脱载荷测试合格后才可使用保险钢索工具对紧固件进行锁定。拉脱载荷是将钢索拉出锁块或钢索端头的接头所需要的力，如表 9-7 所示。

表 9-7 保险钢索最小拉脱载荷的要求

钢索直径	最小拉脱载荷	钢索直径	最小拉脱载荷
0.020in(0.508mm)	30lb·in(3.390N·m)	0.040in(1.016mm)	130lb·in(14.688N·m)
0.032in(0.813mm)	70lb·in(7.909N·m)		

(3) 保险钢索的安装程序
① 孔的对正：不能为了对正保险钢索的孔而增加或减少已施加在零件上的正确力矩。

② 相邻零件:
(a) 安装保险钢索使紧固件没有松脱的倾向;
(b) 保险钢索并不是增加一种力矩,它是一种保险结构防止零件松脱;
(c) 建议当钢索穿过紧固件时的尖锐拐弯不超过 90°。
③ 安装保险钢索后,从锁块突出的一端剪断多余的钢索。允许的从锁块突出的剩余钢索最长为 0.031in(0.787mm)。
(4) 钢索的柔性极限
在钢索两拉紧点的中部,用手指施以大约 2lb(8.9N)力时的最大柔性极限为钢索的柔性极限,如图 9-67 所示。

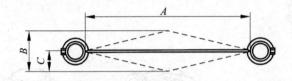
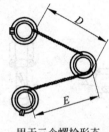

用于三个螺栓形态
$A=D+E$

柔性极限尺寸		
A/in	B/in	C/in
0.5	0.125	0.062
1.0	0.250	0.125
2.0	0.375	0.188
3.0	0.375	0.188
4.0	0.500	0.250
5.0	0.500	0.250
6.0	0.625	0.312

图 9-67 钢索的柔性极限

(5) 用保险钢索对螺栓、螺钉和螺桩打保险
- 安装保险钢索使得紧固件将要松动时其能被拉紧。左旋螺纹件的保险方向与右旋螺纹相反。
- 保险钢索上压紧金属箍前,拉紧保险钢索,使安装工具施加正确的拉伸。保险钢索安装完成后,保险钢索在如图 9-67 所示的挠性极限内是可以接受的。
(6) 保险钢索保险的施工图例(见图 9-68)

3. 开口销保险

开口销分为纵向保险和横向保险,如图 9-69 所示,一般用于螺桩、螺栓、销子上,单个存在。
1) 开口销保险法的基本原则
(1) 开口销直径选择要合适,穿入后有一定摩擦力,一般为孔径的 80%~90%。
(2) 弯在螺帽顶上的开口销尾端不能超出螺栓直径(长出部分可以剪掉)。
(3) 贴在螺帽侧的开口销尾端不能过长,以至碰到垫圈表面。长出部分可以剪掉,剪掉时要用手遮挡一下,防止飞溅到眼睛内。
(4) 穿开口销时,一般规则是从(航空器)前向后穿,从上向下穿。
(5) 如采用横向保险的形式,保持开口销的两尾端贴近在螺帽侧面上。
(6) 开口销尾端应保持相当的弯曲弧度,陡折弯角会导致断裂。用木榔头敲弯成形是最佳施工法。

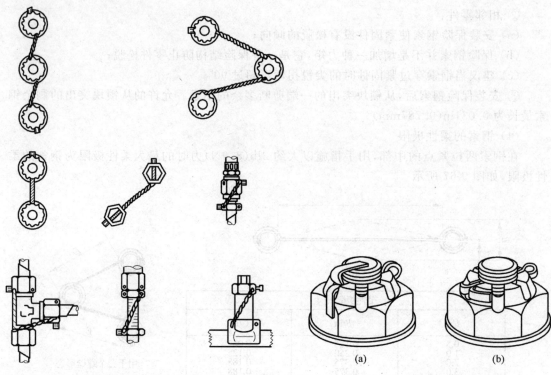

图 9-68 保险钢索保险的施工

图 9-69 纵向保险和横向保险
(a) 纵向保险；(b) 横向保险

(7) 每次工作必须使用新的开口销,开口销不得重复使用。

2) 打开口销的方法

(1) 对正保险孔。为了便于观察,可预先在螺杆上对正开口销孔处作一个记号,当螺帽拧到规定紧度后,检查螺杆上的开口销孔与螺帽的缺口是否对正。如果螺帽的紧度合适,但开口销孔并未对正,应用更换垫圈的方法使孔对正。禁止用拧松螺帽的方法使孔对正。禁止用欠力矩或超力矩的方法使孔对正。螺帽槽上保险孔的位置如图 9-70 所示。

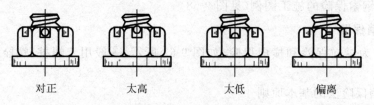

对正　　太高　　太低　　偏离

图 9-70 螺帽槽上保险孔的位置

(2) 插开口销。选择与螺杆孔孔径大致相同的开口销插入螺杆孔内,为了插得牢靠,可轻敲开口销的头部。

(3) 分开、打牢开口销。

3) 开口销施工方法

(1) 横向保险

将开口销插入孔内,把头部推到紧贴螺帽缺口,将开口销尾部沿螺帽棱面向两侧分开,再切除开口销在螺帽外侧的多余部分。然后用平头冲将开口销的尾部分别打入螺帽的两个缺口内。打紧时,应防止平头冲损伤螺帽或螺纹。打好后,用手轻轻拨动开口销的尾部,尾部没有翘起或晃动,保险才算合格。

在较狭窄的部位,如果用上述保险方法不便操作,也可先将开口销的尾部用钳子弯成钩形,再压入螺帽的缺口内,但必须保证保险的质量合格。横向保险的打法如图 9-71 所示。

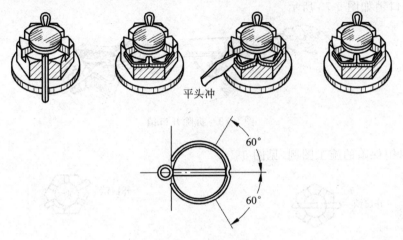

图 9-71 横向保险打法

(2) 纵向保险

将开口销插入保险孔内,把尾部沿螺杆的轴线方向分开(俗称上下分),并分别紧贴在螺杆的端面和螺帽边上,螺杆端面的开口销尾端长度不超过螺杆的半径,切去多余部分。螺帽边上要求开口销尾端长度不触及螺帽垫圈为准。纵向保险的打法如图 9-72 所示。

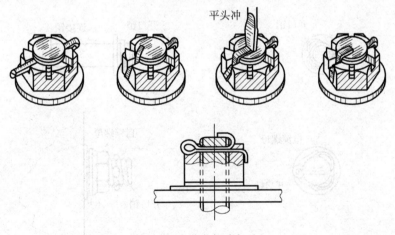

图 9-72 纵向保险打法

4) 开口销的拆除

(1) 拆除开口销的时候,应首先将尾端尽量弯直,再用尖嘴钳夹住环眼向外拔,这样拆下的开口销仍是完整的一根。

(2) 注意不可用力过猛,以免造成人身伤害或损伤航空器。

(3) 切忌图方便将尾端剪断,因为当开口销日久生锈或螺帽有松动趋势时,开口销会非常难拔出,若不能从环眼一端拔出时,还可以从另一端拔出。

(4) 若腐蚀可渗透煤油、渗透剂、除锈剂等。

(5) 在剪断开口销的时候,应采取措施避免开口销断头飞出伤人或掉入航空器内部。

(6) 工具和开口销必须放在托盘内,而不得直接放在航空器上。

拆除开口销如图 9-73 所示。

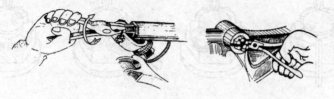

图 9-73　拆除开口销

5) 开口销保险的施工图例(见图 9-74)

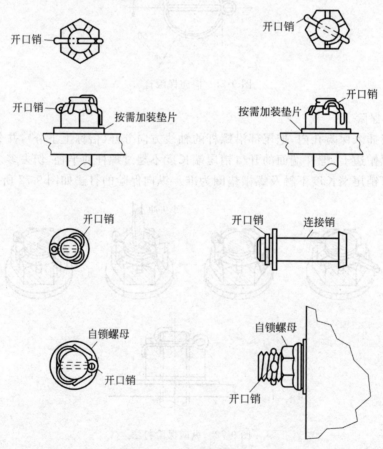

图 9-74　开口销保险的施工

4. 锁片(保险片)

锁片保险常用在温度变化较大或者受力较大的地方。锁片形式多样,如图 9-75 所示,锁片只能一次性使用,每次装配时必须使用新的锁片。

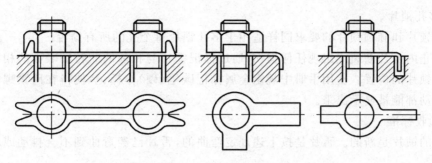

图 9-75　锁片(保险片)保险

1) 直锁舌锁片

弯曲锁片上的所有锁舌防止它被再次使用。直锁舌锁片的安装如图 9-76 所示,至少有一个锁舌被充分弯曲以满足图中间隙的要求,且由舌片的基体测得的至少 75% 的舌片宽应与被锁定零件的平面弯曲贴合。

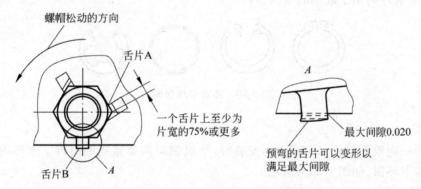

图 9-76　直锁舌锁片安装

2) 预弯锁舌的凸舌型锁片

凸舌型锁片的安装如图 9-77 所示,在安装时允许弯曲预弯的舌片以满足间隙的要求。对螺纹尺寸等于或小于 0.3125in 的紧固件的最大间隙是 0.010in,对螺纹尺寸大于 0.3125in 的紧固件的最大间隙是 0.020in。

3) 椭圆锁片

为了安装椭圆锁片,应按图 9-78 所示将锁片向上弯曲至完全贴合在一个六角的整面上,并完全满足凸舌型锁片安装中的间隙要求。

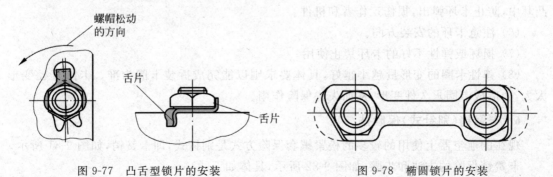

图 9-77　凸舌型锁片的安装　　　　图 9-78　椭圆锁片的安装

4) 多孔锁片

对直锁片和椭圆锁片的要求同样适用于多孔锁片每个孔的所有锁舌。

为防止内舌片断裂或出现任何损伤,通过标记锁片与相邻的非转动表面的相对位置的方法记录锁片的位置。使用手册中规定金属标记碳笔(硬)作标记,使得在磅紧螺帽时锁片的任何转动都能被显示出来。

5) 验收标准

安装的锁片是新的。舌片是按上述规定弯曲的,舌片已经弯曲到不会抖动或者零件不会再松开。

5. 弹簧卡环保险

1) 概述

弹簧卡环由弹性很好的金属制成,能牢靠地卡紧在槽沟内,起到保险作用,如图 9-79 所示。弹簧卡环分为外用型和内用型两种。外用型卡环是设计用来锁在轴形或缸体外表的槽道上,内用型卡环则用于缸体的壁沟槽内。

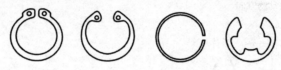

图 9-79 弹簧卡环保险

2) 工具

卡环的一面较平,另一面为凸面,安装时,平面朝向需要紧固的机件。卡环的拆装使用专门设计的卡环钳,如图 9-80 所示。

3) 卡环拆装方法及注意事项

(1) 使用卡环钳时戴护目镜。

(2) 拆装卡环使用专用的卡环钳。

(3) 拆卸时,将卡环钳的两个尖端插入卡环的两个凸耳中,压缩(内卡)或绷开(外卡)卡环,并保持住,直到把卡环从槽沟内取出。

(4) 装上时,也是先将卡环压缩或绷开并保持,把它放入槽沟内,松开卡环钳,用一字螺丝刀转动卡环至少一圈,或者用专用塞尺测量卡环两凸耳间的距离符合手册规定,确保卡环进入槽沟,卡紧到位。

(5) 用卡环钳压缩或绷开卡环时,要用力均匀,并保证卡环钳的尖端有足够长在卡环的凸耳中,防止卡环弹出,损伤工作者和机件。

(6) 注意卡环的安装方向。

(7) 损坏或弹性不好的卡环禁止使用。

(8) 弹性卡圈的变形量越小越好,具体要求则以能完成拆装卡圈为准。卡圈直径变形太大,会造成卡圈永久性变形,从而失去保险作用。

6. 卡簧销(别针式)保险法

现在的航空器上使用的较多的松紧螺套保险方式是别针式,即卡簧销,如图 9-81 所示。卡簧销保险的方法和步骤,如图 9-82 所示,具体如下:

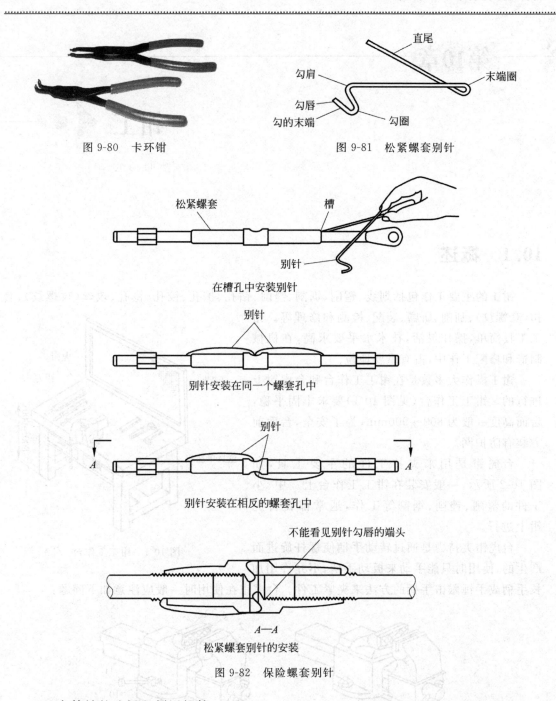

图 9-80 卡环钳

图 9-81 松紧螺套别针

图 9-82 保险螺套别针

（1）卡簧销的选择必须用新件；

（2）钢索张力正确；

（3）将钢索接头与螺套槽孔对正，插入卡簧销的直杆端，并将弯钩按入套管中央孔中；两根卡簧销可同侧或异侧安装。

拆下卡簧销时，从中心孔中拽出别针，从松紧螺套沟槽中取下别针。

无论使用哪种方法保险，打保险时钢索接头露出套管的螺纹数不能超出 3 圈，且露出圈数相同。

第10章

钳工

10.1 概述

钳工的主要工作包括划线、錾削、锯割、锉削、钻孔、扩孔、铰孔、锪孔、攻丝（攻螺纹）、套扣（套螺纹）、刮削、研磨、装配、检测和修理等。钳工工具简单，操作灵活，技术水平要求高，在机械制造和修配工作中，占有重要地位。

钳工操作大多数是在钳工工作台和台虎钳上进行的。钳工工作台（见图10-1）要求牢固平稳，台面高度一般为800～900mm，为了安全，台面前方装有防护网。

台虎钳是用来夹持工件的主要工具，如图10-2所示，一般安装在钳工工作台上。中、小工件的錾削、锉削、锯割等工作，通常都在台虎钳上进行。

台虎钳夹持力是通过转动手柄使螺杆旋进而产生的，使用时只能手动来扳动手柄，不允许用加长手柄或手锤敲击手柄的方法来夹紧工件。台虎钳在使用时一般应注意如下问题：

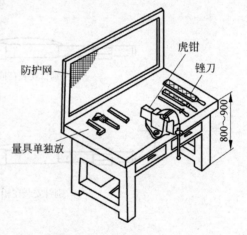

图10-1 钳工工作台

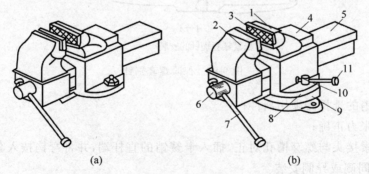

图10-2 台虎钳
(a) 固定式；(b) 回转式
1—固定钳口；2—活动钳口；3—钳口铁；4—砧座；5—导轨；
6—丝杠；7—手柄；8—转盘；9—底座；10—夹紧螺栓；11—夹紧手柄

(1) 台虎钳应固定在工作台上,夹紧手柄处在锁紧状态,操作时虎钳无松动现象。

(2) 有砧座的台虎钳允许在砧座上做轻度锤击工作,其他部位不允许用手锤直接敲打。

(3) 螺杆、螺母及活动面要经常润滑。

(4) 夹持工件时,应尽可能使工件处于钳口中部,以保证钳口受力均匀。

(5) 工件超过钳口太长时,要另用支架支撑,不能用加大夹紧力的方法来夹紧工件,以免使台虎钳受力过大而损坏。

(6) 台虎钳安装在工作台上时,必须使钳身的钳口工作面位于工作台边缘,以便夹持长工件时,下端不受工作台边缘的影响。

10.2 划线

划线是在某些工件的毛坯或半成品上,根据图纸要求划出加工界线的一种操作。划线主要的作用是:

(1) 表示出加工余量、加工位置或工件安装时的找正线,作为工件加工和安装的依据;

(2) 检查毛坯的形状和尺寸,避免不合格的毛坯继续加工,从而造成浪费;

(3) 合理分配各加工表面的余量。

划线是一项重要的工作。划线出现错误,工件就要报废。因此,在划线前一定要认真读图,划线时要全神贯注,要掌握各种划线工具和测量工具的使用方法;细致核对尺寸和划线位置,避免差错。

10.2.1 划线工具及其使用

划线最常用的工具有划线平板、方箱、V形铁、千斤顶、划针、划针盘、划规、高度尺、高度游标尺和样冲等。

1. 划线平板

划线平板(见图10-3)由铸铁制成,上平面经精细加工(如刮削或研磨),平直而且光洁。划线平板是划线的基准平面,安装时,平板安置要牢固,上平面应保持水平。

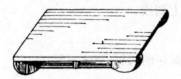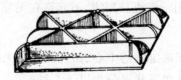

图 10-3 划线平板

使用时,平板各处应该均匀使用,以免局部磨损;平板上表面不准碰撞或锤击,以免降低准确度或损伤表面。如果平板上有被工件撞坏的凸起部分,应该用油光锉修去,或用刮刀把高点刮去,也可以用角向磨光机磨去。注意表面清洁,长期不用时,应涂油防锈和加盖木板防护。如果平板上有锈斑,可用纱布打光。

2. 划针

划针是平面划线工具(见图10-4(a)),多用弹簧钢制成,其端部淬火后磨尖。使用划针的正确方法如图10-4(b)所示。

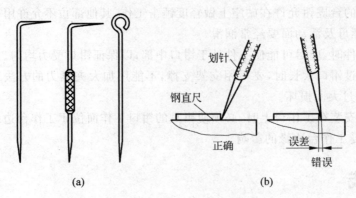

图10-4 划针及其使用方法
(a)划针；(b)使用方法

3. 划规

划规是平面划线工具，其作用与几何作图中的圆规类似，如图10-5所示。

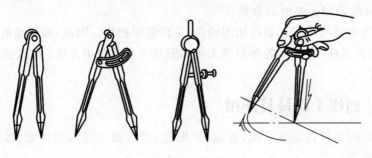

图10-5 划规

4. 高度游标尺

高度游标尺可视为划针盘与高度尺的组合（见图10-6），是一种精密工具，精度一般为0.02mm，主要用于半成品划线，不允许在毛坯上划线。

5. 冲子

冲子可用于确定圆的中心、钻孔点和除去损坏的铆钉、销子或螺栓等。冲子按冲尖形状可分为以下5种。

1) 针冲

针冲是将图纸上的尺寸和孔的位置描绘到工件表面上，为材料的加工提供基准，它是一种制痕工具（见图10-7）。针冲的冲尖比较尖而且细，使用时切勿用手锤大力敲击，以免损坏冲尖或使加工材料损坏。

2) 样冲（也称中心冲）

划好线的工件，在加工流程中，由于搬运、装夹等原因，可能把划好的线擦掉。为了便于看清和检查所划的线，要在划好的线条上用

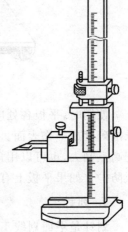

图10-6 高度游标尺

样冲打出小而均匀的冲眼。钻孔前应在孔的中心处打样冲眼(引导窝),以便于钻孔时对准孔的中心。

图 10-7 针冲

样冲有两种形式：一种是实心样冲(简称样冲)(见图 10-8(a)),另一种是自动样冲(也称空心样冲)(见图 10-8(b))。自动样冲在冲体(手柄)中央装有弹簧助力装置,当冲尖对准工件上要冲眼的位置并按压到一定的压力时,冲尖在内部机构的作用下产生冲击力,从而在金属上冲出一个压坑。自动样冲的冲击力大小可通过调整手柄的旋钮来选定。实心样冲用工具钢制成并淬硬,其尖端一般磨成 45°～60°。打样冲眼时,开始样冲向外倾斜,以便样冲尖头(冲尖)与线对正,然后摆正样冲,用小锤轻击样冲顶部即可,如图 10-9 所示。

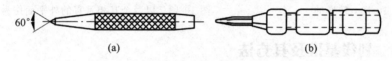

图 10-8 样冲
(a)实心样冲；(b)空心样冲

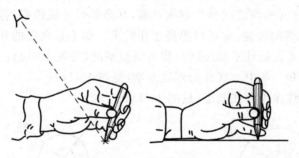

图 10-9 样冲的用法

3) 起始冲

样冲和针冲都有较尖的冲头,不能用于从小孔中冲出小的部件,否则冲尖将使工件端面膨胀导致咬合更紧,使用起始冲便可以解决这个问题。起始冲(见图 10-10)端面为平头,冲杆为过渡锥形,受力时较小变形,也被称作顶冲。

4) 直杆冲

直杆冲常称为穿孔冲或销冲,与起始冲相似并且用于同样的目的。两者的差别在于起始冲是锥状变细到平面端头,而直杆冲是锥状变形到直杆颈部,等直径段较长(见图 10-11)。直杆冲是以直杆平头端面直径来确定规格。不同规格的冲杆适用于不同直径的孔,以避免对孔的损伤。

图 10-10 起始冲　　　　　　　　图 10-11 直杆冲

5)转换冲

转换冲是专用标记冲之一,冲杆直径分为公、英制两个系列,用于将样板或型板上孔的位置准确转换到待加工材料上(见图10-12),其特点是冲杆直径与样板上孔的直径一致,利用冲杆中心的尖端,在待加工材料上留下钻孔中心标记。

图10-12 转换冲

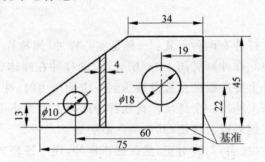

图10-13 以两个互相垂直的外平面作为划线基准

10.2.2 划线基准及其方法

1. 划线基准

划线时应在工件上选择一个或几个面或线作为划线的依据,以确定工件的几何形状和各部分的相对位置,这样的面或线称为划线基准,其余的尺寸线依据划线基准依次划出。正确选择划线基准是划线的关键,也可以提高工作效率。如下是典型的几种基准选择:

(1) 以两个互相垂直的外平面(或线)作为划线基准(见图10-13);
(2) 以一个平面和一条中心线作为划线基准(见图10-14);
(3) 以两条中心线作为划线基准(见图10-15)。

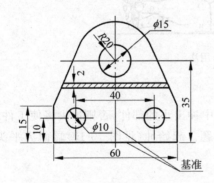

图10-14 以一个平面和一条中心线作为划线基准

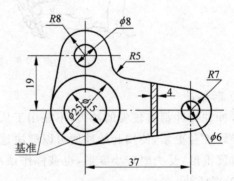

图10-15 以两条中心线作为划线基准

2. 平面划线

与绘制机械图相似,平面划线使用划线工具,在工件的平面上绘制需要加工的图形或坐标点。

3. 立体划线

立体划线是在工件不同平面进行的划线(见图10-16)。划线步骤如下:

(1) 研究图纸,检查毛坯或半成品的尺寸和质量,剔除不合格品,分析工件应划线的部位,并确定划线基准和支撑方法。

(2) 按图纸要求准备好划线工具。

(3) 若是毛坯件,则应清理毛坯件上的疤痕、毛刺和氧化皮等,以使划出的线条明显、清晰。

(4) 在划线的部位涂上涂料,毛坯面上用石灰水或白漆,小的毛坯件可以涂上粉笔;已加工表面上可以涂上紫色(如龙胆紫)或绿色(如孔雀绿)涂料,也可以涂上墨汁等。

(5) 若工件上有孔,则在孔中用铅块堵塞或者嵌入木块,以便确定孔的中心。

(6) 工件的支撑要稳固,以防工件滑倒或移动。

(7) 开始划出划线基准线,再划出其他的水平线。划线时应注意,同一面上的线条应该在一次支撑中划全,以免补划时因为再次调节支撑而产生误差。

(8) 翻转工件,找正位置,划出互相垂直的线。

(9) 检查划出的线是否正确,最后打上样冲眼。

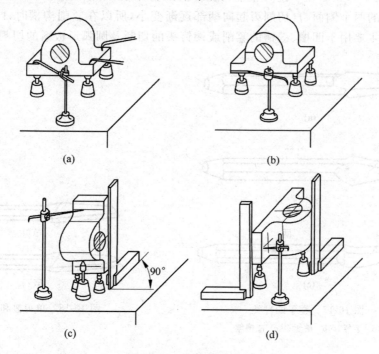

图10-16 立体划线实例
(a) 根据孔中心及上平面调节千斤顶使工件水平;(b) 划出各水平线;
(c) 翻转90°,按已划直线找正,划线;(d) 再翻转90°,用直角尺在两个方向找正,划线

10.2.3 划线注意事项

(1) 划线时要求线条清晰,尺寸准确。

(2) 由于划出的线条有一定宽度,因此不能以划线作为确定最终尺寸的依据,而要在加工过程中通过测量来控制尺寸的精度。

10.3 錾削

10.3.1 錾削工具

錾削是用手锤锤击錾子,对金属进行切削加工的操作,錾削工具的选择和正确使用对錾削加工非常重要。

1. 錾子

常用的錾子有平錾(也叫扁錾、平头錾)、槽錾(也叫窄錾、斜刃錾)及油槽錾三种。錾子多用工具钢锻成,刃部经淬火和回火处理后刃磨而成,錾子一般长125~150mm,由切削刃、斜面、柄部和头部四个部分组成。

平錾(见图10-17(a))是维修中常用的普通錾子,錾柄为方形、圆形或八角形,切削刃略宽于錾柄,刃宽一般为10~15mm。平錾主要用于錾削平面,去除凸缘、毛刺和切断材料等。

槽錾(见图10-17(b)),切削刃较窄,宽度约为5mm,有单刃、双刃两种(见图10-18)。双刃錾的切削刃的两个侧面,自切削刃起向柄部逐渐变小,所以在錾削沟槽时,两侧不会被工件卡住。槽錾主要用于凹槽、键槽的錾削或铆钉头的切断及圆弧形板料的切割等。

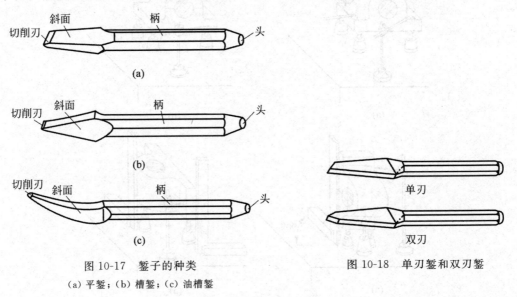

图10-17 錾子的种类
(a)平錾;(b)槽錾;(c)油槽錾

图10-18 单刃錾和双刃錾

油槽錾(见图10-17(c)),用于錾削滑动轴承内弧面或滑行平面上的润滑油槽,其切削刃磨成与油槽形状相符的圆弧形,为了方便在圆弧面上錾削油槽,斜面部分制成弯曲形状。

2. 手锤(鎯头)

手锤是錾削工作中不可缺少的工具,也是钳工操作中的重要工具。手锤可分为硬手锤和软手锤两种。

通常所用的硬手锤——钢制手锤,一般称为手锤或鎯头。钢手锤多用碳素工具钢锻成,并经淬火和回火处理,其规格大小用锤头的质量来表示。钳工用的钢手锤有0.25kg、0.5kg、1kg等几种$\left(\text{在英制中有}\frac{1}{2}\text{lb}、1\text{lb}、1\frac{1}{2}\text{lb等几种}\right)$。常用的是0.5kg。

使用手锤敲击工件时,应该根据工作任务选择相应形状和材料的锤头。

(1) 圆头锤(见图 10-19)　其特征为一端为平头,另一端为球形头。圆头锤由于其硬度大,只能用于锤击较硬的金属部件,而不能敲击铝及铜等软金属部件和螺栓。

(2) 横锤和直锤(见图 10-20)　其特征是在锤的一端用横向或纵向楔形端代替了圆头锤的圆头端。横锤楔形端与手柄中心线垂直,直锤楔形端与手柄中心线平行。

图 10-19　圆头锤

图 10-20　横锤和直锤

(3) 软锤(见图 10-21)　锤头所用的材料通常有铜、铝、木料、橡胶、塑料、牛皮面料及合成材料等。有时为了节约金属,常在硬手锤上镶或焊上一段铜或铝作为软锤。软锤常用于装配或拆卸时敲击精度较高的零件以及用于软金属的成形加工和软金属部件及容易损坏表面的敲击作业。不同的锤头材料其硬度各不相同。某些合成材料制成的软锤,其锤面硬度可根据需要更换,从而适用多种工作环境。通常木料和牛皮面料锤用于钣金加工;橡胶锤用于振动机件;塑料及合成材料锤用于安装固定卡箍、敲击螺栓等。

图 10-21　软锤

10.3.2　錾子和手锤的握法

1. 錾子的握法

錾子的握法随工作条件而定,有正握法、反握法和立握法三种,如图 10-22 所示。

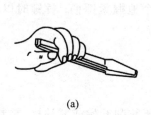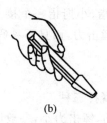

(a)　　　　　　　　(b)　　　　　　　　(c)

图 10-22　錾子的握法
(a) 正握法；(b) 反握法；(c) 立握法

正握法时,錾子应松动自如,主要用左手的中指、无名指及小拇指握持,大拇指与食指自然接触,錾头伸出 20~25mm(见图 10-23(a))。錾削时小臂自然平放,錾子倾斜角要正确(保证后角 $\alpha=5°\sim8°$),并保持在錾削过程中角度不变。如錾头伸出过长,手锤容易打在手上,如錾子握得太紧,很快会感到疲劳(见图 10-23(b))。

2. 手锤的握法

握手锤的方法有紧握法和松握法两种。

(1) 紧握法（见图10-24） 用右手的食指、中指、无名指和小拇指握紧锤柄，柄尾伸出15～30mm，大拇指贴在食指上，在挥锤及锤击时不变。

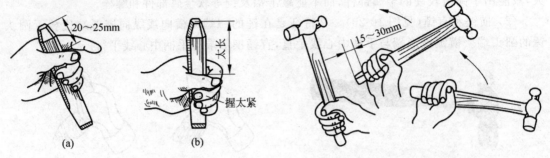

图10-23 錾子的正确与错误握法
(a) 正确；(b) 错误

图10-24 紧握法

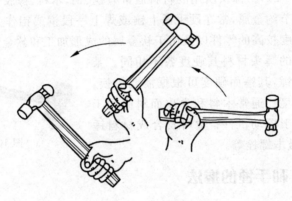

图10-25 松握法

(2) 松握法（见图10-25） 只有大拇指和食指始终握紧锤柄，其余手指放松。锤击时（手锤打向錾子时），中指、无名指、小拇指一个接一个地握紧锤柄；挥锤时以相反的次序放松。此法使用熟练时可以加强锤击力，而且不易疲劳。

10.3.3 挥锤的方法

挥锤的方法有手挥、肘挥、臂挥三种。
(1) 手挥 只有手腕的运动，锤击力小，一般用于錾削开始或錾油槽、錾制磨具等场合。
(2) 肘挥 手腕和肘部一起动作，锤击力较大，运用最广。
(3) 臂挥 手腕、肘部和全臂一起运动，锤击力最大，但应用较少。

錾削的效率，除了决定于錾子的质量外，还决定于对錾子的锤击力和每分钟的锤击次数。一般每分钟应击锤40次左右。

锤击的时候，手锤在右上方划弧形作上下运动。锤击时眼睛要看錾子切削刃和工件之间，不断观察錾削表面的情况，若发现表面有高低不平现象时，可随时调整握錾的倾斜度。对于初学者，往往出现手锤举起时眼睛能看切削刃，而当手锤击下时，眼睛常转到錾子的头部。这样就分散注意力，不能得到平整的錾削表面，同时，手锤反而容易打在手上。

10.3.4 錾削方法

1. 起錾

錾削时的起錾对錾削质量有很大影响。起錾时錾子应尽可能向右倾斜约 45°（见图 10-26(a)），从工件尖角处开始，轻打錾子，同时把錾子慢慢转正，直到使切削刃与工件平行为止，也可在尖角处先錾出一个斜面，再把錾子逐步转正。

如不允许从边缘尖角起錾（例如錾削深槽），则起錾时切削刃要贴住工件，錾子头部向下约 30°（见图 10-26(b)），轻打錾子，待得到一个小斜面，然后开始正常錾削。经这样的起錾，能正确掌握加工余量，且容易錾削。如果一开始就按水平方向錾削，錾子容易弹跳，难以掌握加工余量。

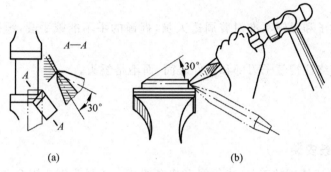

图 10-26 起錾方法

2. 正常錾削

粗錾时，錾刃表面与工件夹角为 3°～5°，用力可大一些。细錾时，錾刃表面与工件夹角应大一些，用力要轻（见图 10-27）。

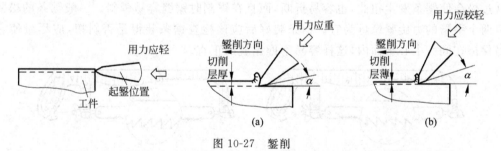

图 10-27 錾削

(a) 粗錾：α 角应小些，以免啃入工件；(b) 细錾：α 角应大些，以免錾子滑出

3. 錾削结尾

在一般情况下，每次将要錾到尽头 10mm 左右时，应调头錾下余下的部分（见图 10-28(a)）。当錾削脆性材料（例如铸铁和青铜）时更应如此，否则，錾到最后材料的角或边处，会产生图示的崩裂现象（见图 10-28(b)）。此外，应注意錾削将要完工时，一般只用手挥法挥锤，轻轻锤击錾子，以免在阻力突然消失时手冲出去，

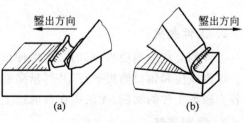

图 10-28 錾出时情形
(a) 正确；(b) 错误

碰在工件上划破手。

10.3.5 錾削注意事项

（1）工件应夹持牢固，以免錾削时松动。

（2）錾头如有毛刺，应在砂轮机上磨掉，以免錾削时手锤偏斜而伤手。

（3）勿用手摸錾头和锤头的端面，以免沾油后锤击时打滑。

（4）手锤锤头与锤柄之间不应松动。如有松动，应将锤头楔铁打紧或把锤柄在地上用力敲一下。

（5）錾削用的工作台必须有防护网或防护板，以免錾屑伤人。操作者最好戴上防护眼镜。

（6）錾削时錾子和手锤不准对着周边人员，握锤的手不准戴手套，锤柄严防沾有油污，以免手锤滑出伤人。

（7）眼睛应始终注视錾子刃部和工件表面，而不是錾头。

10.4 锯割

1. 手锯和锯条安装

手锯是钳工锯切使用的工具，由锯弓和锯条组成。锯弓为钢或铝合金制成，锯弓的作用是安装和张紧锯条，它有可调式和固定式两种。锯条一般由碳素工具钢或合金工具钢制成，并经淬火处理。锯条有许多规格，选择锯条要根据工件材料及锯割厚度。安装锯条时，锯齿必须朝前（见图10-29（a）），因为手锯向前推时容易用力，并起切削作用，故不能装反（见图10-29（b））。锯条在锯弓上的松紧程度要适当，过紧就失去了锯条应有的弹性，容易折断。过松会使锯条发生扭曲，也容易折断，而且在锯割时锯缝容易歪斜。一般锯条的松紧程度以两个手指的力旋紧螺母为宜。锯条装好后应该检查锯条装得是否斜扭，应尽量使它与锯弓保持在同一中心平面内，这样容易掌握锯缝的正直。

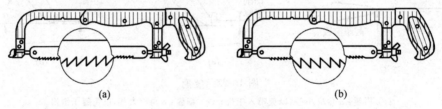

图10-29　锯条的安装
(a) 正确；(b) 错误

2. 工件装夹

工件的夹持应当稳当、牢固。工件伸出钳口不应过长，以增加工件刚性，避免锯切时颤动。锯割线应和钳口侧边平行，并尽量夹在台虎钳的左边，以免锯切操作过程中碰伤左手。对较大较重工件的锯割，无法夹在台虎钳上时，可以在原地进行。

3. 锯割姿势

锯割时的站立位置与錾削基本相似。握锯弓时，要舒展自然，右手握稳手柄，左手轻扶锯弓前端(见图 10-30)。运动时握手柄的右手施力,左手压力不要过大,主要是协助右手扶正锯弓。在整个锯割过程中要始终保持锯条平行于钳口侧边向下,使锯缝平直。

4. 起锯

起锯是锯割的开始,起锯好坏,直接影响锯割的质量。起锯时锯条垂直于工件加工表面,以左手拇指靠稳锯条,使锯条落在所需要的位置上,右手稳推锯柄,起锯角 α 一般略小于 15°(见图 10-31)。α 太小不易切入,太大易被工件卡住和损坏锯齿。

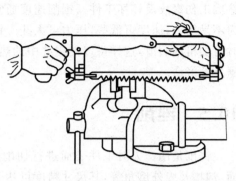

图 10-30 手锯的握法

锯弓往复行程要短,压力要轻。起锯锯到槽深 2～3mm 时,锯条不会滑出槽外,左手拇指可离开锯条。锯出锯口后,锯弓逐渐改变到水平方向。

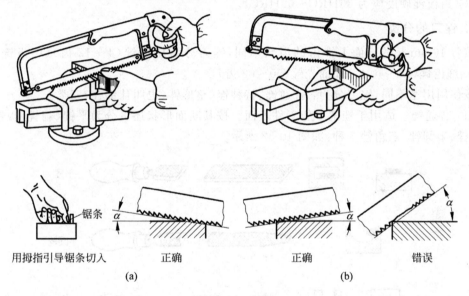

图 10-31 起锯

起锯有远起锯(见图 10-31(a))和近起锯(图 10-31(b))两种,各有其优缺点。一般情况下采用远起锯较好,因为此时锯齿是逐渐切入材料,锯齿不易钩住,起锯也比较方便。但是初学者不宜采用,因为初学者经验较少,如果锯条没有垂直于工件加工表面,操作者不易发现,容易锯偏。近起锯掌握不好时,锯齿会被工件的棱边钩住,甚至会崩断锯齿,但适于初学者操作,因为如果锯条没有垂直于工件加工表面,操作者可以通过工件前面的划线检查出来,保证锯逢不歪斜。

5. 锯割方法

锯割时,锯条前推进行切削,应施加适当压力,返回不切削,不必施加压力,使锯条从工件上轻轻滑过以减小磨损。锯条应直线往复移动,不要左右摆动。应保持锯条全长的 2/3～3/4 参加工作,以免锯条局部磨钝而降低其使用寿命或推锯和拉锯时锯条被卡住。临近锯断时,用力要轻,以免碰伤手臂或折断锯条,同时要用手扶住悬在台虎钳外的一段,以免工件落下造成工伤事故及摔坏工件。锯削速度通常以每分钟往复 20～40 次为宜,锯割硬材料时,因为不易切入,速度可低些,压力可大些。锯割软材料时,速度可高些,压力应小些。锯割钢件时可加机油润滑,这样可以使锯缝中的热量降低,并减少锯条与锯缝表面的摩擦,从而延长锯条的寿命。

10.5　锉削

锉削是用锉刀对工件表面进行切削加工的操作。它可以加工平面、各种形状的孔、曲面、沟槽及内外倒角等,其尺寸精度可达 0.01mm,表面粗糙度 Ra 值可达 $1.6～0.8\mu m$。

10.5.1　锉刀的分类及选用

锉削使用的锉刀由碳素工具钢制成,并经过淬火处理。锉刀的硬度应为 62HRC～67HRC(铝板锉硬度应为 56HRC～62HRC)。

1. 锉刀的分类

按每 10mm 长的锉面上锉齿的齿数不同,锉刀分为粗齿锉(4～12 齿)、中齿锉(13～23 齿)、细齿锉(30～40 齿)和油光锉(50～62 齿)。

按使用用途不同,锉刀分为:普通锉、特种锉、整形锉(也叫什锦锉)三类。

(1) 普通锉　适用于锉削一般工件表面。按其断面形状还可分为平锉(扁锉、板锉)、方锉、圆锉、半圆锉、三角锉 5 种,如图 10-32 所示。

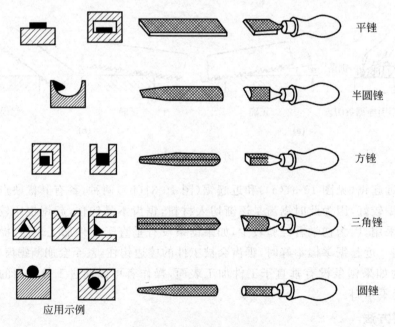

图 10-32　普通锉及其选用

(2) 特种锉　用于加工各类零件上的特殊表面。特种锉有直和弯两种,断面形状很多,通常用于锉削各种沟槽和内孔,所以通常叫做掏锉,如图 10-33 所示。

(3) 整形锉 适用于修整工件上细小部分和加工精密工件(如样板、磨具等)以及加工小型工件上难以机械加工的部位。图 10-34 是整形锉的各种形状,每 5 把、6 把、8 把、10 把或 12 把成为一组。

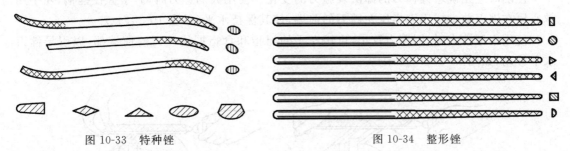

图 10-33 特种锉　　　　　　　　　图 10-34 整形锉

2. 锉刀的选用

每种锉刀都有一定的用途和使用寿命,如果选择不当,会使锉刀过早丧失切削能力。因此,钳工操作时,必须正确选用锉刀。

(1) 锉刀长度的选择按工件加工表面的大小选用。

(2) 锉刀断面形状的选择按工件加工表面的形状选用。

(3) 锉刀齿纹粗细的选用要根据工件材料、加工余量、加工精度和表面粗糙度等情况综合考虑。例如:粗加工或锉削铜、铝等软金属多选用粗齿锉刀,半精加工或锉削钢、铸铁多选用中齿锉刀,细齿锉和油光锉刀只用于表面最后修光。锉刀刀齿粗细的划分及特点和应用如表 10-1 所示。

表 10-1 锉刀刀齿粗细的划分及特点和应用

锉齿粗细	齿纹条数 (10mm 长度内)	特点和应用	加工余量/mm	表面粗糙度 Ra 值/μm
粗齿锉	4~12 齿	齿间大,不易堵塞,适宜粗加工或锉铜、铝等软金属	0.5~1	50~12.5
中齿锉	13~23 齿	齿间适中,适于粗锉后加工	0.2~0.5	6.3~3.2
细齿锉	30~40 齿	锉光表面或锉硬金属	0.05~0.2	1.6
油光锉	50~62 齿	精加工时修光表面	<0.05	0.8

10.5.2 锉削平面的操作

1. 工件的装夹

工件一般夹在台虎钳上进行锉削,夹持正确与否,直接影响锉削质量。通常工件夹持要符合下列要求:

(1) 工件最好夹持在台虎钳钳口的中部。

(2) 工件要夹牢,但不能使工件变形。

(3) 工件伸出钳口不要太高,以免锉削时工件产生振动。

(4) 夹持已加工表面时,应在钳口与工件之间加垫铜皮或铝皮,以免表面损伤。

2. 锉刀的使用

锉削时应正确掌握锉刀的握法及施力的变化。使用大的锉刀时,右手握住锉柄,左手用掌心压在锉刀前端或用五指压在锉刀的前端,使其保持水平(见图10-35(a))。

使用中型锉力时,因用力较小,可用左手的拇指和食指握住锉刀的前端部,以引导锉刀水平移动,如图10-35(b)所示。

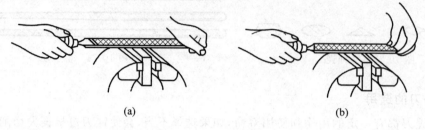

图10-35 锉刀的握法

锉削平面时应始终保持锉刀水平移动,因此要特别注意两手施力的变化。锉削力量有水平推力和垂直压力两种。推力主要由右手控制,其大小必须大于切削阻力才能锉去切屑。压力是由两手控制的,其作用是使锉齿深入金属表面。由于锉刀两端伸出工件的长度随时都在变化,因此两手的压力大小也必须随着变化,使两手压力对于工件中心的力矩相等,这是保证锉刀平直运动的关键。即开始推进锉刀时,左手压力大、右手压力小;锉刀推到中间位置时,两手的压力大致相等;再继续推进锉刀,左手的压力逐渐减小,右手的压力逐渐增大(见图10-36)。锉刀返回时不加压力,以免磨钝锉齿和损伤已加工表面。

如果两手对锉刀的压力不变,那么在锉削行程开始时,右手握柄部会朝下偏,而在锉削行程终了时,左手握的锉刀前端就会向下偏,造成锉削面两头低而中间凸的鼓形表面。因此,若要锉得平,必须掌握锉刀用力平衡。锉削面的平直是靠在锉削过程中,逐渐调整两手的压力来达到的。

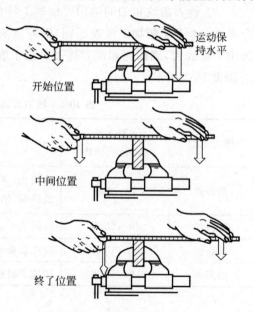

图10-36 平面锉削施力的方法

锉削时,眼睛要注意锉刀的往复运动,观察两手用力是否适当,锉刀有没有摇摆。锉削几次后,要拿开锉刀,这样一方面可以将锉面上的切屑跌落,另一方面可以看清是否锉在需要锉的地方和锉的是否平整。发现问题可以及时纠正。

3. 平面锉削方法

常用的锉削方法有顺锉法、交叉锉法和推锉法。

(1) 交叉锉法适用于粗锉较大的平面(见图 10-37(a))。由于交叉锉的锉刀运动方向是交叉的,锉刀与工件接触面大,锉刀容易掌握平稳,同时,从锉纹上也可以判断出锉削面的凹凸情况,因此交叉锉容易锉出较平整的平面。交叉锉进行到平面即将锉削完成之前,要改用顺锉法,使锉刀纹丝方向一致顺直。交叉锉一般用于锉削余量较大的工件。

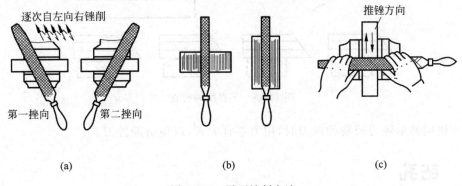

图 10-37　平面锉削方法
(a) 交叉锉法；(b) 顺锉法；(c) 推锉法

(2) 顺锉法是最基本的锉法,适用于粗锉和最后的修光(见图 10-37(b)),其中左图多用于粗锉,右图只用于修光。顺锉可得到正直的锉纹,使锉削的平面较为整齐美观。

(3) 推锉法一般用来锉削狭长平面或用顺锉法推进受阻碍时采用(见图 10-37(c)),也可以用来修光表面。推锉法不能充分发挥手的力量,因为不是在锉齿切削方向上进行切削,故切削效率不高,只适合于加工余量较小或用顺锉法受阻的情况下。推锉法是两手横握锉刀,沿工件表面平稳地推拉锉刀,可得到平整光洁的表面。

4. 锉削质量的检查

锉削平面时,工件的尺寸可用钢板尺或游标卡尺来测量。工件平面的平直及两平面之间的垂直情况,可用刀口尺或钢板尺以及直角尺贴靠是否透光来检查(见图 10-38)。刀口尺沿加工面的纵向、横向和对角方向多处检查。如果检查处在刀口与平面间透过来的光线微弱而且均匀,表示已比较平直,如果检查处透过来的光线强弱不一,则表示平面有高低不平,光线强的地方比较低,而光线弱的地方比较高。刀口尺在加工面上改变检查位置时,应该把它提起,并且小心地把它放到新的位置上。如果把刀口尺在被检查平面上来回拖动,则刀口很容易磨损。若没有刀口尺,则用钢板尺按上述方法检查,但放在加工面上必须垂直,这样检查平面才正确。锉削面的表面粗糙度可用眼睛观察,要求表面不应留下深的擦痕或锉痕。

10.5.3　锉削操作注意事项

(1) 锉刀必须装柄使用,以免刺伤手心。
(2) 锉削时,不要用手摸工件表面,以免再锉时打滑(由于手上出汗有油)。
(3) 锉削时,不可用嘴吹切屑,防止切屑飞进眼里;也不可用手清除切屑,以防止刺入手内。
(4) 锉刀放置时,不要露出工作台边缘,以免碰落摔断锉刀或砸伤人脚。
(5) 不允许把锉刀当作拆装的工具,用来敲击或撬动其他物体,以防损坏锉刀或造成事故。
(6) 锉刀堵塞后,用铜(钢)丝刷顺着锉纹的方向刷去切屑即可。

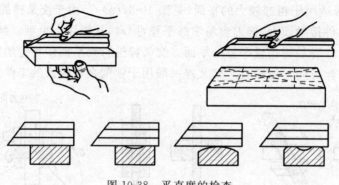

图 10-38 平直度的检查

（7）使用整形锉刀或特种锉刀时，用力不宜太大，以免折断锉刀。

10.6 钻孔

钻孔是指用钻头在实体材料上加工出孔的方法。在钻床钻孔时，一般是工件固定不动，钻头装夹在钻床主轴上既作旋转运动（主运动），又沿轴线向下移动（进给运动）。

10.6.1 钻床

钳工的钻孔、扩孔和铰孔工作，多在钻床上进行。常用的钻床有台式钻床、立式钻床和摇臂钻床三种。

1. 台式钻床

台式钻床简称台钻，主要是由机座、工作台、立柱、头架（主轴箱）、主轴、进给手柄等组成，如图 10-39 所示。台钻是一种放在台桌上使用的小型钻床，钻孔直径一般在 12mm 以内。台钻主轴的转速可通过改变三角皮带在皮带塔轮上的位置来调节。主轴向下进给是手动的。

2. 立式钻床

立式钻床简称立钻，主要由主轴、主轴变速箱、进给箱、立柱、工作台和机座等组成，如图 10-40 所示。立钻在结构上比台钻多了主轴变速箱和进给箱，因此主轴的转速和走刀量变化范围较大，而且可以自动进刀。此外，立钻刚性好，功率大，允许采用较大的切削用量，生产率较高，加工精度也较高，适于用不同的刀具进行钻孔、扩孔、铰孔、锪孔和攻螺纹等多种加工。

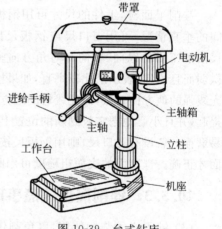

图 10-39 台式钻床

由于立钻的主轴对于工作台的位置是固定的，加工时需要移动工件，对于大型或多孔工件的加工十分不便，因此立钻主要用于加工中、小型工件上的中、小孔。

3. 摇臂钻床

摇臂钻床主要由机（底）座、立柱、摇臂、主轴箱、主轴及工作台等组成，如图 10-41 所示。

它有一个能绕立柱旋转的摇臂,摇臂带动主轴箱可沿立柱垂直移动,主轴箱还能在摇臂上横向移动,这样就能方便地调整刀具位置,以对准被加工孔的中心。此外,主轴转速范围和走刀量范围很大,因此适于对笨重的大型、复杂工件及多孔工件的加工。

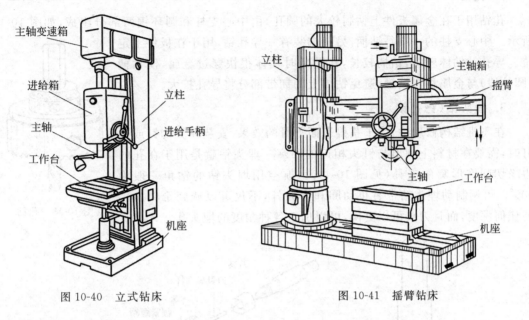

图 10-40 立式钻床　　　　　　　图 10-41 摇臂钻床

10.6.2 钻头

用于钻削加工的一类刀具称为钻头。钻头主要有麻花钻、中心钻、孔钻、埋头钻(锪孔钻)等。

1. 麻花钻

麻花钻是尖头工具,通过旋转运动在材料上钻孔,麻花钻由碳素工具钢或高速钢制造,它由刀柄、颈部和刀体组成,如图 10-42 所示。

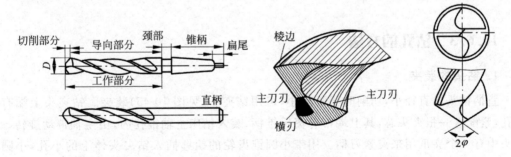

图 10-42 钻头及切削部分角度

钻头的直径规格有公制单位和英制单位两种,公制单位通常以整数和小数表示,如 2mm、3mm、7mm、…和 2.5mm、2.6mm、4.1mm、4.2mm、5.7mm 等。

英制单位的钻头分三个系列:有以号数表示的,从 80 号~1 号($\phi 0.00135 \sim 0.2280$in)数字系列;有以分数表示的,从 1/64~1/2in($\phi 0.0156 \sim 0.5$in)分数系列;有以字母表示的,从 A~Z(ϕ0.02340~0.4130in)字母系列。三个系列的钻头没有重叠,字母规格的钻头大于号数规格的所有钻头。

2. 孔钻

孔钻用于在金属板件上钻制较大的圆孔,由中心支柱和圆环锯两部分组成,如图 10-43 所示。中心支柱的一端是钻柄,另一端装有一导孔钻,用于在板件上定位。导孔钻钻体较短,钻柄较长,在钻削时钻体很快穿过金属,使钻柄(圆柱段)与金属板料接触,避免钻体上的韧带部分将导孔扩大。

3. 埋头钻(锪孔钻)

在飞机结构修理中,为了获得表面平滑的效果,安装埋头铆钉或螺钉时,需要在材料上制出与钉头相近的凹窝。埋头钻就是用于在孔的边缘切削锥形窝的工具(见图 10-44)。航空用埋头钻的钻角一般为 100°。可调制动埋头钻带有止动圈和导向杆,不仅可以调到希望加工的任何深度,而且刀头可以更换,可以加工各种角度的埋头孔。

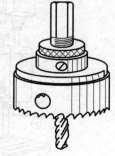

图 10-43 孔钻

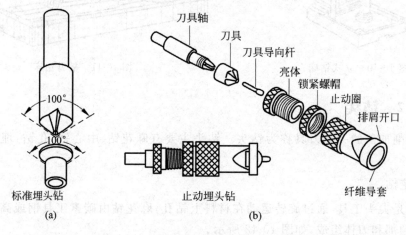

图 10-44 埋头钻

10.6.3 钻孔的方法

1. 钻头的装夹

直柄钻头的直径小,切削时扭矩较小,可用钻夹头(见图 10-45)装夹。钻夹头上端有一锥孔,紧配入一根夹头芯,其上端带有莫氏锥柄,装入钻床主轴锥孔内,由主轴带动旋转。钻夹头中有三个夹爪用来夹紧刀柄。用带小圆锥齿轮的钥匙插入钻夹头体上的小孔,小圆锥齿轮带动夹头套上的大圆锥齿轮时,压入夹头套内部的两对啮合的内螺纹圈就会旋转,通过三爪上部的牙齿使三爪伸出或缩进,用来夹紧或放松钻头。这种方法简便,但加紧力小,容易产生跳动。

锥柄钻头可直接或通过钻套(或称过渡套)将钻头和钻床主轴锥孔配合,如图 10-46 所示。这种方法配合牢靠,同轴度高。锥柄末端的扁尾用以增加传递的力量,避免刀柄打滑,并便于卸下钻头。

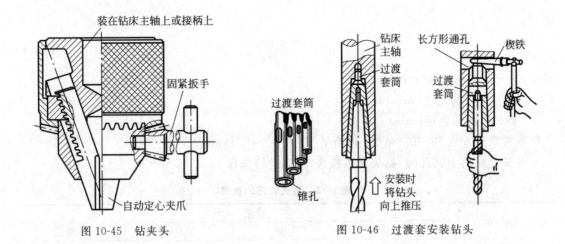

图 10-45　钻夹头　　　　图 10-46　过渡套安装钻头

2. 工件的装夹

为了保证工件的加工质量和操作安全，钻削时工件必须牢固装夹在夹具或工作台上，常用的装夹方法如图 10-47 所示。

（1）用机用平口钳等装夹工件，如图 10-47(a)所示。

（2）用 V 形铁装夹工件。

（3）用手虎钳装夹工件。

（4）把工件直接安装在工作台上，用压板、螺栓夹紧，如图 10-47(b)所示。

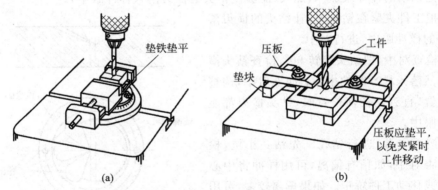

图 10-47　工件装夹
(a) 用平口钳装夹工件；(b) 用压板、螺栓夹紧

（5）在批量生产中，广泛应用钻模夹具安装工件，如图 10-48 所示。在钻模上装有淬过火的耐磨性很高的钻套，用来引导钻头。钻套的位置是根据工件要求钻孔的位置而确定的。应用钻模时，可以免去划线工作，提高生产率，并可以提高孔的精度，降低表面粗糙度。

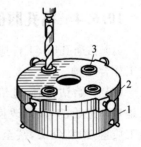

图 10-48　钻模
1—工件；2—钻模板；3—钻套

3. 切削参数选定

钻床的主轴转数和进给量的选用与钻孔直径、工件材料及钻头材料等因素有关。用高速钢钻头钻孔时，主轴转数可用下式

确定:

$$n = \frac{60 \times 1000 v_c}{\pi D} \qquad (10\text{-}1)$$

式中：n——主轴转数(r/min)；
v_c——切削速度(m/s)；
D——钻头直径(mm)。

通常取 $v_c=0.15\sim0.3$m/s；进给量 $f=0.10\sim0.45$mm/r。
在其他材料上钻孔时，钻头转数按表10-2进行选择。

表10-2 钻头转速的选择

孔径/in	转速/(r/min)			
	铝合金	黄铜	工具钢	不锈钢
1/8	5000	2500	2000	1000
1/4	2500	1200	1000	500
1/2	1200	600	500	250
1	600	300	250	125

4. 划线钻孔方法

(1) 按划线钻孔时，先划好中心线，在中心处打好样冲眼(不要太深、太大)，划出检查圆，以便找正中心。

(2) 把原来的样冲眼加深、加大(能够使钻头的横刃落入样冲眼中)。

(3) 把工件夹紧在钻床上，让钻头的横刃落入已打好的样冲眼中，进行对中。

(4) 检查对中，把钻头旋转90°，检查钻头横刃是否仍然落入样冲眼的中心；如不对中，调整工件的位置，直到在任何位置时，钻头横刃都能落入样冲眼中。

(5) 接通电源，进行钻孔。先钻一小坑，检查判断是否对中，如稍有偏离，可用样冲将中心冲大矫正或移动工件矫正。如果偏离较多，可用窄錾在应钻掉的位置錾出几条槽再钻，便可以逐渐将偏斜部分校正过来，如图10-49所示。

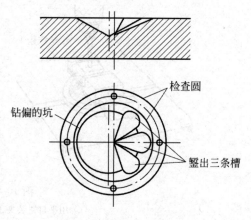

图10-49 钻偏时纠正的方法

10.6.4 钻孔时的注意事项

(1) 钻通孔时，工件应与工作台之间有一定的间隙，即在工件下面放置垫铁或把钻头对准工作台空槽。

(2) 开始钻孔时，进给要小(手柄向下的压力要小)；通孔快要钻透时，进给也要小。如果是自动进给的，最好改换成手动进给，避免钻头在钻穿的瞬间抖动，出现"啃刀"现象，影响加工质量，损坏钻头，甚至发生事故。

(3) 钻不通孔时，要注意掌握钻孔的深度。控制钻孔深度的方法有：调整好钻床上深度标尺挡块；安置控制长度量具或用划线作记号。

（4）钻孔时，要经常停止进给，以便切断切屑。钻深孔或钢件时要经常退出钻头及时排屑和冷却钻头，必要时加入冷却液，否则容易造成切屑堵塞或钻头切削部分过热磨损、折断。

（5）钻直径较大的孔或精度要求较高的孔时，可以先钻小孔，然后再扩孔。直径 D 超过 30mm 的孔应分两次钻，第一次用 $(0.5\sim0.7)D$ 的钻头先钻，再用所需直径的钻头将孔扩大。这样，既有利于钻头负荷分担，也有利于提高钻孔质量。

（6）钻孔时的形状误差可以通过扩孔、铰孔等方法修正，但位置误差用钻头不能修正。

（7）在圆柱面或斜面上钻孔时，要有一定的工艺措施。在圆柱面或斜面上钻孔时，最大的困难是"偏切削"，切削刃上的径向抗力使钻头轴线偏斜，不但无法保证孔的位置，而且容易折断钻头，对此一般采用平顶钻头，由钻心部分先切入工件，然后逐渐钻进。

（8）操作机床时，严禁戴手套或手拿棉纱头操作，以免被切屑钩住手套或棉纱，造成人身事故。

（9）必须戴好防护镜，防止金属屑的伤害。切屑不断，不准用手拉断切屑，以免受伤。

（10）不要用嘴去吹切屑，以免切屑粉末飞入眼睛。需要时应抬起钻头，用刷子把切屑扫掉即可。

（11）钻孔时，工作台面上不准放置刀具、量具及其他物品。

第11章 钣金加工

11.1 铆接

11.1.1 铆接介绍

利用铆钉把两个以上部件连接在一起称为铆接,如图 11-1 所示。

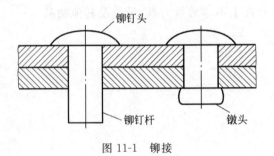

图 11-1 铆接

铆接是飞机维修中重要的连接方式之一,铆接连接有以下几种方式(见图 11-2)。

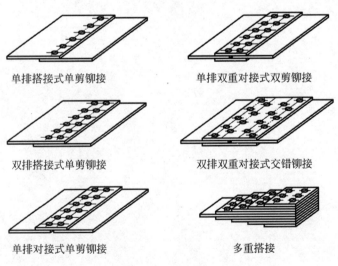

图 11-2 铆接的连接方式

铆接可由手工或气动工具来完成。一般当铆钉直径小于12mm(1/2in)时可不加热,称为冷铆;铆钉直径大于12mm(1/2in)时,通常需要把铆钉全部或局部加热后铆接,称为热铆。飞机上的铆接常用于传递较小的分布载荷,铆钉直径一般都小于12mm(1/2in),所以采用冷铆。

1. 实芯铆钉

在飞机修理工作中通常使用实芯铆钉,铆钉参数包括材料、头型、尺寸和热处理状态。实芯铆钉的头型以铆钉头的截面形状而定,例如通用头、埋头等,如图11-3所示。

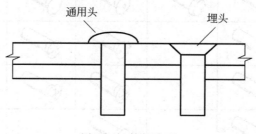

图11-3 铆钉头型

铆钉头型的确定取决于安装位置,具体修理时可参照SRM(结构修理手册)。应遵循的一般规则是:对于要求光滑气动外形的部位,例如从机翼前缘到翼剖面最厚处,从机身头部到其横剖面最大处等,应当使用埋头铆钉。埋头铆钉为平顶锥面式头型,与铆钉结合面上的锥形孔或凹窝相配合,以保持铆钉与被连接表面平齐。铆钉的埋头锥角为78°~120°,通常使用的是100°埋头。

飞机用的实芯铆钉材料大多数是1100、2017-T、2024-T、2117-T及5056等铝合金。

1100系列铆钉含纯铝99.45%,一般用于铆接1100、3003和5052之类的软铝合金件。

2117-T系列铆钉有"外场铆钉"之称,具有即时可用的优点(不需要在施工前进行回火或退火处理),还有很好的抗腐蚀性能,广泛用于铝合金结构件的铆接。

2017-T和2024-T系列铆钉,应用于需要较高强度的铝合金结构件上。这种铆钉使用前需要退火并置于冰箱内冷冻,在施工时取出铆接。冷冻措施可以保持铆钉材质柔软达两星期之久,但是如果在此期间仍未使用,则需要重新进行热处理。2017-T铆钉要求在1h内完成铆接,2024-T铆钉必须在10~20min内完成铆接。"冰箱"铆钉在铆接后的1h左右,只具有一半的强度,大约4天时间后铆钉强度才达到设计要求。

5056系列铆钉应用于铆接镁合金结构件。

软钢铆钉用来铆接钢质零件,不锈钢铆钉则用来铆接不锈钢材,例如防火墙、排气管夹箍以及同样材料的结构件等。

蒙奈尔镍钢铆钉用来铆接镍钢合金材料,这种铆钉有时可代替不锈钢铆钉使用。

2. 铆钉的识别标记

铆钉头上的标志表示铆钉的材料成分,如表11-1所示。

表 11-1 铆钉头型标记

铆钉识别		通用型	改良型	100°埋头	100°抗剪埋头	82°埋头	120°埋头
材料	标记	标准铆钉号					
		BACR15BB	BACR15FT	BACR15BA	BACR15CE	BACR15FH	BACR15FV
2117(AD)	凹点						
2017(D)	凸点(※)除外				※没有标记		
2024(DD)	双凸梗						
5056(B)	凸十字						
1100(A)	平面						
7050(KE)	凸环(※)除外						※凹环
蒙奈尔(M)铜镍	平面						

铆钉的件号分别用 AN 标准或 MS 标准表示,波音与空客的区别参照 SRM51-40,下面是最常用的不同头型铆钉的件号:

AN426 或 MS20426(BA)——100°埋头铆钉;
AN470 或 MS20470(BB)——通用头型铆钉。

件号后的字母代表材料,常用材料编码如表 11-2 所示。

表 11-2 铆钉材料编码

材　料	编码	材　料	编码
1100 和 3003	A	7075 和 7050	KE
2117	AD	蒙奈尔合金	M
2017	D	不锈钢	F
2024	DD	钛合金	T
5056	B	铜合金	C

件号后的数字表示铆钉的直径和长度,第一位数字表示铆钉直径,以 1/32in 为计量单位,例如 3 表示 3/32in,5 表示 5/32in 等。第二位数字表示铆钉长度,以 1/16in 为计量单位,例如 3 表示 3/16in、11 表示 11/16in 等。凸头铆钉的长度为铆钉杆的长度,埋头铆钉的长度为铆钉的全长。

以波音标准铆钉的件号 BACR15BB4AD6 举例:

基本编码(BACR15BB)表示波音标准的通用头铆钉;

直径编码(4)表示铆钉直径是 1/8in；
材料编码(AD)表示铆钉材料是 2117-T；
长度编码(6)表示铆钉长度是 3/8in。

3. 铆钉的配置

铆钉的配置包括以下几个方面：
- 所需铆钉的数目；
- 使用铆钉的尺寸和种类；
- 铆钉的材料、热处理状态和强度；
- 铆钉孔直径；
- 铆钉的边距；
- 整个修理件上铆钉的间距和行距。

飞机结构修理时铆钉的头型由安装位置决定。要求光滑气动外形的地方应当使用埋头铆钉，在其余的大部分部位上可使用通用头型铆钉。

一般说来，铆钉的直径应当与被铆接件的厚度相对应。如果在薄板材上采用直径过大的铆钉，铆接所需要的力会在铆钉头周围造成不良的皱纹。如果在厚板材上采用直径过小的铆钉，则铆钉的剪切强度不能满足传递连接载荷的要求。一般规律是铆钉直径应当不小于所连接板件中较厚板厚度的 3 倍，在飞机装配和修理中最常选用的铆钉直径范围是 3/32～3/8in。直径小于 3/32in 的铆钉不能用在传递载荷的任何结构件上。

铆钉长度应当等于铆接厚度加上成形适当镦头所需要的铆钉杆长度，铆接时形成的镦头尺寸应参照 SRM，如图 11-4 所示。

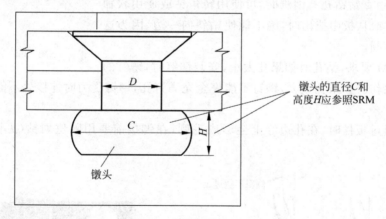

图 11-4　铆钉镦头尺寸

边距是铆钉中心到板材边缘的距离，应在铆钉直径的 2～4 倍之间，推荐使用的边距约为 2.5 倍铆钉直径。如果铆钉安排得太靠近板的边缘，板件就可能在铆钉孔处出现裂纹或断开；如果铆钉安排得距板边缘太远，则板的边缘易于翘曲。铆钉间距是指同一行上两个相邻铆钉中心之间的距离，最小铆钉间距为铆钉直径的 3 倍，一般铆钉间距为铆钉直径的 4～6 倍（见图 11-5）。两相邻行铆钉中心线之间的距离称为铆钉行距，一般铆钉行距为铆钉间距的 75%。

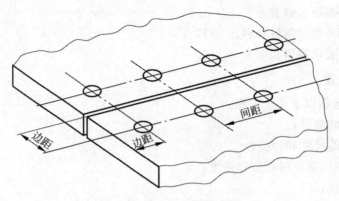

图 11-5　铆钉的边距和间距

11.1.2　基本操作

1. 钻孔

开始钻孔之前,用样冲为铆钉孔冲起导钻作用的定心点。钻孔时通常使用气钻(见图 11-6)或用轻型电钻钻孔,钻孔之前,一定要通过转动手钻或空转电钻并观察钻头端部,来检验安装的钻头是否准确和有无振动。不能使用晃动或弯曲的钻头,因为这样会使钻出来的孔过大。

钻孔时要始终使钻垂直于加工件,倾斜不应超过±2°(见图 11-7)。当用直钻钻孔有困难时,可使用转角钻或使用软轴钻。当钻孔时或从板中拔出时,绝不能使钻斜向一边,因为这会使孔变得不圆。

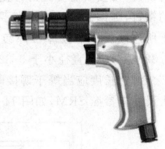

图 11-6　气钻

按照 SRM 要求,钻孔时如果孔太小,安装铆钉时,铆钉的保护层会被擦伤。如果孔太大,铆钉不能完全充满钉孔,铆钉受力时连接处不能发挥它的全部强度。

当钻头通过板件时,在孔边缘上会形成毛刺,在铆接前要用限位划钻(见图 11-8)去除所有毛刺。

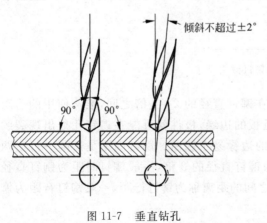

图 11-7　垂直钻孔

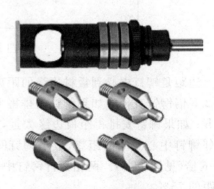

图 11-8　限位划钻

2. 装配铆钉

装配铆钉之前,所有孔要确保完全对中,并去除所有碎屑和毛刺,待铆接的零件也必须使用手动定位销(见图 11-9)或气动定位销(见图 11-10)牢固地夹在一起。

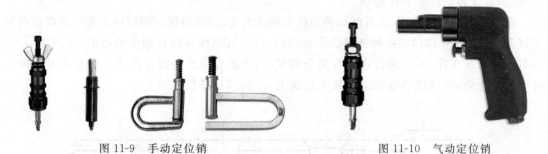

图 11-9　手动定位销　　　　　　　　图 11-10　气动定位销

安装铆钉时,通常拿铆枪(见图 11-11)和拿顶铁(见图 11-12)的两个人结为一组来工作,可以采用有效的信号提高工作的协调性。铆接时一个人也可以用一只手握着顶铁,另一只手控制铆枪。

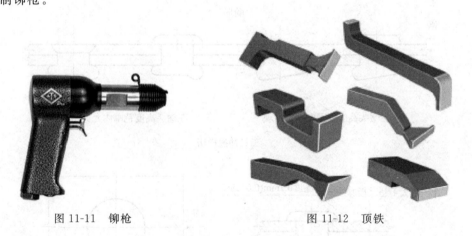

图 11-11　铆枪　　　　　　　　图 11-12　顶铁

3. 顶持

选择合适的顶铁是顶持铆钉中最重要的一个因素,如果顶铁形状不合适,会使铆钉头歪斜。如果顶铁太轻,不能提供必要的顶撞力,材料会朝向镦头凸出;如果顶铁太重,重量和顶撞力可能引起材料反向镦头凸出。顶铁的重量可从几盎司到 10lb,与各种直径铆钉配合使用的顶铁重量如表 11-3 所示。

表 11-3　推荐的铆钉顶铁重量

铆钉直径/in	近似重量/lb	铆钉直径/in	近似重量/lb
3/32	2～3	3/16	4～5
1/8	3～4	1/4	5～6.5
5/32	3～4.5		

要始终保持顶铁的顶面与铆钉杆垂直,否则当铆枪开始撞击时,会引起铆钉弯曲,并在结束撞击时损坏材料。顶持者必须正确使用顶铁,直到铆钉完全铆好为止。如果铆枪还在

工作而移开了顶铁,则铆枪可能损伤板材表面。不要对铆钉杆顶持力量过大,要尽量使用顶铁的自身重力,控制顶铁并提供必要的压力和起回弹作用。

顶铁应与铆枪的撞击振动协调一致,协调撞击可以通过调整手腕施加的压力和刚度来形成,积累经验后就能动作协调。

缺少适当的振动作用,或者使用的顶铁太轻或太重,以及顶铁与铆钉杆不垂直等都能引起铆钉头歪斜。快速移动顶铁到抵制镦头歪斜的方向,可以校正铆钉镦头的畸形(见图11-13)。只有当铆枪在工作,并且铆钉还没有完全铆镦时,才能完成这种校正作用。如果在开始撞击时铆钉杆弯曲,可将顶铁放在适当校正位置上,直到铆钉杆校直为止。

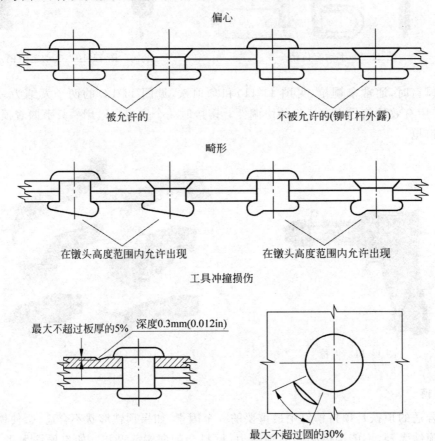

图 11-13 顶持

4. 气动铆接

为了在使用气动铆枪时得到良好的铆接质量,要遵守下列基本要点。

(1) 根据铆钉的件号选择合适的铆枪及相应的铆壳(见图11-14),铆壳要牢固地安装在铆接装置上。

(2) 调整铆枪速度(每分钟振动次数)。在按下扳机启动铆枪之前,要牢牢地把铆接装置对着木块加压。在没有抵住铆接装置的阻力时,决不

图 11-14 铆壳

能进行操作,因为振动作用可能引起限位弹簧破坏,使铆壳飞出铆枪,造成危险。

(3) 使铆枪与加工件垂直,防止损伤铆钉头或者周围材料表面。

(4) 移开顶铁,检查铆钉的镦头。镦头直径应当是铆钉直径的1.5倍,高度应为铆钉直径的0.5倍(参照SRM)。如果铆钉需要进一步敲击,则重复必要的工序,完成该铆钉的安装工作。

使用气动铆枪时要遵守下列安全注意事项:铆枪在任何时候都不能对着人;铆枪不能空打,禁止使用没有限位弹簧的铆枪;长时间不使用铆枪时,一定要断开铆枪的气源。

5. 拉铆钉

1) 拉铆钉的分类及铆接

实心铆钉铆接时必须能接近被铆接部位的两面。但飞机上有一些部位,由于空间所限,无法采用顶铁顶铆的方式;另外装配一些非结构零件,如舱内装饰件、托板螺帽等也不需要实心铆钉。在上述情况下,通常使用可以在被铆接部位一侧实施铆接的拉铆钉,拉铆钉分为摩擦锁紧型和机械锁紧型两类。

摩擦锁紧型拉铆钉由两部分组成(见图11-15):一部分是带铆钉头的空心杆,另一部分是穿过空心杆的实心铆钉茎。这种拉铆钉靠铆钉茎的扩张段被拉进空心杆体,使杆体镦粗,同时铆茎端头堵紧空心杆内孔,使铆茎与铆钉空心杆之间以及铆钉空心杆与孔壁间的摩擦力增大,实现锁紧。

机械锁紧型拉铆钉除了有空心杆和实心铆钉茎之外,还增加了一个高可靠性的机械锁环(见图11-16),可以防止因振动而松动脱落。这种铆钉可用2017或5056铝合金制成,也可用蒙奈尔合金或不锈钢制成,具有可代替其他普通实心铆钉的强度。拉铆后铆钉茎的断裂处正好与铆钉头齐平,因而铆接后不必再进行平整工作。

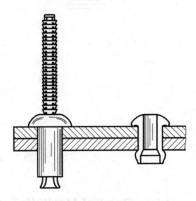

图11-15 摩擦锁紧型拉铆钉

2) 拉铆钉的使用

对厚度不足0.125in的薄板构件使用拉铆钉进行修理时,应注意以下几个方面:

- 拉铆钉一般用于铆钉受剪的部位;
- 在不清楚被铆接构件的厚度时,应避免使用拉铆钉;
- 在飞机C检时,应对采用拉铆钉的部位进行检查;
- 在飞机结构大修时,应卸下拉铆钉,采用实心铆钉等紧固件连接。

6. 铆接质量检查

为了在飞机修理中得到良好的结构性能,在部件投入使用之前必须对全部铆钉进行检查。这种检查包括检查铆钉的钉头和镦头以及周围蒙皮和结构件的变形,用目视检查钉头的变形,可以使用标尺或铆钉规检查铆钉镦头的状况。

出现不良铆接的最常见原因是不适当的顶撞、铆接装置滑动或安装角度不对以及铆钉孔或铆钉尺寸有错等;另外的一些原因是:埋头铆钉与埋头窝不一样高、在铆接过程中板件之间存在毛刺、铆钉太硬、顶铁重量不合适或铆枪气压过低而造成冷作硬化等。

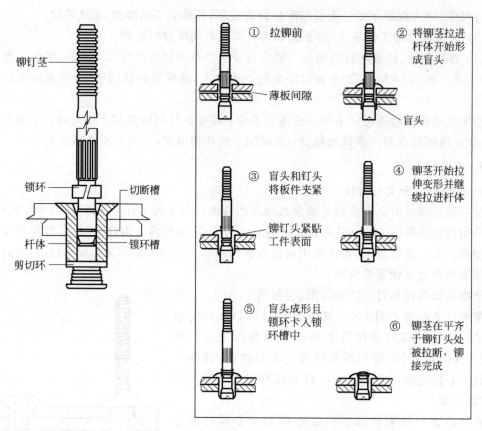

图 11-16 机械锁紧型拉铆钉的铆接过程

11.1.3 铆钉的损伤及检查

铆钉松动一般多发生在构件受力大、变形大和振动剧烈的部位,这些部位极易引起材料疲劳损伤和应力腐蚀损伤,如加强肋、翼梁腹板、蒙皮的连接处等。对松动的铆钉,应及时按规定更换,不允许将铆钉重新打紧。通常应使用大一级的铆钉替换这些已松动的铆钉。

1. 铆钉损伤质量检查方法

检查铆钉时,出现下列情况说明铆钉已松动:
(1) 当按压铆钉头旁边的蒙皮时,蒙皮离开铆钉头并形成肉眼可见的明显间隙。
(2) 检查飞机时发现铆钉周围有黑圈。
(3) 铆钉头已凸出构件表面或者发生卷边翘起现象。
(4) 铆钉头周围漆层出现碎裂、裂纹。

2. 铆钉更换与拆除

当更换或拆除铆钉时,要非常小心,尽量使铆钉孔保持原尺寸和形状,这样可以不用大一号的铆钉去更换。如果铆钉拆除不当,连接强度可能减弱,并且使得更换铆钉出现困难。

钉头要比镦头更对称于钉杆,因此在钉头端拆除铆钉对钉孔和周围材料损伤的可能性会小一些。为拆除铆钉,推荐的方法是使用手工工具或电钻钻透钉头,并用冲头冲下铆钉的残余部分。首先,在圆形或扁平的铆钉头上锉平一小块面积,并用中心冲在中心冲窝(见图 11-17)。对于薄金属来说,在冲窝时为避免把金属板压陷下去,要在镦头端顶住铆钉。由于 2117-T 铆钉有凹窝,因此不需要在铆钉头上锉平和冲窝。

选择比铆钉杆尺寸小一级的钻头,钻出铆钉头。当使用电钻时,通电前要把钻头放在铆钉上,并用手把钻头转几圈。这样做有助于钻出一个好的起始凹窝,防止电钻打滑,减小在金属板上留下痕迹的可能性。铆钉头上的孔要钻到铆钉头的深度,而且电钻要始终与工件表面垂直(见图 11-18)。注意,不要钻得太深,因为这样会使钉杆随钻头旋转而引起划伤。当铆钉头断开并沿钻杆上升时应退出钻头。

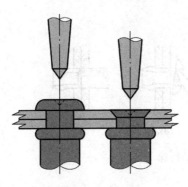

图 11-17 冲窝

图 11-18 钻铆钉

如果铆钉头没有自行松动,可以把冲头插入孔中,并朝任一方向稍稍扭动,直到铆钉头脱开为止(见图 11-19)。

用比铆钉杆直径小一级的冲头打出铆钉杆。对于薄金属板或无支承的结构板件来说,当冲出铆钉杆时,要用顶铁在背面支撑板件(见图 11-20)。如果拆除铆钉头后,钉杆仍特别牢固,则再深钻铆钉,使深度达到板件厚度的 2/3 左右处,然后用冲头敲击出铆钉的残留部分。

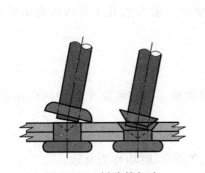

图 11-19 拆除铆钉头

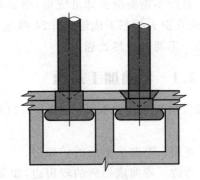

图 11-20 拆除铆钉镦头

3. 拉铆钉的拆除

(1) 对于较厚铆接件上的拉铆钉,可直接用细冲子将拉铆钉心茎冲出;对于较薄铆接件上的拉铆钉,为避免冲心茎时损伤到被铆接件,应用小钻头将拉铆钉心茎钻掉(见图 11-21)。

(2) 用冲子将铆钉锁环挑出。

(3) 用与铆钉孔直径相同的钻头将拉铆钉头钻掉,不能将铆钉整个钻通,这样会导致铆钉孔扩大。

(4) 将冲子插入钻孔之中,将铆钉头挑出。

(5) 用冲子将铆钉剩余部分冲出。

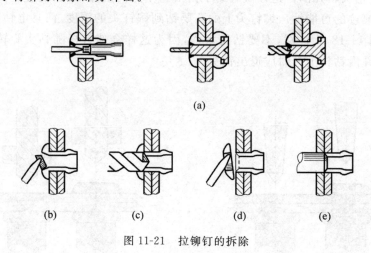

图 11-21 拉铆钉的拆除

11.2 钣金加工

使金属板材产生塑性变形而获得所需形状的方法,称为钣金成形加工。钣金成形是通过塑性变形获得的,所以用于成形加工的材料必须具有良好的塑性变形能力。飞机维修中主要采用的成形种类有:折边(弯曲)、延展和收缩、挤压、模压、拉伸、冲压等。成形的方法包括手工成形和机械成形。

飞机结构上使用冷加工成形的材料包括铝合金、不锈钢、钛合金,主要以铝合金为主。大部分铝合金不需要退火即可成形,但如果是非常特殊的成型操作,要求深度拉伸或复杂的曲面时,应在退火状态下成形。2024-O 退火铝合金用一般方法几乎可以成形为任何形状,但成形后一定要进行热处理。

11.2.1 弯曲加工术语

熟悉板材弯曲时的术语(见图 11-22)对理解弯曲加工及在实际工作中的应用是十分必要的。

(1) 宽边　弯曲成形后的较长边。

(2) 弯边　弯曲成形后的较短边,如果两边长度相等,则均称为宽边。

(3) 型线　宽边和弯边的外表面延长线,两条延长线的交点称为型线交点。

(4) 弯曲切线　板材的平直部分和弯曲部分的交线。

(5) 弯曲半径　从板材的弯曲面内侧测量得到的曲率半径。

(6) 基本长度　成形零件的外型尺寸,在图纸上已给出,也可从原件上测量得到。

(7) 收缩段　弯曲切线到型线交点的距离。

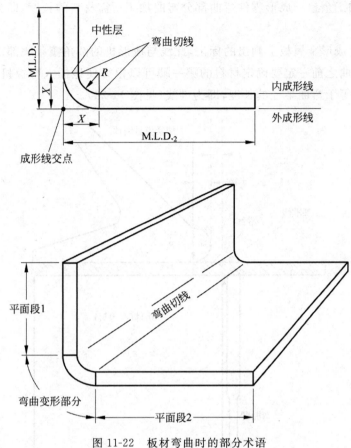

图 11-22 板材弯曲时的部分术语

(8) 平面　零件的平面或平直部分,不包括弯曲,等于基本长度减去收缩段。

(9) 中性面　弯曲金属板材时,在板的内侧曲面产生压缩力而在外侧曲面产生拉伸力,在内曲面和外曲面之间的某一曲面处,既没有压缩力也没有拉伸力,该面称为中性面(见图 11-23)。

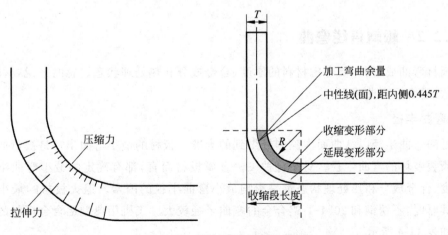

图 11-23 板材弯曲时的中性面

(10) 弯曲加工余量　成形零件弯曲部分弯曲加工所需材料的长度,即为弯曲中性面的长度。

(11) 准线　成形金属板上画出的标记,此线与成形机的圆角镶条头部对齐作为弯曲工作的指示。在弯曲之前一定要确定材料的哪一端可以很方便地插入弯扳机,然后从插入端的弯曲切线测量等于弯曲半径的长度,即为准线(见图11-24)。

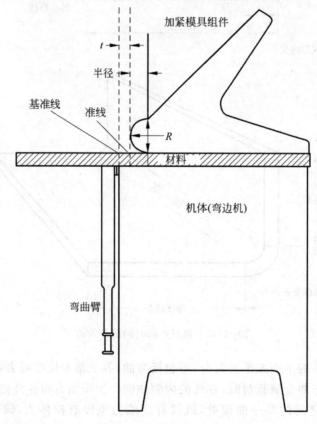

图 11-24　板材弯曲时的准线

11.2.2　板材直线弯曲

在板材弯曲成形时,要考虑材料的厚度、合金成分和热处理状态。总的来说,材料越薄,材料越软,越容易弯曲成形。

1. 弯曲半径

板材的弯曲半径以从曲面内侧测量得到的为准。板材的最小弯曲半径是被弯曲材料不会产生撕裂破坏的弯曲半径。对于每种飞机金属板材而言,都有确定的最小弯曲半径。材料的厚度、合金成分和热处理状态都是影响最小弯曲半径的因素。退火板材的最小弯曲半径接近其厚度,不锈钢和2024-T铝合金的弯曲半径较大。飞机用典型铝合金板材的最小弯曲半径如表11-4所示。

表 11-4　铝合金板材的最小弯曲半径

板　材	厚度 /in							
	0.020	0.025	0.032	0.040	0.050	0.063	0.071	0.080
2024-O	1/32	1/16	1/16	1/16	1/16	3/32	1/8	1/8
2024-T4	1/16	1/16	3/32	3/32	1/8	5/32	7/32	1/4
5052-O	1/32	1/32	1/16	1/16	1/16	1/16	1/8	1/8
5052-H34	1/32	1/32	1/16	1/16	3/32	3/32	1/8	1/8
6061-O	1/32	1/32	1/32	1/16	1/16	1/16	3/32	3/32
6061-T4	1/32	1/32	1/32	1/16	1/16	3/32	5/32	5/32
6061-T6	1/16	1/16	1/16	3/32	3/32	1/8	3/16	3/16
7075-O	1/16	1/16	1/16	1/16	3/32	3/32	5/32	3/16
7075-W	3/32	1/32	1/8	5/32	3/16	1/4	9/32	5/16
7075-T6	1/8	1/8	1/8	3/16	1/4	5/16	3/8	7/16

2. 弯曲加工量

弯曲金属板材时,要计算弯曲加工量,弯曲加工量是弯曲加工所需板材的长度。弯曲加工量取决于以下 4 个因素:弯曲角度、弯曲半径、板材的厚度和金属的种类。

弯曲金属板材时,如果从曲面内侧测量,则中性面位于 44.5% 板厚处(见图 11-25)。为计算方便,一般可认为中性面位于 50% 板厚处。

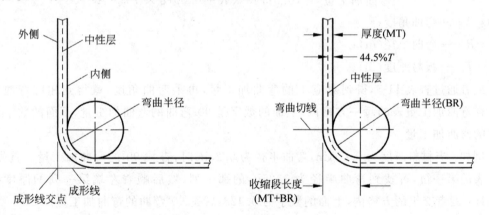

图 11-25　板材弯曲时的中性面

1) 90°弯曲的弯曲加工量

弯曲半径(R)加上板材厚度的一半$\left(\frac{1}{2}T\right)$近似等于中性面的曲率半径。用中性面的曲率半径乘以 2π 可计算出圆的周长:

$$2\pi\left(R+\frac{1}{2}T\right)$$

因为 90°的弯曲是圆周的四分之一,用周长除以 4 得出

$$\frac{2\pi\left(R+\frac{1}{2}T\right)}{4}$$

因而，90°弯曲的弯曲加工量为

$$\frac{\pi\left(R+\frac{T}{2}\right)}{2}$$

例题：若板材半径为 1/4in，厚度为 0.051in，求 90°弯曲的弯曲加工量。

$$90°弯曲的弯曲加工量 = \frac{3.1416\times\left(0.250+\frac{1}{2}\times0.051\right)}{2} = \frac{3.1416\times(0.250+0.02555)}{2}$$

$$= \frac{3.1416\times(0.27555)}{2} = 0.4328\text{in}。$$

以上计算结果稍有误差，这是因为中性面并不是精确地位于被弯曲薄板的中心线。由于所用的材料很薄，对于大多数加工来说，公式是符合要求的。

2) 非 90°弯曲的弯曲加工量

当金属板材的弯曲角度不是 90°或尺寸有严格要求时，必须进行精确的计算。在飞机维修中，为节省计算时间，制定了对于各种弯曲角度、弯曲半径和板材厚度的公式和图表，可以通过计算或直接查表得到弯曲加工量。

对于 1°～180°任何角度的弯曲，使用下列公式可以获得精确的结果：

$$弯曲加工量 = (0.01743\times R + 0.0078\times T)\times A$$

式中：A——弯曲角度；
R——弯曲半径(in)；
T——板材厚度(in)。

或者通过查表 11-5，得到对应 1°的弯曲加工量，再乘弯曲角度，就得到相应弯曲加工量。在弯曲加工量表的每一方格内，上面的数字是 90°弯曲的弯曲加工量，下面的数字是 1°弯曲的弯曲加工量。

例如：当材料厚度为 0.051in，弯曲半径为 0.25in 时，查找 90°的弯曲加工量。首先，横着看表的第一行，可找到弯曲半径为 0.25in 的那一列，然后顺着左端第一列的厚度找到 0.051in，两者交汇的方格内，上面的数字为 0.428，就是 90°弯曲的弯曲加工量。

又例如：在材料厚度为 0.051in，弯曲半径为 0.25in 时，查找 120°的弯曲加工量。首先，横着看表的第一行，可找到弯曲半径为 0.25in 的那一列，然后顺着左端第一列的厚度找到 0.051in，两者交汇的方格内，下面的数字为 0.004756，120°弯曲的弯曲加工量就是 $120\times0.004756 = 0.5707\text{in}$。

3. 收缩段

在弯曲一块薄板时，有必要知道弯曲的始点和终点，以便确定平直部分的材料长度。确定这部分长度有两个重要因素：弯曲半径和材料厚度。

表 11-5 弯曲加工量

厚度/in	弯曲半径/in												
	1/32 (0.031)	1/16 (0.063)	3/32 (0.094)	1/8 (0.125)	5/32 (0.156)	3/16 (0.188)	7/32 (0.219)	1/4 (0.250)	9/32 (0.281)	5/16 (0.313)	11/32 (0.344)	3/8 (0.375)	7/16 (0.438)	1/2 (0.500)
0.020	0.062 0.000693	0.113 0.001251	0.161 0.001792	0.210 0.002333	0.259 0.002874	0.309 0.003433	0.358 0.003974	0.406 0.004515	0.455 0.005056	0.505 0.005614	0.554 0.006155	0.603 0.006695	0.702 0.007795	0.799 0.008877
0.025	0.066 0.000736	0.116 0.001294	0.165 0.001835	0.214 0.002376	0.263 0.002917	0.313 0.003476	0.362 0.004017	0.410 0.004558	0.459 0.005098	0.509 0.005657	0.558 0.006198	0.607 0.006739	0.705 0.007838	0.803 0.008920
0.028	0.068 0.000759	0.119 0.001318	0.167 0.001859	0.216 0.002400	0.265 0.002941	0.315 0.003499	0.364 0.004040	0.412 0.004581	0.461 0.005122	0.511 0.005680	0.560 0.006221	0.609 0.006762	0.708 0.007862	0.805 0.007862
0.032	0.071 0.000787	0.121 0.001345	0.170 0.001886	0.218 0.002427	0.267 0.002968	0.317 0.003526	0.366 0.004067	0.415 0.004608	0.463 0.005149	0.514 0.005708	0.562 0.006249	0.611 0.006789	0.710 0.007889	0.807 0.008971
0.038	0.075 0.000837	0.126 0.001396	0.174 0.001937	0.223 0.002478	0.272 0.003019	0.322 0.003577	0.371 0.004118	0.419 0.004659	0.468 0.005200	0.518 0.005758	0.567 0.006299	0.616 0.006840	0.715 0.007940	0.812 0.009021
0.040	0.077 0.000853	0.127 0.001411	0.176 0.001952	0.224 0.002493	0.273 0.003034	0.323 0.003593	0.372 0.004134	0.421 0.004675	0.469 0.005215	0.520 0.005774	0.568 0.006315	0.617 0.006856	0.716 0.007955	0.813 0.009037
0.051		0.134 0.001413	0.183 0.002034	0.232 0.002575	0.280 0.003116	0.331 0.003675	0.379 0.004215	0.428 0.004756	0.477 0.005297	0.527 0.005855	0.576 0.006397	0.624 0.006934	0.723 0.008037	0.821 0.009119
0.064		0.144 0.001595	0.192 0.002136	0.241 0.002676	0.290 0.003218	0.340 0.003776	0.389 0.004317	0.437 0.004858	0.486 0.005399	0.536 0.005957	0.585 0.006498	0.634 0.007039	0.732 0.008138	0.830 0.009220
0.072			0.198 0.002202	0.247 0.002743	0.296 0.003284	0.436 0.003842	0.394 0.004283	0.443 0.004924	0.492 0.005465	0.542 0.006023	0.591 0.006564	0.639 0.007105	0.738 0.008205	0.836 0.009287
0.078			0.202 0.002249	0.251 0.002790	0.300 0.003331	0.350 0.003889	0.399 0.004430	0.447 0.004963	0.496 0.005512	0.546 0.006070	0.595 0.006611	0.644 0.007152	0.745 0.008252	0.840 0.009333

续表

厚度/in	弯曲半径/in													
	1/32 (0.031)	1/16 (0.063)	3/32 (0.094)	1/8 (0.125)	5/32 (0.156)	3/16 (0.188)	7/32 (0.219)	1/4 (0.250)	9/32 (0.281)	5/16 (0.313)	11/32 (0.344)	3/8 (0.375)	7/16 (0.438)	1/2 (0.500)
0.081			0.204 / 0.002272	0.253 / 0.002813	0.302 / 0.003354	0.352 / 0.003912	0.401 / 0.004453	0.449 / 0.004969	0.498 / 0.005535	0.548 / 0.006094	0.598 / 0.006635	0.646 / 0.007176	0.745 / 0.008275	0.842 / 0.009357
0.091			0.212 / 0.002350	0.260 / 0.002891	0.309 / 0.003432	0.359 / 0.003990	0.408 / 0.004531	0.456 / 0.005072	0.505 / 0.005613	0.555 / 0.006172	0.604 / 0.006713	0.653 / 0.007254	0.752 / 0.008353	0.849 / 0.009435
0.094			0.214 / 0.002374	0.262 / 0.002914	0.311 / 0.003455	0.361 / 0.004014	0.410 / 0.004555	0.459 / 0.005096	0.507 / 0.005637	0.558 / 0.006195	0.606 / 0.006736	0.655 / 0.007277	0.754 / 0.008376	0.851 / 0.009458
0.102				0.268 / 0.002977	0.317 / 0.003518	0.367 / 0.004076	0.416 / 0.004617	0.464 / 0.005158	0.513 / 0.005699	0.563 / 0.006257	0.612 / 0.006798	0.661 / 0.007339	0.760 / 0.008439	0.857 / 0.009521
0.109				0.273 / 0.003031	0.321 / 0.003572	0.372 / 0.004131	0.420 / 0.004672	0.469 / 0.005213	0.518 / 0.005754	0.568 / 0.006312	0.617 / 0.006853	0.665 / 0.008394	0.764 / 0.008493	0.862 / 0.009575
0.125				0.284 / 0.003156	0.333 / 0.003697	0.383 / 0.004256	0.432 / 0.004797	0.480 / 0.005338	0.529 / 0.005678	0.579 / 0.006437	0.628 / 0.006978	0.677 / 0.007519	0.776 / 0.008618	0.873 / 0.009700
0.156					0.355 / 0.003939	0.405 / 0.004497	0.453 / 0.005038	0.502 / 0.005579	0.551 / 0.006120	0.601 / 0.006679	0.650 / 0.007220	0.698 / 0.007761	0.797 / 0.008860	0.895 / 0.009942
0.188						0.417 / 0.004747	0.476 / 0.005288	0.525 / 0.005829	0.573 / 0.006370	0.624 / 0.006928	0.672 / 0.007469	0.721 / 0.008010	0.820 / 0.009109	0.917 / 0.010191
0.250								0.568 / 0.006313	0.617 / 0.006853	0.667 / 0.007412	0.716 / 0.007953	0.764 / 0.008494	0.863 / 0.009593	0.961 / 0.010675

1) **90°弯曲的收缩段**

计算 90°弯曲的收缩段长度,将弯曲内径加上板材的厚度即可(见图 11-26),即收缩段长度为

$$SB = R + T$$

例如:板材厚度为 0.051in,弯曲半径为 1/8(0.125)in,计算收缩段的长度为

$$SB = R + T = 0.125 + 0.051 = 0.176\text{in}$$

2) **非 90°弯曲的收缩段**

计算大于或小于 90°的弯曲角度时的收缩段长度时,参照图 11-27 可得

$$\tan\frac{180-A}{2} = \frac{R+T}{SB}$$

$$SB = \tan\left(\frac{A}{2}\right)(R+T)$$

式中:A——金属板的弯曲角度。

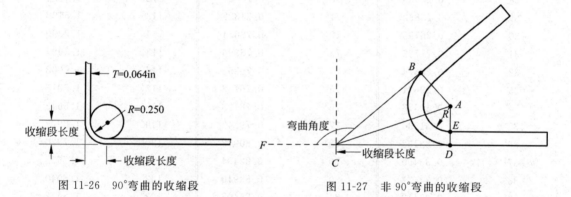

图 11-26　90°弯曲的收缩段　　　　图 11-27　非 90°弯曲的收缩段

设 $\tan\left(\frac{A}{2}\right) = K$,则收缩段长度为

$$SB = K(R+T)$$

参考标准的收缩段图表(即"K"值表,见表 11-6),然后将 K 值代入上式,就可以得到非 90°弯曲的收缩段长度。

例如:弯曲的半径为 0.125in,板的厚度为 0.032in,计算 120°弯曲的收缩段长度。

查收缩段图表,得到 120°弯曲的 K 值为 1.7320,则 120°弯曲的收缩段长度为

$$SB = K(R+T) = 1.7320 \times (0.125 + 0.032) = 0.272\text{in}$$

一定要在进行弯曲之前确定收缩段尺寸,因为收缩段用来决定弯曲切线的开始位置。

表 11-6　收缩段表　　　　　　　　　　　　　　　　in

A	K	A	K	A	K
1°	0.00873	6°	0.05241	11°	0.09629
2°	0.01745	7°	0.6116	12°	0.10510
3°	0.02618	8°	0.06993	13°	0.11393
4°	0.03492	9°	07870	14°	0.12278
5°	0.04366	10°	0.08749	15°	0.13165

续表

A	K	A	K	A	K
16°	0.14054	58°	0.55431	100°	1.1917
17°	0.14945	59°	0.56577	101°	1.2131
18°	0.15838	60°	0.57735	102°	1.2349
19°	0.16734	61°	0.58904	103°	1.2572
20°	0.17633	62°	0.60086	104°	1.2799
21°	0.18534	63°	0.61280	105°	1.3032
22°	0.19438	64°	0.62487	106°	1.3270
23°	0.20345	65°	0.63707	107°	1.3514
24°	0.21256	66°	0.64941	108°	1.3764
25°	0.22169	67°	0.66188	109°	1.4019
26°	0.23087	68°	0.67451	110°	1.4281
27°	0.24008	69°	0.68728	111°	1.4550
28°	0.24933	70°	0.70021	112°	1.4826
29°	0.25862	71°	0.71329	113°	1.5108
30°	0.26795	72°	0.72654	114°	1.5399
31°	0.27732	73°	0.73996	115°	1.5697
32°	0.28674	74°	0.75355	116°	1.6003
33°	0.29621	75°	0.76733	117°	1.6318
34°	0.30573	76°	0.78128	118°	1.6643
35°	0.31530	77°	0.79543	119°	1.6977
36°	0.32492	78°	0.80978	120°	1.7320
37°	0.33459	79°	0.82434	121°	1.7675
38°	0.34433	80°	0.83910	122°	1.8040
39°	0.35412	81°	0.85408	123°	1.8418
40°	0.36397	82°	0.86929	124°	1.8807
41°	0.37388	83°	0.88472	125°	1.9210
42°	0.38386	84°	0.90040	126°	1.9626
43°	0.39391	85°	0.91633	127°	2.0057
44°	0.40403	86°	0.93251	128°	2.0503
45°	0.41421	87°	0.80978	129°	2.0965
46°	0.42447	88°	0.96569	130°	2.1445
47°	0.43481	89°	0.98270	131°	2.1943
48°	0.44523	90°	1.0000	132°	2.2460
49°	0.45573	91°	1.0176	133°	2.2998
50°	0.46631	92°	1.0355	134°	2.3558
51°	0.47697	93°	1.0538	135°	2.4142
52°	48773	94°	1.0724	136°	2.4751
53°	0.49858	95°	1.0913	137°	2.5386
54°	0.50952	96°	1.1106	138°	2.6051
55°	0.52057	97°	1.1303	139°	2.6746
56°	0.53171	98°	1.1504	140°	2.7475
57°	0.54295	99°	1.1708	141°	2.8239

续表

A	K	A	K	A	K
142°	2.9042	155°	4.5107	168°	9.5144
143°	2.9887	156°	4.7046	169°	10.385
144°	3.0777	157°	4.9151	170°	11.430
145°	3.1716	158°	5.1455	171°	12.706
146°	3.2708	159°	5.3995	172°	14.301
147°	3.3759	160°	5.6713	173°	16.350
148°	3.4874	161°	5.9758	174°	19.081
149°	3.6059	162°	6.3137	175°	22.904
150°	3.7320	163°	6.6911	176°	26.636
151°	3.8667	164°	7.1154	177°	38.188
152°	4.0108	165°	7.5957	178°	57.290
153°	4.1653	166°	8.1443	179°	114.590
154°	4.3315	167°	8.7769	180°	∞

4. 制作直线弯曲加工平面图形

如果现有一个零件的图纸，在做直线弯曲之前需要展开成平面图形。这样既可以留出正确的余量以满足收缩段和弯曲加工量的要求，又可防止浪费材料，还可以保证成品的精度。以下通过一个简单举例说明如何制作平面图形。

展开如图 11-28 所示一个槽形件的平面图形，槽的左边高为 2in，右边高为 2in，两平面外表面之间距离为 2in，槽形件的长度为 4in，材料厚度为 0.032in，弯曲半径是 0.125in，弯曲角度为 90°。

计算如下：

收缩段长度 $=R+T=0.125+0.032=0.157$in；

平直部分 $A=2.000-0.157=1.843$in；

平直部分 $B=2.000-(0.157+0.157)=2.000-0.314=1.686$in；

平直部分 $C=2.000-0.157=1.843$in；

90° 的弯曲加工量 $=0.218$in（查表）。

所以，弯制槽形材所需板材长度为 $1.843+1.686+1.843+2\times 0.218=5.808$in。

零件的基本尺寸之和为 6in，而计算得出的实际下料长度为 5.808in，减少了约 0.2in，表明了收缩段长度和弯曲加工量对材料长度的影响。当所有尺寸都计算好以后，切割材料，并标出弯曲切线和准线，以备弯曲。

5. 盒形件的成形

盒形件的成形涉及两个曲面的相交问题，应采用钻减压孔的方法防止材料变形甚至开裂。只要两个曲面相交，一定要在交点上钻孔，去除部分材料，为边缘的金属留出空间，这些孔称为减压孔。减压孔的目的是为了防止弯曲时产生变形，导致金属开裂，同时也提供了整齐的弯曲。

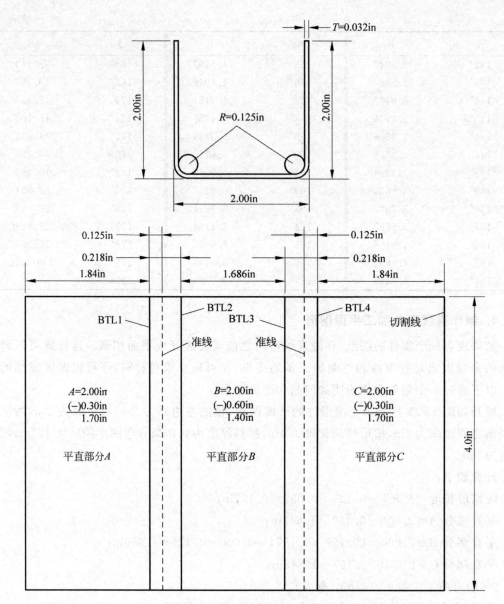

图 11-28　槽形件及其平面展开图

减压孔的尺寸随板材的厚度而变化,最常用的方法是减压孔的直径等于板材的弯曲半径。当板材厚度为 0.072~0.128in 时,减压孔的直径一般选为 3/16in；当板材厚度小于或等于 0.064in 时,其孔径不得小于最小允许值(1/8in)。减压孔的中心应位于内弯曲切线的交点处,为了弯曲时可能出现的误差,允许减压孔的中心位于内弯曲切线内 1/32~1/16in 处。

现通过一个例子来说明盒形件成形的计算和弯曲。如图 11-29 所示,一个 2024-T3 铝合金 90°盒形件,尺寸要求为：四边高均为 1in,底面边长为 4in×4in,板厚为 0.051in,弯曲半径为 5/32in。

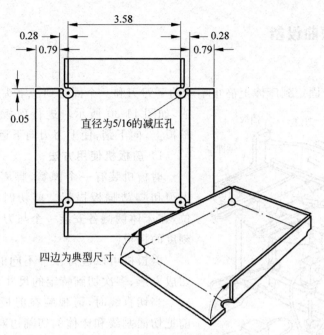

图 11-29 盒形件成形的计算和弯曲

计算如下：

收缩段长度 SB＝R＋T＝0.051＋5/32＝0.207in；

四边平直部分的长度＝边高－收缩段长度＝1.000－0.207＝0.793in；

底面平直部分的长度＝底面边长－2倍收缩段＝4－2×0.207＝3.586in；

查表得90°的弯曲加工量为0.280in；

则下料尺寸为0.793＋0.280＋3.586＋0.280＋0.793＝5.732in。

切割一块 5.732in×5.732in 的 2024-T3 铝合金，去除所有毛刺，从四边分别测量 0.793in 并划线（此线为外弯曲切线），注意一定要使用尖的软铅笔，以保证划线准确并不损伤铝合金表面。现在从外弯曲切线向内测量0.280in（此数值为弯曲加工量），划出内弯曲切线。在内弯曲切线的 4 个交点处，以弯曲半径 5/32in 为直径钻减压孔。

从内弯曲切线向外测量板的厚度（0.051in），划出准线。去除四角准线外的材料，并去除所有毛刺。至此弯曲前的所有工作都完成了。

6. 弯曲步骤

弯曲时应考虑材料的厚度、合金成分以及热处理状态。对铝合金板材来说其纹路也是很重要的因素，应尽可能沿垂直于纹路的方向进行弯曲，防止裂纹的产生。

进行实际弯曲的步骤如下：

（1）计算展开长度并下料、划线（注意板材纹路）；

（2）若需要加工减压孔；

（3）将板材去毛刺，用砂布抛光；

（4）检查使用模具是否正确（R）；

（5）弯曲样品，检查角度和尺寸，校对公差。如果角度弯过，不可以向回弯，不可以进行反复弯曲。

11.2.3 弯曲设备

1. 剪板机

剪板机由一个固定到床体上静止不动的下刀刃和一个固定到十字头上移动的上刀刃组成,如图 11-30 所示。进行剪板切割时,把脚放在踏板上,向下踏,使上刀刃向下运动。

1) **剪板机使用方法**

剪板机装有一个弹簧,脚离开踏板时,弹簧把刀刃和脚踏脚板提起。剪切时,为了方便尺寸定位,在床体两侧各安装一个与刀刃垂直并刻有尺寸刻度的挡板。

剪板机可以进行三种不同的操作:切直线边、切成方形、多次切到特定的尺寸。

当切直线时,薄板装在剪板机床体上,在刀刃前把切面割线和床体的切割边对齐,当压下夹板使薄板紧紧卡在平面上时,踏脚踏板切割薄板。

剪成方形需要几道工序。首先,薄板的一端和一个边对齐(用一个矩形的挡板做边);然后把薄板剪直的一端靠在矩形挡板上夹住并进行切割,把余下的各边剪成垂直,一次一个边,直到所有边切成垂直为止。当几块板必须切成同一尺寸时,在剪板机上使用定位装置。支撑标尺标有几分之一英寸的刻度,而定位尺可以放在标尺的任何一点,把定位器装置放在距离剪板机的切割刀刃所需求的距离,并推入每一块板靠近定位尺进行剪切。这样每块板不用逐一测量,使用标记就可以切成同样尺寸了。

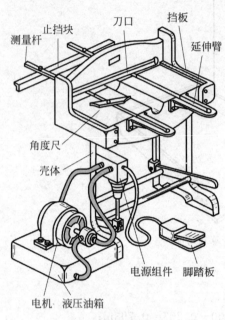

图 11-30 剪板机

2) **剪板机使用安全注意事项**

使用剪板机前,必须确定保险杆锁定在锁定位。严禁使用剪板机剪切棒材。剪板机必须单人操作。打开保险杆前必须确定板材已经放置妥当,手已离开并通知剪板机旁所有人注意安全。板材剪切后,必须立即将保险杆锁定在锁定位,才可以取板材或调整板材位置。取较小材料时,应借用辅助工具,禁止直接用手拿取。剪板机使用完毕后,必须将保险杆锁定在锁定位并断开电源,方可离开。

2. 弯板机

手动弯板机用于沿着板的边缘弯板或折叠板,适合弯折小的弯边、凸缘、接缝及卷边,如图 11-31 所示。

1) **弯板机使用方法**

通过在弯板机两端的螺丝调整材料厚度,当调整好后将所要求厚度的金属扳放到弯板机上,把操作手柄抬起直到小滚轮靠在

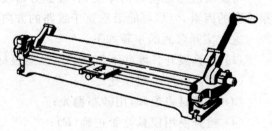

图 11-31 手动弯板机

凸轮上。将折刀保持在这个位置上，调整螺丝使金属板可靠地整齐地夹紧在整个折刀长度上，当弯板机调整好后，用小金属板在机器的两端分别试验一下。

弯板机有两个强制的止动器，一个是弯、折 45°角用的，另一个是弯、折 90°角用的。弯板机上装一个附加的部件，此部件（套环）在机器的能力范围内可将弯曲调到任何角度。

为了形成 45°或 90°，将止动器放到正确的位置，就可以允许手柄一直向前移动正确的角度。为了形成其他的角度，可使用可调套环，这项工作可通过松开螺丝将止动器调到所需要的角度。止动器调好后上紧螺丝，然后再进行弯折。

在弯折时，正确调整好机器，然后送入金属材料。把金属放在折刀和钳口之间，将金属靠着定位板抓牢，把操作手柄拉向机体。当手柄拉向前面，后钳口会自动升起抓住金属，直到金属弯折。当手柄返回原处后，钳口和刀也回到原来位置，而松开金属。为保证弯折出符合要求的工件，在弯折前一定要安排好弯折工序。

　2) **弯板机使用安全注意事项**

使用弯板机前，一定要对材料的厚度、弯边宽度、折叠的锐度及折叠角度进行一些调整。严禁使用弯板机弯折板材。使用弯板机时，一定要注意自身和周围人员的安全。因弯折需要拆除弯板机的部件，工作后必须马上装回。

第12章

硬/软管路施工

12.1 航空硬/软管基本知识

12.1.1 管路的应用

1. 管路系统的组成

飞机管路系统是由管子、接头、管螺帽、衬套、管卡等组成一个封闭的通道,以保证液体或气体在通道中流动和传递能量,如图12-1所示。

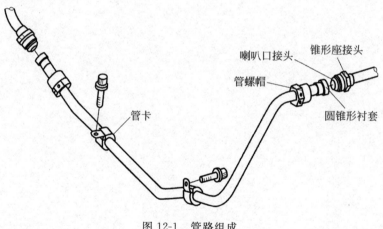

图12-1 管路组成

2. 飞机管路应用

飞机管路主要应用在飞机的空调系统(21)、燃油系统(28)、液压系统(29)、氧气系统(35)、污水/水(38)、燃油系统(28)和滑油系统(79)。软管一般配合运动部件使用,或用于管路承受较大振动的地方。

12.1.2 管路材料

1. 硬管材料

现代飞机使用的硬管材料主要有三种:铝合金、不锈钢、钛合金。管路材料和 BMS/MIL 规范如表12-1所示。

表 12-1　管路材料及 BMS/MIL 规范

管 路 材 料	BMS	MIL	其 他
铝合金 6061-T4,6061-T6		WW-T-700/6 T-7081	— AMS 4083
CRES 21-6-9	7-185		
不锈钢 304-1/8Hard	—	T-6845	AMS 5566
不锈钢 304	—	T-8504	AMS 5567
不锈钢 321		T-8808	AMS 5556 AMS 5567
钛合金 3AL-2.5V	7-234	—	AMS 4945

铝合金管路主要用于低压系统,如:仪表管路和通风管路等。不锈钢管路主要用于高压系统,如液压系统管路。钛合金管路具有强度高、密度低、耐腐蚀、耐高温的特点,可在一定范围替代不锈钢。

警告:不要使用钛合金修理氧气管路。钛合金能引起着火或对人员造成伤害。

2. 硬管材料替代原则

通常使用相同材料的管子对管路进行修理,如果没有相同材料的管子,则可以根据以下替代原则进行修理:

(1) 可用不锈钢管路替换铝合金管路,但需要做好标记。

(2) 可用 6061-T6 铝合金管路修理 6061-T4 铝合金管路,但不能用 6061-T4 铝合金管路修理或替代 6061-T6 铝合金管路。

(3) 可用 304-1/8 Hard 或 21-6-9 不锈钢管路替换修理钛合金管路,也可用 304-1/8 Hard 不锈钢管路替换或修理 21-6-9 不锈钢管路。当新管路制作好后替代原来的管路组件,新管路应做类似于但不同于原管路的件号标记。

(4) 21-6-9 不锈钢管路可用 Ti3AL-2.5V 钛合金管路(除吊架外)进行修理。

注意:如果用不锈钢管路修理铝合金或钛合金管路,应考虑重量补偿。

3. 软管材料

软管材料主要使用丁腈橡胶、氯丁橡胶、异丁橡胶和特氟隆(聚四氟乙烯)。

丁腈橡胶是一种合成橡胶化合物,具有极好的耐石油性能,但对磷酸酯液压油不适用。

氯丁橡胶对石油产品的耐力不如丁腈橡胶好,但有更好的抗腐蚀性,也不能用于磷酸酯基液压油。

异丁橡胶是一种由原油制成的合成橡胶,它是适用磷酸酯基液压油的合成橡胶,但是不能与石油产品一同使用。

特氟隆几乎适用于已使用的每一种物质和介质,并且其储存和使用寿命无限制。特氟隆软管可经加工并挤压成所需的尺寸和形状,其上覆盖有编织的不锈钢丝来加强和保护。

12.1.3　管路尺寸

1. 硬管尺寸

管路的尺寸标识有公制和英制之分。

公制是以管子的外径乘以内径表示。例如：8×6 是指管子的外径为 8mm，管子的内径为 6mm。

英制是以管子的外径(OD)为基准，以 1/16in 为单位递增或递减。例如 7 号管子表示是管子的外径为 7/16in。另外，英制管路由于壁厚的系列化，同一外径的管路可有多种壁厚，所以在安装管路时，不仅要知道管路的外径，而且应该知道管路的壁厚，这是十分重要的。典型液压管路的壁厚如表 12-2 所示。

表 12-2 液压管路的壁厚

管子外径		壁 厚					
		不锈钢 21-6-9		铝合金 6061-T6		钛合金 Ti 3AL-2.5V	
in	mm	in	mm	in	mm	in	mm
1/4	6.35	0.016	0.41	0.035	0.89	0.016	0.40
3/8	9.53	0.020	0.51	0.035	0.89	0.019	0.48
1/2	12.70	0.026	0.66	0.035	0.89	0.026	0.66
5/8	15.88	0.033	0.84	0.035	0.89	0.032	0.81
3/4	19.05	0.039	0.99	0.035	0.89	0.039	0.99
1	25.40	0.052	1.32	0.048	1.22	0.051	1.30
1.1/4	31.75	0.024	0.61	0.035	0.89		
1.1/2	38.10	0.024	0.61				

2. 软管尺寸和编号

英制软管以管子的内径(ID)为基准，以 1/16in 为单位递增或者递减。在软管材料壁内常加有纤维或金属丝以加强软管的强度。软管结构的适用压力及加固措施如表 12-3 所示。

表 12-3 软管结构适用压力及加固措施

适用	压 力 范 围	加固措施
低压	<250psi	纤维编织加固
中压	<1500psi（较大尺寸） <3000psi（较小尺寸）	一层金属编织加固
高压	≥3000psi	多层金属编织加固

在软管的外表面印有一些线条、字母、数字等组成的标记，如：软管的尺寸、制造厂家、制造日期以及适用的压力和温度极限等。

除特氟隆软管以外，软管的使用年限一般比较短，内管材料成形后随着时间的延长会变硬、变脆。特别注意软管的使用年限是以制造日期开始计算的，而不是从安装到飞机上来计算的。所以在更换软管时要注意软管的有效使用期还剩下多少。

12.1.4 管路标识

飞机管路可借助由彩色带、代号、英文说明词和几何符号组成的标记来识别。常用色带和印花图案缠绕在硬管管路端头，这些标记表明各个管路的功能、流体介质、危险警告和流体的流向。在发动机舱中的管路上，由于色带印花图案和标签有可能被吸入发动机进气系统,所以常使用涂料绘制标记。

除了上述标记外,某些管路还有可能对其系统内的特殊功能进一步标记,例如:DRAIN(排放)、VENT(通气)、PRESSURE(压力)、RETURN(回油)等。输送燃油的管路可能标有 FLAM(易燃)字样,容纳有毒物质的管路标有 TOXIC(有毒)字样,含有危险物质,如氧、氮、氟利昂等的管路标有 PHPAN(危险)字样。

维修人员进行飞机管路维护时,必须正确识别管路标记,以便采取相应的保护措施,防止人员受伤,保障航空器的安全。管路标识色带和印花图案如图 12-2 所示。

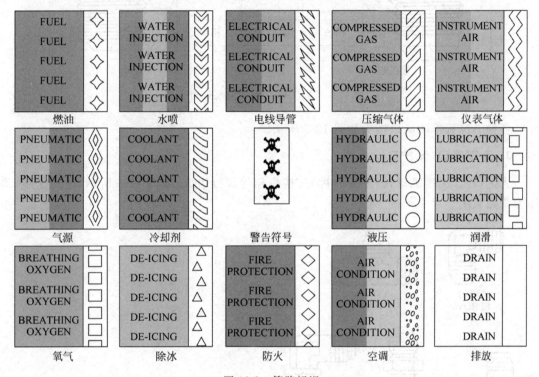

图 12-2 管路标识

12.1.5 管路接头

1. 喇叭口(扩口)

喇叭口接头由衬套、喇叭口和管螺母组成,如图 12-3 所示。管螺母套在衬套上,拧紧螺母时,带动衬套和管路喇叭口紧贴于插入式接头,以形成封严。应当注意,衬套、喇叭口和管螺母应使用相同的金属,避免接触时引起腐蚀。这种连接方式适用于中、低压力管路系统。

AC(Air Corp Standard)和 AN(Air Force-Navy Aeronautical Standard)喇叭口接头的差别如图 12-4 所示。

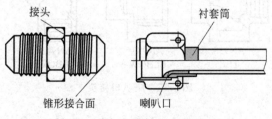

图 12-3 喇叭口接头

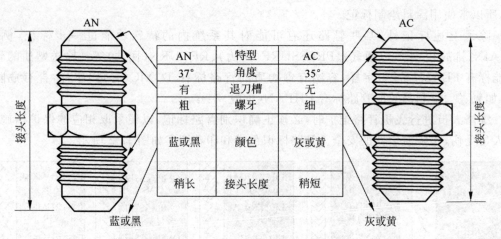

图 12-4　AN/AC 喇叭口接头的对比

各种 AN 标准喇叭口接头如图 12-5 所示。

2. 无喇叭口（无扩口）

无扩口式（无喇叭口式）接头由衬套、接头和管螺母组成，如图 12-6 所示，适用于中、高压力管路系统。

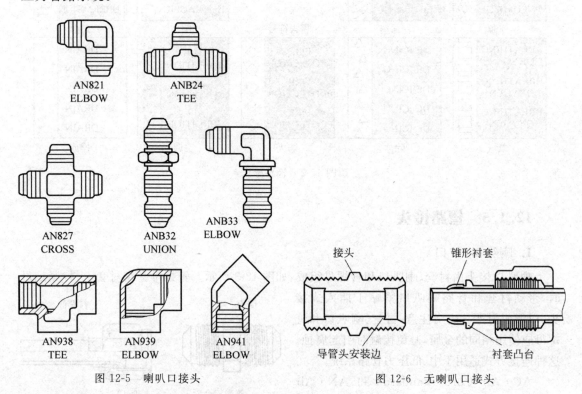

图 12-5　喇叭口接头　　　　图 12-6　无喇叭口接头

各种无喇叭口接头如图 12-7 所示。

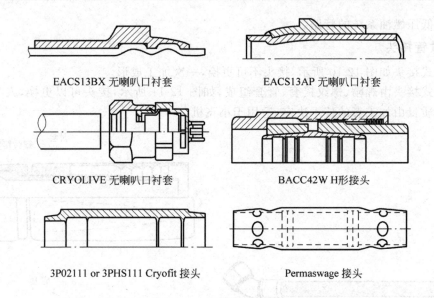

图 12-7 各种无喇叭口接头

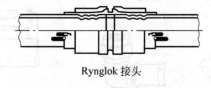

图 12-8 快卸接头

3. 快卸式（自封式）接头

快卸式由两个接头和内部弹簧控制活门组成，如图 12-8 所示。自密封式快拆连接适用于管路需要频繁拆开以便检查、维护的地方。这种连接器可以迅速拆开管路而不损失流体和无空气进入系统，适用于高、中、低压力管路系统。

4. 波式接头

波式接头一般是用一段软管连接两个硬管，如图 12-9 所示。这种接头的特点是连接时对中要求较低，并且能够在一定程度上降低振动的传递。

波式接头和软管夹常用于连接润滑油、

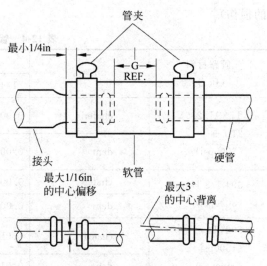

图 12-9 波式接头

冷却剂和低压燃油系统的管路。

5. 软管接头

挤压式接头如图 12-10 所示，接头不可更换，一次加工成形。

装配式接头由螺帽、螺纹接套、管套组成，如图 12-11 所示，接头可以更换，人工组装成形。装配质量由加工者的技术决定，适用于小飞机。

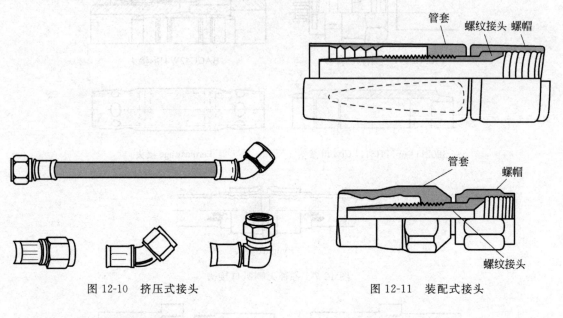

图 12-10 挤压式接头　　　　图 12-11 装配式接头

12.1.6 管路损伤

1. 波音飞机

当管路的凹痕和擦伤的深度超出表 12-4 给定的数值时，应更换管路。如小于给出的数值时，则无须修理和更换管路。（注：管路的凹痕和擦伤区域不能修理，只能修理针眼、裂纹的损伤）。

表 12-4　管路更换标准

管路材料（压力）	类型	管子外径						
		1/4	3/8	1/2	5/8	3/4	1	1-1/4
Ti-3AL-2.5V 21-6-9 (3000psi)	chafed	0.006	0.007	0.008	0.010	0.011	0.012	0.030 (Ti)
	dent	0.005	0.007	0.010	0.015	0.018	0.020	0.030 (Ti)
304 1/8 Hard (3000psi)	chafed	0.006	0.007	0.008	0.010	0.011	0.012	N/A
	dent	0.005	0.010	0.020	0.030	0.040	0.040	N/A
6061T6 (1500psi except *)	chated	0.015	0.015	0.010	0.005	0.004 0.015 *	0.003 0.015 *	0.003 0.015 *
	dent	0.015	0.015	0.010	0.005	0.005	0.005	0.005

2. 空客飞机

受冲击痕迹或表面变形的允许范围如表 12-5 所示。

表 12-5 管路允许损伤的深度

TUBE MATERIAL：CRES (21.6.9)，REF. ASNA3288

OUTER DIAMETER OD	in	1/4	3/8	1/2	5/8	3/4	1	1-1/4	1-1/2
	mm	6.350	9.525	12.700	15.875	19.050	25.400	31.750	38.100
	Dash	−4	−6	−8	−10	−12	−16	−20	−24
THICKNESS T	in	0.016	0.019	0.026	0.032	0.039	0.051	0.024	0.024
	mm	0.406	0.508	0.660	0.838	0.991	1.321	0.609	0.609
OPERATING PRESSURE	psi	3000	3000	3000	3000	3000	3000	80	80
	bar	206	206	206	206	206	206	5.5	5.5
SHARP BOTTOMED DEFECT A	in	0.001	0.001	0.001	0.002	0.002	0.003	0.001	0.001
	mm	0.020	0.025	0.033	0.042	0.050	1.066	0.030	0.030
ROUND BOTTOMED DEFECT B	in	0.002	0.002	0.003	0.003	0.004	0.005	0.002	0.002
	mm	0.041	0.051	0.066	0.084	0.099	0.132	0.061	0.061
ROUND BOTTOMED IMPACT C	in	0.005	0.007	0.010	0.013	0.015	0.020	0.025	0.030
	mm	0.127	0.191	0.254	0.318	0.381	0.508	0.635	0.762

(1) 尖底表面的缺陷 A：最大为 5% 的管壁厚度。

(2) 圆底表面的缺陷 B：最大为 10% 的管壁厚度。

注：尖底表面损坏缺陷是指在损坏底部造成有 90°或小于 90°的角度；其他情况均为圆底表面损伤。

(3) 尖底冲击损伤：不允许。

(4) 圆底冲击变形 C：最大为 2% 的管路公称直径。

注：受冲击损坏缺陷的长度或宽度不得大于 5mm(0.1986in)；当出现凹坑的表面受损缺陷时，要对每一个损伤进行分析。

12.2 硬管施工

12.2.1 硬管拆装

1. 硬管拆卸

不同系统的硬管拆卸都有不同的拆卸程序，可考照 AMM 手册或维修工作单的要求去实施拆卸工作。典型的硬管拆卸步骤如图 12-12 所示。

2. 硬管安装前检查

安装硬管前，对硬管做目视检查是必须的。其检查内容有：

(1) 检查硬管及接头组件是否密封完好。

(2) 仔细检查硬管是否有压坑和擦伤。

(3) 仔细检查硬管是否有变形、裂纹和腐蚀。

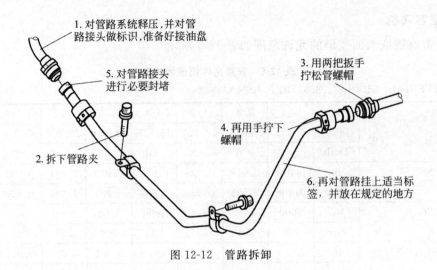

图 12-12 管路拆卸

（4）检查管螺帽、衬套和管接头是否有变形、裂纹和损伤，管螺帽和管接头的螺纹是否有损伤。

如果发现不正常的情形，停止硬管安装，待查明原因或修理硬管后，再完成硬管的安装工作。

3．硬管安装

典型的硬管安装步骤如图12-13所示。

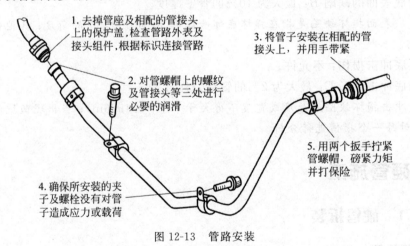

图 12-13 管路安装

根据 AMM 手册查找相应硬管接头的力矩值。当使用力矩扳手无法接近硬管接头螺帽时，可用如下方法（控制力矩）进行非喇叭口硬管接头的安装：先用手拧紧硬管接头螺帽，再用管路扳手拧紧硬管接头 1/6～1/3 圈。

4．渗漏测试

硬管安装完成以后，为检查硬管接头安装质量，须对硬管接头做渗漏测试。

给装配好的硬管系统提供压力，并保持压力至少15min。在系统保持压力的状况下，用清洁的布擦拭硬管和接头，仔细观察是否有渗漏。如果发生渗漏，可根据 AMM 手册或维修工作单提供的上限力矩值再次拧紧。如果再次测试发生渗漏,应拆卸硬管,检查硬管接头,查找渗漏原因,更换硬管接头组件。

5. 硬管拆装注意事项

(1) 硬管拆卸前,对硬管系统失效做出警示,在驾驶舱相应电门和操纵手柄上挂警示牌。

(2) 硬管拆卸前,须对有压力硬管系统充分释压。

(3) 断开管路前要使用必要的防护措施防止液体的泄漏,如封堵工具、接油盘准备到位。

(4) 用正确方法清除溅落在人体和飞机上的油液。

(5) 地面和工作梯油污清理干净。保持环境整洁,防止人员滑倒。

(6) 不得改变管路的弯曲度,否则会导致错装、导致额外的内压,引起硬管裂纹。

(7) 安装管路时,先将管路放入接头的底部,再用手拧紧,绝对不允许用拧紧螺母的方式来强行对正中心。

(8) 拆卸管路前应做好管路位置标记,防止错装,错装会导致飞机系统的故障、人员的受伤和设备的损坏。

12.2.2 硬管制作

硬管的制作过程包括切管、弯管、喇叭口接头和无喇叭口接头的制作。

1. 切管

可用两种方式切管:手锯方式和切管器方式。首先将管子用夹具夹住,然后放到虎钳上留出适当的长度夹住,用手锯或切管器在预定的位置截断。用切管器切管如图 12-14 所示。

切管后需用锉刀、刮刀、内孔绞刀等工具去除管口内、外壁的毛刺,确保管子端口平直,管子壁厚不能损伤。用内孔绞刀去除管口内毛刺如图 12-15 所示。

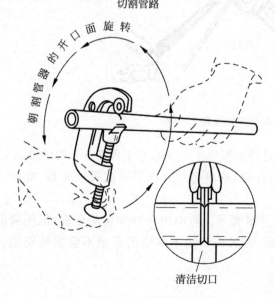

图 12-14 硬管切割

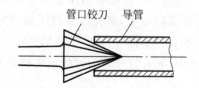

图 12-15 绞刀去内毛刺

2. 弯管

主要的弯管形式包括手动弯管、弯管器弯管、夹具弯管和大口径夹具弯管四种形式。

直径小于 1/4in 的硬管，可直接用手动弯管。

弯管器弯管施工步骤如图 12-16 所示，适用于直径大于等于 1/4in，小于等于 1in 的硬管施工。

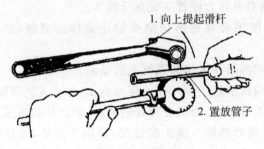

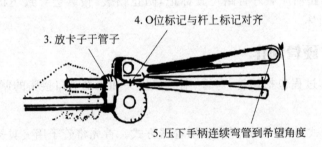

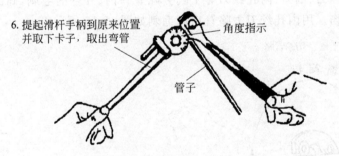

图 12-16 用弯管器弯管施工步骤

用夹具弯管，如图 12-17 所示，适用于直径大于等于 3/8in，小于等于 3in 的硬管施工。

管直径大于 3in 的用大口径夹具弯管（注意，这种弯管管内必须放置填充物，常用的是沙子，超过 4in 的还必须在弯管处加热）。

弯管应小心，避免过多的压扁、弯折和弄皱管子。弯曲中允许少量的压扁，但压扁部分的最小直径不能小于原外径的 75%。压扁、弄皱或弯曲不规则的管道不应安装使用。如图 12-18 所示为弯管后可能出现的情形。

3. 喇叭口接头制作

喇叭口扩口工具如图 12-19 所示。

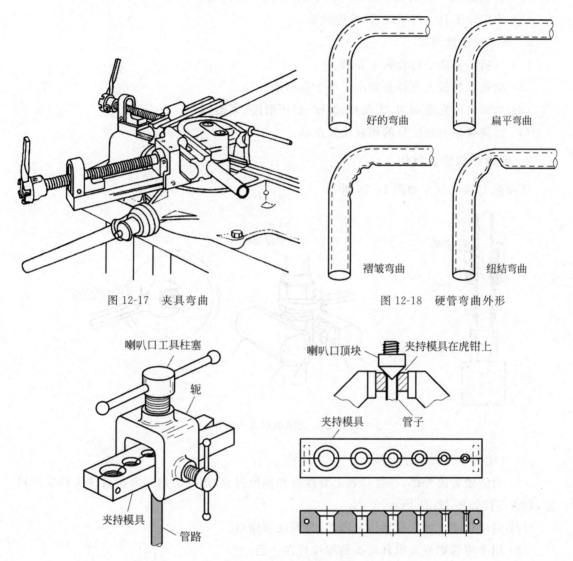

图 12-17 夹具弯曲

图 12-18 硬管弯曲外形

图 12-19 喇叭口接头制作

1) 喇叭口接头制作步骤

(1) 清洁管口及内部(制作喇叭口所需要的那部分),套上衬套、管螺母将管子伸进工具合适的直径内(注意方向不能反)。

(2) 管子露出工具上表面一个硬币的厚度(对于管壁较厚的管,也可以用一个管壁的厚度),夹紧。

(3) 擦拭干净工具锥头,然后在锥头处涂上润滑油。

(4) 旋转锥头手柄直到锥头与管子接触,然后每旋转手柄一圈用木锤轻敲击手柄头部一下(要注意的是喇叭口是在制作过程中挤压出来的,而不是敲出来的)。

(5) 每转一圈注意观察外管壁,当外管壁接触到工具的锥形面上时,再拧手柄 1/8~1/6 圈。特别注意最后一次的动作必须是拧手柄,不允许是敲击。

(6) 从扩口工具上拆下硬管,检查接头。

2) 喇叭口质量要求

(1) 喇叭口要高于衬套的上表面。

(2) 喇叭口的最大直径必须小于等于套筒的外径。

(3) 喇叭口内光滑均匀、无偏斜、裂纹、挤压痕迹、划痕。

(4) 套筒螺帽与喇叭口的相对位置正确。

4. 无喇叭口接头制作

无喇叭口接头制作如图 12-20 所示。

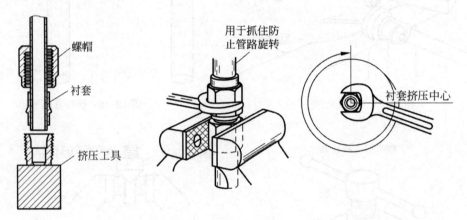

图 12-20 无喇叭口接头制作

1) 无喇叭口接头制作步骤

(1) 清洁硬管内外部,在管口装上管螺母和锥形衬套,用润滑剂润滑模具接头和锥形衬套,润滑部位如图 12-21 所示。

(2) 将硬管垂直伸入模具接头内部,直到底部端口。

(3) 用手将管螺母与模具接头的螺纹拧在一起。

(4) 根据管路的材料。

(5) 拆下管螺母,检查接头。

2) 无喇叭口的检查要求

(1) 管口端面必须均匀平整。

(2) 管子内部必须有一个凸起波纹(双切割边必须有两个凸起波纹)。

(3) 管套前部应是均匀的弯曲环形。

(4) 管套允许有一点周向移动,但在轴向不允许有任何移动。

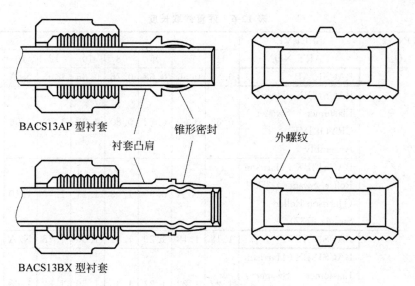

图 12-21 无喇叭口接头润滑点

12.2.3 应用举例

1. 用 BACS13AP 无喇叭衬套和接头修理管路

如图 12-22 所示,硬管出现针眼或小裂纹。

可采取切割硬管,用 BACS13AP 衬套的预轧无喇叭口接头的方式修理硬管。

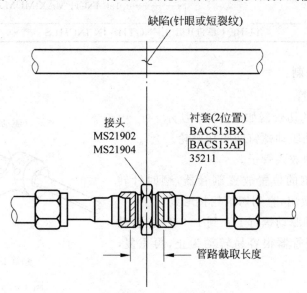

图 12-22 用 BACS13AP 衬套和接头修理管路

2. 选取截取的长度

根据 AMM 手册,查找 BACS13AP 衬套所对应的硬管尺寸和接头组件号,正确截取硬管长度。如表 12-6 所示。

表 12-6　硬管截取长度

UNION PART NO.	SLEEVE PART NO.	TUBE SIZE								
		04	05	06	08	10	12	16	20	24
MS21902	BACS13AP	0.59	0.56	0.68	0.76	0.86	1.05	N/A	N/A	N/A
	BACS13BX（Harrison Elastomer Swager）CRYOLIVE Assembly	0.63	0.60	0.72	0.80	0.90	1.09	0.96	0.96	0.96
	BACS13BX（Harrison Roller Swager）35211（Harrison Roller Swager 6777）	0.82	N/A	0.95	1.03	1.21	1.40	1.40	N/A	N/A
MS21924	BACS13AP	1.18	1.18	1.29	1.42	1.55	1.78	N/A	N/A	N/A
	BACS13BX（Harrison Elastomer Swager）CRYOLIVE Assembly	1.22	1.22	1.33	1.46	1.59	1.82	1.68	1.67	1.67
	BACS13BX（Harrison Roller Swager）35211（Harrison Roller Swager 6777）	1.41	N/A	1.56	1.69	1.90	2.13	2.13	N/A	N/A
Rynglok		0.300	N/A	0.300	0.350	0.350	0.350	0.400	0.400	N/A
Permaswage Cryofit H-Coupling	None Necessary	←——0.150 INCH MAXIMUM——→								
TUBE CUTOUT LENGTHS IN INCHES										

3. 切割和去毛刺

1) 用切管器切管

标准施工使用的切管器如图 12-23 所示。

（1）逆时针转动驱动螺钉回收切割轮。

（2）在割管器中放入管子。

（3）在需要切割的位置放置割管器，顺时针转动驱动螺钉切割轮放出，直到切割轮接触到管子。

（4）顺时针转动驱动螺钉 1/8 到 1/4 转后，转动整个割管器，直到割管器很容易转动为止，再重复，直到切断管子。

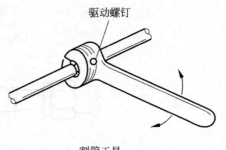

驱动螺钉

割管工具

图 12-23　切管器

2) 去毛刺

去毛刺工具如图 12-24 所示。

（1）压下工具的推杆使膨胀块收缩，使去毛刺工具插入管子的末端。

（2）松开推杆，让工具的膨胀块膨胀，紧紧填合到管子的内表面。

（3）转动去毛刺工具去除管子内表面的毛刺。

（4）在拔出去毛刺工具的同时，用膨胀状态下的膨胀块清除管子内表面的金属粒。

注意：在修理区域不要留下金属粒。

3）管路切割、去毛刺后端面的检查

斜面尺寸要求应符合图 12-25 所示给出的标准。在管路的修理区域不要留下任何金属粒。

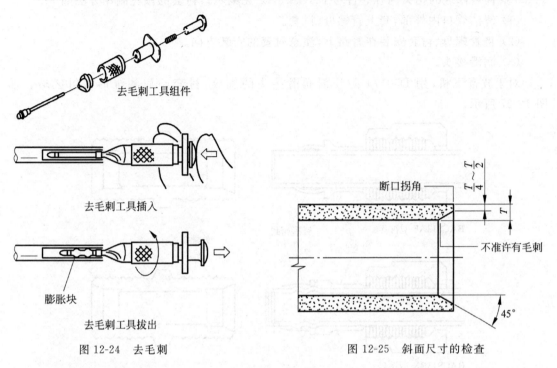

图 12-24　去毛刺

图 12-25　斜面尺寸的检查

4. 弯管质量的检查

管路在弯曲过程中会被不同程度的压扁、弯折和褶皱。压扁后管路的椭圆程度和褶皱程度都有严格的限制，具体限制的数值参阅 AMM 手册 ATA20 章管路修理的相关要求。管路褶皱的检查如图 12-26 所示。

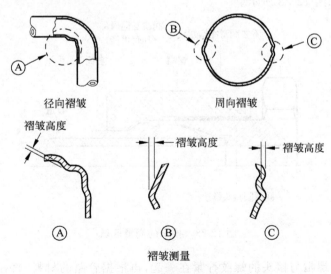

图 12-26　管路褶皱的检查

5. 用手工预轧 BACS13AP 无喇叭衬套

各种无喇叭口接头都有自己的制作方法和专用的工具设备和耗材,可查阅 AMM 手册 TA20 章管路修理的相关内容。件号 BACS13AP 无喇叭口衬套的预轧制作方法如下。

(1) 清洁管口内外部,套上管螺母、衬套。
(2) 将管螺母、衬套安装在管路上,注意衬套的安装方向。
(3) 润滑接头。

对于波音飞机,用 D50174 防咬剂润滑接头的螺纹、衬套凸肩和锥形密封区域。如图 12-27 所示。

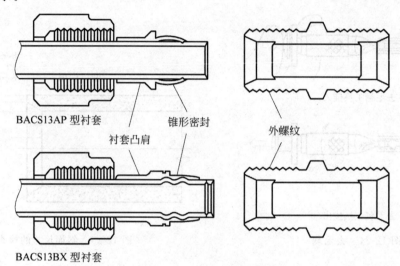

图 12-27　接头润滑区域

对于空客飞机,安装时使用 Material No 02003(HYDRAULIC FLUIDS(Material No. 02-003)) or Material No 04015(COMMON GREASE(Material No. 04-015)) 润滑液压管路的接头螺纹。如图 12-28 所示。

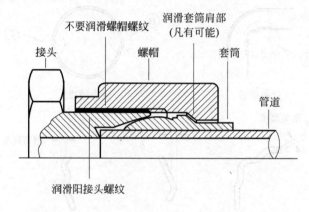

图 12-28　接头的润滑区域

(4) 用手将管螺帽与接头的螺纹拧紧在一起,再根据管路的材料、直径和管壁的厚度从表 12-7 和表 12-8 中查找需要用扳手拧紧螺帽的圈数。

表 12-7　不锈钢管路挤压的圈数

TUBE OD		1/4	5/16	3/8	1/2	5/8	3/4	1	1-1/4
Wall Thickness	304	0.020	0.020	0.028	0.035	0.049	0.058	N/A	N/A
	21-6-9	0.016	0.020	0.020	0.026	0.033	0.039	N/A	N/A
Procedure A ▷2 (Displacement,Turns)		1-1/6	1-1/6	1-1/6	1-1/6	1-1/6	1-1/6	N/A	N/A
Procedure B (Torque) Pound-Inches ▷3	304	145	200	290	545	780	900	N/A	N/A
	21-6-9	145	200	290	545	780	1200	N/A	N/A

NOTE：ALL DIMENSIONS ARE IN INCHES.

HAND PRESETTING FLARELESS FITTINGS-NO MANDREL ▷1
(STEEL TUBING)

表 12-8　铝合金管路挤压的圈数

TUBE OD		1/4	5/16	3/8	1/2	5/8	3/4	1	1-1/4
Wall Thickness	6061-T6	0.035	0.035	0.035	0.035	0.035	0.035	N/A	N/A
Procedure A ▷2 (Displacement,Turns)		1-1/6	1-1/6	1-1/6	1	1	1	N/A	N/A
Procedure B (Torque) Pound-Inches ▷3	6061-T6	110	140	170	280	360	450	N/A	N/A

NOTE：ALL DIMENSIONS ARE IN INCHES.

HAND PRESETTING FLARELESS FITTINGS-NO MANDREL ▷1
(ALUMINUM TUBING)

（5）如采用磅力矩的方法制作管路，需拧紧到规定力矩值，松开、再拧紧、松开，重复三次来完成制作。如图 12-29 所示为手工预轧衬套前后对比。

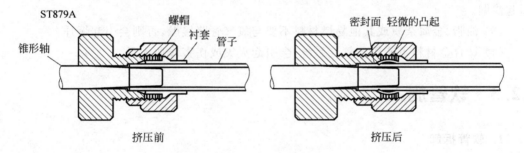

图 12-29　手工预轧衬套前后对比

6. 预轧 BACS13AP 无喇叭衬套质量检查

（1）管路内径的缩减量不得超过 0.005in。

（2）衬套表面无刮痕、刻痕和其他缺陷。

（3）衬套各部分的尺寸必须符合如图 12-30 所示中的尺寸要求。

7. 管路修理注意事项

（1）不能在钛金属管路上使用镉材料，容易产生腐蚀。

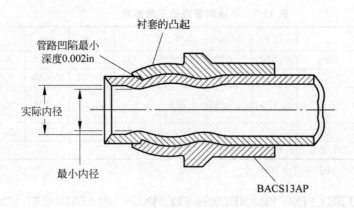

衬套的变形

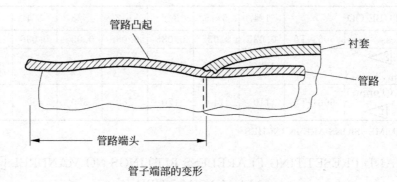

管子端部的变形

图 12-30　衬套挤压后的检查

(2) 液压管路拆卸后应及时封堵,防止杂质或其他材料进入液压管路,损坏液压部件或引起渗漏。

(3) 油脂、金属杂质或其他易燃材料不要与氧气管路接触,否则会引起爆炸。

(4) 钛合金材料不能用于氧气系统,会引起火灾或伤害作业人员。

12.3　软管施工

1. 软管拆卸

(1) 首先明确所拆卸管路属于什么系统,失效相关系统,挂上禁止操作牌,拔出跳开关等。如:液压系统,应先对系统充分释压,并准备好接油盘等工具。

(2) 将所要拆卸管路与接头作好标记,以便于识别安装。

(3) 松开软管支撑夹子,使用两把扳手拆卸管路。一把扳手固定管路接头,一把扳手松开管路螺帽。

(4) 用堵头或密封袋封堵管端口和管接头,确保系统不受杂质污染。

(5) 对拆卸软管挂牌,放置在规定的地方。

2. 软管检查与安装

(1) 安装前,目视检查软管接头密封面、软管外套和接头螺纹是否有损伤,确保软管及接头完好,确信软管是清洁、未受污染的。

若发现软管外套断丝(特氟隆),按以下程序处理:

① 在软管断丝处做上标记,以便于工作检查。

② 如果一个平面出现两根以上断丝或有几根断丝出现在一个集中区域,不能使用该软管。

(2) 根据维护手册或工作单的要求,润滑软管接头外螺纹。螺纹润滑剂不允许进入管道内腔。

(3) 将软管放在它的安装位置上,用手拧紧管螺帽。

(4) 确认软管未发生扭转、且长度合适,保证有 5%~8% 的松垂度。如图 12-31 所示。

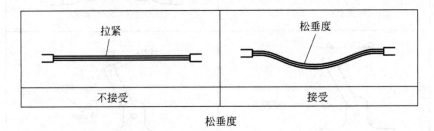

图 12-31 软管松垂度检查

注意:如果有扭转出现,在使用一段时间后,软管会损伤或接头发生渗漏。拧紧管螺帽后,可通过软管侧面的检查线检查是否发生扭转。如图 12-32 所示。

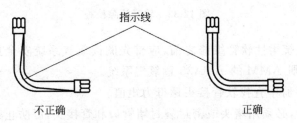

图 12-32 软管扭曲检查

(5) 将软管螺帽拧紧到要求的力矩值,拧紧时也需要使用两把扳手。

(6) 如果力矩扳手接近不方便,应先用手拧紧螺帽,然后再用扳手拧紧 1/6~1/3 圈。

(7) 安装管卡,确认软管与邻近的结构之间有足够的间隙(至少每隔 24in 处有一个支承点)。如果出现图 12-33 所示的情形,应用软管夹子隔开。

(8) 清洁软管表面及接头表面,恢复相关系统,按相关要求测试。渗漏检查时,用毛巾擦拭管路及接头,对系统增压 15min 以上,检查接头是否渗漏。若发生渗漏,须查找原因并排除故障。

3. 软管拆装注意事项

(1) 以上程序给出的是柔性软管的一般安装和拆卸程序。如果某个系统有特殊的规程,必须遵照各机型的维护手册的标准完成软管的拆装工作。

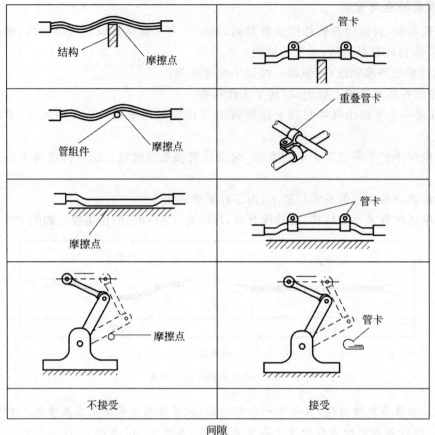

图 12-33 软管间隙检查

（2）在对氧气系统柔性软管维修之前，应首先阅读氧气系统安全预防措施和一般性维护说明，参阅维护手册 AMM 的-ATA35 章氧气系统。

（3）在 AMM 手册中查找软管接头螺母力矩值。

（4）软管拆卸后，必须用堵头或密封袋封堵管口和管接头，以防止杂质进入管路。

（5）如果液压油溅落在飞机上，应立即清除干净，液压油会损坏飞机表面。

（6）在安装软管前，确认所有软管口和管接头上的密封完好，否则软管不得安装。

（7）各系统的软管接头螺纹润滑剂，根据 AMM 手册查找。如表 12-9 所示软管接头螺纹润滑剂。

表 12-9 软管接头螺纹润滑剂

Table 401 Flexible Hose Assembly Thread Compounds	
TYPE OF SYSTEM	APPROVED THREAD COMPOUNDS (STRAIGHT THREAD FITTINGS)
Conoressed Gas	DOOOO2 Antiseize Compound AMS 3080
Deicing or (Anti-icing)	
Instrument Air	DOOOO2 Antiseize Compound AMS 3080

续表

Pneumatic	D00002 Antiseize Compound AMS 3080,
Air Conditioning	D00062 Pneumatic Grease MIL-G-4343
Fire Protection	D00002 Antiseize Compound AMS 3080 or
Coolant	D00053 Grease MIL-G-6032
Water Injection	D00002 Antiseize Compound AMS 3080
Fuel	D00070 Hydraulic Fluid MIL-H-5606 or
Lubrication	D00465 Shock Strut Fluid BMS 3-32
Hydraulic MIL-H-5606	D00070 Hydraulic Fluid MIL-H-5606 or D00465 Shock Strut Fluid BMS 3-32
Hydraulic BMS 3-11	D00054 skydrol Assy Lube MCS 352
Hydraulic Tubing MIL-H-6083	D00070 Hydraulic Fluid MIL-H-5606 or D00106 Hydraulic Fluid MIL-H-6083 or D00465 Shock Strut Fluid BMS 3-32
Misc Tubing	D00002 Antiseize Compound AMS 3080 or D00053 Grease MIL-G-6032

（8）防止弯曲过度损伤管路，必须满足最小弯曲半径、或使用弯管接头。

① 软管接头的非弯曲段，必须得有不小于2倍的软管直径的长度，如图12-34所示。

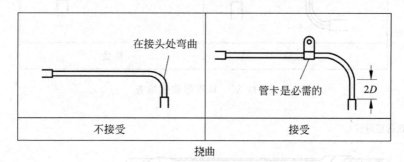

图12-34 软管接头挠曲检查

② 软管最小弯曲半径，符合维护手册AMM的要求，如表12-10所示。

表12-10 最小弯曲半径

Table 805/20-10-51-993-808

AS 115 HOSE	HOSE INNER DIAMETER (INCH)	MINIMUM HOSE BEND RADIUS MEASURED AT INNER BEND(INCH)
-04	1/4	1.50
-06	3/8	2.50
-08	1/2	2.88
-10	5/8	3.25
-12	3/4	4.00

③ 必须弯曲的地方,可用弯管接头进行安装,或弯曲半径不超过维护手册 AMM 要求,如图 12-35 所示。

(9) 必要之处可用防磨带子包缠软管以防擦伤。

① 包扎带的材料主要有硅橡胶粘胶、特氟隆、黑色尼龙防磨带。

② 软管防磨带包扎步骤如图 12-36 所示。

③ 施工要求：收尾锁紧带圈数 10 圈左右；收尾锁紧点位于 5 圈左右(或 0.75~1.5in 处)；尾端长度 0.25in。

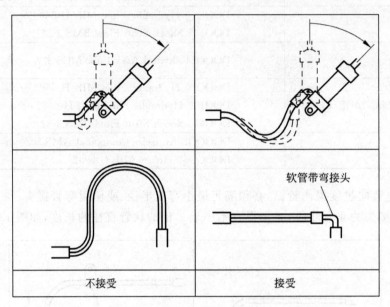

图 12-35　软管弯曲度检查

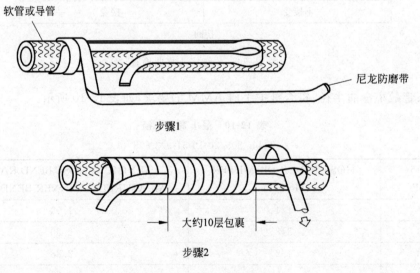

图 12-36　软管防磨带包扎

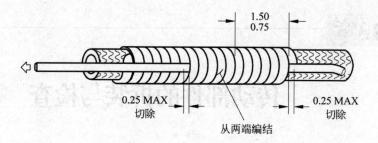

步骤3

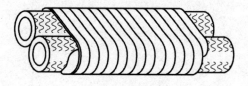

两根或更多软管

图 12-36(续)

第13章 传动部件的拆装与检查

13.1 基本知识

13.1.1 飞机操纵系统组成

1. 飞机操纵面

飞机操纵系统分为主操纵系统和辅助操纵系统。主操纵系统包括：升降舵、方向舵、副翼的操纵。辅助操纵系统包括：升降舵、方向舵、副翼调整片、襟翼、缝翼、扰流板等。飞机主要操纵面如图 13-1 所示。每一个操纵面通常由以下三部分组成：

(1) 控制机构，如驾驶杆、脚蹬和操纵手柄等；
(2) 传动机构，如推拉杆、钢索、摇臂、扇形盘、导向滑轮、扭力管等；
(3) 执行机构，如液压作动筒、舵面等。

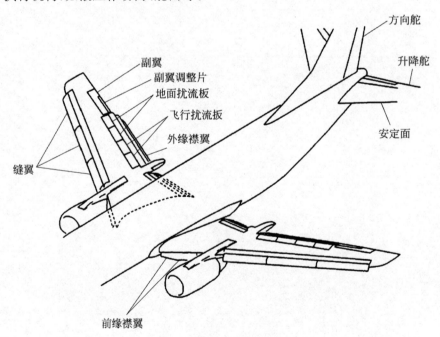

图 13-1 飞机主要操纵面

2. 操纵系统分类

飞机操纵系统按传输的方式不同可分为以下几种。

（1）软式操纵　由钢索、钢索连接器、滑轮、扇形轮、摇臂、扭力轴及张力补偿器等组成。

（2）硬式操纵　由传动杆、摇臂、导向滑轮、扭力轴等组成。

（3）混合式操纵　由软式操纵部件和硬式操纵部件混合组成。

（4）电传操纵　在空客飞机和波音 777 飞机上采用。

钢索作为软式传动机构的主要构件，广泛应用于飞行主要操纵系统中。除此之外，还使用在发动机操纵、起落架紧急放下、前轮转弯、刹车操纵装置等次要操纵系统。

13.1.2　操纵钢索组成

钢索操纵系统除钢索之外，还包括钢索接头、松紧螺套、滑轮、扇形盘、导索板、护索环、气动封严、张力补偿器、钢索鼓轮、校装销等。

1. 钢索

1) 钢索材料

钢索单体结构是钢丝，由碳素钢或不锈钢材料制成。碳素钢钢索表面通常是包锌镀锡。

2) 钢索的规格型号

钢索的规格型号就是按所具有的钢丝股数和每股钢丝根数来识别，采用两位数编码。第一个数字是股数，第二个数字是每股的钢丝数。最广泛应用的航空钢索为"7×7"（7 股，每股 7 根钢丝）和"7×19"两类（7 股，每股 19 根钢丝），如图 13-2 所示。

钢丝的直径决定了钢索的粗细尺寸，一般范围为 1/16～3/8in，以 1/32in 为单位递增或递减。

2. 钢索接头

钢索接头通过挤压在钢索的端头成形，用于钢索之间、钢索与其他部件的连接。

常用的钢索接头如图 13-3 所示，有双柄球头式、单柄球头式、螺杆头式、叉形头式、销眼头式、柱头式等。

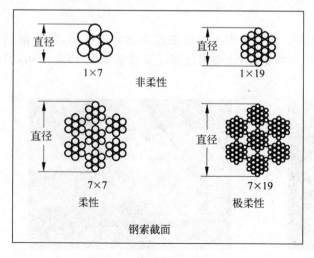

图 13-2　钢索的规格型号

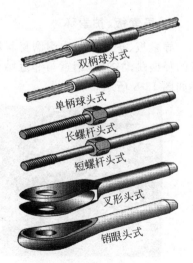

图 13-3　常用钢索接头

3. 松紧螺套

松紧螺套用于螺杆头式钢索接头的连接,其作用是少量地调节钢索长度以调整钢索的张力大小。因此,松紧螺套一端为右旋螺纹,另一端是左旋螺纹,与螺套两端相配的钢索接头也是左旋或右旋螺纹。为了便于识别,在松紧螺套左旋螺纹一端刻有一道槽线或滚花。如图 13-4 所示。

图 13-4 松紧螺套

4. 滑轮

滑轮用来支撑钢索和改变钢索的运动方向。滑轮的制造材料一般是胶木或硬铝。滑轮的轮缘使用中不应有损坏。滑轮装配的基本构造如图 13-5 所示。

5. 扇形盘

扇形盘也叫扇形臂,既具有滑轮的作用,还可以改变力的大小。在某些地方必须用扇形盘与钢索连接,可以避免钢索被额外拉伸。扇形盘装配基本构造如图 13-6 所示。

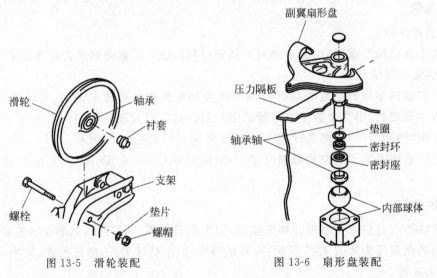

图 13-5 滑轮装配　　　　图 13-6 扇形盘装配

6. 导索板、护索环

导索板、护索环是由耐磨材料制成的,可以在钢索拆装工作中起导向作用,还可限制钢索的径向跳动,避免钢索与邻近结构产生摩擦,防止钢索损伤。导索板如图 13-7 所示,护索环如图 13-8 所示。

图 13-7 导索板　　　　图 13-8 护索环

7. 气动封严

气动封严安装在操纵钢索从增压区到非增压区的飞机增压密封框架上。密封组件包括一个对半分开非金属材料的球，它由密封板和密封盖支承。密封件的间隙过大会产生飞机漏气，间隙过小会使钢索过早磨损。气动封严装配如图 13-9 所示。

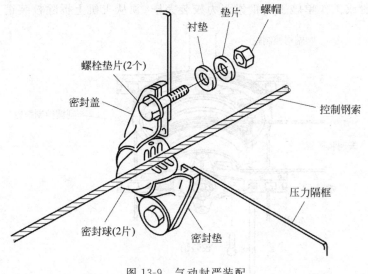

图 13-9　气动封严装配

8. 张力补偿器

由于飞机机体上的外载荷的变化和周围气温的变化，飞机机体结构和飞机操纵系统之间会产生不同程度的相对变形，因而钢索可能会变松或变紧。变松将发生弹性间隙，过紧产生附加摩擦。钢索张力补偿器的作用是保证钢索调节正确的张力不受以上因素的影响，以保证操纵的准确。如图 13-10 所示为补偿滑轮型钢索张力补偿器。此外它也具有钢索扇形盘的作用。

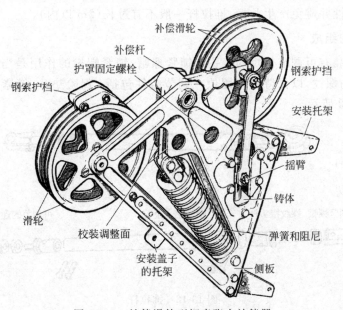

图 13-10　补偿滑轮型钢索张力补偿器

9. 鼓轮和校装销

鼓轮和校装销如图 13-11 所示。鼓轮既可以给操纵钢索导向、支撑钢索，还可以与操纵系统的执行机构连接，控制飞机操纵。校装销用于飞机钢索张力校装。校装销的作用是使操纵系统处于中立位置。不同系统做钢索张力校装时，其校装销的长短粗细是不一样的，应参照 AMM 手册或工作单施工。钢索张力校装完毕，须从飞机上拆除校装销。

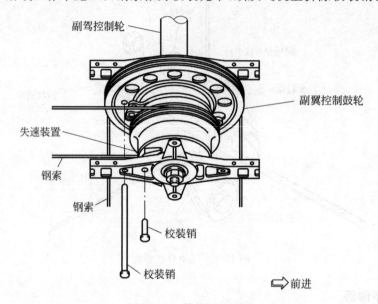

图 13-11 鼓轮和校装销

13.1.3 推拉杆

推拉杆用于传递推力、拉力，大多用铝合金管制成，也有用钢管制成。为使推拉杆受压时不易失去稳定性并避免产生共振，推拉杆一般不宜过长（2m 以内）。

1. 推拉杆的组成

杆身两端各装有可调节长短的接头和锁紧螺帽，锁紧螺帽的作用是当杆端接头调节长短后，挤紧接头的螺纹，以保持锁定固位。调节组件包括：保险垫片、锁紧螺帽和拉杆接头。推拉杆如图 13-12 所示。

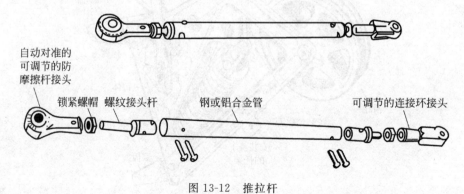

图 13-12 推拉杆

推拉杆不仅做直线往复运动,而且要相对摇臂转动,因此在接头内通常装有轴承。有些推拉杆还要绕本身转动和向两侧摆动,因此装有旋转接头;为使推拉杆能摆动,在接头上装有球形轴承。如图13-13所示。

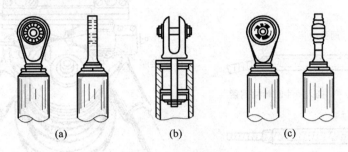

图 13-13 推拉杆接头

2. 推拉杆的调节

(1) 推拉杆的调节量应由手册相关规定参数决定。

(2) 在调长传动杆时,注意不要使调节螺杆退出过多,否则螺纹受力圈数过少,影响传动时受力。为此在传动杆调节后应检查调节螺杆的末端不应超过观察孔的位置。

(3) 在调短传动杆时,可调接头上应留有一定的螺纹,以便在使用中有调节余地。

(4) 传动杆调节后应做相关的检查,传动杆表面应平滑,无裂纹、压坑、划伤、锈蚀和固定销(铆钉)松动。各种损伤的允限应以该型飞机的规定为准。

13.2 钢索维护施工

13.2.1 钢索接头制作

1. 直杆型接头的挤压

1) 准备钢索和接头

钢索和接头的尺寸相匹配是非常重要的。使用量规检查接头杆外径,确保与钢索尺寸相符。

在挤压前,将钢索端头剪平,并防止个别钢索分支是非常重要的,必要时需要重新切断钢索修整端头,此外钢索在接头内全长结合是很重要的,这样挤压结合才可以达到最大强度。

将钢索插入接头的一半深度,握紧靠近接头端部的钢索,将钢索弯曲,保证在插入挤压设备时钢索不会脱出接头。如图13-14所示。

将钢索插入接头孔底,对于MS-20667叉形接头,插入钢索距孔底1/8~1/4in。

2) 挤压

(1) 根据接头杆部通过的量规孔选择对应的滚轮块。

(2) 握住机器下滚轮端面上的两个凸销,旋转滚轮使两个滚轮的缺口的中心对正,留出两滚轮间隙用来在滚轮之间放入接头,把钢索接头放入导向装置,使钢索接头的自由端靠在导向装置接头上。如图13-15所示。把导向装置尽可能向右滑到底,然后用手逆时针旋转下滚轮直至距离仅为一个钢索接头外径为止。

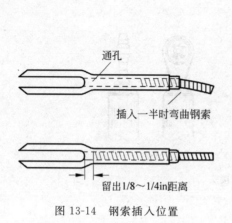

图 13-14 钢索插入位置

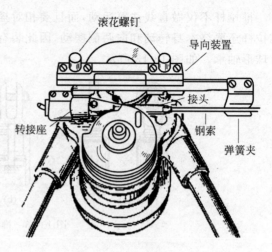

图 13-15 手动挤压工具

（3）用手扳动挤压机手柄直至滚过整个钢索接头套筒。为了消除纵向压痕，从第一位置处将接头旋转 90°挤压通过滚轮。第二次挤压后，接头杆就会变得平滑光圆。注意：挤压不能超过 4 次（过度挤压会产生硬化裂纹）。

3）检查

用量规测量挤压过的接头杆部，接头杆部应能顺利通过量规槽口，如图 13-16 所示。残留的毛刺不能超过 0.01in。如果接头仍不符合要求，则需进行再一次的挤压，使它符合规定要求。量规如图 13-17 所示。

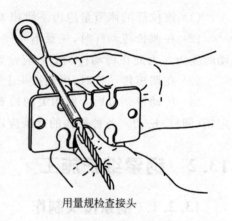

图 13-16 直杆接头检查

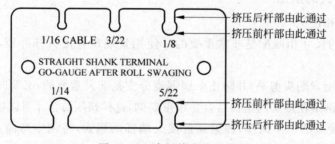

图 13-17 直杆接头检查图

2．球形杆接头的挤压

用于挤压球形杆接头的滚轮的端面上刻有"上（upper），下（lower）"字样，并有和它们所匹配的钢索的直径。与直杆接头不同，每个滚轮都有 4 个间隙平台间隔的有效弧线，这些有效弧线编号为 1、2、3、4。这些号码也可刻在滚轮前端面相应弧线的中间点上。在每个有效弧线凹槽的中间点有一个袋穴，其尺寸与待挤压的接头的球头相匹配。下滚轮和制作直杆接头一样，有两销钉凸出端面，使操纵者可以用手操作。

1) 机器装配

根据滚轮上的数字挑选一对滚轮,把标有"上"的滚轮装到机器的顶轴,把标有"下"的滚轮装在下轴上,并使凸出的两个销钉朝外。当滚轮上的键与滚键槽结合使两个滚轮标记刚好对正。用手推动轴上的滚轮到底,不要用工具敲打使其到底,并用滚轮垫片和螺钉把滚轮固定好。用两个滚花螺钉把导进组件装进机器内,机器就可以挤压球形杆接头了。

2) 准备钢索和接头

挑选一个球形杆接头,以容纳所要使用的钢索直径。接头杆部应能进入标有 SHANK(杆部)的圆形孔内。球头应能进入量规标有 BALLS(球头)的圆孔内。按照操作需要,把接头的球头纵向定位在钢索上,并把此位置标出来。

3) 单杆球形接头的挤压

单杆球形接头正确定位在钢索上后,用下滚轮的两个销钉转动滚轮,直到接头刚好进入滚轮1号位置的袋穴内。应当确保接头正确放置好,使杆部套筒朝右。通过滚轮的1号位置慢慢转动滚轮以压缩钢索上的接头。确保球头正确进入袋穴内以防止变形。

为了去除第1次留下的压痕,从初始位置转动接头90°。并重新转动滚轮以便球头正确进入2号袋穴内,然后进行挤压。在滚轮3、4号位置重复上述挤压步骤。在做第3次时,转动接头45°;在做第4次时转动90°。如图13-18所示的球形接头量规测量杆部和球头的正确直径。杆部和球头都应该通过量规中的规定槽口。如果需要再次减径,可将接头通过4号位置滚压,但在滚压前,需转动接头90°。

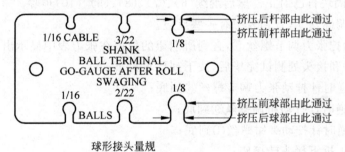

图 13-18 球形杆接头检查

3. 钢索接头的拉力测试

接头靠挤压变形与钢索紧密配合,钢索挤压成功与否直接影响飞机的操纵功能。如果挤压不合格,钢索受力拉伸时,可能会与接头滑脱,造成操纵系统传动中断。因此,在每次完成钢索接头挤压后,必须对钢索和接头的连接进行拉力测试。

如图13-19所示为AT520CT钢索拉力测试器。为了有效使用拉力测试器,必须按设备的使用说明进行施工。

(1) 尽可能逆时针方向转动张力调节螺丝⑤、夹钳螺丝①和粗调螺丝⑨到底,准备好测试器。

(2) 选择一对适合的钳爪⑥和转接座。

(3) 把接头转接座和挂钩连接。如果要测试一股带螺纹的接头,把转接座安放到挂钩以前应把接头拧到转接座内。

图 13-19　AT520CT 钢索拉力测试器

(4) 安装任一钳爪到开口⑦内,凸缘朝左,铜衬垫的凹槽朝上,把钢索放置在铜衬垫的凹槽内。在钢索上安装上钳爪和铜衬垫。

(5) 拉动钢索,去除松弛现象,并将钢索固定在铜衬垫槽中间。

(6) 把钳爪推向装载头⑧直到托肩靠上夹钳。

(7) 顺时针转动夹钳螺丝以拧紧钢索的钳爪(两个前爪都被牢牢地拧紧,这样才能防止在试验中钢索滑动的可能性)。

(8) 如果在较大的钢索中发现了滑动,可以使用紧固块。松开紧固块滑向试验器的中央。在执行第(6)步之前,沿紧固块卷曲钢索一圈。在拧紧紧固块的调节螺钉之前,用拉紧钢索的方法使紧固块自己对正。然后继续(6)、(7)、(8)、(9)、(10)步骤。

(9) 转动粗调螺丝⑨,直到表中有一些反应。

(10) 顺时针拧张力调节螺丝⑤,直到所期望的数值在张力表中显示出来。

(11) 在钢索和接头处测试完毕后,按下列要求拆下:

(a) 尽可能逆时针拧动张力调节螺丝⑤到底;

(b) 尽可能逆时针拧动粗调螺丝⑨到底;

(c) 尽可能逆时针拧动夹钳螺丝①到底;

(d) 从挂钩上拆下接头转接座;

(e) 把钢索和夹具取下。

13.2.2　操纵钢索拆装

飞机各操纵钢索系统都有特定的拆装程序,下面给出的仅仅是操纵钢索拆装的一般工作步骤,如果拆装飞机某一特定系统的操纵钢索,需根据 AMM 手册或工作单的程序实施拆装工作。

1. 操纵钢索拆卸

飞机操纵钢索拆卸的一般工作步骤如下:

(1) 安装校装销(如果要脱开钢索,需在相应的鼓轮和扇形盘上安装校装销)。

(2) 使用标识带在所拆钢索接头上作记号。

(3) 拧开松紧螺套,以卸去钢索的张力。

(4) 如果需要,拆卸控制钢索控制部件,如:滑轮、导向环、钢索空气封严等。

(5) 安装钢索夹子,保持钢索的微量张力。注意:微量张力作用是保持钢索在导向滑轮上,防止钢索从滑轮、扇形盘上松开。

(6) 在拉出钢索前,将新、旧钢索接头连接在一起。在拆下旧钢索的同时安装新钢索,用旧钢索拉动新钢索到规定位置。

2. 操纵钢索安装

飞机操纵钢索安装的一般工作步骤如下:

(1) 如果需要,拆下滑轮和钢索空气封严。

(2) 用干燥不起毛的粗棉布擦拭新钢索;给碳素钢索涂上一层薄薄的润滑脂,将新钢索与旧钢索连接在一起,保持微量张力情况下,拉出旧钢索的同时也拉入新钢索。

(3) 安装滑轮、空气封严装置(如果已拆卸的情况下)。

(4) 制作钢索接头,并为接头提供载荷试验,安装钢索另一端与其对应的接头。

(5) 用干燥不起毛的粗棉布清洁导索环、空气封严、滑轮、扇形盘、鼓轮上的钢索。

(6) 在钢索接头上安装松紧螺套。

(7) 从扇形盘和控制钢索上拆下钢索夹子。

(8) 参考相应系统章节中的"温度-张力图表",做新钢索张力测试和调节。安装新钢索,首次调整到正常值的 2 倍,再恢复到正常值。

(9) 拆下校装销。正确调节空气封严,防止钢索偏斜,并确保钢索自由移动。

(10) 给所有的松紧螺套打上保险。

(11) 全行程操作机构;确保控制机构和操纵钢索能轻松自如地移动;确保不必用太大的操纵力去操纵。

3. 操纵钢索的清洁和润滑

用干燥不起毛的布包住钢索,采用"拉布法"来回擦拭。对于不锈钢材料制成的钢索,禁止使用润滑油脂对其进行润滑。

1) 碳素钢操纵钢索的润滑要求

(1) 要在钢索的全行程涂一层薄薄的润滑脂。

(2) 在涂上润滑脂后,用清洁的布擦拭,只留下一层薄薄的润滑脂。

(3) 在以下区域不能涂润滑脂,否则会阻碍钢索的移动:导索板、导索环;气动封严;滑轮;扇形盘;鼓轮。

2) 钢索清洁和润滑注意事项

(1) 由于溶剂(丁酮、洗剂、脱脂溶剂)对钢索内的润滑剂具有溶解作用,不要将钢索浸泡在溶剂中。

(2) 在大翼和吊舱等邻近高温的区域,钢索的润滑剂很容易失效,应重点检查。

(3) 不要使用溶剂、油脂或油液润滑不锈钢钢索。这些材料会聚集污染物会损伤不锈钢钢索内部股与股之间的表面,会降低钢索的使用寿命。

13.2.3 操纵钢索校装和保险

在每次更换操纵钢索以后,操纵系统应该重新调节。操纵钢索的调节也叫"校装"。

1. T60 型张力表的使用

T60 型张力表如图 13-20 所示,张力表使用步骤如下:

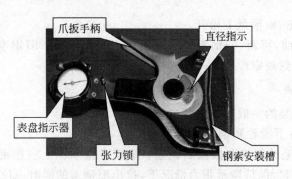

图 13-20　T60 型张力表

(1) 用张力表测量钢索直径

① 将钢索直径指示盘转到止动钉处；

② 将操纵钢索放在张力表的测量基准槽内；

③ 打开手柄锁，缓慢放开手柄夹住钢索；

④ 将直径指示盘转到止动钉处，读出钢索直径。

(2) 测量钢索张力

① 将张力指示器指针调到所测直径处；

② 将钢索放在测量基准槽内，缓慢放开手柄，夹住钢索；

③ 按下张力锁，锁定表盘指示器，取出钢索，从张力表指示器上读出钢索张力。

T60 型钢索张力表使用注意事项

(1) 估测钢索张力值，选择适当量程的张力表；使用前检查张力表应在校验有效期内；

(2) 测量时，为了减小误差，应在钢索的不同位置测出多个数值，取平均值；

(3) 所测张力不能超出张力表的量程，否则会损坏张力表；

(4) 张力表只适用于测量飞机标准钢索。

2. T2 型张力计的使用

T2 型张力计如图 13-21 所示，张力计使用步骤如下：

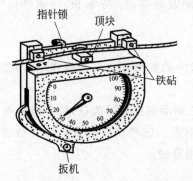

直径(1/16)	No.1		顶块 张力/lb	No.2 (例子)		No.3	
	3/32	1/8		5/32	3/16	7/32	1/4
12	16	21	30	12	20		
19	23	29	40	17	26		
25	30	36	50	22	32		
31	36	43	60	26	37		
36	42	50	70	30	42		
41	48	57	80	34	47		
46	54	63	90	38	52		
51	60	69	100	42	56		
			110	46	60		
			120	50	64		

图 13-21　T2 型张力计

(1) 核对张力换算表和张力计序号应一致。

(2) 检验张力计在校验有效期内，精度 98%。

(3) 有与张力计同期校验的"换算表"和三个金属砧块 1、2、3。

(4) 确定张力数值,由 AMM 手册查找(温度-张力曲线或温度-张力数据表及允许误差)。

(5) 测量钢索直径——选用相应砧块(应查出被测钢索的尺寸、股数规格),将选定的止动块放在张力计的顶块销钉上。

(6) 将张力计的弹簧片控制手柄扳到开位,此时指针锁定装置应在回"0"位。

(7) 将被测钢索放置在顶块与张力计的两个砧座之间。将张力计的弹簧片控制手柄压下,读取表盘读数。

(8) 通过换算表查出此时被测钢索张力数值。

3. 操纵钢索的校装

1) 校装操纵钢索

钢索传动装置中的松紧螺套的作用是少量的调节钢索长度以调节钢索张力。在松开松紧螺套以前,必须安装好校装销。安装松紧螺套时,必须将松紧螺套与两端的接头同时拧上螺纹,从而保证在装配调整后,两端啮合的螺纹长度相同。除此之外还要检查每个接头螺纹是否有足够的拧入深度,露在螺套之外的螺纹不能超过 3 牙。根据维护手册有关章节的"温度-张力图表",用张力表校装钢索张力值。

2) 操纵钢索校装工作步骤

(1) 找出当时环境温度下所对应的钢索张力数值。

(2) 插上校装销。

(3) 选择正确松紧螺套夹持工具。

(4) 从张力表中读出数值(或把给定的数值换算成张力表中的读数)。

(5) 把测量值同换算得来的标准值相比较:

① 如果测量值小于标准值,应向调紧方向旋转,调节松紧螺套达到标准值;

② 如果测量值大于标准值,应向调松方向旋转,调节松紧螺套达到标准值。

(6) 拔出校装销,全行程操纵钢索数次。操纵钢索次数如表 13-1 所示。插上校装销重新测量张力值。

表 13-1　各操纵系统操纵次数(Table 201/27-09-14-993-801)

CABLE SYSTEM	NUMBER OR TEST CYCLES AT TWICE WORKING TENSION
AILERON	20
ELEVATOR	25
TRAILING EDGE FLAPS	25
RUDDER	25
SPEED BRAKE	20
SPOILER	20
STABILIZER TRIM	5

(7) 如果新得到的测量值和标准值相符合,拔出校装销,校装工作结束。反之,重复(2)~(7)的工作步骤。

3) 操纵钢索校装注意事项

(1) 在用张力表检查钢索张力时,须距离松紧螺套连接接头和其他装置至少 6in 远的地方安放张力表。

(2) 检查钢索张力之前,应让飞机稳定在周围环境温度至少 1h 以上(环境温度的变化率不大于±5°F/h)。

4. 钢索松紧螺套的锁紧(保险)

钢索松紧螺套锁紧(保险)可用别针锁夹和保险丝保险两种方式施工。

1) 别针锁夹保险

别针锁夹保险如图 13-22 所示,其施工步骤如下:

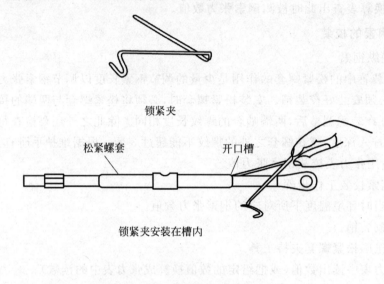

图 13-22　别针锁夹保险

(1) 拧紧松紧螺套使螺套外螺纹的露出量不超过 3 牙。
(2) 对齐松紧螺套上的缺槽和钢索接口上的缺槽。
(3) 把锁夹的平直段安装到已对正的缺槽中。
(4) 把锁夹的钩部放入到松紧螺套中央的孔内。
(5) 压紧锁夹的托肩以得到良好的保险。
(6) 重复上面的步骤(2)~(5),对松紧螺套另一端保险。注意:两根锁夹可以安装在松紧螺套的同侧,也可以安装在异侧。
(7) 确保这两个锁夹已正确安装。注意:别针锁夹不得重复使用。

2) 保险丝保险

如果在对松紧螺套保险时,没有别针锁夹,也可选择保险丝对其保险,如图 13-23 所示。保险丝保险的施工步骤如下:

(1) 在松紧螺套和钢索接头上涂抹一层薄的防腐剂。
(2) 把松紧螺套与接头螺杆相连,拧紧松紧螺套,使钢索张力达规定值。钢索接头外露螺纹不超过 3 牙。

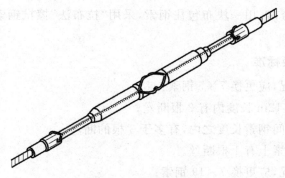

图 13-23 保险丝保险

（3）选用正确的不锈钢保险丝在钢索接头一端开始打保险。钢索直径与保险丝直径的关系如表 13-2 所示。

表 13-2　钢索直径与保险丝直径的对应关系

钢索直径/in	1/16	3/32 或 1/8	5/32～5/16
保险丝直径/in	0.024	0.031	0.043

（4）把保险丝扭成辫结时，不要用任何工具，只能用手施工。
（5）将保险丝两端，分别从松紧螺套的两边穿过圆孔。
（6）将穿过圆孔的保险丝拧成辫结，穿过另一端钢索接头上的孔，然后打上辫结。辫结要留有 5/8in 长。
（7）把辫结用工具弯向与钢索头子相反的方向。

13.3　钢索检查

13.3.1　操纵钢索的检查

1. 钢索易损伤的位置

（1）滑轮。
（2）鼓轮。
（3）导向环。
（4）扇形盘。
（5）与周围机械部件接触。

2. 钢索易腐蚀的区域

（1）电瓶舱。
（2）盥洗室。
（3）起落架舱。
（4）容易积聚腐蚀性气体、蒸汽、烟雾以及沉积液体的区域。

3. 钢索断丝的检查方法

（1）详细目视检查。检查操纵钢索一定要全行程检查。

(2) 做断丝的检查时,用一块布包住钢索,采用"拉布法"擦拭钢索。如有断丝,布会被断丝勾住。

4. 钢索断丝更换标准

(1) 发生下列情况,应更换 7×7 钢索:
① 在钢索的连续 12in 长度内有 2 根断丝;
② 在两个接头之间钢索长度之内,有多于 3 根的断丝;
③ 在被腐蚀的钢索上有 1 根断丝。

(2) 发生下列情况,应更换 7×19 钢索:
① 在钢索的连续 12in 长度内有 4 根断丝;
② 在整根钢索长度之内,有多于 6 根的断丝;
③ 在被腐蚀的钢索上有 1 根断丝。

5. 钢索磨损更换标准

检查钢索的磨损,出现以下情形之一,都须更换钢索:
(1) 一根钢丝磨损达横截面的 40%,如图 13-24 所示;

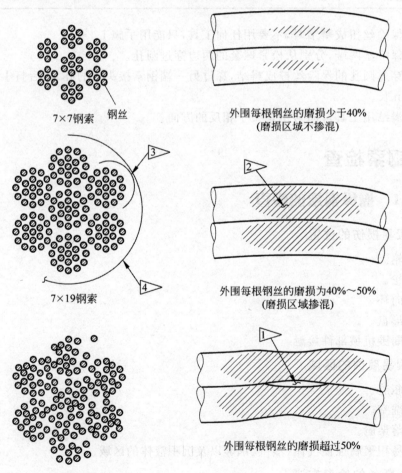

图 13-24 钢索磨损

(2) 钢索上有刻痕或切纹；
(3) 钢索发生扭曲；
(4) 钢索出现腐蚀。

13.3.2 操纵钢索部件检查

1. 操纵钢索接头的检查

(1) 详细的目视检查，确保钢索保险的方法（保险丝保险、开口销保险、松紧螺套锁夹保险）是完整的，安装任何缺失的部件。

(2) 检查接头挤压段表面是否有裂纹和腐蚀，如发现应更换钢索。

(3) 检查接头未挤压段，如发现裂纹、腐蚀或接头弯曲大于 2°，则更换钢索。

(4) 检查松紧螺套，如发现裂纹或腐蚀则更换松紧螺套。

2. 滑轮的检查

(1) 详细目视检查，确保滑轮轴承润滑良好，并可以自由转动，若滑轮不能自由转动，则更换滑轮。

(2) 检查滑轮螺栓是否磨损，如有以下缺陷更换滑轮：
① 轮缘出现磨损；
② 轮缘出现裂纹；
③ 沟槽出现压伤；
④ 沟槽出现掉块。

(3) 目视检查，并更换如图 13-25 所示的滑轮。

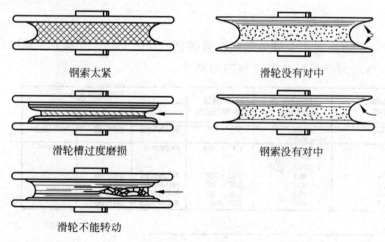

图 13-25　滑轮磨损图

13.4　检查/更换钢索举例

以 B737-300 飞机 WFFB-1 钢索的检查、更换（见图 13-26）为例。

1. 查找钢索代码（见表 13-3）。

操纵钢索的走向由字母代码识别，铝箔标记牌安装在钢索邻近的地板桁梁上。

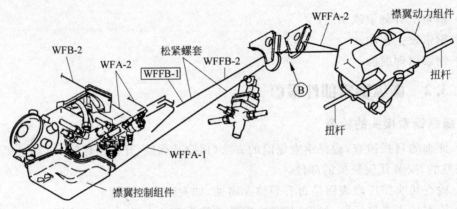

图 13-26 襟翼控制钢索

表 13-3 钢索代码表

Wing Flaps	WFA	Wing Flap Control-Flaps up
	WFB	Wing Flap Control-Flaps down
	WFFA	Wing Flap Follow-up-Flaps up
	WFFB	Wing Flap Follow-up-Flaps down
Spoilers	WSA1	Wing Spoilers-Outboard spoilers up
	WSB1	Wing Spoilers-Outboard spoilers down
	WSA2	Wing Spoilers-Inboard spoilers up
	WSB2	Wing Spoilers-Inboard spoilers down
Speed Brakes	SBA	Speed Brake Control-Speed Brake on
	SBB	Speed Brake Control-Speed Brake off

2. 操纵钢索参数选择

根据 AMM 手册查找相关操纵钢索参数信息。如图 13-27 所示为襟翼操作钢索参数信息，如图 13-28 所示为襟翼操纵钢索 WFFB 样式。

CABLE REF	LENGTH (INCHES)	CABLE SIZE AND MATERIAL	FITTINGS 1	FITTINGS 2	FITTINGS 3
WFA/B-1	L1 - 39.9 L2 - 81.7	3/32 - 7x7	NS2126DL3LH	BACT14B3	NS2126DL3RH
WFA/B-2	L1 1186.6 L2 595.9 L3 579.7	1/8 - 7x19	69-58195-2	BACT14A4	69-58195-1
WFFB-1	40.7	3/32 - 7x7	NS2126D63LH	BACT14A3	
WFFA-1	40.9	3/32 - 7x7	NS2126D63RH	BACT14A3	
WFFB-2	49.3	3/32 - 7x7	NS2126D63RH	BACT14A3	
WFFA-2	49.5	3/32 - 7x7	NS2126D63LH	BACT14A3	

MATERIAL

FITTINGS - CORROSION RESISTANT STEEL PER MIL-T-781
CABLES - CARBON STEEL PER BMS 7-265, TYPE I, COMP A (TZ)

NOTE: ZINC-ONLY AND TIN-OVER-ZINC COATED CABLES ARE INTERCHANGEABLE, AND MAY BE INTERMIXED WITH A SYSTEM (AILERON, SPOILER, STABILIZER, ETC.), PROVIDING OPPOSITE CABLES WITHIN A GIVEN CABLE LOOP ARE REPLACED WITH CABLES OF THE SAME TYPE. (FOR EXAMPLE, IN 737 MM27-09-14 FIGURE 202, CABLES EA-2 AND EB-2 SHOULD BE REPLACED TOGETHER WITH BOTH NEW CABLES EITHER ZINC-ONLY OR TIN-OVER-ZINC.) THIS WILL PREVENT ASYMMETRIC CABLE STRETCH THAT CAN DEGRADE SYSTEM RIGGING.

3 PROOF LOAD AT THE SAME LOAD AS 3/32 INCH CABLES

4 REFERENCE ONLY. FOR SPECIAL PART NUMBER, LENGHT, MATERIAL AND END FITTINGS, REFER TO THE IPC.

图 13-27 襟翼控制钢索参数信息

WFFA AND WFFB -1,-2

图 13-28 襟翼控制钢索 WFFB 样式

3. 查找钢索接头的拉力测试载荷（见表 13-4）

表 13-4 钢索试验载荷表

WIRE ROPE TYPE		CABLE DIAMETER(INCHES)									
		1/16	3/32	1/8	5/32	3/16	7/32	1/4	9/32	5/16	3/8
		PROOF LOAD(POUNDS)									
BMS 7-265 OR MIL-W-83420 COMP,"A" (CARBON STEEL)	7×7	288 +25 -0	552 +25 -0	—	—	—	—	—	—	—	—
	7×19	—	600 +25 -0	1200 +60 -0	1680 +85 -0	2520 +125 -0	3360 +170 -0	4200 +210 -0	4800 +240 -0	5880 +295 -0	8640 +435 -0
BMS 7-265 OR MIL-W-83420 COMP,"B" (CRES)	7×7	288 +25 -0	552 +25 -0	—	—	—	—	—	—	—	—
	7×19	—	552 +25 -0	1056 +50 -0	1440 +70 -0	2220 +110 -0	3000 +150 -0	3840 +190 -0	4680 +230 -0	5400 +270 -0	7200 +360 -0

在使用 AT520CT 设备作拉力测试时，必须逐步加载载荷至全载荷超过 3s，必须保持全载荷至少 5s。

4. 根据环境温度选择对应的张力值（见表 13-5）

表 13-5 钢索张力与温度对照表

TEMP°F	ADJUSTMENT LOAD 1/8 INCH DIA CABLES WFA AND WFB +10/-0 POUNDS	ADJUSTMENT LOAD 3/32 INCH DIA CABLES WFFA AND WFFB +10/-0 POUNDS
110	152	71
90	140	65
70	130	60
50	118	55
30	108	49
+10	96	44
-10	85	38
-30	74	33
-40	68	30

校装钢索张力之前，应让飞机稳定在周围环境温度至少 1h 以上（环境温度的变化率不超过 ±5°F/h）。

第14章 轴承的维护

14.1 概述

14.1.1 轴承的用途

轴承主要是用于支承轴及轴上零件,并保持轴的旋转精度,同时也减少转轴与支承间的摩擦和磨损。

在飞机和发动机系统中,轴承不仅数量多,而且它们的工作好坏直接影响系统的工作性能。由此可见,轴承是飞机系统和发动机部件的重要组成部分。

14.1.2 轴承的分类及构造

1. 轴承的分类

根据轴承工作的摩擦方式,可以分为滚动轴承和滑动轴承两大类,其优缺点如表14-1所示。

表14-1 与滑动轴承比较,滚动轴承的优缺点

优点	1. 应用设计简单,产品已标准化,并由专业生产厂家进行大批量生产,具有优良的互换性和通用性 2. 启动摩擦力矩低,功率损耗小,滚动轴承效率(0.98~0.99)比混合润滑轴承高 3. 负荷、转速和工作温度的适应范围宽,工况条件的少量变化对轴承性能影响不大 4. 大多数类型的轴承能同时承受径向和轴向载荷,轴向尺寸较小 5. 易于润滑、维护及保养
缺点	1. 承受冲击载荷能力较差 2. 高速重载载荷下轴承寿命较低 3. 振动及噪声较大 4. 径向尺寸比滑动轴承大

(1) 按照承受载荷的方向不同,滚动轴承可以分为向心轴承(radial bearing),主要承受径向载荷;推力轴承(thrust bearing),主要承受轴向载荷;向心推力轴承,主要承受径向、轴向联合载荷。滑动轴承可以分为推力滑动轴承(见图14-1)和径向滑动轴承。

(2) 根据结构形式不同,滚动轴承可以分为滚珠轴承、滚柱轴承、滚针轴承等。滑动轴承可以分为整体式、剖分式(见图14-2)、自动调心式(见图14-3)。

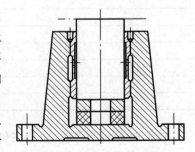

图 14-1 推力滑动轴承

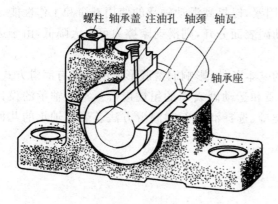

图 14-2　剖分式滑动轴承构造

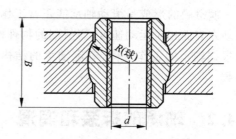

图 14-3　自动调心式滑动轴承

2. 滚动轴承的构造

如图 14-4 所示，滚动轴承由内圈（inner ring）、外圈（outer ring）、滚动体（rolling element，如滚珠、滚柱等）和保持架（cage）组成。

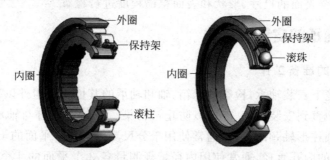

图 14-4　滚动轴承构造

内圈、外圈分别与轴颈及轴承座孔装配在一起，多数情况是内圈随轴回转、外圈不动，但也有外圈回转、内圈不转或内、外圈分别按不同转速回转等使用情况。在滚动轴承的内、外圈上都有凹槽滚道，它起着降低接触应力和限制滚动体轴向移动的作用。

滚动体是滚动轴承中的核心元件，它使相对运动表面间的滑动摩擦变为滚动摩擦。常见滚动体类型如图 14-5 所示有球形、圆柱形、鼓形、圆锥形、针形和螺旋滚子。

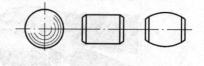

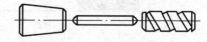

图 14-5　常见滚动体的类型

保持架把滚动体均匀地隔开，并减少滚动体间的摩擦和磨损。

3. 滑动轴承结构特点

滑动轴承的承载能力大，回转精度高，润滑膜具有抗冲击作用，因此，在工程上获得广泛的应用。滑动轴承通常由轴承座、轴瓦、轴承衬及密封装置组成。

轴瓦或轴承是滑动轴承的重要零件，与轴颈直接接触，一般轴颈部分比较耐磨，因此主要失效形式是轴瓦的过度磨损。轴瓦的磨损与轴颈的材料、轴瓦自身材料、润滑剂和润滑状态直接相关,选择轴瓦材料应综合考虑这些因素,以提高滑动轴承的使用寿命和工作性能。

在滑动轴承表面若能形成润滑膜将运动副表面分开,则滑动摩擦力可大大降低,由于运动副表面不直接接触,因此也避免了磨损。

润滑膜的形成是滑动轴承能正常工作的基本条件,影响润滑膜形成的因素有润滑方式、运动副表面相对运动速度、润滑剂的物理性质和运动副表面的粗糙度等。滑动轴承的设计应根据轴承的工作条件,确定轴承的结构类型、选择润滑剂和润滑方法及确定轴承的几何参数。

14.2 轴承的拆装和润滑

滚动轴承在轴系部件中与轴、轴承座、润滑及密封装置等互相联系,组成一个有机的整体。在轴承的拆装和维护工作中要考虑以下问题:轴承的组合和固定;轴承的配合和拆装;轴承的润滑和密封等。

滚动轴承内圈与轴的配合采用基孔制,外圈与轴承座的配合采用基轴制。在装配轴承之前,应对轴的配合表面的尺寸、形状和表面粗糙程度进行检查。

14.2.1 轴承的安装和拆卸

1. 安装轴承的准备工作

在清洁的环境下安装轴承,检查轴承箱、轴和轴承的其他相关组件以确保其清洁。轴承应留在原有包装中直到安装前的一刻,以防止被污染。应检查所有与轴承接触的组件的尺寸和形状公差。圆柱形轴颈的直径,通常使用千分尺测量各 3 个平面的 4 个点如图 14-6(b)所示,圆柱形轴承的内孔直径,通常使用内径量规测量各 3 个平面的 4 个点如图 14-6(c)所示。计算出轴的平均外径和孔的平均内径,得出轴和孔的实际公差,对比规定尺寸公差,判断轴和孔有没有过量的磨损。

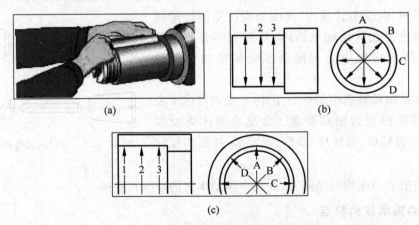

图 14-6 轴承的安装准备工作

检查轴表面光洁度和有无明显划伤、磨损,然后涂上一层薄薄的润滑脂,以便轴承容易安装。当轴较长时,如发动机轴,应安装防护套,防止安装轴承时对轴可能的损伤。

2. 轴承的安装方法

1) 用压力机压入

小型轴承广泛使用压力机压入的方法。将垫块垫入内圈,用压力机静静地压至内圈而紧密地接触到轴挡肩为止,如图 14-7 所示。将外圈垫上垫块安装内圈,是造成滚道上压痕、压伤的原因,所以要绝对禁止。

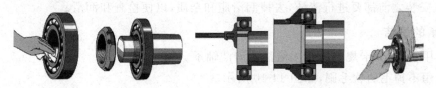

清洁润滑内圈　　安装垫块　　压力机挤压垫块安装轴承　　旋转轴承检查安装质量

图 14-7　轴承的压力机压入安装

2) 热装

大型轴承,压入时需要很大的力,很难压入。因此,加热安装的方法广为使用。

常用的加热方法有:在油中或烤箱内将轴承加热、或用电磁加热,使之膨胀,然后装到轴上。使用这种方法,可以避免给轴承增加不当的力,在短时间内完成作业。

轴承的加热温度,以轴承尺寸、所需的过盈量为参考。

3) 热装作业有关注意事项

(1) 不得将轴承加热至 120℃ 以上;

(2) 为使轴承不直接接触油槽底部,最好考虑将轴承放在金属网台上,或将轴承吊起来;

(3) 将轴承加热到比所需温度高 20～30℃,以便操作中不致发生内圈变冷,难于安装;

(4) 安装后,轴承冷却下来,宽度方向也收缩,所以要用轴螺母,或其他适宜的方法,使之紧固,以防内圈与轴承挡肩之间产生缝隙。

3. 轴承的拆卸方法

轴承的拆卸要与安装时同样仔细进行,注意不损伤轴承及各零件。特别是过盈配合轴承的拆卸,操作难度大。所以,在设计阶段要事先考虑到便于拆卸,根据需要设计制作拆卸工具也是十分重要。在拆卸时,根据图纸研究拆卸方法、顺序,查清轴承的配合条件,以求得拆卸作业的万无一失。

1) 使用专用工具拆卸(见图 14-8、图 14-9)

这种方法适用于内圈在轴肩上露出足够的高度,或在轴肩上开沟以便放入拆卸工具的钩头。

图 14-8　拆卸轴承的专用工具

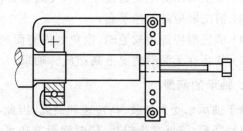

图 14-9　拆卸轴承的方法

2) 冷冻拆卸法

针对过盈配合的轴承,如果强行用工具拆卸,会造成轴的损伤,可使用冷冻拆卸法。用干冰包敷轴一定时间,使轴外径缩小,在充分润滑轴后,拆下轴承。

14.2.2 轴承的清洁和润滑

轴承在安装之前都要进行清洁,去掉润滑脂和杂质,以便检查和润滑。

1. 轴承的清洁

(1) 选用手册、工卡规定的专用清洁剂清洁轴承。

(2) 选用不掉毛的软毛刷,如图 14-10 所示。

(3) 放在容器中的金属网垫上清洗,使轴承不直接接触容器底部的杂质。

(4) 清洁过程分为粗洗和精洗两个阶段。粗洗时,如果使轴承带着杂质旋转,会损伤轴承的滚动面,应该加以注意。在粗洗油中,使用刷子清除润滑脂、黏着物,大致干净后,转入精洗。精洗,是将轴承在干净的清洁剂中一边旋转,一边仔细地清洗。另外,清洁剂也要经常保持清洁。

(5) 用氮气或空气干燥轴承。

(6) 严禁用裸露的手接触轴承,如图 14-11 所示。

(7) 若已清洁的轴承超过 4h 没有润滑,则应用油纸将轴承密封包装并储存于干燥的环境中。

图 14-10 轴承的清洁方法

图 14-11 轴承的操作方法

2. 清洁轴承的安全注意事项

(1) 清洁剂对人体有害,应采取适当的保护措施;

(2) 喷洗时压力不要超过 30psi,飞溅物会伤害眼睛,应佩戴护目镜;

(3) 清洗时应戴无尘手套;

(4) 清洗时应选用软毛刷,以免划伤表面光洁度和保护层;

(5) 禁止在无润滑情况下高速旋转轴承。

3. 轴承的润滑

由于轴承承受大负载、高转速和高温,因此必须要有良好的润滑。润滑的目的主要是减小摩擦和磨损,降低功率损耗,同时润滑剂还可起到冷却、防尘、防腐和吸振等作用,因此必须合理选用润滑剂及润滑方法。

1) 润滑剂的选择

轴承润滑剂主要有三种：润滑油、润滑脂、固体润滑剂。

2) 润滑方法的选择

(1) 用润滑油润滑

① 滴油润滑　采用针阀式油杯，当需要加油时，将针阀提起，油自动通过油孔流入轴承，可用螺母调节供油量。

② 油环润滑　在轴颈上空套一个轴环，环的下部浸到油池中，当轴颈旋转时靠摩擦力将环带转，把油带入轴承。其特点是结构简单、可靠，但只适用水平轴，转速为100～300r/min。

③ 飞溅润滑　靠浸在润滑油中的旋转件把油溅到轴承中去。

④ 压力润滑　靠泵的压力向轴承供油，将从轴承流出的润滑油回收到油池以便循环使用，是供油量最多且最稳定的润滑方法，适用于高速、重载、重要的滑动轴承。

⑤ 手动润滑　在发现轴承的润滑油不足时，适时用加油器供油，这是最原始的方法。这种方法难以保持油量一定，因疏忽而忘记加油的危险较大，通常只用于轻载、低速或间歇运动的场合。最好在加油孔上设置防尘盖或球阀，并用毛毡、棉、毛等作过滤装置。

(2) 用润滑脂润滑 (见图14-12)。

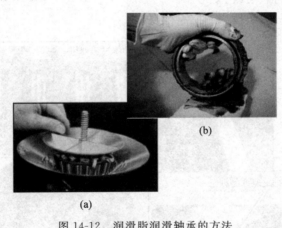

图14-12　润滑脂润滑轴承的方法
(a) 高压压力注油；(b) 手动注油

① 高压压力注油　首选的一种轴承润滑方法，主要优点是污染小，简单、快速。如果正确使用该方法的话，可以确保在关键区域注入足量的油脂。但需要专用的压力注油设备和厂房设施。

② 手动注油　当没有压力润滑设备时，可以用手进行轴承润滑。在一只手掌上面放大量无污染的油脂；另外一只手抓住需要润滑的轴承，用力使油脂进入滚柱之间。注油从滚柱大头的一端注入至小头的一端，直到小头一端的缝隙中有油脂冒头。确认滚柱滚动路径上有足够的油脂之后，在滚柱上涂抹一层油脂。并在轴承其他外露表面涂抹一层相同的油脂。完成后把轴承放置到不会被污染的容器内。

(3) 用固体润滑剂润滑

固体润滑材料是一类概念上与传统润滑材料(润滑油、润滑脂)完全不同的新型润滑材料,与传统润滑材料在摩擦界面上形成某种形式的流体或半流体膜而起到有效的润滑作用相对应,固体润滑材料则主要是依靠材料本身或其转移膜的低剪切特性而具有优良的抗磨和减磨的作用。通常固体润滑材料是以粉末、薄膜、涂敷层或整体材料的形式使用。

图 14-13　固体润滑轴承

14.3　轴承的常见损伤及原因

14.3.1　轴承的常见损伤

1. 轴承的检查及典型损伤的主要形式

在足够的光线下进行目视检查,使用放大镜或显微镜以检查缺陷。常见的形式有以下几种,如图 14-14 所示。

(1) 滚动体——腐蚀、过热变色、起鳞片、剥离、裂纹、破碎。
(2) 滚道——腐蚀、过热变色、压痕、打痕。
(3) 保持架——磨损、裂纹、变形。
(4) 内外圈——剥离、裂纹、蠕变、腐蚀。

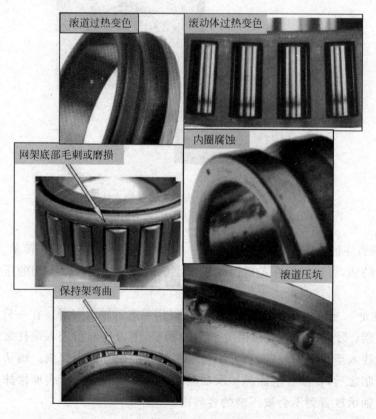

图 14-14　典型的轴承损伤

2. 轴承的更换标准

（1）轴承过热变色应报废：轴承的原色应是光亮的银白色，变质后颜色会变成蓝色或黄色。如图14-14所示。

（2）在保持架底部出现毛刺或磨损或因轴承不慎掉落以及错误的使用工具导致保持架变形或破裂应报废。保持架中梁上出现抛光或磨损以及过度抖动应报废，而轴承保持架的闭合痕迹属于正常现象，这两种现象较容易混淆。如图14-15所示。

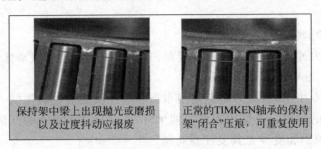

图14-15　保持架磨损

（3）轴承表面有龟裂纹，表明轴承材料失效，应报废。划痕、擦伤能用手指甲明显感觉出来，应报废。

（4）轴承的腐蚀部位经打磨后仍能用指甲或笔尖感觉到的应报废，如图14-16所示。

（5）针对锥形滚柱轴承，在滚柱大端推力面上有刻痕和磨损的应报废。

图14-16　用笔尖检查腐蚀损伤

14.3.2　轴承损伤的主要原因

1. 轴承损伤的原因

（1）维护的问题：包括不正确的配合、运输过程中的损伤、错误的操作方法、拆装过程中的损伤（刻痕、划痕、使用工具后留下的印记）、错误的装配程序（过力矩或安装不平整）。

（2）轴承部件的污染：与杂质、腐蚀性物质、脏的工作场所、不正确的包装或不当的储存环境有关。

(3) 轴承润滑问题：包括润滑油流失、润滑油被污染、高温、冷却不足。
(4) 轴承材料的缺陷：材料杂质过多、材料硬度问题。
(5) 轴承工作状态：如高载、高振动区域。

2. 避免轴承损伤的方法

(1) 保持轴承及其周围环境的清洁。即使肉眼看不见的微小灰尘进入轴承，也会增加轴承的磨损、振动和噪声。轴承及其周边附件应保持清洁，工具及工作环境也必须保持干净。
(2) 使用安装时要认真仔细。
(3) 不允许强力冲压，不允许用锤直接敲击轴承，不允许通过滚动体传递压力。
(4) 使用合适、准确的安装工具。
(5) 尽量使用专用工具，极力避免使用布类和短纤维类的材料擦拭。
(6) 防止轴承的锈蚀。直接用手拿取轴承时，要充分洗去手上的汗液，并涂以润滑油脂后再进行操作，在雨季和夏季尤其要注意防锈。

第15章

油脂、滑油和液压油

现代航空器上的部件作相对运动时,在高速运转和重载荷的作用下产生剧烈的摩擦、生成大量的热,因此合理的润滑可以降低接触面的摩擦阻力、减轻磨损、提高效率并延长寿命。此外,润滑还起冲洗杂质、降低温度、防止锈蚀、减振、缓冲和密封等作用。

15.1 油脂

润滑油脂是一种稠化的润滑油,呈现胶体状,主要由液体润滑剂、稠化剂和添加剂组成。采用油脂润滑,可以简化密封和润滑系统,使结构更简单、重量更轻。油脂主要应用于轴承、铰链、转动接头、齿轮、螺纹、柔性轴、传动轴、控制钢索等部件的润滑。

15.1.1 油脂的分类识别及应用

1. 油脂的分类

油脂按基本作用范围,可分为低温油脂、高温油脂、螺纹防咬死剂。

(1) 低温/高温油脂:主要用于有相对运动的低温或高温部件接触面之间的润滑、降温、防锈、防磨损等;

(2) 螺纹防咬死剂(简称防咬死剂):主要用于螺纹面或无相对运动部件的结合面之间,防止因结合面长时间无相对运动或因高温作用,使部件咬合在一起,引起拆卸困难。

2. 油脂牌号及应用(见表15-1)

表 15-1 常用美国航空油脂的种类和应用

名 称	标 准	商品牌号	应 用
通用航空油脂	MIL-G-23827A	航空壳牌7号油脂	工作温度范围为-73~121℃,用于操纵系统、电动机、轴承、齿轮、传动螺杆等滑动/滚动表面
通用航空油脂	MIL-G-81322C	航空壳牌22号油脂	工作温度范围为-54~177℃,用于润滑高速、高温范围工作的飞机附件、机轮轴承、齿轮箱等
直升机摆动轴承油脂	MIL-G-25537B	航空壳牌14号油脂	工作温度范围为-54~71℃,主要润滑飞机小振幅振动轴承

续表

名称	标准	商品牌号	应用
高温抗燃料油脂	MIL-G-27617	FS1292	用于燃料系统的锥形塞阀、垫圈、轴承等。使用温度：Ⅰ型：-54~149℃；Ⅱ型：-40~204℃
耐汽油、滑油油脂	MIL-G-6032C	航空壳牌S7108号油脂	工作温度范围为-30~150℃，用于抗汽油、抗滑油、抗醇或抗水的系统中
航空滚动轴承油脂	MIL-G-25013D	航空壳牌15号油脂	工作温度范围为-73~232℃，主要用于飞机各种受力轴承

15.1.2 操作规范

1. 基本操作规范

1) 施工准备

(1) 手册

一般定期维护所需的润滑工艺，在飞机维修手册(AMM)12章，如：波音 B747-400 AMM 12-21，空客 A320 AMM 12-22；某些施工程序要求的润滑工艺，如：管道、紧固件安装的润滑要求等，应查阅维修手册中的具体施工程序；也可参照飞机生产厂家发出的标准施工规范，如：波音公司的 SOPM，BAC5008 等。

(2) 材料

严格按照手册的规定，选择油脂类型，禁止在未经允许的情况下混合使用不同厂家或不同类型的油脂。通常，程序中指明的是飞机厂家的公司代码及材料规范代码，对应的可用牌号应查找手册的材料清单(波音 B747-400 在手册的 Front Matter 或 20-30，空客飞机 A320 在手册 20-31，与发动机相关的材料也可在 70-30 找到)。有多种牌号可供选择时，应根据手册的优先选择规定及航空公司的材料要求，确定应使用的牌号。

(3) 方式与工具

对定期维护的润滑施工要求，手册常用图解及润滑方框图(波音样式见图15-1，空客样式见图15-2)的形式标明润滑点的位置及数量，规定了施用的油脂类型、施工方式和工具类型(见图15-3)。应严格按照手册的规定施工。

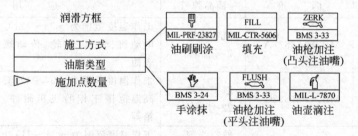

图 15-1 润滑方框图(波音手册样式)

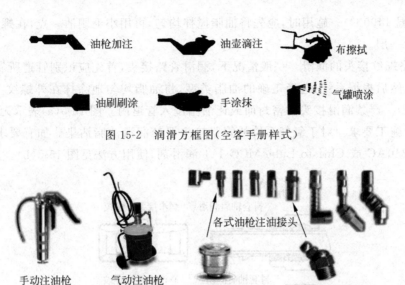

图15-2　润滑方框图(空客手册样式)

图15-3　部分润滑工具图

2) 操作程序

(1) 定期维护类的施工

应参照现行有效的维护手册查找润滑施工程序。根据手册的图示(见图15-4)确定使用油脂类型、润滑点位置、润滑方式及注油嘴类型,选择合适工具(见图15-3),严格按规定操作。施工前,应清洁和调试注油设备(例如:根据波音手册,使用气动式注油枪,压力一般设定在100~200psi)。清洁和检查注油嘴的情况,将油枪牢靠地连接在注油嘴上。注入新油脂,直至旧油脂从轴承的侧面挤出,并且新油脂从指定的出口排出。如果油脂没有从指定位置排出而是从其他部位挤出,说明存在故障,可能是油路堵塞或油脂硬化,也可能是密封失效,如:油脂从襟翼球形丝杠的刮油环挤出表明封严可能已经失效。

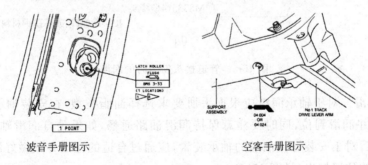

图15-4　手册润滑图示实例

(2) 特定施工程序的润滑要求

① 紧固件的润滑　一般情况下对需要润滑安装的普通紧固件,可施用 BMS3-24 油脂到所有的接触区域。如需使用防咬死剂,应根据耐温要求选择正确的类型,例如:MIL-T-5544(耐温 1000℉),MIL-T-83483(耐温 800℉),BMS3-28(耐温 350℉),Never-Seez Pure

Nickel（耐温 1400°F）。施用时，应先将油脂搅拌均匀，再用小毛刷沾一点，在螺纹上均匀地涂抹薄薄的一层。

② **管路螺纹接头的润滑** 一般情况下，润滑管路接头，首先应识别管道所属的系统，如液压系统。然后根据系统，选择正确的油脂类型，将油脂均匀地涂抹在外螺纹上（前面的 3 个螺纹即可）。严禁润滑接头的密封面或让油脂侵入管道内。图 15-5(a)表示无喇叭口管道接头的润滑施工要求。对于氧气系统的管路接头严禁润滑油脂沾染。如有要求，只允许使用 Krytox 240AC 或 Christo Lube MCG 111 润滑剂，使用方法见图 15-5(b)。

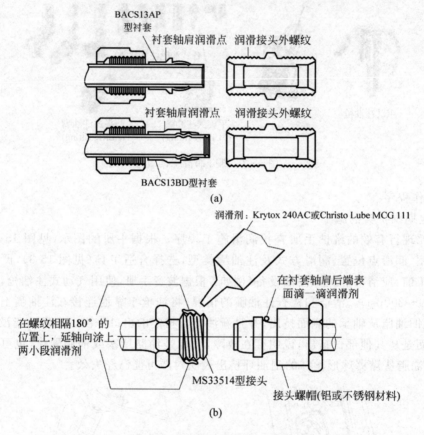

图 15-5 管道接头安装时的润滑

③ **轴承润滑** 对于轴承润滑应根据手册要求选择油脂类型，在安装轴承前，所有的摩擦表面要清洁并润滑到位，同时要注意保持润滑油路通畅，如果是自润滑轴承则不需要润滑。安装轴承后对于安装有注油嘴的轴承装置，应通过合适的注油方式做好润滑工作，并要求油脂从正确的位置挤出（见图 15-6）。

④ **钢索的润滑** 根据手册的规定选择润滑油脂。不锈钢的钢索严禁润滑。润滑前应用干净的棉布清洁钢索（严禁使用清洁剂）。采用涂抹法润滑钢索，应注意不要过量。检查涂抹效果，可用干净的白纸在钢索上按压，如润滑充分，会在纸上留下油脂色泽的印迹，也可直接用 5~10 倍的放大镜进行观察，钢索上将呈现均匀完整的润滑油脂涂层。

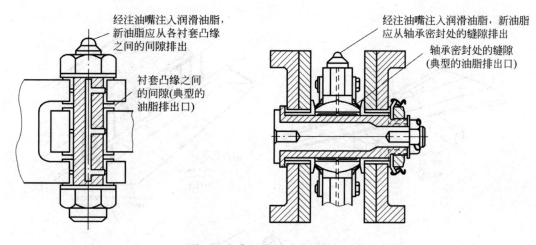

图 15-6 典型润滑油路及排出口

2. 安全及注意事项

（1）未经允许，严禁混用不同厂家或类型的油脂。容器、注油工具和设备应按规定存放，专人保管并做好识别标签（包括牌号、有效期等）。使用前应清洁，给油枪充油时，应避免混入杂质和气体。

（2）使用加压设备，应确保压力不超过许可范围。检查和及时更换已损坏的注油嘴。

（3）润滑前，检查轴承、齿轮，确保需润滑表面干净无外来杂物。用毛刷和规定的清洗剂清洁注油嘴及周边区域。

（4）润滑时，动作要轻柔，不要过量。确保手册规定的所有润滑点都已正确润滑到位，新油脂从正确的排出口排出。具有自我润滑功能的部件，严禁润滑。变更油脂的种类时，必须清除所有旧油脂。通常的做法是：缓慢注入新的油脂，挤出所有旧油脂，直至连续挤出的是新油脂。注油完毕，应清除多余的油脂，防止因气流或其他原因导致油脂四处扩散，污染其他部件。

15.1.3 应用举例

本应用实例（润滑扰流板部件）依照一般油脂润滑的操作程序进行说明，具体勤务工作应参照现行有效的维修手册执行。

1. 准备

根据图 15-7 所示选择 BMS3-33 油脂。每块扰流板有 4 个润滑点，其中平头注油嘴 2 个，凸头 2 个。选择手动注油枪及正确的接头。严格按手册的规定，做好扰流板系统的各项安全措施。

2. 操作

（1）根据图 15-7 所示要求，润滑扰流板部件，确保连续挤出新油脂。

（2）施工完毕，清洁注油嘴、润滑点及周边区域，清除掉所有多余的油脂。

（3）清洁及清点工具、设备。根据程序，复原系统。签署必要的文件和工卡。

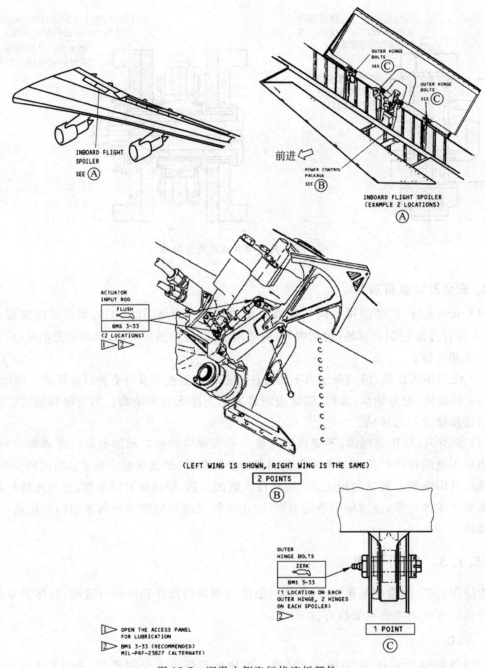

图 15-7 润滑内侧飞行扰流板部件

15.2 滑油

15.2.1 滑油的种类及应用

航空燃气涡轮发动机的润滑采用合成滑油。这是一种从动植物、矿物基滑油提炼后经人工合成的滑油,这种滑油不易沉淀而且高温下不易蒸发。常用滑油的种类和应用如

表 15-2 所示。

表 15-2 常用美国航空滑油的种类和应用

名　称	标　准	商品牌号	应　用
活塞发动机滑油	MIL-L-22851D	Aeroshell Oil W100	航空活塞式发动机滑油系统
涡轮发动机滑油	MIL-L-6081D, Grade 1010	Aeroshell Turbine Oil(ASTO) 2	航空燃气涡轮发动机滑油系统
涡轮发动机合成润滑油	MIL-PRF-7808L Grade 3	ASTO 500 Mobil Jet Oil 248	工作温度范围为 $-54\sim149℃$，涡轮喷气发动机滑油系统及其设备
	MIL-PRF-23699F Grade STD	ASTO 500 Air BP 2380 Mobil Jet Oil Ⅱ	工作温度范围为 $-40\sim200℃$，大型喷气飞机发动机滑油系统
	MIL-PRF-23699F Grade HTS	ASTO 560 Air BP 2197 Mobil Jet Oil 254	航空燃气涡轮发动机滑油系统，具有较好高温稳定性的新一代润滑油

15.2.2 操作规范

滑油施工一般是指对发动机、辅助动力装置（APU）等驱动装置的滑油系统进行日常勤务的工作，主要包括滑油补充及滑油更换。定期通过对滑油进行污染检查或样本分析，能及时发现和判断系统或部件的问题。另外，滑油也常应用于某些部件的润滑。本节的内容重点描述发动机的滑油施工程序。

1. 基本操作规范

1）施工准备

（1）手册

查阅手册时，应掌握航空器生产厂家手册的编写规律，根据具体的施工要求便捷查找。例如：

① 波音 747 飞机维修手册 12-13 为滑油补充，12-22 为滑油更换；有关滑油污染检查和样本分析，有的列明在更换程序中，有的则需要到相关系统的手册中查找。

② 空客 A320 飞机维修手册 12-13 包含了滑油补充及更换程序，12-13-24 为 IDG 滑油勤务，-49 为 APU，-79 为发动机，-80 为起动机，其目号为系统的章节号。

（2）材料

严格按照手册施工程序的规定，选择滑油类型和牌号。严禁在未经允许的情况下混合使用不同厂家或不同类型的滑油。通常，滑油牌号标签贴在部件上。手册程序通常指明了飞机厂家的材料规范代码，通过查找手册的材料清单，确定使用的牌号。手册有时也直接规定可使用的牌号。对于同时有多个牌号可供选择时，应根据优先选择规定及航空公司的材料要求，确定使用的牌号。

（3）方式与工具

按规定的方式进行加注，常用重力和压力加油法：重力加油法就是直接倒入或使用油壶滴注；压力加油法应使用专用的压力加油设备。另外，施工时还应准备容器，以承接溢出的油液。如图 15-8 所示为部分勤务工具。

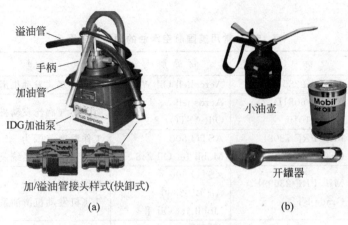

(a) 　　　　　　　　　　　(b)

图 15-8　部分勤务工具

2) 操作程序

(1) 滑油补充

① 严格按照现行有效的维修手册规定的滑油类型、加注形式及操作程序进行施工。

② 施工前,应准备干净的棉布及接油容器,按规定完成各项安全措施,以防止意外发生。明确加油、溢油口的位置,确认油量指示方式、标准和位置。常见的油量指示方式有窥镜式、油尺式、溢油式和高度参照式等(见图15-9)。

窥镜式(Sight Glass)

高度参照式(Reference Level)

溢油式(Over Flow)

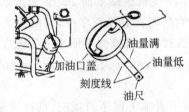
油尺式(Dipstick)

图 15-9　油量指示形式

③ 油量检查应在规定的时间内完成。通常,应等驱动装置完全停定一段时间(但不能过久),使系统油压力充分平衡后,才能检查油量,确保油量检查准确及防止打开口盖时热油飞溅伤人。根据检查结果,决定是否需要补充。另外,有些系统还可以借助 EICAS 显示,检查油量指标,例如：LO 表示过低,RF 表示需补充,OF 表示过满。

④ 施工时应避免油液溅出,如果有油液污染油漆或橡胶类的密封压条,应立即清洁干

净。施工完毕,应正确安装加油口盖并清洁施工区域。

(2) 滑油更换

① 滑油的更换一般可分为放油及加油两道工序,施工的准备工作与补充相同。

② 将满足容量要求的容器放置在放油口下方。拆除放油堵头,让油液完全排空。某些程序要求测量并记录排出的油量。正确安装放油堵头。

③ 检查排出油液的状况(气味、颜色、金属碎屑及黏稠度等)有无异常,磁堵(MCD)上有无金属碎屑。检查并更换过滤器。必要时还应更换所有的密封圈。

④ 加油的程序与补充相似。如果更换滑油牌号,应完成系统清洗程序。

2. 安全及注意事项

(1) 严格按规定操作。在未经允许的情况下,严禁混用不同厂家或不同类型的油液。遵守物料安全数据单(MSDS)或厂家的安全使用规定。

(2) 容器、注油工具和设备要按规定存放,专人保管并做好识别标签(包括牌号、有效期等)。使用前应清洁。开启密封滑油容器应使用专用的开罐器(见图15-8(b)),确保加油口清洁,无异物。

(3) 加油完毕,应更换的密封圈已更换,并确保相关的口盖安装到位。

15.2.3 应用举例

本应用实例(整体驱动发电机(IDG)的滑油补充)依照一般油脂润滑的操作程序进行说明,具体勤务工作应参照现行有效的维修手册执行。

1. 准备

(1) 按现行有效的维修手册的程序施工。准备手动加油泵(容积大于2gal),确保泵内的滑油牌号为 Mobil Jet Oil Ⅱ 且有足够油量。准备加油管、溢油管,容量为5gal(20L)的接油容器及干净的棉布。

(2) 安全事项:由于在发动机区域内工作,工作前,应确认发动机关停,反推装置限动。放油时,可能触碰热油,应佩戴护目镜和隔热手套。

2. 操作

(1) 将接油容器放置在放油口下方。拆除溢油接头(over flow fitting)上的防尘盖,用专用溢油管连接IDG溢油接头和接油容器,以释放内部压力。确保油液能自由排入容器,防止热油飞溅导致人员受伤。

(2) 拆除IDG加油接头(fill port fitting)上的防尘盖,连接压力加油管,操作加油泵将油液注入IDG。当油液从溢油管流出1夸脱(约1L),颜色和所加注的滑油的色泽一致,油流连续、无气泡时,停止加油。拆除加油管,安装防尘盖。

(3) 等油液不再从溢油管排出,拆除溢油管,盖上防尘盖。

(4) 清洁及清点工具、设备。根据程序,完成系统复原及泄漏测试工作。签署必要的文件和工卡。

15.3 航空液压油

15.3.1 航空液压油的基本概念

1. 航空液压油的性能

由于油的黏度变化直接与液压动作、传递效率和传递精度有关,所以航空液压油首先应满足液压装置在工作温度与起动温度下对液体黏度的要求,其黏温性能和稳定性也应满足要求。液压油的特性指标为:

(1) 油液的润滑性。

(2) 油液的黏度 随温度升高而减小,随压力的升高而增大。油液的黏度特性是非常重要的指标,它的变化对系统的功率损失和性能都有很大的影响,所以应严格按规定要求使用液压油。

(3) 油液的防火特性 衡量耐燃性的一般指标为闪点、着火点和自燃着火点。航空液压油(石油基)和磷酸酯液压油的耐燃性指标见表15-3。

表15-3 航空矿物基和磷酸酯基液压油的耐燃性指标

名 称	标准	闪点/℃	着火点/℃	自燃着火点/℃
航空矿物基液压油	MIL-H-5606	93～107	124	246
航空磷酸酯基液压油	BMS-3-11, Type Ⅳ, Ⅴ	254	316	593

2. 分类与应用

目前航空器液压系统所用的液压油可分为:植物基、矿物基和磷酸酯基液压油。在不同规格的液压油中掺入染色剂用于识别。航空液压油的分类识别及应用见表15-4。

表15-4 航空液压油的分类识别及应用

名 称	标准	商品牌号	颜色	用 途
航空矿物基液压油	MIL-H-5606 MIL-H-6083	Aeroshell Fluid 41 Aeroshell Fluid 71	红色	广泛使用的航空矿物基液压油,用于刹车、液压系统及起落架减振油液,航空壳牌71号有更好的防腐和耐磨特性
航空植物基液压油	BMS3-32	Aeroshell Fluid SSF/LGF	浅黄色	有更好的压力及润滑特性,用于大型飞机起落架的减振油液
航空磷酸酯基液压油	BMS-3-11, Type Ⅳ, Ⅴ	Skydrol LD4Skydrol 500B4	紫色	用于现代飞机的液压系统

15.3.2 操作规范

1. 基本操作规范

1) 施工准备

(1) 手册

有关液压油的施工程序通常包括液压油补充、减震柱油液勤务、液压油样本提取及分

析、液压系统冲洗及液压油更换等。查阅手册时,应掌握飞机生产厂家手册的编写规则,根据具体的施工要求便捷进行查找。例如:

① 波音747飞机维修手册12-12-01为液压油补充,12-15-02减振柱油液勤务,29-00-00为样本提取及分析,液压系统冲洗及液压油更换在29-11-00。

② 空客A320飞机维修手册12-12-29为液压油补充,12-12-32减振柱油液勤务,12-32-29为样本提取及分析,液压系统冲洗及液压油更换在12-36-29。

③ 因为磷酸酯基液压油对人体有一定的刺激性,加上液压动力系统固有的危险因素,因此在操作液压系统时应特别留意手册相关的规定和指引。空客A320飞机维修手册29-00-00有专门的指引程序,波音则列明在相关操作程序中。

(2) 材料

严格按照手册施工程序的规定,选择液压油类型和牌号。严禁在未经允许的情况下混合使用不同厂家或不同类型的液压油。手册程序通常注明了飞机厂家的材料规范代码,通过查找手册的材料清单,确定使用的牌号。手册有时也直接规定可使用的牌号,有时其牌号标签会直接贴在部件上。对于同时有多个牌号可供选择时,应根据优先选择规定及航空公司的材料要求,确定使用的牌号。

(3) 方式与工具

按手册规定的方式进行加注。通常飞机会自带手摇泵加油系统,另外还可用地面的加油车或地面液压车给系统加油。

2) 操作程序

(1) 液压油补充

① 严格按照现行有效的维修手册规定的液压油类型、加注形式及操作程序进行施工。确认勤务站点位置、检查系统状态,如:起落架处于放下状态、扰流板处于放下状态等,以确保油量正确。加油前,应做好个人安全防护措施。

② 识别加油装置、系统选择阀开关的位置,确认油量指示形式、标准和指示表位置。检查油量指标,通常油量指示有指针式或数字式油量表,有些系统还可以借助EICAS进行油量显示。

③ 加油时应先清洁加油口,将加油管接到油车;旋转选择阀开关至要加油的系统位置,匀速摆动手摇泵,直至油量满足要求;施工完毕,应将选择阀开关放在关闭位。为了防止空气进入系统,系统必须完全密封(特别是液压泵吸油管路),施工后应进行排气,油箱里的油量应满足规定。

④ 清洁施工区域。复原系统,签署必要的文件和工卡。

(2) 液压油检查和排故

必须定期观察油滤污染指示器,如果污染指示器发出信号,应及时清洗或更换油滤。如果遇到液压系统部件损坏,例如液压泵损坏,必须按程序立即对油液进行污染检查,并按要求对相关系统进行冲洗。按照维修大纲的要求,液压油必须定期提取样本进行检查,常用的检查方法可分现场观察和实验室分析鉴定两种:

① 现场观察。用取样油液与同类型新油液进行比较,观察色泽及透明度有无变化,有无沉淀物等。

② 实验室分析鉴定。应检查色泽、密度、闪点、黏度、氧化物以及污染微粒粒子数等(取

100mL 工作液,用仪器计算其粒子数);如果样本油液经实验室分析后鉴定为不合格,必须按手册要求更换油液。

2. 安全及注意事项

(1) 因为液压油,特别是磷酸酯基液压油对人体有一定的刺激性。工作前可以在手和胳膊上涂皮肤保护膏,佩戴耐油手套及防护镜,防止油液喷溅到皮肤或眼睛。

(2) 未经允许,严格禁止混用不同厂家或不同类型的油液,否则会导致油质恶化。特别是矿物基与磷酸酯基液压油等合成油掺混,会导致油液完全变质。

(3) 必须采用钢材料的容器或设备装盛液压油,禁止使用聚氯乙烯容器,容器内壁不可涂刷油漆(以免在油液中产生沉淀物),做好识别标签(包括牌号、有效期等)。开启密封容器时应使用专用的开罐器,并确保加油处清洁,无异物,加入的新油液时必须过滤。

(4) 施工前,确保系统状态符合要求。施工时要保证液压系统清洁,无水分、铁锈、金属屑及纤维等杂质。补充油液时不可过量,如过量会导致液压油进入飞机引气和空调系统,而产生烟雾和刺鼻的味道会对机组和旅客造成危害,还会对金属制成的管路造成腐蚀。更换工作液时,要彻底清洗系统。

(5) 紧急处理措施。

① 皮肤接触:应更换受污染的衣服,并用水和肥皂冲洗受影响的皮肤。若发生持续刺激,则需就医。如果使用高压设备,可能会造成油液伤害皮肤,应立即将伤者送往医院救治,以免症状恶化。

② 眼睛接触:用大量水冲洗眼睛并向医生求助。

③ 吸入:应将患者移到有新鲜空气的地方,如有需要应求助医生。化学品吸入肺中会导致化学性肺炎。

④ 食入:用水漱口并马上就医,严禁催吐。

15.3.3 应用举例

本应用实例(液压系统勤务(补充液压油),见图 15-10)依照一般油脂润滑的操作程序进行说明,具体勤务工作应参照现行有效的维修手册执行。

1. 准备

(1) 按现行有效的维修手册的程序施工。选择手动加油方式。准备储油车,车内的液压油的牌号为 Skydrol LD4 并且有足够容量。准备干净的棉布。

(2) 安全事项:此项工作在起落架运行区域内进行,起落架地面安全插销、轮挡、舱门限动等安全措施必须到位;施工时可能触碰油液,应佩戴护目镜和防油手套。

2. 操作

(1) 旋转选择阀,将阀门的位置指向需要加油的系统。检查加油站内油表显示的油量。

(2) 取下加油站内的加油管,清洁后放入油车内,确保油液完全覆盖加油管的管口。取下手摇泵手柄,均匀摆动手柄,摆动速度不要操过 100 次/min。油量达标后,关闭选择阀,清洁和安装加油管及手柄。

(3) 清洁及清点工具、设备,完成系统复原及测试工作。签署必要的文件和工卡。

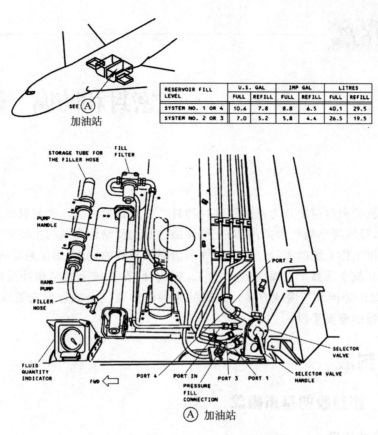

图 15-10 液压系统勤务（补充液压油）

第16章

密封和防腐

通常把飞机的密封措施分为密封胶密封和封严件密封两大类。密封胶密封主要用于飞机结构的密封,是维持座舱气密条件、防止整体油箱漏油及结构腐蚀的主要方法。封严件密封主要用于飞机工作系统的密封,防止液、气的泄漏及异物的侵入,确保系统的正常工作。

腐蚀损伤是航空器最严重损伤形式之一。据统计,在飞机金属结构件受损报废的过程中,有超过 90% 的原因都与腐蚀有关。正确的腐蚀防护施工是确保航空器安全飞行、实现耐久性使用指标的重要手段。

16.1 密封胶

16.1.1 密封胶的基本概念

1. 密封胶的应用

密封是现代商用飞机制造过程中必不可少的工序。密封胶在飞机上的用途十分重要,例如:密封燃油油箱结构;维持座舱气密;阻挡水分或腐蚀性液体或气体渗入到结构内部,防止结构腐蚀;形成气动的平滑表面等。

2. 密封胶的特性及要求

(1) 密封性,良好的弹性和塑性,耐温、耐油、耐水、耐气候以及良好的粘接力。

(2) 无腐蚀作用,毒性小,对人体的健康影响较小。

3. 密封胶的分类与识别

密封胶混合物是一种合成橡胶材料,在涂抹时要保持液态,之后通过化学变化转变成为具有一定弹性的固体物质。密封胶的分类如下:

(1) 按组成成分 分为聚硫化物和有机硅树脂两类。聚硫化物(也可称为聚亚胺酯)密封胶,耐高温性能较差,用在对温度要求不高的区域;有机硅树脂密封胶(含硅)一般用于有特定要求的工作区域中,如高温区等。

(2) 按配制的类型 分为单料(见图 16-1(a))和双料密封胶(含催化剂和基料两种材料)(见图 16-1(b),(c))。

(3) 按包装和存放形式(双料密封胶) 分为罐装(见图 16-1(b))、套装(SEMKIT)(见图 16-1(c))、预混冷冻及冷冻散装形式。罐装式可根据需要的用量按比例自行配置。SEMKIT 则由厂家按既定的可用量配置好催化剂和基料的剂量,用推杆将催化剂挤入基

图 16-1 密封胶的分类

料,用搅拌杆进行充分混合后即可使用,而且套装还配备了喷嘴,使用方便。但此类密封胶不适合在小剂量的场合使用。预混冷冻形式适用于混合后可冷冻保存以延长施用时限的密封胶(例如 BMS5-95 等),具体操作应遵守手册的要求。

(4)按稠稀度和施用时限(波音航材规范-航材型号)分类　在相同的航材型号中,密封胶根据稠稀度和施用时限等参数的不同,进行分类,见表16-1。施工时,可根据施工条件选择不同类别的密封胶,见表16-2。相关术语解释见表16-3。

表 16-1　密封胶的分类

类别	施工形式	说　　明
A 类	预先刷涂(precoat)或预先填充(prepack)施工	低黏度,较稀,有较好流动性,适合于刷涂(brushable)的密封胶
B 类	填角(fillet)、贴合面(faying surface)、注射(injection)、预先填充(prepack)及紧固件(fastener)密封	较稠,有良好的触变性
C 类	仅用于贴合面(faying surface)密封施工	中等稠度,有良好的可延展性,挤出时限较长
D 类	填孔施工(hole filling)	高稠度,糊状,有良好的触变性,不易流动,适合于填孔施工
E 及 F 类	喷涂施工(spray application)	可喷涂密封胶,E 类胶喷涂后可作为涂层(coating),F 类可作为底漆层(primer)
G 类	喷涂、刷涂或辊涂施工	低黏度,适用于需要较长挤出时限和较好流动性的施工场合

表 16-2　密封胶使用说明的部分简表

航材规范(型号)	类别	材料说明	用途	施用时限/h	挤出时限/h	无黏性/h	固化时限/h	供应商说明
BMS 5-95	B-1/2	双料密封胶,含铬以提高材料的防腐性能	贴合、预先填充、注射、填角	1/2	1/2	10	20	PRO-SEAL 870 B-1/2
	B-2		贴合、预先填充、注射、填角	2	6	36	48	PRO-SEAL 870 B-2
	C-20		贴合表面	12	20	20(最小)	160	PRO-SEAL 870 C-20

表 16-3　密封胶术语解释(1)

术　语	说　明
施用时限（Application Time）	密封胶可用涂刷或密封枪进行有效施工的时间范围，一般在 75℉、50％相对湿度的条件下得出。施用时限随温度、相对湿度的变化而改变。具体要求，应参考相关的维护手册
挤出时限（Squeeze-Out Time）	在贴合面密封后，安装紧固件时，密封胶可从贴合处挤出。挤出时限就是指密封胶从解冻后到不能再从贴合处挤出的时间范围
无黏性状态（Tack Free）	在这种状态下，用一片薄纸按压在密封胶上，薄纸不会被粘连。在密封胶上面施涂覆盖层之前，必须保证密封胶已经固化到这种状态
固化时限（Cure Time）	密封胶通过化学变化以及溶剂挥发的方式硬化或凝固的过程所需要的时间范围。固化速率与环境、温度、相对湿度及施涂的厚度有关。具体要求，应参考相关的维护手册

16.1.2　基本操作规范

1. 施工准备

（1）手册　由于飞机制造商的规范和要求有差异，工作时应按照厂家手册的要求施工。例如：飞机维修手册（AMM）20 章（标准施工工艺）、28 章（燃油油箱）、51 章（机身结构）以及结构修理手册（SRM）51 章。

（2）材料　应根据手册的规范要求和施工条件选择材料，见表 16-4 和表 16-5。使用前应确保密封胶没有过期。

表 16-4　密封胶材料的选择的部分简表

密封区域	密封等级	施用形式及材料			
		填角、注射、预先填充、紧固件	贴合面	填孔施工	刷涂、紧固件接合
燃油油液区（Liquid Fuel）	绝对密封（Absolute）	BMS5-26,Class B BMS5-45,Class B	BMS5-26,Class B or C BMS5-45,Class B	BMS5-16	—
燃油油气区（Fuel Vapor）	中等密封（Intermediate）	BMS5-26,Class B BMS5-95,Class B	BMS5-26,Class B or C BMS5-95,Class B or C	BMS5-16	BMS5-26,Class B or C BMS5-95,Class B or C
气密结构（Pressure）	外延密封（Extensive）	BMS5-26,Class B BMS5-95,Class B	BMS5-26,Class B or C BMS5-95,Class B or C	BMS5-16	BMS5-95,Class B or C BMS5-26,Class B or C
耐气候（Weather）	中等或有限（Intermediate）or Limited	BMS5-26,Class B BMS5-95,Class B	BMS5-26,Class B or C BMS5-95,Class B or C	BMS5-16	BMS5-95,Class B or C BMS5-26,Class B or C

表 16-5　密封胶术语解释(2)

术　语	说　明
密封类型	1. 根据所起的作用分为：主密封层密封胶和次级密封层密封胶。主密封层的密封胶直接接触油液或压力，起主要的密封作用。次级密封层的密封胶则对主密封起支撑作用，称为支持密封（backup seal），或当主密封失效时，起失效保护作用，称为隔离密封（isolation seal） 2. 根据施用形式分为：填角（fillet）、贴合面（faying surface）、注射（injection）、预先刷涂（precoat）、预先填充（prepack）、填孔（hole filling）及衬套（bushing）、紧固件（fastener）密封等

续表

术　语	说　　明
密封等级	根据飞机结构的使用要求,规定了必须密封的部位、部件及应采取的密封形式;等级分为:绝对、外延、中等及有限密封
密封板	密封板是完全封严的结构,或结构的分界面。在整体油箱中,密封板构成了阻隔燃油流通的分界面,由结构件、紧固件和密封胶组成

（3）方式与工具　应根据手册要求确定施工形式,准备好相应的工具。常用工具（见图 16-2）通常包括：密封胶专用铲刀、密封胶注射枪、电子秤、清洁用品、辊子、展延板、整形工具（抹刀）、粘纸等。

（4）劳保用品　施工时,会接触清洁剂、密封胶等化学品,应使用必要的保护用品,例如：手套、口罩和护目镜等。

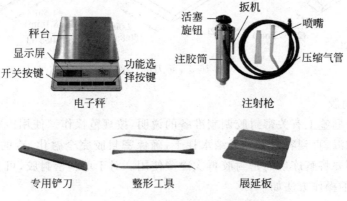

图 16-2　施工中使用的部分工具

2. 施工程序

1）去除密封胶

（1）施工前应对受施工影响的区域或部件采取适当的屏蔽保护措施。

（2）只能使用塑料或手册推荐使用的铲刀去除密封胶,铲刀可用 220 粒度或更细的氧化铝砂纸打磨到必要的锐度和形状（见图 16-3）。如果是喷涂型密封胶,可采用打磨的方式,打磨时注意不要损伤结构,打磨后用布和清洁剂擦拭干净。

（3）如果密封胶有一定的厚度及硬度（例如：填角密封）,可先用专用铲刀去除密封胶（铲刀使用前应清洁,使用时不得损伤工件表面）,然后再用布和清洁剂擦拭干净。

2）表面预处理

因为表面有尘土和油脂会影响密封胶的黏附力和粘接力,在密封前先要对表面进行彻底清洁。为了保持清洗溶剂的清洁,一般是把溶剂倾倒在白布上,如果要清洁的范围比较大,应采取局部、循序渐进的清洁方式。清洁好的区域要立刻擦干,避免滑油等污物的二次污染。反复清洁操作直到在布上没有可见的污渍。通常清洁的范围要比实施密封的区域大,而且在密封前还要对表面做最后的清洁。

3）确保底漆层完好

根据手册要求,确保表面底漆层完好,必要时应重新喷涂。

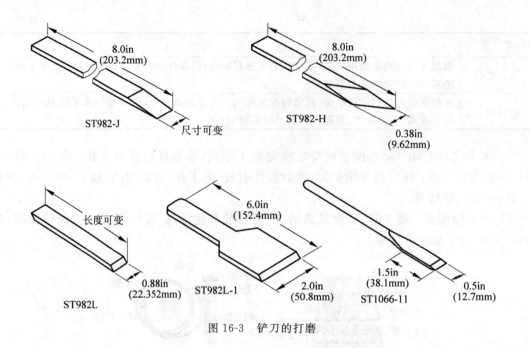

图 16-3　铲刀的打磨

4) 配制密封胶

遵循密封胶标签上有关密封胶调制准备的说明,按规范操作。使用冷冻的预制密封胶,应放在常温下加温,直到容器上的凝结水耗干,确保密封胶完全融化,冷的密封胶不能黏附在结构表面。不要将解冻后的密封胶再次冷藏使用。对于单料密封胶,可直接使用,对于双料密封胶,一般的操作方法如下:

(1) 查看标签,检查基料和催化剂的批号,核实有效期。如果批号不一致、过期或发现密封胶已经变质,例如变干、发黏或呈块状,应停止使用。

(2) 做好个人防护措施。

(3) 在进行配比之前,基料和催化剂应充分搅拌均匀,然后按照说明程序对两部分混合物按正确比例进行调配。在调配中所使用的催化剂不能少于 5g。

(4) 使用干净的抹刀或适当的工具充分搅拌混合物直至混合物呈现均匀、颜色统一的流质,注意搅拌时不要混入气泡。如果看到斑点或条纹(一般是催化剂尚未混合的残存),这说明没有充分混合,这样会影响固化性和使用效果。

(5) 混合后的密封胶必须根据规定的施工时间要求完成施工。

5) 施用

按照手册的规定,采取正确的施工形式进行施工,确保外形和尺寸等参数满足要求,并在规定的施工时限内完成。施用的一般方法如下。

(1) 施工前应对受施工影响的区域或部件采取适当的屏蔽保护措施。通常用粘纸按规范要求的尺寸隔离出施工区域。清洁所用的密封工具。

(2) 单料密封胶的施用:

① 根据工作需要可将喷嘴切成一定角度,角度决定密封胶的厚度。

② 用注胶枪向前挤推密封胶,挤出的部分应均匀,截面厚度要达标。

③ 在表面固化之前,尽快(控制在 30min 内)将密封胶涂抹到所需的厚度。

(3) 双料密封胶的施用：

① 缓慢、连续地将密封剂涂到工作表面，要充足且能够完全覆盖需施涂区域。

② 用整形工具调整外形，抚平密封胶让表面光滑，满足密封胶成形尺寸的要求。

③ 用整形工具除去所有多余的密封胶。清洁施工区域及密封工具。

(4) 等密封胶充分固化后再在上面进行其他的工作。

(5) 做最后的检查，不合要求的要重做。

(6) 去除屏蔽保护。

6) 固化检查

注意把握密封胶的固化时间。在密封胶充分固化后，才可覆盖其他涂层。按要求，取部分用于施工的密封胶作样本，以便确认固化的情况。

7) 做好清理工作

密封区域必须保持清洁，正确地处理多余的密封胶，分解工具并清洗干净、妥善存放。

3. 密封胶密封的几种施工形式

以下图例显示了常见的密封胶密封的施工形式。

(1) 预先刷涂/填充密封(precoat/prepack seal)，如图16-4所示。

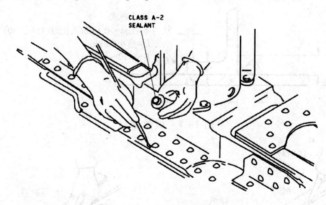

图16-4 预先刷涂密封

(2) 贴合面密封(faying surface seal)，如图16-5所示。

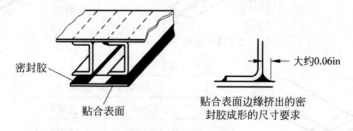

图16-5 贴合面密封

(3) 填充(塞孔和塞缝)密封(hole and slot seal)，如图16-6所示。

(4) 填角密封(fillet seal)，如图16-7所示。

(5) 航空动力平滑表面密封(aerodynamic seal)，如图16-8所示。

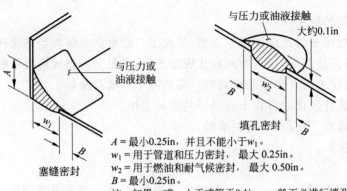

A = 最小 0.25in，并且不能小于 w_1。
w_1 = 用于管道和压力密封，最大 0.25in。
w_2 = 用于燃油和耐气候密封，最大 0.50in。
B = 最小 0.25in。
注：如果 w_1 或 w_2 小于或等于 0.1in，一般不必进行填孔施工。

图 16-6　填充密封

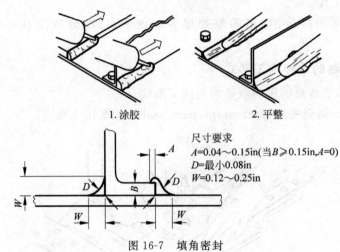

图 16-7　填角密封

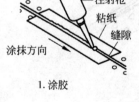
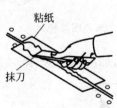
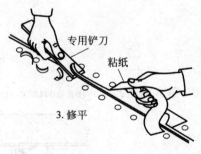

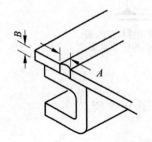

尺寸要求

| 缝隙的宽度与深度 ||
宽度 A/in	宽度 B/in
0.02～0.03	0.10（最大）
0.03～0.05	0.25（最大）
0.05～0.10	0.50（最大）
0.10～0.15	0.75（最大）

图 16-8　航空动力平滑表面密封

(6) 注射密封(injection seal)：如图 16-9 所示，其中填孔密封的尺寸应参考图 16-6。

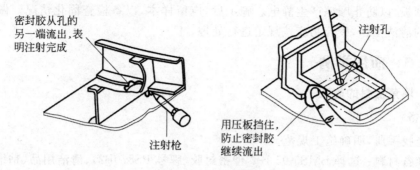

图 16-9　注射密封

(7) 紧固件密封(fastener seal)，如图 16-10 所示为部分密封形式。

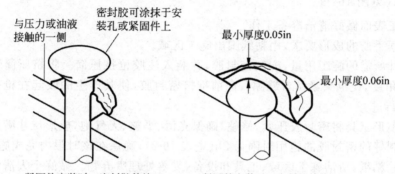

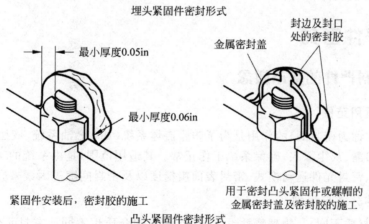

图 16-10　紧固件密封

4. 注意事项

(1) 配制密封胶时，应先阅读容器上的标签或参考材料安全数据单(MSDS)，明确相应的安全保障信息。施工时，佩戴护目镜，戴手套避免皮肤接触。

(2) 密封胶和清洁剂属易燃危险品，施工时要保证良好的通风。不要长时间呼吸密封胶的挥发物。遇有大量挥发物释放，应把受害者立刻安置到空气清新的地方进行治疗。

(3) 施工时，严格按照手册规范施工。不要让密封胶堵塞排水口，在燃油箱施工时，不能用塑胶刮板，以防止摩擦产生静电。施工后，应留样本，以备检查固化情况。做好工作区域及个人的清洁工作，废弃物应按规定进行处理。

16.1.3 应用举例

任务：填角密封的施工。

1. 准备

(1) 查找手册，明确施工规范。
(2) 准备材料：选择 BMS5-95 B-2 型密封胶（牌号 PS870B2）、清洁用品、粘纸等。
(3) 准备工具：密封胶枪，整形工具，电子秤等。
(4) 劳保用品：手套，口罩，护目镜等。

2. 操作（见图 16-7）

(1) 施工表面做好清洁准备工作。
(2) 根据手册的成形要求，用粘纸围出施工区域。
(3) 估计所需的施工用量，配制密封胶，并装入注胶枪挤压筒。将挤压筒装入注胶枪，调整喷嘴的角度，使枪头紧贴着缝隙。向前推挤密封胶，使其产生的鼓起在枪头的前方，尽量保持直线行进。
(4) 用整形工具将密封胶压紧、修整，确保光滑、平整、无气泡，成形尺寸满足要求。
(5) 配制好的密封胶的施用时限为 2h（查表 16-2），确保在该时限内完成施工。
(6) 拆除粘纸，清洁施工区域、工具和设备，妥善处理废弃物。做好个人清洁工作。
(7) 签署必要的文件和工卡。

16.2 封严件密封

16.2.1 封严件的基本概念

1. 用途与适用范围

封严件（通常称为密封圈）的作用是为了防止流体系统（如：燃油系统、液压系统或空调系统）里的流体渗漏、灰尘渗入，确保系统工作正常。其适用范围，是由系统的工作压力、系统使用介质种类、密封元件运动模式、密封表面粗糙度以及密封间隙等因素来决定的。

2. 封严件的分类与识别

密封元件的材质不同，其物理特性也不同，能耐受的介质也不同。密封元件形状不同，其密封作用也不同，常用的材料与形状如表 16-6、表 16-7 所示。

表 16-6 密封圈的材料与特性

材　料	原　料	特　性
丁腈	合成橡胶	耐石油、不耐酸
氯丁	乙炔基橡胶	耐石油抗磨、不耐酸
异丁	原油合成橡胶	抗酸、耐液压油
聚四氟乙烯（PTFE）	四氟乙烯的聚合物	耐温、适合各种介质、膨胀小

表 16-7　密封圈的形状与作用

封严件的形状	作　用
O形密封圈	防止内漏和外漏的双重功能
支撑圈	侧面支撑O形密封圈
刮圈	防止污染物渗入系统
铜石墨封严	防止油液渗漏

16.2.2　基本操作规范

1. 准备

（1）手册　常用O形密封圈拆装的标准施工工艺可以查找飞机维修手册AMM 20章，特殊类型的密封圈的拆装工艺则应查找相关系统部件的拆装程序。

（2）材料与类型　密封圈的型号应严格按照部件图解手册（IPC）的规定选用。密封圈的润滑剂应按维修手册的规定选择。

（3）方式与工具　按手册规定的方式和工具（见图16-11）拆装密封圈，确保无损伤、扭曲或变形。

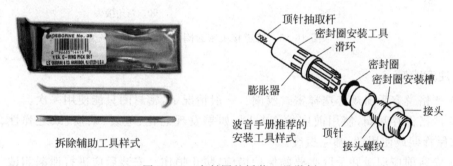

图 16-11　密封圈的拆装工具举例

2. 操作

（1）拆卸时，使用正确的工具并采取必要的保护措施，以免损伤安装面。拆除的旧密封元件不得重复使用，应按照手册的规定进行更换。

（2）选择正确的密封圈，检查密封圈的外观，查看包装袋上标注的耐温、耐受介质、件号规格及存储时间，确保无损伤、变形及过期。

（3）按要求选择润滑剂，做好密封圈及其安装面的润滑。有些情况下，还应将密封圈放在润滑油内浸泡一段时间，才能安装。

（4）清洁和检查安装面，确保无划伤、切伤、刻痕或毛刺。特别留意在尖锐边缘（如螺纹、边角）处，应采取适当的保护措施（见图16-12）。

（5）选择适当的装配工具，按规范要求正确装配封圈。检查封圈，确保无损伤、扭转、受力不匀或变形。例如，合成橡胶O形密封圈的拉伸内径不得超过50%；特氟隆衬圈的内径不得扩大超过5%。确保径向密封有合适的凸出量，侧面密封有足够的压紧量，活动密封有良好的侧面间隙。图16-13为某型管道接头内安装的密封圈的装配图示意图。

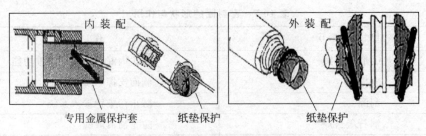

图 16-12 密封圈的保护措施

(6) 施工结束后,清洁工作区域。按手册要求,完成系统泄漏测试。

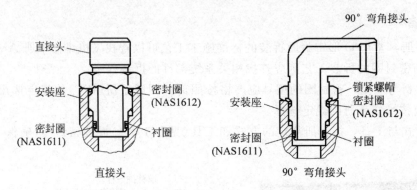

图 16-13 管道接头密封圈的装配图

3. 注意事项

(1) 严格遵守手册规定选择密封胶圈。一般情况下,密封圈只能使用一次。

(2) 严格保存封圈,使用前应检查封圈,如果发现老化、龟裂、缺损、缺乏弹性、明显变形、超过保管期或使用期,都应报废。

(3) 安装前应润滑并采取必要的保护措施,防止损伤。安装后应进行泄漏测试。

16.2.3 应用举例

以管道接头密封圈的安装为例,如图 16-13 所示。

1. 准备

(1) 查找手册,明确工艺规范。

(2) 准备材料:密封圈(NAS1612、NAS1611)、衬圈(MS28773)、润滑油(磷酸酯基液压油)、清洁用品、纸等。

(3) 准备工具:密封圈拆装辅助工具等。

(4) 安全事项:遵守磷酸酯基液压油的安全操作要求(具体内容参见 15.3.2 节)。

2. 操作

(1) 按手册要求,拆除接头。

(2) 拆除并检查旧的密封圈,发现异常应报告。旧的密封圈必须报废。

(3) 清洁、检查接头上的密封圈安装槽,确认无损伤,润滑安装槽。检查新的密封圈,确认无损伤、变质或过期,润滑密封圈(注意只能使用磷酸酯基液压油进行润滑)。在螺纹处采取必要的保护措施,防止密封圈经过螺纹时受损。

(4) 按如图16-13所示,将密封圈、衬圈装入槽内。检查密封圈及衬圈,确保无损伤和扭转。

(5) 正确安装接头,清洁工作区域。

(6) 完成接头泄漏测试,签署工作单/卡。

16.3 常见腐蚀种类、腐蚀的处理和防腐蚀措施

腐蚀损伤是航空器最严重的损伤形式之一,它严重危及着航空器的飞行安全。另外,在使用寿命期内,用于维修结构腐蚀损伤的费用是相当高的。根据国际航空运输协会1983年的统计,由于飞机结构腐蚀给航空公司带来的平均经济损失大约是一架飞机每1飞行小时需要24美元的维修费用。因此,为保证航空器的飞行安全,降低维修费用,机务维修人员必须及时发现航空器的腐蚀损伤,并采取相应的维修措施。

16.3.1 腐蚀损伤的类型

掌握和分辨腐蚀损伤的形式,对于发现和判断腐蚀损伤并及时采取正确的处理措施来说,是至关重要的。图16-14标明了各类腐蚀的类型、迹象和特征。

氧化腐蚀　　　　　　化学剂腐蚀

侵蚀腐蚀　　　　　　水银攻击腐蚀

微生物腐蚀　　　　　电耦腐蚀

图16-14　腐蚀特征

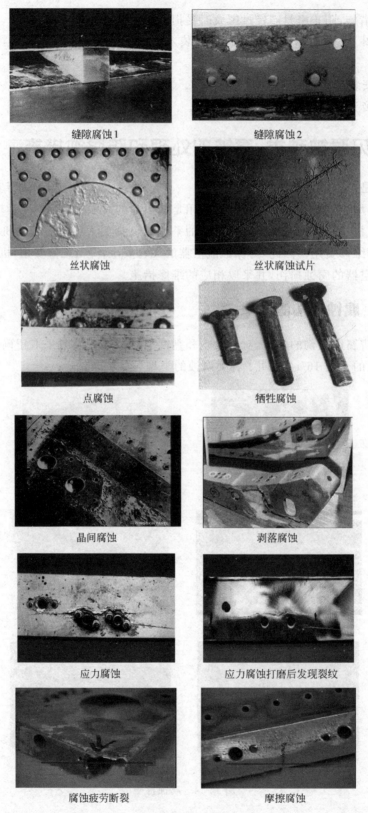

图 16-14（续）

16.3.2 航空器腐蚀损伤的目视检查

1. 腐蚀检查方法

腐蚀的检查方法包括目视法和触摸法,利用无损探伤可做进一步的检查。目视检查是检查者通过目视观察,根据腐蚀迹象和特征,判断是否产生腐蚀的检查方法。例如:在机身增压舱蒙皮上的铆钉后部出现黑色尾迹,蒙皮鼓起,铆钉断头、变形,蒙皮上出现针眼大小的可见小孔,沿接缝处表面的涂层变色、隆起、裂纹或剥落,结构变形或连接缝隙变宽等。触摸检查法是目视检查的重要辅助手段,例如:对于发现剥层腐蚀,利用手感比目视更敏感。

2. 飞机易发生腐蚀的部位

对易于发生腐蚀的结构处加以重点检查,能够帮助检查者及时发现腐蚀的初步迹象,采取必要的措施做进一步的检查(见图 16-15)。例如:舱底区域、厨房和卫生间的底下区域等。

厨房底机身结构腐蚀情况

座椅轨道腐蚀情况

图 16-15 结构腐蚀情况举例

3. 腐蚀损伤评估

在完成腐蚀检查及清除后,应按手册或规定进行腐蚀损伤的评估,以确定修理方案。通常评估的内容包括:腐蚀的类型、腐蚀深度、扩散的程度、检查周期以及结构件的等级,针对腐蚀防护与控制大纲的项目,还应定级。腐蚀深度测量方法如图 16-16、图 16-17 所示。

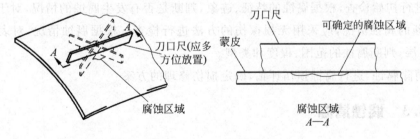

图 16-16 刀口尺测量法

4. 注意事项

(1)熟悉和掌握各类腐蚀类型的基本特征。
(2)在实践中,总结飞机容易产生腐蚀的结构和部位。

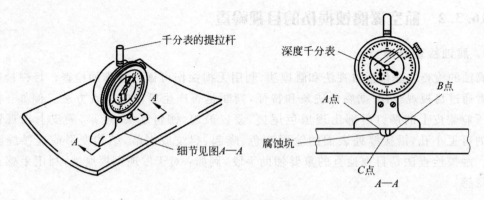

图 16-17　深度千分表测量法

(3) 认真、仔细,必要时应采取一切可能的方法检查和判断腐蚀情况,以提高腐蚀的初检率,保证航机的可靠性和耐久性。

5. 腐蚀检查的基本操作规范

1) 准备

(1) 手册:针对腐蚀检查的规范和要求,通常可以查找飞机结构维修手册(SRM)51 章,飞机维修手册(AMM)51 章及相关部件所对应的系统章节,也可以查找腐蚀防护手册(CPM)。另外,还应遵守某些飞机结构检查的规定,例如腐蚀控制和防护大纲(CPCP),补充结构检查程序(SSI)等。

(2) 方式:通常采用目视检查,对隐蔽结构或需做进一步调查,应采用无损探伤。

(3) 工具:强光手电筒,反光镜,内窥镜,10 倍的放大镜。

2) 操作(目视检查)

(1) 查阅手册和工卡,明确规定和要求。

(2) 按要求,打开接近盖板、舱门,拆除必要的部件,尽量接近被检查的部件。

(3) 对于结构表面喷涂的防锈剂(CIC)或涂抹的油脂等,有必要先清除。

(4) 进行初始检查,根据腐蚀的特征、迹象,判断是否有发生腐蚀的情况,对于无法直接观察或判断的腐蚀情况,应采用无损探伤的方法进行检查。根据腐蚀情况,对表面进行清洗、清除漆层,判断腐蚀的范围、程度和类型。

(5) 清除腐蚀,进行腐蚀损伤评估,确定损伤修理的方案。

16.3.3　腐蚀清除

1. 机体表面的准备工作

1) 彻底清洁机体表面

清除腐蚀首先要彻底清洁机体的表面,这是非常重要的一步。一般的做法为:

(1) 将飞机停放于合适的位置。

(2) 选择及配置合适的清洁剂溶液,涂抹并保持机体表面湿润几分钟。

(3) 用高压温水冲洗污物,对清除困难的顽固污迹可在清洁剂中加入煤油或用软毛刷刷洗。

2) 清除油漆保护层

为了检查漆层下面是否发生了腐蚀,必须清除油漆保护层。清除漆层使用的是一种可用水冲洗掉的、黏稠状的漆层清除剂。一般的做法为:

(1) 用刷子将清除剂涂抹到要清除漆层的表面,保持较厚的一层。在表面停留一段时间直到漆层鼓起、卷曲起来,表明漆层已和金属脱开。

(2) 用热水冲洗,直至将漆层清除剂完全清除干净。必要时,可以重复施用油漆清除剂,先用塑料或铝制的工具刮削漆层,然后再施用第二层油漆清除剂,使它能浸到油漆层的底层。在清除铆钉头或沿缝隙的油漆层时,可以使用较硬的刷子,以便刷掉这些部位上的漆层。

2. 清除的方法和要求

清除腐蚀产物的方法有两种:机械法和化学法。选择方法时,通常要考虑腐蚀产物区域的结构类型、腐蚀部位、腐蚀类型以及腐蚀程度。采用机械法清除腐蚀产物较为常用。对于轻度腐蚀,也可采用化学方法清除腐蚀产物。清除腐蚀后,要用碱性基清洗液或甲基乙基酮(MEK)做清洁处理。在航空器结构修理中,通过把腐蚀严重部位切除,然后进行修补。超出修理极限时只能换件。

1) 机械法简介

(1) 对于较轻的腐蚀,通常采用砂纸、砂布、打磨垫、金属刷、毛刷、刮削器、锉刀等工具进行人工打磨,清除腐蚀产物。

(2) 对于较严重的腐蚀,通常采用手握动力工具,例如圆盘打磨器、砂轮和喷丸设备等清除腐蚀产物。通常使用气动马达作为动力工具。当采用动力工具清除腐蚀产物时,要特别注意不要使基体金属过热,也不要过度打磨,否则有可能使本来没有超出可允许损伤的轻度损伤,经过打磨处理后,超过了可允许损伤范围。

(3) 对于丝状腐蚀,可用手提式喷丸机(采用玻璃弹丸)进行喷丸清除腐蚀产物。它对包铝层影响很小,但能形成一个适合于立即重涂漆层的光滑表面。

(4) 腐蚀产物清除以后,先用 280 粒度,再用 400 粒度研磨纸将表面打磨光滑,用清洁剂溶液清洗,再用 5% 铬酸溶液进行中和处理。

(5) 必须指出,不能使用钢丝棉或钢丝刷清除铝合金构件的腐蚀产物,因为钢材的微粒会留在铝合金中引起更严重的腐蚀。

(6) 高强度不锈钢和镍合金对氢脆敏感,因此这几类合金最好采用机械方法清除腐蚀产物。钛合金也不要用化学方法清除腐蚀产物。

2) 化学法简介

(1) 化学法清除腐蚀一般适用于轻微腐蚀情况。

(2) 对于铝合金除腐选用的除腐剂应为酸基化合物(浓度 5% 的铬酸溶液)。

(3) 对于低强度的合金钢构件可采用刷涂或浸泡磷酸基除腐剂的方法,进行化学除腐。但对于拉伸强度超过 1517MPa(220000psi)的合金钢构件,因会引起钢的氢脆,不允许使用酸性除腐剂。一般使用浸泡碱性除腐剂(如氢氧化钠)法清除。

(4) 当清除钢索表面腐蚀产物时,用布或软鬃刷蘸上 Stoddard 溶剂做清洁处理,彻底清除腐蚀产物后,涂一层防腐化合物(MIL-C-16173,4 级或相当的防腐化合物)。如果钢索发生内部腐蚀则应更换。

3. 腐蚀损伤极限评估

清除完腐蚀产物后,需要对腐蚀损伤进行评估(内容参考 16.3.2 节),确定修理方案。

4. 腐蚀防护措施

最后还应完成腐蚀防护措施,恢复结构件的防腐能力(内容参考 16.3.4 节)。

5. 处理腐蚀的注意事项

处理前应确保该区域已清洁、无油。严格遵守相关施工规范及化学品安全使用规定。

6. 应用举例

以铝合金材料腐蚀产物的清除及控制为例。

1) 准备

(1) 查找手册,明确施工规范。

(2) 工具和材料(见图 16-18):气动磨钻、尼龙碟、棉布、铝箔胶带、除腐剂等。

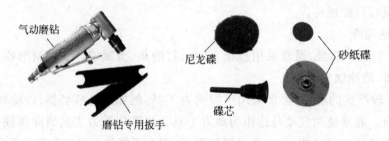

图 16-18 打磨工具样式

2) 操作

(1) 完成目视检查,确定腐蚀情况,如果不能马上清除腐蚀,可在清洁后对该区域喷涂防腐剂。

(2) 完成表面清洁并去除漆层。

(3) 清除腐蚀产物,确保腐蚀被彻底清除。操作简介如下:

① 化学法(适用于轻微腐蚀):用铝箔胶带保护开口位置及镁合金、钢等结构。用毛刷涂敷除腐剂,有规律地从下往上涂抹除腐剂,从而使其形成较好的涂层。使除腐剂在表面保持 5~30min 后,用水清洗。

② 机械法举例:使用铝箔胶带对施工区域附近的开口位置及镁合金、钢等结构进行屏蔽保护。用尼龙碟打磨腐蚀部位,打磨时应以直线运动进行打磨,不允许交叉打磨,否则可能损伤表面。打磨样式见图 16-19。

(4) 清除腐蚀之后,用水清洗,再涂抹阿洛丁保护。

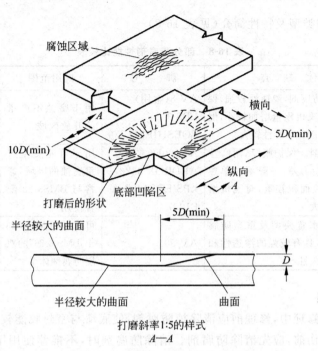

图 16-19 清除表面腐蚀的打磨样式

16.3.4 腐蚀防护措施

1. 表面保护层

对飞机结构施加表面保护层是最有效的防腐措施,导致腐蚀的直接原因是构件没有适当的保护层或保护层受到损伤。

(1) 表面包铝层 在制造过程中,采用滚压工艺在铝合金结构件表面包覆一层纯铝,利用纯铝氧化膜对基体金属实现保护,例如 2024 包铝合金。

(2) 表面氧化膜 在航空器结构件制造和修理过程中,通常采用的方法有表面阳极氧化处理(电解法)和化学处理法(施用阿洛丁(Alodine)法)。通常采用施涂阿洛丁的方法修复因修理被破坏的表面氧化膜。施工时,一般可通过颜色变化判别是否达到要求,例如:Alodine1200 颜色可从浅黄色到棕褐色变化。

(3) 油漆保护涂层 油漆保护涂层是控制航空器结构腐蚀的非常有效的措施,它是防止航空器结构腐蚀的第一道防线。通常,航空器结构的涂层有底漆和面漆,先涂底漆,后涂面漆。

2. 防腐剂

航空器结构上喷涂防腐剂(corrosion inhibiting compound,CIC)可起防腐作用,也可以阻止腐蚀进一步蔓延。它们能起到排水和在涂层表面上形成防水膜的作用。虽然它不能完全抑制住已产生的腐蚀,但它能起到减慢腐蚀的作用。在常规防腐系统中,不能用防腐剂代替涂层。但将防腐剂涂在涂层受损处,可代替涂层起到临时性防腐作用。在航空器结构维修中,应根据防腐剂层的实际状态,重涂防腐剂。喷涂防腐剂不会降低紧固件的拧紧力矩。在易于发生腐蚀的结构处,例如:暴露在大气中的结构、机身舱底内表面、厨房和厕所底部的结构,更应注意按手册要求做好防腐剂的喷涂工作。

1) 常用防腐剂类型及特性简介(见表16-8)

表 16-8　部分防腐剂性能比较表

标准	优 缺 点	牌 号	应用范围	备 注
BMS3-23	水置换型防腐剂,渗透性较强,保护膜薄,对飞机重量增加较小,但耐久性差、固化后黏性较大	AV 8(常用) LPS 3 BOESHIELD T-9	用于腐蚀不严重的开放区域	BMS 3-35 是用于代替 BMS 3-29 的新型水置换型防腐剂;与 BMS 3-29 相比,BMS3-35 具有更强的渗透能力、更快的固化速度;BMS3-35 防腐剂牌号有 AV-15、COR-BAN 35
BMS3-26	重型防腐剂。保护膜厚,耐磨性好;渗透能力差,一般不能单独使用;单位面积较重,对飞机增重影响较大	AV100D(常用) ARDROX 3322 LPS FORMULA B1007	用于可能发生严重腐蚀的区域,通常与BMS3-23配合使用	
BMS 3-29	同时具有水置换型及重型防腐剂的优点,具有较强的渗透性和较好的耐久性	AV-30	可代替"BMS 3-23 + BMS 3-26"的双层防腐剂体系	

2) 清除防腐剂

在航空器结构修理中,修理前应清除掉防腐剂,使底漆与密封胶能较好的粘合。在采用渗透法检查构件损伤前,应先清除防腐剂。清除防腐剂时,不推荐使用甲基乙基酮(MEK)或丙酮,可使用石脑油清除防腐剂。对于水置换型防腐剂也可以采用全氯乙烯、三氯乙烯或三氯乙烷等溶剂来清除。

3) 涂刷防腐剂

通常的施工方式包括喷涂或刷涂。采用喷涂法施工,效率较高。使用普通涂刷涂抹防腐剂,则适用于较小的密闭空间作业或是喷涂施工时对周围设备影响较大的区域。对于BMS3-26 防腐剂涂层,必须清除原有涂层后再重新喷涂,而且 BMS3-26 应局限于涂在专门提出用这种防腐剂的地方,在低于 13℃ 的温度下不能喷涂 BMS3-26 Ⅱ型防腐剂,温度在13～19℃时可以采用低压喷涂方法得到满意的连续表面膜。对于 BMS3-23 防腐剂涂层,一般可直接喷涂在原有涂层上。但因其具有黏性,易吸附灰尘和砂石,如果污染严重,必须清洁原有涂层后再重新施工。清洗飞机时,BMS3-23 易被清除,因此需要定期重涂。

4) 应用举例(见图16-20)

(1) 准备

① 查找手册,严格按手册程序进行施工。

② 材料和工具:罐装 BMS3-23 防腐剂、纯棉布、胶带、塑料垫等。

③ 安全事项:由于防腐剂属于有毒、易燃化学品,应注意防火安全,做好个人防护工作,佩戴口罩、护目镜、手套等防护用具。

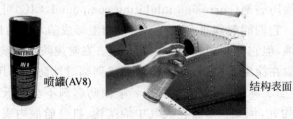

图 16-20　喷涂施工实例

(2) 操作

① 在喷涂前,应先清洁施工表面,并对受施工影响区域内的钢索、电线、橡胶件等不能沾染防腐剂的部件采取屏蔽保护措施。

② 控制喷涂的速度,保持喷嘴到表面有 12in 的距离,均匀移动,在工件表面覆盖一层大约 0.003in 厚的防腐剂。推荐的喷涂速度为:每小时喷涂 1gal 的流量,15～20in^2/h 的喷洒率。

5) 注意事项

(1) 防腐剂为有毒、易燃危险化学品,施工时应保证通风,飞机要接地,做好个人防护,严格遵守相关的安全操作规定。

(2) 避免防腐剂污染隔音衬层和内部装饰材料,否则会降低材料的防水性和阻燃性。

(3) 避免操纵钢索、滑轮、特氟隆轴承、润滑连接处和硅橡胶接触防腐剂。

(4) 涂防腐剂之前,要让底漆或瓷漆至少干燥 8h。

(5) 防腐剂涂层不能过厚,否则在低温下会形成硬块,使活动零件动作困难。

3. 日常防腐要求

保持飞机清洁、干燥和通风,确保排水孔通畅。检查密封件、表面层,及时发现和修理初期腐蚀。每日对燃油箱排放沉淀物及积水,擦拭暴露在外部及敏感区域的部件。风雨天气时,要注意停放飞机的封严,以杜绝雨水的侵蚀。

16.3.5 特殊情况下的腐蚀处理

本节内容仅简介部分特殊情况下处理腐蚀的基本要求,工作时应严格按手册的规定执行。

1. 运输动物及海产品时的防腐措施

在货舱内运输大批海产品或大动物时,应采取必要的预防腐蚀的措施:

(1) 动物应安置在底部密封的牲畜栏内,栏底铺撒一层干净的木屑,以便容纳、清洁尿污、粪便。运输海产品时,要妥善包装,防止带有盐分的水污染货舱。

(2) 定期地清洁和除臭。消毒时,应采取措施,防止药水对结构的伤害。检查结构的腐蚀迹象,确保排水活门无堵塞、无积存的液体。

2. 酸/碱性溶液泼溅后的清除

泼洒的酸/碱性溶液会腐蚀结构件,例如:溢出的电瓶电解液、酸/碱性腐蚀去除剂、清洗剂或货物溶液等,应采用中和法进行清除。酸性溶液污染一般使用 20% 的碳酸氢钠溶液进行中和,碱性溶液则使用浓度 5% 的醋酸溶液或酸度高的食用醋进行中和。用石蕊试纸检查是否中和彻底。施工完成后,应在整个部位上涂防腐剂。

3. 水银泼洒后的清除

水银对结构件具有强腐蚀作用,当发生水银泼洒情况时,应立即按如下方法清除。

(1) 可用纸或纸板折成凹槽形状,舀起水银。小的水银珠可用黏纸拾取,或用医用带橡皮球头的吸管吸取,或用带收集器(见图 16-21)的真空吸尘器吸取,或用特制的镀镍碳纤维刷子拾取水银,或用细铜丝刷拾取水银。采用细铜丝刷的一般步骤为:

① 应先清洁铜丝。将刷子浸入硝酸溶液清洁,然后浸入水中清除硝酸,最后浸入酒精中清除水分。

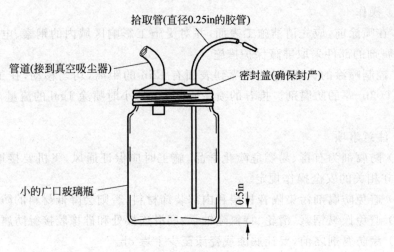

图 16-21 真空水银收集器

② 用铜丝刷拾取水银。当水银粘在铜丝上形成汞齐化后,将刷子放入一个适当的容器中抖掉,然后继续用铜丝刷拾取水银。

(2) 当可见的水银被清除后,应使用水银蒸汽探测装置(一种对水银蒸汽敏感的电子装置)或采用更为灵敏的 X 光照相技术进行检查,确保包括隐藏区内的水银已被彻底清除。

第17章

焊接和粘接

17.1 焊接

焊接是现代工业中应用广泛的一种连接金属的工艺方法,主要用来制造各种金属结构件和机器零部件,还可以用来修补铸、锻件的缺陷和磨损的机器零件。

焊接过程的实质是通过加热或加压(或两者并用)等手段,并且用(或不用)填充材料,使分离的金属焊件达到原子间结合,形成不可拆卸的整体的一种连接方法。

焊接方法的种类很多,根据焊接的工艺特点和母材所处的状态,可将焊接分为三大类。

(1) 熔化焊(简称熔焊) 利用局部加热的方法,将两焊件的接头加热至熔化状态并形成共同的熔池,不加压力,金属冷却结晶,两焊件焊接成为整体。

熔化焊包括气焊、电弧焊(手工电弧焊、埋弧自动焊、气体保护焊等)、电渣焊、等离子弧焊、电子束焊、激光焊、堆焊等。

(2) 压力焊(简称压焊) 局部加热(或不加热)并施加压力,使两焊件接合面紧密接触在一起,并产生一定的塑性变形,使结合面原子组成新的结晶,将两焊件焊接起来。

压力焊包括电阻焊(点焊、对焊、缝焊)、冷压焊、摩擦焊、扩散焊、超声波焊、爆炸焊等。

(3) 钎焊 采用比母材(焊件)熔点低的金属材料作为钎料,将焊件和钎料加热到高于钎料熔点(钎料熔化)而低于母材熔点(母材不熔化)的温度,利用液态钎料填充接头间隙,并与母材互相扩散,凝固后将两个分离的表面连接成一个整体。

钎焊包括盐浴钎焊、电阻钎焊、火焰钎焊、烙铁钎焊、超声波钎焊等。

本章重点介绍手工电弧焊、气焊和氩弧焊。

17.1.1 手工电弧焊

1. 基本知识

电弧焊是利用电弧放电所产生的热量,将焊条和工件局部加热熔化,冷凝后形成牢固的接头。

电弧焊原理如图17-1所示。将工件和焊钳分别接到电焊机的两个电极上,并用焊钳夹持焊条。焊接时,先将焊条与工件瞬时接触,随即再把它提起,在焊条和工件之间便产生电弧。电弧热将工件接头处和焊条熔化,形成一个熔池。随着焊条沿焊缝的方向向前移动,新的熔池不断产生,先熔化的金属迅速冷却、凝固,形成一条牢固的焊缝,使两块分离的金属连成一个整体。电弧中心处的最高温度可达6000℃。

焊接设备主要是焊机、焊钳和面罩。焊钳是用于夹持焊条和传递电流的,面罩用以保护眼睛和面部,以免弧光灼伤,其结构如图 17-2 所示。

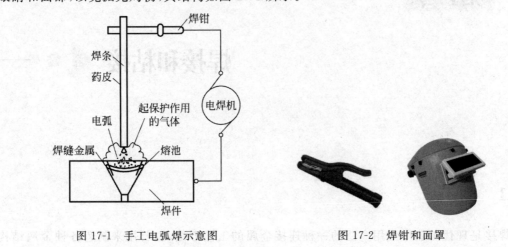

图 17-1　手工电弧焊示意图　　　　图 17-2　焊钳和面罩

焊条是由金属的焊条芯和药皮组成,如图 17-3 所示。

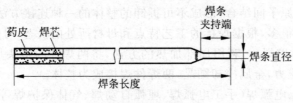

图 17-3　电焊条

焊条芯既是焊接时的电极,又是填充焊缝的金属。药皮由矿石粉、铁合金粉和水玻璃配制而成,粘涂在焊条芯的外面。药皮的作用是使电弧容易引燃并稳定燃烧,保护熔池内金属不被氧化,以及补充被烧损的合金元素,提高焊缝的机械性能。

按用途的不同,电焊条有低碳钢焊条、合金钢焊条、不锈钢焊条、铸铁焊条、铜及铜合金焊条、铝及铝合金焊条等。按药皮性质不同,电焊条有酸性焊条和碱性焊条。

焊条直径是以焊条芯的直径表示。常用的焊条芯直径为 3.2～6mm,长度为 300～450mm。

2. 基本操作方法

手工电弧焊的基本操作为引弧和运条。

1) 引弧

引弧就是将焊条与工件接触,形成短路,然后迅速将焊条提起 2～4mm,使焊条和工件之间产生稳定的电弧。引弧的方法有擦划法和碰击法两种,如图 17-4 所示。

2) 运条

运条焊接时,焊条有以下三个基本运动。

(1) 焊条均匀地向下送进,以保持一定的弧长。如弧长过长,则电弧会飘摆不定,引起金属飞溅或熄弧;如过短,则容易短路。

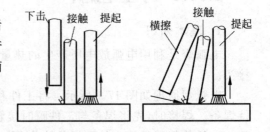

图 17-4　引弧的方法

(2) 沿焊缝方向均匀向前移动。移动速度过慢,焊缝就过高、过宽,外形不整齐,甚至会烧穿工件。移动过快,则熔化不足,焊缝过窄,甚至焊不透。

(3) 横向摆动,以获得一定宽度的焊缝。

在实际操作中,应根据工件厚度、接头形式和焊条直径等条件,合理地选择三个速度的大小,灵活地调整三者之间的关系。常用运条方法如图17-5所示。

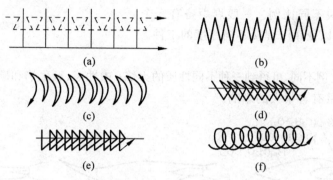

图 17-5 焊条的运动

(a) 直线往复运条法;(b) 锯齿形运条法;(c) 月牙形运条法;
(d) 斜三角形运条法;(e) 正三角形运条法;(f) 圆圈形运条法

17.1.2 气焊

1. 基本知识

气焊是利用乙炔和氧气混合燃烧所产生的火焰来加热工件与焊丝进行焊接的,如图17-6所示。

气焊的火焰温度较低,最高处约为3150℃;热量也分散,加热工件缓慢,但较均匀,适合于焊接薄钢板(0.5～2mm)、有色金属和铸铁等工件。气焊不需用电,因此在没有电源的地方也可以应用。

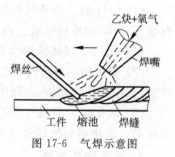

图 17-6 气焊示意图

1) 气焊设备

气焊设备包括乙炔发生器、回火防止器、氧气瓶、减压阀和焊炬等,如图17-7所示。

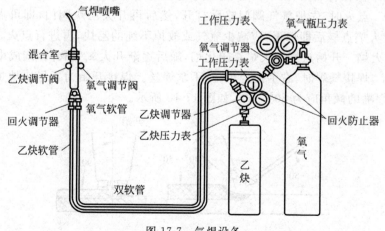

图 17-7 气焊设备

焊炬的作用是将乙炔和氧气按一定比例均匀混合,通过焊嘴口喷出,点燃后将产生稳定的火焰。常用的射吸式焊炬如图17-8所示。

工作时,先打开氧气阀门,后打开乙炔阀门,两种气体可在混合管内均匀混合。控制各阀门大小,可调节氧气和乙炔不同比例。一般焊炬备有5个孔径不同的焊嘴,以便用于焊接不同厚度的工件。

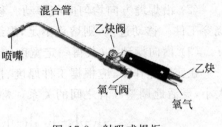

图17-8 射吸式焊炬

2) 气焊火焰

氧气和乙炔比例不同,可得到三种不同性质的火焰:中性焰、氧化焰和碳化焰(见图17-9),它们对焊缝的质量有着很大的影响。

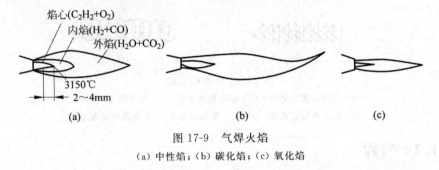

图17-9 气焊火焰
(a) 中性焰;(b) 碳化焰;(c) 氧化焰

(1) 中性焰 当氧气和乙炔的比例为1~1.2时,产生的火焰为中性焰,又称正常焰,它由焰心、内焰和外焰组成。内焰区的温度最高,达3150℃,气焊应在内焰区进行。

中性焰用于焊接碳钢和有色金属,是常用的火焰。

(2) 氧化焰 当氧气与乙炔的比例大于1.2时,则产生氧化焰。氧化焰焰心呈锥形,火焰较短,并有较强"咝咝"声。氧化焰易使金属氧化,故一般很少采用,只在焊黄铜时,可用氧化焰。

(3) 碳化焰 当氧气与乙炔的比例小于1时,则得到碳化焰。整个火焰比中性焰长,声音较弱。碳化焰会使焊缝金属增加碳分,只适用于焊接铸铁和硬质合金等。

2. 基本操作方法

气焊的基本操作有点火、调节火焰、焊接和熄火等几个步骤。

(1) 点火 点火时,先把氧气阀门略微打开,然后再开大乙炔阀门,即可点燃火焰。若有放炮声或者火焰点燃后即熄灭,应减少氧气或放掉不纯的乙炔,再进行点火。

(2) 调节火焰 开始点燃的火焰是碳化焰,随后逐渐开大氧气阀门,调成中性焰。

(3) 平焊 焊接气焊时,右手握焊炬,左手拿焊丝。焊接开始为了尽快地加热和熔化工件形成焊池,焊嘴的倾角应为80°~90°,如图17-10所示。

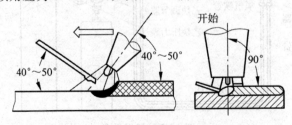

图17-10 焊嘴的倾角

正常焊接时,焊嘴倾角一般保持在40°~50°之间,将焊丝有节奏地送入熔池熔化。焊炬和焊丝自右向左移动,移动速度要均匀合适,保持熔池一定大小。为了使工件能焊透,获得良好的焊缝,焊炬和焊丝需作横向摆动,焊丝还要向熔池送进。焊接到焊缝的端头时,焊嘴倾角可减小到20°。

（4）熄火　工件焊完熄火时,应先关乙炔阀门再关氧气阀门,以免发生回火并减少烟尘。

17.1.3　氩弧焊

1. 氩弧焊分类

气体保护焊是利用氩气、二氧化碳等气体,把焊区与周围空气分隔开,避免空气对焊缝金属的侵蚀。工业上常用的气体保护焊有氩弧焊和二氧化碳气体保护焊,在航空维修及制造中,氩弧焊应用最为广泛。

氩弧焊是以氩气为保护气体的电弧焊。按照电极结构不同,分为不熔化电极氩弧焊和熔化电极氩弧焊,如图17-11所示。前者采用钨棒作为一个电极,另加填充焊丝；后者采用连续进给的金属焊丝作为一个电极。

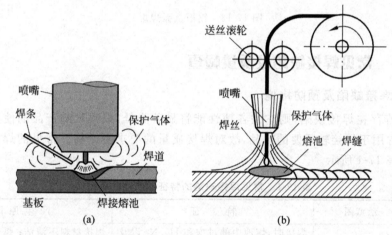

图17-11　氩弧焊示意图
(a) 不熔化极氩弧焊；(b) 熔化极氩弧焊

氩气是惰性气体,它既不与金属起化学作用,也不熔于液体金属。焊接时氩气包围着电弧和熔池,保持电弧燃烧稳定,热量集中,工件变形小,焊缝致密,表面无熔渣,成形美观,焊接质量高,适合焊接所有钢材、有色金属及其合金。但氩气制备费用高,焊接设备也复杂,目前主要用于铝、镁、钛和稀有金属材料以及合金钢的焊接。

2. 手工钨极氩弧焊

手工钨极氩弧焊是各种氩弧焊方法中应用最多的一种。手工钨极氩弧焊设备结构如图17-12所示。它主要由焊接电源、焊炬(见图17-13)、供气和供水系统、焊接控制系统等部分组成。

手工钨极氩弧焊的基本操作包括：引弧与熔池控制、运弧与焊炬运动方式、填丝手法、停弧和熄弧、焊缝接头操作方法等。

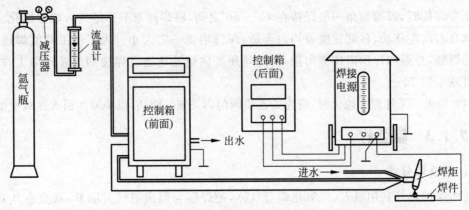

图 17-12 钨极氩弧焊设备示意图

图 17-13 钨极氩弧焊炬

17.1.4 常见焊接缺陷及质量检查

1. 常见焊接缺陷及预防措施

焊缝中若存在焊接缺陷,则它的各项性能将显著降低,以致影响产品的使用性能及安全。氩弧焊常用于焊接较重要的产品,故对焊接质量的要求更严格。常见的焊接缺陷及产生的原因如表 17-1 所示。

表 17-1 常见焊接缺陷的特征和产生的原因

缺陷名称	示意图	特 征	产生原因
气孔		焊接时,熔池中的过饱和 H_2、N_2 以及冶金反应产生 CO,在熔池凝固时未能逸出,在焊缝中形成的空穴	焊接材料不清洁;弧长太长,保护效果差;焊接规范不恰当,冷速太快;焊前清理不当
裂纹		热裂纹:沿晶开裂,具有氧化色泽,多在焊缝上,焊后立即开裂;冷裂纹:穿晶开裂,具有金属光泽,多在热影响区,有延时性,可发生在焊后任何时刻	热裂纹:母材硫、磷含量高,焊缝冷速太快,焊接应力大,焊接材料选择不当;冷裂纹:母材淬硬倾向大,焊缝含氢量高,焊接残余应力较大
夹渣		焊后残留在焊缝中的非金属夹杂物	焊道间的熔渣未清理干净;焊接电流太小,焊接速度太快;操作不当
咬边		在焊缝和母材的交界处产生的沟槽和凹陷	焊条角度和摆动不正确;焊接电流太大、电弧过长

续表

缺陷名称	示意图	特 征	产 生 原 因
焊瘤		焊接时，熔化金属流淌到焊缝区之外的母材上所形成的金属瘤	焊接电流太大、电弧过长、焊接速度太慢；焊接位置和运条不当
未焊透		焊接接头的根部未完全熔透	焊接电流太小、焊接速度太快；坡口角度太小、间隙过窄、钝边太厚

2．焊接质量检查

焊接质量检验是保证焊接产品质量的重要措施。在焊接结构生产的过程中，每道工序都进行质量检验，以便及时消除可能产生的缺陷，这样既能节约时间、材料和劳动力，也能保证质量、降低成本。所以，焊接质量检验是焊接结构制造过程中自始至终不可缺少的重要工序。质量检验有非破坏性检验和破坏性检验。

1）非破坏性检验

非破坏性检验方法是应用最广泛的焊接检验方法，它可以不破坏焊接产品而进行可靠的检验。常用的非破坏性检验方法有以下几种：外观检验，致密性检验，磁粉检验，放射性检验和超声波检验。

2）破坏性检验

破坏性检验是从焊件上切取试样或以产品的整体破坏做试验，以检查其各种力学性能、抗腐蚀性能等。破坏性检验主要用于研究工作（如试制焊条、拟定工艺规范等）和检查焊工的操作技术水平，以及确定焊缝的成分和组织等。它包括力学性能试验、化学分析、腐蚀试验、金相检验、焊接性试验等。

在实际焊接维修过程中，焊缝质量检查标准要按照修理方案的规定来进行检测。一般焊缝接头质量的检查分三大类，如表 17-2 所示。

表 17-2 航空焊接维修焊缝质量检查的类别

类别	焊缝质量检查要求
第一类	过高或过低的应力引起的焊缝失效或泄漏将危害飞行器的安全。这种焊缝必须进行基本的检查，应增加 X 光检查和荧光检查，或 X 光检查和磁粉检查
第二类	过高的应力引起的焊缝失效或泄漏对飞行器的安全不产生危害。这种焊缝必须进行基本的检查，增加 X 光检查或荧光检查，或磁粉检查
第三类	所有其他的焊缝。这种焊缝必须进行基本的检查

焊缝质量检查必须满足以上三类要求，除非修理或改型方案中有其他规定。焊缝质量检查的类别会在修理方案中有明确的要求，如果修理方案中没有给出焊缝类别，就认为是第三类焊缝。

焊缝质量的具体检查内容包括基本检查、表面缺陷检查和焊缝射线检查。

1）基本检查要求

焊前检查：接头表面必须干净，在焊缝每边必须被清洁出一定宽度的区域，焊接接头处的缝隙也必须达到不同接头形式的缝隙要求。

焊后检查：检查接头处的凹陷程度，焊道打磨程度，最大焊缝余高，最大焊缝熔深，未焊透现象，母材减薄程度，咬边、裂纹和气孔现象，起弧和熄弧的弧坑大小以及焊缝宽度。

2) 表面缺陷检查要求

表面缺陷检查是用来突出缺陷的。缺陷的性质必须在8倍放大率下按照修理方案的标准进行评估。荧光和磁粉的检查要求按照焊缝类别在维修方案中均有规定。

3) 焊缝射线检查

以氩弧焊对接焊缝为例，具体检查内容及要求见表17-3。

17-3 焊缝射线检查的具体内容及要求

焊缝类别 焊接缺陷类型	第 一 类	第 二 类	第 三 类
裂纹	无	无	无
未焊透	无	无	无
凹陷	无	无	无
严重氧化（烧焦）	无	无	无
未熔化	无	无	在表面下的2.00in 间隔内长0.25in
空穴		球形，位于表面下50%t处，间隔1.00in	
非金属夹杂		主要尺寸为0.075in 间隔2.00in 无锐角	
夹钨		主要尺寸最大0.025in 或最大50%t 间隔50mm	
枝晶间收缩	0.075in 长	0.100in 长	0.150in 长
咬边		如截面无剧变为10%t	
减薄		如截面无剧变为10%t	

注：t 为焊接材料厚度

17.1.5 安全操作规程

不同焊接方法在操作过程当中应注意相应的安全注意事项，以氩弧焊为例，氩弧焊在操作过程当中，除了注意与手工电弧焊相同的触电、烧伤、火灾等以外，还应预防高频电磁场、电极放射线和比手弧焊强的弧光伤害、焊接烟尘和有毒气体等。

1. 预防放射线伤害

(1) 钍钨棒应有专用的储存设备，大量存放时应藏于铅箱里，并安装排气管。

(2) 采用密闭罩施焊时，在操作过程中不应打开罩体。手工操作时，必须戴送风防护头盔或采用其他有效措施。

(3) 应备有专门砂轮来磨削钍钨棒，砂轮机要安装除尘设备，砂轮机地面上的磨屑要经常作湿式扫除，并集中深埋处理。

(4) 磨削钍钨棒时应戴防尘口罩。接触钍钨棒后应以流动水和肥皂洗手，并经常清洗工作服和手套等。

(5) 焊割时选择合理的参数，避免钍钨棒的过量烧损蒸发。

(6) 尽可能不用钍钨棒而用铈钨棒或钇钨棒，因后两者无放射性。

2. 预防弧光伤害

(1) 为了防护弧光对眼睛的伤害，焊工在焊接时必须佩戴镶有特制滤光片的面罩。

(2) 为了预防焊工皮肤受到电弧伤害,焊工的防护服装应采用浅色或白色的帆布制成,以增加对弧光的反射能力。工作服的口袋以暗袋为佳,工作时袖口应束紧,手套要套在袖口外面,领口要扣好,裤管不能打折挽起,皮肤不得外露。

(3) 为了防止辅助工和焊接地点附近的其他人员受到弧光伤害,要注意互相配合,焊接引弧前先打招呼,辅助工要戴墨镜。在固定位置焊接时,应使用遮光屏。

3. 预防飞溅金属灼伤

(1) 焊工在操作时,必须穿帆布工作服,带工作帽和长袖手套,穿工作鞋,工作服上衣不要束在裤腰里,口袋应盖好,并扣好纽扣,必要时脖子上要围毛巾,长时间坐着焊接时要系围裙。

(2) 当高空或多层焊接时,在焊件下方应设置挡板,防止液态金属和熔渣下跌时溅起,扩大伤害面。

4. 预防焊接粉(烟)尘及有毒气体中毒

(1) 除了设计焊接车间时要考虑到全面通风外,还可采取局部通风的技术措施。在采取局部通风时,应控制电弧附近的风速,风速过大,会破坏气体的保护效果,一般为30m/min左右。

(2) 加强个人防护措施,主要是对人身各部位要有完善的防护用品。其中工作服、手套、绝缘鞋、眼镜、口罩、头盔和护耳器等属于一般防护用品,比较常用。通风焊帽属于特殊用品,用于通风不易解决的特殊作业场合。

(3) 通过改革焊接工艺和焊接材料来改善焊接卫生条件,是防止焊接烟尘和有毒气体中毒的主要措施。

17.1.6 焊接技术的应用

氩弧焊技术在飞机维修中应用广泛,下面举例介绍铝合金的氩弧焊修理。

1. 铝合金焊接准备工作

(1) 使用一个小而窄的碳化钨切刀进行打磨,要磨掉足够的厚度以完全去除氧化膜和缺陷,露出金属光泽。这个过程当中一定要保证去除裂纹完全,否则裂纹可能由于焊接而延伸。

(2) 焊接表面必须完全清洁,以确保无油脂、灰尘、表面腐蚀和其他外来物。清洗过程中喷漆和阳极氧化层也必须去除,可以使用化学或机械的方法,如镍丝刷、锉等。

(3) 机械清理焊接区域后,应当使用液体除油剂除油。在焊件待焊处端面及正背面还要用丙酮或酒精等擦洗,以清除残存的氧化膜、油污或其他杂质。在焊接前,焊丝也应当按照此种方法进行除油。

(4) 焊接表面清洁后24h内必须进行焊接,否则应重新清洗。

2. 焊接

(1) 氩弧焊焊接过程需要做健康和安全防护。

(2) 焊接应当使用交流设备,电源的输出电流应该适合所焊材料的成分和厚度,输出范围为10~150A的整流器可满足大多数焊接,最好是5~300A。电流输出应该调整为小增长或在电源整个范围内线性输出。仪表刻度应该使小的电流变化能够容易被观察到。起弧时应使用高频或脉冲放电起弧,不允许用接触起弧,为了防止形成熄弧裂纹或弧坑,应允许使用一些电流衰减方法。起弧前和焊接完成后应提供氩气保护,当对焊缝背面提供氩气时应使用单独的流量表,提供给焊炬和工装的氩气不能泄漏。

(3) 通常要对铸件进行预热,以减小变形和收缩裂纹,预热的详细要求通常在具体的修理中给出,但温度范围通常在 130~210℃。

(4) 不允许局部加热。铸件应当在加热炉中进行整体加热。在焊接时,应尽可能保持铸件的温度,不允许温度低于 100℃。如果有必要,要重新加热。

(5) 如果焊缝熔透整个截面,应进一步加强背面的氩气保护。

(6) 为了保持电弧的稳定性,应当对电极尖部倒圆。有一种可以替代机械修磨的方法是,在大的轻金属块中,增大通过金属块的电流来保持电弧,形成一个半球的尖部。这种方法可使熔池中的夹钨减少到最少。

(7) 开始焊接时被焊接表面首先应当形成熔融状态而不急于添进焊丝。这将使焊接表面光滑干净、空隙最少。应当避免焊丝的过分填充。

(8) 在两焊道之间,应当使用钢(铜)丝刷打磨焊道去除表面氧化膜。

(9) 最后焊道应熔化成为一体并去除表面气孔。

(10) 焊后立即对焊接区进行隔离使其缓慢冷却或放入炉中控制冷却速度或焊后热处理。

17.2 粘接

17.2.1 粘接技术

1. 概述

粘接,也称胶接,是把材料连接在一起而组成组件的一种方法,它可以作为铆接、螺栓连接等传统机械连接方法的补充。通过胶黏剂而连接的组件叫作胶接接头(adhesive joint)或胶接件(adhesive bond),接头中除胶黏剂外的固体材料叫被粘物(adherends),胶黏剂把被粘物所受的载荷传递到胶接接头的现象叫粘接(adhesion)。在飞机零部件装配、修理过程中,粘接可以在很多部位取代传统的连接方式,如在波音 747 飞机上,约有 $1200m^2$ 的零部件是采用粘接方式连接的。

粘接的作用包括结构连接、表面粘涂和密封锁固等。结构粘接主要是指对那些受力比较大、粘接强度要求较高,并在使用条件下需长期保持其性能的零部件的粘接,如飞机复合蜂窝结构件、飞机机翼及机身蒙皮的粘接等。表面粘涂是指将特种功能的胶黏剂,直接粘涂在零件表面上,使零件具有特种功能的表面层,如耐磨、保温、防辐射和隐形等性能。密封、锁固是机器和设备性能上的要求,密封就是不渗漏,锁固就是不松动、不脱离。粘接技术的这一功能,能取得事半功倍的效果,因此得到迅速和广泛的应用,如航天航空工业中的嵌缝密封,飞机机翼的防水,油箱、发动机、输油管道的防漏等。

2. 粘接的优缺点

粘接接头与机械紧固接头的主要区别是机械紧固件在安装紧固件前一般要开孔,留下空洞会形成应力集中。使用胶黏剂制造组件时,不需要在被粘物上开孔,从而在组件形成后被粘物仍保持其原有的物理性能,提高结构的疲劳寿命。

与机械紧固相比,粘接还有其他优点。其中主要是胶黏剂在起粘接作用的同时还起到密封作用,这也是胶黏剂广泛应用于航空工业的原因,而机械紧固需要单独的密封工艺来制备抗压接头。胶黏剂还可以连接不同种类的材料,尤其可以连接电势不同的材料,不会加速材料的腐蚀。同时，粘接与机械连接相比，可以减轻重量，在飞机制造业中可减轻20%~30%。

粘接的缺点在于，粘接比焊接、铆接的强度低，特别是冲击强度和剥离强度更低。表面粘涂胶黏剂涂层与基体的结合强度亦较低，一般其拉伸剪切强度为30~50MPa。同时，粘接在使用温度上有一定的局限性。目前主要胶黏剂的工作温度一般限于260℃以下。

3. 粘接接头及其破坏形式

1) 粘接接头的结构

粘接接头是指用胶黏剂把被粘物连接起来的部位，这一部分对于发挥胶黏剂的功能以及承受外力和耐久性等都有很大的作用。所以，它是粘接工艺中重要的问题之一。粘接接头的结构是比较复杂的，从其剖面来看，其结构示意图如图17-14所示。

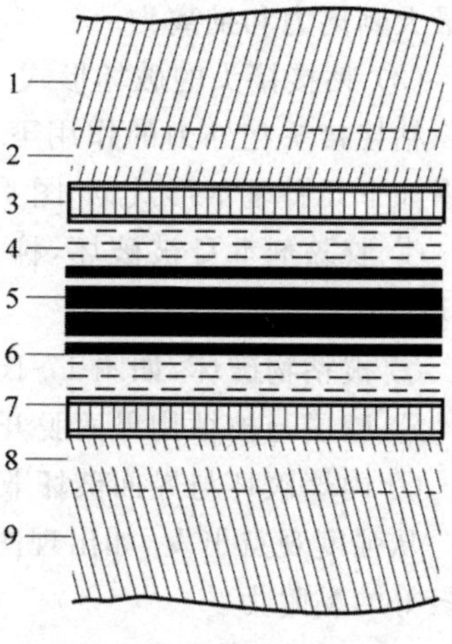

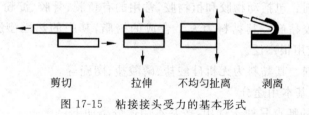

图17-14　粘接接头结构示意图
1,9—被粘物；2,8—被粘表面层；
3,7—被粘物与胶黏剂的界面层；
4,6—受界面影响的胶黏剂层；
5—胶黏剂层

2) 粘接接头的破坏形式

（1）粘接接头典型的受力形式

粘接接头在实际工作状态中，其受力的情况是复杂的，其受力的形式也是多种多样的，但根据外力的作用方向与力在粘接接头上的分布情况可以分成以下4种典型形式，如图17-15所示。

① 剪切　外力平行作用于粘接面上，其所受的力是剪切力。剪切应力在粘接面上的分布是比较均匀的，此时粘接接头的承载能力比较高。

② 拉伸　外力垂直作用于粘接面上，其所受的力是拉伸力。拉伸力在粘接面上的分布亦是比较均匀的，此时，粘接接头的承载能力亦较高。

③ 不均匀扯离　外力垂直作用于粘接接头界面的一端或两端上，粘接面上所受的力是扯离力。

④ 剥离　外力作用的方向与粘接面成一定的角度，粘接面上所受的力是剥离力。

剪切　　拉伸　　不均匀扯离　　剥离

图17-15　粘接接头受力的基本形式

（2）粘接强度

粘接接头的强度（简称粘接强度）是粘接接头承受外力的能力，粘接强度是衡量粘接质量好坏的重要指标，根据粘接接头受力的形式不同，粘接强度可通过4个强度指标进行表征。当接头所受外力与粘接面或胶层平行，在接头被破坏时，单位面积所能承受的最大剪切力为接头剪切强度，它是表示粘接强度最常用的一个指标，其单位用MPa表示。当接头所受外力与粘接面（胶层）垂直，接头破坏时，单位面积上所能承受的拉伸力称为拉伸强度，单位也用MPa表示。相应地，剥离强度和扯离强度是指在接头破坏时，单位面积上所能承受的最大剥离力和扯离力。

(3) 粘接接头的破坏形式

粘接接头在外力的作用下，其破坏形式一般有如下几种基本形式，如图 17-16 所示。

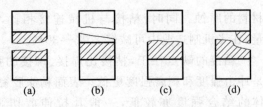

图 17-16 粘接接头的破坏形式

① 胶黏剂本身被破坏，称为内聚破坏，如图 17-16(a)所示；

② 被粘物破坏，如图 17-16(b)所示；

③ 胶层与被粘物界面脱开，称为黏附破坏(亦称界面破坏)，如图 17-16(c)所示；

④ 内聚破坏与界面破坏兼而有之，如图 17-16(d)所示。

从强度观点出发，如出现图 17-16(a)、(d)两种情况表明粘接强度较高，说明胶黏剂能提供较好的黏附力。

17.2.2 胶黏剂的组成及分类

1. 胶黏剂的组成

现今的胶黏剂大多是由多组分组成，目的是使其具有较全面的性能。组成胶黏剂的主要成分包括黏料、固化剂、促进剂、引发剂、增塑剂和增韧剂、偶联剂、填料、溶剂、稳定剂及其他助剂，其中最重要的成分是黏料和固化剂。其中，黏料是胶黏剂的基本成分，胶黏剂的性能主要取决于它的性能。固化剂与黏料可发生化学反应，可以使线型分子形成网状或体型结构，从而使胶黏剂固化。固化剂对胶黏剂的性能有着重要的影响，对于某些类型的胶黏剂(如环氧树脂、酚醛树脂等)，固化剂是不可缺少的。

2. 胶黏剂的分类

胶黏剂的种类繁多，用途广泛，形态多种多样，因此分类方法亦很多。

1) 按胶黏剂黏料的性质分

它表明了胶黏剂黏料这一基本组分特征，如环氧树脂胶黏剂，就表明其黏料为环氧树脂。

(1) 天然胶黏剂　包括动物胶和植物胶，常用的有鱼胶、骨胶、淀粉、松香等。

(2) 合成树脂胶黏剂　其黏料为人工合成的树脂，其中的热固型胶黏剂、热塑型胶黏剂、橡胶型胶黏剂应用很广泛。

(3) 无机胶黏剂　其黏料为无机硅酸盐、磷酸盐、陶瓷等。

2) 按胶黏剂的基本用途分

这一分类方法的特点是便于选用，按基本用途分类如下：

(1) 结构胶黏剂　用于粘接强度要求高、耐久性能好、能承受较大载荷和较大应力部位的粘接。

(2) 非结构胶黏剂　用于受力不大和次要受力部位的粘接。

(3) 特种用途胶黏剂　用于特殊用途部位的粘接与粘涂，如导电胶黏剂、导磁胶黏剂、导热胶黏剂、耐磨胶黏剂、耐腐蚀胶黏剂、耐高温胶黏剂、耐超低温胶黏剂等。

(4) 紧固密封胶黏剂(厌氧胶黏剂)　主要用于螺纹、法兰、管子接头和轴承等配合部位。

(5) 密封堵漏胶黏剂　主要用于门窗、管道、缸罐等部位。按其应用的特点有耐水、耐油、耐热、耐寒、耐压以及耐化学腐蚀类等。

3) 按胶黏剂的物理形态分

这一分类方法直接表明了胶黏剂的外形特征。它可分为液态和固态两大类。液态有溶液型胶黏剂、乳液型胶黏剂和糊状型胶黏剂等；固态有粉末型胶黏剂、胶棒型胶黏剂、胶膜型胶黏剂和胶带型胶黏剂等。

17.2.3　粘接工艺

粘接操作使用的设备有砂纸、砂轮、刮板、加热毯、真空泵、控温装置等，操作流程包括胶黏剂的选用，选择与设计合理的粘接接头，被粘表面的处理，调胶、涂胶与黏合，固化以及检验与修整6个步骤，如图17-17所示，以下分别对各步骤进行介绍。

图 17-17　粘接操作流程图

1. 胶黏剂的选用要点

由于使用在飞机的材料种类很多，性质千差万别，造成不能找到一种"万能胶"能成功地应用于每一种待粘接的材料上，但是经过人们的不断实践，总结出不少针对不同的材质使用的胶黏剂。现对 Boeing 系列飞机使用的胶黏剂进行几种简单的介绍。

表17-4所述不同胶黏剂在飞机维修中具有特定的用途，例如，3M 1870 是一种单组分胶使用简便，遇空气即固化，但由于其遇水后的粘接强度会明显下降，故只能使用在不受力、不粘水的部位。EA9394 为双组分胶黏剂，适用于金属-金属之间的粘接，可应用在飞机襟翼扰流板的维修。RTV102 等胶黏剂用于密封部位的粘接，为了达到更高的粘接强度，在粘接之前要使用 DC1200 底漆进行涂覆。对胶黏剂进行选择时，首先，按胶黏剂的基本用途和主要性能进行初步选择，再根据初选出的几种胶黏剂与被粘零件、部件的使用状况进行对比分析，经过必要的试验考核，最终确定胶黏剂的类型。

表 17-4　胶黏剂类型

型号	分类	厂家牌号	简　述	目视特征	储存寿命
12	A	3M 1870	单组分合成橡胶的石脑油溶液	棕色，可涂刷浆状	1 年
60	A	RTV102	单组分 70°F 固化，硅橡胶胶黏剂	白色柔软的糊状	1 年
	A	Q3-7063			
	P	DC1200 RED	底漆以达到最佳表面粘接性	红色低黏度液体	6 月
	P	DC1200 CLEAR		透明液体	
	C	ACCELERATOR No.4		液体	
111	A	EA9394	双组分 70°F 固化，环氧树脂胶黏剂	基体：灰色	6 月
	A	EA9394S		固化剂：褐色	

分类项缩写字母注释：A：胶黏剂；P：底漆。

2. 粘接接头的合理选择与设计

1) 常用粘接接头的基本形式

以常用平板粘接接头的基本形式为例,如图17-18所示。就其基本类型而言有对接、斜接、搭接、套接、嵌接(槽接)等。

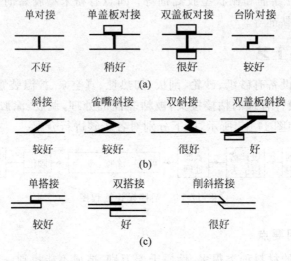

图17-18 平板粘接接头

2) 粘接接头设计的基本原则

粘接接头的设计是粘接技术的一个重要环节,它对粘接质量,特别是对粘接强度有重大影响。从总体看来首先是满足两个方面的基本要求:一是满足承载能力的要求,二是保证粘接后零件或部件的加工图纸上的技术要求。

同时,应尽量使接头粘接面承受剪切或拉伸力,粘接接头的强度试验表明:粘接面承受剪切力和拉伸力的能力最大,因此,在设计粘接接头时,应使作用力在接头粘接面上产生剪切力或拉伸力。还应尽可能增大粘接面积,并且应保证胶层的均匀与连续。

3. 粘接表面的处理

对被粘物进行表面处理,主要是脱脂除油、清洗、表面化学处理、清洗、干燥五步,可使被粘物表面获得最佳的表面状态,有利于胶黏剂的充分浸润和黏附,获得良好的粘接效果。

被粘物表面的尘埃、油污、锈蚀、水分等附着物,影响胶黏剂的浸润与直接接触,因此粘接前必须脱油脂处理。飞机维修中常用的清理溶剂为丙酮、乙醇等。一定粗糙度的表面,可获得较高的粘接强度,其原因是粗糙表面可以增加粘接面积和增强抗机械作用力。常用的除锈、粗化的方法有手工法、机械法和化学法。手工法使用的工具有砂布、砂纸、锉刀、刮刀、油石、砂轮等。

表面化学处理是提高粘接质量,提高接头耐用度的重要手段。铝材广泛应用于航空工业中,其表面处理非常关键,常用的方法为铬酸或磷酸阳极化处理。其中,铝作为电化学电池的阳极而进行处理,在电池中加入阴极,或者也可以容器本身做阴极,如不锈钢就经常被用作容器阴极。其他金属的表面处理方法有:钢材和不锈钢采用硫酸酸洗方法;钛合金采用PASA冻胶法和铬酸阳极化法进行表面处理。

4. 调胶、涂胶与胶合

一般胶黏剂多为双组分组成，A 组分为主要黏料等，B 组分主要为固化剂等。调胶时一定要严格按照所使用的胶黏剂的配比进行，否则将产生固化不完全或胶层变脆。

涂胶常使用刮板完成。在涂胶操作过程中，一般应先涂少量胶，并用力使胶黏剂与被粘表面充分浸润，然后再加厚涂层。为防止包裹空气而形成气泡或气孔，涂胶时应朝一个方向移动，涂胶速度不能太快，以利于空气的排除。涂胶应均匀，涂胶量以保证所需胶层的厚度为宜。

胶合也称为合拢或黏合，是将涂胶后或经过适当晾置的被粘物表面黏合在一起的操作方法。胶层的厚度应以满足被粘物表面涂敷后不缺少胶液为原则。实验表明，大多数胶黏剂的剪切强度，都是随着胶层厚度的增加而降低的，这是因为厚的胶层容易产生气孔等缺陷，同时内应力也会相对增大。一般有机胶黏剂的胶层厚度以 0.05~0.1mm 为宜，无机胶黏剂的厚度以 0.1~0.2mm 为宜。

5. 固化

固化是胶黏剂通过物理和化学作用，使其变为固体并具有一定强度的过程，它是获得良好粘接性能的关键过程，只有完全固化其强度才会最大。只有升高温度才能使固化反应继续进行，趋于完全固化。因此，在固化时必须掌握好温度、时间、压力三要素。

在飞机维修中，常利用真空包对粘接部位进行加温加压，当真空包的压力、温度达到要求时，才能计算固化时间。使用的设备有电热毯、真空泵和控温装置等，如图 17-19 所示为复合材料的固化工具。

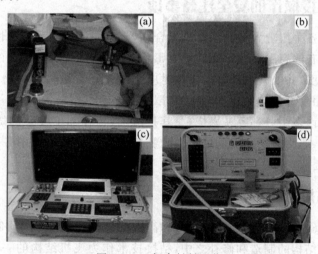

图 17-19 复合材料固化
(a) 制作真空包；(b) 加热毯；(c),(d) 热补仪

6. 粘接质量的检验

目前，对于复合材料中粘接结构质量的检查常使用无损检测（non-destructive testing，NDT）的方法。利用 X 射线、超声波和红外热成像等手段可以精确、快捷地检测出粘接连接结构的接头质量好坏。通过超声波测试，可观察到粘接结构是否分层；声阻抗法可以检测到被粘物是否脱胶；红外热成像仪则是专门用来检测粘接结构内部有无积水。检测中使用

到超声波测试仪和红外热成像仪等设备(见图 17-20)。

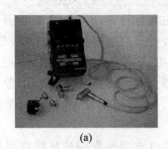

图 17-20　粘接结构的质量检查设备
(a)超声波检测仪；(b)红外热成像仪

另外，比较简便直观的方法也可以对粘接质量进行初步的检查，常用方法有：

(1) 目测法　在固化结束后，用肉眼或放大镜观察胶层周围有无翘曲、脱胶、裂缝、疏松、位错、碳化和接缝不良等。

(2) 敲击法　使用圆木棒或小锤敲击粘接部位，有时可用硬币代替。如果发出清脆声音，表明粘接良好；声音变得沉闷沙哑，表明里面很可能有大气孔或夹空、脱层和胶黏剂缺陷。

(3) 溶剂法　胶层是否完全固化，可用溶剂法检查。最简单的方法是用丙酮浸脱脂棉，敷在胶层暴露部分的表面，浸泡 1~2min，看胶层是否软化或粘手，以此判断是否完全固化。如果胶层不软化、不粘手、不溶解、不膨胀，表面已完全固化，否则未固化或固化不完全。

17.2.4　粘接操作的安全注意事项

合成胶黏剂的各个组分大多数为有机化合物，有不同的物理化学特性，有的对人体有毒害作用、有的易燃、有的有腐蚀性。在使用有毒物质时，应加强工作场地的通风排风，减少空气中有毒气体的浓度，并要背风操作。操作时应严格遵守有机物和毒物操作的一般安全操作规程，尽量避免用手直接接触药物，要戴口罩，穿工作服，戴防护手套。

合成胶黏剂的许多组分都容易燃烧，尤其是溶剂、稀释剂不仅会燃烧，而且与空气混合到一定浓度范围时，遇明火还会引起爆炸。胶黏剂的各种操作过程中务必在远离火源的地方进行，特别注意通风。

17.2.5　粘接技术的应用

近年来，随着高性能的快速固化胶黏剂和高效的胶接固化技术的研制成功，胶接技术被广泛地应用于飞机结构的制造和修补之中，粘接技术作为飞机结构的一种修理手段正显得日趋重要。

1. 粘接在飞机部件连接中的应用

随着科技的不断发展，飞机结构中的粘接件的使用越来越多。飞机中大量使用的复合材料就是通过金属间、金属-非金属间以及非金属-非金属间的粘接制造而成的。复合材料在民用运输机上的用量越来越大，主要用来制造雷达罩、整流罩、舱门、舵面、襟翼、扰流板等重要构件。蜂窝夹层结构是一种应用最广泛的复合材料之一，其结构就是用两层较薄的面板中间夹以较厚的芯材，面板与芯材之间通过胶膜层粘接而组成夹层板壳结构。面板材料可以选用树脂基玻璃纤维复合材料,制成玻璃纤维夹层结构;也可以用碳纤维、芳纶纤维复合材料,制成先进复合材料夹层结构;还可以选用铝合金、钛合金、不锈钢板,制成金属面板夹层结构。蜂窝芯材有金属和非金属两种。金属蜂窝芯材主要是用铝箔、不锈钢箔粘接成六角形孔格形状制成;非金属蜂窝芯材主要是用玻璃纤维布粘接而制成。

在飞机使用过程中,复合材料中的胶接部位经常会出现脱层、脱粘、蜂窝内积水、表层及蜂窝出现凹坑等损伤。利用敲击法、声阻抗法及红外热成像法可以方便快捷地检测出这些缺陷的存在。复合材料维修人员将根据SRM手册的规定对复合材料中进行修补,完成金属-金属间、金属-非金属间以及非金属-非金属间的粘接工作。

2. 操作练习

本练习进行铝板与铝板间的粘接操作,假设铝板为飞机蒙皮,其上有微裂纹存在,使用铝板补片对其进行粘接修补。采用胶接修补,飞机蒙皮可获得较好的综合性能,对飞机结构不再造成破坏,可实现单面操作,维修过程既简单又快捷。然而,这种粘接修补方法只适合破孔直径在80mm以下使用,对于进气道内的蒙皮破孔不宜采用。

1) 实习材料

铝板、木锤、钢尺、铅笔、橡皮、圆规、钻、剪刀、80#砂纸、120#砂纸、丙酮、脱脂棉球、吹风机、刮板、胶黏剂。

2) 实习步骤

(1) 破损区域的处理

① 将破损部位使用木锤进行修正,使其表面平整。测量破损裂纹的长度L_0,在裂纹两端使用钻头钻出直径为4mm的孔,消除应力集中。

② 对损伤区域进行表面处理。使用80#和120#砂纸对损伤区域进行打磨,先使用粗砂纸,再使用细砂纸,再用蘸有丙酮的脱脂棉球对其表面进行清洗。多次清洗后,使用吹风机进行干燥。表面阳极化过程省略。

(2) 补片的准备

① 补片的直径一般比裂纹破孔的直径大50mm,在铝板上剪下适当大小的圆片。

② 对其进行表面处理,处理过程与破损区域处理过程相同。

③ 在破损区域内,沿裂纹方向及与其垂直方向为坐标轴,用铅笔标出。将补片与其叠合,圆心与坐标原点基本重合。在补片上也画出相应的坐标轴。

(3) 胶黏剂配制(省去,使用配好的胶黏剂)。

(4) 刷胶黏剂 使用刮板将胶黏剂刷在补片上,厚度在0.2~0.3mm,为防止胶黏剂起泡,应沿同一方向移动胶黏剂,移动速度为2~4cm/s。使用无溶剂环氧树脂类胶黏剂,不需要进行晾置。

(5) 黏合 将补片黏合在受损蒙皮的表面,利用坐标轴找准补片放置的位置。

(6) 固化 把补片粘接在蒙皮外表面,固化24h。

(7) 清理 固化后取下加压工具,再用砂布打磨补片边缘,使之光滑,去除余胶。用橡皮擦掉划线。

(8) 质量检测 质量检测方法参照17.2.3节。

第18章 航空器部件的拆装

18.1 部件拆装的基本原则和安全注意事项

18.1.1 机电部件拆装的基本原则和安全注意事项

各类飞机、发动机的部件的构造、连接形式、位置各异,但其拆装方法与原理基本相同。

1. 拆装部件前的准备

(1) 在飞机上进行部件拆装工作前,检查工作环境,使其符合工作要求;工作现场必须设有灭火瓶,并掌握其用法。

(2) 必须了解所拆部件的构造、连接特点、所处位置以及邻近部件的相互关系。

(3) 做好安全措施,准备工具、量具、设备。

(4) 拆卸燃油、滑油、液压油、冷气系统、氧气系统部件前,根据部件位置关闭相对应开关或放出液体。

(5) 布置工作场所,清扫工作现场,在发动机舱、座舱、各种工作舱内拆卸部件时,首先在舱内铺好垫布,防止零件、保险丝头、开口销、泥土掉入内部。

2. 拆卸方法

(1) 除去保险、螺帽、螺钉上的保险丝,开口销一定要取出干净,注意不要损伤部件和掉在舱内。

(2) 正确使用工具,明确拆卸方向,用力要柔和,勿乱敲乱打,以防损坏部件。

3. 拆卸一般原则

(1) 先拆传动部分,后拆固定部分。

(2) 先拆受力小的,后拆受力大的。

(3) 先拆下面部分,后拆上面部分。

(4) 先拆外面部分,后拆里面部分。

(5) 先拆小的部分,后拆大的部分。

(6) 先拆中间部分,后拆两端部分。

4. 拆卸后的工作

(1) 拆洗后的部件应该用规定的清洗剂清洗干净,并按拆卸的顺序放好,多个相似部件的拆装应该做好相应标记,小零件、螺钉、螺帽应放盒子或袋子里防止丢失。

（2）拆下的导管、外露孔应用堵塞或盖板封堵，防止尘土、异物进入内部。

（3）检验部件有无锈蚀、划伤、压坑、弯曲、变形、积碳、烧伤、磨损等故障。

（4）按照规定更换符合规格的密封件。

5. 安装部件前的准备

（1）准备好工具、器材、设备并清点。

（2）做好安全准备。

（3）检查部件的牌号、序号、数量、防止错装、漏装。

（4）需涂油、配置垫圈和密封圈的部件都应按位置、型号配好。

（5）取下导管、外露孔的堵塞、盖板等。

6. 安装方法

按照后拆的先装、先拆的后装的原则进行。

（1）保证部件的正确位置和连接特点。

（2）保证安装质量，油液系统不得渗漏，冷气系统、氧气系统不得漏气。

（3）拧紧螺钉、螺帽要对角进行，逐步加力最后拧紧到规定力矩；自锁螺帽在螺纹阶段，顺时针/逆时针转动时应有一定力矩，如感觉差距大，按对应尺寸查手册，查出具体要求力矩；自锁螺帽拧紧后，应外露2～3牙螺纹。

（4）安装导管时不得使其偏斜、弯曲、扭转、按规定装好固定夹。

7. 安装后的试验

（1）进一步检查、校对定位。

（2）液压、汽、滑油要加压实验，保证不渗漏。

（3）冷气、氧气系统部件保证不漏气并加压实验。

（4）舵面系统要操作检查方向、摆幅、行程是否符合技术标准。

（5）各种保险是否正确。

8. 设备使用注意事项

在进行飞机维修时，有可能会使用用电、用气、高压等工具设备，使用这些设备时需经过专业培训并获得相关资质后方可进行施工。使用设备前应依据相关工作程序，详细检查设备的相关警示标牌是否放置妥当；电源（气源）参数是否符合标准；使用临时电源（气源）时，应注意连接可靠、保护措施完好，不得有不恰当的扭曲、缠绕等现象。

9. 施工过程中的安全注意事项

（1）注意力矩的大小。

对于航空器的螺纹紧固件，必须对其施加合适的紧固力矩。若力矩过小，在飞机的运行中会导致结合面振动、结构疲劳、部件脱落等现象。过大的紧固力矩也会造成损坏螺纹导致脱落、部件被过大的应力造成疲劳等损伤。

可以通过多种渠道获得螺纹紧固件的紧固力矩，例如：对于重要部位的维修工作单会明确标注相关紧固件的紧固力矩；AMM手册的20章内有飞机上常用螺纹紧固件的紧固力矩范围等。

（2）保证工作场合、工具、拆卸部件、施工点的清洁。

(3) 保证工具设备的有效性。需要校验的工具设备应该检查是否处于有效期内，选取的工具（量具）是否为可用量程；根据工作现场实际情况，领取足量的工具设备，防止由于工具设备不到位而造成的错误施工。

(4) 必须在授权范围内进行工作，禁止从事未经授权的工作。

(5) 依据相关技术资料正确的选择和使用工具，正确的使用工具还包括不能给工具赋予新的功能（例如：用平口钳当手锤、用游标卡尺当划线针等）；对于工作单允许的工具，在使用前应该详细了解该工具的优缺点及使用注意事项，用最恰当的工具进行施工。

(6) 确保工作单卡的有效性。确认工作单卡为本架飞机适用并当前有效的；在测试工作中，对于实际测量数据与工作单提供参考数据不一致的地方，应该在检查自己工作的同时追究工作单卡的可靠性。

(7) 施工过程要时刻保持工作环境的干净、整齐，工作中产生的保险丝头、废垫片、废弃插钉、导线等废弃物应该第一时间收集到废物袋中，油污、水渍等应及时清理，防止造成部件、环境污染。

18.1.2 电子部件拆装的基本原则和安全注意事项

在电子/电气系统的拆装程序中，为了防止人员伤害和损坏设备，应该遵循以下基本操作原则和安全注意事项。

1. 维修工作开始之前的安全注意事项

(1) 拔开相应系统的跳开关和开关，确信系统部件断掉电源。

(2) 在跳开关和开关上挂上"禁止闭合"的警告标签。

(3) 确信跳开关保持打开，并安装跳开关卡箍。

2. 维修工作结束之后的安全注意事项

(1) 确信所有开关和控制部件是在相应位置，以防任何部件的附加工作运转。

(2) 摘下警告标签，闭合在施工工作开始前打开的跳开关和开关。

(3) 使系统工作。

(4) 运行所需的功能检查。

(5) 当功能检查通过后，把开关和控制部件放回正常关断位置。

3. 拆装过程中的基本原则

(1) 看到防静电标签时，要及时做好防静电处理。

(2) 部件上的电插头不要用手接触，拆下后和安装前都要用堵盖盖好。有些插头要测量插头壳体与机体的电阻不能超过一定值，来确定插头与机体的完全电气连接。

(3) 天线拆装时，要严格遵守手册中的放置要求，不能随意乱放。

(4) 仪表与显示组件拆装时，用到的螺丝刀不要划伤仪表板表面。有些仪表拆装时只要拧松对角的螺丝，并只拧1/4圈，不要拧错、多拧。

(5) 航线可更换组件拆装时，组件要轻拿轻放，有些组件不能倒置。

4. 拆装过程中的安全注意事项

(1) 对于某些飞机机型，在拆卸气象雷达附近的传感器（例如全压探头或总温探头）时，一般要求将气象雷达的跳开关断开，打上保险并挂上标签，防止气象雷达通电辐射拆装人员。

(2) 拆装时注意手册对风速的限制。如当风速超过一定值时,不要打开雷达罩进行施工。

(3) 接近拆卸的部件时需安全防护的必须防护(如:高空作业需要系安全绳)。

(4) 有些天线拆装时要用到溶液/清洗剂、密封胶和其他的特别材料,这些材料可能是有毒、易燃和对皮肤有刺激的,因此只有当通风条件比较好的条件下才可以使用,使用时要遵守制造商的说明,穿上防护衣,禁止吸烟。如液体溅在皮肤或者眼睛内,应用干净的水清洗并及时就医。

(5) 使用兆欧表时要采取预防措施,防止产生爆炸或火灾。

18.2 典型机电部件拆装实例

18.2.1 A320飞机蒙皮排气活门拆装实例

拆装工作通常是从排故开始,根据故障现象通过排故程序确定故障部件,然后进入拆装程序,排故程序一般是这样的:查看飞行记录本及飞机警告系统信息以确认故障——测试——查询排故手册(TSM)获得相应的工作单号——查询维护手册(AMM)获得工作单——查询零部件手册(IPC)获得部件号及部件的可互换性——依据工单拆装部件——测试。

已知故障信息:蒙皮排气活门关断。

查询排故手册获得可能的故障原因为:

(1) 电子舱通风计算机(AEVC)故障;

(2) 电子舱通风计算机(AEVC)和蒙皮排气活门之间的布线损坏;

(3) 蒙皮排气活门故障。

计算机拆装、量线导线修理及捆扎这里不描述,进入排气活门拆装程序,此项工作涉及封严、粘接、部件拆装等工作,详细工作见工卡 TASK 21-26-53-000-001。

标题: TASK 21-26-53-000-001 removal/Installationl of the Skin Air Outlet-Valve		工卡号: TASK21-26-53-000-001	
有效性:ON A/C ALL	日期:		
1. 工作目的 　更换蒙皮排气活门 2. 工作准备 (1) 断开49VU 的5HQ、6HQ、3HQ 三个跳开关并挂签,确定活门处于自动位; (2) 依据工作单准备相应工具耗材。 3. 工作程序 **子任务 TASK21-26-53-000-001 拆除蒙皮排气活门** (1) 卸下固定螺钉3并释放活门2,断开电插头5; (2) 拆下活门2并破坏O形密封圈4; (3) 拆下活门2并铲除连接管1上的密封胶; (4) 用清洗剂(材料编号11-004)清洁涂抹过密封胶的区域; (5) 用堵帽堵上电插头,用堵头堵住排气口。		工作者	检查者

续表

子任务 TASK21-26-53-000-001 安装排气活门	工作者	检查者
（1）依据排气活门的识别号（FIN）查询 IPC 手册获得活门的件号（P/N）； （2）检查工作区域，保证其有利于安装； （3）在活门 2 及连接管 1 连接区域涂抹密封胶，密封胶的材料号：09019； （4）在活门 2 的卡槽里安装新的 O 形密封圈 4，密封圈的件号参照 IPC-CSN(21-26-01-15-030)； （5）安装活门 2； （6）安装固定螺钉 3。		
注意：必须保证密封胶充分涂抹到粘接区域； 注意：必须保证螺钉紧固可靠； 注意：必须保证密封胶充满活门和蒙皮之间的间隙，密封胶的量要充足； 按照子任务 TASK21-26-00-710-002 进行测试		
4. 结束工作		

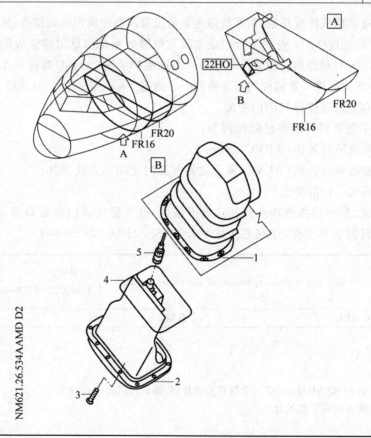

18.2.2 A320 发动机燃油泵和过滤装置拆装实例

本项工作涉及机械部件拆装、管路拆装、保险丝施工、力矩扳手、封严、油脂油膏的使用等项工作。详细工作见工卡 TASK73-11-10-000-003。

标题： TASK73-11-10-000-003 removal/Installation of the Fuel Pump and Filter Assembly	工卡号： TASK73-11-10-000-003
有效性：ON A/C ALL	日期：

	工作者	检查者

1. 工作目的

   更换燃油泵

2. 工作准备信息

(1) 确保发动机停车至少 5min；

(2) 在 115VU 上挂签禁止启动发动机；

(3) 断开 49VU 的 1QG、2QG 两个跳开关并挂签；

(4) 断开 50VU 上 FADEC 电门并挂签；

(5) 按照工作准备所需的工具设备及耗材；

(6) 工作环境有利于施工。

3. 工作程序

子任务 73-11-10-020-056 拆卸燃油泵和过滤装置

(1) 从附件齿轮箱(AGB)开始拆下紧固滑油供给管上的卡箍，并拆下管道。

(2) 拆开燃油管。

告诫：使用 2 个扳手拆装管连接螺帽：一个保持接头，另一个拧松或拧紧接头螺帽。这将避免损坏。

(3) 拆下螺栓(140)，从燃油泵上断开燃油供给管(20)并保留密封垫(130)。

(4) 拆开燃油滤压差管(参见任务 73-11-49-000-041)。

(5) 拆卸主滑油燃油换热器和燃油泵垫子排漏导管(见 71-73-49-000-049)。

(6) 拆除保险丝并拆卸(QAD)螺栓(150)。保留它的保持封圈(160)和滚珠垫圈(180)(参见图 402/任务 73-11-10-991-301)。

(7) 将螺栓(150)安装在反推的位置。

(8) 拧紧 QAD 螺栓：拧紧螺栓到 285～315lbf·in(3.22～3.55m·daN)之间的力矩并击打 QAD 环(170)，直到它完全移动足以断开燃油泵。

告诫：在拆卸过程中传动轴不允许受重。

(9) 小心地向后拉动燃油泵以从 AGB 传动座解开泵传动轴。

(10) 拆卸 BLOCK,JACKING-FUEL PUMP。

(11) 从 QAD 环上拆下密封圈组件(70)并保持它不受损坏。

注：密封圈组件(70)由一支架(金属环)(190)和一预成形组件(200)制成。

(12) 如预成形密封圈(200)损坏，做按下列步骤：从支架(190)上拆下预成形密封圈(200)；报废预成形密封圈(200)。

(13) 从燃油泵传动轴上拆下并报废 O 形环(80)。

(14) 从 AGB 壳体上拆下密封圈组件。

(15) 拆下喷嘴(60),(100)和(110)。拆下并报废 O 形环(50),(90)和(120)。

(16) 保存燃油泵(参见任务 73-11-10-620-002)。

子任务 73-11-10-420-061 安装燃油泵

(1) 从脱开的管端拆卸安装堵塞。

(2) 将一层薄薄的发动机滑油(材料号 CP2442)涂到新的 O 形环(80)，并将其安装在槽内。

(3) 用发动机滑油(材料号 CP2442)润滑密封件(70)，并安装在 QAD 环的固定部分上。

	续表
	工作者　检查者

(4) 按下列步骤安装密封圈组件(70):
① 如有必要,将新预成形衬垫(200)安装在支架(190);
② 用发动机滑油(材料号 CP2442)润滑密封圈组件(70);
③ 将密封圈组件(70)安装在 QAD 环的固定部分。
(5) 将一层薄薄的发动机滑油(材料号 CP2442)涂到新的 O 形环(90)、O 形环(120)和喷嘴的螺纹(100 和 110)。
(6) 将 O 形环(90 和 120)安装在喷嘴(100 和 110)上,将喷嘴安装在油滤壳体上。拧紧喷嘴,力矩在 90~100lbf·in(1.01~1.13m·daN)之间。
(7) 将一层薄薄的发动机滑油(材料号 CP2442)涂到新的 O 形环(50)和喷嘴(60)的螺纹。
(8) 将 O 形环(50)安装在喷嘴(60)上,将喷嘴安装在燃油泵上。拧紧喷嘴到 350~400lbf·in(3.95~4.52m·daN)之间的力矩。
(9) 从手动曲柄传动座拆卸盖板(参见任务 72-63-00-000-002)。

子任务 73-11-10-820-051 对准泵驱动轴
(1) 在手动曲柄传动座内插入一个 0.75in 的驱动旋转手柄。
(2) 用 0.75in 的驱动旋转手柄将泵传动轴对准在辅助齿轮箱(AGB)内的驱动凹处。

子任务 73-11-10-420-058 安装燃油泵和过滤装置
告诫:小心将泵对准 AGB 以防花键槽损坏,接近观察安放的校准钉。
告诫:在安装过程中确保传动轴不受力。
(1) 对泵驱动轴匹配 AGB 驱动凹处。
(2) 将一层薄的石墨油脂(材料号 CP2101)用到 QAD 螺栓(150)螺纹,确保滚珠垫圈(180)安装在 QAD 螺栓头(150)下方,将带有垫圈(180)的螺栓(150)安装在支架上。
(3) 按下列步骤,连接组件:
① 转动 QAD 环(170)直到它正确地安装;
② 拧紧 QAD 螺栓(150),力矩为 310~320lbf·in(3.50~3.61m·daN);
③ 径向轻拍 QAD(170)暴露外径以将环设定到正确位置;
④ 做步骤②和③超过两次。检查 QAD 环,确保在 QAD 环(170)凸缘和 QAD 环支架法兰之间的缝隙(尺寸 A)在 0.25in(6.3499mm)到 1in(25.3999mm)之间。若缝隙(尺寸 A)超出限制范围,替换 QAD 环(170)并重复 QAD 安装程序。
注:必要时,使用最小的拧紧力矩以得到最小间隙(尺寸 A)。
(4) 拧松并拧紧 QAD 螺栓(150),力矩为 190~230lbf·in(2.14~2.59m·daN)之间。用直径为 0.032in(0.8mm)(材料号 CP8001)或者 0.032in(0.8mm)(材料号 CP8002)的保险丝打保险。
(5) 安装手动曲柄传动座盖板(参见任务 72-63-00-400-002)。
(6) 按下列步骤,将燃油供油管(20)连到燃油泵:
① 查看配合面清洁;
② 检查密封垫(130)是否损伤,如有必要更换它;
③ 将一层薄的发动机滑油(材料号 CP2442)用到密封垫(130)并安装它;
④ 将一层薄的石墨油脂(材料号 CP2101)用到螺栓(140)的螺纹并连接管,拧紧螺栓,力矩在 98~110lbf·in(1.10~1.24m·daN)之间。
(7) 按下列步骤,连接燃油滤压差管:
① 拆下盖帽和塞子;
② 将一层薄薄的发动机滑油(材料号 CP2442)涂到燃油滤壳体上的喷嘴并连接管(参见任务 73-11-49-400-041)。

	续表	
	工作者	检查者
(8) 从 AGB 按下列步骤,安装滑油供给管: **告诫:使用 2 个扳手拆卸或者安装管连接螺帽:一个扳手保持接头,另一个拧松或拧紧接头螺帽。** ① 将一层薄的发动机滑油涂到喷嘴安装管,用手拧紧螺帽。 ② 将一层薄的石墨油脂(材料号 CP2101)涂到螺栓螺纹并将管紧固到使用卡箍的燃油泵支架,用手拧紧螺栓。 ③ 拧紧连接螺帽到 270~300lbf·in(3.05~3.39m·daN)的力矩并拧紧螺栓到 45~50lbf·in(0.50~0.56m·daN)之间的力矩。依据子任务 73-11-49-000-001 进行测试。 4. 结束工作		

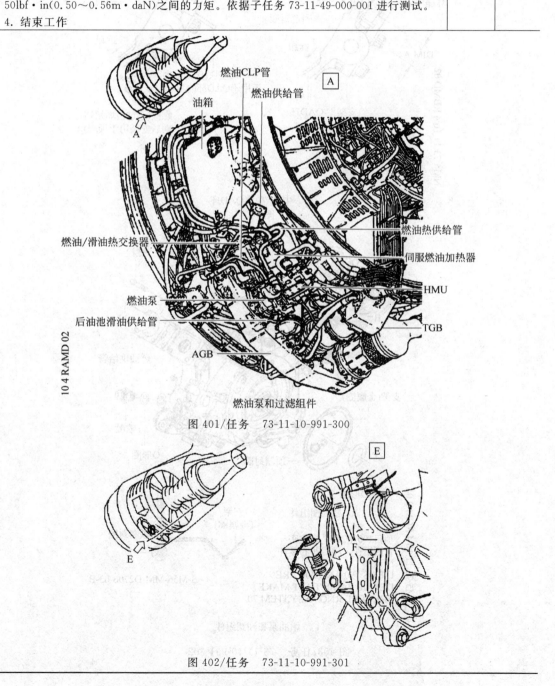

图 401/任务　73-11-10-991-300

图 402/任务　73-11-10-991-301

续表

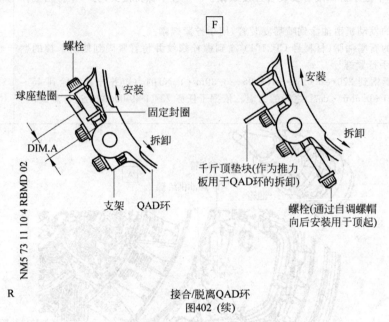

接合/脱离QAD环
图402（续）

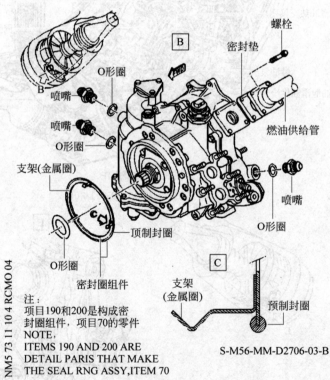

注：
项目190和200是构成密封圈组件，项目70的零件
NOTE,
ITEMS 190 AND 200 ARE DETAIL PARIS THAT MAKE THE SEAL RNG ASSY,ITEM 70

燃油泵和油滤组件

图 403/任务 73-11-10-991-302

18.3 典型电子设备拆装

18.3.1 电子设备(E/E)架上设备拆装(以 B737-300 为例)

电子设备(E/E)架上设备拆装包括电子设备(E/E)架上的设备(控制盒)拆装和电路板(卡)拆装。由于这些设备均为静电敏感装置,拆装时应参考本书讲述静电防护的章节和 SWPM 20-41-01。

E/E 架位置在隔框 100 机身下半部(见图 18-1)。

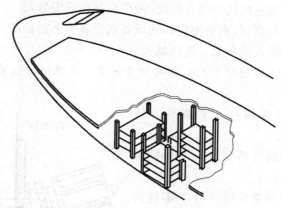

图 18-1 电子设备架在飞机上的位置(B737-300)

1. 拆除电子设备(E/E)架上的设备(见图 18-2)

(1) 拔出相应设备的跳开关,挂上"禁止闭合"字样的警示牌;
(2) 脱开连接在设备上的电插头;
(3) 逆时针旋转前保持旋钮使拔出装置处于可拉伸状态。旋转保持环,使深槽与T形挂钩一致(窄边向上),向外拉拔出装置使T形挂钩脱开深槽,向下脱开保持旋钮(见图 18-3);

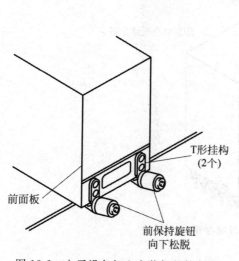

图 18-2 电子设备架上安装好的控制盒

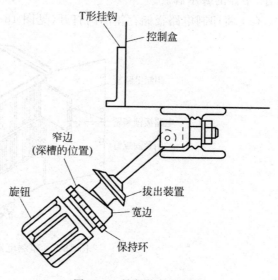

图 18-3 锁紧装置的解除

(4) 小心地从设备架上拆下设备。

注意：E/E 架设备的前部要左右移动(约为 1/8in)，这有利于设备从插座脱离；取下 E/E 设备之前要确认插头已完全脱开；在脱开设备的插头和设备架上的插座上安装防尘盖。

2. 安装电子设备(E/E)架上的设备

(1) 参照在设备架上的小孔构图，确信设备架底部的节流橡皮堵头安装正确(确保设备冷却效果)。

(2) 拆去插头和插座上的防尘盖。

(3) 确认设备架上的密封圈和节流橡皮堵头(数量)没有变动。

(4) 确认设备架上的定位销与设备匹配(避免设备错误安装)。

(5) 若插钉有弯曲和损坏，则更换损坏的设备或设备架上的插座。

(6) 小心地将设备插入设备架并连接插头。

注意：设备前部可左右移动 1/8in，这有助于安装。安装时可在前面板上略微施压，但不可用力过大。

(7) 旋转保持环使深槽与 T 形挂钩一致(窄边向上，见图 18-4)。

(8) 推拔出装置将保持环安装在 T 形挂钩上，然后 180°转保持环。

(9) 顺时针旋转旋钮使保持环与 T 形挂钩完全卡紧，拔出装置无松动(见图 18-4)。

(10) 左右移动设备，确认设备安装牢固。

(11) 确信所有电插头已连接。

(12) 摘除警示牌，闭合相应跳开关。

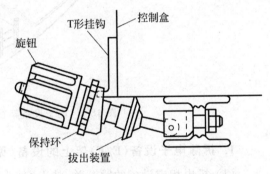

图 18-4 电子设备架上设备的安装

3. 拆卸印制电路板

(1) 断开相应电路板的跳开关，挂上"禁止闭合"字样的警示牌。

(2) 将印制电路板储存箱的门打开(见图 18-5)。

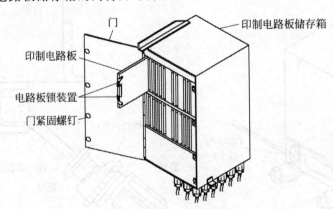

图 18-5 印制电路板储存箱

警告：印制电路板是静电敏感装置，注意静电防护，否则静电将损坏印制电路板。

(3) 扳转电路板的锁装置(2个)直到印制电路板松动(见图18-6)。

(4) 小心地从卡槽中拖出印制电路板。

(5) 取出印制电路板。

4. 安装印制电路板

(1) 把印制电路板放入卡槽，小心推送印制电路板直到印制电路板与插座紧紧连接。

(2) 确信印制电路板锁装置已上锁，锁扣平对着印制电路板(见图18-6)。

(3) 将印制电路板储存箱门关闭。

(4) 摘除警示牌，闭合跳开关。

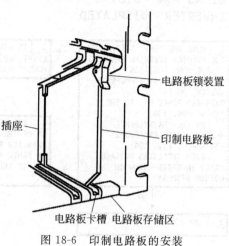

图18-6 印制电路板的安装

18.3.2 静变流机的拆装

1. 工作前手册的查阅

(1) 为了强化电子设备架设备拆装的技能，我们以静变流机(B757-200)为例，进行讲解。本节从模拟故障入手，导入设备拆装。首先，根据查看飞行记录本及飞机警告系统信息以确认故障代码2433和EICAS故障信息"SYBY INVERTER"(见图18-7)，在B757-200故障隔离手册(FIM)24章中找到排故程序，确定故障组件。

EICAS MESSAGE LIST			
EICAS MESSAGE	LEVEL	PROCEDURE
SYBY INVERTER	S,M	FIM 24-33-00/101, Fig. 103, Block 1
T-R UNIT	S,M	FIM 24-32-00/101, Fig. 103, Block 1

图18-7 FIM手册中故障信息

(2) 根据排故程序，发现排除此故障需更换静变流机(见图18-8)。按要求在B757-200飞机维护手册(AMM)24-33-03/401中找到机载设备的拆装程序。

2. 拆卸程序

静变流机位于前电子设备舱左边，如图18-9所示。

(1) 在主电源分配面板P6(副驾驶座椅后方)，断开6D10(INV PWR TRU)和6L11(INV PWR BAT)两个跳开关，挂"禁止闭合"警示牌。

(2) 按以下步骤断开静变流机的线路连接(见图18-10)：

① 脱开静变流机上的电插头；

② 对安装在静变流机接线柱上的导线进行识别；

③ 从接线柱上拆除导线。

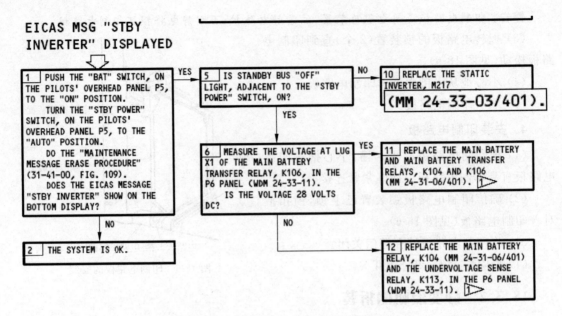

图 18-8　FIM 手册中故障信息处置流程

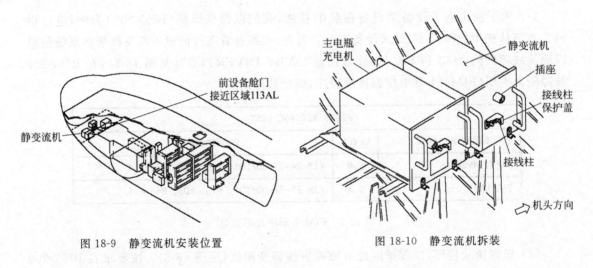

图 18-9　静变流机安装位置　　　　　图 18-10　静变流机拆装

（3）拆除静变流机。

3. 安装程序

（1）按以下步骤连接静变流机导线（见图 18-10）：

① 将导线（带接线片）连接到接线柱。

② 以 140±5（lbf·in）的力矩，将正极接线柱的自锁螺帽拧紧。

③ 以 70±5（lbf·in）的力矩，将负极接线柱的自锁螺帽拧紧。

④ 安装接线柱防护盖。

⑤ 连接静变流机电插头。

（2）摘除"禁止闭合"牌，闭合 6D10（INV PWR TRU）和 6L11（INV PWR BAT）两个跳开关。

(3) 按手册(或工作单)对静变流机进行功能测试。

4. 工作单

我们将上述程序汇总,编制了工作单(如下),供实做参考。

标题: AMM 24-33-03/401 STATIC INVERTER-REMOVAL/INSTALLATION (静变流机的拆装)	工卡号: AMM 24-33-03/401		
有效性: ON A/C ALL	日期:		

1. 工作目的
 更换静变流机
2. 工作准备
(1) 在主电源分配面板 P6,断开 6D10(INV PWR TRU)和 6L11(INV PWR BAT)两个跳开关,挂"禁止闭合"警示牌。
(2) 按照工作准备所需的工具设备及耗材。
(3) 工作环境有利于施工。
3. 工作程序
子任务 TASK 24-33-03-004-001 拆除静变流机
(1) 打开接近口盖,进入前设备舱区域(见图1)。
(2) 按以下步骤断开静变流机的线路连接(见图2):
① 脱开静变流机上的电插头。
② 对安装在静变流机接线柱上的导线进行识别。
③ 从接线柱上拆除导线。
(3) 拆除静变流机。
子任务 TASK 24-33-03-404-005
(1) 将静变流机安装到设备架上(见图1)。
(2) 按以下步骤连接静变流机导线(见图2):
① 将导线(带接线片)连接到接线柱。
② 以 140±5(lbf·in)的力矩,将正极接线柱的自锁螺帽拧紧。
③ 以 70±5(lbf·in)的力矩,将负极接线柱的自锁螺帽拧紧。
④ 安装接线柱防护盖。
⑤ 连接静变流机电插头。
(3) 摘除"禁止闭合"牌,闭合 6D10(INV PWR TRU)和 6L11(INV PWR BAT)两个跳开关。
(4) 对静变流机进行功能测试。
① 给系统通电。
② 按以下步骤测试:
(a) 按压 P61 板上 EICAS 维护面板的 ELEC HYD 按钮(见图3、见图4)。
(b) 确认在 EICAS 显示底部 STBY/BAT 以下的显示为
    AC-V 115±4
    FREQ 400±5
③ 做 EICAS 维护信息的消除程序(AMM 31-41-00/201),确认 EICAS 信息"SYBY INVERTER"不再显示。
④ 给系统断电。
		工作者	检查者

续表

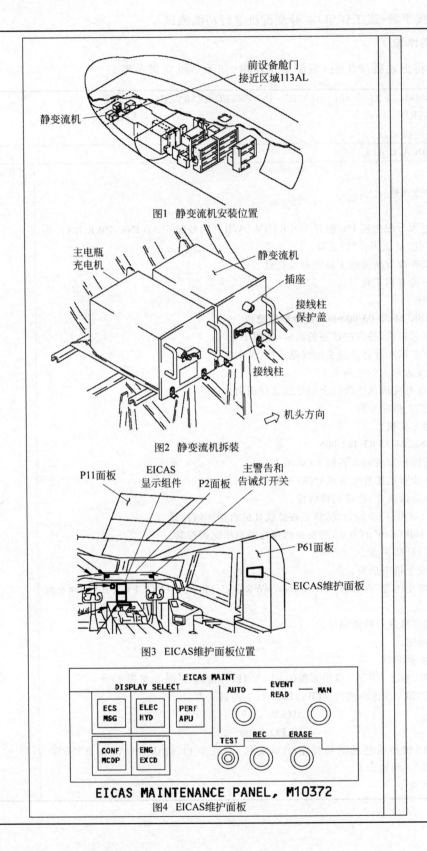

图1 静变流机安装位置

图2 静变流机拆装

图3 EICAS维护面板位置

图4 EICAS维护面板

18.3.3 一般电子部件的拆装(以天线类部件为例)

以 B737-300 飞机甚高频(VHF)2 号通信天线为例,讲述甚高频(VHF)通信天线的拆装。2 号天线位于 209 机身前段底部(见图 18-11)。

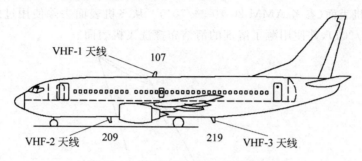

图 18-11 甚高频(VHF)天线的位置

1. 拆装要求及步骤

(1) 断开系统电源。拔出跳开关,安装保险夹并挂警示牌。
(2) 拆卸部件的安装螺钉,保持住部件,避免部件滑落。
(3) 对于有密封胶的部件,保持住部件,用适当的工具去除密封胶。
(4) 接近并松开连接插头,对插头和连接电缆进行必要的防护。
(5) 对于有密封圈的部件,保存好密封圈,必要时更换密封圈。
(6) 按规定清洁安装表面,清洁完成后施加防腐剂。
(7) 安装时正确装配插头。
(8) 安装固定螺钉(最好保留一个螺钉待搭接测试完成后安装)。
(9) 测试部件基座和飞机结构之间的搭接电阻,确保满足搭接电阻的要求。
(10) 需要密封的部件,按规定进行密封。
(11) 摘除跳开关安全夹和挂牌,闭合跳开关,给系统通电,对部件进行功能测试。

2. 甚高频(VHF)天线的拆除

1) 消耗材料

手册要求的清洁溶剂。

2) 参考资料

AMM 20-10-34/701——金属表面清洁、AMM 20-30-31/201——清洁和打磨、AMM 51-31-00/201——密封和封严。

3) 拆除程序

(1) 在 P6-1 跳开关面板(位于副驾驶座椅后方)上断开 VHF-2 跳开关,在 P18-2 跳开关面板(位于正驾驶座椅后方)上断开 VHF-1、VHF-3 跳开关,并挂"禁止闭合"警示牌。
(2) 按以下步骤拆除甚高频(VHF)天线(见图 18-12):
① 拆除 10 颗天线安装螺钉。
② 用密封去除工具去除密封胶(参考 AMM 51-31-00/201),并用手保持住天线,避免密封去除后天线跌落受损。注意:去除密封应严格遵循维护手册中的程序,避免损伤飞机表面。

③ 拉开天线直到可以接触到天线的同轴电缆连接插头。

④ 拧松连接插头，分离同轴电缆和天线。注意：对于顶部天线拆除时，与天线连接的同轴电缆会从孔中滑落，给维护工作造成不必要的麻烦。为了维护工作的顺利进行，在断开同轴电缆和天线前确信系住同轴电缆，避免滑落发生。

⑤ 清洁飞机表面（参考 AMM 20-10-34/701）。从飞机表面去除使用过的密封胶（参考 AMM 51-31-00/201），并使用蘸了溶剂的清洁布擦洗飞机表面。

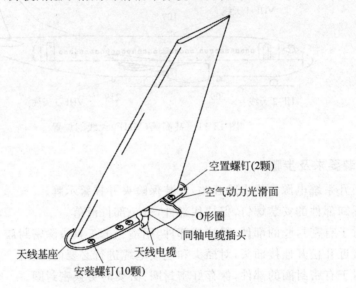

图 18-12　甚高频（VHF）天线

3. 甚高频（VHF）天线的安装

1）消耗材料

A00247 密封胶，型号为 BMS 5-95，等级 B；G00009 防腐蚀剂，型号为 BMS3-23。

2）参考资料

SWPM 20-20-00——搭接和接地、AMM 23-21-00/501——甚高频（VHF）通信系统、AMM 51-31-00/201——密封和封严。

3）甚高频（VHF）天线安装准备

(1) 确认拆除时断开的跳开关处于断开状态；

(2) 确认天线与飞机的结合表面清洁；

(3) 在结合表面使用防腐蚀剂——BMS3-23。

4）安装天线

(1) 如果发现天线的 O 形封圈老化或损坏，更换天线的 O 形封圈（见图 18-12）。

(2) 把同轴电缆连接插头与天线连接。

(3) 用 10 个装配螺钉把天线固定到飞机上。

(4) 测试天线的搭接电阻，确信从天线基座到飞机蒙皮的搭接电阻不大于 0.001Ω，具体方法参考 SWPM 20-20-00。

(5) 在飞机和天线之间均匀使用密封胶，确保密封边缘平滑，呈流线形。

(6) 清除天线基座周围多余的密封胶,具体方法参考 AMM 51-31-00/201。
(7) 摘除"禁止闭合"警示牌,闭合跳开关。
5) 对安装的甚高频(VHF)天线进行功能测试

4. 工作单

我们将上述程序汇总,编制了《甚高频通信天线的拆装》工作单供实做参考。

标 题:VHF COMMUNICATION ANTENNA-REMOVAL/INSTALLATION（甚高频通信天线的拆装）	工卡号:AMM 23-21-11/401		
有效性:ON A/C ALL	日期:		
		工作者	检查者
1. 工作目的 　　更换甚高频通信天线(见图 1) 2. 工作准备 (1) 断开跳开关,并挂"禁止闭合"警示牌。 ① P6-1 跳开关面板上,断开 VHF-2 跳开关。 ② P18-2 跳开关面板上,断开 VHF-1、VHF-3 跳开关。 (2) 按照工作准备所需的工具设备及耗材。 (3) 工作环境有利于施工。 3. 工作程序 **子任务 TASK 23-21-11-004-018 拆除甚高频通信天线**(见图 2) (1) 拆除 10 颗天线安装螺钉。 (2) 用密封去除工具去除密封胶(参考 AMM 51-31-00/201),并用手保持住天线。 告诫:去除密封胶应严格遵循维护手册中的程序,避免损伤飞机表面。 (3) 拉开天线直到可以接触到天线的同轴电缆连接插头。 (4) 拧松连接插头,分离同轴电缆和天线。 注意:顶部天线拆除时,与天线连接的同轴电缆会从孔中滑落,在断开同轴电缆和天线前确信系住同轴电缆,避免滑落发生。 (5) 清洁飞机表面(参考 AMM 20-10-34/701)。 ① 从飞机表面去除使用过的密封胶(参考 AMM 51-31-00/201)。 ② 使用蘸了溶剂的清洁布擦洗飞机表面。 告诫:去除密封胶应严格遵循维护手册中的程序,避免损伤飞机表面。 **子任务 TASK 23-21-11-404-019 安装甚高频通信天线** (1) 甚高频通信天线安装准备。 ① 确认拆除时断开的跳开关处于断开状态。 ② 确认天线与飞机的结合表面清洁。 ③ 在结合表面使用防腐蚀剂——BMS3-23。 (2) 甚高频通信天线安装(见图 2)。 ① 如果需要,更换天线的 O 形封圈。 ② 把同轴电缆连接插头与天线连接。 ③ 用 10 个装配螺钉把天线固定到飞机上。 ④ 测试天线的搭接电阻,确信从天线基座到飞机蒙皮的搭接电阻不大于 0.001Ω(SWPM 20-20-00)。 ⑤ 在飞机和天线之间均匀使用密封胶,确保密封边缘平滑。 告诫:施加密封胶应严格遵循维护手册中的程序,避免损伤飞机表面。			

续表

	工作者	检查者
⑥ 清除天线基座周围多余的密封胶（AMM 51-31-00/201）。 **告诫**：去除密封胶应严格遵循维护手册中的程序，避免损伤飞机表面。 ⑦ 摘除"禁止闭合"警示牌，闭合跳开关。 （a）P6-1 跳开关面板上，闭合 VHF-2 跳开关。 （b）P18-2 跳开关面板上，闭合 VHF-1、VHF-3 跳开关。 （3）对安装的甚高频（VHF）天线进行功能测试。 ① 给系统通电。 ② 调到不同的甚高频台，确认发射和接收的话音质量是满意的。 **注意**：此程序不是甚高频通信系统的完整测试，如果需要完整功能测试，完成任务： 甚高频通信系统调节/测试程序（AMM23-21-00/501—ARINC 500 甚高频通信系统； AMM23-21-01/501—ARINC 700/900 甚高频通信系统）。 ③ 断开系统电源。		

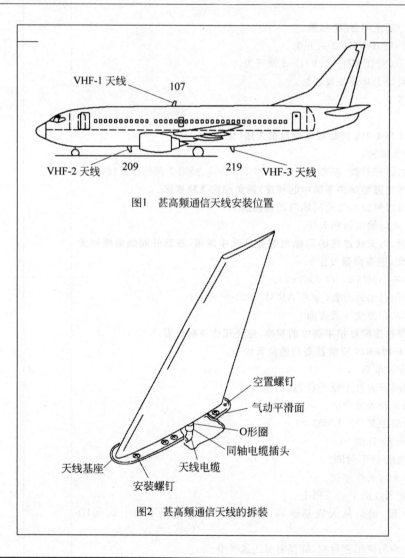

图1 甚高频通信天线安装位置

图2 甚高频通信天线的拆装

AC-66R1-02 基本技能考试大纲

维修基本技能考试大纲		ME	AV
序号	培训科目及内容	等级	等级
1	外场和车间的安全防护		
1.1	安全操作知识,包括工作中用电、气体(特别是氧气)、燃油、液压油、滑油和化学药品等方面的注意事项	2	2
1.2	当火灾或其他危险事故发生时的紧急处理措施; 危险品识别和操作程序	2	2
2	维修手册及维修文件		
2.1	ATA100规范,掌握章节和页码的定义	2	2
2.2	航空器维护手册(AMM)、线路图手册(WDM)、系统简图手册(SSM)、图解零件目录手册(IPC)等的使用	2	2
2.3	适航指令、服务通告、MEL等常用维修资料的基本内容、框架和使用方法;工作单的使用	2	2
3	常用工具和量具的使用		
3.1	量具、工具的保养和管理,车间器材的使用	2	2
3.2	计量器具的校验及标识	2	2
3.3	常用手工工具的选择和使用	2	2
3.4	常用动力工具的选择和使用	2	2
3.5	常用精密测量工具的选择和使用	2	2
4	常用电子电气测试设备的使用		
4.1	模拟和数字万用表的操作、功能和应用	2	2
4.2	毫欧表、兆欧表和气压仪表的操作、功能及应用	2	2
4.3	示波器的操作、功能和应用	2	2
4.4	L、C、R测量表的操作、功能和应用	1	2
4.5	大气数据仪表校验设备的操作、功能及应用	—	2
4.6	频率计数器的操作、功能和应用	—	2
5	静电敏感元器件/部件的防护		
5.1	静电放电的产生原理和静电对航空器元器件的危害; 航空器上ESDS标识和ESDS设备的保护措施; ESDS静电敏感元器件/部件的拆装要求; 静电护腕的正确使用与检测; 静电敏感元器件/部件包装和运送	2	3

续表

维修基本技能考试大纲			ME 等级	AV 等级
序号	培训科目及内容			
6	线路标准施工			
6.1	标准线路施工手册(SWPM)应用		2	2
6.2	导线、电缆的种类、结构、工作环境与工作特性		2	2
6.3	导线、电缆的查找与导线束标记		2	3
6.4	导线束的捆扎、导线束的支撑、敷设与防护		2	3
6.5	导线的夹接和工具的选择和使用,绝缘处理;导线的屏蔽和接地		2	3
6.6	接线片的选择和夹接,工具的选择和使用		2	3
6.7	热缩管的选用、替代和热缩工具的使用		2	3
6.8	屏蔽电缆的修理,屏蔽防波地线的制作		—	3
6.9	插头、插座的类型、编号和查找;插头、插座的安装和防松动措施		2	3
6.10	插钉/孔的夹接、退送方法与工具的选用		2	3
6.11	常用高频插头和信号电缆插头的制作		—	3
6.12	邦迪块与小功率继电器的安装		2	3
6.13	线路通路与绝缘电阻的测量		2	3
7	简单电子线路制作			
7.1	常用电子元器件及符号的认识与测量;锡焊方法、锡焊点的检查		2	3
7.2	制作一个简单的电子功能电路并通电检查		2	3
8	航空电瓶			
8.1	航空器常用酸性和碱性电瓶的构造,维护要点;电瓶的检测(电解液比重、电压、安全阀压力等);电瓶的充放电、电瓶容量的确定和适航要求		1	1
9	紧固件拆装和保险			
9.1	螺纹紧固件介绍、装配力矩的确定;螺栓的特殊拆卸方法:铆枪振动法、钻孔反丝(锥)法、大力钳法、压板拆卸法		2	1
9.2	各种保险特点和应用,保险丝、卡环保险、保险片、开口销的操作		3	3
10	钳工			
10.1	钳工项目练习和工具选用(包括:锯、錾、锉平面、钻孔等)		3	2
11	钣金加工			
11.1	铆钉的选择及配置:头形、材料、直径、长度;间距、行距、边距、铆钉数目的确定;铆接方法和施工、铆接质量要求;铆钉的损伤及检查:静强度损伤、疲劳损伤、应力腐蚀损伤、铆钉松动;铆钉的拆除		3	—
11.2	金属板材的种类和特点,加工工具的使用;弯曲方法及制作;弯曲半径和最小弯曲半径、弯曲加工余量、收缩段长度、展开长度的计算;制减压孔的目的、尺寸及位置的确定		2	—
11.3	用金属板材制作一个简单设备		3	—
12	硬/软管路施工			
12.1	航空硬/软导管的种类、工作用途、识别方法和尺寸标注		2	—

续表

维修基本技能考试大纲		ME 等级	AV 等级
序号	培训科目及内容		
12.2	管路接头的制作、拆装和检查：喇叭口接头、无喇叭口接头、软管接头、快卸接头的结构及功用	2	—
12.3	管路的拆装：软管的安装与更换，硬管的拆装，管路安装的注意事项；硬/软管的检查与测试	3	—
13	传动部件的拆装与检查		
13.1	各种钢索、钢索接头、松紧螺套、钢索张力补偿装置的结构和功用，滑轮和钢索系统组件的功用；钢索接头的制作	2	—
13.2	钢索的张力调节及功能测试；钢索的腐蚀、断丝和磨损检查	3	—
13.3	常见推拉杆的种类，推拉杆的拆装、调节和保险	3	—
14	油脂、油膏和油液	2	—
14.1	油脂、油膏和油液的识别、使用和使用注意事项；低温润滑油脂的加注、涂抹方法及要求，防咬死剂(高温润滑油脂)的使用、涂抹方法及要求	2	—
15	密封和防腐		
15.1	密封胶的使用、涂抹方法及要求；封严件的使用	3	2
15.2	常见腐蚀种类，腐蚀的处理和防腐蚀措施	1	1
16	航空器部件(设备)的拆装		
16.1	对典型的航空器电子设备(AV 专业)或机械部件(ME 专业)进行拆装练习。包括工作单(工卡)、维修资料、工具和设备的正确使用；功能测试或检查；静电防护(如适用)；安全等	3	3

附录B

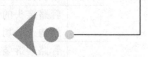

AC-147-02 维修基本技能培训大纲

序号	M7 维修基本技能实践 培训科目及内容	ME 等级	AV 等级
7.1	外场和车间的安全防护		
7.1.1	安全操作知识,包括工作中用电、气体(特别是氧气)、燃油、液压油、滑油和化学药品等方面的注意事项	2	2
7.1.2	当火灾或其他危险事故发生时的紧急处理措施; 危险品识别和操作程序	2	2
7.2	维修手册及维修文件		
7.2.1	ATA100 规范,掌握章节和页码的定义	2	2
7.2.2	航空器维护手册(AMM)、线路图手册(WDM)、系统简图手册(SSM)、图解零件目录手册(IPC)、故障隔离手册(FIM)等的使用	2	2
7.2.3	适航指令、服务通告、MEL 等常用维修资料的基本内容、框架和使用方法;工作单的使用	2	2
7.3	常用工具和量具的使用		
7.3.1	量具、工具的保养和管理,车间器材的使用	2	2
7.3.2	计量器具的校验及标识	2	2
7.3.3	常用手工工具的选择和使用	2	2
7.3.4	常用动力工具的选择和使用	2	2
7.3.5	常用精密测量工具的选择和使用	2	2
7.4	常用电子电气测试设备的使用		
7.4.1	模拟和数字万用表的操作、功能和应用	2	2
7.4.2	毫欧表、兆欧表和气压仪表的操作、功能及应用	2	2
7.4.3	示波器的操作、功能和应用	2	2
7.4.4	L、C、R 测量表的操作、功能和应用	1	2
7.4.5	大气数据仪表校验设备的操作、功能及应用	—	2
7.4.6	频率计数器的操作、功能和应用	—	2
7.5	静电敏感元器件/部件的防护		
7.5.1	静电放电的产生原理和静电对航空器元器件的危害; 航空器上 ESDS 标识和 ESDS 设备的保护措施; ESDS 静电敏感元器件/部件的拆装要求; 静电护腕的正确使用与检测; 静电敏感元器件/部件包装和运送	2	3

续表

序号	M7 维修基本技能实践	ME 等级	AV 等级
	培训科目及内容		
7.6	线路标准施工		
7.6.1	标准线路施工手册(SWPM)应用	2	2
7.6.2	导线、电缆的种类、结构、工作环境与工作特性	2	2
7.6.3	导线、电缆的查找与导线束标记	2	3
7.6.4	导线束的捆扎、导线束的支撑、敷设与防护	2	3
7.6.5	导线的夹接和工具的选择和使用,绝缘处理;导线的屏蔽和接地	2	3
7.6.6	接线片的选择和夹接,工具的选择和使用	2	3
7.6.7	热缩管的选用、替代和热缩工具的使用	2	3
7.6.8	屏蔽电缆的修理,屏蔽防波地线的制作	2	3
7.6.9	插头、插座的类型、编号和查找;插头、插座的安装和防松动措施	2	3
7.6.10	插钉/孔的夹接、退送方法与工具的选用	2	3
7.6.11	常用高频插头和信号电缆插头的制作	—	3
7.6.12	邦迪块与小功率继电器的安装	2	3
7.6.13	线路通路与绝缘电阻的测量	2	3
7.7	简单电子线路制作		
7.7.1	常用电子元器件及符号的认识与测量; 锡焊方法、锡焊点的检查	2	3
7.7.2	制作一个简单的电子功能电路并通电检查	2	3
7.8	航空电瓶		
7.8.1	航空器常用酸性和碱性电瓶的构造,维护要点; 电瓶的检测(电解液比重、电压、安全阀压力等); 电瓶的充放电、电瓶容量的确定和适航要求	2	2
7.9	紧固件拆装和保险		
7.9.1	螺纹紧固件介绍、装配力矩的确定; 螺栓的特殊拆卸方法:铆枪振动法、钻孔反丝(锥)法、大力钳法、压板拆卸法	2	1
7.9.2	各种保险特点和应用,保险丝、卡环保险、保险片、开口销的操作	3	3
7.10	钳工		
7.10.1	钳工项目练习和工具选用(包括:锯、錾,锉平面,钻孔等)	3	2
7.11	钣金加工		
7.11.1	铆钉的选择及配置:头形、材料、直径、长度;间距、行距、边距、铆钉数目的确定; 铆接方法和施工、铆接质量要求; 铆钉的损伤及检查:静强度损伤、疲劳损伤、应力腐蚀损伤、铆钉松动; 铆钉的拆除	3	2
7.11.2	金属板材的种类和特点,加工工具的使用; 弯曲方法及制作; 弯曲半径和最小弯曲半径、弯曲加工余量、收缩段长度、展开长度的计算; 制减压孔的目的,尺寸及位置的确定	2	2
7.11.3	用金属板材制作一个简单设备	3	2
7.12	硬/软管路施工		
7.12.1	航空硬/软导管的种类、工作用途、识别方法和尺寸标注	2	2
7.12.2	管路接头的制作:喇叭口接头、无喇叭口接头、软管接头、快卸接头的结构及功用	2	—

续表

M7 维修基本技能实践		ME	AV
序号	培训科目及内容	等级	等级
7.12.3	管路的制作与安装：软管的安装与更换，硬管的制作和安装，管路安装的注意事项； 硬/软管的检查与测试	3	—
7.13	传动部件的拆装与检查		
7.13.1	各种钢索、钢索接头、松紧螺套、钢索张力补偿装置的结构和功用，滑轮和钢索系统组件的功用； 钢索接头的制作	2	—
7.13.2	钢索的张力调节及功能测试； 钢索的腐蚀、断丝和磨损检查	3	—
7.13.3	常见推拉杆的种类，推拉杆的拆装、调节和保险	3	—
7.14	轴承的维护		
7.14.1	轴承的拆除、清洗、安装检查； 轴承的润滑，轴承的损伤和原因	2	—
7.15	油脂、油膏和油液	2	—
7.15.1	油脂、油膏和油液的识别、使用和使用注意事项；低温润滑油脂的加注、涂抹方法及要求，防咬死剂（高温润滑油脂）的使用、涂抹方法及要求	2	—
7.16	密封和防腐		
7.16.1	密封胶的使用、涂抹方法及要求； 封严件的使用	3	2
7.16.2	常见腐蚀种类，腐蚀的处理和防腐蚀措施	3	2
7.17	焊接和粘接		
7.17.1	常用焊接技术及在航空器上的应用； 焊接的质量检查	1	1
7.17.2	粘接的优缺点和应用，粘接技术和操作工艺； 粘合剂的种类，粘接质量检查	2	2
7.18	航空器部件（设备）的拆装		
7.18.1	对典型的航空器电子设备（AV专业）或机械部件（ME专业）进行拆装练习。包括工作单（工卡）、维修资料、工具和设备的正确使用；功能测试或检查；静电防护（如适用）；安全等	3	3